目　　录

1

核化学与放射化学

王祥云　刘元方　主编

北京大学出版社

PEKING UNIVERSITY PRESS

内 容 简 介

本书由北京大学、兰州大学、四川大学、南华大学、中国科学院高能物理研究所等单位合作编写而成。全书共 15 章,包括核物理导论、辐射防护、辐射探测、核化学、放射化学、核燃料化学、核分析技术、核药物化学等内容,既涵盖了核化学与放射化学专业的理论基础和相关必要知识,也尽可能收录了该专业领域的最新进展。本书可作为主修放射化学、核化工及核技术应用的本科学生的教材,也可供应用放射性同位素及核技术的生物、医学本科高年级学生及研究生选用。另外,本书对于已经从事放射化学工作的人员也有参考价值。

图书在版编目(CIP)数据

核化学与放射化学/王祥云,刘元方主编. —北京:北京大学出版社,2007.3
ISBN 978-7-301-10627-3

Ⅰ. 核… Ⅱ. ① 王… ② 刘… Ⅲ. ① 核化学—高等学校—教材 ② 放射化学—高等学校—教材 Ⅳ. O615

中国版本图书馆 CIP 数据核字(2006)第 035876 号

书　　　　名:核化学与放射化学
著作责任者:王祥云　刘元方　主编
责 任 编 辑:郑月娥
标 准 书 号:ISBN 978-7-301-10627-3/O・0688
出 版 发 行:北京大学出版社
地　　　　址:北京市海淀区成府路 205 号　100871
网　　　　址:http://www.pup.cn
电 子 信 箱:zye@pup.pku.edu.cn
电　　　　话:邮购部 62752015　发行部 62750672　编辑部 62767347　出版部 62754962
印　刷　者:三河市博文印刷有限公司
经　销　者:新华书店
　　　　　　787 毫米×1092 毫米　16 开本　26.25 印张　660 千字
　　　　　　2007 年 3 月第 1 版　2022 年 8 月第 7 次印刷
定　　　　价:55.00 元

前　言

核能的开发和利用是 20 世纪自然科学和工程技术方面的重大成就。面临越来越严峻的能源问题,人们重新将眼光转向核能,可以预料,21 世纪核科学与技术将继续发展。核化学与放射化学是核科学和工程不可或缺的组成部分,它的应用遍及科学、技术和工农业生产的各个领域。

核工业是一个庞大的系统,从铀(钍)矿开采、铀的提取、纯化、转化、同位素富集、燃料元件制造、乏燃料后处理、高放废物的处置,都离不开核化学与放射化学。近年来提出的以加速器驱动的亚临界体系为基础的洁净能源、核燃料的闭路循环,乃至可控热核反应,它们的实现在很大程度上依赖于核化学与放射化学科学研究的进展。社会对于核能的需求为核化学与放射化学家提供了广阔的舞台。

人们对于物质的微观结构和宇宙的起源与演化的认识在过去一个世纪中取得了前所未有的飞跃。今天的元素周期表已经包括 117 种元素,其中 26 种元素是由人工合成的,104 号以后的元素的化学只能在"每次一个原子"的水平上进行研究。已知的核素总数已达 3000 余种,其中绝大部分是通过核反应制备的。可以预料,关于物质结构的科学在 21 世纪将会有更大的发展,核化学家将与核物理学家一道做出新的贡献。

放射性同位素示踪技术在现代医学、生物学、农学、化学、地质学及考古学应用广泛。在医学领域,放射性药物已用于许多疾病的诊断和治疗。放射性标记的受体及其他生物活性分子是研究人体生理和病理的强有力手段。在生物学中,同位素技术已经成为分子生物学研究不可缺少的常规实验手段。在适合于用放射性同位素研究化学反应动力学和机制的情况下,该方法比其他方法简便和精确。放射分析化学是分析化学的一个重要分支。放射免疫分析法和加速器质谱法是微量生物活性物质的高灵敏分析检测手段。放射性同位素技术应用于地质和考古学中取得的成就是众所周知的。

为了适应核能和核技术应用对于核化学与放射化学人才的需求,1996 年全国核科学与工程教学指导委员会决定组织编写新的"放射化学"统编教材,作为"九·五"期间核化学与放射化学教材建设的重点之一,并将其列入国家"九·五"重点教材出版计划。随后由于核工业管理体制改革和各校放射化学专业的改制,以及编写工作中的一些技术问题,本书未能按期出版。

本书包括原子核物理导论、辐射防护、辐射探测、核化学、放射化学及核燃料化学等内容。本书的目标是:为将来从事核化学、放射化学及核化工的学生以及应用同位素和核技术的研究者提供最必要的理论基础和相关知识,并尽可能将核化学与放射化学领域的最新进展介绍给读者。

本书由北京大学、兰州大学、四川大学、南华大学、中国科学院高能物理研究所等放射化学同仁合作写成,由王祥云、刘元方主编。参加撰写的有刘元方(第 1,14 章),王祥云(第 2,3,6,7,10,15 章),吴永慧(第 3 章),李星洪(第 4,5 章),丁富荣(第 6 章),周维金(第 8 章),陶祖贻(第 9 章),石进元(第 10 章),高宏成、李民权(第 11 章),王科太(第 12 章),柴之芳、张智勇(第

13 章）。中国科学院高能物理研究所柴之芳教授仔细审阅了本书初稿，提出了许多宝贵的建议和修改意见，谨向他表示衷心的感谢。北京大学谢景林、刘春立老师，四川大学夏传琴老师曾试用本书书稿作为教材，并提出了许多宝贵的意见。本书的出版得到了北京大学教材建设委员会和北京大学出版社的大力支持与资助，责任编辑郑月娥同志为本书的出版做了大量细致的工作，使本书得以顺利出版。在此一并向他们致以深深的感谢。

由于编者学识水平有限，书中缺点和错误在所难免，恳请读者批评指正。

王祥云　刘元方

2006 年 10 月

第1章 绪 论

1.1 放射化学的内容和特点

放射化学是近代化学的一个分支,又是核科学的一个重要组成部分。从它的创立和发展过程来看,它和原子核物理以及核工业一直有着密切的关系。

英国的 A. Cameron 于 1910 年最早引入了放射化学(radiochemistry)一词。按他当时的定义,放射化学是研究放射性元素及其衰变产物的化学性质和属性的一门科学。经过近百年的发展,放射化学所涉及的范围和内容已很广泛。下面我们列举它所包含的主要领域。

放射性元素化学(chemistry of radioelements):包括天然和人工放射性元素化学。前者研究天然放射性元素的化学性质,以及有关它们的提炼精制的化学工艺,重点是铀和钍;后者主要研究人工放射性元素的化学性质和核性质,以及它们的分离、纯化和精制的化学过程,重点是钚等超铀元素和主要的裂片元素,与核化工有着紧密的联系。

核化学(nuclear chemistry):用各种能量的轻重粒子引发核反应,实现原子核的转变,分离鉴定核反应的产物,并由此探讨其反应机制。当今,由重粒子引起的核反应是研究的重点。现阶段,核化学已经发展成为一个相对独立的核科学分支。

核药物化学(nuclear pharmaceutical chemistry):它为核医学对各种脏器多种疾病的诊断和治疗,以及为研究人体的体内动态生理活动提供放射性核素标记的化学探针或药剂。

放射分析化学(radioanalytical chemistry):研究放射性物质的分离分析方法以及核技术在分析中的应用,突出成功的分析方法是中子活化分析。还有带电粒子激发 X 荧光分析及其微区扫描、加速器质谱分析等。

同位素生产及标记化合物(isotope production and labeled compounds):用反应堆或加速器生产各种比活度和不加载体(no-carrier-added)或无载体(carrier-free)的放射性核素和放射源,并制备广泛应用于各个领域的放射性标记化合物。

环境放射化学(environmental radiochemistry):针对环境中的放射性污染,重点研究与放射性废物的处理和处置有关的各种化学问题。当前在锕系元素和裂变产物的核素迁移方面进行着大量的工作。

由于放射化学所研究的对象是放射性物质,因此这一学科具有以下特点:

首先,放射化学所研究的物质都具有放射性。从 M. Curie 创立放射化学研究方法开始,在放射化学研究中就一直利用放射性测量技术,随时跟踪放射性物质的去向并测定其含量。这种技术使研究方法大为简化,而且大大提高了灵敏度,例如在合成新元素的研究领域中,在特定的条件下,可以鉴别出几个原子,甚至仅仅单个原子。

另一方面,研究工作者必须考虑防御放射性的问题。放射性活度较大的操作必须在特殊的设备和专门条件下进行,且严格遵守放射性操作规定。显然这一点给放射化学工作带来了不便。此外,在有些实验中,如在后处理的强放射性体系中,以及在常量的超铀元素研究中,还必须注意放射性对体系本身所带来的辐射化学效应。

不恒定性是放射化学的另一个特点,放射性核素总是或快或慢地进行着衰变,即由一种物质转变为另一种物质或更多种物质,这使研究体系的组成不断地发生变化。对于寿命很短的许多核素,就有一个快速处理的问题,否则就会因丧失时机而失掉大部分或全部研究对象。因此在放射化学中,对分离、分析和纯化技术往往有一些特殊的要求。

此外,放射性核素的浓度和量通常都比较低,这使放射化学具有一些特殊的规律性。例如,用放射性锝标记的药物进行心肌显像诊断,锝的量只有约 $1\sim2\,ng$ ($10\sim20\,pmol$)。当物质处于低浓度状态时,其化学行为与其处于常量时可能不尽相同。早期钚和超钚元素是由加速器制备的,获得的量极微。随着放射性物质生产规模的不断扩大(例如到 1990 年从各国核电站轻水堆卸下的辐照铀棒约计 $7\times10^{7}\,kg$,其中累积的钚约 $7\times10^{5}\,kg$,锝 $3.5\times10^{4}\,kg$,镅 $7\times10^{5}\,kg$,锔 $1.5\times10^{3}\,kg$),在核燃料后处理工厂的工艺流程中,这些元素的浓度可达到常量水平。与此同时,其他学科所研究的对象,其浓度或量的下限也日趋极微量的水平。因此,放射化学的低浓度和微量的特征已不如几十年前那么突出了。

1.2 放射化学发展史和展望

本节扼要叙述放射化学科学史具有划时代意义的几个重大发现,其他许多重要的事件列于本章后附表 1-1 中。将两者结合起来,可以对放射化学的发展概貌,有一个较全面的了解。

1.2.1 放射性和放射性元素的发现

19 世纪末,资本主义工业有了很大的发展,作为动力的电气工业发展迅速。1895 年末德国物理学家 W. Röntgen 用 Crookes 管研究高压放电现象,当阴极电子束流轰击玻璃管壁时,观察到了荧光以及 X 射线。当时的物理学家曾经一时错误地认为 X 射线是由荧光所发生的。法国的 H. Becquerel 在这一重大发现后的几个星期,将几种矿物标本放置在用黑厚纸包严的照相底版上,然后在阳光下暴晒一下。按 Becquerel 的设想,经阳光暴晒的矿物,凡是能发出荧光的,也一定能同时发出 X 射线,X 射线可穿过黑纸使底版感光。但是结果却发现,只有一种铀盐——硫酸铀酰钾复盐 $K_2UO_2(SO_4)_2 \cdot 2H_2O$,能使底片感光。到了 1896 年 2 月 29 日 Becquerel 有了一次奇妙的发现。一天,他在抽屉里将铀盐放在一块包了黑纸的照相底版上,而由于天阴没有拿出去。但过了两天突然发现这块与荧光无关的铀矿物却能发射射线而使照相底版感光,且其感光强度比在阳光下暴晒几小时的还强。Becquerel 认为他的发现"非常重要,而且超出了想象中各种现象的范围"。继续检验后,发现其他的铀化合物也能发出这种射线,到 1896 年 5 月他又证明了纯金属铀的放射性大于铀化合物的放射性。

生于波兰、在法国学习的 M. Curie 对 Becquerel 的发现十分关注,她检验了许多元素及其化合物,发现除了铀和铀的化合物外,钍和钍的化合物也有类似的放射现象。由此她得出了放射现象是一种特有的原子现象的重要概念,其理由是铀和钍发出射线只决定于原子的性质,而与其化合物的组成无关。后来,M. Curie 在发现了钋和镭元素后才将这一现象称为放射性(radioactivity)。

1898 年春天她发现沥青铀矿的放射性比纯铀的放射性约大 4 倍,因而推测在沥青铀矿中还有一种放射性更强的放射性元素。门捷列夫(Mendeleev)周期表中的若干空位也启示着她去寻求这种前人从未发现的新元素。她的丈夫、物理学教授 P. Curie 放弃了结晶学的研究,也怀着极大的科学热情,协助她去努力探求放射性新元素。

他们的工作方法大体上是将沥青铀矿磨碎溶解于盐酸,进行硫化物沉淀等多步化学分离。在整个分离过程中,他们始终用跟踪放射性的办法,来确定大量其他元素中微量放射性元素的去向,并巧妙地根据放射性的行踪来判断该元素的某些化学性质。这种创造性的方法,是一种崭新的放射化学研究方法,至今仍被放射化学工作者广泛采用。

用这样的流程和方法,Curie 夫妇于 1898 年 6 月得到了很少量的放射性比铀强 150 倍的黑色粉末,再经过一番提炼又得到了放射性比铀强 400 倍的新元素。为了纪念自己的祖国波兰,M. Curie 将这个放射性元素命名为钋(polonium)。值得一提的是柏林的 W. Marckwald 几乎同时和独立地发现了这一元素,当时他称之为"射碲"。

同年年底,Curie 夫妇在 G. Bemont 的协助下,在铅的沉淀中又发现了放射性更强的另一种元素镭。为了确证钋和镭这两种新元素,Curie 夫妇买来了 2×10^3 kg 提取铀后的沥青铀矿渣,在简陋的实验室里经过两年多十分艰苦的劳动,终于在 1902 年提炼出了 120 mg 在光谱中见不到钡的纯氯化镭,并初测其原子量为 225 ± 1(现为 226.0254)。最后精制镭的方法是用氯化钡共沉淀载带微量的镭,然后用"分级结晶"的方法将钡和镭分离。

1903 年诺贝尔物理学奖授予 H. Becquerel 和 Curie 夫妇,奖励 Becquerel 发现自发的放射性和 Curie 夫妇在发现放射现象中的贡献。1911 年,Curie 夫人又获得诺贝尔化学奖,表彰她发现钋和镭并研究了它们的性质和化合物的成就。

1.2.2 实现人工核反应和发现人工放射性

1903 年,根据许多实验事实英国的 E. Rutherford 和 F. Soddy 提出了著名的放射性衰变理论。到 1910 年,又证实了镭的分解产物是氦和氦核,使衰变理论得到了肯定。Rutherford 的 α 散射实验又证实了原子核的存在。这时关于原子的不可变性的传统观念已经被推翻了,人们认识到某些原子核能够自发地按照一定规律进行某种转变。

Rutherford 在研究了原子核对 α 粒子的散射并导出了著名的 Rutherford 散射公式之后,设想当 α 粒子能量足够大时,轻核和 α 粒子间的库仑斥力有可能被克服,而使 α 粒子接近和射入原子核。1919 年他设计了在一个盛气体的容器中,用 $RaC(^{214}Bi)/RaC'(^{214}Po)$ 的 α 粒子轰击氮气的实验。在当 α 源离开 ZnS 的荧光屏远达 40 cm 时,ZnS 屏上仍能看到闪光,这表明产生闪光的粒子质量远比 α 粒子小。进一步用磁场偏转的方法证明这是氢的原子核,被称为质子。核反应式为

$$^{14}_{7}N + ^{4}_{2}He \longrightarrow ^{17}_{8}O + ^{1}_{1}H \quad 或 \quad ^{14}_{7}N(\alpha, p)^{17}_{8}O$$

此后又成功地进行了用 α 粒子轰击硼、氟、钠、铝等轻元素的核反应。

显然,用天然放射源来实现核反应的工作是很有限的,只有在发明了粒子加速器之后,人工核反应才能大量地实现。

1931—1932 年相继建成了人工加速核粒子的装置高压倍加器、静电加速器和回旋加速器,它们能将带电粒子加速到相当高的能量。1933 年 J. Cockcroft 等用能量为 0.1~0.7 MeV 的质子轰击锂,实现了不用天然放射源而完全用人工方法产生的核反应:

$$^{7}_{3}Li + ^{1}_{1}H \longrightarrow ^{4}_{2}He + ^{4}_{2}He \quad 或 \quad ^{7}_{3}Li(p, \alpha)^{4}_{2}He$$

1934 年 1 月,法国的 F. Joliot Curie,I. Curie 夫妇在研究用 100 mCi 的 Po 的 α 粒子对十几种轻元素作用时发现,当铝、硼、镁受 α 粒子轰击时,除了发生(α, p)和(α, n)反应外,还观察

到正电子。他们开始并没有弄清正电子的真正来源,只认为它是在核转变过程中放出的。但后来的实验表明,即使在移去 α 粒子源后,靶子仍能不断地放出正电子,正电子的放射速率随时间逐渐降低,最后趋于零。如同天然放射性一样,衰减规律具有一个特征的半衰期。当时,测得靶子铝、硼的正电子发射的半衰期分别为 3.4 min 和 10 min。由此判断这些放射性是人工核反应的产物。上述的铝、硼的核反应和精确的半衰期($T_{1/2}$)可写成

$$^{27}_{13}\text{Al} + ^{4}_{2}\text{He} \longrightarrow ^{30}_{15}\text{P} + ^{1}_{0}\text{n}, \quad ^{30}_{15}\text{P} \xrightarrow{\beta^{+}, 2.50\,\text{min}} ^{30}_{14}\text{Si}$$

$$^{10}_{5}\text{B} + ^{4}_{2}\text{He} \longrightarrow ^{13}_{7}\text{N} + ^{1}_{0}\text{n}, \quad ^{13}_{7}\text{N} \xrightarrow{\beta^{+}, 9.97\,\text{min}} ^{13}_{6}\text{C}$$

在这些发现中,除了直接测量靶子放射性以外,值得注意的是他们第一次用化学方法分离了人工放射性核素,这也是核反应化学工作的开端。核素是指具有一定数目的质子和中子的原子核。

在用铝作靶子的反应中,照射后的铝在盐酸中溶解,在水中收集了放出的氢气。氢气中载带极微量的放射性 $^{30}\text{PH}_3$,引入电离室进行测量,整个过程只用了 3 min。测量结果表明,正电子放射性都集中在气相,溶液中的残渣测不出放射性。在硼的反应中,他们把照射后的靶子氮化硼 BN 放在一个抽真空的容器中和氢氧化钠一起加热熔融。熔化时,氮化物转化成 NH_3,这时放射性 ^{13}N 形成的 $^{13}\text{NH}_3$ 被 NH_3 载带出去,进入一个浸在液态空气中的玻璃管中。最后,将氨气引入电离室测量放射性,整个过程不超过 6 min。结果表明放射性集中于氨中,其半衰期与未经分离的靶中的放射性完全一致。

人工放射性的发现,不但在理论上意义很大,而且在实际上为人工制造各种元素的放射性核素开拓了宽广的道路。

科学家们在 1934—1937 年使用加速器和较强的 Ra-Be 中子源,在短短的三年中制得了几十种元素的 200 多种人工放射性核素。到 1995 年 1 月,已经合成了约 2673 种放射性核素。

1.2.3　铀核裂变现象的发现

早在 1920 年 Rutherford 曾预言过一个质子与一个电子结合成一个中性的复合体的可能性。经过反复的实验验证,1932 年 J. Chadwick 终于确证了中子的存在。

1934 年 I. Curie 夫妇发现人工放射性元素的惊人消息传出后,意大利的青年物理学家 Fermi 用刚发现不久的中子轰击多种元素,通过 (n, γ) 反应制成了很多种放射性核素。在 1935 年 Fermi 和 E. Segre 等就宣布发现了氟以后的 43 种元素的放射性,并发现绝大部分放射性都放出 β 射线,靶元素经 β 衰变以后变成原子序数更高的元素。当时他们又设想用周期表最后的元素 92 号铀作靶,经中子轰击和 β 衰变后合成 93 号超铀元素(transuranium element),且从化学性质预测出所得元素应是锰和铼的同族元素。果然在实验中用 MnO_2 沉淀作载体获得了一些放射性。因为 MnO_2 沉淀并不载带 $\text{UX}_1(\text{Th})$ 和 $\text{UX}_2(\text{Pa})$,当用滞留载体(反载体)钡、镧时,MnO_2 也丝毫不会带下 $\text{MsTh}_1(\text{Ra})$ 和 $\text{MsTh}_2(\text{Ac})$,由此设想 MnO_2 所带下的放射性并非其他天然放射性元素,而是"合理的"超铀元素。

德国著名放射化学家 O. Hahn,F. Strassmann 和实验物理学家 L. Meitner 以及 J. Curie 夫妇都很重视这一初步发现,并在自己实验室里做了不少类似的工作。但当时他们都受到"元素受中子照射后,必然生成原子序数增加 1 的新元素"这一旧框框的局限,误认为已经发现了 93,94,95 号等元素,并且把这些元素分别命名为类铼、类锇、类铱等。

可是这些结论却受到了年轻化学家 I. Noddack 的批评。她和她的丈夫是元素铼的发现人,曾在稀土元素方面做过不少工作。她指出了上述实验的错误,认为大多数元素能被 MnO_2 载带下来,例如钋几乎全部能被 MnO_2 所载带。她在 1934 年大胆地提出铀受中子照射后可能发生裂变,"这些碎片应该是已知元素的同位素,但不是被照射元素的相邻元素"。但这个完全正确的设想当时却被 Fermi,Hahn 等著名科学家所拒绝,直到五年后才被公众所承认。

进一步的实践也有力地冲击着"发现了超铀元素"这一错误的结论。1937—1938 年 J. Curie 和 P. Savic 从中子照射过的铀中,发现了一种半衰期为 3.5 h 的物质,它有稀土元素的性质,且与草酸镧共沉淀(后来证实是 ^{141}La 和 ^{92}Y 的混合物),实际上他们的实验已经接近于证实核裂变能产生裂片元素的结论了。

在那时,Hahn 曾在中子照射过的铀的产物中,观察到一个性质与镭十分相似的放射性物质,Hahn 把它假设为 ^{231}Ra,生成反应为 $^{238}U(n,2\alpha)^{231}Ra$。1938 年 12 月,Hahn 采用他所熟悉的镭、钡分级结晶的方法,来验证这个结果。按分级结晶的原理,镭应在固相中得到浓集,但结果未见镭的浓集。想象中的镭,完全表现了钡的同位素的性质。为了慎重,Hahn 用镭的同位素 ThX(^{224}Ra)和 MsTh$_1$(^{228}Ra)重新检查分级结晶的方法,检查结果显然是方法没有缺陷,即使镭的量小到 10^{-18} g 时,在钡镭同晶体系中,镭仍能在固相中浓集。由此,只能认为所谓的人工镭并非 ^{231}Ra,而确实是钡的同位素。这个结论与法国的实验中观察到与镧极相似的放射性物质是很一致的。根据这些事实 Hahn 认识了铀在中子的作用下,铀核分裂成两片质量数相差不大的碎片。例如其中的一种反应可以是

$$^{235}_{92}U + ^{1}_{0}n \longrightarrow ^{93}_{37}Rb + ^{141}_{55}Cs + 2^{1}_{0}n$$

$$^{141}_{55}Cs \xrightarrow{\beta} ^{141}_{56}Ba \xrightarrow{\beta} ^{141}_{57}La \xrightarrow{\beta} ^{141}_{58}Ce \xrightarrow{\beta} ^{141}_{59}Pr \quad (稳定)$$

$$^{93}_{37}Rb \xrightarrow{\beta} ^{93}_{38}Sr \xrightarrow{\beta} ^{93}_{39}Y \xrightarrow{\beta} ^{93}_{40}Zr \xrightarrow{\beta} ^{93}_{41}Nb \quad (稳定)$$

可见钡和镧的存在是符合铀核裂变的机制的。

回顾裂变的发现,必须提出,具有二分之一犹太人血统的 Meitner 在 1938 年被迫离开德国 Hahn 研究组到瑞典避难,但时刻关心着 Hahn 的实验。当得知 Hahn 的重要发现时,她很快与她的外甥奥地利物理学家 O. Frisch 共同以 Bohr 液滴模型清晰准确地解释了裂变现象,他们借用生物学细胞分裂的概念,称这一核分裂为裂变。Meitner 的巨大贡献在后来没有受到应有的重视,1944 年为发现裂变而颁发的诺贝尔化学奖获得者只有 Hahn 一人,现在看来这是不公平的。

在随后的放射化学工作中,铀核裂变后又找到了其他一些原子序数比铀小很多的元素,如锶、钇、氙等。同时 J. Curie 等物理学家们也宣告他们在云雾室和核乳胶的实验工作中观察到了铀核裂变的裂片。

铀核裂变现象的发现,使整个原子能科学技术进入了一个崭新的时代。在这一重大发现过程中,许多科学家付出了艰巨的劳动,而其中放射化学家们所作的贡献尤为显著和突出。

1.2.4 合成超铀元素和面向核工业

裂变的发现否定了原来所谓已发现了 93 号超铀元素。1940 年美国的 E. McMillan 和 P. Abelson 用中子轰击薄铀片研究裂变产物的射程时,观察到大部分裂变产物从薄片上反冲出来,但半衰期为 23 min 和 2.3 d 的两种放射体却留在薄片内,它们分别被鉴定为 ^{239}U 和 93 号

元素镎 ^{239}Np，反应式：

$$^{238}U(n, \gamma)^{239}U \xrightarrow{\beta, 23\,min} {}^{239}Np \xrightarrow{\beta, 2.3\,d} {}^{239}Pu$$

当时对 ^{239}Np 的子体 ^{239}Pu 并没有明确的认识，而只看到有高价态的放射性不与 LaF_3 共沉淀的现象。

为了证明镎的存在，McMillan 设想用氘核轰击铀企图得到一个半衰期较短、强度较大的易测定的镎同位素。G. Seaborg，J. Kennedy 和 A. Wahl 在 1940 年 12 月完成了这个实验，他们在加州大学伯克利分校的回旋加速器上，用氘粒子轰击靶子 U_3O_8 获得了 94 号元素的第一个同位素 ^{238}Pu：

$$^{238}U(d, 2n)^{238}Np \xrightarrow{\beta, 2.35\,d} {}^{238}Pu$$

从靶子中分离出 93 号元素镎的两个同位素的混合物，其中一个是已知的 ^{239}Np，另一个是未知的 ^{238}Np。^{238}Np 比 ^{239}Np 具有更强的 β 粒子和更多的 γ 射线。更重要的是，用正比计数器测到了比较强的 α 粒子计数，这反映了 ^{238}Pu 的半衰期（$T_{1/2} = 87.74$ a）比 ^{239}Pu 的半衰期（$T_{1/2} = 24\,110$ a）小好多这一事实。

更有重大实际意义的是可裂变物质 ^{239}Pu 的发现。1941 年初，Segre 和 Seaborg 等鉴定了 ^{239}Np 的子体 ^{239}Pu 的存在。他们还用回旋加速器发生的中子将 ^{238}U 转变为 ^{239}Pu，初步制得了 0.5 μg 的镎样品，用此样品还进一步研究了镎的中子裂变性质。1942 年 8 月他们第一次制得了 2.27 μg 镎。目前，各个核国家所拥有的核武器的主要原料是镎，全世界镎的储存量也已达到了几百吨的惊人数量。

按照 1944 年前的周期表，镎和镎的化学性质应该与铼和锇相似，但实际的痕量化学研究表明，它们与铀的性质很相似，而与铼和锇毫不相同。在 1945 年 12 月出版的美国"化学工程新闻"上 Seaborg 发表的周期表里，他正确地将 93，94 号元素列入了与稀土或镧系相似的第二系列中，而且提出了"锕系元素"这一名词和著名的锕系理论。后续超铀元素的逐一被发现，不断证明这一理论的正确性。锕系理论完善了现代的周期表，并给新元素的合成工作指出了正确的方向。

1942 年在 Fermi 的领导下，美国芝加哥大学建成了第一个原子反应堆，同年 12 月 12 日宣告铀裂变链式反应获得成功。紧接着，美国在第二次世界大战期间，以芝加哥大学的冶金实验室和后来的 Los Alamos 实验室为中心，以曼哈顿计划（Manhattan Project）为名，动员了许多著名的科学家研制原子武器。1945 年 7 月在新墨西哥州进行了第一颗原子弹爆炸试验，一个月后美国空军在日本广岛、长崎上空分别投下一颗铀弹和镎弹，造成几十万人死伤，在人类的历史上写下了极悲惨的一页。接着 1952 年在太平洋比基尼岛又试爆了第一颗氢弹。

在第二次世界大战后，原子能工业的建立极大地促进了放射化学的发展。建造原子反应堆，包括军用的生产堆和民用的动力堆，都需用大量的铀作为裂变物质，这就促使铀的冶炼工业迅速兴起。其中包括矿石中铀的浓集物的提取、铀化合物精制、六氟化铀的生产、铀的同位素分离及金属铀的冶炼等各个环节，这必然推动了铀、钍等核燃料化学的发展。

进一步，由于对裂变物质镎的大量需求，使得核燃料的后处理工业相应得到了发展。20世纪 50 年代初美国创立了以 TBP 为萃取剂的 PUREX 萃取流程，能有效地从燃耗的乏燃料中回收铀和提取纯镎及裂变产物。相应地，镎等超铀元素化学及裂变产物化学也得到了发展。

具有强中子流的原子反应堆为放射化学提供了强大的实验手段，用反应堆能生产几百种放射性同位素,以满足工业、农业、生物、医学等各个领域的广泛需要。尤其是生物医学上的应用,在近几十年有了突飞猛进的发展。

加速各种粒子的加速器的建成,也为放射化学提供了有力的实验手段。在加速器上不但可以制备一些特殊的同位素和合成新元素,而且可以进行很多核化学的基础理论研究。

1.2.5 放射化学展望

回顾近几十年来的发展,放射化学大体上经历了两个历史阶段:从 20 世纪 40 年代到大约 60 年代,主要环绕着核武器和核能发电,以生产和处理核燃料为中心,有过蓬勃的发展;大约在 60 年代之后发展重心逐步移向放射性同位素和核技术的广泛应用,特别是与生命科学、环境科学的结合。21 世纪这个大趋势还将延续。

近 10 年来基础核化学研究取得了一些重要进展,用重离子核反应合成新元素,已经使元素周期表扩展到 $Z=112$。在 1999—2001 年间,美国劳伦斯伯克利实验室(LBL)的科学家宣布合成出了 $Z=114$ 和 118 的超重元素,并为俄罗斯弗列洛夫核研究实验室(FLNR)证实。后者还宣布合成了 $Z=116$ 的超重元素。德国重离子研究所(GSI)的实验未能重复 $Z=116$ 和 118 的结果。

放射化学当今发展的一个重要方面是与生物医学的结合。其中突出的是核药物化学,它和核探测、显像技术一起,成为核医学的基础和支柱。除此,^{32}P、^{14}C、^{3}H 等的标记化合物在生物医学研究中有着不可替代的和广泛的应用价值,过去是生物医学研究的强有力工具,今后还将依然如此。

在放射分析化学领域中,中子活化分析始终是一种受到广泛重视的高灵敏的分析方法。它和分子种态研究紧密结合而形成的分子活化分析,对研究含微量元素的生物大分子在体内的状态和结构是很有帮助的。其他方法,如瞬发 γ 中子活化分析、超热中子和冷中子活化分析、扫描质子微探针、加速器质谱分析等都会有良好的前景。

当今发展的另一个重点是与环境保护事业密切相关的,即防止放射性对环境的污染研究。当认识到核能必须更大规模地被利用的现实时,公众则普遍担忧核废物对人类环境造成的可能危害。为确保核电事业的长足发展,必须要妥善解决在反应堆中燃烧过的放射性乏元件的处理和处置问题。为此,放射化学家要研究从高放射性废液中有效地清除高毒性的 α 放射性物质,研究放射性核素从废物的永久性地质处置库中迁移出来的规律等。国际上正在酝酿的洁净核能系统(clean nuclear power system),即利用中能强流质子加速器驱动次临界反应堆装置来产生核能;同时,通过分离-嬗变(partitioning-transmutation)过程,将废物中的高毒性核素转化为稳定的或低毒性核素。为实现这一艰巨的科学工程,放射化学将起到关键性的作用。

目前,美国、法国、俄罗斯、日本等技术较先进的国家都在积极建造次级放射性束流装置(secondary radioactive beam facility),用放射性核素作为炮弹来引发新的核反应和产生新的核素。我国也已开始建造这类设备。新型的核反应必将使核化学的研究更加丰富多彩。同时,通过优化质子和中子数目可能找到合成超重核的较好途径。

综上所述,放射化学不但在人们探索物质世界的规律中直接发挥作用,也为其他基础学科提供其特有的研究方法和手段。放射化学又是一门与实际生活紧密结合的科学,核能是目前仅次于化石燃料的重要能源,越来越多的人正在从核医学提供的健康服务中得益。核技术的应用已经深入到工农业的许多领域。放射化学在维护国家安全方面,其重要性是毋庸置疑的。

附表 1-1 放射化学发展史中的重要事件
(包括核科学技术发展史中的一些重大事件)

年 代	事 件	发现人或发明人
1789	铀的发现	M. H. Klaproth
1828	钍的发现	J. J. Berzelius
1868	元素周期率	D. E. Mendeleev
1895	X 射线	W. Röntgen
1896	放射性的发现	A. H. Becquerel
1898	钍盐放射性的发现	M. Curie,G. C. Schmidt
1898	钋的发现	M. Curie,W. Marckwald
1898	创建放射化学方法	M. Curie,P. Curie
1898	镭的发现	M. Curie,P. Curie,G. Bemont
1899	锕的发现	A. Debierne
1900	γ 射线具有电磁辐射性质	P. Villard
1900	氡的发现	F. Dorn,E. Rutherford
1901	发现水合镭盐释放气体的辐射化学效应	M. Curie,A. Debierne
1902	分离 0.12 g 纯镭	M. Curie,P. Curie,A. Debierne
1902	电化学法分离放射性元素	W. Marckwald
1903	β 射线被鉴定为电子	R. Strutt
1903	放射性衰变理论	E. Rutherford,F. Soddy
1903	α 射线被鉴定为氦离子	E. Rutherford
1903	证明水合镭盐放出的气体是氢和氧	W. Ramsay,F. Soddy
1905	衰变律($N=N_0 e^{-\lambda t}$)	E. von Schweidler
1911	原子的核心模型	E. Rutherford
1912	放射性示踪原子方法	G. Hevesy,F. Paneth
1913	放射性衰变位移定律	F. Soddy,K. Fajans
1913	同位素的概念	F. Soddy,K. Fajans,J. J. Thomson
1913	分离氖的同位素	F. Aston
1913	放射性元素的吸附共沉淀规则	K. Fajans,F. Paneth
1913	原子模型	N. Bohr
1919	人工核反应和质子的发现	E. Rutherford
1919	质谱仪	F. Aston
1920	放射性同位素交换反应	G. Hevesy,L. Zechmeister
1921	同质异能素($^{234m}Pa,^{234}Pa$)	O. Hahn,L. Meitner
1924	将放射性示踪元素(Po)用于生物学研究	A. Lacassagne,C. M. Lattes
1928	G-M 计数器	H. Geiger,W. Mueller
1931	静电加速装置	R. J. Van de Graaff
1932	中子的发现	J. Chadwick
1932—1933	高压倍加器实现加速粒子的人工核反应$^7Li(p,\alpha)^4He$	J. D. Cockcroft,E. T. S. Walton

年 代	事 件	发现人或发明人
1932	回旋加速器	E. D. Lawrence, M. S. Livingston
1932	同位素稀释法	G. Hevesy
1932	重氢(氘)的发现	H. C. Urey
1932	正电子的发现	C. D. Anderson
1933	化学反应的同位素效应	H. O. Urey, D. Rittenberg
1934	人工放射性的发现,用化学方法研究核反应	F. Joliot Curie, Irene Curie
1934	核反冲化学效应	L. Szilard, T. A. Chalmers
1934—1935	用(n,γ)反应制得多种放射性核素	E. Fermi, E. Segre 等
1935	氚的发现$[^6Li(n,\alpha)^3H]$	J. Chadwick, M. Goldhaber
1936	用^{32}P诊断病人白血病	J. H. Lawrence
1936	活化分析	G. Hevesy, H. Levi
1937	人工制备锝	C. Perrier, E. Segre
1938	^{99m}Tc 的发现	G. T. Seabory, E. Segre
1939	铀的裂变	O. Hahn, L. Meitner, F. Strassmann
1939	^{80m}Br、^{80}Br 的化学分离	E. Segre, G. T. Seaborg
1939	钫的发现	M. Perey
1940	人工制备砹	D. R. Corson, K. R. Mackenzie, E. Segre
1940	镎的发现	E. McMillan, P. H. Abelson
1940	钚的发现	G. T. Seaborg, J. W. Kennedy, A. C. Wahl, E. McMillan
1940	^{14}C 的发现	M. D. Kaman
1940	自发裂变	K. A. Petrzhak, G. N. Flerov
1940	铀裂变释放巨大能量	许多科学家
1941	^{239}Pu 的发现	J. W. Kennedy, G. T. Seaborg, E. Segre
1942	原子反应堆	E. Fermi 等
1942	^{233}U 的发现	G. T. Seaborg, J. W. Gofman, R. W. Stoughton
1942—1945	电子辐照聚乙烯发生交联	A. Charlesby
1943	气体扩散法浓集^{235}U	美国
1944	人工制备镅	G. T. Seaborg, R. A. James, L. O. Morgan
1944	人工制备锔	G. T. Seaborg, R. A. James, A. Ghiorso
1945	分离出 kg 量级的钚	美国
1945	第一颗原子弹爆炸	美国
1945	锕系理论	G. T. Seaborg
1946	^{14}C 定年代	W. F. Libby
1947	人工制备钷	J. Marinsky, L. Glandenin, C. Coryell

续表

年 代	事 件	发现人或发明人
1951	正电子素	M. Deutsch
1951—1954	PUREX 后处理流程	美国 Hanford 工厂
1951	增殖反应堆,并发电	美国
1952	第一颗氢弹爆炸	美国
1954	第一座核电站	苏联
1958	Mössbauer 效应	R. L. Mössbauer
1958—1960	^{99}Mo-^{99m}Tc 母牛	W. D. Tucker, M. W. Green, P. Richard
1960	放射免疫分析	R. S. Yalow
1964	中国第一颗原子弹爆炸	中国
1975	正电子发射断层显像仪(PET)	M. Ter-pogossian 等
1979	单光子发射断层显像仪(SPET)	J. Jasczzak
1981—1984	合成和证实 107,109 和 108 号元素	联邦德国重离子研究协会(GSI)的 G. Munzenberg,P. Armbruster 等
1994	合成 110,111 号元素	GSI 的 S. Hofmann,P. Armbruster 等
1996	合成 112 号元素	GSI 的 P. Armbruster 等

参 考 文 献

[1] 刘元方,江林根. 放射化学(无机化学丛书第 16 卷). 北京:科学出版社,1988.

[2] Genet M. The discovery of uranic rays:A short step for Henri Becquerel but a giant step for science. Radiochimica Acta,1995(70/71):3～12.

[3] Adlof J P,MacCordick H J. The dawn of radiochemistry. Radiochimica Acta, 1995(70/71):13～22.

[4] Holden N E. The delayed discovery of nuclear fission. Chemistry International, 1990, 12 (5): 177～185.

[5] Seaborg G T. Nuclear Milestones. US Atomic Energy Commission,1971.

[6] Armbruster P. On the production of superheavy elements. Annual Review of Nuclear and Particle Science,2000(50):411～479.

[7] Karol P J,Nakahara H,Petley B W,Vogt E. On the discovery of the elements 110～112 (IUPAC technical report). Pure and Applied Chemistry, 2001, 73 (6):959～967.

第 2 章　原子核和粒子物理

2.1　原子核的组成

1897 年，J. J. Thomson 发现电子。1911 年 E. Rutherford 的散射实验证实，原子的正电荷和 99.9％以上的质量集中在 $R \leqslant 10^{-14}$ m 的原子中心。他据此提出了原子是由原子核和电子组成的核式结构模型。1917—1920 年间，E. Rutherford 和其他物理学家用 α 粒子轰击一些原子核时，发现了质子。当时人们知道的基本粒子只有电子和质子，自然地会猜想原子核可能由质子和电子组成。这种猜想遇到了理论上的困难。因为已知 β 粒子的最大能量不超过 3 MeV，其德布罗意（de Broglie）波长 $\geqslant 3.5 \times 10^{-13}$ m，原子核容纳不下。1932 年 J. Chadwick 发现了中子。不久，W. Heisenberg 提出原子核由质子和中子组成的假设。这一假设得到大量实验事实的支持。

当我们讨论物质的微观结构时，限定所涉及的结构层次是必要的。在低能范围内，将原子核看做由质子和中子组成是一个很好的近似。到了高能核物理的研究范围，必须考虑核内的介子流，甚至深入到夸克这一层次，否则对实验事实就不能给出合理的解释。

2.1.1　质子和中子

原子核是由**质子**（proton）和**中子**（neutron）组成的。质子就是氢原子核。通常用电子所带电荷的绝对值为单位，称为**元电荷**，用符号 e 表示，$1e = 1.6021892 \times 10^{-19}$ C。质子带一个单位的正电荷，即 $+e$，质量约为电子质量的 1836 倍。中子不带电荷，质量与质子相近，它们统称为**核子**（nucleon）。在原子核中的质子-质子、质子-中子和中子-中子间存在强度相同的强相互作用（**核力**），因而可以将它们看成是核子的两种不同状态。自由中子是不稳定的，它要自发地衰变为质子。质子、中子和电子的主要性质见表 2-1。

表 2-1　质子、中子及电子的主要性质

性　质	质　子	中　子	电　子
质量 m(u)	1.007276	1.008665	0.54858×10^{-3}
电荷 q(C)	1.6022×10^{-19}	0	-1.6022×10^{-19}
半径 r(m)	0.83×10^{-15}*	0.76×10^{-15}*	2.8179×10^{-15}**
自旋 $P_1(\hbar)$	1/2	1/2	1/2
磁矩 μ_1/μ_N	2.7928	-1.9130	-1838.28
平均寿命 τ	稳定	14.79 min	稳定
统计	费米-狄拉克	费米-狄拉克	费米-狄拉克

*　磁矩分布半径。

**　电子经典半径。

由无限多等量中子和质子组成的、密度均匀的物质称为**核物质**（nuclear matter）。核物质有两个主要特点：① 每个核子的平均结合能与核子的数目无关；② 核物质的密度与核子的数目无关。有时泛指由核子组成的、密度与原子核相似的物质为核物质。

2.1.2 核素

原子核中的质子数用 Z 表示,它等于核外的电子数,也等于该元素的原子序数。因为原子核所带的正电荷为 Ze,所以 Z 也叫做原子核的**电荷数**(charge number)。

原子核所含的**中子数**用 N 表示。核中质子数 Z 和中子数 N 之和 $A(Z+N=A)$ 称为原子核的**质量数**(mass number)。具有相同的质子数 Z、相同的中子数 N,处于相同的、寿命可测的能态的一类原子称为**核素**(nuclide),用符号 $^A_Z X_N$ 表示,此处 X 为元素符号。例如 $^{238}_{92} U_{146}$ 表示 $Z=92,N=146,A=238$ 的核素。由于化学符号已经隐含原子序数(质子数)Z,中子数 $N=A-Z$,因此下标 Z 和 N 可以省略。核素 $^{238}_{92} U_{146}$ 可略写为 ^{238}U,中文写做铀-238。

质子数 Z 相同而中子数 N 不同因而质量数 A 不同的两个或多个核素称为**同位素**(isotope),例如 $^1_1 H_0$(氢)、$^2_1 H_1$(氘,^2D)和 $^3_1 H_2$(氚,^3T)及 $^{233}_{92} U_{141}$、$^{235}_{92} U_{143}$ 和 $^{238}_{92} U_{146}$。中子数 N 相同而质子数 Z 不同的核素称为**同中子异荷素**(isotone),如 $^{89}_{39} Y_{50}$、$^{90}_{40} Zr_{50}$ 和 $^{91}_{41} Nb_{50}$。质量数 A 相同而质子数 Z 不同的核素称为**同质异位素**(isobar),如 $^{32}_{15} P_{17}$ 和 $^{32}_{16} S_{16}$、$^{140}_{56} Ba_{84}$ 和 $^{140}_{57} La_{83}$。属同一种原子核但处于不同的能量状态且其寿命可以用仪器测量的两个或多个核素称为**同质异能素**(isomer),如 ^{99m}Tc 和 ^{99}Tc,上标 m 表示激发态。有时激发态和基态分别在质量数后标以 m 和 g,如 ^{94m}Tc 和 ^{94g}Tc。若激发态能级不止一个,用 ^{Am_1}X、^{Am_2}X、$\cdots$ 加以区分,如 $^{124m_1}Sb$、$^{124m_2}Sb$ 等。如两个核素的 Z 和 A 存在 $Z_1=N_2,Z_2=N_1,A_1=A_2$ 关系,称它们为**镜像核**(mirror nuclei),如 $^7_3 Li_4$ 和 $^7_4 Be_3$、$^{39}_{19} K_{20}$ 和 $^{39}_{20} Ca_{19}$ 等。

2.1.3 核素图

自然界有 81 种元素($Z=1\sim83$,43 号 Tc 和 61 号 Pm 除外)有稳定同位素,10 种元素($Z=84\sim92$ 及 $Z=94$)有天然放射性同位素,26 种元素($Z=43,61,93,95\sim116,118$,截至 2005 年)只能由人工合成。已经发现的核素约 3000 种。按照 1998 年的核素图,稳定核素有 249 种,半衰期大于 1×10^{11} a 的核素 32 种,加上 $^{40}K(T_{1/2}=1.277\times10^9 a)$、$^{232}Th(T_{1/2}=1.405$

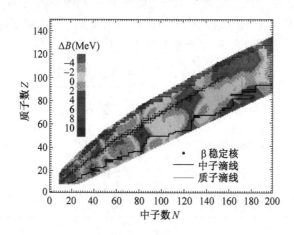

图 2-1 核素图

ΔB 为"微观能"对结合能的贡献。微观能起源于壳层效应和对效应。在质子数或(和)中子数为幻数时微观能的贡献最大

[引自 P. Möller and J. R. Nix. At. Data Nucl. Data Tables,1988(39):213]

$\times 10^{10}$ a)、^{235}U($T_{1/2}=7.038\times10^8$ a)和^{238}U($T_{1/2}=4.468\times10^9$ a)，天然存在的稳定核素和半衰期非常长的核素共有 285 种。若将所有核素排列在一张以 N 为横坐标、以 Z 为纵坐标的图——核素图(图 2-1)上，可以发现，稳定核素几乎全部位于一条光滑的曲线或紧靠该曲线的两侧，这条曲线称为 **β 稳定线**。其余 2710 余种不稳定核素分布在 β 稳定线的上下两边。理论预言还有约 3000 种核素，它们分布在离 β 稳定线更远的区域。位于 β 稳定线上侧的是**缺中子核素**(neutron-deficient nuclide)，其边界为**质子滴线**(proton drip line，此处质子开始泄漏)。位于 β 稳定线下侧的是**丰中子核素**(neutron-rich nuclide)，其边界为**中子滴线**(neutron drip line，此处中子开始泄漏)。

2.2　原子核的性质

2.2.1　原子核半径

大部分原子核为球形或接近球形的旋转椭球形。除大形变核和超形变核外，其长半轴和短半轴相差一般不超过百分之几。因此，原子核的大小通常用核半径 R 表示。测量核半径的实验方法主要有两种：① 高能电子被原子核散射。因为电子与质子之间的作用力是电磁相互作用，与中子无相互作用，所以测得的是原子核中质子的分布，即核的电荷分布。② π 介子被原子核散射。因为介子与核子之间的相互作用是核力，测得的是原子核中核力作用的分布，即核物质的分布。实验发现，原子核中电荷与核力的分布都不是均匀的。在核的内部分布均匀，在核的表面附近逐渐下降，呈弥散分布，如图 2-2 所示。电荷或核物质在核中的分布可以用分布函数

$$\rho(r) = \frac{\rho_0}{1 + \exp\left(\dfrac{r - R}{d}\right)} \tag{2-1}$$

来描述。式中 $\rho(r)$ 为距原子核心的距离为 r 处的电荷或核物质的密度，ρ_0 为常数，R 为密度下降到 ρ_0 一半处到原子核心的距离(半密度半径)，d 为表征弥散程度的一个参量。将密度从 ρ_0 的 90% 下降到 10% 的距离称为核的表面厚度 t，$t=4d\ln3$。对于 $A>16$ 的核，$\rho_0=0.17$ 核子/fm^3，$d=0.54$ fm，$t=2.4$ fm(1 fm$=10^{-15}$ m)。电荷分布半径和核物质的分布半径(即核力作用半径)都与核的质量数 A 的立方根成正比，$R=r_0\cdot A^{1/3}$。对电荷分布半径，$r_0\approx1.2$ fm；对核力作用半径，$r_0\approx1.4\sim1.5$ fm。

核的电荷分布半径小于核物质的分布半径说明，核的表面中子比质子要多，或者说，原子核仿佛有一层"中子皮"。

因为原子核体积 $V=(4/3)\pi R^3=(4/3)\pi(r_0A^{1/3})^3=(4/3)\pi r_0^3 A$，所以核物质的核子数密度($A/V$)相同，约为 10^{38} cm^{-3}。以核子质量为 1.66×10^{-24} g 计，核物质的密度大得惊人，约为 1.66×10^{14} g·cm^{-3}。中子星是

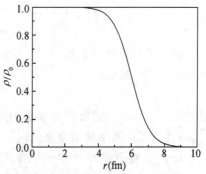

图 2-2　原子核的电荷分布($A=125$)

宇宙中密度最大(10^{14} g·cm^{-3})的一种天体,由中子和少量的原子核(包括质子)和电离了的电子组成,也可能还有其他基本粒子。一个中子星类似于一个巨大的原子核。

2.2.2　原子核的质量和结合能

2.2.2.1　原子核质量

若忽略原子核和核外电子之间的结合能,原子核的质量 $m(Z,A)$ 等于原子的质量 $M(Z,A)$ 减去核外 Z 个电子的质量:

$$m(Z,A) = M(Z,A) - Zm_e \tag{2-2}$$

以氢原子为例,

$$m(1,1) = m_p = M(1,1) - m_e = M_H - m_e$$
$$= 1.6735328 \times 10^{-24} - 9.109383 \times 10^{-28}$$
$$= 1.6726218 \times 10^{-24}(\text{g})$$

式中 m_e,m_p 和 M_H 分别为电子、质子和氢原子的质量。氢原子核的质量占整个氢原子的质量的99.9456%,电子质量占 0.054432%,氢原子核和电子之间的结合能为 13.6 eV,折合成质量为 2.4244×10^{-32} g,忽略此项带来的误差极小。

单个原子核的质量很小,用 kg 和 g 作单位不便于使用。在原子核物理中人们采用**原子质量单位**(atomic mass unit, u)作为质量单位,规定 1 u 等于^{12}C 原子质量的 1/12。

$$1\,u = \frac{12}{N_A} \times \frac{1}{12} = \frac{1}{6.0221415 \times 10^{23}} = 1.66053886 \times 10^{-27}(\text{kg}) = 1.66053886 \times 10^{-24}\,\text{g}$$

上例若用原子质量单位表示,则

$$m(1,1) = m_p = M(1,1) - m_e = M_H - m_e$$
$$= 1.007825 - 0.54858 \times 10^{-3}$$
$$= 1.007276(\text{u})$$

氢原子中电子的结合能为 1.46×10^{-8} u。因为在所有核过程中电子总数是不变的,而电子的结合能变化可以忽略不计,所以不必由原子质量计算原子核质量 $m(Z,A)$,而直接使用原子质量 $M(Z,A)$。

原子核质量不等于 Z 个质子和$(A-Z)$个中子的质量之和。组成原子核的 Z 个质子和$(A-Z)$个中子的质量和与该原子核的质量 $m(Z,A)$ 之差称为**质量亏损**(mass defect),用 $\Delta m(Z,A)$ 表示。

$$\begin{aligned}\Delta m(Z,A) &= Zm_p + (A-Z)m_n - m(Z,A) \\ &= ZM_H + (A-Z)m_n - M(Z,A)\end{aligned} \tag{2-3}$$

以原子质量单位表示的原子质量 $M(Z,A)$ 与原子核的质量数 A 之差称为**质量过剩**(mass excess),以 Δ 表示。

$$\Delta = M(Z,A) - A$$

显然,$\Delta(^{12}\text{C}) = 0$。通常将 Δ 换算为能量,以 MeV 表示。

2.2.2.2　原子核的结合能

由 Z 个质子和 N 个中子结合成质量数为 $A = Z + N$ 的原子核时所释放的能量称为该原子核的**结合能**,以 $B(Z,A)$ 表示,即

$$Z\text{p} + N\text{n} \longrightarrow {}^A_Z\text{X}_N + B(Z,A)$$

根据爱因斯坦质能联系定律,结合能 $B(Z,A)$ 与 $\Delta m(Z,A) = ZM_H + (A-Z)m_n - M(Z,A)$ 的关系为

$$B(Z,A) = \Delta m(Z,A)c^2 \qquad (2\text{-}4)$$

式中 c 为光速。结合能也可以通过质量过剩来计算,

$$\begin{aligned}
\Delta m(Z,A) &= ZM_H + (A-Z)m_n - M(Z,A) \\
&= Z(M_H - 1) + (A-Z)(m_n - 1) - [M(Z,A) - A] \\
&= Z\Delta(^1H) + (A-Z)\Delta(n) - \Delta(^A_Z X) \qquad (2\text{-}5)
\end{aligned}$$

有些核素手册不列出原子质量 $M(Z,A)$,而列出质量过剩 Δ,并以能量单位 MeV 表示,与 1 u 相联系的能量为 931.4940 MeV,即

$$1\,u = 931.4940\,\text{MeV}/c^2$$

与一个电子的静质量相联系的能量(电子的静质量能)为 0.511 MeV。

2.2.2.3 比结合能曲线

将结合能 $B(Z,A)$ 除以核子数 A 所得的商 ε 称为该核的**比结合能**或**平均结合能**。表 2-2 列出了若干核素的结合能和比结合能。

表 2-2 若干核素的原子质量、质量亏损、质量过剩、结合能和比结合能

核素	原子质量(u)	质量亏损 Δm(u)	质量过剩 Δ(MeV)	结合能 B(MeV)	比结合能 ε(MeV)
n	1.008665	—	8.0714	—	—
^{1}H	1.007825	—	7.2890	—	—
^{2}H	2.014102	0.002388	13.1359	2.224	1.112
^{4}He	4.002603	0.030377	2.4248	28.30	7.07
^{12}C	12.000000	0.098940	0	92.16	7.68
^{14}N	14.003070	0.112355	2.8637	104.66	7.48
^{15}N	15.000110	0.123987	0.1000	115.49	7.70
^{15}O	15.003070	0.120185	2.860	111.95	7.46
^{16}O	15.994920	0.137005	−4.7366	127.61	7.98
^{17}O	16.999130	0.141453	−0.808	131.76	7.75
^{56}Fe	55.934940	0.528463	−60.605	492.3	8.79
^{132}Xe	131.904200	1.194259	−89.272	1112.4	8.43
^{208}Pb	207.976700	1.756783	−21.75	1636.4	7.87
^{238}U	238.050808	1.934175	47.33	1801.6	7.57

由表 2-2 可以计算出最后一个质子和最后一个中子的结合能 $S_p(^A_Z X)$ 和 $S_n(^A_Z X)$。

$$S_n(^{15}_7 N) = \Delta(^{14}_7 N) + \Delta(n) - \Delta(^{15}_7 N) = 10.8351\,\text{MeV}$$

$$S_p(^{15}_8 O) = \Delta(^{14}_7 N) + \Delta(^1_1 H) - \Delta(^{15}_8 O) = 7.293\,\text{MeV}$$

$$S_p(^{16}_8 O) = \Delta(^{15}_7 N) + \Delta(^1_1 H) - \Delta(^{16}_8 O) = 12.1256\,\text{MeV}$$

$$S_n(^{16}_8 O) = \Delta(^{15}_8 O) + \Delta(n) - \Delta(^{16}_8 O) = 15.668\,\text{MeV}$$

$$S_n(^{17}_8 O) = \Delta(^{16}_8 O) + \Delta(n) - \Delta(^{17}_8 O) = 4.143\,\text{MeV}$$

在核素图上处于中子滴线上的核素其最后一个中子的结合能为零,处于质子滴线上的核素其最后一个质子的结合能为零。

将稳定核素的比结合能 ε 对质量数 A 作图,所得曲线称为**比结合能曲线**,如图 2-3 所示。该图说明,在 $A\approx50\sim60$ 附近,ε 最大,约为 8.8 MeV。在 $A<50$ 的区域,ε 随 A 增加而增加。在 $A>60$ 的区域,ε 随 A 的增加而下降。因此,将两个轻核融合为较重的核(如 $^2\mathrm{H}+^3\mathrm{H}\longrightarrow$ $^4\mathrm{He}+\mathrm{n}$)(**核聚变**)和将一个重核分裂为两个中等质量的核(如 $^{236}\mathrm{U}\longrightarrow ^{94}\mathrm{Sr}+^{140}\mathrm{Xe}+2\mathrm{n}$)(**核裂变**)将会有能量的释放。从图 2-3 还可以看出,在 $A<25$ 的轻核区,ε 随 A 的变化有明显的起伏,当 $A=4(^4\mathrm{He})$,$12(^{12}\mathrm{C})$,$16(^{16}\mathrm{O})$,$20(^{20}\mathrm{Ne})$ 时,ε 比邻近的核大,偶-偶核的 ε 比奇 A 核的大,奇 A 核的 ε 比奇-奇核的大,说明原子核中的质子-质子及中子-中子有配对的趋势。

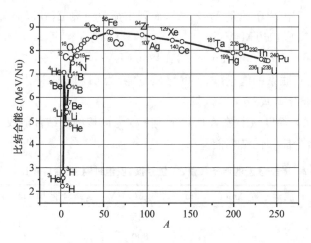

图 2-3　比结合能曲线

2.2.2.4　核的液滴模型和结合能的半经验公式

除了很轻的核和很重的核,核的比结合能近似为一常数,$\varepsilon\approx8\,\mathrm{MeV}$,说明核子与核子之间的相互作用具有饱和性,否则 $\varepsilon\propto A$。此外,核物质的密度近似为一常数,说明核物质是不可压缩的。这两个性质与液体相似。因此可以将原子核视为由核子组成的**核液滴**。这种核模型称为**液滴模型**(liquid drop model)。根据液滴模型,结合能 B 主要包括**体积能** B_V、**表面能** B_S 和**库仑能** B_E。体积能 B_V 与核液滴的体积 V 成正比,而后者与 A 成正比,所以

$$B_\mathrm{V} = a_\mathrm{V}A \tag{2-6}$$

式中 a_V 为常数。处于核液滴表面的核子只受到液滴内部核子的作用,因此结合较为松弛。这种表面效应对于结合能的贡献是负的。表面能 B_S 应当与表面积成正比,后者等于 $4\pi R^2\propto A^{2/3}$,即

$$B_\mathrm{S} = -a_\mathrm{S}A^{2/3} \tag{2-7}$$

式中 a_S 为常数。质子与质子之间除存在核力外,还存在库仑斥力,库仑能 B_E 的存在使结合能减小。根据电学原理,一个均匀带电球体的静电能与所带电荷的平方成正比,与球的半径成反比,因此

$$B_\mathrm{E} = -a_\mathrm{E}Z^2 A^{-1/3} \tag{2-8}$$

在轻核区,稳定核素的质子数 Z 与中子数 N 是相等的。若 $Z\neq N$,稳定性要降低。从 $^{15}\mathrm{O}$、$^{16}\mathrm{O}$ 和 $^{17}\mathrm{O}$ 的比结合能(见表 2-2)可以清楚地看出这一点。质子数和中子数对称($N=Z=A/2$)时核的结合能最高,偏离对称时结合能减小,且这种影响随 A 的增加而下降。因此**对称能**的修正项可写为

$$B_A = -a_A \left(\frac{A}{2} - Z \right)^2 A^{-1} \tag{2-9}$$

如前所述,原子核中质子-质子及中子-中子配对时结合能较大。这可从稳定核素的质子-中子数的奇-偶统计看出来。在 249 个稳定核素中,偶-偶核 143 个,偶-奇核 52 个,奇-偶核 50 个,奇-奇核 4 个。这一效应称为**奇偶效应**,因核子配对增加的结合能称为**对能**(pairing energy),用 B_P 表示,

$$B_P = \delta a_P A^{-1/2} \tag{2-10}$$

式中 a_P 为常数,

$$\delta = \begin{cases} 1 & \text{偶-偶核} \\ 0 & \text{奇 } A \text{ 核} \\ -1 & \text{奇-奇核} \end{cases} \tag{2-11}$$

综合(2-6)～(2-11)式,结合能 $B(Z, A)$ 可写为

$$B(Z, A) = a_V A - a_S A^{2/3} - a_E Z^2 A^{-1/3} - a_A \left(\frac{A}{2} - Z \right)^2 A^{-1} + \delta a_P A^{-1/2} \tag{2-12}$$

这一关于原子核结合能的半经验公式称为 Weizsacker 公式。用稳定原子核的结合能数据可以拟合出常数 a_V, a_S, a_E, a_A 及 a_P。不同研究者得到的拟合值略有不同,下面是其中的一组:

$$a_V = 15.67 \,\text{MeV}, \quad a_S = 17.23 \,\text{MeV}$$
$$a_E = 0.72 \,\text{MeV}, \quad a_A = 23.29 \,\text{MeV} \tag{2-13}$$
$$a_P = 12 \,\text{MeV}$$

2.2.3 原子核自旋、磁矩和电四极矩

2.2.3.1 原子核自旋(nuclear spin)

原子核是由质子和中子组成,质子和中子都是自旋为 1/2 的粒子,它们不但作自旋运动,而且在核内力场的作用下在各自的轨道上运动,每个核子的角动量等于其自旋角动量和轨道角动量的矢量和。核的总角动量 P_I 等于各个核子角动量的矢量和,I 为角动量量子数。核的角动量 P_I 又称为**核自旋**。P_I 的大小为

$$P_I = \sqrt{I(I+1)} \hbar \tag{2-14}$$

P_I 在空间指定 z 方向的分量为

$$P_{I,z} = m_I \hbar \tag{2-15}$$

式中 m_I 称为**磁量子数**,可取 $I, I-1, \cdots, -(I-1), -I$,共 $2I+1$ 个值。P_I 在 z 方向投影的最大值为 $I\hbar$,通常用这个最大值(以 $\hbar$ 为单位)即**自旋量子数** I,来表示核自旋的大小。由于核自旋的存在,整个原子的角动量等于核外电子的总角动量 P_J 和原子核的角动量 P_I 的矢量和,

$$P_F = P_I + P_J \tag{2-16}$$

F 可取 $I+J, I+J-1, \cdots, |I-J|$,共 $2J+1$(如 $I>J$)或 $2I+1$(如 $I<J$)个值。核外电子的总角动量 P_J 和原子核的 P_I 角动量的这种耦合使得原子光谱线进一步分裂。与核外电子的自旋-轨道耦合产生的分裂相比,这种分裂要小得多。原子光谱线因前者产生的分裂称为光谱的**精细结构**(fine structure),因后者产生的分裂称为**超精细结构**(hyperfine structure)。因同位素的质量不同使原子光谱产生微细分裂也叫超精细结构。

从实验测得的原子核自旋数据可以归纳出以下规律：① 偶-偶核的自旋为零；② 奇-奇核的自旋为整数；③ 奇 A 核的自旋为半整数。

2.2.3.2　原子核的磁矩（nuclear magnetic moment）

原子核是一个带电系统，它的自旋运动会产生磁矩。如同原子磁矩一样，可以将原子核磁矩 μ_I 表示成

$$\mu_I = \frac{g_I \mu_N P_I}{\hbar} \tag{2-17}$$

式中 μ_N 为核磁矩单位，称为**核磁子**（nuclear magneton），

$$\mu_N = \frac{e\hbar}{2m_p} = 5.050783 \times 10^{-27} \text{ A} \cdot \text{m}^2 \tag{2-18}$$

与玻尔磁子

$$\mu_B = \frac{e\hbar}{2m_e} = 9.2740095 \times 10^{-24} \text{ A} \cdot \text{m}^2 \tag{2-19}$$

相比，前者仅为后者的 $1/1836$，可见核磁矩比电子磁矩小 3 个数量级。(2-17)式中的 g_I 称为原子核的 g 因子。$g_I > 0$ 表示核磁矩与核自旋方向相同，$g_I < 0$ 表示核磁矩与核自旋方向相反。在核磁共振技术中，将核磁矩与核自旋之比称为**磁旋比**（gyromagnetic ratio），用 γ_I 表示，

$$\gamma_I = \frac{g_I \mu_N}{\hbar} \tag{2-20}$$

核磁矩在空间指定方向的投影为

$$\mu_{I,z} = \frac{g_I \mu_N P_{I,z}}{\hbar} = \frac{g_I \mu_N m_I \hbar}{\hbar} = g_I \mu_N m_I \tag{2-21}$$

通常用核磁矩在 z 方向投影的最大值 $g_I \mu_N I$ 表示核磁矩的大小。表 2-3 列出了一些原子核的磁矩。

表 2-3　若干原子核的自旋、磁矩和电四极矩

核	自　旋	磁矩 μ_N	电四极矩（b）*
^{15}N	1/2	−0.2832	0
^{31}P	1/2	1.1316	0
^{10}B	3	1.8007	0.08
^{99}Tc	9/2	5.6847	0.129
^{176}Lu	7	3.169	4.90
^{235}U	7/2	−0.35	4.936

* 1 b $= 10^{-24}$ cm^2。

值得注意的是，中子不带电荷，但具有负的磁矩，$\mu_I = -1.9131\mu_N$，$g_I = -3.826$。这只能解释为中子是有结构的，如同某些中性原子具有磁矩起因于未成对电子的自旋运动和开壳层中电子的轨道运动一样。此外，质子的 $\mu_I = +2.79278$，$g_I = +5.586$，而不是理论要求的 $+2.00$（自由电子的 $g_S = -2.00$），说明质子也是有结构的。

2.2.3.3　原子核的电四极矩（electric quadrupole moment）

原子核的形状接近于球形，质子在其间不断运动，若对时间取平均则核电荷是均匀分布

的。因此,原子核没有永久电偶极矩。

但非球形原子核具有电四极矩。电四极子是由两个大小相等、方向相反、相距很近的电偶极子组成的体系,其总电荷及总偶极矩均为零。考虑一个由两个电偶极子组成的**电四极子**(图2-4),该四极子固定于刚性框架上。在均匀电场中,两个偶极子受到的力刚好抵消,所以整个电四极子不会运动(平动和转动)。如果在水平(x)方向加一个电场梯度$\partial E/\partial x = g$的非均匀电场,则两个偶极子受到的力刚好相反,且$f_1 = -f_2 = f$,于是这个四极子受到一个力矩的作用而产生转动,力矩大小与$\mu d(=qld=qA)$成正比,此处μ为偶极矩,$+q$和$-q$为偶极子的电荷,d为两偶极子间的距离,A为四极子的面积。由此可见,电四极子在梯度电场中受一力矩的作用。

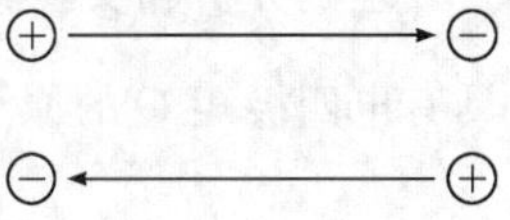

图 2-4 电四极子

非球形原子核取旋转椭球的形状。它的电四极矩定义为

$$Q = \frac{1}{e}\int_r \rho(x,y,z)(3z^2 - r^2)\mathrm{d}\tau \tag{2-22}$$

式中$\rho(x, y, z)$为原子核中点(x, y, z)处的电荷密度,$r^2 = x^2 + y^2 + z^2$,$\mathrm{d}\tau$为体积元。由此可见,电四极矩具有面积的量纲,其 SI 单位为 m^2。在核物理中,常用靶恩(b)作单位,简称靶,$1\,\mathrm{b} = 10^{-24}\,\mathrm{cm}^2$。

对旋转椭球,设c为沿转轴方向(z方向)的半轴,与之垂直的两个半轴均为a,如图 2-5 所示,则

$$\rho(x,y,z) = \frac{Ze}{V} = \frac{3Ze}{4a^2 c}$$

$$Q = \frac{\rho}{e}\int_r (2z^2 - x^2 - y^2)\mathrm{d}\tau = \frac{2}{5}Z(c^2 - a^2) \tag{2-23}$$

上式说明,长椭球$(c>a)$的电四极矩为正,扁椭球$(c<a)$的电四极矩为负。

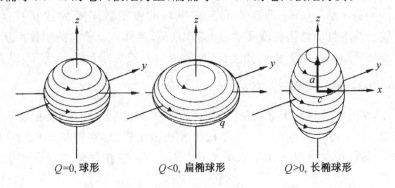

$Q=0$,球形 $Q<0$,扁椭球形 $Q>0$,长椭球形

图 2-5 原子核的形状与电四极矩

表 2-3 列出了一些原子核的电四极矩。电四极矩虽然有面积的量纲,但不要将它与原子核的几何截面积混淆。设R为体积与椭球相等的圆球的半径,则

$$R^3 = ca^2$$

定义形变参量

$$\delta = \frac{c-a}{R}$$

或

$$\beta = \frac{2(c-a)}{c+a}$$

由实验测得的电四极矩 Q 可以计算出 δ。多数非球形核的 $\delta < 0.1$，但在 $150 < A < 190$（镧系区）和 $A > 220$（锕系区），δ 多数在 $0.25 \sim 0.35$，个别超形变核的 δ 高达 0.8（即 $c : a \approx 2 : 1$）。

理论分析和实验测定结果表明，凡核自旋 $I = 0, 1/2$ 的原子核的电四极矩必为零。在一个具有电四极矩 Q 的原子核在电场梯度 $\frac{\partial^2 V}{\partial z^2}$ 的作用下，产生的能量变化为

$$\Delta E_Q = \frac{1}{4} eQ \left\langle \frac{\partial^2 V}{\partial z^2} \right\rangle \frac{3m_I^2 - I(I+1)}{I(2I-1)} \tag{2-24}$$

式中 $\left\langle \frac{\partial^2 V}{\partial z^2} \right\rangle$ 为核内电场梯度的平均值。可见外电场梯度会使核能级分裂。

2.2.4　原子核的宇称和统计

2.2.4.1　原子核的宇称（parity）

原子核的宇称是原子核的波函数 Ψ 在空间反演下的对称性质。所谓空间反演，就是将构成原子核的所有核子的坐标 $x_i, y_i, z_i (i = 1, 2, \cdots)$ 变为 $-x_i, -y_i, -z_i$。令算符 $\hat{P}$ 为空间反演算符，按照定义

$$\hat{P} \Psi(x, y, z) = \Psi(-x, -y, -z)$$

$$\hat{P}^2 \Psi(x, y, z) = \hat{P} \Psi(-x, -y, -z) = \Psi(x, y, z)$$

对于本征值方程

$$\hat{P} \Psi(x, y, z) = \pi \Psi(x, y, z) \tag{2-25}$$

本征值 $\pi^2 = 1$，$\pi = \pm 1$。$\pi = +1$ 即在空间反演下核的波函数不变的核具有偶（正）宇称，$\pi = -1$ 即在空间反演下核的波函数变号的核具有奇（负）宇称。原子核的宇称可从原子核的壳层模型得到解释和预测。在原子核的能级图上，能级的自旋和宇称表示为 I^π 或 $I\pi$，如 ^{17}O 的基态自旋为 $5/2$，宇称为偶，写做 $\frac{5}{2}^+$ 或 $5/2+$。

容易证明，体系的宇称是一个守衡量，即使体系的内部发生了变化，变化前后的宇称应当相同。这一观念直到 1956 年才有了改变，李政道和杨振宁提出，在弱相互作用中（如 β 衰变）宇称不守衡，这一假设很快被吴健雄等人的实验所证实，并对核物理的发展产生了巨大的影响。

2.2.4.2　原子核的统计（statistics）

在一个由若干全同微观粒子组成的体系中，如果在体系的一个量子态（即由一套量子数所确定的微观状态）上只容许容纳一个粒子（遵守泡利原理），则称这种粒子服从**费米-狄拉克统计**；若一个量子态可以容纳的粒子数不限，则称这种粒子服从**玻色-爱因斯坦统计**。前者称为**费米子**（fermion），后者称为**玻色子**（boson）。自旋为零（如 π 介子）和整数［如光子（自旋为1）、引力子（自旋为2）］的粒子属于玻色子，自旋为 $1/2$ 的粒子（如质子、中子、电子、中微子等）属于费米子。

一个由玻色子组成的全同粒子体系，其波函数对于其中任意两个粒子的交换是对称的，即

$$\Psi(q_1, q_2, \cdots, q_i, \cdots, q_j, \cdots, q_n) = \Psi(q_1, q_2, \cdots, q_j, \cdots, q_i, \cdots, q_n) \tag{2-26}$$

反之,一个由费米子组成的全同粒子体系,其波函数对于其中任意两个粒子的交换是反对称的,即

$$\Psi(q_1, q_2, \cdots, q_i, \cdots, q_j, \cdots, q_n) = -\Psi(q_1, q_2, \cdots, q_j, \cdots, q_i, \cdots, q_n) \tag{2-27}$$

由奇数个核子组成的原子核的核自旋为半整数,服从费米-狄拉克统计。由偶数个核子组成的原子核的核自旋为整数或 0,服从玻色-爱因斯坦统计。

2.3 原子核模型

关于原子核的结构问题,即质子和中子如何组成原子核及它们在核中是如何运动的,是物理学家一直在研究而至今仍未完全解决的问题。困难就在于,目前人们虽然知道将质子和中子维持在一起的作用力是**剩余强力**(或称为**剩余色力**),但还不能精确地描述它。用量子力学处理原子核这种多体问题还存在着数学上的困难。因此,目前的解决办法是根据实验事实建立理论模型,用以解释原子核的一部分性质。例如液滴模型就是一种关于原子核的唯象模型,对原子核结合能及其变化规律可以给出定量的解释,但在解释诸如核的能级、磁矩、电四极矩及宇称等方面无能为力。本节主要介绍壳层模型和集体运动模型。

2.3.1 壳层模型

原子中的电子受原子核的吸引和其他电子的排斥。由于原子核的吸引较强且具有中心对称性质,其他电子的作用较弱,其中很大一部分可以用一个中心对称的平均场代替,非中心对称的剩余相互作用很弱,可作为对中心场的一种微扰。因此,原子中的电子可以近似为各电子在中心场中作独立运动(中心场近似),描述原子中单电子运动的波函数称为**原子轨道**。整个原子的电子波函数是各单电子波函数的 Slater 行列式。每一个原子轨道用 n, l, m_l, m_s 四个量子数表征。将 n, l 相同的一组原子轨道称为一个亚层,如 1s, 2s, 2p, 3s, 3p, 3d, ⋯,将能量相近的亚层称为一个壳层,如(1s),(2s, 2p),(3s, 3p),(4s, 3d, 4p),(5s, 4d, 5p),(6s, 4f, 5d, 6p),⋯。电子在每一壳层的依次填充形成元素周期表的一个个周期,每一周期以化学性质最稳定的惰性气体结尾,它们的原子序数分别为 2,10,18,36,54,86。这些数字是原子结构中的**幻数**(magic numbers)。幻数的存在是原子中电子的壳层结构的有力证明。

大量事实表明,原子核结构中也存在类似的幻数,它们是 2,8,20,28,50,82,126 和 184。

2.3.1.1 原子核存在壳层结构的实验事实

(1) 同位素的数目 每种元素的稳定同位素的数目有多有少。当质子数为 8,20,28,50,82 时,稳定同位素的数目为 3,5,5,10,4,比相邻元素的稳定同位素的数目要多,如与 Sn($Z=50$)相邻的 Cd、In、Sb、Te 的同位素分别为 8,2,2,8 个。

(2) 同中子异荷素的数目 实验发现,当中子数为 20,28,50,82 时,稳定的同中子异荷素的数目分别为 5,5,6,7,比相邻中子数的稳定同中子异荷素的数目要多,如与 $N=48,49,51$ 和 52 的同中子异荷素的数目分别为 4,1,1,4 个。

(3) 同位素的天然丰度 在中、重元素区($Z>32$),偶 Z 元素的稳定同位素数目较多,各个同位素的天然丰度一般不超过 50%。但 $^{88}_{38}\text{Sr}_{50}$、$^{138}_{56}\text{Ba}_{82}$、$^{140}_{58}\text{Ce}_{82}$ 的丰度分别为 82.56%,71.66% 和 88.48%,足见 $N=50$ 和 82 的原子核特别稳定。

（4）核素在地壳、陨石和星球中的含量　下列核素的质子数或（和）中子数为幻数，它们在地壳、陨石和星球中的含量比相邻核素高：

$$^{4}_{2}He_2, ^{16}_{8}O_8, ^{40}_{20}Ca_{20}, ^{60}_{28}Ni_{32}, ^{88}_{38}Sr_{50}, ^{90}_{40}Zr_{50}, ^{120}_{50}Sn_{70}, ^{138}_{56}Ba_{82}, ^{140}_{58}Ce_{82}, ^{208}_{82}Pb_{126}$$

（5）最后一个中子的结合能　在 2.2.2 小节中我们看到，中子数 N 为幻数的核 $^{16}_{8}O_8$ 的最后一个中子的结合能（15.668 MeV）比中子数为幻数差 1 的核 $^{15}_{8}O_7$ 和 $^{17}_{8}O_9$ 的最后一个中子的结合能（分别为 7.293 MeV 和 4.143 MeV）大得多。

以上和其他实验事实表明，核子数为幻数的原子核特别稳定，这意味着，核子的填充会达到壳层的闭合，核中存在着壳层结构。

2.3.1.2　壳层模型的要点

原子核中并不存在一个中心力场，因为所有核子都是"平等"的，相互之间以强相互作用相联系。但核子是费米子，每一个微观状态只能容纳一个核子。因此，每个核子都只能在自己的轨道上运动，不会因核子之间的碰撞而改变核子的运动状态，每个核子可以近似认为是在各自的轨道上独立运动。最初提出的平均势场为三维球方势阱，

$$V(r) = \begin{cases} -V_0, & r \leqslant R \\ 0, & r > R \end{cases} \tag{2-28}$$

式中 V_0 为常数，最简单的情况是 $V_0 = \infty$（无限深势阱）；R 为原子核半径。解薛定谔（Schrödinger）方程

$$\sum_i \left[-\frac{h^2}{8\pi m_i} \nabla_i^2 + V(r_i) \right] \Psi = E\Psi \tag{2-29}$$

只能得到 2,8,20 三个幻数。如平均场采用三维谐振子型，

$$V(r) = \begin{cases} -V_0[1 - (r/R)^2], & r \leqslant R \\ 0, & r > R \end{cases} \tag{2-30}$$

也只能得到 2,8,20 三个幻数。如采用平均场核密度分布函数型——Woods-Saxon 势，

$$V(r) = -\frac{V_0}{1 + \exp\left(\dfrac{r-R}{d}\right)} \tag{2-31}$$

并将核内存在强自旋-轨道耦合考虑在内，单粒子轨道以 n, l, j, m_j 四个量子数表示，能级（n, l, j）的简并度为 $2j+1$。例如，$n=2$，$l=2$，$j=5/2$ 的能级即 $2d_{5/2}$，可容纳 6 个核子。质子和中子各有一套自己的能级，但质子间存在库仑斥力，因此能级比相应的中子能级要稍高一些，能级间距也大一些，能级顺序也不尽相同（图 2-6）。这样就得到中子的幻数为 2,8,20,28,50,82,126,184，质子的幻数为 2,8,20,28,50,82,114。利用壳层模型可以很好地解释原子核基态的自旋和宇称，定性地解释核磁矩。用它计算出的电四极矩在幻数核附近与实验符合较好，但对远离幻数的形变核符合不好。

将原子核中的核子视为在核的平均场中独立运动粒子的模型称为**独立粒子模型**，所以壳层模型又称为独立粒子模型。

与原子结构中中心势场包括不了的非中心力——剩余相互作用类似，原子核中平均场包括不了的部分也称为剩余相互作用。其中最重要的是 n, l, j 相同，m_j 符号相反的一对同类核子之间的**对关联**，或称**对力**。对关联使得量子数为 n, l, j, m_j 的核子与量子数为 $n, l, j, -m_j$ 的同类核子配对，配对后能量比用壳层模型计算出的能量更低。

```
                                          ────2g7/2────（ 8 ）
                                          ────1i11/2───（12）
                                          ────3d5/2────（ 6 ）
                                          ────2g9/2────（10）
                            -----[126]-----
                                          ────1i13/2───（14）
                                          ────3p1/2────（ 2 ）
                                          ────2f5/2────（ 6 ）
        ────3p3/2────（ 4 ）              ────3p3/2────（ 4 ）
        ────2f7/2────（ 8 ）              ────1h9/2────（10）
        ────1h9/2────（10）              ────2f7/2────（ 8 ）
                            -----[82]-----
        ────3s1/2────（ 2 ）              ────1h11/2───（12）
        ────2d3/2────（ 4 ）              ────2d3/2────（ 4 ）
        ────1h11/2───（12）              ────3s1/2────（ 2 ）
        ────2d5/2────（ 6 ）              ────1g7/2────（ 8 ）
        ────1g7/2────（ 8 ）              ────2d5/2────（ 6 ）
                            -----[50]-----
        ────1g9/2────（10）              ────1g9/2────（10）
        ────2p1/2────（ 2 ）              ────2p1/2────（ 2 ）
        ────1f5/2────（ 6 ）              ────1f5/2────（ 6 ）
        ────2p3/2────（ 4 ）              ────2p3/2────（ 4 ）
                            -----[28]-----
        ────1f7/2────（ 8 ）              ────1f7/2────（ 8 ）
                            -----[20]-----
        ────1d3/2────（ 4 ）              ────1d3/2────（ 4 ）
        ────2s1/2────（ 2 ）              ────2s1/2────（ 2 ）
        ────1d5/2────（ 6 ）              ────1d5/2────（ 6 ）
                            -----[8]-----
        ────1p1/2────（ 2 ）              ────1p1/2────（ 2 ）
        ────1p3/2────（ 4 ）              ────1p3/2────（ 4 ）
                            -----[2]-----
        ────1s1/2────（ 2 ）              ────1s1/2────（ 2 ）
              质子                              中子
```

图 2-6 原子核中的单粒子能级

（引自 H. A. Enge. Introduction to Nuclear Physics. Addison-Wieley

Publishing Co. , Inc. , Reading , Mass. , 1965）

用壳层模型不能给出像液滴模型那样精确的原子核结合能，但可以对结合能半经验公式进行壳层效应校正，用以进一步提高计算精度。

2.3.2 集体运动模型

2.3.2.1 形变场中的单粒子态

上一小节讨论的壳层模型假定平均场是球对称的，而且独立于核子的运动之外，实际情况显然并非如此。每个核子都在其余核子的作用下运动，同时也为其余核子的独立运动赖以发生的平均场做出贡献。因此，整个原子核的运动具有很强的集体性质。满壳层外的核子对于满壳层的核心作用使得原子核产生变形。离幻数越远，变形越大。显然，形变核的势场不能用

(2-31)式描述,必须包括角度部分。S. G. Nilsson 用下式描述核势场:

$$V(x,y,z) = \frac{1}{2}m[\omega_1^2(x^2 + y^2) + \omega_3^2 z^2] - Cl \cdot s - Dl^2 \tag{2-32}$$

式中第一项为各向异性谐振子的势能,第二项代表自旋-轨道耦合能,第三项的加入是为了除去谐振子能级对于轨道角动量的简并。若只考虑谐振子,则能量为

$$E_{\mathrm{h}} = (N - n_3 + 1)\hbar\omega_1 + \left(n_3 + \frac{1}{2}\right)\hbar\omega_3 \tag{2-33}$$

式中 N, n_3 为振动量子数(主量子数)。这时对角动量 l_z, s_z 的量子数 Λ, Σ 是简并的。考虑自旋-轨道相互作用(第二项)后,只有总角动量 j 在 z 轴上的投影 j_z(量子数 $\Omega = \Lambda + \Sigma$)有确定值。因此,Nilsson 轨道用 $\Omega^\pi(Nn_3\Lambda\Sigma)$ 表示,如图 2-7 所示。

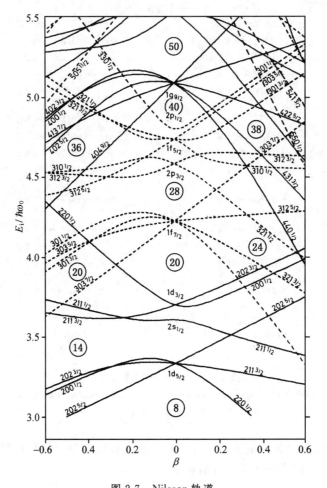

图 2-7　Nilsson 轨道

(引自 A. de. Shalit, H. Feshbach. Theoretical Nuclear Physics, Vol. 1.

John Wiley & Sons, Inc., New York, 1974, 447~448)

按 Nilsson 模型,核的单粒子能级的高低与核的形状有关。在一种形状下为开壳层,能量较高;在形变为另一种形状时可能变为闭壳层,能量降低。于是,核的能量随形状变化出现峰与谷的交替和起伏。当激发态处于较深的谷处,核的寿命比较长,这种同质异能素称为**形状同**

质异能素。图 2-8 给出了 ^{16}O、^{40}Ca 和 ^{114}Cd 的形状同质异能素。

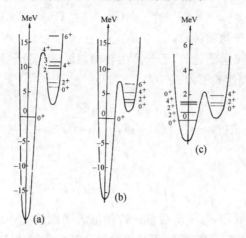

图 2-8　$^{16}O(a)$、$^{40}Ca(b)$ 和 $^{114}Cd(c)$ 的形状同质异能素

（引自 J. M. Eissenberg and W. Greiner. Microscopic Theory of
the Nucleus. North Holland Publisher，1972）

2.3.2.2　原子核的振动和转动

当原子核为双幻数核时，原子核呈球形。在满壳层外有一个或少数几个核子时，虽然这些核子的独立运动会引起原子核形状的瞬时改变，但原子核形状对时间的平均仍是球形。当满壳层外的核子数很多时，这些核子对于核心产生的极化将大大加强，导致核的永久变形。

前一情况发生在双幻数核附近（$60 \leqslant A \leqslant 150$，$190 \leqslant A \leqslant 220$）。这类核没有稳定的变形，平衡形状仍为球形。围绕平衡形状不断改变核几何形状，就是核的振动。图 2-9 表示球形核的几种可能的振动方式。

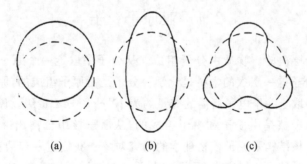

图 2-9　球形原子核的偶极振动(a)、四极振动(b)和八极振动(c)

原子核的振动的能量也是量子化的，于是产生振动能级。核从振动基态（振动量子数 $v=0$）跃迁到第一激发态放出一个声子，带走角动量 $2\hbar$，因此第一激发态的 $v=2$，$E=\hbar\omega$，第二激发态 $v=0$，2 或 4，$E=2\hbar\omega$，余类推。振动能级差在 10^3 keV 量级。例如，第一激发态的 $I^\pi(E)$ 为 $2^+(0.5581\text{MeV})$，第二激发态为 $0^+(1.133\text{MeV})$，$2^+(1.208\text{MeV})$，$4^+(1.283\text{MeV})$。第二激发态为声子三重态的原因是，第一激发态 $I=2$，发射一个声子带走的角动量为 $2\hbar$，根据角动量耦合规则，余核的角动量应为 $I+2$，I，$I-2$。

后一情况发生在远离双幻数核，大致分布在 $9 \leqslant A \leqslant 14$，$19 \leqslant A \leqslant 25$，$155 \leqslant A \leqslant 185$ 及 $A \geqslant$

225 的区域。这类核具有旋转椭球形状,称为**转动核**或**大形变核**。20 世纪 80 年代用重离子熔合反应制备出长短半轴比 $c : a = 2 : 1$ 的 $^{146\sim150}_{64}$Gd、$^{150\sim151}_{65}$Tb 和 $^{151\sim153}_{66}$Dy,称为**超形变核**。这类核可以绕垂直于对称轴的任意轴转动。

原子核转动的能量也是量子化的,于是产生转动能级。设原子核为刚性转子,转动能 $E(I)$ 对于偶-偶核与奇 A 核的表达式不同。

对偶-偶核,

$$E(I) = \frac{\hbar^2}{2J} I(I+1), \quad I = 0, 2, 4, \cdots \tag{2-34}$$

对奇 A 核,因基态 $I_0 \neq 0$,

$$E(I) = \frac{\hbar^2}{2J} [I(I+1) - I_0(I_0+1)] \tag{2-35}$$

上两式中 I 为角动量量子数,J 为转动惯量。转动能级间距约为 10^2 keV 量级。由于转动与内部运动的耦合,转动惯量 J 不是常数,更精确的做法是按非刚性转子处理。

^{238}U 是一个典型的例子,其最低的 5 个能级为 $0^+(0)$,$2^+(0.0447\text{MeV})$,$4^+(0.148\text{MeV})$,$6^+(0.309\text{MeV})$,$8^+(0.525\text{MeV})$,能级的能量符合 $E(2^+) : E(4^+) : E(6^+) : E(8^+) = 2(2+1) : 4(4+1) : 6(6+1) : 8(8+1) = 6 : 20 : 42 : 72 = 3 : 10 : 21 : 36$。

不管是振动还是转动,都是原子核的集体运动。这种运动与核子的独立运动相比要慢得多,因此可以将它们与核子的独立运动分开来处理,如同将分子的振动和转动与分子中电子的运动分开来处理一样(绝热近似)。

集体运动模型是壳层模型和液滴模型的综合。一方面,它承认满壳层外的核子作独立运动,另一方面又考虑了满壳层外的核子的运动对于核心的极化作用导致原子核的变形,而变形是核液滴具有的性质。因此,集体运动模型又称为**综合模型**(unified model)。

2.4　亚原子粒子

物质的结构是分层次的。物质由分子组成。从分子中取走一个原子所需的能量一般为 10^0 eV 量级。研究分子这一层次的学科是化学。分子是由原子组成的,原子是由原子核和电子组成的。从原子中取走一个电子所需的能量约为 $10^1 \sim 10^5$ eV 量级。原子结构属于原子物理学的研究对象。原子核是由质子和中子组成的,从原子核中分离出一个质子或中子约需 10^0 MeV 量级。原子核结构是原子核物理学的研究对象。我们进一步要问,比原子核更深入的一个物质结构层次是什么?换言之,质子和中子有无结构?如果有,它们是由什么组成的?是什么力将这些更深层次的粒子结合在一起的?研究这一层次的物理学称为**粒子物理学**(particle physics)。从这一层次分离粒子所需的能量将更高(GeV 量级),所以粒子物理学又称为**高能物理学**(high energy physics)。

人们将那些没有内部结构,即不是由其他粒子复合而成,因而不能再分的粒子称为**基本粒子**(elementary particles)。随着人们对于物质世界的认识的深入,基本粒子的概念也随时间而改变。目前,将小于原子的粒子称为**亚原子粒子**(subatomic particles),包括基本粒子和由基本粒子组成的**复合粒子**(composite particles)。按照粒子物理学的**标准模型**,基本粒子包括轻子、夸克和规范玻色子。轻子和夸克统称为物质粒子;规范玻色子是场的量子(场粒子),是传递相互作用的媒介。

在基本粒子中,相应于每一种粒子都存在反粒子(antiparticle)。反粒子的质量、内禀(本征)自旋(intrinsic spin)、平均寿命与其对应的粒子相同,而电荷、磁矩、轻子数和重子数等则相反。例如,e^+ 和 e^-,π^+ 和 π^-,p 和 $\bar{p}$ 为粒子与反粒子关系。中子 n 和反中子 $\bar{n}$ 的磁矩相对于自旋的方向正好相反。中微子 ν 与反中微子 $\bar{\nu}$ 的差别在于它们的**螺旋性**(helicity)不同。前者为左旋,即其自旋方向与运动方向相反;后者为右旋,即其自旋方向与运动方向相同。还有一些中性粒子(如 π^0)的轻子数和重子数都为零,它们的反粒子就是其自身。粒子和反粒子相遇时会发生湮灭反应,转化为其他基本粒子。

2.4.1 轻子

轻子(lepton)是一类不参与强相互作用的费米子,已经发现的轻子共 12 个,分属三代:电子(e^+,e^-)和电子中微子(electron neutrino,ν_e,$\bar{\nu}_e$)为第一代轻子(the first generation of leptons),μ 子(muon,μ^+,μ^-)和 μ 子中微子(muon neutrino,ν_μ,$\bar{\nu}_\mu$)为第二代轻子,τ 子(tauon,τ^+,τ^-)和 τ 子中微子(tauon neutrino,ν_τ,$\bar{\nu}_\tau$)为第三代轻子。所有轻子的正粒子(e^-,ν_e,μ^-,ν_μ,τ^-,ν_τ)的**轻子数**(lepton number)$L=1$,它们的反粒子(e^+,$\bar{\nu}_e$,μ^+,$\bar{\nu}_\mu$,τ^+,$\bar{\nu}_\tau$)的轻子数 $L=-1$,非轻子的 $L=0$。所有轻子的重子数 $B=0$。表 2-4 列出了轻子的性质。迄今为止,尚未发现轻子有内部结构。在 12 个轻子中,τ 子的质量比质子和中子还要大,所以质量小并不是轻子的本质特征。

表 2-4 轻子家族

代	轻粒子	静质量(MeV/c^2)	电荷(e)	自旋($\hbar$)	平均寿命(s)	轻子数 $L_l(l=e,\mu,\tau)$	重子数 B
第一代	e^-/e^+	0.511	$-1/+1$	1/2	稳定	$+1/-1$	0
	$\nu_e/\bar{\nu}_e$	≈ 0	0	1/2	稳定	$+1/-1$	0
第二代	μ^-/μ^+	105.6	$-1/+1$	1/2	2.2×10^{-6}	$+1/-1$	0
	$\nu_\mu/\bar{\nu}_\mu$	≈ 0	0	1/2	稳定	$+1/-1$	0
第三代	τ^-/τ^+	1777	$-1/+1$	1/2	3.5×10^{-12}	$+1/-1$	0
	$\nu_\tau/\bar{\nu}_\tau$	≈ 0	0	1/2	稳定	$+1/-1$	0

μ 子和 τ 子是不稳定的,它们按照以下方式衰变:

$$\mu^- \longrightarrow e^- + \bar{\nu}_e + \nu_\mu$$
$$\mu^+ \longrightarrow e^+ + \nu_e + \bar{\nu}_\mu$$
$$\tau^- \longrightarrow e^- + \bar{\nu}_e + \nu_\tau$$
$$\longrightarrow \mu^- + \bar{\nu}_\mu + \nu_\tau$$
$$\tau^+ \longrightarrow e^+ + \nu_e + \bar{\nu}_\tau$$
$$\longrightarrow \mu^+ + \nu_\mu + \bar{\nu}_\tau$$

τ 子也能够衰变为**强子**(hadron),

$$\tau^- \longrightarrow \nu_\tau + \pi^-$$
$$\tau^- \longrightarrow \nu_\tau + \pi^- + \pi^+ + \pi^-$$

有三类轻子数,L_e、L_μ 和 L_τ,分别称为电轻子数、μ 轻子数和 τ 轻子数,在各种相互作用过程中,三种轻子数各自守恒。上述衰变过程符合轻子数守恒。

2.4.2　夸克

夸克(quark)是 1964 年由 M. Gell-Mann 和 G. Zweig 独立提出的,也是自旋为 1/2 的费米子,参与强相互作用。迄今发现的夸克有六味(flavor),称为上夸克(up)、下夸克(down)、奇异夸克(strange)、粲夸克(charme)、底夸克(botton)和顶夸克(top),分别记为 u,d,s,c,b 和 t。夸克带有正或负分数电荷(1/3)e 或(2/3)e。每一味夸克又可以有三种"色"(color),即红、蓝、绿。夸克带的"色"与日常生活中的颜色无关,它是表征夸克的一种自由度。每种夸克都有相应的反粒子——反夸克,因此已知的夸克总共有 36 种。

与轻子相对应,夸克也分为三代,如表 2-5 所示。质子和中子各由三个夸克组成,质子、中子、电子、正电子、电子中微子等第一代的轻子和夸克组成我们的物质世界。此外,介子由两个夸克组成,2003 年发现了由五个夸克组成的五夸克系统(pentaquarks)。是否还有其他代的轻子和夸克,是否存在比五夸克更高的多夸克系统,是正在研究的饶有兴趣的课题。

表 2-5　夸克

代	夸克(味)	静质量(MeV/c^2)	电荷(e)	自旋($\hbar$)	重子数 B	轻子数	反夸克
第一代	上夸克 u	1.5~4	+2/3	1/2	+1/3	0	$\bar{u}$
	下夸克 d	4~8	−1/3	1/2	+1/3	0	$\bar{d}$
第二代	奇异夸克 s	80~130	−1/3	1/2	+1/3	0	$\bar{s}$
	粲夸克 c	1150~1350	+2/3	1/2	+1/3	0	$\bar{c}$
第三代	底夸克 b	4100~4400	−1/3	1/2	+1/3	0	$\bar{b}$
	顶夸克 t	178000±4300	+2/3	1/2	+1/3	0	$\bar{t}$

夸克有两个特别的性质:**渐近自由**(asymptotic freedom)和**夸克禁闭**(quark confinement)。当夸克之间的距离很小时,它们之间的相互作用很弱,夸克接近为自由粒子,这就是渐近自由。随着夸克间的距离增加,相互作用能急剧增加,使得夸克不能从夸克系统分离而出成为自由夸克,宛如夸克是囚禁在夸克系统中,例如囚禁在中子和质子中,这就是夸克禁闭。

2.4.3　规范玻色子

根据量子电动力学,传递电磁相互作用的是电磁场。电磁场的量子是光子。也就是说,光子是传递电磁相互作用的媒介。光子是本征自旋为 1 的玻色子,其静质量为零。光子的反粒子就是其本身。

按照弱电统一理论,电磁力和弱相互作用的作用强度相同,区别在于传递相互作用的中间玻色子不同。传递弱相互作用的媒介是**中间(矢量)玻色子** W^+,W^- 和 Z,分别带有 +1,−1和 0 个元电荷,本征自旋为 1。$W^\pm$ 和 Z 的质量分别为 80.41±0.18 GeV/c^2 和 91.1884±0.0022 GeV/c^2。

传递夸克之间的强相互作用的媒介粒子称为**胶子**(gluons)。胶子共有 8 种,质量估计约为 0.7 GeV/c^2,本征自旋为 1。与光子不同的是,光子本身不带电荷,相互之间没有相互作用,而胶子是带色荷的,胶子之间存在强相互作用。

此外,粒子物理学的标准模型要求存在一种自旋为 0 的**希格斯**(Higgs)**玻色子**,除了弱电统一理论要求的至少一种电中性的希格斯玻色子 H^0 外,还可能存在其他的希格斯玻色子,但实验上至今仍未找到。

传递引力的玻色子是**引力子**(graviton),本征自旋为 2。因为引力的力程为无限远,引力子的静质量应为 0。目前还没用从实验上检测到引力子。

2.4.4 介子

介子(meson)是一类由一个夸克和一个反夸克组成的二夸克系统,都是自旋为整数的玻色子。介子的质量有的比核子轻,有的比核子重。已知寿命比较长的介子有:本征自旋为 0 的 π,K,η 介子,本征自旋为 1 的 ρ,J/ψ,ψ' 介子,本征自旋为 2 的 f,f' 介子。介子的轻子数 $L=0$,重子数 $B=0$。不带色荷。介子属于强子类。表 2-6 列出了各种介子。

π 介子是最早发现的介子,有 π^0,π^-,π^+ 三种。可将 π^0,π^-,π^+ 视为同一种粒子的三个不同状态(电荷态),用**同位旋量子数** T_3 来标识它们,T_3 是同位旋 **T** 在同位旋空间第三方向的投影。π 介子的同位旋 $T_3=1$,π^0 的 $T_3=0$,$\pi^\pm$ 的 $T_3=\pm1$。π^0,$\pi^\pm$ 组成同位旋三重态。按照汤川秀树(H. Yukawa)的核力理论,π 介子是核力的媒介,即核力场的量子。π 介子可在宇宙射线中找到。在**介子工厂**中通过高能核子和核子的相互作用可大量产生,通过 K 介子和超子的衰变也能得到。

表 2-6 介子

介子	符号	反粒子	组成	静质量 (MeV/c^2)	S	C	B	平均寿命(s)	衰变方式
Pion	π^+	π^-	$u\bar{d}$	139.6	0	0	0	2.60×10^{-8}	$\mu^+\nu_\mu$
Pion	π^0	π^0	$\frac{1}{\sqrt{2}}(u\bar{u}+d\bar{d})$	135.0	0	0	0	0.83×10^{-16}	2γ
Kaon	K^+	K^-	$u\bar{s}$	493.7	+1	0	0	1.24×10^{-8}	$\mu^+\nu_\mu$, $\pi^+\pi^0$
Kaon	K^0	$\overline{K}^0$	$d\bar{s}$	497.7	+1	0	0	$\cdots$	$2\pi^0$
Kaon	K_s^0	K_s^0	$d\bar{s}$和$\bar{d}s$ 对称组合	497.7	—	0	0	0.89×10^{-10}	$\Pi^+\pi^-$, $2\pi^0$
Kaon	K_l^0	K_l^0	$d\bar{s}$和$\bar{d}s$ 反对称组合	497.7	—	0	0	5.2×10^{-8}	$\pi^+e^-\nu_e$
Eta	η_0	η_0	$\frac{u\bar{u}+d\bar{d}-2s\bar{s}}{\sqrt{6}}$	548.8	0	0	0	$<10^{-18}$	2γ, 3μ
Eta prime	$\eta^{0\prime}$	$\eta^{0\prime}$	$\frac{u\bar{u}+d\bar{d}-2s\bar{s}}{\sqrt{6}}$	958	0	0	0	$\cdots$	$\pi^+\pi^-\eta$
Rho	ρ^+	ρ^-	$u\bar{d}$	770	0	0	0	0.4×10^{-23}	$\pi^+\pi^0$
Rho	ρ^0	ρ^0	$u\bar{u}, d\bar{d}$	770	0	0	0	$\cdots$	$\pi^0\pi^0$
Omega	ω^0	ω^0	$u\bar{u}, d\bar{d}$	782	0	0	0	$\cdots$	$\pi^+\pi^-\pi^0$
Phi	φ	Φ	$s\bar{s}$	1020	0	0	0	20×10^{-23}	$K^+K^-, K^0\overline{K}^0$
D	D^+	D^-	$c\bar{d}$	1869.4	0	+1	0	10.6×10^{-13}	$K+\_$, $e+\_$
D	D^0	$\overline{D}^0$	$c\bar{u}$	1864.6	0	+1	0	4.2×10^{-13}	$[K,\mu,e]+\_$
D	D_s^+	D_s^-	$c\bar{s}$	1969	+1	+1	0	4.7×10^{-13}	$K+\_$
J/Psi	J/ψ	J/ψ	$c\bar{c}$	3096.9	0	0	0	0.8×10^{-20}	e^+e^-, $\mu^+\mu^-\cdots$
B	B^-	B^+	$b\bar{u}$	5279	0	0	+1	1.5×10^{-12}	$D^0+\_$
B	B^0	$\overline{B}^0$	$d\bar{b}$	5279	0	0	-1	1.5×10^{-12}	$D^0+\_$
B_s	B_s^0	B_s^0	$s\bar{b}$	5370	0	0	-1	$\cdots$	$B_s^-+\_$
Upsilon	γ	γ	$b\bar{b}$	9460.4	0	0	-1	1.3×10^{-20}	e^+e^-, $\mu^+\mu^-\cdots$

S—奇异数,$\bar{s}$ 的 $S=+1$,s 的 $S=-1$。C—粲数,c 的 $C=+1$,$\bar{c}$ 的 $C=-1$。B—底数,b 的 $B=+1$,$\bar{b}$ 的 $B=-1$。

K 介子有 K^0、$\overline{K}^0$、K^+、K^- 四种,同位旋 $T=1/2$。K^0 与 $\overline{K}^0$ 及 K^+ 与 K^- 互为反粒子,K^+ 与 K^0 及 K^- 与 $\overline{K}^0$ 分别组成同位旋二重态。K 介子可在宇宙射线中找到,亦可用高能加速器产生。K 介子的衰变方式比较复杂。如

$$K^+ \longrightarrow \mu^+ + \nu_\mu$$
$$K^+ \longrightarrow \pi^+ + \pi^0$$
$$K^+ \longrightarrow \pi^+ + \pi^+ + \pi^-$$
$$K^+ \longrightarrow \pi^+ + \pi^0 + \pi^0$$
$$K^0 \longrightarrow \pi^0 + \pi^0$$

实验发现,K^0,$\overline{K}^0$ 衰变到 $2\pi^0$ 的过程对于 CP 变换不守恒。将体系的粒子全部变换成为各自相应的反粒子操作是一种对称操作(电荷共轭变换),相对于这种变换的对称性称为 C 宇称。在 β 衰变中,空间反演操作 P 的对称性(P 宇称)不守恒,但连续进行 CP 操作的对称性(CP 对称性)是守恒的。K^0,$\overline{K}^0$ 介子衰变到 $2\pi^0$ 的 CP 不守恒可以用它们不是独立粒子来解释。K_s^0 介子(s 表示 short)是 K^0 和 $\overline{K}^0$ 的对称组合,K_l^0 介子(l 表示 long)是 K^0 和 $\overline{K}^0$ 的反对称组合,K_l^0 衰变到 $2\pi^0$ 是 CP 允许的。K^0,$\overline{K}^0$ 也可认为是 K_s^0,K_l^0 的组合,它们都含有 K_l^0 的成分,它们衰变到 $2\pi^0$ 也是 CP 允许的。

K 介子属于**奇异粒子**(strange particles)。奇异粒子在极短(约 10^{-14} s)的时间内成对产生,而平均寿命较长($10^{-8} \sim 10^{-10}$ s),与 1947 年以前发现的 14 种"基本粒子"($p, \overline{p}, n,$ $\overline{n}, \pi^+, \pi^0, \pi^-, \mu^-, \mu^+, e^-, e^+, \nu_e, \overline{\nu}_e, \gamma$)不同,用当时的理论无法解释,故称为奇异粒子。奇异粒子用**奇异数**(strangeness)S 表征,K^0、K^+ 的 $S=1$,$\overline{K}^0$、K^- 的 $S=-1$,非奇异粒子的 $S=0$。现在将奇异(量子)数不等于 0 的强子统称为奇异粒子。按照夸克模型,奇异粒子的组成夸克中包括奇异夸克 s。

2.4.5　重子

重子(baryons)是一类属于强子的复合粒子,是由三个夸克组成的三夸克系统。质子和中子由三个第一代夸克组成,比质子和中子重的重子称为超子(hyperons)。组成超子的三个夸克中可以包括第二代或第三代的夸克。重子的本征自旋为半整数,属于费米子。所有重子具有**重子数** $B=1$,反重子具有 $B=-1$。表 2-7 列出了重子的夸克组成及若干性质。

表 2-7　重子

粒子	符号	夸克组成	反粒子	静质量(MeV/c^2)	S	C	B	平均寿命(s)
Proton	p	uud	$\overline{p}$	938.3	0	0	0	稳定
Neutron	n	ddu	$\overline{n}$	939.6	0	0	0	920
Delta	Δ^{++}	uuu	$\overline{\Delta}^{++}$	1232	0	0	0	6×10^{-24}
Delta	Δ^+	uud	$\overline{\Delta}^+$	1232	0	0	0	6×10^{-24}
Delta	Δ^0	udd	$\overline{\Delta}^0$	1232	0	0	0	6×10^{-24}
Delta	Δ^-	ddd	$\overline{\Delta}^-$	1232	0	0	0	6×10^{-24}
Lambda	Λ^0	uds	$\overline{\Lambda}^0$	1115.7	-1	0	0	2.60×10^{-10}
Sigma	Σ^+	uus	$\overline{\Sigma}^+$	1189.4	-1	0	0	0.8×10^{-10}
Sigma	Σ^0	uds	$\overline{\Sigma}^0$	1192.5	-1	0	0	6×10^{-20}

续表

粒子	符号	夸克组成	反粒子	静质量(MeV/c^2)	S	C	B	平均寿命(s)
Sigma	Σ^-	dds	$\overline{\Sigma}^-$	1197.4	-1	0	0	1.5×10^{-10}
Xi	Ξ^0	uss	$\overline{\Xi}^0$	1315	-2	0	0	2.9×10^{-10}
Xi	Ξ^-	dss	$\overline{\Xi}^-$	1321	-2	0	0	1.6×10^{-10}
Omega	Ω^-	sss	$\overline{\Omega}^-$	1672	-3	0	0	0.82×10^{-10}
Lambda	Λ_c^+	udc	$\overline{\Lambda}_c^+$	2285	0	$+1$	0	2.0×10^{-13}
Xi	Ξ_c^+	usc	$\overline{\Xi}_c^+$	2466	-1	$+1$	0	4.4×10^{-13}
Xi	Ξ_c^0	dsc	$\overline{\Xi}_c^0$	2472	-1	$+1$	0	1.1×10^{-13}
Omega	Ω_c^0	ssc	$\overline{\Omega}_c^0$	2698	-2	$+1$	0	7×10^{-14}
Lambda	Λ_b^0	udb	$\overline{\Lambda}_b^0$	5624	0	0	$+1$	1.2×10^{-12}

2.4.6 五夸克

1997 年,俄国理论物理学家 D. Diakonov 等人预测,存在质量约为质子质量的 150% 的"五夸克"(pentaquarks)粒子$\bar{s}$uudd,很多理论物理学家对他们的论文表示怀疑。2002 年日本 Takashi Nakano 重新检查 2001 年用高能 γ 射线轰击 C 原子的实验结果,发现约有 20 个粒子符合 Diakonov 的五夸克参数。此后国际上竞相开展寻找五夸克的研究,到 2004 年年底为止,共有 10 个实验室得到肯定五夸克 Θ^+ 存在的结果,其静质量的世界平均值为 1530.5±2.0 MeV,夸克构成为$\bar{s}$uudd。与此同时,有 11 个实验室在实验中没有观察到 Θ^+ 的存在。如果五夸克确实存在,说明夸克之间的相关性很重要,并鼓励人们寻求理论预言的其他五夸克。

2.4.7 共振态

在强相互作用中观察到两个或多个粒子结合成一个具有极短寿命的复合粒子。如在 π^+ 介子被质子 p 散射的实验中观察到,当质心能量为 1236 MeV 时散射截面出现共振峰。从共振峰的宽度推知复合粒子的寿命为 5×10^{-24} s,在强相互作用的时间标度内,应该认为 π^+ 和 p 结合成了一个复合粒子,称为 $\Delta(1236)$ 粒子,它是一个重子共振态,具有重子的特性。共振态(resonance)具有一套确定的量子数。如 $\Delta(1236)$ 的 J(总角动量)$= 3/2$,$B=1$,$P=+1$(偶),$T=3/2$,$S=0$。从 $T=3/2$ 可知,$\Delta(1236)$ 形成 4 种粒子:Δ^{++},Δ^+,Δ^0,Δ^-。其他重子共振态有:$N(T=1/2)$,$\Lambda(T=0)$,$\Sigma(T=1)$,$\Xi(T=1/2)$,$\Omega(T=0)$ 等粒子。介子共振态有:$\rho(T=1)$,$\omega(T=0)$,$\eta(T=0)$,$K^*(T=1/2)$,$J/\psi(T=0)$ 等粒子。迄今已经发现许多共振态。

2.4.8 夸克-胶子等离子体

2005 年 4 月,美国布鲁克黑文国家实验室宣布,他们利用相对论重离子对撞机(RHIC)制造出了"夸克-胶子等离子体"。

布鲁克黑文国家实验室下属的高能与核物理实验室研究人员从 2000 年 6 月起,让金原子核以接近光速的速度相撞,试图以相撞产生的巨大能量和温度"融解"质子和中子,使夸克以自由形态释放出来。研究人员在实验室中创造出相当于 15 万倍太阳中心温度的高温及足以形成夸克-胶子等离子体的能量。2000—2003 年三年中的数据分析结果表明,在相对论重离子对撞机中金原子核相撞产生的物质更接近液态。这种液体黏性极低,符合"完美液体"的特征。

现有物理学理论认为,宇宙诞生后的百万分之几秒内,宇宙中曾存在过一种被称为"夸克-

胶子等离子体"的完美液体物质。布鲁克黑文国家实验室的这项成果是物理学界一次具有历史意义的重大进展。

2.4.9　四种基本相互作用

自然界的基本相互作用有四种：电磁相互作用、弱相互作用、强相互作用和引力相互作用（表 2-8）。

表 2-8　四种相互作用

相互作用	媒介子	相对强度	行　为	力程(m)	理　　论
强相互作用	胶子	1	$1/r^7$	1.4×10^{-15}	量子色动力学（QCD）
电磁相互作用	光子	10^{-2}	$1/r^2$	∞	量子电动力学（QED）
弱相互作用	$W^\pm$, Z	10^{-14}	$1/r^5 \sim 1/r^7$	10^{-18}	量子味动力学（QFD）
引力相互作用	引力子	10^{-40}	$1/r^2$	∞	广义相对论（几何动力学）

电磁相互作用是粒子之间的四种基本相互作用的一种，其强度大约为强相互作用的 10^{-2}。电磁相互作用存在于带电粒子之间，通过电磁场传递，力程为无穷大。在电磁相互作用中，体系的能量、动量、角动量、电荷、轻子数、重子数、同位旋第三分量、奇异数和宇称都守衡，但同位旋不守衡。

弱相互作用是粒子之间的四种基本相互作用很弱的一种，称为弱核力（weak nuclear force），其强度大约为强相互作用的 10^{-14}。原子核的 β 衰变和寿命大于 10^{-10} s 的粒子衰变（如 $K^+ \rightarrow \mu^+ + \nu_\mu$，$\Lambda \rightarrow p + \pi^-$）都是这种弱相互作用的结果。在弱相互作用中，体系的能量、动量、角动量、电荷、轻子数、重子数都守衡，但同位旋及其第三分量、奇异数、电荷共轭变换、时间反演变换和宇称都不守衡。

将电磁相互作用与弱相互作用统一起来的理论称为**电弱统一理论**（electroweak theory）。根据该理论，电磁力和弱核力是**电弱力**（electroweak force）的两种不同的表现，尽管在低能范围内这两种力看起来非常不同，但在高能范围内（$\geqslant 10^2$ GeV），二者归一为同一种力——电弱力。该理论需要两个中性玻色子（光子和 Z）和两个带电玻色子（W^+ 和 W^-）。光子是传递电磁相互作用的媒介，Z 和 $W^\pm$ 是传递弱相互作用的媒介，弱电相互作用通过交换中间玻色子实现。由于弱核力是短程力，传递弱核力的中间玻色子 Z 和 $W^\pm$ 的静质量必不为 0。然而中间玻色子具有相当大的质量与规范场量子的静质量为零是一个矛盾。在标准模型中，弱规范玻色子 Z 和 $W^\pm$ 的质量由电弱对称性通过**希格斯机制**（Higgs mechanism）**自发对称性破缺**（spontaneous symmetry breaking）获得，这一机制至少需要一个希格斯玻色子 H^0，目前各国粒子物理学家正在寻找。

1983 年通过高能正、负质子对撞发现了中间玻色子 Z 和 $W^\pm$，它们的质量（$m_Z = 91.16 \pm 0.03$ GeV，$m_{W^\pm} = 80.6 \pm 0.4$ GeV）与理论预言的值符合很好。

电弱统一理论是由 S. Glashow 于 1961 年提出，由 A. Salam 和 S. Weinberg 于 1967 年独立完成的。他们因此获得了 1979 年的诺贝尔物理学奖。M. Veltman 和他的学生 G. 't Hooft 于 1971 年成功地严格证明了电弱统一理论是可以经过"重整化"而消除其中所有的"无穷大"的，从而证明弱相互作用也能和电磁相互作用一样地进行精确计算，从而可以接受实验的精确检验。这是人们对弱相互作用了解的一个飞跃。Veltman 和 't Hooft 因"阐明物理学中电弱相互作用的量子结构"方面的理论研究成就而获得 1999 年度诺贝尔物理学奖。电弱统一理论是 20 世纪物理学发展的一项十分重大的成就。

夸克与夸克之间存在的相互作用为强相互作用力，称为**强核力**（strong nuclear force），力程很短，约为 10^{-15} m。强相互作用是基本粒子之间的四种基本相互作用中最强的一种。在强相互作用中，体系的能量、动量、角动量、电荷、轻子数、重子数、同位旋及其第三分量、奇异数和宇称都守衡。

根据**量子色动力学**（quantum chromodynamics），夸克之间的相互作用称为色相互作用，传递夸克之间相互作用的量子称为胶子，因而这种场也称为胶场。这种基于夸克的色量子数、色对称性、色自由度观念建立起来的、关于夸克-胶子系统的动力学理论称为量子色动力学，简称 QCD。从形式看，QCD 与 QED 相似，但因为传递电磁相互作用的媒介子只有一个，即光子，光子之间不存在相互作用，而传递强相互作用的胶子有 8 个，而且是带"色"的，彼此之间存在相互作用，因此 QCD 比 QED 复杂得多。由于"夸克禁闭"，凡是带"色"的粒子都不能单独存在。

此外，基本粒子之间还存在着第四种相互作用——引力相互作用。引力相互作用也是通过场传递的，场的量子为**引力子**（graviton），力程为无穷大。引力相互作用存在于一切物体之间，其强度比上述三种相互作用弱得多，在粒子物理学中不予考虑。但是在天体物理学和宇宙学中，却是非常重要的。研究引力的理论是广义相对论。人们正在将广义相对论与量子力学相结合，以期建立**量子引力理论**。现今的标准模型尚未将引力包括在内。

物理学家们正在努力将电弱统一理论和量子色动力学统一起来，形成所谓的**大统一理论**（grand unified theory，GUT）。近年来很活跃的超对称（supersymmetry）和超弦（superstring）理论则试图建立一个**包罗一切的理论**（theory of everything，TOE），将四种相互作用和所有的基本粒子全部囊括在内。

2.4.10　核力

核力是原子核中作用于核子之间的强相互作用力，这种作用力非常复杂。核力是短程力，其有效力程约为 10^{-15} m 数量级。在两个核子之间的距离 $d>(0.8\sim2.0)\times10^{-15}$ m 时，核力表现为短程强吸引力；$d>10\times10^{-15}$ m 时核力完全消失；当 $d<0.8\times10^{-15}$ m 时两个核子间出现强排斥力，说明核力有一个排斥芯。核力是一种多体力，但具有饱和性，即每个核子只和附近的几个核子相互作用。中、重核的平均结合能近似为一常数就是核力饱和性的结果。核力与作用核子的自旋取向有关，但与电荷无关。质子-质子、质子-中子及中子-中子间的核力相同。引进同位旋概念就是基于核力的电荷无关性。如果对于质子-质子之间的库仑力加以校正，就核力而言，质子和中子可以视为同一种粒子——核子的两种状态，它们以同位旋 T_3 相区别。核力排斥芯的存在是核物质不可压缩的原因。核力是一种交换力。按照汤川秀树关于核力的介子理论，π 介子是传递核力的媒介。介子理论不能解释排斥芯的存在。按照核力的夸克模型，强子由夸克组成。其中介子是由夸克-反夸克对组成玻色子，重子是由三夸克组成的费米子。近年来发现的五夸克系统也属于强子。强子中的夸克之间通过交换传递色力的胶子发生强相互作用。强子之间的相互作用是夸克之间相互作用的表现，是组成核子的夸克间强相互作用的剩余相互作用在核子之间起作用，这与分子间的范德华力有些相似。

参 考 文 献

[1] 卢希庭,主编;卢希庭,江栋兴,叶沿林,编著. 原子核物理(修订版). 北京:原子能出版社,2000.

[2] 杨福家,王炎森,陆福全. 原子核物理. 上海:复旦大学出版社,1993.

[3] 陈晨嘉,周治宁,刘洪涛,张树霖,刘继周. 原子与原子核物理学手册. 北京:北京出版社,1993.

[4] 美国原子核物理学专门小组,著;丁鼎,译. 原子核物理学. 北京:科学出版社,1994.

[5] 张启仁. 原子核物理——它的成就、问题和发展. 太原:山西教育出版社,1995.

[6] 张启仁. 原子核理论:它的深化与扩展. 北京:北京大学出版社,1999.

[7] 王炎森,史福庭,编著. 原子核物理学. 北京:原子能出版社,1998.

[8] 〔法〕米歇尔·乌洛贝克(Michel Houellebecq),著;罗国林,译. 基本粒子. 深圳:海天出版社,2000.

第3章 放 射 性

3.1 放射性衰变的基本规律

3.1.1 放射性衰变的统计规律

原子核自发地发射粒子(如 α，β，p，^{14}C，…)或电磁辐射、俘获核外电子，或自发裂变的现象称为**放射性**，这种核转变称为放射性衰变(radioactive decay)或核衰变(nuclear decay)。具有这种性质的核素称为**放射性核素**(radionuclide)。

早在放射性发现不久，Rutherford 把 $RaCl_2$ 密封在一个容器中，发现氦原子逐渐增多，30天后基本不变。然后把氦气抽出，并密封储存。4 天后(现代精确值为 3.823 d)氦气减少到原来的 1/2,8 天后氦气减少到原来的 1/4,其后依此速度减少。如果以时刻 t 氦的数量 N 的自然对数 $\ln N$ 为纵坐标，以时间 t 为横坐标作图，得一条直线。这一直线方程为

$$\ln N(t) = \ln N_0 - \lambda t \tag{3-1}$$

式中 N_0 是时间 $t=0$ 时氦的量，λ 是直线的斜率。将(3-1)式写成指数形式

$$N = N_0 e^{-\lambda t} \tag{3-2}$$

可见氦的衰变服从**指数衰减规律**。后来实验发现，其他放射性核素的衰变也遵从同样的规律。将(3-2)式的 N 对 t 求导数，

$$-\frac{dN/N}{dt} = \lambda \tag{3-3}$$

上式说明，λ 的物理意义是单位时间内一个放射性核发生衰变的概率，称为**衰变常数**。由此可见，放射性衰变是一种随机事件，各个放射性原子核的衰变是彼此独立的，大量放射性原子核的衰变从整体上服从指数衰减规律(3-2)式，这就是**放射性衰变的统计规律**。

单位时间内衰变掉的放射性核的数目称为**放射性活度**(radioactivity)，简称**活度**(activity)，常用 A 表示，

$$A = -\frac{dN}{dt} = \lambda N \tag{3-4}$$

将(3-2)式代入上式右边，记 $t=0$ 时的活度为 A_0，得

$$A = A_0 e^{-\lambda t} \tag{3-5}$$

放射性活度随时间的衰减同样服从指数规律。

放射性活度的 SI 单位为**贝可勒尔**(Becquerel)，简称**贝可**，用 Bq 表示，1 Bq 等于每秒一次衰变：

$$1\,Bq = 1\,s^{-1}$$

历史上最早用 $1\,g\,^{226}Ra$(不包括它的子体)的活度为单位，称为**居里**(Curie)，记为 Ci，

$$1Ci = 3.7 \times 10^{10}\,Bq = 37\,GBq$$

其导出单位为毫居里(mCi)和微居里(μCi)，$1\,mCi = 10^{-3}\,Ci = 37\,MBq$，$1\,\mu Ci = 10^{-6}\,Ci = 37\,kBq$。

放射性原子核的数目衰减一半所需要的时间称为该放射性核素的**半衰期**(half-life)，用

$T_{1/2}$ 表示，显然

$$T_{1/2} = \frac{\ln 2}{\lambda} \approx \frac{0.693}{\lambda} \tag{3-6}$$

不同放射性核素的半衰期相差很大，用目前技术测到 $T_{1/2}$ 长的可达 10^{15} a 量级，短的只有 10^{-11} s 量级。

根据衰变常数 λ 的定义，放射性原子核的平均生存时间（**平均寿命**）为

$$\tau = \frac{1}{\lambda} \tag{3-7}$$

上式也可以从平均寿命的定义得到。将（3-7）式代入（3-2）式可知，平均寿命 τ 是放射性原子核的数目衰减到初始数目 $1/e$ 所需的时间。

λ，$T_{1/2}$ 和 τ 三个物理量是放射性核素衰变快慢的不同表示方式，是一种核素的特征物理常数，可以通过测量半衰期来鉴定核素。

3.1.2　分支衰变

某些放射性核素可以同时以几种方式衰变，典型的例子是 ^{64}Cu，以 β^-、β^+ 和 EC 三种方式进行衰变，

$$^{64}\text{Cu} \quad
\begin{array}{l}
\xrightarrow{\ \beta^-\ } {}^{64}\text{Zn}\ (40\%) \\
\xrightarrow{\ \beta^+\ } {}^{64}\text{Ni}\ (19\%) \\
\xrightarrow{\ \text{EC}\ } {}^{64}\text{Ni}\ (41\%)
\end{array}$$

这种现象称为**分支衰变**（branching decay）。在每一次衰变中，按其中第 i 种方式衰变的概率 b_i 称为该种衰变的**分支比**。从实验测得的 $T_{1/2}$ 计算出总的衰变常数为 λ，根据实验测得的分支比可以计算出各种衰变方式的**部分衰变常数** λ_i，显然

$$\lambda = \sum_i \lambda_i$$
$$\lambda_i = b_i \lambda$$
$$\sum_i b_i = 1$$

3.1.3　递次衰变规律

如果放射性核素衰变生成的子体核素也是放射性核素，它将继续衰变到第二代子体。如果后者还是不稳定的，它将衰变到第三代子体，……这样一代一代地连续衰变下去，直到形成一个稳定核为止。这种衰变称为**递次衰变**或**连续衰变**（consecutive decay）。母体与其衰变子体形成一个连续核素系列，称为**衰变链**（decay chain）或**放射系**（radioactive decay series）。例如，^{238}U 经过 8 次 α 衰变和 6 次 β^- 衰变，生成稳定的铅同位素 ^{206}Pb。以一个长寿命天然放射性核素为母体的放射系称为**天然放射系**（natural radioactive decay series）。以 ^{238}U、^{232}Th、^{235}U 为母体放射系分别称为铀系、钍系和锕铀系。此外还有一个以人工制备的核素 ^{237}Np 为母体的镎系，其递次衰变如图 3-1 所示。

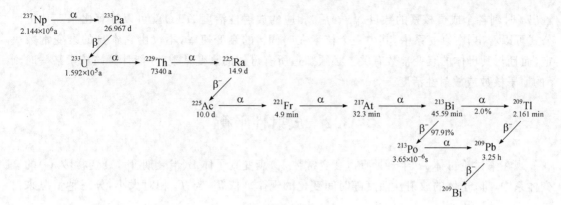

图 3-1 镎放射系

设有衰变链 A→B→C→D→⋯,相应的衰变常数分别为 $\lambda_1, \lambda_2, \lambda_3, \cdots, \lambda_n$,在 $t=0$ 时只有母体存在,即

$$N_1(0) = N_1^0$$
$$N_2(0) = N_3(0) = N_4(0) = \cdots = 0 \tag{3-8}$$

衰变链中各成员在任意时刻 t 的量可以用下列微分方程描述:

$$-\frac{\mathrm{d}N_1}{\mathrm{d}t} = \lambda_1 N_1 \tag{3-9}$$

$$\frac{\mathrm{d}N_2}{\mathrm{d}t} = \lambda_1 N_1 - \lambda_2 N_2 \tag{3-10}$$

$$\frac{\mathrm{d}N_3}{\mathrm{d}t} = \lambda_2 N_2 - \lambda_3 N_3 \tag{3-11}$$

⋯⋯

满足初值条件的解为

$$N_1(t) = N_1^0 e^{-\lambda_1 t} \tag{3-12}$$

$$N_2(t) = \frac{\lambda_1}{\lambda_2 - \lambda_1} N_1^0 (e^{-\lambda_1 t} - e^{-\lambda_2 t}) \tag{3-13}$$

$$N_3(t) = N_1^0 \left[\frac{\lambda_1 \lambda_2}{(\lambda_2 - \lambda_1)(\lambda_3 - \lambda_1)} e^{-\lambda_1 t} + \frac{\lambda_1 \lambda_2}{(\lambda_1 - \lambda_2)(\lambda_3 - \lambda_2)} e^{-\lambda_2 t} \right.$$
$$\left. + \frac{\lambda_1 \lambda_2}{(\lambda_1 - \lambda_3)(\lambda_2 - \lambda_3)} e^{-\lambda_3 t} \right] \tag{3-14}$$

第 n 个成员(第 $n-1$ 代子体)在时刻 t 的数目 $N_n(t)$ 为

$$N_n(t) = N_1^0 (C_1 e^{-\lambda_1 t} + C_2 e^{-\lambda_2 t} + C_3 e^{-\lambda_3 t} + \cdots + C_n e^{-\lambda_n t}) \tag{3-15}$$

式中

$$C_1 = \frac{\lambda_1 \lambda_2 \cdots \lambda_{n-1}}{(\lambda_2 - \lambda_1)(\lambda_3 - \lambda_1) \cdots (\lambda_n - \lambda_1)}$$

$$C_2 = \frac{\lambda_1 \lambda_2 \cdots \lambda_{n-1}}{(\lambda_1 - \lambda_2)(\lambda_3 - \lambda_2) \cdots (\lambda_n - \lambda_2)}$$

⋯⋯

$$C_n = \frac{\lambda_1 \lambda_2 \cdots \lambda_{n-1}}{(\lambda_1 - \lambda_n)(\lambda_2 - \lambda_n) \cdots (\lambda_{n-1} - \lambda_n)}$$

解出 t 时刻各个成员核素的数目 $N_i(t)$ 后,相应的放射性活度 $A_i(t)$ 就可以计算出来。从上面公式可以看出,在衰变系中,其中一个核素在时间 t 的衰变速率,不仅由它本身的衰变常数决定,而且与其母体的衰变常数有关。必须知道所有母体的衰变常数,才能计算该核素某一时刻 t 的原子核数或放射性活度。

3.2 放射性平衡

现在来讨论母体 A(半衰期 T_1,衰变常数 λ_1)衰变到子体 B(半衰期 T_2,衰变常数 λ_2)的衰变体系中,母、子体的放射性活度随时间变化的规律。依 T_1 与 T_2 相对大小,分三种情况来讨论。

3.2.1 暂时平衡

当母体 A 的半衰期不是很长时,在通常的测量时间内可以观察到母体 A 的放射性活度的变化。如果母体 A 的半衰期大于子体 B 的半衰期,即 $T_1 > T_2$,$\lambda_1 < \lambda_2$,例如

$$^{140}\text{Ba} \xrightarrow{\beta^-, 12.79\text{d}} {}^{140}\text{La} \xrightarrow{\beta^-, 1.676\text{d}}$$

我们来考察母、子体的放射性活度及总活度怎样随时间变化。显然,子体如何衰变不影响母体的衰变,母体 A 放射性衰变服从指数衰变规律,

$$N_1(t) = N_1(0)\text{e}^{-\lambda_1 t}$$
$$A_1(t) = A_1(0)\text{e}^{-\lambda_1 t} \tag{3-16}$$

子体 B 的放射性衰变用(3-13)式计算,

$$N_2(t) = \frac{\lambda_1}{\lambda_2 - \lambda_1} N_1(t) \left[1 - \text{e}^{-(\lambda_2 - \lambda_1)t} \right] \tag{3-17}$$

$$A_2(t) = \frac{\lambda_2}{\lambda_2 - \lambda_1} A_1(t) \left[1 - \text{e}^{-(\lambda_2 - \lambda_1)t} \right] \tag{3-18}$$

母子体的总活度为

$$A(t) = A_1(t) + A_2(t) = A_1(t) \left[\frac{2\lambda_2 - \lambda_1}{\lambda_2 - \lambda_1} - \frac{\lambda_2}{\lambda_2 - \lambda_1} \text{e}^{-(\lambda_2 - \lambda_1)t} \right] \tag{3-19}$$

由于 $\lambda_1 < \lambda_2$,当 t 足够大[例如 $t > (7 \sim 10) T_1 T_2 / (T_1 - T_2)$]时,$\text{e}^{-(\lambda_2 - \lambda_1)t} \ll 1$,则(3-17)式可近似为

$$N_2(t) = \frac{\lambda_1}{\lambda_2 - \lambda_1} N_1(t) \tag{3-20}$$

或

$$\frac{N_2(t)}{N_1(t)} = \frac{\lambda_1}{\lambda_2 - \lambda_1} \tag{3-21}$$

(3-18)式可近似为

$$A_2(t) = \frac{\lambda_2}{\lambda_2 - \lambda_1} A_1(t) \tag{3-22}$$

或

$$\frac{A_2(t)}{A_1(t)} = \frac{\lambda_2}{\lambda_2 - \lambda_1} \tag{3-23}$$

(3-19)式近似为

$$A(t) = A_1(t) + A_2(t) = \frac{2\lambda_2 - \lambda_1}{\lambda_2 - \lambda_1} A_1(t) \tag{3-24}$$

(3-21)式及(3-23)式说明,当时间足够长时,母、子体核的数目之比和活度之比趋向于一个常数,子体以母体的半衰期 T_1 衰减。我们称此时母、子体间达到了**放射性平衡**(radioactive equilibrium)。因为母体的半衰期不是很长,此种平衡只能维持有限的时间。当母体全部衰变完以后,放射性平衡将不复存在。所以称这种平衡为**暂时平衡**(transient equilibrium)。达到放射性平衡的时间长短由子体的半衰期决定。图 3-2 为 ^{140}Ba-^{140}La 体系的放射性生长-衰变曲线。图中曲线 c 是实验测量得到的母子体总的放射性活度。将其外推到 $t=0$,得到 $A_1(0)$。过 $(0,\ln A(0))$ 作曲线 c 的直线部分的平行线,得直线 a,它表示在母子体混合物中母体 A 的衰变。从曲线 c 减去直线 a,得曲线 b,它表示子体与母体共存时子体 B 的放射性生长和衰变。将其直线部分向 $t=0$ 的方向延长,得直线 e,从 e 减去 b 的相应值,得直线 d,它表示如果在 $t=0$ 时母、子体间已经达到放射性平衡而将子体 B 分离出来,子体 B 单独存在时的衰变曲线。

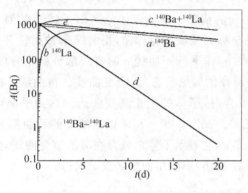

图 3-2 暂时平衡($\lambda_1 < \lambda_2$)

图 3-2 中表示子体放射性的曲线 b 和表示母子体总放射性的曲线 c 都出现极大值。子体放射性达到极大值的时间 t_m 为

$$t_m = \frac{1}{\lambda_2 - \lambda_1} \ln \frac{\lambda_2}{\lambda_1} \tag{3-25}$$

对于 ^{140}Ba-^{140}La 体系,$t_m = 5.655\,\mathrm{d}$。由此可见,从上一次分离出子体 ^{140}La 后经过 $t_m = 5.655\,\mathrm{d}$,又可从母体 ^{140}Ba 中分离出最大量的 ^{140}La。

3.2.2 长期平衡

当母体 A 的半衰期 T_1 很长时,在通常的测量时间内,观察不到母体的放射性活度的变化。如果母体 A 的半衰期 T_1 比子体的半衰期 T_2 长很多,即 $T_1 \gg T_2$,$\lambda_1 \ll \lambda_2$。例如

$$^{90}\mathrm{Sr} \xrightarrow{\beta^-,27.2a} {}^{90}\mathrm{Y} \xrightarrow{\beta^-,64.0h}$$

当 $t \ll T_1$ 时,(3-16)式近似为

$$N_1(t) \approx N_1(0)$$
$$A_1(t) = A_1(0)\mathrm{e}^{-\lambda_1 t} \approx A_1(0) \tag{3-26}$$

(3-17)和(3-18)式分别近似为

$$N_2(t) \approx \frac{\lambda_1}{\lambda_2} N_1(t)(1 - \mathrm{e}^{-\lambda_2 t}) \approx \frac{\lambda_1}{\lambda_2} N_1(0)(1 - \mathrm{e}^{-\lambda_2 t}) \tag{3-27}$$

$$A_2(t) \approx A_1(t)(1 - \mathrm{e}^{-\lambda_2 t}) \approx A_1(0)(1 - \mathrm{e}^{-\lambda_2 t}) \tag{3-28}$$

由于 $\lambda_1 \ll \lambda_2$，当时间足够长［例如 $t \gg (7\sim10)T_2$］时，$e^{-\lambda_2 t} \to 0$，

$$N_2(t) = \frac{\lambda_1}{\lambda_2} N_1(t) = \frac{\lambda_1}{\lambda_2} N_1(0) e^{-\lambda_1 t}$$

$$A_2(t) = A_1(t) = A_1(0) e^{-\lambda_1 t}$$

$$\frac{N_2(t)}{N_1(t)} = \frac{\lambda_1}{\lambda_2} = \frac{T_2}{T_1} \tag{3-29}$$

$$A_2(t) = A_1(t) \tag{3-30}$$

这时母子体的放射性达到了平衡，称这种平衡为**长期平衡**（secular equilibrium）或**久期平衡**。平衡时母子体共存情况下，子体按母体的衰变常数衰变，子体的原子核数与母体的原子核数之比等于半衰期之比。达到平衡后母子体放射性总活度为

$$A(t) = A_1(t) + A_2(t) = 2A_1(t) = 2A_1(0) e^{-\lambda_1 t}$$

可以用图 3-3 来说明久期平衡的情况。刚从母体分离出子体的时刻 $t=0$，$N_2=0$。然后定时测量放射性，以 $\ln A(t)$ 为纵坐标，t 为横坐标作图，得曲线 c，放射性开始逐渐上升，后来呈一直线，过 c 与 Y 轴交点 $(0, \ln A(0))$ 作平行于曲线 c 的直线部分的平行线，得直线 a，它是纯母体（在任何时刻子体都已被分离掉的假想状态）的衰变曲线。自曲线 c 减去直线 a 的对应值，得曲线 b，它表示子体与母体共存时，子体的生长衰变曲线。达到平衡以后，子体的放射性活度只与 $e^{-\lambda_1 t}$ 有关，而与 $e^{-\lambda_2 t}$ 无关。又因 $e^{-\lambda_1 t} \approx 1$，所以曲线 b 的后面部分也为水平直线。直线 a 减去曲线 b 的对应值，得直线 d，它表示子体单独存在时的衰变曲线，斜率为 $-\lambda_2$，由 λ_2 可以计算出子体半衰期 T_2。因为 λ_1 很小，不能由曲线 c 或 a 求得。

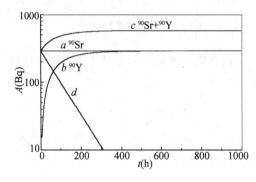

图 3-3　长期平衡（$\lambda_1 \ll \lambda_2$）

3.2.3　不成平衡

当母体的半衰期小于子体的半衰期，即 $T_1 < T_2$ 或 $\lambda_1 > \lambda_2$，母体以自己的半衰期衰减，子体则从零开始生长，到达极大值后以慢于母体的速度衰减。待时间足够长［$t > (7\sim10)T_1$］，母体衰变殆尽，子体以其自身的半衰期衰减。整个过程母、子体的放射性活度之比一直在变化，不存在任何放射性平衡。图 3-4 表示 $^{218}\text{Po}(T_1 = 3.05\,\text{min})$ 经 α 衰变生成 $^{214}\text{Pb}(T_2 = 26.8\,\text{min}$，$\beta^-$ 发射体）的情况。实验测得的总活度为曲线 c，

$$A(t) = A_1(t) + A_2(t) = A_1(0) e^{-\lambda_1 t} + \frac{\lambda_2}{\lambda_2 - \lambda_1} A_1(0)(e^{-\lambda_1 t} - e^{-\lambda_2 t})$$

$$= A_1(0)\left(\frac{2\lambda_2 - \lambda_1}{\lambda_2 - \lambda_1} e^{-\lambda_1 t} - \frac{\lambda_2}{\lambda_2 - \lambda_1} e^{-\lambda_2 t}\right) \tag{3-31}$$

当 $t > (7\sim10)T_1$ 时，$e^{-\lambda_1 t} \to 0$，

$$A(t) \to \frac{\lambda_2}{\lambda_1 - \lambda_2}A_1(0)e^{-\lambda_2 t} \tag{3-32}$$

将 c 的直线部分向 Y 轴延长，得直线 d，其斜率为 λ_2。将 c 减去 d 的相应值，得一直线，过 $(0, \ln A(0))$ 作该直线的平行线，得直线 a，它代表纯 A（在任何时刻子体都已被分离掉的假想状态）的衰变曲线，其斜率为 λ_1。从 c 减去 a 的相应值，得曲线 b，它代表母子体共存时子体 B 的生长衰变曲线。

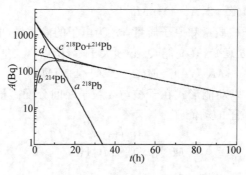

图 3-4 不成平衡（$\lambda_1 > \lambda_2$）

我国学者肖伦、刘伯里等注意到，如果 $\lambda_1 = 2\lambda_2$，就会出现一个有趣的现象。此时(3-31)式将变为

$$A(t) = A_1(0)\left(\frac{2\lambda_2 - \lambda_1}{\lambda_2 - \lambda_1}e^{-\lambda_1 t} - \frac{\lambda_2}{\lambda_2 - \lambda_1}e^{-\lambda_2 t}\right) = A_1(0)e^{-\lambda_2 t} \tag{3-33}$$

此时总的放射性活度将以子体的半衰期衰变，以 $\ln A(t)$ 对 t 作的图为直线。显然，当 $\lambda_1 \approx 2\lambda_2$ 时，用分解衰变曲线的方法将导致错误。不过在已经发现的 2000 余种放射性核素中这种情况极为罕见。下面就是一个例子：

$$^{138}\text{Xe} \xrightarrow{\beta^-,17.0\text{ min}} {}^{138}\text{Cs} \xrightarrow{\beta^-,33.41\text{ min}} {}^{138}\text{Ba（稳定）}$$

3.3 放射性衰变类型

迄今为止，已经发现放射性衰变过程中发射的粒子或辐射有多种，如 α 粒子、β 粒子（β^+ 及 β^-）、γ 光子、中微子、裂变碎片、质子、中子、重离子等。有些衰变过程只发射一种粒子，有些过程发射的粒子则不止一种。现已发现有如下类型的衰变：① α 衰变；② β 衰变，其中包括 β^- 衰变、β^+ 衰变和电子俘获（EC）；③ γ 衰变和发射内转换电子；④ 自发裂变；⑤ 质子衰变；⑥ 中子衰变；⑦ 重离子发射（簇放射性）。在自然界中尚未发现进行质子衰变和中子衰变的核素，其余五种衰变类型的核素在自然界都已发现。本节只讨论衰变类型①，②，③和⑦，类型④将在 7.3 节中讨论。

3.3.1 α 衰变

放射性核素自发地发射 α 粒子的衰变称为 **α 衰变**，可以用如下公式表示：

$$\ce{^A_Z X} \longrightarrow \ce{^{A-4}_{Z-2} Y} + \alpha + Q_\alpha \tag{3-34}$$

母核　　　　子核　　　衰变能

3.3.1.1　衰变能 Q_α

(3-34)式中的 Q_α 为子核与 α 粒子的动能,即衰变过程释放的能量,称为**衰变能**。根据能量守恒定律,核衰变前后体系的总能量不变,可以得出如下公式:

$$
\begin{aligned}
Q_\alpha &= [m(Z,A) - m(Z-2,A-4) - m(2,4)]c^2 \\
&= \{[m(Z,A) + Zm_e] - [m(Z-2,A-4) + (Z-2)m_e] - [m(2,4) + 2m_e]\}c^2 \\
&= [M(Z,A) - M(Z-2,A-4) - M_{He}]c^2
\end{aligned} \tag{3-35}
$$

式中 m 和 M 分别代表原子核质量和原子质量,m_e 为电子的静质量,电子结合能的贡献可以忽略。母核要能自发地进行 α 衰变,衰变能 Q_α 必须大于零,所以

$$M(Z,A) > M(Z-2,A-4) + M_{He} \tag{3-36}$$

α 衰变释放的能量 Q_α 以动能形式在子核与 α 粒子之间分配。根据动量守恒定律可计算出子核的反冲能 T_Y 和 α 粒子的动能 T_α。

$$T_Y = \frac{M(\ce{^4_2He})}{M(\ce{^{A-4}_{Z-2}Y}) + M(\ce{^4_2He})} \approx \frac{4}{A} \tag{3-37a}$$

$$T_\alpha = \frac{M(\ce{^{A-4}_{Z-2}Y})}{M(\ce{^{A-4}_{Z-2}Y}) + M(\ce{^4_2He})} \approx \frac{A-4}{A} \tag{3-37b}$$

α 衰变的衰变能主要被 α 粒子带走,子核的反冲能很小。例如 ^{210}Po 的 α 衰变能为 5.408 MeV,子体 ^{206}Pb 的反冲能仅为 0.103 MeV,α 粒子的动能为 5.305 MeV。核反冲能和 α 粒子的动能远大于化学键能(1~10 eV 左右),所以 α 衰变可以引起很大的化学效应。

3.3.1.2　α 能谱

用高分辨率的 α 能谱仪测定各种核素发射的 α 粒子的能量,发现有的核素发射单一能量的 α 粒子,有的核素发射几种能量不同的 α 粒子。例如 ^{226}Th 的 α 衰变发射能量为 6.330(79%),6.220(19%),6.095(1.7%)和 6.020(0.6%) MeV 的四组 α 粒子,^{240}Cm 发射能量为 6.291(71.0%),6.248(28.9%),6.147(0.052%)和 5.989(0.014%) MeV 的四组 α 粒子。α 能谱的这种复杂组成称为 **α 能谱的精细结构**。当母核直接跃迁至子核的基态时,发射能量最高的那一组 α 粒子;跃迁到子核的各激发态时,发射能量较低的各对应组的 α 粒子。子核由激发态跃迁至基态时发射 γ 光子。因此,发射复杂能谱的 α 衰变必然伴随有 γ 射线发射。一般偶-偶核的 α 能谱比较简单,奇 A 核的比较复杂,奇-奇核的 α 衰变往往伴有 β⁻ 衰变。例如 ^{212}Bi($Z=83, N=129$)α 衰变的分支比为 36%,β⁻ 衰变的分支比为 64%。天然 α 放射性核素发射的 α 粒子能量在 1.83(^{144}Nd,$T_{1/2} = 2.3 \times 10^{15}$ a)~11.65(^{212m}Po,$T_{1/2} = 45$ s) MeV 范围,半衰期在 10^{16} a~10^{-7} s 范围。实验发现,衰变常数的对数与衰变能 Q_α 符合函数关系

$$\lg T_{1/2} = A + B Q_\alpha^{-1/2} \tag{3-38}$$

A 和 B 对同一元素为常数。偶-偶核符合此关系较好。$T_{1/2}$ 对于衰变能非常敏感,Q_α 增加 1 MeV,$T_{1/2}$ 减少约 10^5 倍。

α 粒子是带电粒子,在核中生成以后,从核内到核外需要穿越一个势能很高的区域,该区域称为**库仑(Coulomb)势垒区**。势能来自于原子核的库仑场,势能最大值称为**势垒高度**,

$$V_{\max} = V(R_0) = \frac{Z_1 Z_2 e^2}{4\pi\varepsilon_0 R_0} = \frac{Z_1 Z_2 e^2}{4\pi\varepsilon_0 r_0 (A_1^{1/3} + A_2^{1/3})} \qquad (3\text{-}39)$$

式中 R_0 为 α 粒子与子核的半径之和，$r_0 = 1.45 \times 10^{-15}$ m。若能量用 MeV 作单位，则上式可近似为

$$V_{\max} \approx \frac{Z_1 Z_2}{A_1^{1/3} + A_2^{1/3}}$$

^{210}Po 发射动能为 5.305 MeV 的 α 粒子，此时的势垒高度约为 22 MeV。按照经典物理学，能量远低于库仑势垒的 α 粒子是不可能穿透势垒发射而出的。按照量子力学，则有一定的概率穿透势垒，并能推导出(3-38)式。这种穿越势垒的机制称为**隧道效应**(tunneling effect)。

3.3.1.3　衰变纲图(decay scheme)

标明一个衰变链各成员能级及衰变路径的图，称为**衰变纲图**。图 3-5 给出了 ^{238}Th 的衰变纲图。最上一条水平横线，表示母核的静质量能；最下一条水平横线，表示子核加 α 粒子的静质量能，取作能量参考点。在两条横线上分别注明母核、子核的半衰期、核自旋和宇称。两条水平横线中间的各条水平线表示子核的各激发态能级，对应的能量注在横线的右侧，核自旋和宇称注在横线的左侧。由母核出发所作的向左的带箭头的斜线表示 α 衰变，箭头指向的横线就是 α 衰变所生成的子核的能级。习惯上箭头向左表示 α 衰变，即所生成的子核原子序数小于母核(在周期表中的位置左移 2 格)，在带箭头的斜线上注明 α 粒子能量和分支比。各横线之间的垂直箭头，表示子核发射 γ 光子后向低能态跃迁。

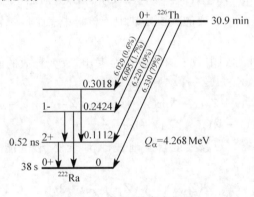

图 3-5　^{226}Th 的衰变纲图

3.3.2　β 衰变

β 衰变是核内核子之间相互转化的过程。β 衰变包括 β^- 衰变、β^+ 衰变及轨道电子俘获(EC)三种方式。相对于 β 稳定线中子过剩的核素发生 β^- 衰变，质子过剩(即缺中子)的核素发生 β^+ 衰变或电子俘获。

3.3.2.1　β^- 衰变

中子过剩的原子核自发发射一个 β^- 粒子即电子，生成质子数加 1 的子核，称为**β^- 衰变**，可用如下通式表示：

$$\underset{\text{母核}}{{}_Z^A X} \longrightarrow \underset{\text{子核}}{{}_{Z+1}^A Y} + \underset{\text{β^- 粒子}}{\beta^-} + \underset{\text{反中微子}}{\bar{\nu}} + \underset{\text{衰变能}}{Q_{\beta}} \qquad (3\text{-}40)$$

所有裂变产物及在反应堆中通过中子俘获产生的放射性核素多进行 β^- 衰变，例如 $^{32}P \xrightarrow{\beta^-} {}^{32}S$ $(Q_{\beta^-} = 1.71\text{MeV})$，$^{14}C \xrightarrow{\beta^-} {}^{14}N(Q_{\beta^-} = 0.155\text{MeV})$。核素经 β^- 衰变后生成的子核是母核的同质异位素。β^- 衰变的实质是丰中子核素中一个中子转变为一个质子的过程：

$$n \longrightarrow p + e + \bar{\nu}$$

根据质量守恒定律，β^- 衰变释放的能量为

$$
\begin{aligned}
Q_{\beta^-} &= [m(Z,A) - m(Z+1,A) - m_e]c^2 \\
&= \{[m(Z,A) + Zm_e] - [m(Z+1,A) + (Z+1)m_e] + m_e - m_e\}c^2 \\
&= [M(Z,A) - M(Z+1,A)]c^2
\end{aligned}
\tag{3-41}
$$

电子结合能的贡献可以忽略。母核要能自发地进行 β^- 衰变，衰变能 Q_{β^-} 必须大于零，所以应有

$$M(Z,A) > M(Z+1,A) \tag{3-42}$$

3.3.2.2　β^+ 衰变

中子不足的原子核自发发射一个 β^+ 粒子即正电子，生成质量数 A 不变而电荷数 Z 减 1 的子核，称为 **β^+ 衰变**，可用如下通式表示：

$$
\underset{\text{母核}}{{}^A_Z X} \longrightarrow \underset{\text{子核}}{{}^A_{Z-1}Y} + \underset{\beta^+ \text{粒子}}{\beta^+} + \underset{\text{中微子}}{\nu} + \underset{\text{衰变能}}{Q_{\beta^+}}
\tag{3-40}
$$

在加速器上用 p、α、^{3}He 等轰击含稳定核素的靶子产生的放射性核素多是 β^+ 或 EC 放射性的，例如 $^{18}F \xrightarrow{\beta^+} {}^{18}O(Q_{\beta^+} = 0.635\text{MeV})$，$^{11}C \xrightarrow{\beta^+} {}^{11}B(Q_{\beta^+} = 0.97\text{MeV})$。核素经 β^+ 衰变后生成的子核是母核的同质异位素。β^+ 衰变的实质是缺中子核素中一个质子转变为一个中子的过程：

$$p \longrightarrow n + e^+ + \nu$$

根据质量守恒定律，注意到中微子的静质量为零，β^+ 衰变释放的能量为

$$
\begin{aligned}
Q_{\beta^+} &= [m(Z,A) - m(Z-1,A) - m_e]c^2 \\
&= \{[m(Z,A) + Zm_e] - [m(Z-1,A) + (Z-1)m_e] - m_e - m_e\}c^2 \\
&= [M(Z,A) - M(Z-1,A) - 2m_e]c^2
\end{aligned}
\tag{3-44}
$$

电子结合能的贡献可以忽略。母核要能自发地进行 β^+ 衰变，衰变能 Q_{β^+} 必须大于零，所以应有

$$M(Z,A) > M(Z-1,A) + 2m_e \tag{3-45}$$

上式说明，仅当母核的质量比子核的质量高出两个电子的静质量（1.02 MeV）时才能发生 β^+ 衰变。

3.3.2.3　轨道电子俘获

当核 $^A_Z X$ 的质量比 $^A_{Z-1}Y$ 的质量大，但没有高出 $2m_e$ 时，虽然 β^+ 衰变不能发生，但仍可通过俘获一个核外轨道电子而衰变，

$$^A_Z X + e^- \longrightarrow {}^A_{Z-1}Y + \nu \tag{3-46}$$

即

$$p + e \longrightarrow n + \nu$$

这种衰变方式称为**轨道电子俘获**或简称**电子俘获**，常用 EC 或 ε 表示。根据质量守恒定律，注意到中微子的静质量为零，EC 衰变释放的能量为

$$
\begin{aligned}
Q_{EC} &= [m(Z,A) + m_e - m(Z-1,A)]c^2 - W_i \\
&= [M(Z,A) - M(Z-1,A)]c^2 - W_i
\end{aligned}
\tag{3-47}
$$

式中 W_i 为第 i 壳层电子在原子中的结合能。发生上述过程的条件是

$$M(Z,A) - M(Z-1,A) \geqslant W_i/c^2 \tag{3-48}$$

只有 ns 轨道上的电子有一定的概率 $|\psi_{ns}(0)|^2$ 出现在原子核处，随着主量子数 n 的增大，$|\psi_{ns}(0)|^2$ 迅速下降。因此，发生电子俘获的概率是 K 层≫L 层≫M 层。由于电子俘获主要发生在 K 壳层，故电子俘获也常称为 **K 俘获**(亦用 ε_K 表示)。当 $W_K/c^2 > M(Z,A) - M(Z-1,A) \geqslant W_L/c^2$ 时，只能发生 ε_L。

满足(3-45)式必然满足(3-48)式，这意味着，能发生 β^+ 衰变的场合，有可能发生 EC 与之相竞争。随着原子序数的增加，在 β^+ 衰变中 EC 的分支比增大。例如，^{87}Zr($Q_{EC}=3.50\,\text{MeV}$) 的 EC 占 17%，^{170}Lu($Q_{EC}=3.41\,\text{MeV}$) 的 EC 占 99.81%。

EC 的衰变能绝大部分被中微子带走，子核受到反冲，因此 EC 发射的中微子和反冲核都是单能的。例如，

$$^{7}\text{Be} + \text{e}_K \xrightarrow{53.6\text{d}} {}^{7}\text{Li} + \nu + 0.86\,\text{MeV}$$

观察到该过程的核反冲是中微子存在的一个重要证据。

第 i 层电子被俘获后，留下一个空位，外壳层电子将填充该空位，并辐射出能量等于两能级差 ΔE 的 X 射线，即特征 X 射线；也可能不辐射 X 射线，而用这些能量将一个壳层电子发射而出，称为**俄歇**(Auger)**电子**，因其发现者 Pierre-Victor Auger(1925 年)而得名。俄歇电子的能量等于 $\Delta E - W_i$，也是分立的。俄歇电子被发射出来后，在它原先所在的壳层也留下一个空位，同样可以通过发射 X 射线或发射俄歇电子退激。如果是后者，则称发生了**俄歇串级**(cascade)。其结果空穴越来越多，因此也称为**空穴串级**。俄歇串级导致原子高度电离。

激发原子发射俄歇电子的概率称为**俄歇产额**，它随原子序数的增加而减小。在 $Z=30$(Zn)时，发射 X 射线和发射俄歇电子的概率相等。

3.3.2.4 β 能谱与中微子

通常用 β 磁谱仪来测定 β 能谱。实验发现，β 能谱具有如下特征：① β 射线能谱是连续分布的。② 一种核素发射的 β 射线的最大能量 $E_{\beta,\max}$ 是确定的，它近似等于 β 衰变能。③ β 粒子的平均能量为最大能量 $E_{\beta,\max}$ 的 $1/3\sim1/2$。此处 β 粒子的强度最大。

在 β^- 或 β^+ 衰变中，衰变能是在子核、电子或正电子、反中微子或中微子三者间分配的。三者的相对运动方向不同，电子或正电子的动能不同，因此 β 能谱呈连续谱形。这也是中微子存在的实验证明之一。

当发生 β 衰变时，原子核的质量数不变。若母核的质量数 A 为奇数，则子核的质量数 A 也是奇数，它们的核自旋量子数 I 均为半整数，电子的自旋为 $1/2$。因为 β 粒子相对于质心的轨道角动量量子数 L 为整数 $0,1,2,\cdots$。如果 β 衰变过程中不发射别的粒子，则对 β^- 和 β^+ 衰变，衰变前总角动量量子数为半整数，衰变后总角动量量子数为整数，而对 EC，情况刚好相反。衰变前后体系的总角动量 $\left(=\sum_k I_k + \sum_k L_k\right)$ 不可能相等，这与角动量守恒定律相矛盾。为了克服上述矛盾，1931 年泡利提出了中微子假说，预言原子核在发射 β 粒子的同时还发射自旋为 $1/2$、静质量近似于零的中性粒子，称为中微子。1936—1959 年先后有间接和直接的实验证明了中微子的存在。β^- 衰变时发射反中微子 $\bar{\nu}$，β^+ 衰变时发射中微子 ν。对于 β^- 衰变，反中微子的动能 T_ν 为

$$T_\nu = Q_{\beta^-} - T_{\beta^-} - T_Y \approx Q_{\beta^-} - T_{\beta^-}$$

即衰变能 Q_{β^-} 在 β^- 粒子和反中微子之间分配,这就解释了 β 能谱为什么是连续的,以及衰变前后体系角动量守恒的问题。

3.3.2.5　衰变纲图

同 α 衰变一样,也可以用图来表示 β 衰变。各条线所表示的物理意义与 α 衰变纲图一致,但由于习惯上用箭头的方向指示衰变以后生成的子体核原子序数变化情况,β^- 衰变后子核原子序数增加,所以箭头指向右方(周期表中原子序数增加的方向);β^+ 及 EC 衰变后子体的原子序数减少,箭头指向左方。β^+ 衰变的情况比较复杂,因为衰变能

$$Q_{\beta^+} = [M(Z,A) - M(Z+1,A)]c^2 - 2m_e c^2$$

在图 3-6 示出的 β 衰变纲图中,上下两条水平横线分别代表母、子体的基态静质量能态,子体的基态静质量能定为零。两条线中间表示静质量能 $2m_e c^2$ 加上 β^+ 粒子的最大动能。自母体向下画一条垂线表示静质量能 $2m_e c^2$,再向左方画一箭头至子体水平横线,以 β^+ 表示衰变。伴随 β^+ 衰变的 EC 不单独绘出,只在箭头处标出其分支比。

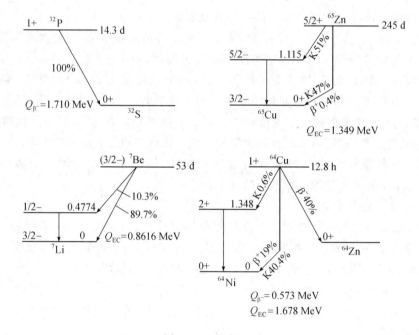

图 3-6　β 衰变纲图

3.3.2.6　β 衰变的系统学

将结合能的半经验公式(2-12)

$$B(Z,A) = a_V A - a_S A^{2/3} - a_E Z^2 A^{-1/3} - a_A \left(\frac{A}{2} - Z\right)^2 A^{-1} + \delta a_P A^{-1/2}$$

代入

$$m(Z,A) = Z m_p + (A-Z) m_n - B(Z,A)/c^2$$

$$M(Z,A) = Z M_H + (A-Z) m_n - B(Z,A)/c^2$$

得原子质量的半经验公式为

$$M(Z,A) = C_1 + C_2 Z + C_3 Z^2 - C_4 \delta \tag{3-49}$$

式中
$$C_1 = \left[m_n - \left(a'_V - \frac{1}{4} a'_A - a'_S A^{-1/3} \right) \right] A$$
$$C_2 = -(m_n - M_H + a'_A)$$
$$C_3 = (a'_A + a'_E A^{2/3}) A^{-1}$$
$$C_4 = a'_P A^{-1/2}$$
$$a'_i = a_i / c^2, \quad i = V, S, E, A, P$$

对于奇 A 核,(3-49)式给出一条抛物线(图 3-7),称为**同质异位素质能抛物线**。离抛物线顶点最近的核最稳定。抛物线右支代表质子过剩,将发生 β^+ 衰变或 EC,趋向 β 稳定核;抛物线左支代表中子过剩,将发生 β^- 衰变,趋向 β 稳定核。

对于偶 A 核,(3-49)式给出形状相同、上下相差 $2C_4$ 的两条抛物线(图 3-7),上面一条抛物线代表奇-奇核,下面一条抛物线代表偶-偶核。

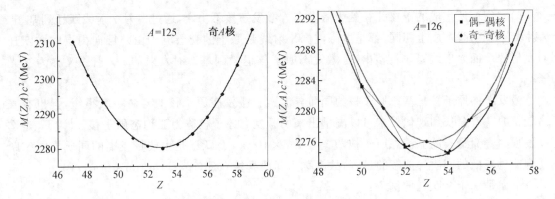

图 3-7　同质异位素质能抛物线

奇 A 核只有一条同质异位素质能抛物线,β 稳定核素只有一个。偶 A 核有两条质能抛物线,质能较高的一条对应于奇-奇核,除四个稳定核素(^{2}H, ^{6}Li, ^{10}B, ^{14}N)和五个长寿命天然 β 放射性核素 $[^{40}$K($T_{1/2} = 1.26 \times 10^9$ a), ^{50}V($T_{1/2} = 6 \times 10^{15}$ a), ^{138}La($T_{1/2} = 1.12 \times 10^{11}$ a), ^{176}Lu ($T_{1/2} = 2.2 \times 10^{10}$ a), ^{180}Ta($T_{1/2} > 1 \times 10^{12}$ a)]外,余者都没有 β 稳定核素。位于抛物线顶点的核素一般是 β^+ 及 β^- 放射性的,如图中的 ^{126}Sb。偶-偶核一般有两个 β 稳定核,如 $A = 126$ 的 ^{126}Sn 和 ^{126}Te。

3.3.2.7　β 衰变的选择定则

β 衰变的半衰期与始态和终态的自旋和宇称及衰变能有关。关于自旋的选择定则可由角动量守恒定律导出。关于宇称选择定则,情况比较复杂,因为 β 衰变是弱相互作用,宇称不守恒。在非相对论处理中,可将 β 衰变中原子核宇称的变化取作电子和中微子带走的轨道宇称 $(-1)^l$, l 是轨道角动量量子数。若始态和终态的宇称用 π_i 和 π_f 表示,于是 $\pi_i / \pi_f = (-1)^l$。$l = 0$ 的跃迁有贡献称为**容许跃迁**,否则称为**禁戒跃迁**。其中 $l = 1, 2, 3, \cdots$ 分别称为一级、二级、三级、……禁戒跃迁。理论导出的选择定则如下:

容许跃迁 $\Delta I = 0, \pm 1$;$\Delta \pi = \pi_i / \pi_f = +1$。

一级禁戒跃迁 $\Delta I = 0, \pm 1, \pm 2$;$\Delta \pi = \pi_i / \pi_f = -1$。

二级禁戒跃迁 $\Delta I = \pm 2, \pm 3$;$\Delta \pi = \pi_i / \pi_f = +1$。

n 级禁戒跃迁 $\Delta I = \pm n, \pm (n+1)$;$\Delta \pi = \pi_i / \pi_f = (-1)^n$。

一般来说，ΔI 越大，跃迁概率越小。在容许跃迁中，如果子核和母核互为镜像核，则跃迁概率特别大，称为**超容许跃迁**。下面是几个例子（括号中为 $I\pi$）：

超容许跃迁：$^1_0 n_1(1/2+) \rightarrow ^1_1 H_0(1/2+)$，$E_{\beta,max} = 0.7825\,MeV$，$T_{1/2} = 637\,s$。

容许跃迁：$^{32}P(1+) \rightarrow ^{32}S(0+)$，$E_{\beta,max} = 1.71\,MeV$，$T_{1/2} = 14.3\,d$。

一级禁戒跃迁：$^{111}Ag(1/2-) \rightarrow ^{111}Cd(1/2+)$，$E_{\beta,max} = 1.05\,MeV$，$T_{1/2} = 7.5\,d$。

二级禁戒跃迁：$^{59}Fe(3/2-) \rightarrow ^{59}Co(7/2-)$，$E_{\beta,max} = 1.573\,MeV$，$T_{1/2} = 45.6\,d$。

半衰期与 β 衰变能有很大的关系。对于同一类型的衰变，实验发现

$$T_{1/2} \propto E_{\beta,max}^{-5}$$

3.3.3 同质异能跃迁

3.3.3.1 γ 衰变

α，β 衰变所生成的子核往往处于激发态。激发态核不稳定，通过发射 γ 射线跃迁到基态。γ 射线与 X 射线本质上相同，都是电磁波。X 射线是原子的壳层电子由外层向内层空穴跃迁时发射的。而 γ 射线是来自核内，是激发态原子核退激到基态时发射的。γ 射线又称为 γ 光子。

激发态的原子核是基态原子核的同质异能素。激发态原子核的寿命一般很短，但也有寿命较长的。寿命长到现代技术可以测量出来的激发态原子核称为**亚稳态原子核**。^{180m}Ta 是迄今发现的寿命最长的亚稳态原子核，$T_{1/2} > 1.2 \times 10^{15}\,a$。γ 跃迁是由能量较高的同质异能态跃迁到能量较低的同质异能态的过程，故又称为**同质异能跃迁**（isomeric transition，IT）。

下面是一个 γ 跃迁的例子：

$$^{113m}In \xrightarrow{T_{1/2}=99.5\,min} \,^{113}In + \gamma + Q_\gamma \qquad Q_\gamma = 0.3917\,MeV$$

因为 γ 光子的静质量为零，所以 $Q_\gamma = M(^{113m}In) - M(^{113}In)$。$Q_\gamma$ 在子核和 γ 光子之间分配。

根据动量守恒定律，

$$\sqrt{2ME_R} = h/\lambda = E_\gamma/c$$

子核的动能（即反冲能）E_R 为

$$E_R = \frac{E_\gamma^2}{2Mc^2} \tag{3-50}$$

例如，^{34m}Cl 强度最大的 γ 射线的能量为 $2.127\,MeV$，^{34}Cl 的反冲能为 71 eV，虽然比 γ 光子的能量小得多，但比化学键能大得多，因此伴随有化学效应（见第 12 章）。

同质异能跃迁发射的 γ 射线是单能的，对于给定的原子核是特征性的，故可用于核素鉴定。

3.3.3.2 内转换（inner conversion）

由核反应或核衰变生成的激发态原子核退激时，若能量不以射线的形式发射出来，而把能量转换为核外轨道电子的动能。获得能量的电子摆脱原子束缚成为自由电子发射出去。这种电子称为**内转换电子**。

内转换电子的能量 E_e 为

$$E_e = Q_\gamma - E_b - E_R$$

其中 E_b 为内转换电子的结合能，由于 $E_R \ll Q_\gamma$，Q_γ 和 E_b 都取确定值，所以内转换电子的能量 E_e 也取确定值。如果激发态原子由 β 衰变生成，可以看到在 β 连续谱的背景上有尖锐的内转

换电子能量峰。当 $E_e < E_{\beta,\max}$ 时，内转换电子峰叠加在连续的 β 能谱上；当 $E_e > E_{\beta,\max}$ 时，内转换电子能谱峰在连续的 β 能谱最大能量之上。

当 Q_γ 大于 K 层电子的结合能 E_{bK} 时，内转换电子主要是 K 层电子，因为 K 层电子离核最近，L，M，或更外层的电子被转换的概率较小。

内转换是与 γ 跃迁相竞争的过程。设总的衰变常数为 λ，发射 γ 光子的衰变常数为 λ_γ，发射内转换电子的衰变常数为 λ_e，则

$$\lambda = \lambda_\gamma + \lambda_e \tag{3-51}$$

$$\alpha \equiv \frac{\lambda_e}{\lambda_\gamma} \tag{3-52}$$

α 称为**内转换系数**。如果用 N_γ，N_K，N_L，N_M，… 分别表示单位时间内发射 γ 光子，K，L，M，… 层的内转换电子的数目，相应各个电子壳层的内转换系数分别为

$$\alpha_K = N_K/N_\gamma, \quad \alpha_L = N_L/N_\gamma, \quad \alpha_M = N_M/N_\gamma, \quad \cdots \tag{3-53}$$

因而

$$\alpha = \alpha_K + \alpha_L + \alpha_M + \cdots \tag{3-54}$$

理论分析和实验结果表明，γ 衰变能越小，母核的原子序数越高，内转换系数越大，且恒有 $\alpha_K > \alpha_L > \alpha_M > \cdots$。

内壳层上一个电子被转换后，留下一个空位，外壳层上的电子将填充这个空位，并发射特征 X 射线或俄歇电子。类似于 EC，此过程将导致原子的高度电离。

当 γ 跃迁能大于正负电子的静质量能之和 $2m_ec^2$ 时，除发射 γ 射线外，还可能发射电子对 $e^+ + e^-$，它们的动能为

$$T_{e^+} + T_{e^-} = Q_\gamma - 2m_ec^2 = Q_\gamma - 1.02\,\text{MeV} \tag{3-55}$$

这种衰变方式的概率很小，一般低于发射 γ 光子概率的千分之一。

3.3.3.3 选择定则

同质异能跃迁起源于原子核与电磁场的相互作用。电磁相互作用比弱相互作用的强度大得多，因此跃迁能相近时，IT 的衰变常数比 β 衰变常数要大得多。

设原子核在跃迁前的角动量为 I_i，跃迁后的角动量为 I_f，光子带走的角动量为 L（包括轨道和自旋角动量），根据跃迁前后角动量守恒，

$$L = I_i - I_f \tag{3-56}$$

按角动量耦合规则，L 的取值范围为

$$L = |I_i - I_f|,\ |I_i - I_f| + 1,\ \cdots,\ I_i + I_f \tag{3-57}$$

L 虽然可以取 $2I_i + 1$ 个值（如 $I_i < I_f$）或 $2I_f + 1$ 个值（如 $I_i > I_f$），但因跃迁概率随 L 增大迅速下降（L 增加 1，跃迁概率约小 3 个数量级），所以一般取最小值。因为光子的角动量最小是 1，所以 0→0 跃迁不能通过发射 γ 光子，而只能通过内转换实现。按照光子带走的角动量的值 $L\hbar$，可将 γ 辐射分为不同的极次。$L=1$ 的称为偶极辐射，$L=2$ 的称为四极辐射，$L=3$ 的称为八极辐射，余类推。

电磁相互作用下体系的宇称是守恒的，所以 $\pi_i = \pi_f \pi_\gamma$，即

$$\pi_\gamma = \frac{\pi_i}{\pi_f} \tag{3-58}$$

如果跃迁前后原子核的宇称相同，则 γ 辐射具有偶宇称；如果跃迁前后原子核的宇称相反，则

γ 辐射具有奇宇称。γ 辐射的宇称与其角动量量子数 L 的奇偶性相同的称为电 2^L 极跃迁,用 EL 表示;相反的称为磁 2^L 极跃迁,用 ML 表示。相同极次的电辐射概率比磁辐射概率大 2～3 个数量级。即近似有

$$E1 \gg E2 \approx M1 \gg E3 \approx M2 \cdots \qquad (3\text{-}59)$$

表 3-1 列出几个 γ 跃迁的例子。

表 3-1　γ 跃迁极次举例

核	E_γ(MeV)	I_i	I_f	跃迁类型	半衰期(s)
^{13}N	2.367	1/2+	1/2−	E1	1×10^{-15}
^{44}Ca	1.156	2+	0+	E2	4×10^{-12}
^{111}Ag	0.07	7/2+	1/2−	E3	74
^{117}Sn	0.162	3/2+	1/2+	M1	3.1×10^{-10}
^{113}In	0.393	1/2−	9/2+	M4	5.97×10^3

3.3.4　簇放射性

簇放射性(cluster radioactivity)又称**重离子放射性**(heavy-ion radioactivity),是不稳定的重原子核自发发射一个质量大于 α 粒子的核子簇团(重离子)而转变为另一种核的过程。

1980 年 A. Sandulescu,D. N. Poenaru 和 W. Greiner 以及卢希庭预言重原子核有可能发射重粒子进行衰变。1984 年 H. G. Rose 和 G. A. Jones 在 ^{223}Ra 样品上首次观察到 ^{14}C 衰变:

$$^{223}\text{Ra} \longrightarrow {}^{209}\text{Pb} + {}^{14}\text{C}$$

^{14}C 粒子动能约为 30 MeV。

迄今已在 21 个 Pb 后重核(^{221}Fr、^{221}Ra、^{222}Ra、^{223}Ra、^{224}Ra、^{226}Ra、^{225}Ac、^{230}Th、^{232}Th、^{231}Pa、^{232}U、^{233}U、^{234}U、^{236}U、^{238}U、^{237}Np、^{236}Pu、^{238}Pu、^{241}Am、^{242}Cm、^{255}Fm)观察到簇放射性,此外在 $52 < Z < 56, 52 < N < 60$ 区域及 Ba、Ce、Nd 的若干同位素也发现了簇放射性。发射的重粒子包括 ^{12}C、^{14}C、^{20}O、^{23}F、^{24}Ne、^{25}Ne、^{26}Ne、^{28}Mg、^{30}Mg、^{32}Si、^{34}Si。有些核可以发射两种以上的重粒子,如 ^{231}Pa 发射 ^{24}Ne 或 ^{23}F,^{233}U 发射 ^{24}Ne 或 ^{25}Ne,^{234}U 发射 ^{24}Ne、^{26}Ne 或 ^{28}Mg,^{238}Pu 发射 ^{28}Mg、^{30}Mg 或 ^{32}Si。簇衰变的部分衰变常数与 α 衰变的部分衰变常数之比称为**分支比**(b),一般 $< 10^{-9}$。例如:

$$^{234}\text{U} \longrightarrow \begin{cases} ^{230}\text{Th} + \alpha & 2.45 \times 10^5 \text{ a} \\ ^{210/208}\text{Pb} + {}^{24/26}\text{Ne} & 5.6 \times 10^{17} \text{ a}, b = 4.4 \times 10^{-13} \\ ^{206}\text{Hg} + {}^{28}\text{Mg} & 1.8 \times 10^{18} \text{ a}, b = 1.4 \times 10^{-13} \\ 2 \text{ 个裂变碎片} + 2 \sim 3 \text{ 个中子} & 1.9 \times 10^{16} \text{ a}, b = 1.3 \times 10^{-11} \end{cases}$$

簇衰变过程发射的重离子能量高,射程短,传能线密度(见第 4 章)高,用径迹探测器(见第 6 章)很容易将它们与 α 粒子相区别。图 3-8 为记录 ^{236}Pu 的簇放射性的径迹图,^{28}Mg 的径迹比自发裂变裂片(fission fragment,FF)的径迹小,但比 α 粒子的径迹大得多,可以准确地加以区别。

从已有的实验事实可以概括出下列规律:① 簇衰变发射的重离子能量一般为 2～2.5 MeV/核子;② 这些重离子都是丰中子核;③ 簇衰变产物位于双幻数核 ^{208}Pb($Z = 82, N = 126$)附近;④ 衰变能和发射的重粒子相同时,偶-偶核比奇 A 核簇衰变速率大;⑤ 对偶-偶核如发射的重离子相同时,衰变能越大,簇衰变速率越快。

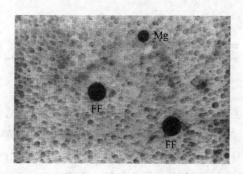

图 3-8 经过刻蚀的记录^{236}Pu 簇放射性的径迹探测器

(引自 A. A. Ogoblin, N. I. Venikov, S. K. Lisin, *et al*. Phys. Lett. ,1990,B235：35)

目前有好几种理论可以定量解释簇衰变现象。集团模型和综合模型都属于核的宏观模型。前者认为重离子在核内以某种概率形成后不经变形而借隧道效应穿透库仑势垒发射而出。后者认为簇衰变与 α 衰变及自发裂变本质上没有什么不同，都是核液滴经变形而断裂的结果，区别仅在两个裂片的相对大小不同而已。对于偶-偶核，两种模型都能得出与实验很好相符的结果。

参 考 文 献

[1] 卢希庭，主编；卢希庭，江栋兴，叶沿林，编著. 原子核物理(修订版). 北京：原子能出版社，2000.

[2] 蒋明，编. 原子核物理导论. 北京：原子能出版社，1983.

[3] 王炎森，史福庭，编著. 原子核物理学. 北京：原子能出版社，1998.

[4] Price P B. Heavy-particle Radioactivity($A>4$). Annu Rev Nucl Part Sci, 1989(39)：43～71.

[5] Price P B. Cluster Radioactivity, In Clustering Phenomena in Atoms and Nuclei, eds. Brenner M, Lonnroth T, and Malik F B, Berlin：Springer-Verlag, 1992, 273～282.

[6] Ardisson G, Hussonnois M. Radiochemical investigation of cluster radioactivities. Radiochimica Acta, 1995(70/71)：123～134.

[7] Ronen Y. Systematic behaviour in cluster radioactivity. Ann Nucl Energy, 1997(24)：161～164.

[8] Ogloblin A A, Pik-Pichak G A, Tretyakova S P. State and perspectives of cluster radioactivity studies. Izv Akad Nauk Fiz, 2001(65)：11～16.

第4章　射线与物质的相互作用

本章所指的射线是原子核转变过程中放射出来的粒子,如 α,β,γ 和中子等,此外还包括 X 射线和重离子束,它们能引起物质直接和间接电离,故又称为**电离辐射**。

射线与物质相互作用时,把能量传递给物质,因而引起各种物理、化学变化。通过射线与物质相互作用的研究,不仅能了解射线本身的特性,而且这些作用规律也是放射化学、辐射防护、辐射测量及核技术应用的理论基础。

本章重点讨论 α 粒子,重离子束,β,γ 射线及中子与物质相互作用的一般规律,其他相互作用如核反应等将在专门的章节中讨论。

4.1　α 粒子及重离子束与物质的相互作用

带电粒子包括重带电粒子和电子,质量大于电子质量的带电粒子称为**重带电粒子**。α 粒子和重离子束属于重带电粒子,它们与物质相互作用具有带电粒子与物质相互作用的一般规律,由于 α 粒子的质量远大于电子的,因此,在与物质相互作用过程中具有重带电粒子的特征。例如在物质中能量损失的主要形式是电离激发,在物质中的路径近似为直线。重离子束极易发生电子俘获效应,在低能时与原子核的弹性碰撞引起的能量损失与电离损失相当,甚至比电离能量损失更重要。

4.1.1　电离和激发

电离和激发是带电粒子与物质相互作用过程中能量损失的重要形式。

当具有一定动能的带电粒子与原子中的轨道电子发生非弹性碰撞时,将其部分能量传递给轨道电子。如果轨道电子获得的动能足以克服原子核的束缚,逃出原子壳层而成为自由电子,此过程称为**电离**。原子失去一个电子后带正电,它与逃出的电子称为**正、负离子对**。如果核外电子获得的动能不足以克服原子核的束缚,只是从低能级跃迁到高能级,使原子处于激发态,此过程称为**激发**。处于激发态的原子是不稳定的。跃迁到高能级的电子将自发地跃迁到低能级而使处于激发态的原子退激,激发能(等于电子跃迁前后两能级的能量差)将以 X 射线的形式放出,称为**标识 X 射线或特征 X 射线**。该激发能也可传递给核外电子,使该电子获得足够的动能,逃离原子核的束缚而成为一个自由电子(俄歇电子),这种过程称为**俄歇效应**。

在电离过程产生的某些自由电子,具有足够的动能,能进一步引起物质电离和激发,这些电子称为**次级电子或 δ 电子**。由带电粒子与轨道电子作用产生的电离,称为**直接电离或初级电离**,由 δ 电子引起的电离称为**间接电离或次级电离**,直接电离和间接电离合在一起称为**总电离**。

在给定介质中产生一对正负离子所需要的平均能量称为该介质的**平均电离能**,用 $\overline{W}$ 表示。平均电离能包括了由于激发作用而损失的能量在内,因此平均电离能大于原子的电离电位。一种带电粒子在不同的气体中的 $\overline{W}$ 值虽然不同,但其数值变化不大,同种气体中 $\overline{W}$ 值与粒子的能量无关,如 X,γ,β 在空气中的平均电离能为 33.85 ± 0.15 eV/离子对,α 粒子为 34.98 ± 0.05 eV/离子对。

在 α 粒子与物质相互作用过程中,传递给 δ 电子的平均能量为 $200\sim300$ eV,通过间接电离损失的能量占总能量损失的 $20\%\sim40\%$。

4.1.2 电离能量损失与碰撞阻止本领

α粒子或重离子与核外电子发生多次非弹性碰撞而逐步损失能量,由于它们的质量远大于电子,每次碰撞后运动方向几乎没有改变,故运动的径迹近似为直线。电离能量损失常用**线碰撞阻止本领** $\left(\dfrac{\mathrm{d}E}{\mathrm{d}l}\right)_{\mathrm{col}}$ 来表示,它是入射带电粒子在物质中每单位路径长度上电离损失的平均能量,下标 col 表示与核外电子的非弹性碰撞。碰撞阻止本领又称为**电离损失率**或**电子阻止本领**,为了消除密度的影响,用**质量碰撞阻止本领** $\dfrac{1}{\rho}\left(\dfrac{\mathrm{d}E}{\mathrm{d}l}\right)_{\mathrm{col}}$ 来表示。H. Bethe 曾用量子力学处理方法推导了重带电粒子的质量碰撞阻止本领的表示式如下:

$$\frac{1}{\rho}\left(\frac{\mathrm{d}E}{\mathrm{d}l}\right)_{\mathrm{col}}=K_1\frac{Zz^2}{M_{\mathrm{A}}\beta^2}\left[\ln\frac{(2\mu\beta^2)^2}{I^2(1-\beta^2)^2}-2\beta^2-2\frac{C}{Z}-\delta\right]\ (\mathrm{MeV\cdot cm^2\cdot g^{-1}}) \qquad (4\text{-}1)$$

式中,$\mu=mc^2$,为电子的静止能量(0.511006 MeV),m 为电子静止质量;$\beta=v/c$,为带电重粒子的相对速度;δ 为考虑了密度效应的修正项;Z 为物质的原子序数;M_{A} 为物质的相对原子质量;I 为物质中原子的平均激发能($I=I_0Z,I_0=10$ eV);C/Z 为壳修正项,当入射粒子的速度小于吸收物质某壳层电子轨道速度时,该层电子不能被电离,需加以修正,C 为参数;K_1 为常数,

$$K_1=\frac{2\pi e^4 N_{\mathrm{A}}}{mc^2}=2\pi mc^2 r_{\mathrm{e}}{}^2 N_{\mathrm{A}}=0.1536\ \mathrm{MeV\cdot cm^2\cdot mol^{-1}}$$

其中 r_{e} 为经典电子半径(2.817938×10^{-13} cm),N_{A} 为阿伏加德罗常数。

(4-1)式表明:① 电离损失与重带电粒子的电荷 z^2 成正比。说明 z 越大,与核外电子的库仑作用力愈大,传递给轨道电子的能量越多,例如,具有相同速度的 α 粒子和质子,在同一物质中前者的碰撞阻止本领为后者的 4 倍。② 电离损失与重带电粒子的速度的平方近似成反比。说明重带电粒子传递给核外电子的能量与相互作用时间有关,速度愈小,作用时间愈长,传递给轨道电子的能量愈大。但是,当重带电粒子的能量消耗到一定程度后,其速度降低到与轨道电子的速度相当时,它将要从作用物质中俘获电子,使其有效核电荷减少,因而电离损失反而减少。③ 电离损失与物质单位体积中的电子密度 $\rho Z N_{\mathrm{A}}/M_{\mathrm{A}}$ 成正比。物质的密度越大,Z 越大,重带电粒子的电离损失愈大。

从(4-1)式还可以知道:只要已知一种重带电粒子的速度和在某一物质中的质量阻止本领,便可以求出它在另一种物质中的质量阻止本领,也可以求出速度相同的另一种重带电粒子在同一物质中的质量阻止本领,在重带电粒子的剂量计算中往往需要利用这一关系。

4.1.3 重离子的能量损失

重离子是指质子数 $Z>2$ 的重带电粒子。在能量较高时,它与物质相互作用的能量损失过程和 α 粒子一样,主要通过电离和激发作用。在能量较低时,发生俘获介质原子的轨道电子的电荷交换作用,使其有效电荷发生变化而使电离损失变小,而与原子核的弹性碰撞,即核阻止作用的能量损失成为重要的了,它可以和电离损失相当。

4.1.3.1　电荷交换作用与电离损失

重离子的轨道电子能量从 K 层向外层依次减小。当射入介质的重离子的运动速度大大高于其核外电子的运动速度时,它的核外电子很快就被剥离掉而成为一个裸核。它在物质中继续前进时,通过与介质原子的核外电子的多次非弹性碰撞而损失能量。当其速度降低到稍高于被俘获的介质的轨道电子的运动速度时,虽然发生电子俘获,但所俘获的电子容易失去。当重离子的运动速度低于被俘获电子的速度时,它可以将该电子俘获并束缚至自己相应的壳层,而该电子丢失的概率几乎为零,这时相邻壳层俘获电子的概率也会增加,失去电子的概率会降低。我们将刚刚可以从介质俘获并束缚住电子的重离子速度称为**临界速度**。随着重离子速度的降低,从 K 层至最外层通过这样的过程逐次俘获电子,而使入射重离子成为一个中性原子,这种离子从物质的原子中俘获电子的过程称为**电荷交换效应**。

在离子与介质之间的电荷交换过程中,离子的有效电荷数逐渐变小,致使电离能量损失降低。对于能量较高的 α 粒子和质子,可以不考虑电荷交换效应对电离能量损失的影响。当重荷电离子的能量很低时,电荷交换效应对电离能量损失的贡献增加。例如,对 α 粒子,与临界速度对应的能量 $E_\alpha = 400\,\text{keV}$。一般在 $E_\alpha < 2\,\text{MeV}$ 时,就发生电荷交换效应。如 $E_\alpha = 1.7\,\text{MeV}$ 时,α 粒子的有效核电荷为 1.883。这对电离损失的影响不大。但对于重离子,即使在较高能量下,电荷交换效应的影响亦很重要,例如 10 MeV 的氧离子在物质中的有效电荷数降低至 5.7。

图 4-1 给出了重离子的阻止本领与离子能量的关系。从图中可以看出,当离子能量较高时,随着在物质中速度的降低,阻止本领逐渐增大至最大值,此后随速度的减小,电荷交换效应愈来愈大,使有效核电荷数逐渐减小至零,阻止本领也相应地逐渐减小直至零。曲线中阻止本领的最大值出现在速度等于 $v_0 Z^{2/3}$ 的地方,此处 $v_0 = e^2 / \hbar$,是玻尔速度,Z 为离子的电荷数。对于 α 粒子,最大值出现在 0.6～1 MeV 之间;对于 ^{12}C 离子,最大值出现在 8 MeV。当离子的速度低于 $v_0 Z^{2/3}$ 时,离子的阻止本领用下式计算:

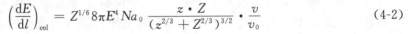

$$\left(\frac{\mathrm{d}E}{\mathrm{d}l}\right)_{\text{col}} = Z^{1/6} 8\pi E^4 N a_0 \frac{z \cdot Z}{(z^{2/3} + Z^{2/3})^{3/2}} \cdot \frac{v}{v_0} \tag{4-2}$$

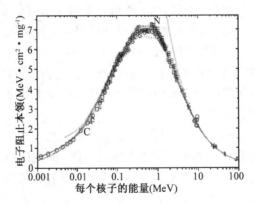

图 4-1　Al 对 ^{16,18}O 的电子阻止本领与 ^{16,18}O 能量
（以每个核子的能量表示）的关系

（不同实验点取自不同作者,不同的线得自不同的计算模型,
引自 Helmut Paul. http：//www.exphys. uni-linz.
ac. at/stopping/stopp bot. htm)

式中 a_0 是玻尔半径；v_0 为玻尔速度；N 为单位体积内的原子数；v 是离子的速度；z,Z 分别为重离子的电荷数和原子序数。

4.1.3.2 核阻止本领

核阻止本领是入射重带电粒子在单位路径长度上与原子核发生弹性碰撞转移给原子核的能量。对于 α 粒子和质子来说，核阻止本领相对于碰撞阻止本领是次要的，例如对于质子能量为 $E_p = 10\ keV$ 时，核阻止本领的贡献仅占总能量的 $1\% \sim 2\%$，能量再高，贡献更小。但对于重离子来说，特别是接近于电子轨道速度的重离子，则显得重要了，这时核阻止本领可以与碰撞阻止本领相比较，例如能量为 $94\ keV$ 的碳离子和能量为 $180\ keV$ 的氧离子，核阻止本领比碰撞阻止本领更重要。因此，物质对重离子的阻止本领应等于这两部分之和。随着重离子在物质中速度的减小，碰撞阻止本领逐渐减小至零，而核阻止本领随着速度 v 的减小而很快地增加 $(1/v^2)$。当 $v/v_0 \ll 1$，核阻止本领大于碰撞阻止本领，然后达到最大值，最后再降到零。

4.1.3.3 总阻止本领与比电离

总阻止本领等于带电粒子在物质中穿行单位路程时所损失的一切能量之和。对于能量 $E < 10\ MeV$ 的重带电粒子来说，主要是电离损失，其他过程的能量损失，如辐射损失及参与核反应的能量损失等相对来说可以忽略不计。因此，重带电粒子在物质中的总阻止本领 $S = -\dfrac{dE}{dx}$ 近似等于碰撞阻止本领 S_e，即

$$S = S_e + S_n \approx S_e$$

比电离是单位径迹长度上产生的离子对数，比电离又称为**电离密度**。在辐射防护上，常用来作为比较不同电离辐射所致生物效应大小的量。

比电离与入射粒子的种类、能量和介质的原子序数有关，带电粒子所带的电荷愈高，比电离也愈高，例如，在机体组织中 α 粒子的比电离为每微米 $3700 \sim 4500$ 对离子，质子的比电离与质子的能量有关，能量为 $8 \sim 150\ MeV$ 的质子，比电离为每微米 $50 \sim 380$ 对离子。图 4-2 给出了 α 粒子的比电离曲线，随着剩余射程的减少，比电离逐渐增加，在剩余射程的末端达到最大值。出现在带电粒子射程末端的比电离峰称为 **Bragg 峰**，比电离曲线又称为 **Bragg 曲线**。质子束射程末端的高比电离效应已经被用于治疗癌症，用重离子束治疗癌症的技术也正在研究中。

比电离可以用线碰撞阻止本领来计算。

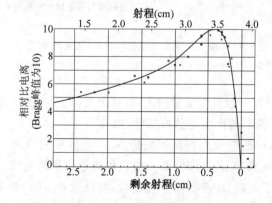

图 4-2　α 粒子的比电离曲线

[引自 M. G. Hollaway, M. S. Livingston.
Phys. Rev. , 1938(54):18~37]

$$S_{p,i} = \frac{(\mathrm{d}E/\mathrm{d}l)_{col}}{\overline{W}} \tag{4-3}$$

式中$(\mathrm{d}E/\mathrm{d}l)_{col}$为能量为 E 的带电粒子在物质中的碰撞阻止本领，$\overline{W}$ 为平均电离功，$S_{p,i}$ 为比电离(离子对/cm)。

由于入射带电粒子在不同深度处的$(\mathrm{d}E/\mathrm{d}l)_{col}$不同，因而比电离不同，可以用下式计算带电粒子在物质中的平均比电离。

$$S_{p,i} = \frac{E}{\overline{W}R} \tag{4-4}$$

式中 R 为能量为$E(\mathrm{eV})$的带电粒子在物质中的射程(cm)。

4.1.3.4　α粒子在物质中的射程

包括 α 粒子在内的带电粒子，通过与物质的不断相互作用，耗尽其能量后而停留于物质中，称为被物质**吸收**。带电粒子沿入射点到被物质所吸收的终止点(速度为零)之间的直线距离，称为带电粒子在此物质中的**射程**，用符号 R 表示。射程与路程的概念不同，路程是入射粒子在物质中所经过的实际轨迹，由于入射粒子与物质发生的各次碰撞，不仅能量减少，而且运动方向亦在改变，因此，其运动的路程是曲折的，并大于射程。射程等于路程在入射方向的投影。

对于 α 粒子由于它在物质中的运动轨迹近似为直线，因此其射程近似等于其路径。

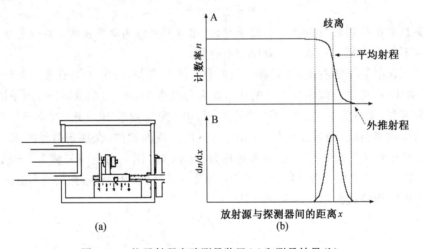

图 4-3　α粒子射程实验测量装置(a)和测量结果(b)

［图(a)引自 M. G. Hollaway, M. S. Livingston. Phys. Rev., 1938(54):18～37］

α粒子在空气中的射程一般通过实验测定，具体测量方法如图 4-3(a)所示。α 源发出的 α 粒子通过准直器，到达 α 探测器产生电脉冲信号，由仪器进行计数。α 源(或探测器)可以沿 α 粒子准直束的方向移动，以改变源至探测器的距离 x，测量不同距离 x 时的计数率$n(x)$。图 4-3(b)中 A 图给出了 α 计数率 $n(x)$随距离 x 变化的测量结果。曲线的平坦部分表明，虽然 α 粒子经过多次碰撞损失了能量，却没有被空气吸收，故计数率 $n(x)$ 近似为常数。曲线的陡坡部分表明，α 粒子经过前段路程，损失了绝大部分的能量后，被空气迅速吸收。图 4-3(b)中的 B 图为 $\mathrm{d}n/\mathrm{d}x$ 对 x 作的图(微分曲线)，曲线的峰值对应的横坐标为此能量的 α 粒子在空气中的平均射程。微分曲线说明，单能 α 粒子束进入空气后，每单个 α 粒子与空气相互作用的能量损失是随机的,大量单能 α 粒子在空气中的射程服从统计分布,射程的统计涨落称为**歧离**。因此对于像 α 粒子一类的重带电粒子,在物质中的射程用它的**平均射程**来表示。

α 粒子在空气中的射程,可以用如下的半经验公式来计算。当 α 粒子的能量 E 为 $3 \sim 7\,\mathrm{MeV}$ 时,

$$R_0 = 0.318E^{3/2} \tag{4-5}$$

式中 E 为 α 粒子能量(MeV),R_0 为能量为 E 的 α 粒子在 $15\,℃$,$0.1013\,\mathrm{MPa}$ 的空气中的射程(cm),此式的误差 $<10\%$。

利用下式可以计算 α 粒子在其他物质中的射程 $R(\mathrm{cm})$:

$$R = 3.2 \times 10^{-4} \frac{\sqrt{A}}{\rho} R_0 \tag{4-6}$$

式中 ρ 和 A 分别表示物质的密度($\mathrm{g \cdot cm^{-3}}$)和相对原子质量。

如果物质为化合物或混合物,(4-6)式中的 A 用有效相对原子质量 A_{eff} 表示,

$$\sqrt{A_{\mathrm{eff}}} = \sum_{i=1}^{m} n_i \sqrt{A_i} \tag{4-7}$$

式中 n_i 和 A_i 分别为第 i 种原子的百分数和相对原子质量。

在同一种固体物质中,密度不同,射程值也不同。为了消除密度对于射程值的影响,常用质量厚度来表示射程,它等于线性厚度与该物质密度 ρ 的乘积,单位为 $\mathrm{mg \cdot cm^{-2}}$。

4.2 β射线与物质的相互作用

β 射线是原子核在衰变过程中放射出来的具有连续谱的高速电子流。β 粒子与物质相互作用的过程虽然与 α 粒子相似,但由于其质量小而具有其特点。例如,β 粒子与介质原子的轨道电子发生非弹性散射时,每次碰撞的能量损失比 α 粒子小,但运动方向发生很大的改变。β 粒子与原子核的库仑场发生非弹性散射时,产生韧致辐射,此过程的能量损失可以与电离能量损失相当。电离损失和辐射损失是 β 射线与物质相互作用过程中能量损失的主要形式。

正电子在介质中损失完它的动能后,将与介质中的一个负电子作用,正、负电子的静质量能转化为**湮没辐射**。除此之外,正电子与物质相互作用的过程与负电子相同。

4.2.1 电离损失

β 射线与物质相互作用过程中的电离能量损失机理和重带电粒子一样,都是通过电离激发过程,但入射电子与靶原子的轨道电子发生库仑碰撞后,两者不可分辨,在实际处理时,把碰撞后具有较大能量的电子看成入射电子,把能量低的电子看成反冲电子。贝特推得电子质量碰撞阻止本领的计算公式如下:

$$\frac{1}{\rho}\left(\frac{\mathrm{d}E}{\mathrm{d}l}\right)_{\mathrm{col}} = K_1 \frac{Z}{M_A \beta^2}\Big[\ln\frac{m\nu^2 E}{2I^2(1-\beta^2)} - (2\sqrt{1-\beta^2}-1+\beta^2)\ln 2$$
$$+1-\beta^2+\frac{1}{8}(1-\sqrt{1-\beta^2})^2-\delta\Big]\;(\mathrm{MeV \cdot cm^2 \cdot g^{-1}}) \tag{4-8}$$

式中 E 为入射电子的能量,其他符号的意义同(4-1)式。

从(4-8)式可以看出,电子在物质中与电离损失相关的因素和重带电粒子基本一致。不同的是当能量相同时,电子的速度比重带电粒子大,阻止本领比重带电粒子如 α 粒子小,故 β 射

线在物质中的射程比 α 粒子大，比电离比 α 粒子小。例如 5 MeV 的 α 粒子在水中每微米产生约 3000 对正负离子对，而 1 MeV 的 β 射线每微米只产生 5 对。

4.2.2　辐射损失

当高速运动的带电粒子从原子核的库仑场附近掠过时，它将受到原子核库仑场的作用而产生加速度，包括速度的降低和方向的改变，其部分或全部能量，将转变为连续谱的电磁辐射，这就是**韧致辐射**。以这种形式的能量损失，称为**辐射损失**。辐射损失用**辐射质量碰撞阻止本领**来表示，它是带电粒子在密度为 ρ 的物质中，穿行单位距离时因辐射损失的能量，用 $\frac{1}{\rho}\left(\frac{\mathrm{d}E}{\mathrm{d}l}\right)_{\mathrm{rad}}$ 表示。

$$\frac{1}{\rho}\left(\frac{\mathrm{d}E}{\mathrm{d}l}\right)_{\mathrm{rad}} \propto \frac{z^2 Z^2}{m^2} NE \tag{4-9}$$

式中 z, m 分别为入射粒子的电荷数和质量；Z 为靶物质的原子序数；N 为单位体积内物质的原子数；E 为入射粒子的能量(MeV)。

从(4-9)式看出，① 辐射损失与入射粒子的质量的平方成反比。重带电粒子的质量远远大于电子，例如 α 粒子的质量为电子质量的约 7360 倍。当能量相同时，在同一物质中的辐射损失约为电子的辐射损失的 $\frac{1}{5.4\times10^7}$。因为对 α 粒子来说辐射损失可以忽略不计，所以在前面讨论重带电粒子的能量损失时没有提及重带电粒子的辐射能量损失。② 与靶物质的原子序数 Z 的平方成正比，故在 X 射线管和高能 X 射线加速器中，都采用高 Z、高熔点的金属(如钨)作为电子束轰击的靶材料。但在对 β 射线的防护中，却要采用低原子序数的物质如塑料来屏蔽 β 射线。③ 辐射损失与入射粒子的能量成正比，当入射电子的能量增加时，辐射损失随之增加。辐射损失和电离损失有如下的关系：

$$\frac{\frac{1}{\rho}\left(\frac{\mathrm{d}E}{\mathrm{d}l}\right)_{\mathrm{rad}}}{\frac{1}{\rho}\left(\frac{\mathrm{d}E}{\mathrm{d}l}\right)_{\mathrm{col}}} \approx \frac{ZE}{1600mc^2} \tag{4-10}$$

对于电子，$mc^2 = 0.511\,\mathrm{MeV}$，

$$\frac{\frac{1}{\rho}\left(\frac{\mathrm{d}E}{\mathrm{d}l}\right)_{\mathrm{rad}}}{\frac{1}{\rho}\left(\frac{\mathrm{d}E}{\mathrm{d}l}\right)_{\mathrm{col}}} \approx \frac{ZE}{800} \tag{4-11}$$

当辐射损失和电离损失相等时，入射电子的能量称为**临界能量**，用 E_{cri} 表示，电子在某些物质中的 E_{cri} 值列于表 4-1。

表 4-1　电子在某些物质中的临界能量

物质	水	空气	铝	铅
E_{cri} (MeV)	150	150	60	10

4.2.3　总质量阻止本领

对于 β 射线和电子而言，能量损失的主要形式是电离损失和辐射损失，其他过程的能量损

失可以忽略不计,因此总质量阻止本领等于质量碰撞阻止本领和质量辐射阻止本领之和,即

$$\frac{S}{\rho} = \frac{1}{\rho}\left(\frac{\mathrm{d}E}{\mathrm{d}l}\right)_{\mathrm{col}} + \frac{1}{\rho}\left(\frac{\mathrm{d}E}{\mathrm{d}l}\right)_{\mathrm{rad}} \tag{4-12}$$

4.2.4 弹性散射

　　电子与核外电子发生非弹性散射及与原子核发生的弹性散射过程中,都能使电子的运动方向发生改变,但电子与原子核库仑场的弹性散射更能改变电子的运动方向。电子愈靠近原子核的库仑场,弹性散射愈大,多次散射的结果使电子偏离原来的入射方向,其中有的电子散射角大于 $90°$,散射角 $\theta > 90°$ 的散射称为**反散射**。

　　在辐射测量及辐射剂量分布估算中,需要考虑电子多次散射的影响。

　　电子在物质中的弹性散射的角分布与电子的速度和散射物质的原子序数有关。而且,小角度散射的概率比大角度散射的概率大。由于电子与物质的相互作用是独立的随机事件,所以电子穿过一定厚度的物质后,净偏转角 θ 服从高斯分布,常用均方散射角 $\overline{\theta^2}$ 来表示多次散射的结果。为了和质量碰撞阻止本领相对应,采用**质量角度散射本领** $\dfrac{\overline{\theta^2}}{\rho l}$ 来计算,它是电子在密度为 ρ 的物质中,穿行距离 l 时的均方散射角。

4.2.5 β射线在物质中的吸收和射程

　　进入物质中的 β 粒子,通过电离损失和辐射损失等过程耗尽其能量后,停留于物质中,称之为被物质所吸收。β^+ 粒子最终与介质中的电子发生**湮灭反应**:

$$e^+ + e^- \longrightarrow 2\gamma$$

释放出两个能量相等(0.511 MeV)、方向相反的光子。

　　在 β 源和 β 探测器之间,依次加入不同厚度的吸收物质如铝片,分别测量 β 射线穿过各不同厚度的吸收物质时的计数率 N,得出图 4-4 所示的吸收曲线。

　　图 4-4 中,N_0 为未加吸收片时的计数率,N 为加吸收片厚度 x 时的计数率,图中曲线 a 开始时随吸收片厚度 x 的增加,相对计数率迅速衰减,曲线尾部随 x 的增加,相对计数率降低很慢,见曲线 a 的本底部分,这是由于 β 源的伴随 γ 射线、韧致辐射或天然本底所致。由本底部分外推至吸收片厚度为零处,得曲线 c。将曲线 a 与曲线 c 相对应的吸收片厚度处的计数率值

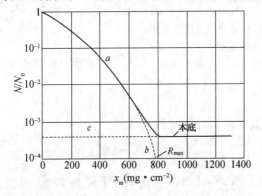

图 4-4　β射线的相对计数率-射程曲线图

(引自蒋明. 原子核物理导论. 北京:原子能出版社,1983)

相减,得 β 射线在吸收物质中的吸收曲线 b,将线 b 外推至 $N/N_0 = 10^{-4}$ 处,得相对应的吸收物质的厚度 $R_{\max}$,作为该源发出的 β 射线在该物质中的最大射程。

β 射线由具有连续谱的电子组成。不同能量的电子在同一物质中的射程不同,即使垂直入射于物质中的单能电子,各个电子由于经过各种相互作用的概率不同,它们最终终止于物质中的位置也会不同,故不能像 α 射线那样,用平均射程来表示其吸收厚度,而用最大射程来表示。最大能量为 $E_{\beta,\max}$ 的 β 射线与能量等于 $E_{\beta,\max}$ 的单能电子在同一物质中的最大射程相等,β 射线在物质中的最大射程,由其中能量近似为 $E_{\beta,\max}$ 的那部分电子决定,显然,能量为 $E_{\beta,\max}$ 的 β 射线在物质中的吸收厚度等于它们在此物质中的最大射程。

用 $\lg(N/N_0)$ 对曲线 b 的吸收物质厚度作图,可得 β 射线在物质中的衰减近似服从指数减弱规律,即

$$N = N_0 e^{-\mu x} \qquad (4\text{-}13)$$

式中 x 为吸收物质厚度(cm),μ 为能量为 $E_{\beta,\max}$ 的 β 射线在物质中的线衰减系数(cm^{-1})。若厚度以 $d = x\rho$ 表示(单位 mg/cm^2),令 $\mu_m = \mu/\rho$,为质量吸收系数,则(4-13)式可改写为

$$N = N_0 e^{-\mu_m d} \qquad (4\text{-}14)$$

图 4-5 给出了五种金属吸收材料的 μ_m 与 $E_{\beta,\max}$ 的关系。

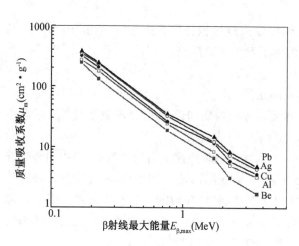

图 4-5　五种金属吸收材料的质量吸收系数
与 β 射线最大能量的关系

[数据引自 Nathu. Ram, I. S. Sundara. Rao,
M. K. Mehta. Pramana, 1982, 18(2):121～126]

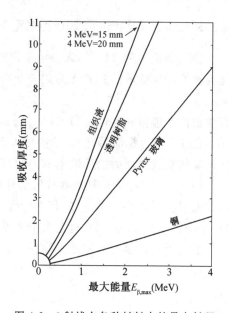

图 4-6　β 射线在各种材料中的最大射程

质量吸收系数 μ_m 与 β 射线最大能量的关系为

$$\mu_m = \frac{\mu}{\rho} = A E_{\beta,\max}^B \qquad (4\text{-}15)$$

从 Be 到 Pb,A 值从 13 上升到 27,B 值由 1.6 缓慢下降到 1.4。可见质量吸收系数与元素有关。对空气、肌肉组织、水、塑料和铝等材料,μ 可用下式估算:

$$\mu = \frac{20}{E_{\beta,\max}^{1.54}}\rho \quad (\text{cm}^{-1}) \tag{4-16}$$

此式计算的值在 10% 的误差范围内与实验值相符合。

β 射线在铝中的射程，常用如下的经验公式计算：

当 $0.8\,\text{MeV} < E_{\beta,\max} < 3\,\text{MeV}$ 时，

$$R_{\beta,\max} = 0.542 E_{\beta,\max} - 0.133 \tag{4-17}$$

当 $0.15\,\text{MeV} < E_{\beta,\max} < 0.8\,\text{MeV}$ 时，

$$R_{\beta,\max} = 0.407 E_{\beta,\max}^{1.38} \tag{4-18}$$

式中 $R_{\beta,\max}$ 为最大能量为 $E_{\beta,\max}$ 的 β 射线在铝中的最大射程（$\text{g} \cdot \text{cm}^{-2}$）。

若选用其他材料，由下式可以计算 β 射线在其他物质中的最大射程：

$$\frac{(R_{\beta,\max})_\text{a}}{(R_{\beta,\max})_\text{b}} = \frac{(Z/M_\text{A})_\text{a}}{(Z/M_\text{A})_\text{b}} \tag{4-19}$$

式中 $(R_{\beta,\max})_\text{a}$，$(R_{\beta,\max})_\text{b}$ 为最大能量为 $E_{\beta,\max}$ 的 β 射线在物质 a 和物质 b 中的最大射程（$\text{g} \cdot \text{cm}^{-2}$）；$(Z/M_\text{A})_\text{a}$，$(Z/M_\text{A})_\text{b}$ 分别为物质 a 和物质 b 的原子序数与相对原子质量之比。

图 4-6 给出了 β 射线在各种材料中的最大射程。

4.3　γ射线与物质的相互作用

γ 射线是在原子核转变过程中放射出来的波长比紫外线更短的电磁辐射（高能光子）。它与物质相互作用过程和能量损失过程与带电粒子不同，带电粒子通过多次弹性散射和非弹性散射逐步损失能量，每次相互作用过程的能量损失比较小，γ 光子与物质相互作用时，在一次相互作用过程中就可以损失大部分或全部能量，而没有经受相互作用的光子将继续沿着入射方向前进，γ 光子与物质发生某种相互作用的概率用**作用截面**来表示。

在 $0.01 \sim 10\,\text{MeV}$ 的能量范围内，γ 光子与物质相互作用过程主要有光电效应、康普顿效应和电子对效应，其他相互作用过程如相干散射（瑞利散射）、光核反应与上述三种效应相比是次要的。

4.3.1　光电效应

当能量为 $h\nu$ 的光子与原子壳层中的一个轨道电子相互作用时，把全部能量传递给这个电子，获得能量的电子摆脱原子核的束缚成为自由电子（常称为光电子），此种效应称为**光电效应**，如图 4-7 所示。

发生光电效应的条件有二：① 入射光子的能量必须大于某壳层电子的结合能；② 为了满足能量守恒和动量守恒，必须有第三者参加，即发射光电子后整个原子参加。因此，自由电子不能吸收 γ 射线能量而成为光电子，γ 射线只与束缚电子才能发生光电效应。束缚得愈紧的轨道电子，发生光电效应的概率愈大，故 K 层电子发生光电效应的概率最大，约占光电效应总概率的 80%。发射光

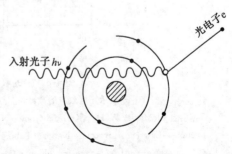

图 4-7　光电效应示意图

电子后留下的空穴被外壳层的电子填充时,将发射特征 X 射线、紫外可见光(荧光辐射),或发射俄歇电子(俄歇效应)。

当入射光子的能量 $h\nu$ 大于轨道电子的结合能 B_e 时,每个原子发生光电效应的总截面为

$$\sigma_\tau = \begin{cases} KZ^5/(h\nu)^{7/2}, & h\nu \ll m_0 c^2 \\ KZ^5/h\nu, & h\nu \gg m_0 c^2 \end{cases} \qquad (4\text{-}20)$$

式中 K 为常数,Z 为吸收物质的原子序数。

(4-20)式表明,发生光电效应的总截面与物质的原子序数 Z^5 成正比,与 $(h\nu)^x$($x=1\sim 3.5$)成反比,因此低能 γ 光子与高 Z 物质相互作用时,发生光电效应占优势。

当入射光子的能量 $h\nu < 100\,\mathrm{keV}$ 时,光电效应的截面显示出特征性的锯齿状结构,称为光电效应的**吸收边**(或**吸收限**)(absorption edge),如图 4-8 所示。它是在入射光子的能量与 K、L、M 层电子的结合能相等时,光电效应的截面急剧增大时出现的。当光子的能量增加到等于某一壳层电子的结合能时,这一壳层的电子就对光电效应有贡献,σ_τ 就阶跃式地上升到某一较高的数值,然后又随着光子能量的增加而下降。采用单色化的 X 射线作为光子源在实验上容易实现。光电吸收截面 σ_τ 随入射 X 射线变化的曲线称为 **X 射线吸收谱**,在吸收边附近和吸收边以上约 $1000\,\mathrm{eV}$ 以内的区域吸收谱呈现精细结构,分别称为 **X 射线吸收近边结构**(X-ray absorption near edge structure,XANES)和**扩展 X 射线吸收精细结构**(extended X-ray absorption fine structure,EXAFS)。前者包含吸收原子的结构信息(如氧化态)。后者包含吸收原子所处化学环境的信息(如近邻原子的种类、数量和距离),总称为 **X 射线精细结构**(X-ray absorption fine structure,XAFS)。吸收边以后随着入射光子能量的增大,光电效应的截面急剧减小。

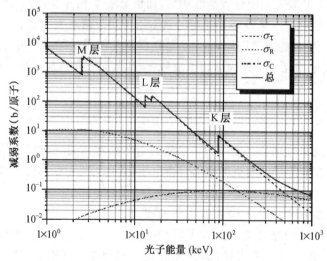

图 4-8 铅的吸收系数与光子能量的关系

[σ_τ 表示光电效应的截面,σ_R 表示瑞利散射截面,σ_C 表示康普顿散射截面。

数据引自 McMaster W. H.,Kerr del Grande N,Mallett J. H.,Hubbell J. H. Compilation of X-ray cross-sections,Lawrence Livermore National Laboratory Report UCRL-50174,Sect. 2,Rev. 1(1969). 转引自 http://shape. ing. unibo. it/html/body_photon-matter_interactions. html]

在光电效应过程中,光子的能量最终转化为次级电子(光电子和俄歇电子)的动能和特征X射线或荧光辐射两部分,若用δ表示吸收光子以荧光形式放出的平均能量,那么一个光子在光电效应过程中,把能量转移给次级电子的截面为

$$_a\sigma_\tau = \sigma_\tau(1 - \frac{\delta}{h\nu}) \tag{4-21}$$

若用σ_τ和$_a\sigma_\tau$分别乘以单位体积内的原子数则分别称为**光电效应的宏观总截面**(或**线光电衰减系数**)和**光电效应的能量吸收宏观截面**(或**线光电能量转移系数**)。

光电子的发射呈角分布,且和入射光子的能量有关,如图4-9所示。从图4-9看出,当光子的能量很低时,光电子与入射光子方向成90°角射出的概率最大,随着入射光子能量的增加,光电子的发射角变小。

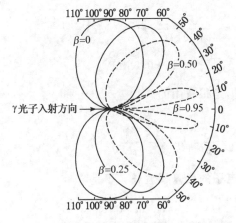

图 4-9 光电子的角分布

4.3.2 康普顿效应

4.3.2.1 康普顿散射光子、反冲电子与入射光子能量的关系

当能量为$h\nu$的光子与原子内一个轨道电子发生非弹性碰撞时,光子交给轨道电子部分能量后,其频率发生改变,向与入射方向成θ角的方向散射(康普顿散射光子),获得足够能量的轨道电子与光子入射方向成φ角方向射出(康普顿反冲电子),此过程称为**康普顿(Compton)效应**,如图4-10所示。

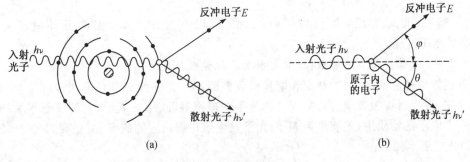

(a)   (b)

图 4-10 康普顿效应示意图

(a)散射过程;(b)几何关系

受原子核束缚得愈弱的轨道电子发生康普顿效应的概率愈大,在实际处理时,忽略轨道电子的结合能,把康普顿效应看成是入射光子和自由电子的弹性碰撞,在这种弹性碰撞过程中,入射光子与散射光子和反冲电子之间,遵循能量守恒和动量守恒,并考虑相对论能量和动量的关系,可以推得散射光子的能量为

$$E_{\gamma'} = \frac{E_\gamma}{1+\alpha(1-\cos\theta)} \tag{4-22}$$

式中 E_γ 和 $E_{\gamma'}$ 分别为入射与散射光子的能量,$E_\gamma = h\nu$,$E_{\gamma'} = h\nu'$;θ 为散射角;$\alpha = \dfrac{E_\gamma}{m_{\mathrm{e}}c^2}$,$m_{\mathrm{e}}c^2$ 为电子的静质量能,值为 0.511 MeV。

由(4-22)式可以看出,对于给定的 E_γ,$E_{\gamma'}$ 与物质的种类无关,仅与散射角 θ 有关。当 $\alpha \gg 1$ 时,$E_{\gamma'}$ 趋同于一定值。例如,

$\theta = 180°$ 时,$E_{\gamma'} = \dfrac{E_\gamma}{1+2\alpha} \approx \dfrac{E_\gamma}{1+3.914E_\gamma} \rightarrow 0.25\ \mathrm{MeV}$;

$\theta = 90°$ 时,$E_{\gamma'} = \dfrac{E_\gamma}{1+\alpha} \approx \dfrac{E_\gamma}{1+1.957E_\gamma} \rightarrow 0.5\ \mathrm{MeV}$。

在辐射屏蔽计算中,这些数据是很有用的。

散射光子的波长

$$\Delta\lambda = \lambda' - \lambda = \frac{c}{\nu'} - \frac{c}{\nu} = hc\left(\frac{1}{E_{\gamma'}} - \frac{1}{E_\gamma}\right) = hc \cdot \frac{1-\cos\theta}{m_{\mathrm{e}}c^2} = \frac{h}{m_{\mathrm{e}}c}(1-\cos\theta)$$

$\lambda_{\mathrm{C}} = \dfrac{h}{m_{\mathrm{e}}c} = 2.4263\ \mathrm{pm}$,称为**电子的康普顿波长**。于是

$$\Delta\lambda = \lambda_{\mathrm{C}}(1-\cos\theta)$$

由于入射光子的能量分配给散射光子和反冲电子,因此反冲电子的能量 E 等于入射光子的能量与散射光子的能量之差。

$$E = E_\gamma - E_{\gamma'} = E_\gamma \frac{\alpha(1-\cos\theta)}{1+\alpha(1-\cos\theta)} \tag{4-23}$$

当 $\theta = 180°$ 时,反冲电子的能量最大,为

$$E_{\max} = E_\gamma \frac{\alpha(1-\cos 180°)}{1+\alpha(1-\cos 180°)} = E_\gamma \frac{2\alpha}{1+2\alpha} \tag{4-24}$$

同样,可得散射角 θ 与康普顿电子的反冲角 φ 之间有如下的关系:

$$\cot\varphi = (1+\alpha)\tan\left(\frac{\theta}{2}\right) \tag{4-25}$$

由(4-25)式可以看出,由于 $0° \leqslant \theta \leqslant 180°$,所以 $0° \leqslant \varphi \leqslant 90°$,因此反冲电子只能在 $0° \leqslant \varphi \leqslant 90°$ 之间出现。

4.3.2.2 康普顿效应的总截面、散射截面和能量吸收截面

康普顿效应的总截面、散射截面和能量吸收截面在 γ 光子的测量和屏蔽设计计算中有着重要的应用,发生康普顿效应的总截面又称为**平均碰撞截面**,用 $_{\mathrm{e}}\sigma$ 表示,它等于每平方厘米内只含有一个电子的物质中,使能量为 $h\nu$ 的光子发生康普顿效应的概率,由克莱因-仁科(Klein-Nishina)公式表示如下:

$$_{\mathrm{e}}\sigma = 2\pi r_{\mathrm{e}}^2 \left\{ \frac{1+\alpha}{\alpha^2}\left[\frac{2(1+\alpha)}{1+2\alpha} - \frac{\ln(1+2\alpha)}{\alpha}\right] + \frac{\ln(1+2\alpha)}{2\alpha} - \frac{1+3\alpha}{(1+2\alpha)^2} \right\}\ (\mathrm{cm}^2/\text{电子})$$

$$\tag{4-26}$$

当 $\alpha \ll 1$ 时，

$$_e\sigma = \frac{8}{3}\pi r_e^2 \left(1 - 2\alpha + \frac{26}{5}\alpha^2 - \frac{133}{10}\alpha^3 + \frac{1144}{35}\alpha^4 - \frac{544}{7}\alpha^5 + \frac{3784}{21}\alpha^6 - \cdots\right) (\text{cm}^2 / \text{电子})$$

(4-27)

当 $\alpha \gg 1$ 时，

$$_e\sigma \approx \pi r_e^2 \frac{1 + 2\ln 2\alpha}{2\alpha} \quad (\text{cm}^2 / \text{电子})$$

(4-28)

式中 r_e 为经典电子半径，其他符号的意义同(4-22)式。

康普顿效应的**散射截面**用 $_e\sigma_s$ 表示，它等于每平方厘米上只有一个电子的物质层中，入射光子的能量转移给散射光子的概率。

$$_e\sigma_s \approx \pi r_e^2 \left[\frac{\ln(1+2\alpha)}{\alpha^3} + \frac{2(1+\alpha)(2\alpha^2 - 2\alpha - 1)}{\alpha^2(1+2\alpha)^2} + \frac{8\alpha^2}{3(1+2\alpha)^3}\right] (\text{cm}^2 / \text{电子})$$

(4-29)

由于发生康普顿效应过程中，入射光子的能量转移了散射光子和反冲电子，只有转移给反冲电子的这部分能量才能被物质所吸收，若用 $_e\sigma_a$ 表示入射光子的能量转移给反冲电子的概率，即**康普顿能量吸收截面**，则

$$_e\sigma_a = {_e\sigma} - {_e\sigma_s}$$

(4-30)

图 4-11 给出了截面 $_e\sigma$，$_e\sigma_s$ 和 $_e\sigma_a$ 与光子能量的关系。

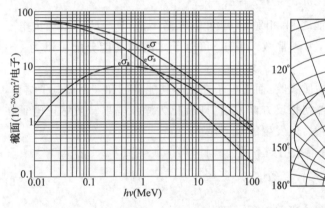

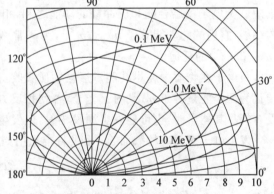

图 4-11 康普顿截面与光子能量的关系

图 4-12 康普顿散射光子的角分布

（单位角度内的相应能量）

由图 4-11 看出，康普顿总截面 $_e\sigma$ 和散射截面随入射光子能量 $h\nu$ 的增加而减少。当 $h\nu < 1.5\,\text{MeV}$ 时，能量吸收截面先随光子能量的增加而增大，但 $_e\sigma_a < {_e\sigma_s}$；当 $h\nu = 1.5\,\text{MeV}$ 时，$_e\sigma_s = {_e\sigma_a}$；当 $h\nu > 1.5\,\text{MeV}$ 时，$_e\sigma_a > {_e\sigma_s}$，$_e\sigma_a$ 并随光子能量的增加而逐渐减小。从图中还可以看到，光子能量在 $0.25 \sim 2.5\,\text{MeV}$ 之间时，能量吸收截面 $_e\sigma_a$ 变化不大，这对于用电离法测量 γ（或 X）射线的吸收剂量有重要的意义。

若用 $_e\sigma$，$_e\sigma_s$，$_e\sigma_a$ 乘以 $1\,\text{cm}^3$ 的某种物质中的电子数 $n = \rho N_A Z / M_A$，便得某一能量的 γ 光子在该物质中的**康普顿宏观总截面** σ_C，**宏观散射截面** σ_s 和**宏观吸收截面** σ_a，又分别称为**康普顿线衰减系数**、**康普顿线散射系数**和**康普顿线能量吸收系数**。若它们除以物质的密度，便得相应的**康普顿质量衰减系数**、**康普顿质量散射系数**和**康普顿质能吸收系数**。显然，它们与物质的原子序数 Z 成正比。

康普顿散射光子的角分布如图 4-12 所示。当入射光子的能量很低时,散射光子对称于 90°分布,随着光子能量的增加散射光子趋向于前方。

4.3.3　电子对效应

在原子核场或原子的电子场中,一个光子转化成一对正、负电子,称为**电子对效应**,如图 4-13 所示。

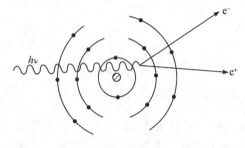

图 4-13　电子对效应示意图

发生电子对效应的条件是:在原子核场中,要求入射光子的能量 $h\nu \geqslant 2m_e c^2$(即 $\geqslant 1.02\,\text{MeV}$);在原子的电子场中,要求入射光子的能量 $h\nu \geqslant 4m_e c^2$(即 $\geqslant 2.04\,\text{MeV}$)。为了满足电子对效应过程中的能量守恒和动量守恒,必须有原子核或壳层电子参加。

电子对效应在原子核场中发生的概率,远远大于在原子的电子场中发生的概率。因此,下面主要讨论在原子核场中发生的电子对效应。

由能量守恒定律得

$$h\nu = 2m_e c^2 + E_K^+ + E_K^- + \Delta$$

式中 Δ 为电子的结合能和反冲核的动能之和,相对于 $h\nu$ 可以忽略不计;E_K^+,E_K^- 为正、负电子的动能,它们的总动能等于 $h\nu - 2m_e c^2$,为一常数。但正、负电子之间的动能分配可以为 $0 \sim (h\nu - 2m_e c^2)$ 的任何值。

负电子在物质中耗尽其能量后被物质吸收,而正电子在耗尽其能量后和一个负电子结合,转化为两个能量等于 $m_e c^2$ 的 γ 光子,各朝相反方向发射,即转化为湮没辐射。虽然正电子在没有耗尽其能量时,也可能发生湮没辐射,但发生的概率很小。

发生电子对效应的截面 σ_K,由贝特推出用如下的公式计算:

$$\sigma_K = {}_e\sigma_o Z^2 \left(\frac{28}{9}\ln 2\alpha - \frac{218}{27} \right) \tag{4-31}$$

式中 ${}_e\sigma_o = (8\pi/3)(e^4/m^2 c^4)$,称为汤姆逊系数;$\alpha = h\nu/mc^2$。

从(4-31)式看出,发生光电效应的概率与物质的原子序数的平方 Z^2 成正比,随 $\ln(h\nu)$ 线性地增加。(4-31)式适用的范围:对于高原子序数的物质,光子的能量从阈能到 15 MeV;对于低原子序数的物质如活组织,光子的能量从阈能到 30 MeV。

由动量守恒可知,电子对效应所产生的正、负电子,呈沿入射光子方向的前向角度发射的角分布,入射光子能量愈大,正、负电子的发射方向愈是前倾。

4.3.4　γ 射线的减弱

γ 光子穿过一定厚度的物质后,由于光子与物质的核外电子或原子核的库仑场发生各种相互作用,有的被散射离开了原来的入射束,有的经过多次相互作用,其全部能量转移给了电子,本身不存在了,从而使原来入射束中的光子数减少,这叫做 γ 射线在物质中的减弱,也称为"吸收"。这里所说的"吸收"与带电粒子耗尽其能量后停留在物质中所称的吸收不同,这里的"吸收"是指 γ 光子把它的能量最终转化为电子的动能后,光子本身不存在了。

γ光子在物质中的减弱规律,除了与物质的特性及光子的能量有关外,还与γ光子束的物理特性,即是"窄束"还是"宽束"有关。窄束是不包含有散射光子的辐射束,宽束是包含有散射光子的辐射束,而与几何意义上的辐射束大小无关。窄束与宽束光子在物质中的减弱规律是不同的,下面仅讨论窄束γ光子在物质中的减弱规律。

实验时,γ源发出的γ光子束,通过高原子序数材料如铅做成的准直器来获得近似的窄束,如图4-14所示。

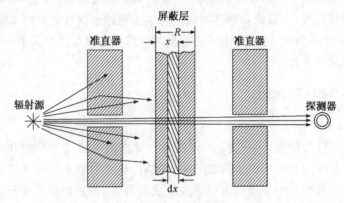

图 4-14 测量窄束γ光子在物质中减弱的实验装置

设窄束γ光子通过某物质的厚度为$\mathrm{d}t$,γ探测器测到的γ光子计数率减少$\mathrm{d}N$,则

$$-\frac{\mathrm{d}N}{N} = \mu\mathrm{d}t \tag{4-32}$$

又设γ光子束通过此物质的厚度为t,将(4-32)式积分,便得到窄束γ光子在物质中的减弱公式:

$$N = N_0\mathrm{e}^{-\mu t} \tag{4-33}$$

式中N_0,N分别为窄束γ光子在上述测量条件下,没有加吸收物质和穿过厚度为t的吸收物质后的计数率;μ为能量为$h\nu$的γ光子在该物质中的线衰减系数(cm^{-1})。

线衰线系数μ是能量为$h\nu$的光子,在物质中穿行单位距离时,发生各种相互作用的总的概率。

如果用τ,σ_C,K,σ_coh分别表示入射光子在物质中发生光电效应、康普顿效应、电子对效应及相干散射的宏观总截面,则

$$\mu = \tau + \sigma_\mathrm{C} + K + \sigma_\mathrm{coh} \tag{4-34}$$

为了消除密度的影响,用质量衰减系数来表示,它等于线衰减系数除以物质的密度ρ,即

$$\frac{\mu}{\rho} = \frac{\tau}{\rho} + \frac{\sigma_\mathrm{C}}{\rho} + \frac{K}{\rho} + \frac{\sigma_\mathrm{coh}}{\rho} \tag{4-35}$$

不同能量的光子在各种材料中的质量衰减系数可以从国际原子能机构(IAEA)及美国国家标准与技术研究所(NIST)的有关数据库中找到(参考本章后文献[13],[14])。

4.4 中子与物质的相互作用

中子是一种穿透力很强的中性粒子,在核能的利用中起着很重要的作用,中子与物质的相

互作用与靶物质的特性及中子的能量有关。按中子的能量把中子划分为慢中子($0\sim10^3$ eV)、快中子($0.5\sim10$ MeV)、非常快中子($10\sim50$ MeV)、超快中子($50\sim10^4$ MeV)及相对论中子($>10^4$ MeV)，但这种划分不是严格的。

中子几乎不与核外电子相互作用，只能与原子核相互作用。中子与原子核相互作用分为散射和吸收两种。散射包括弹性散射和非弹性散射，这是快中子与物质相互作用过程中，能量损失的主要形式。吸收是中子被原子核吸收后，放出其他种类的次级粒子，不再放出中子的过程。快中子只有被慢化后，才能被物质所吸收。快中子通过多次散射消耗其能量，减速为较低能量的过程，称为中子的慢化。此外，中子与物质相互作用还发生多种其他的核反应。本节重点讨论快中子的慢化与吸收。

4.4.1　弹性散射与快中子的慢化

4.4.1.1　弹性散射

中子和原子核的弹性散射，又称为(n,n)反应。弹性散射分为势散射和形成复合核散射两种。中子受原子核核力场作用发生的散射叫势散射，在势散射中中子未进入核内而是发生在核的表面。复合核散射是中子进入原子核内形成复合核，而后放射出中子。在弹性散射过程中，中子与原子核虽有能量交换，但原子核内能不变，相互作用体系保持能量守恒和动量守恒。下面讨论快中子在弹性散射过程中的能量损失。

设 E_1，E_2 为快中子与质量为 m_A 的原子核发生一次弹性碰撞前后的动能，在质心坐标系中，设 θ_C 为在质心系中中子的散射角，则可推得

$$\frac{E_2}{E_1}=\frac{m_A^2+2m_A m_n\cos\theta_C+m_n^2}{(m_A+1)^2}\approx\frac{A^2+2A\cos\theta_C+1}{(A+1)^2} \tag{4-36}$$

式中 A 为散射核的质量数。散射角 θ_C 可取 $0\sim\pi$ 的任何值。当 $\theta_C=\pi$ 时，即发生对心碰撞，中子损失的能量最大，这时

$$\frac{E_{2,\min}}{E_1}=\frac{(A-1)^2}{(A+1)^2}=\alpha \tag{4-37}$$

式中 α 值是表征质量数为 A 的核素使快中子**慢化**(亦称**减速**)的能力，α 值仅和 A 有关。在一般情况下，一次碰撞之后，中子能量在 αE_1 和 E_1 之间。(4-37)式表明，中子和氢原子核发生一次对心碰撞时，中子的能量几乎可以全部损失掉。

4.4.1.2　快中子的慢化

实际上，我们关心的是快中子与原子核一次碰撞的平均能量损失和将中子能量降低到某一值所需要的碰撞次数。

由(4-36)式可以推得一次碰撞中，中子动能的损失为

$$\Delta E=E_1-E_2=\frac{E_1}{2}(1-\alpha)(1-\cos\theta_C) \tag{4-38}$$

在中子能量为几电子伏到几兆电子伏范围内，在质心坐标系中，中子的散射是各向同性的，亦即在不同方向上，向单位立体角内散射的概率相等。将(4-38)式对中子散射的整个 4π 立体角积分，得到中子一次碰撞的平均能量损失为

$$\overline{\Delta E}=\frac{1}{2}E_1(1-\alpha) \tag{4-39}$$

从(4-39)式可以看出,对于氢,平均一次碰撞的能量损失为 $\frac{1}{2}E_1$。由于每次碰撞的 E_1 也不一样,得到的 $\overline{\Delta E}$ 也不一样,故不能用 $\overline{\Delta E}$ 去除初始能量 E_1,求得降低到能量为 E_f 时所需的平均碰撞次数 $\overline{N}$。但人们发现了一个量即**平均对数能量损失** ξ,它和初始能量 E_1 无关。

$$\xi \equiv <\ln E_1 - \ln E_2>$$
$$= 1 + \frac{\alpha}{1-\alpha}\ln\alpha = 1 + \frac{(A-1)^2}{2A}\ln\frac{A-1}{A+1} \tag{4-40}$$

(4-40)式表明,中子在一次碰撞中的平均对数能量损失仅和靶原子核的质量数有关。由此,用下式可以求得快中子由初始能量 E_i 降低到 E_f 时所需的平均碰撞次数:

$$\overline{N} = \frac{\ln E_i - \ln E_f}{\xi} \tag{4-41}$$

由(4-41)式可以算得 2 MeV 的快中子降低到热能($E_f = 0.025$ eV)时,所需的平均碰撞次数 $\overline{N}$ 如表 4-2 所示。

表 4-2　快中子在不同物质中的减速参数

元素	氢	氘	锂	铍	碳	氧	铀
A	1	2	7	9	12	16	238
ξ	1.00	0.725	0.268	0.209	0.158	0.1200	8.38×10^{-3}
$\overline{N}$	18	25	67	86	114	150	2172
$\sigma_a(b)^*$	0.332	0.0005	70.8	0.009	0.0034	0.00027	7.58

* σ_a 为对热中子的反应截面,b(靶恩)是截面的单位,$1b = 1\times10^{-24}$ cm^2。

从表 4-2 可以看出,轻元素(特别是氢和氘),可以作为快中子良好的减速剂,而中子与重核的弹性散射,则能量损失很小。一个好的中子**慢化剂**(亦称**减速剂**)除了 ξ 要大以外,其弹性散射的截面也要大,而对中子的吸收截面必须很小。因此,在反应堆中常用轻水、重水或石墨作慢化剂。在对快中子的屏蔽防护中,常选用含氢材料如水、石蜡等和石墨作为快中子的减速剂。

4.4.1.3　慢化本领和减速比

用 ξ 并不能完全描述一种物质对快中子的慢化能力,因为慢化能力除与 A 有关外,还与物质的密度和弹性散射的宏观截面 Σ_s 有关,为了比较物质在同样厚度时的慢化能力,引入了慢化本领的概念。

$$\xi\Sigma_s = \xi N\sigma_s \tag{4-42}$$

式中 N 为单位体积内的某种物质的原子数,σ_s 为中子的微观散射截面,$\xi\Sigma_s$ 称为**慢化本领**或**慢化能力**。$\xi\Sigma_s$ 越大,表明该物质的慢化能力越大。例如液态氢的慢化本领比气态氢大,在屏蔽设计中,需要考虑采用慢化本领大的物质作为屏蔽材料。

在需要利用热中子进行某些核反应的场合,不但需要考虑对中子的减速有效,还需要考虑经减速后慢中子的产额。如果在减速过程中,材料对中子的吸收截面很大,最后中子全部或大部分被吸收了,达不到获得高热中子注量率的目的,则失去了为此种目的而减速的意义。因此,为了获得较高的热中子产额而选用的减速剂,还应考虑对中子的吸收截面,所以提出了减速比的概念,减速比用 η 表示:

$$\eta = \xi\frac{\Sigma_s}{\Sigma_a} = \xi\frac{\sigma_s}{\sigma_a} \tag{4-43}$$

式中 Σ_a 为中子的宏观吸收截面，σ_a 为中子的微观吸收截面。Σ_a 等于 σ_a 与单位体积中某种物质的原子核数的乘积。

从(4-43)式看出，一种物质的 ξ 越大，对中子的弹性散射截面 σ_s 越大，吸收截面 σ_a 越小，则减速比就越大，其减速的质量就越好。例如对热中子，重水的 $\eta=5670$，水的 $\eta=71$，因此重水是比水更好的慢化剂。

4.4.2　非弹性散射

中子与原子核的非弹性散射，分为直接相互作用过程和形成复合核过程，直接相互作用过程是中子与原子核发生时间非常短($10^{-22}\sim10^{-21}$ s)的相互作用，在每次相互作用过程中中子损失的能量较小。形成复合核过程是中子进入靶核形成复合核，在形成复合核的过程中，中子和原子核发生较长时间($10^{-20}\sim10^{-16}$ s)的能量交换。无论哪一种过程，原子核将放出一个动能较低的中子而处于激发态，然后通过发射一个或若干个光子将激发能释放出来，从激发态回到基态。在非弹性散射过程中，由于中子的部分动能转变为原子核的激发能，体系的总能量守恒，但动能不守恒。

非弹性散射的发生与入射中子的能量及靶核的原子序数有关，只有当入射中子的能量大于靶核的第一激发能时，才能发生非弹性散射。^{1}H 和 ^{2}H 没有激发态，所以只能与中子发生弹性散射。随着中子能量的增加，发生非弹性散射的概率增大。重核的第一激发能级在基态以上 100 keV 左右，随着质量数的增加，第一激发能级的间隔愈来愈小。轻核的第一激发能级一般在几兆电子伏以上。例如 ^{12}C 的第一激发态约为 4 MeV，中子的动能在第一激发能以下时，非弹性散射不会发生。因此，快中子和轻核主要通过弹性散射损失能量，与重核通过多次非弹性散射逐步将能量降低到第一激发能以下，此后，通过弹性散射损失能量。在对中子的减速中，往往在轻元素中加入重元素对快中子进行混合屏蔽，重元素的加入具有吸收 γ 光子和使具有较高能量的中子减速的双重作用。

4.4.3　辐射俘获

辐射俘获又称为(n,γ)反应。中子射入靶核后，与靶核形成激发态的复合核，然后复合核通过放出一个或几个 γ 光子而回到基态，不再发射其他粒子，中子被靶核吸收，此过程叫**辐射俘获**。

对于慢中子和中能中子，主要的反应是弹性散射和辐射俘获，其他的反应很少发生。对于轻核和中量核主要是弹性散射，对于重核(非幻数核)主要是辐射俘获，某些重核对慢中子的俘获截面很大，甚至大于其几何截面，如 ^{113}Cd 在能量 0.176 eV 时共振截面为 6×10^4 b，比几何截面(约 1.6b)高 4 个数量级，^{113}Cd 是良好的慢中子吸收剂，在反应堆中常选为调节核反应的控制棒。

对于小于共振能量的中子，(n,γ)反应的截面 $\sigma_{n,\gamma}$ 与中子能量有如下关系：

$$\sigma_{n,\gamma} \propto \frac{1}{\sqrt{E}} \tag{4-44}$$

此规律对于所有轻、重核原则上均成立，只是发生的概率大小不同。(n,γ)反应生成的原子核因为多了一个中子，所以大多是不稳定的，它要放出一个 β 粒子，故大部分的人工放射性核素是通过反应堆的慢中子照射发生(n,γ)反应制备。

参 考 文 献

[1] 李星洪,等编. 辐射防护基础. 北京:原子能出版社,1982.

[2] 蒋明. 原子核物理导论. 北京:原子能出版社,1983.

[3] 吴治华,赵国庆,陆福全,等. 原子核物理实验方法(第三版). 北京:原子能出版社,1997.

[4] 王汝瞻,卓韵裳,主编. 核辐射测量与防护. 北京:原子能出版社,1990.

[5] 王广厚. 粒子同固体相互作用物理学(上册). 北京:科学出版社,1988.

[6] Attix F H. Introduction to Radiological Physics and Radiation Dosimetry. New York:Wiley, 1986.

[7] Attix F H, Roesch W C. Radiation Dosimetry, Vol. 1. Academic Press, 1968.

[8] Bonderup E. Penetration of Charged Particles Through Matter, 2nd ed. Fysisk Instituts, Trykkeri, Aarhus Universitet, Aarhus, Denmark, 1981.

[9] Northeliffe L C, Schilling R F. Nuclear Data Table, AT, 233(1970).

[10] 怀特 G N,著;张立,等译. 辐射剂量学原理. 北京:中国工业出版社,1965.

[11] 国际辐射单位与测量委员会第 16 号报告,于耀明,译. 线能量转移. 北京:原子能出版社,1970.

[12] 国际辐射单位与测量委员会第 21 号报告,于耀明,等译. 初始能量 1 到 50 兆电子伏电子的辐射剂量学. 北京:原子能出版社,1977.

[13] Schwerer O, Lemmel H D. Index of Nuclear Data Libraries, Available from the IAEA Nuclear Data Section. IAEA-NDS-7, 2002/7(IAEA's "Nuclear Data Services" homepage:http://www. nds. iaea. org).

[14] National Institute of Standards and Technology(NIST). Scientific and Technical Database—Atomic and Molecular Physics(http://www. nist. gov/srd/atomic. htm).

第 5 章 辐 射 防 护

辐射防护所关心的问题是防御辐射的有害效应,保护人类。它是研究人类免受或少受电离辐射危害的一门综合性的边缘学科。它包含着很丰富的内容,如辐射剂量学、射线防护、辐射防护标准、剂量监督、放射性三废的处理与处置及应用辐射管理等。

根据本学科实际工作的需要,本章介绍辐射剂量学、辐射的生物效应、辐射防护标准、剂量计算、外照射与内照射的防护等基础内容。

5.1 辐射防护中使用的量及其概念

电离辐射的照射引起的各种生物效应,不仅与受照器官或组织吸收辐射的能量多少有关,而且与辐射的种类、能量及受照器官和组织的部位有关。为了定量地描述辐射所致生物效应的大小和对健康危害的关系,国际辐射单位与量度委员会(ICRU)专门严格定义了有关的辐射量和单位,并为国际放射防护委员会(ICRP)所采纳和推荐。这些量广泛地应用在辐射防护、放射化学、放射医学、辐射物理、放射生物学等领域,本节将扼要地介绍这些量及它们之间的关系。

5.1.1 吸收剂量和吸收剂量率

5.1.1.1 吸收剂量(absorbed dose)

吸收剂量是单位质量的物质所吸收的辐射能量,它是辐射防护中最基本的量,它适用于任何能量、任何种类的电离辐射及任何受照射物质。吸收剂量 D 严格地由下式定义:

$$D = \frac{d\bar{\varepsilon}}{dm} \tag{5-1}$$

式中 $d\bar{\varepsilon}$ 为电离辐射授予某一体积元中物质的平均能量(J),dm 为该体积元中物质的质量(kg)。吸收剂量 D 的单位为 $J \cdot kg^{-1}$,单位的专门名称为**戈瑞**(Gray,缩写为 Gy)。$1\ Gy = 1\ J \cdot kg^{-1}$。在实际工作中,有时使用毫戈瑞(mGy)或微戈瑞(μGy)为单位。

5.1.1.2 吸收剂量率(absorbed dose rate)

吸收剂量率 $\dot{D}$ 定义为吸收剂量对时间的导数,即

$$\dot{D} = \frac{dD}{dt} \tag{5-2}$$

式中 dD/dt 为时间间隔内吸收剂量的增量,$\dot{D}$ 的单位为 $J \cdot kg^{-1} \cdot s^{-1}$,亦可用戈瑞或其倍数或分倍数除以适当的时间单位而得的商表示,如 $mGy \cdot h^{-1}$,$Gy \cdot h^{-1}$ 等。

5.1.1.3 器官或组织的平均吸收剂量

为了辐射防护的目的,ICRP 专门定义了一个**器官或组织的平均吸收剂量** D_T,

$$D_T = \frac{\varepsilon_T}{m_T} \tag{5-3}$$

式中 ε_T 为电离辐射授予一组织或器官的总能量(J),m_T 为该组织或器官的质量(kg)。m_T 的范围可以从不到 $10\mathrm{g}$(卵巢)到大约 $70\mathrm{kg}$(全身)。

器官平均吸收剂量对时间的导数,定义为**器官的平均吸收剂量率** $\dot{D}_T$。$D_T,\dot{D}_T$ 的单位分别和 $D,\dot{D}$ 的单位相同。

在通常情况下所说的"剂量",若无特别说明,都是指"吸收剂量"。

5.1.2 当量剂量和当量剂量率

5.1.2.1 当量剂量(equivalent dose)

实践证明,辐射引起某一生物效应的发生率,例如辐射所诱发的癌或遗传变异的概率,不仅与受照吸收剂量的大小有关,而且与辐射的种类和能量有关。即使受照剂量大小相等,辐射的种类和能量不同,所诱发的某种生物效应的发生率也不同。例如全身均匀照射条件下,分别接受 $1\mathrm{mGy}$ 能量为 $250\mathrm{keV}$ 的 X 射线和 $4.5\mathrm{MeV}$ 的快中子的照射时,快中子照射诱发某种生物效应的概率约比 X 射线诱发同种生物效应的发生概率大 10 倍。为了在共同的基础上比较不同辐射所致生物效应的大小,提出了当量剂量的概念。

具体做法是根据放射生物学的资料、外部辐射场的类型或体内沉积的放射性核素发射的辐射类型和品质,确定一个**辐射权重因子** W_R,器官或组织中的**当量剂量** $H_{T,R}$ 定义为辐射 R 的辐射权重因子 W_R 与 $D_{T,R}$ 的乘积,即

$$H_{T,R} = W_R \cdot D_{T,R} \tag{5-4}$$

式中 $D_{T,R}$ 为辐射 R 在组织或器官 T 中产生的平均吸收剂量,W_R 为辐射 R 的辐射权重因子(表 5-1)。$H_{T,R}$ 的单位和吸收剂量的单位相同($\mathrm{J \cdot kg^{-1}}$)。为了与吸收剂量单位的名称戈瑞相区别,其单位的专门名称为**希沃特**(Sievert,缩写为 Sv)。

表 5-1 辐射权重因子

辐射类型	能量范围	辐射权重因子 W_R
光子	所有能量	1
电子和 μ 子	所有能量	1
中子	$<10\,\mathrm{keV}$	5
中子	$10\sim100\,\mathrm{keV}$	10
中子	$0.1\sim2\,\mathrm{MeV}$	20
中子	$2\sim20\,\mathrm{MeV}$	10
中子	$>20\,\mathrm{MeV}$	5
质子(反冲质子除外)	$>2\,\mathrm{MeV}$	5
α 粒子、裂变碎片、重核		20

如果辐射场是一个混合辐射场,如中子和 γ 辐射场,内照时的 α,β,γ 混合辐射场,这时的当量剂量为各辐射 R 在器官或组织中的当量剂量之和,即

$$H_{T,R} = \sum_R W_R \cdot D_{T,R} \tag{5-5}$$

5.1.2.2 当量剂量率(equivalent dose rate)

当量剂量率 $\dot{H}_{T,R}$ 为当量剂量对时间的导数,即

$$\dot{H}_{T,R} = \frac{\mathrm{d}H_{T,R}}{\mathrm{d}t} \tag{5-6}$$

当量剂量率与器官或组织的吸收剂量率有如下关系：

$$\dot{H}_{T,R} = \dot{D}_{T,R} \cdot W_R \tag{5-7}$$

当量剂量率的单位可用希沃特或其倍数或分倍数除以适当的时间单位而得的商表示，如希沃特每小时($Sv \cdot h^{-1}$)、毫希沃特每小时($mSv \cdot h^{-1}$)等。中子的 W_R 亦可用下式计算：

$$W_R = 5 + 17^{-[\ln(2E)]^2/6} \tag{5-8}$$

5.1.2.3　当量剂量与剂量当量的区别

当量剂量 $H_{T,R}$ 是 ICRP 提出的一个新量，用以取代过去使用的剂量当量(dose equivalent)H。剂量当量定义为在组织内所关心的一点上的吸收剂量 D 与 Q 和 N 的乘积，用公式表示如下：

$$H = DQN \tag{5-9}$$

式中 Q 为**品质因子**，是估计辐射效应的因子，用来计及吸收剂量的微观分布对危害的影响；N 为所有其他修正因子的乘积，$N=1$。

当量剂量和剂量当量提出的本意是一致的，在于在相同的基础上来比较不同辐射所致危害效应的大小。不同之处在于：① 当量剂量中的 $D_{T,R}$ 是组织或器官中的平均吸收剂量，而剂量当量中的 D 是组织中所关心的一点的吸收剂量；② W_R 和 Q 所表示的对吸收剂量的加权作用相同，区别在于 Q 是辐射在水中的传能线密度的函数，W_R 是辐射在小剂量时诱发随机性效应的**相对生物效应**(relative biological effectiveness，RBE)选取的，但两者的数值相似。

5.1.3　有效剂量

人体是一个统一的生命体，一个器官受照，影响人的整体，多个器官同时受照，将带来更大危险。辐射所诱发的随机性效应发生的概率，不仅与当量剂量有关，而且与受照射的组织和器官有关。不同的器官和组织在相同的均匀照射条件下，即使受相同的当量剂量的照射，所诱发的随机性效应的发生率也不同。为了使单个器官和组织受照所致的随机性效应的发生率与全身均匀照射所致的随机性效应联系起来，分别给予各个器官和组织 T 的当量剂量一个权重因子 W_T 表示，所有的组织权重因子 W_T 之和等于 1。**有效剂量**(effective dose)E 是人体所有组织加权后的当量剂量之和。

$$E = \sum_T W_T \cdot H_T \tag{5-10}$$

式中 H_T 为组织或器官 T 的当量剂量。器官或组织 T 的权重因子见表 5-2。

表 5-2　组织权重因子

组织或器官	组织权重因子 W_T	组织或器官	组织权重因子 W_T
性腺	0.20	肝	0.05
红骨髓	0.12	食道	0.05
结肠	0.12	甲状腺	0.05
肺	0.12	皮肤	0.01
胃	0.12	骨表面	0.01
膀胱	0.05	其余组织或器官	0.05
乳腺	0.05		

有效剂量是我国国家现行辐射防护基本标准中法定使用的量，该量也为国际公用。

5.1.4 辅助的剂量学量

5.1.4.1 待积当量剂量(committed dose)

放射性核素进入体内对组织和器官的照射剂量,随着放射性核素的衰变而逐渐给出。为了计及单次摄入某种放射性核素对人体组织或器官造成的照射,采用**待积当量剂量**来描述。待积当量剂量是个人在单次摄入放射性物质之后,某一特定组织中接受的当量剂量率在时间 τ 内的积分。当没有给出积分期限 τ 时,对于成年人为 50a 时间期限,对于儿童为 70a。待积当量剂量用下式计算:

$$H_T(\tau) = \int_0^{t_0+\tau} \dot{H}_T(t)\mathrm{d}t \tag{5-11}$$

式中 $\dot{H}_T$ 为在时刻 t_0 单次摄入某一活度的放射性核素后,在时刻 t 对器官或组织 T 的当量剂量率;τ 为积分的时间期限(a)。

5.1.4.2 待积有效剂量(committed effective dose)

待积有效剂量用于单次摄入某一活度的放射性核素,对组织或器官 T 造成的危害进行评价。单次摄入放射性物质后,产生的待积器官或组织当量剂量乘以相应的权重因子 W_T,然后求和,就得出待积有效剂量,用式子表示如下:

$$E(\tau) = \sum_\tau W_T \cdot H_T(\tau) \tag{5-12}$$

式中积分时间 τ 单位为 a。

5.1.5 集体当量剂量和集体有效剂量

5.1.5.1 集体当量剂量(collective equivalent dose)

集体当量剂量是用来表示一组人某指定的组织或器官所受的总辐射照射的量。当评论某一辐射事件对特定人群所能造成的危害以及进行辐射防护的最优化设计时,需要使用此量,组织 T 的集体当量剂量

$$S_T = \int_0^\infty H_T \cdot \left(\frac{\mathrm{d}N}{\mathrm{d}H_T}\right)\mathrm{d}H_T \tag{5-13}$$

式中 $(\mathrm{d}N/\mathrm{d}H_T) \cdot \mathrm{d}H_T$ 是接受当量剂量在 $H_T \sim H_T + \mathrm{d}H_T$ 间的人数。

S_T 也可以用下式计算:

$$S_T = \sum_i \overline{H}_{T,i} \cdot N_i \tag{5-14}$$

式中 N_i 为接受的平均器官当量剂量为 $\overline{H}_{T,i}$ 的亚组人群的人数。集体当量剂量的单位为人·希沃特(man·Sv)。

5.1.5.2 集体有效剂量(collective effective dose)

集体有效剂量是用来评价和量度某一人群所受的辐射照射,用下式表示:

$$S = \int_0^\infty E \cdot \left(\frac{\mathrm{d}N}{\mathrm{d}E}\right)\mathrm{d}E \tag{5-15}$$

或

$$S = \sum_i \overline{E}_i \cdot N_i \tag{5-16}$$

式中 $\overline{E}_i$ 为第 i 组人群接受的平均有效剂量。

5.2 外照射剂量的计算

外照射是辐射源处于人体外对人体的照射,本节中讨论带电粒子、γ 光子及中子外照射剂量的计算。

5.2.1 带电粒子剂量的计算

带电粒子,特别是 β 射线及通过加速器产生的高能电子束,在医学、辐射化学、放射生物学、核物理等领域有着重要的用途。下面分别介绍 β 射线、单能电子和重带电粒子的剂量计算。

5.2.1.1 β 射线剂量的计算

β 射线为连续谱,虽然它在物质中的减弱近似地服从指数减弱规律,但其散射作用明显。这种散射不仅与空气组成、离源的距离有关,而且与源周围散射物的存在及源的几何形状、位置有关,很难用理论公式来描述散射的影响。至今尚无满意的理论公式用于 β 源的剂量计算,故常用经验方法计算。

1. β 点源的剂量计算

洛文格(R. Loevinger)曾总结了 12 种 β 放射性核素的直接测量数据,提出了著名的洛文格经验公式,当 β 射线的最大能量为 0.167～2.24 MeV 时,用下式计算的结果和实验值非常符合,即

$$\dot{D} = \frac{KA}{(\nu r)^2}\left\{c\left[1-\frac{\nu r}{c}e^{1-(\nu r/c)}\right]+\nu r e^{1-\nu r}\right\} \tag{5-17}$$

当 $\frac{\nu r}{c}\geqslant 1$ 时,

$$1-\frac{\nu r}{c}e^{1-(\nu r/c)} = 0 \tag{5-18}$$

式中 $\dot{D}$ 为在吸收介质中距离点源 $r(g\cdot cm^{-2})$ 处的 β 剂量率($mGy\cdot h^{-1}$),A 为 β 点源的放射性活度(Bq),c 为与 β 最大能量有关的参数(无量纲),ν 为 β 射线的表观吸收系数($cm^2\cdot g^{-1}$),K 为归一化系数($mGy\cdot h^{-1}\cdot Bq^{-1}$)。

$$K = 4.59\times 10^{-5}\rho^2\nu^3\overline{E}_\beta\alpha$$
$$= \frac{4.59\times 10^{-5}\rho^2\nu^3\overline{E}_\beta}{3c^2-e(c^2-1)} \quad (mGy\cdot h^{-1}\cdot Bq^{-1}) \tag{5-19}$$

式中 ρ 为吸收介质的密度($g\cdot cm^{-3}$);α 为常数,$\alpha = 1/[3c^2-e(c^2-1)]$。

参数 c 和 ν 按下列公式计算:

当吸收介质为空气时,

$$c = 3.11e^{-0.55E_{\beta,\max}} \tag{5-20}$$

$$\nu = \frac{16.0}{(E_{\beta,\max}-0.036)^{1.40}}\left(2-\frac{\overline{E}_\beta}{E^*}\right) \tag{5-21}$$

当吸收介质为软组织时,

$$c = \begin{cases} 2, & 0.17\,MeV < E_{\beta,\max} < 0.5\,MeV \\ 1.5, & 0.5\,MeV < E_{\beta,\max} < 1.5\,MeV \\ 1, & 1.5\,MeV < E_{\beta,\max} \leqslant 3.0\,MeV \end{cases} \tag{5-22}$$

$$\nu = \frac{18.6}{(E_{\beta,\max}-0.036)^{1.37}}\left(2-\frac{\overline{E}_\beta}{\overline{E}_\beta^*}\right) \qquad (5\text{-}23)$$

式中 $E_{\beta,\max}$ 为 β 射线的最大能量(MeV);$\overline{E}_\beta$ 为 β 射线的平均能量(MeV);$\overline{E}_\beta^*$ 为假定 β 衰变为容许跃迁时,理论计算的 β 谱平均能量(MeV)。对于 ^{90}Sr,$\overline{E}_\beta/\overline{E}_\beta^*=1.17$;对 ^{210}Bi,$\overline{E}_\beta/\overline{E}_\beta^*=0.77$;对其他常用核素,$\overline{E}_\beta/\overline{E}_\beta^*=1$。

一般情况下,可用下式对 β 源在空气中的吸收剂量进行估算:

$$\dot{D}=8.1\times10^{-9}A/r^2 \qquad (5\text{-}24)$$

式中 A 为 β 点源的活度(Bq),r 为离 β 点源的距离(m)。$\dot{D}$ 的单位为 mGy·h^{-1}。

表 5-3 给出了常用的 β 核素的一些物理性质。

表 5-3 常用 β 核素的一些物理性质

核素名称	半衰期 $T_{1/2}$	比活度(Bq·g^{-1})	$E_{\beta,\max}$(MeV)	$\overline{E}_\beta$(MeV)
^{3}H	12.35 a	3.57×10^{14}	0.018	0.005
^{14}C	5730 a	1.65×10^{11}	0.158	0.049
^{32}P	14.28 d	1.06×10^{16}	1.709	0.694
^{35}S	87.4 d	1.58×10^{15}	0.167	0.048
^{40}K	1.27×10^9 a	2.60×10^5	1.322	0.541
^{45}Ca	164 d	6.55×10^{14}	0.254	0.076
^{60}Co	5.272 a	4.18×10^{13}	1.478	0.094
^{86}Rb	18.7 d	3.00×10^{15}	1.777	0.622
^{90}Sr	28.5 a	5.14×10^{12}	0.544	0.200
^{90}Y	64.1 h	2.01×10^{16}	2.245	0.931
^{85}Kr	10.73 a	1.45×10^{13}	0.672	0.249
^{95}Zr	64 d	7.96×10^{14}	1.130	0.115
^{95}Nb	35.1 d	1.45×10^{15}	0.930	0.046
^{131}I	8.06 d	4.59×10^{15}	0.810	0.180
^{137}Cs	30.1 a	3.20×10^{12}	1.167	0.195
^{140}Ba	12.79 d	2.70×10^{15}	1.010	0.282
^{147}Pm	2.623 a	3.43×10^{13}	0.225	0.062
^{152}Eu	13 a	6.70×10^{12}	1.840	0.288
^{170}Tm	129 d	2.20×10^{14}	0.967	0.315
^{185}W	75 d	3.48×10^{14}	0.427	0.124
^{198}Au	2.696 d	9.03×10^{15}	1.371	0.315
^{204}Tl	3.78 a	1.71×10^{13}	0.765	0.267
^{210}Pb	138.38 d	1.66×10^{14}	0.061	0.005
^{210}Bi	5.013 d	4.59×10^{15}	1.161	0.390
^{239}Np	2.346 d	8.58×10^{15}	0.723	0.135
^{241}Pu	14.89 a	3.66×10^{12}	0.021	0.005
^{242}Am	16.07 h	—	0.630	0.188
^{248}Bk	16 h	—	0.650	0.194
^{253}Cf	17.6 d	—	0.270	0.073

2. β 面源的剂量计算

β 面源的剂量计算,可由洛文格的点源公式积分求得。

(1) 无限平面源　对于无限平面源,设所考虑的点到该平面的距离为 $x(\mathrm{g \cdot cm^{-2}})$,则此点的吸收剂量率为

$$\dot{D}(x) = 2.89 \times 10^{-4} \nu \overline{E}_\beta \alpha C_\mathrm{A} \left\{ c \left[1 + \ln \frac{c}{\nu x} - \mathrm{e}^{1-(\nu x/c)} \right] + \mathrm{e}^{1-\nu x} \right\} \tag{5-25}$$

当 $\dfrac{\nu x}{c} > 1$ 时,

$$1 + \ln \frac{c}{\nu x} - \mathrm{e}^{1-(\nu x/c)} = 0 \tag{5-26}$$

式中 C_A 为 β 放射性物质的面密度$(\mathrm{Bq \cdot cm^{-2}})$, $\alpha = 1/[3c^2 - \mathrm{e}(c^2-1)]$, $\dot{D}(x)$ 为离平面 $x(\mathrm{g \cdot cm^{-2}})$ 的一点的吸收剂量率$(\mathrm{mGy \cdot h^{-1}})$。

(2) 圆盘源　设所考虑的点在圆盘源的轴上,离圆盘的距离为 a,圆盘的半径为 R_0 时,则 β 圆盘源在该点的吸收剂量率由下式计算:

$$Z = (a^2 + R_0^2)^{1/2}$$

$$P = \frac{R_0}{a}$$

$$Q = \frac{c}{\nu}$$

当 $Z < Q$ 时,

$$\dot{D}(a, R_0) = 2.89 \times 10^{-4} \nu \overline{E}_\beta \alpha C_\mathrm{A} \left\{ c \left[\frac{1}{2} \ln(1+P^2) + \mathrm{e}^{1-Z/Q} - \mathrm{e}^{1-a/Q} \right] + \mathrm{e}^{1-\nu a} - \mathrm{e}^{1-\nu Z} \right\} \tag{5-27}$$

当 $a < Q \leqslant Z$ 时,上式变为

$$\dot{D}(a, R_0) = 2.89 \times 10^{-4} \nu \overline{E}_\beta \alpha C_\mathrm{A} \left\{ c \left[1 + \ln \frac{Q}{a} - \mathrm{e}^{1-a/Q} \right] + \mathrm{e}^{1-\nu a} - \mathrm{e}^{1-\nu Z} \right\} \tag{5-28}$$

当 $R_0 \to \infty$ 时,上式便变为无限平面源的情况。

例 5-1　设有一 $^{32}\mathrm{P}$ 的 β 点源,放射性活度为 $A = 3.7 \times 10^{10} \mathrm{Bq}$,求在离源 30.5 cm 处空气中的吸收剂量率。

解　$^{32}\mathrm{P}$ 为 β 放射性核素,由表 5-3 得 $E_{\beta,\max} = 1.709 \mathrm{MeV}$, $\overline{E}_\beta = 0.694 \mathrm{MeV}$,空气密度 $\rho = 1.293 \times 10^{-3} \mathrm{g \cdot cm^{-3}}$, $r = 30.5 \times 0.001293 = 3.94 \times 10^{-2} \mathrm{g \cdot cm^{-2}}$, $\overline{E}_\beta / \overline{E}_\beta^* = 1$,则

$$c = 3.11 \mathrm{e}^{-0.55 E_{\beta,\max}} = 1.21$$

$$\alpha = 1/[3c^2 - \mathrm{e}(c^2-1)] = 0.32$$

$$\nu = \frac{16.0}{(E_{\beta,\max} - 0.036)^{1.40}} \left(2 - \frac{\overline{E}_\beta}{\overline{E}_\beta^*} \right) = 7.78 \mathrm{cm^2 \cdot g^{-1}}$$

$$K = 4.59 \times 10^{-5} \rho^2 \nu^3 \overline{E}_\beta \alpha = 8.02 \times 10^{-9} \mathrm{mGy \cdot h^{-1} \cdot Bq^{-1}}$$

将上述值代入(5-17)式得

$$\dot{D} = \frac{8.02 \times 10^{-9} \times 3.7 \times 10^{10}}{(0.3065)^2} \left\{ 1.21 \left(1 - \frac{0.3065}{1.21} \mathrm{e}^{1 - \frac{0.3065}{1.21}} \right) + 0.3065 \mathrm{e}^{1-0.3065} \right\}$$

$$= 3.72 \times 10^3 (\mathrm{mGy \cdot h^{-1}})$$

例 5-2　设皮肤表面被 $^{32}\mathrm{P}$ 污染,污染程度为 $3.7 \times 10^4 \mathrm{Bq \cdot cm^{-2}}$,求皮肤受的吸收剂量率。

解　从辐射防护的角度考虑,估算皮肤剂量时可取基底层厚度为 $4 \mathrm{mg \cdot cm^{-2}}$,故 $x = 4 \times 10^{-3} \mathrm{g \cdot cm^{-2}}$。对于软组织, $\rho = 1 \mathrm{g \cdot cm^{-3}}$。由 (5-20) 式和 (5-21) 式分别算得 $c = 1.0$, $\alpha =$

$0.333, \nu = 8.731 \mathrm{cm}^2 \cdot \mathrm{g}^{-1}, C_A = 3.7 \times 10^4 \mathrm{Bq} \cdot \mathrm{cm}^{-2}, \nu x = 3.492 \times 10^{-2}, \nu x/c = 3.492 \times 10^{-2}$。

因为皮肤表面污染可视为无限大平面源的情况,将上述值代入(5-25)式得

$$\dot{D}(x) = 2.89 \times 10^{-4} \times 8.731 \times 0.694 \times 0.333 \times 3.7 \times 10^4$$

$$\times \left\{ 1.0 \left[1 + \ln \frac{1.5}{3.492 \times 10^{-2}} - e^{1 - 3.492 \times 10^{-2}} \right] + e^{1 - 3.492 \times 10^{-2}} \right\}$$

$$= 94.0 (\mathrm{mGy} \cdot \mathrm{h}^{-1})$$

5.2.1.2 单能电子的注量率与吸收剂量率的关系

单能电子束的吸收剂量可用电子在物质中的阻止本领计算,表 5-4 列出了不同能量的电子在一些物质中的质量碰撞阻止本领,只要知道指定物质所接受的单能电子的注量率,便可由下式计算指定物质的吸收剂量率 $\dot{D}$,即

$$\dot{D} = 3.6 \times 10^6 \varphi \left(\frac{S}{\rho} \right)_{\mathrm{col}} (\mathrm{mGy} \cdot \mathrm{h}^{-1}) \tag{5-29}$$

式中 φ 为单能电子入射在指定物质中的注量率($\mathrm{m}^{-2} \cdot \mathrm{s}^{-1}$),$\left(\dfrac{S}{\rho} \right)_{\mathrm{col}}$ 表示能量为 $E(\mathrm{MeV})$ 的电子在指定物质中的质量碰撞阻止本领($\mathrm{J} \cdot \mathrm{m}^2 \cdot \mathrm{kg}^{-1}$ 或 $\mathrm{MeV} \cdot \mathrm{cm}^2 \cdot \mathrm{g}^{-1}$)。

粒子注量和粒子注量率是 ICRU 专为辐射防护需要而提出的量,辐射场中某一点的粒子注量 Φ 是进入以此点为中心,截面积为 $\mathrm{d}a$ 的小球体内的粒子数 $\mathrm{d}N$ 除以 $\mathrm{d}a$ 而得的商。

$$\Phi = \frac{\mathrm{d}N}{\mathrm{d}a}$$

Φ 的单位为 m^{-2},注量率为单位时间的粒子注量($\mathrm{m}^{-2} \cdot \mathrm{s}^{-1}$)。

表 5-4　单能电子在一些物质中的质量碰撞阻止本领 $\left(\dfrac{S}{\rho} \right)_{\mathrm{col}}$（单位：$\mathrm{MeV} \cdot \mathrm{cm}^2 \cdot \mathrm{g}^{-1}$）

$E(\mathrm{MeV})$	空气	水	肌肉	骨骼
0.010	19.70	23.20	22.92	21.01
0.015	14.41	16.90	16.70	15.36
0.020	11.55	13.50	13.34	12.31
0.030	8.475	9.875	9.763	9.030
0.04	6.835	7.951	7.859	7.281
0.05	5.808	6.747	6.669	6.186
0.06	5.101	5.919	5.851	5.434
0.08	4.190	4.854	4.799	4.463
0.10	3.627	4.197	4.149	3.862
0.15	2.856	3.299	3.261	3.041
0.20	2.466	2.844	2.811	2.625
0.30	2.081	2.394	2.366	2.210
0.40	1.899	2.181	2.155	2.011
0.5	1.800	2.061	2.036	1.901
0.6	1.740	1.989	1.964	1.835
0.8	1.681	1.911	1.887	1.762
1.0	1.659	1.876	1.852	1.728

续表

$E(\text{MeV})$	空气	水	肌肉	骨骼
1.5	1.659	1.852	1.829	1.709
2.0	1.683	1.858	1.835	1.717
3.0	1.738	1.884	1.861	1.747
4	1.789	1.909	1.886	1.775
5	1.831	1.931	1.908	1.798
6	1.868	1.949	1.927	1.818
8	1.929	1.978	1.956	1.850
10	1.978	2.000	1.978	1.874
15	2.068	2.038	2.017	1.915
20	2.133	2.064	2.043	1.945
30	2.225	2.100	2.079	1.983
40	2.283	2.125	2.103	2.010
50	2.324	2.144	2.123	2.029
60	2.355	2.160	2.138	2.045
80	2.400	2.185	2.163	2.070
100	2.433	2.204	2.182	2.089

注：若以 J·m^2·kg^{-1} 为单位，应将表中值乘 1.6×10^{-14}。

5.2.1.3　重带电粒子剂量的计算

重带电粒子是质量大于电子的带电粒子如质子、α粒子等。高能重带电粒子在医学、材料科学、生物学中有着重要的应用。重带电粒子的剂量虽然可用质量阻止法计算，但重带电粒子阻止本领的计算很繁杂。下面介绍一种既简便，又有足够准确度的等效质子能量法。

等效质子能量法，是根据具有相同速度的两种带电粒子在同一物质中的阻止本领之比，等于它们所带电荷平方之比的原理而提出的，用 M_p 和 M_I 分别表示质子和重带电粒子的质量，用 E 和 v 分别表示入射重带电粒子的能量和速度。我们把速度等于 v 时的质子能量，称为**等效质子能量**，且用 ε 表示，则

$$\varepsilon=\frac{\frac{1}{2}M_p v^2}{\frac{1}{2}M_I v^2}E=\frac{M_p}{M_I}E \tag{5-30}$$

式中 M_p/M_I 为质子质量与入射重带电粒子质量之比，E 为入射重带电粒子的能量（MeV）。

不同能量的质子在不同材料中的质量碰撞阻止本领数据，在一般文献中可以找到，从中查出相应于能量为 ε 时，在所求物质中的质量阻止本领 $(S/\rho)_\varepsilon$，由下式即可得重带电粒子在同种物质中的质量碰撞阻止本领为

$$\frac{S}{\rho}=\left(\frac{Z}{Z_p}\right)^2\left(\frac{S}{\rho}\right)_\varepsilon=Z^2\left(\frac{S}{\rho}\right)_\varepsilon \tag{5-31}$$

式中 Z 为重带电粒子的电荷数；Z_p 为质子的电荷数，$Z_p=1$。

将 S/ρ 代入下式，即可计算重带电粒子在指定物质中的吸收剂量率

$$\dot{D} = 3.6 \times 10^6 \varphi \left(\frac{S}{\rho} \right) \ (\text{mGy} \cdot \text{h}^{-1}) \tag{5-32}$$

式中 φ 为重带电粒子的注量率($\text{m}^{-2} \cdot \text{s}^{-1}$)。

5.2.2 γ 辐射剂量的计算

5.2.2.1 γ 光子注量率与吸收剂量率的关系

若已知 γ 光子或辐射场中某一点的粒子注量率 φ，则在该点某物质中的吸收剂量率为

$$\dot{D} = \varphi \left(\frac{\mu_{en}}{\rho} \right) E \tag{5-33}$$

式中 $\frac{\mu_{en}}{\rho}$ 表示能量为 E(J)的光子在该点指定物质中的质能吸收系数($\text{cm}^2 \cdot \text{g}^{-1}$ 或 $\text{m}^2 \cdot \text{kg}^{-1}$)。质能吸收系数是光子在该物质中穿行单位距离时，由于各种相互作用而被物质吸收的能量占其总能量的份额，γ 光子在一些物质中的质能吸收系数列于表 5-5。

对于具有多条 γ 射线的核素如 ^{60}Co，^{226}Ra 等，其吸收剂量率 $\dot{D}$ 采用下式计算：

$$\dot{D} = \sum_{i=1}^{N} \varphi_i \left(\frac{\mu_{en}}{\rho} \right)_{E_i} E_i \ (\text{Gy} \cdot \text{s}^{-1}) \tag{5-34}$$

式中 φ_i 表示能量为 E_i 的光子在辐射场中某一点指定物质中的注量率($\text{m}^{-2} \cdot \text{s}^{-1}$)，$\left(\frac{\mu_{en}}{\rho} \right)_{E_i}$ 表示能量为 E_i 的光子在指定物质中的质能吸收系数。

在有些情况下，已知空气中某一点的吸收剂量率 $\dot{D}_a$，需要知道同一点另一物质如肌肉组织中其他待研究物质中的吸收剂量率 $\dot{D}_M$，由(5-33)式可推得

$$\dot{D} = \frac{(\mu_{en}/\rho)_M}{(\mu_{en}/\rho)_a} \dot{D}_a \tag{5-35}$$

表 5-5　γ 光子在一些物质中的质能吸收系数 μ_{en}/ρ(单位：$\text{m}^2 \cdot \text{kg}^{-1}$)

光子能量(MeV)	骨骼	肌肉组织	空气	水	聚苯乙烯 $(C_6H_5CH=CH_2)_n$
0.010	1.90	0.495	0.4648	0.4839	0.1849
0.015	0.589	0.136	0.1334	0.1374	0.0520
0.020	0.251	0.0544	0.05266	0.03364	0.02002
0.030	0.0743	0.0154	0.01504	0.01519	0.006056
0.040	0.0305	0.00677	0.006705	0.006800	0.003190
0.050	0.0158	0.00409	0.004038	0.004153	0.002387
0.060	0.00979	0.00312	0.003008	0.003151	0.002153
0.080	0.00520	0.00255	0.002394	0.002582	0.002152
0.10	0.00386	0.00252	0.002319	0.002539	0.002292
0.15	0.00304	0.00276	0.002494	0.002762	0.002631
0.20	0.00302	0.00297	0.002672	0.002967	0.002856
0.30	0.00311	0.00317	0.002872	0.003192	0.003088
0.40	0.00316	0.00325	0.002949	0.003279	0.003174
0.50	0.00316	0.00327	0.002966	0.003298	0.003195
0.60	0.00315	0.00326	0.002952	0.003284	0.003182

续表

光子能量（MeV）	骨骼	肌肉组织	空气	水	聚苯乙烯 $(C_6H_5CH\!\!=\!\!CH_2)_n$
0.80	0.00306	0.00318	0.002882	0.003205	0.003106
1.00	0.00297	0.00308	0.002787	0.003100	0.003005
1.1732	0.00288	0.00299	0.002701	0.003005	0.002913
1.2522	0.00284	0.00294	0.002662	0.002961	0.002871
1.3325	0.00279	0.00290	0.002623	0.002918	0.002828
1.50	0.00270	0.00281	0.002545	0.002831	0.002744
2.00	0.00248	0.00257	0.002342	0.002604	0.002522
3.00	0.00219	0.00225	0.002055	0.002279	0.002196
4.00	0.00199	0.00203	0.001868	0.002064	0.001978
5.00	0.00186	0.00188	0.001739	0.001951	0.001822
6.00	0.00178	0.00178	0.001646	0.001805	0.001707
8.00	0.00165	0.00163	0.001522	0.001658	0.001548
10.0	0.00159	0.00154	0.001445	0.001565	0.001445

参看 http://www.physics.nist.gov/Phys Ref Data/Xray Mass Coef/tab4.html

5.2.2.2 剂量换算因子法

表 5-6 给出了光子在空气中每单位注量的吸收剂量 f_D，f_D 又称为剂量换算因子。若知空气中某一点的光子注量率，便可由下式非常方便地计算该点的吸收剂量率：

$$\dot{D}=\varphi f_D \tag{5-36}$$

式中 f_D 为剂量换算因子（$Gy \cdot cm^2$），φ 为光子的注量率（$cm^{-2} \cdot s^{-1}$）。

表 5-6　光子在自由空气中的剂量换算因子 f_D

光子能量 （MeV）	剂量换算因子 f_D （$10^{-12} Gy \cdot cm^2$）	光子能量 （MeV）	剂量换算因子 f_D （$10^{-12} Gy \cdot cm^2$）
0.010	7.43	0.50	2.38
0.015	3.12	0.60	2.84
0.020	1.68	0.80	3.69
0.030	0.721	1.00	4.47
0.040	0.429	1.50	6.12
0.050	0.323	2.00	7.50
0.060	0.289	3.00	9.87
0.080	0.307	4.00	12.0
0.10	0.371	5.00	13.9
0.15	0.599	6.00	15.8
0.20	0.856	8.00	19.5
0.30	1.38	10.0	23.1
0.40	1.89		

例 5-3　计算活度 $A=3.7\times10^{10} Bq$ 的 ^{137}Cs 源在 1m 处肌肉组织内的吸收剂量率为多少？

解　方法 1：由核数据手册查 ^{137}Cs，$E_\gamma=0.66 MeV$，由表 5-5 的数据作线性处理，查得肌

内组织中的 $\left(\dfrac{\mu_{en}}{\rho}\right)_{肌肉} = 0.00326 + \dfrac{0.00318 - 0.00326}{0.80 - 0.60} \times (0.66 - 0.60) = 0.003236\,(m^2 \cdot kg^{-1})$，
$r = 1\,m$，则

$$\varphi = \frac{A}{4\pi r^2} = \frac{3.7 \times 10^{10}}{4\pi \times 1^2} = 3.0 \times 10^9\,(m^{-2} \cdot s^{-1})$$

$$\dot{D} = \varphi\left(\frac{\mu_{en}}{\rho}\right)_{肌肉} E$$

$$= 3.0 \times 10^9 \times 0.00324 \times 0.66 \times 1.6 \times 10^{-13}$$

$$= 1.026 \times 10^{-6}\,(Gy \cdot s^{-1}) = 3.70\,mGy \cdot h^{-1}$$

方法 2：查表(5-6)并作线性处理得^{137}Cs 的 $f_D = 3.09 \times 10^{-12}\,Gy \cdot cm^2$，查表(5-5)并作线性处理得空气中 $\left(\dfrac{\mu_{en}}{\rho}\right)_a = 0.002931\,m^2 \cdot kg^{-1}$，则

$$\varphi = \frac{3.7 \times 10^{10}}{4\pi (100)^2} = 3.0 \times 10^5\,(cm^{-2} \cdot s^{-1})$$

$$\dot{D}_a = 3.0 \times 10^5 \times 3.09 \times 10^{-12} = 9.27 \times 10^{-7}\,(Gy \cdot s^{-1})$$

$$= 3.34\,mGy \cdot h^{-1}$$

$$\dot{D}_{肌肉} = \frac{(\mu_{en}/\rho)_{肌肉}}{(\mu_{en}/\rho)_a} \dot{D}_a = \frac{0.00324}{0.002931} \times 3.34 = 3.69\,(mGy \cdot h^{-1})$$

两种方法计算的结果基本一致，故可根据实际情况采用其中一种方法进行计算。

5.2.3 中子剂量的计算

5.2.3.1 比释动能法

中子与物质相互作用过程中的能量转移，第一步转移为带电粒子的动能，带电粒子通过电离、激发和韧致辐射过程耗尽本身的能量。电离、激发过程中损失的能量被物质吸收，此部分能量构成对吸收剂量的贡献。比释动能 K 则是描述中子在第一过程把能量转移为带电粒子动能的物理量。当韧致辐射损失的这部分能量占中子总能的份额可以忽略不计（如只占约 10^{-3}）时，实际上比释动能（率）就等于吸收剂量（率），即

$$\dot{D} = \dot{K} \tag{5-37}$$

比释动能可用下列两式计算：

对于单能中子，

$$\dot{D} \approx \dot{K} = \varphi\left(\frac{\mu_{tr}}{\rho}\right)_E E \tag{5-38}$$

对于谱中子，

$$\dot{D} \approx \dot{K} = \int_0^\infty \frac{d\varphi}{dE}\left(\frac{\mu_{tr}}{\rho}\right)_E E\,dE \tag{5-39}$$

式中 φ 为中子辐射场中指定点的中子注量率($m^{-2} \cdot s^{-1}$)，$\left(\dfrac{\mu_{tr}}{\rho}\right)$ 表示能量为 E(J)的中子在指定物质中的质能转移系数($m^2 \cdot kg^{-1}$)。

中子的质能转移系数是中子在物质中穿行单位距离时，由于各种相互作用而转移为带电粒子的动能占其总能量的份额。

5.2.3.2 剂量换算因子法

各种常用同位素中子源和单能中子的剂量换算因子 d_D 值列于表 5-7 中,知道某一源或确定能量的中子注量率,由下式即可以计算中子的当量剂量率,即

$$\dot{H}_{T,R} = \varphi W_R d_D \tag{5-40}$$

式中 φ 为指定点中子的注量率($m^{-2} \cdot s^{-1}$),W_R 表示能量为 E 的中子的辐射权重因子,$\dot{H}_{T,R}$ 为当量剂量率($Sv \cdot s^{-1}$),d_D 为中子的剂量换算因子($Gy \cdot m^{-2}$)。

表 5-7　各种中子源的剂量换算因子

中子能量 E_n (MeV)	剂量换算因子 d_D ($10^{-15} Gy \cdot m^{-2}$)	中子能量 E_n (MeV)	剂量换算因子 d_D ($10^{-15} Gy \cdot m^{-2}$)
2.5×10^{-8}	0.461	5	5.211
1×10^{-7}	0.578	10	6.007
1×10^{-6}	0.632	20	7.123
1×10^{-5}	0.604	50	9.108
1×10^{-4}	0.579	钋-硼源 $\overline{E}_n = 2.8$	4.138
1×10^{-3}	0.515	钋-铍源 $\overline{E}_n = 4.2$	4.733
1×10^{-2}	0.446	镭-铍源 $\overline{E}_n = 3.9$	4.726
1×10^{-1}	0.782	镅-铍源 $\overline{E}_n = 4.5$	5.338
5×10^{-1}	1.804	钚-铍源 $\overline{E}_n = 4.5$	4.694
1	3.083	锎-252 源 $\overline{E}_n = 2.13$	3.630
2	4.267		

例 5-4　求离中子发射率为 $2.5 \times 10^6 \, s^{-1}$ 的钋-铍源 1 m 处的当量剂量率。

解　由表 5-7 查得钋-铍中子源的 $d_D = 4.733 \times 10^{-15} \, Gy \cdot m^{-2}$,由表 5-1 查得 $\overline{E}_n = 4.2 \, MeV$ 时,中子的 $W_R = 10$,$S = 2.5 \times 10^6 \, s^{-1}$,$r = 1 \, m$,则

$$\dot{H}_{T,R} = \varphi W_R d_D = \frac{2.5 \times 10^6}{4\pi \times 1^2} \times 10 \times 4.733 \times 10^{-15} = 9.42 \times 10^{-9} \, (Sv \cdot s^{-1})$$

5.3　辐射的生物效应和辐射防护标准

辐射损伤表现为不同的生物效应。

自 1895 年伦琴发现 X 射线后不久,便发现了 X 射线对人体的损伤作用。1898 年居里夫人发现镭以后,发现 γ 射线对人体也有类似的损伤作用,这就引起了人们对辐射危害的重视。后来随着反应堆和核武器及核技术在工业、农业、医学、科学研究等相关领域的发展,人们对辐射的生物效应的研究也随之深入。现在辐射损伤即辐射的生物效应已由细胞水平的研究进入到分子水平的研究,更深刻揭示了辐射损伤的机理。由于人们较早就认识了辐射对人体的危害作用,专门研究对辐射的防护,故现在的核工业是所有行业中安全性最高的行业。

本节将扼要介绍辐射损伤的基本生物学过程、辐射的生物效应、影响辐射损伤的主要因素及辐射防护标准的基本内容。

5.3.1 辐射损伤的基本生物学过程

5.3.1.1 DNA 的损伤及修复

细胞可概括地分为体细胞(somatic cells)和生殖细胞(germ cells)两大类。体细胞是构成生物体本身的各种细胞;生殖细胞是专为繁殖生物体后代的细胞,即精细胞和卵细胞。人体的不同组织和器官是由执行不同功能的细胞所构成的。DNA 是构成细胞染色体的重要组成成分,是一切细胞的基本遗传物质,决定着遗传特性的基因就定位在双螺旋结构的 DNA 上。细胞通过 DNA 进行精确的自我复制,从而保证在细胞的分裂和细胞内蛋白质的合成过程中遗传信息得以传递,并且使各种执行不同功能的细胞在增殖中,一代代传递而保持自己的功能不变。

目前已有大量的资料证明,DNA 是受照细胞中的主要靶子。当机体受照时,射线以直接作用和间接作用两种方式作用于生物物质分子(主要是 DNA)。直接作用是电离辐射直接把能量传递给 DNA 分子使之电离激发而产生损伤。间接作用是电离辐射作用于 DNA 分子附近其他分子(主要是水分子),产生自由基,自由基通过一定距离的迁移作用 DNA 分子而使之损伤。

由于电离辐射在物质中的能量吸收是随机的,因而 DNA 的损伤有多种形式,例如单链断裂、双链断裂和碱基损伤。辐射所致的 DNA 的损伤被认为是辐射的启动事件,即一切效应的起始点。

在一般情况下,细胞能在数小时内把 DNA 分子的单链或双链修复。受损伤的 DNA 的修复,是在有关酶的作用下,将 DNA 分子中含有受损伤的区段切除掉并重新合成新的双链,进行无差错的修复,恢复其原来的形状。这种损伤对细胞没有长期的影响。这种修复过程发生了错误,虽然整个 DNA 仍保持其完整,然而在其始发损害部位却发生了少量碱基顺序的变化(基因的突变)或更大的变化,如基因缺失或基因重排等,DNA 的任何严重损伤和这种错误的修复,都可能导致细胞遗传的严重后果,甚至死亡,从而导致器官或组织的功能障碍,而表现出各种生物效应。

5.3.1.2 细胞的死亡与变异

有些基因对细胞的生存至关重要,这种基因损伤的发生,使得突变的细胞不能继续生存下去,或者突变细胞本身虽能生存但不能进行细胞分裂,这两种情况都叫做细胞死亡。辐射所致的细胞死亡主要是后一种死亡。辐射直接或间接作用于细胞膜,引起细胞破损也能造成细胞死亡,不过这要在受照剂量很高时才会出现。在辐射防护所关心的低剂量范围内,细胞死亡的机制主要是细胞基因突变。

细胞死亡时间与受损细胞的群体种类有关。在分裂迅速的细胞群体,如淋巴细胞、白细胞中,这种细胞的死亡在受照后几小时或几天即可发生。而在缓慢分裂的细胞群体中,死亡可能在几个月甚至几年内也不发生。群体细胞被杀死的比例随受照剂量的增大而增加,如果器官和组织中有足够多的细胞被杀死,就会影响到器官和组织的功能,在极端情况下机体本身可能死亡,这是致死剂量的结果。

除了上述的体细胞被杀死之外,另一种过程是 DNA 分子的特定部分受损伤。在修复 DNA 损伤过程中所产生的基因突变,如果是细胞生存并非关键性的紧要基因,这时,具有这种突变基因的细胞虽仍能继续生存并继续进行细胞分裂,但是细胞的某些性质,由于突变基因的存在而发生变化,可能出现一些正常细胞所不具备的性质,这称为细胞的变异。如果这种变异出现在体细胞内,变得具有恶性肿瘤(癌)细胞的性质,就叫做恶性转化,辐射引起体细胞的恶性转化称为辐射的致癌作用。

　　如果变异细胞是生殖细胞,将会把这种可遗传的损害遗传给后裔,而在后代身上表现为各种遗传疾患,这就是辐射的遗传效应。辐射防护中将人的生殖腺(睾丸和卵巢)列为关键器官,正是出于防止辐射的遗传效应的考虑。

　　应该说明的是,致癌因素包括物理因素和化学因素,辐射致癌只是物理致癌因素之一,有资料说明环境污染引起的化学致癌是主要的致癌因素。

5.3.2　辐射的生物效应

　　辐射的生物效应分为随机性效应和确定性效应两类。

5.3.2.1　随机性效应(stochastic effect)

　　随机性效应是机体受到辐射的照射后对健康产生的一种随机效应,其发生的概率,而不是其严重性,是所受剂量的线性函数,且没有阈值。遗传效应和肿瘤发生就是随机效应的例子。

　　电离辐射在任何物质中的能量沉积都是随机的,因此,任何小的剂量照射于机体组织或器官,都有可能在某一单个体细胞中沉积足够的能量,使细胞中 DNA 受损而导致细胞的变异。由于引起这种细胞变异的辐射能量沉积事件是随机的,因而由这种电离辐射事件所引起的生物效应为随机性效应。

　　随机性效应的特点是其发生的概率没有剂量的阈值,效应的发生概率与剂量成线性关系,任何小的剂量照射,随机性效应都会发生,只不过是发生的概率随剂量的减少而降低,效应的严重程度与受照剂量的大小无关。随机性效应包括辐射所致的癌和遗传疾患。

　　没有受辐射照射的细胞也会发生突变。除辐射以外其余自然因素引起的突变概率大约是 $10^{-4} \sim 10^{-6}$,即每个基因在细胞分裂 $10^4 \sim 10^6$ 次中可能有一次突变。使基因突变概率增加一倍(即为自然因素引起的突变的二倍)所需的剂量称为**加倍剂量**(doubling dose),其值估计为 1 Gy 以下。

　　为了定量地估计受照有效剂量与发生各种随机性效应的关系,ICRP 引入了**随机性效应标称概率系数**的概念,它是每单位有效剂量当量所引起的某种随机性效应的概率,随机性效应标称概率系数列于表 5-8。

表 5-8　随机性效应标称概率系数

受照人群	集总危害($10^{-2}\mathrm{Sv}^{-1}$)			
	致死癌 *	非致死癌	严重遗传效应	合计
成年工作者	4.0	0.8	0.8	5.6
全体人口	5.0	1.0	1.3	7.3

* 对致死癌,危害系数等于概率系数。

　　对于致死性癌所致的平均寿命损失,ICRP 估计为 15 a,对于严重的遗传疾患而损失的寿命平均为 20 a。

5.3.2.2　确定性效应(deterministic effect)

　　确定性效应是机体受到辐射的照射后对健康产生的一种效应,这种效应的严重程度随所受剂量而异,并且具有阈值。确定性效应一般发生在被照射者在短时间内接受了比较高的剂量。以前称确定性效应为非随机效应。

　　当被电离辐射照射时,组织或器官中有足够多的细胞被杀死或不能繁殖和发挥正常的功能,而这些细胞又不能由活细胞的增殖来补充,这就导致某种机体效应必然要发生。

确定性效应可使受照组织或器官产生临床上可检出的症状,如皮肤红肿、眼晶体浑浊和智力迟钝等。这种效应的特点是效应的发生存在着阈值,只有受照剂量超过某一值时才能发生,其严重程度与受照剂量成正比,低于该剂量时,因细胞丢失不多,不会引起组织或器官的可检查到的功能性损伤。

发生确定性效应的剂量与受照组织对辐射的敏感性有关,表 5-9 给出了对辐射敏感的卵巢、睾丸、骨髓及眼晶体的确定性效应阈值的估计值。

表 5-9 成年人卵巢、睾丸、眼晶体及骨髓的确定性效应的估计值

组织和效应	阈 值		
	单次短时照射中接受的总剂量(Sv)	分多次照射或迁延照射中接受到的总剂量(Sv)	多年中每年分多次照射或迁延照射接受年剂量率(Sv·a^{-1})
睾丸			
暂时不育	0.15	—	0.4
永久不育	3.5～6.0	—	2.0
卵巢			
不育	2.5～6.0	6.0	>0.2
眼晶体			
可检出的混浊	0.5～2.0	5	>0.1
视力障碍(白内障)	5.0	>8	>0.15
骨髓			
造血机能下降	0.5	—	>0.4

从表 5-9 中可以看出,确定性效应的剂量阈值与受照的剂量率有关。

确定性效应的发生形式还和组成组织的细胞特性有关,对于含有迅速分裂的干细胞的组织如骨髓,确定性效应的伤害以早期效应的形式表现出来。对于细胞更新率不高的一类组织如肝,当细胞分裂时受到的伤害,以晚期效应的形式表现出来。

对于皮肤产生某种特殊的确定性效应的阈剂量和症状,出现的时间互不相同,如红斑及干性脱屑的阈剂量大约为 3～5 Gy,症状大约在 3 周后出现;湿性脱屑发生于 20 Gy 照射之后,疱疹大约 4 周后出现等。

在急性照射下能造成包括人类在内的某些生物个体死亡。一般来说,死亡是体内一个或多个重要器官系统严重缺失细胞的结果。对于受照人群来说,在剂量小于 1 Gy 的情况下,预计不会发生个体死亡。然后随着剂量的增大会有更多的个体死亡。当剂量大于 5 Gy 时,会产生严重的胃肠道损伤。在并发有骨髓损伤的情况下,这种损伤可于 1～2 周内引起死亡,表 5-10 给出了人类受低 LET 辐射全身均匀急性照射时诱发综合征和死亡的特定辐射的剂量范围。

表 5-10 人类受低 LET 辐射全身均匀急性照射时
诱发综合征和死亡的特定辐射剂量范围

全身吸收剂量(Gy)	造成死亡的主要效应	照后死亡时间(d)
3～5	骨髓损伤(LD50/60)*	30～60
3～5	胃肠道及肺损伤	10～20
>15	神经系统损伤	1～5

*LD50/60,表示预计使一半的个体在 60 天内死亡所需的剂量。

5.3.3　影响辐射生物效应的因素

影响辐射生物效应的因素是多方面的,如受照时的年龄、不同器官对辐射的敏感性、受照剂量和剂量率、受照面积及辐射的品质等。

5.3.3.1　辐射敏感性

辐射敏感性是指细胞、组织、器官、机体或任何有生命的物质对辐射的敏感程度。一般来说,新生而又分裂迅速的细胞辐射敏感性高(如血细胞),肌肉及神经细胞的辐射敏感性最低。受一定剂量照射后,血液中反应最快的是淋巴细胞,其次是红细胞母细胞、颗粒性白细胞和血小板。受照后淋巴细胞几乎可以立即开始减少,其减少的速度与受照剂量成正比,对于急性照射,它在照后 24～72 h 之内降低到最低点。此外,受照后的一段时间内,常见到白细胞和血小板的减少。因此常用血液中的淋巴细胞、白细胞和血小板的变化来作为受照剂量的生物指标。染色体对辐射也很敏感,常通过分析外周血淋巴细胞染色体的畸变程度来估算受照剂量的大小。

在人的个体发育的不同阶段中,辐射敏感性从幼年、青年至成年依次降低,而胚胎有个关键时期,即受精后 38 天之内,辐射敏感性最高。因此,妊娠早期的妇女,应该避免腹部受照射;年龄未满 18 岁的青年不应参加职业性放射性工作。

5.3.3.2　剂量和剂量率

剂量和效应的关系是一种复杂的关系,现在所观察的剂量-效应关系,大都是高剂量及高剂量率下由动物实验得来的,还有一部分是对日本原子弹爆炸幸存者的连续性观察和对英国

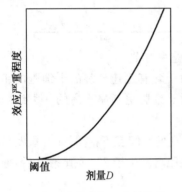

图 5-1　发病率与吸取剂量的
关系曲线示意图

强直性脊椎炎放射治疗人群的流行病学调查研究的结果,但人类在低剂量及低剂量率所观察到的剂量-效应关系的数据有限。美国国家辐射防护与测量委员会对剂量-效应关系和剂量率影响的实验资料进行了全面的评述:在大多数生物系统内,在大剂量、高剂量率下,剂量-效应曲线可能呈线性二次形状,如图 5-1 所示。该曲线表示在小剂量照射下,效应实际上是线性的,小剂量和低剂量率的效应比高剂量和高剂量率的效应低,前者可能为后者的 1/5,效应的线性二次形式的表达式为:$E=\alpha D+\beta D^2$。开始时效应随剂量呈线性增加,即单位剂量的效应 $E/D=\alpha$ 为常数;然后增加较快,即单位剂量的效应呈线性增加,此时二次项起作用($E/D\approx\beta D$);在剂量更大的情况下,因杀死细胞效应使处于危险的细胞数减少而常使效应呈现降低。

为了将大剂量、高剂量率由低 LET 辐射观察到的剂量-效应的数据,来估计小剂量、低剂量率下的效应的概率,把适合于高剂量率数据的无阈直线的斜率与适合于低剂量率的直线斜率之比,定义为**剂量-剂量率效能因子**(DDREF)。考虑到有限的人类资料,ICRP 决定 DDREF 值取 2。此值适合于吸收剂量为 0.2 Gy 或吸收剂量率低于 0.1 Gy·h^{-1} 的情况。

5.3.3.3　传能线密度(LET)

传能线密度是指带电粒子在介质中穿行单位距离时,由能量转移小于某一特定值的碰撞所造成的能量损失,又称为**狭义碰撞阻止本领**。低 LET 辐射是指在水中的 LET 小于 3.5 keV·μm^{-1} 的辐射,如 X、γ 和 β 射线。高 LET 辐射是指在水中的 LET 大于 3.5 keV·μm^{-1} 的辐射,如 α、p、快中子、π 介子和裂变碎片等。低 LET 辐射在物质中的电离能力相似,电离密

度比较均匀,约为每微米 8 对离子;高 LET,如 α 粒子的电离密度很大,在 $1\,\mu m$ 的机体组织内可产生 3700～4500 对离子,致伤集中。质子的电离密度与其能量的大小有关,能量为8～150 MeV 的质子,电离密度为每微米 50～380 对离子。电离密度大,相应的生物效应大。

一般地说,在一定的辐射剂量范围内,单位剂量的高 LET 辐射的效应发生率高于低 LET辐射的效应的发生率。对于致癌率来说,单位剂量的高 LET 辐射,其致癌率随剂量及剂量率的降低变化不大,而低 LET 辐射,其单位剂量的致癌率随剂量及剂量率的降低而减少。

5.3.3.4 受照条件

受照条件包括照射方式、照射部位及照射面积等。

照射方式分为外照射和内照射,在外照射的情况下,当人体受穿透力强的辐射(X、γ、中子)照射一定剂量时,可造成深部组织和器官的辐射损伤,放射性核素进入体内能造成内照射危害。内照射剂量的大小与进入体内的核素性质、进入途径及在器官中的沉积量有关。各种不同的辐射按其对人体的危害作用大小排列如下:外照射时 n＞γ,X＞β＞α;内照射时,α,p＞β,γ,X。

由于人体不同组织及器官的辐射敏感性不同,因而辐射效应与受照部位有关。在相同剂量和剂量率的同种辐射照射下,不同部分的相对辐射敏感性的高低依次排列为腹部、头部、躯部、四肢,因此要注意对腹部的防护。在相同的剂量照射下,受照面积愈大,产生的损伤愈大。根据随机性效应的线性无阈假设,即使在剂量很低的情况也存在着一定的辐射损伤的危险,因此,一切不必要的照射都应该避免。

但是现在有些放射生物学的实验和流行病学的调查表明,小剂量、低剂量率对生命体的照射无害甚至有益,另一些科学家不同意他们的意见。2005 年 6 月美国国家科学院(NAS)发表了《关于电离辐射生物学效应的第 7 次报告》(BEIR Ⅶ),专家委员会在报告中称,大量的科学证据表明,即使是低剂量电离辐射,如来自 γ 射线和 X 射线的辐射,也可对健康造成危害。

5.3.4 辐射防护标准

辐射防护标准是进行辐射防护的基本依据,辐射防护的主要目的,是为人类提供一个适宜的防护标准而不致过分地限制辐射照射有益的实践。因此辐射防护标准的制定是为了保护工作人员、广大居民和他们的后代免受或少受电离辐射的危害,并促进原子能有关事业的发展。辐射防护标准是具有法律效力的标准,各国根据 ICRP 的建议和国情制定了自己的标准。由于 ICRP 在提出辐射防护标准建议时,充分吸收了人类至提出标准时的辐射安全经验及放射生物学等相关领域的研究成果,具有当时的最高认识水平和可靠依据,因此,大都为各国所采纳。随着科学的发展和认识的深入,标准是在不断地修改和完善的。

我国现行的《电离辐射防护与辐射源安全基本标准 GB 1871—2002》于 2002 年发布,2004年实施。它是根据联合国粮农组织、国际原子能机构等六个国际组织批准并联合发布的《国际电离辐射防护和辐射源安全基本安全标准》,对我国过去执行的辐射防护基本标准进行修订的,其技术内容与上述国际组织标准等效。在修订时,还充分考虑了我国十多年来实施辐射防护基本标准的经验和我国的实际情况,保留了实践证明适合我国国情又与国际组织标准相一致的技术内容。它的制定完全和国际辐射防护标准的发展接轨,包括了非常丰富的内容和严格的实施细则,对指导我国核安全和核事业的发展将起重要作用。

下面简要介绍我国现行辐射防护基本标准的主要内容。

5.3.4.1 剂量限值

剂量限值是受控实践使个人所受到的有效剂量或当量剂量不得超过的量。

职业性人员和公众的剂量限值列于表 5-11。

表 5-11　职业性人员和公众的剂量限值[a]

应　用	剂量限值	
	职业性人员	公　众
连续 5 年的有效剂量(mSv·a⁻¹)[b]	20	1[c]
连续 5 年的当量剂量(mSv)		
眼晶体	150	15
皮肤[d]	500	50
手足	500	

a　限值用于规定期间有关的外照射及该期间摄入量的 50 年(对儿童算到 70 岁)的待积剂量之和。

b　另有在任一年内有效剂量不得超过 50 mSv 的附加条件。对孕妇职业性照射作了限制,只要该妇女已经怀孕或可能怀孕,为了保护未出生儿童,在孕期余下的时间内应施加补充的当量剂量的限值,对腹部表面(下躯干)不超过 2 mSv,并限制放射性核素的摄入量为大约 1/20 ALI(见 5.3.4.3 小节)。

c　在特殊情况下,假如 5 年内平均不超过 1 mSv·a⁻¹,在单独一年内有效剂量可允许大一些。

d　对有效剂量的限制足以防止皮肤的随机性效应。对于局部照射,为了防止随机性效应的发生,不管受照面积多大,对任何 1 cm² 面积上平均为 500 mSv,标准深度为 7 mg·cm⁻²。

各类人员包括职业性放射工作人员和公众所受的照射,只要按照表 5-11 的剂量限值控制作为剂量的约束值,就足以防止确定性效应的发生,并限制随机性效应的发生率在可以接受的水平,此可接受的水平是与最安全的行业相比而言。表 5-11 的剂量限值并不被认为是一个目标,它仅代表经常、持续、有意识的职业性照射可以合理地视为刚好达到可忍受程度的边缘上的一点,必须通过下面所述的辐射防护的最优化原则,使剂量达到尽可能低的水平。

5.3.4.2　辐射防护的基本原则

剂量限值只是防护体系的重要部分,为了达到辐射防护的目的,其另一部分包括了如下的辐射防护基本原则。

(1) 辐射实践的正当性。任何伴随有辐射危害的实践,都要进行代价与利益的分析。只有当社会和个人从中获得的利益超过所付出的代价(包括防护费用的代价和健康损害的代价)时,该项实践才是正当的,辐射实践的正当性,又称为合理化判断。

(2) 辐射防护与安全的最优化。只要一项实践被判断为正当的,并已给予采纳,就需要考虑如何最好地使用资源来降低对个人与公众的辐射危害,辐射防护与安全的最优化就是在考虑了经济和社会因素后,保证个人剂量的大小,受照射的人数及受照射的可能性,全部保持在可以合理做到的尽量低的水平(as low as reasonably achievable,亦称 **ALARA** 原则)。这种最优化应以该源所致个人剂量和潜在照射危险分别低于剂量约束和潜在照射危险约束为前提条件(治疗性医疗照射除外)。潜在照射是指有一定把握预期不会受到但可能会因源的事故或某种具有偶然性质的事件或事件序列(包括设备故障和操作错误)所引起的照射。

(3) 剂量限值和潜在照射危险限值。在实施上述两项原则时,要同时对个人受到的正常照射加以限制,以保证除我国辐射防护标准中规定的特殊情况外,由来自各项获准实践的综合照射所致的个人所受的总有效剂量和相关器官与组织的总当量剂量不超过表 5-11 规定的相应剂量限值,不应将剂量限值应用于获准实践中的医疗照射。剂量限值隐含着把职业性照射 20 mSv·a⁻¹ 和公众的 1 mSv·a⁻¹ 的限值作为最优化的剂量约束值。

对个人受到的潜在照射危险应加以限制,使来自各项获准实践的所有潜在照射所致的个人危险与正常照射剂量限值所相应的健康危险处于同一数量级水平。

以上三原则,构成一体,不可分割。

5.3.4.3　内照射剂量的控制

摄入放射性核素所产生内照射剂量的控制,对于职业性照射,是限定以待积有效剂量 $20\,\mathrm{mSv\cdot a^{-1}}$ 为依据计算的放射性核素的**年摄入量限值**(annual limit on intake,ALI)。年摄入量限值是指在一年的时间内,来自单次或多次摄入的某一种放射性核素对个人造成的照射达到剂量限值时的累积摄入量(Bq),对于公众的年摄入量限值是以待积有效剂量为 $1\,\mathrm{mSv}$ 为依据计算的,只要控制放射性核素的摄入量不超过相应的年摄入量限值,则因摄入该种核素产生的内照射有效剂量不会超过相应的限值,所有放射性核素的 ALI 都可以从我国现行辐射防护基本标准中查到。

我国的辐射防护标准中除了职业性照射和公众的照射外,还包括医疗照射等丰富的内容和具体实施的规定,作为我国的防护法规执行。

5.4　外照射和内照射的防护

5.4.1　外照射防护的一般方法

外照射的防护可以采用以下三种方式中的一种或它们的综合:尽量缩短受照射的时间,尽量增大与辐射源的距离,在人和辐射源之间加屏蔽。现分述如下:

5.4.1.1　控制受照射时间

一切不必要的照射都应该避免,将受照剂量降低到尽可能低的水平,这是进行辐射防护的出发点,累积剂量和受照时间有关,受照时间愈短,接受的剂量愈少。在普通的放射性操作中,必须熟练、迅速、准确。在正式操作前应进行空白操作练习("冷实验"),以最少的时间完成操作,达到尽量少地接受照射。

5.4.1.2　增大与辐射源的距离

增大与辐射源的距离,可以降低受照剂量,对于点源,受照剂量与距离的平方成反比。在实际操作中,常用远距离操作工具,如长柄钳子、机械手、远距离自动控制装置等,但应注意的是与距离的平方成反比的关系仅适用于点源。

5.4.1.3　屏蔽

控制受照时间、增加与辐射源的距离,仅在一定条件下适用。在有些条件下,例如利用大型 ^{60}Co 辐射源进行辐照时,在源附近停留数秒钟也是很危险的。由于辐照室的空间有限,这时增大与辐射源的距离,剂量率仍然很大,必须采用屏蔽防护。屏蔽防护就是在人和辐射源之间,加一层适当厚的屏蔽物,将人所受的照射减少到合理的尽可能低的水平,屏蔽防护是实际应用中最有效的方法。

根据防护的要求不同,屏蔽可以是固定式的,也可以是移动式的。属于固定式的屏蔽物包括防护墙、地板、天花板、防护门、观察窗、水井等。属于移动式的如储源容器、各种结构的手套箱、防护屏及铅砖等。

屏蔽材料对不同的辐射应分别选用不同的材料,例如对 β 射线和高能电子束则应采用双重屏蔽,第一层屏蔽物采用低原子序数的材料如塑料等吸收电子,第二层采用高原子序数的材料如铅等吸收韧致辐射。对于 γ 光子,其可用的屏蔽材料多种多样,如水、土壤、岩石、混凝土、铅、铅玻璃、铀、钨等。在实际工作中,应根据源的使用性质来选用屏蔽方式和屏蔽材料,如工业用大型 ^{60}Co 辐照源,可采用混凝土屏蔽或水井屏蔽。对于一般放射化学中用的 $10^4 \sim 10^7$ Bq 级 γ 源的防护,可选用铅玻璃屏蔽或在手套箱中操作。对于大型的辐射源,除了对源进行屏蔽外,还应妥善地处理门窗的散射和孔道泄漏,并进行辐射防护的最优化处理。

5.4.2　γ 点源的屏蔽计算

按照几何形状与大小,将 γ 源分为点源和非点源。点源的屏蔽计算是非点源的基础,故我们重点讨论点源的屏蔽计算。应该说明的是,点源和非点源是相对的,只要满足离源的距离比源的线度大 7～10 倍的条件,不论源的几何尺寸多大,原则上可把此条件下的源当点源处理。

5.4.2.1　直接利用公式计算

γ 光子在物质中的减弱是服从指数规律的,在实际中所碰到的 γ 束都是宽束。所谓宽束是指辐射与物质作用过程产生散射光子的辐射束。在宽束的情况下,γ 光子在物质中的减弱服从如下规律:

$$\dot{D} = \dot{D}_0 B e^{-\mu R} \tag{5-41}$$

式中 $\dot{D},\dot{D}_0$ 分别表示加屏蔽和未加屏蔽时,源在参考点的吸收剂量率;μ 表示能量为 E 的 γ 光子在指定材料中的线衰减系数,即发生总的相互作用的宏观总截面(m^{-1});B 为**剂量累积因子**(build-up factor),是物质中所考虑的那一点,γ 光子的总吸收剂量率与未经碰撞的那部分光子的吸收剂量率之比,$B>1$;R 为所采用材料的屏蔽厚度(m)。

在屏蔽计算中,$\dot{D}$ 一般是由国家辐射防护标准的剂量限值所推导出来的,如约定当量剂量为 20 mSv·a^{-1},按职业性工作人员每年 2000 h 计算,则每小时的当量剂量为 20 mSv/2000 h = 1×10^{-2} mSv·h^{-1}。只要控制经屏蔽后工作人员的受照当量剂量率小于 1×10^{-2} mSv·h^{-1},则一年的时间内在此条件下受的照射将少于 20 mSv。

当人与源的距离确定时,常用此法进行计算。

5.4.2.2　利用减弱倍数法计算

若用 K 表示能量为 E 的宽束 γ 射线通过厚度为 R 的屏蔽层后吸收剂量的减弱倍数,则

$$K = \frac{\dot{D}_0}{\dot{D}} = \frac{e^{\mu R}}{B} \tag{5-42}$$

只要计算出减弱倍数 K,便可由专门制定的 γ 射线减弱倍数 K 与所需指定的屏蔽材料厚度关系表中,查出所需的屏蔽厚度 R 来。本章附表 1～4 分别给出了各向同性点源 γ 射线减弱倍数 K 所需水、混凝土、铁和铅的厚度。

5.4.2.3　利用曲线图计算

令剂量减弱系数

$$f_\text{D} = \frac{\dot{D}}{\dot{D}_0} = B e^{-\mu R} \tag{5-43}$$

两边取对数得

$$\ln f_\text{D} = \ln B - \mu R \tag{5-44}$$

在许多辐射防护专著及本章附图 1～4 中,对常用的 γ 核素作出了 $\ln f_D$-R 的曲线图,只要算出 f_D 便可用相应的 $\ln f_D$-R 曲线查出所需的屏蔽厚度 R。

5.4.2.4 利用半减弱厚度估算法计算

半减弱厚度,就是将剂量率减少一半所需的屏蔽厚度,常用 $\Delta_{1/2}$ 表示,令减弱倍数 $K=2^n$,得 $n=\lg K/\lg 2=3.32\lg K$,则屏蔽层厚度

$$R=n\Delta_{1/2} \tag{5-45}$$

式中 n 为半减弱厚度的数目。

表 5-12 列出了 γ 射线在水、水泥、钢、铅中的 $\Delta_{1/2}$ 值,利用 $\Delta_{1/2}$ 能很快地估算所需的屏蔽厚度。如果是工程屏蔽,则需采用前面介绍过的三种方法中的一种进行计算。

表 5-12　γ 射线的半减弱厚度值(单位:cm)

E_γ (MeV)	吸收物质			
	水	水泥	钢	铅
0.5	7.4	3.7	1.1	0.4
0.6	8.0	3.8	1.2	0.49
0.7	8.6	4.2	1.3	0.59
0.8	9.2	4.5	1.4	0.70
0.9	9.7	4.7	1.4	0.80
1.0	10.3	5.0	1.5	0.90
1.1	10.6	5.2	1.6	0.97
1.2	11.0	5.5	1.6	1.03
1.3	11.5	5.7	1.7	1.1
1.4	11.9	6.0	1.8	1.2
1.5	12.3	6.3	1.9	1.2
1.6	12.6	6.6	2.0	1.3
1.7	13.0	6.9	2.0	1.3
1.8	13.4	7.2	2.1	1.4
1.9	13.9	7.4	2.2	1.4
2.0	14.2	7.6	2.3	1.5
2.2	14.9	7.9	2.4	1.5
2.4	15.7	8.2	2.5	1.6
2.6	16.4	8.5	2.6	1.6
2.8	17.0	8.8	2.8	1.6
3.0	17.8	9.1	2.9	1.6
^{60}Co	铀0.7	6.2	2.1	1.2
^{137}Cs	0.3	4.8	1.6	0.65
^{192}Ir	0.4	4.1	1.3	0.6
^{226}Ra	—	7.0	2.2	1.66

例 5-5　要建筑一个 ^{60}Co 辐照室,屏蔽墙外参考点至源的距离为 5m,源的活度 $A=3.7\times 10^{14}$Bq,若用混凝土为屏蔽材料,求所需的屏蔽墙厚度(设墙外仍为放射性职业性工作区)。

解　^{60}Co 的 γ 平均能量 $\overline{E}_\gamma=1.25$ MeV,由表 5-5 中数据作线性处理查得 $\left(\dfrac{\mu_{en}}{\rho}\right)_{肌肉}=$

$0.00294\,\mathrm{m^2 \cdot kg^{-1}}$,对 γ 光子 $W_R = 1$(见表 5-1),因墙外仍为职业性工作区,取 $\dot{H}_{T,R} = 1 \times 10^{-2}\,\mathrm{mSv \cdot h^{-1}}$, $A = 3.7 \times 10^{14}\,\mathrm{Bq}$, $r = 5.0\,\mathrm{m}$,注意到 $1\,\mathrm{MeV} = 1.6 \times 10^{-13}\,\mathrm{J}$,则

$$
\begin{aligned}
(\dot{H}_{T,R})_0 &= \frac{A}{4\pi r^2}\left(\frac{\mu_{en}}{\rho}\right)_{肌肉} EW_R \\
&= \frac{3.7 \times 10^{14}}{4\pi \times 5^2} \times 0.00294 \times 1.25 \times 1.6 \times 10^{-13} \times 3600 \times 10^3 \times 1 \\
&= 2.493 \times 10^3\,(\mathrm{mSv \cdot h^{-1}})
\end{aligned}
$$

减弱倍数 $K = (\dot{H}_{T,R})_0 / \dot{H}_{T,R} = \dfrac{2.493 \times 10^3}{1 \times 10^{-2}} = 2.493 \times 10^5$,查附表 2 并用线性插值法算得所需的混凝土屏蔽墙厚为 1.27 m。

5.4.3　β 射线的防护

β 射线在物质中的穿透力次于 γ 射线,但其防护不能忽视,它容易被组织表层吸收,引起组织表层的辐射损伤。根据 β 射线与物质相互作用的特点,防护 β 射线需考虑两层屏蔽,第一层用低原子序数的材料屏蔽 β 射线,第二层用高原子序数的材料屏蔽韧致辐射。

选用低原子序数的材料屏蔽 β 射线,也可以减少韧致辐射,常用的材料有烯基塑料、有机玻璃及铝等。

β 射线所需的屏蔽厚度,一般应等于 β 射线在屏蔽材料中的最大射程。β 射线在物质中最大射程的计算方法较多,通常用的是经验公式法(见 4.2.5 小节)。

当 $0.8\,\mathrm{MeV} < E_{\beta,\max} < 3\,\mathrm{MeV}$ 时,

$$R_{\beta,\max} = 0.542 E_{\beta,\max} - 0.133 \tag{5-46}$$

当 $0.15\,\mathrm{MeV} < E_{\beta,\max} < 0.8\,\mathrm{MeV}$ 时,

$$R_{\beta,\max} = 0.407 E_{\beta,\max}^{1.38} \tag{5-47}$$

当 $E_{\beta,\max} < 0.15\,\mathrm{MeV}$ 时,能被不到 30 cm 厚的空气所吸收,不需要屏蔽。

式中 $R_{\beta,\max}$ 为 β 射线在铝中的最大射程($\mathrm{g \cdot cm^{-2}}$), $E_{\beta,\max}$ 为 β 射线的最大能量(MeV)。

若选用其他材料,可由下式计算所需的厚度:

$$(R_{\beta,\max})_a = \frac{(Z/M_A)_b}{(Z/M_A)_a}(R_{\beta,\max})_b \tag{5-48}$$

式中 $(Z/M_A)_a$ 为材料 a 的原子序数与其相对原子质量之比, $(Z/M_A)_b$ 为材料 b 的原子序数与其相对原子质量之比。

如果选用的材料不是单质,而是化合物,则(5-48)式应用有效相对原子质量和有效原子序数计算。材料的有效原子序数 Z_{eff} 用下式计算:

$$Z_{eff} = \frac{\sum\limits_{i=1}^{m} a_i Z_i^2}{\sum\limits_{i=1}^{m} a_i Z_i} \tag{5-49}$$

材料的有效相对原子质量 $M_{A,eff}$ 用下式计算:

$$\sqrt{M_{A,eff}} = \frac{\sum\limits_{i=1}^{m} a_i M_{A,i}}{\sum\limits_{i=1}^{m} a_i \sqrt{M_{A,i}}} \tag{5-50}$$

(5-49)式与(5-50)式中，a_i 为单位体积的材料中，第 i 种元素的原子数占总原子数的份额；Z_i，$M_{A,i}$ 分别为材料中第 i 种元素的原子序数和相对原子质量。一些物质的有效原子序数列于表 5-13。

表 5-13　一些物质的有效原子序数

材料名称	有效原子序数 Z_{eff}	材料名称	有效原子序数 Z_{eff}
空气	7.36	聚苯乙烯塑料	5.29
水	6.60	聚四氟乙烯	8.25
肌肉	6.25	普通玻璃	10.6
脂肪	5.92	铝	13.0
骨骼	8.74	混凝土	14
有机玻璃	6.3	砖	14
聚氯乙烯塑料	11.37	甲基异丁烯盐	5.83

活度为 A（Bq）的 β 源在原子序数为 Z 的物质中产生韧致辐射时，在离 β 源 r（cm）处空气中产生的吸收剂量率用下式计算：

$$\dot{D} = 4.59 \times 10^{-8} AZ \left(\frac{\mu_{en}}{\rho}\right)_{空气} \left(\frac{\overline{E}_\beta}{r}\right)^2 e^{-\mu R_1} \tag{5-51}$$

式中 $\overline{E}_\beta$ 为 β 粒子的平均能量（MeV），$\left(\frac{\mu_{en}}{\rho}\right)_{空气}$ 为能量等于 $\overline{E}_\beta$ 的 γ 光子在空气中的质能吸收系数（cm^2·g^{-1}），R_1 为 β 源至第一层屏蔽材料之间的空气厚度（cm），$\dot{D}$ 为吸收剂量率（mGy·h^{-1}），μ 为 β 射线在空气中的线衰减系数（cm^{-1}）。

$$\mu = \frac{20}{E_{\beta,max}^{1.54}} \rho \tag{5-52}$$

式中 ρ 为物质的密度（g·cm^{-3}）。此式适用于空气、肌肉组织、水及塑料等组织等效材料。

如果需计算屏蔽韧致辐射的厚度时，需将(5-51)式中的 $\left(\frac{\mu_{en}}{\rho}\right)_{空气}$ 用 $\left(\frac{\mu_{en}}{\rho}\right)_{肌肉}$ 代替，计算在人体肌肉组织中的吸收剂量 $\dot{D}_{肌肉}$，然后由 $\dot{D}_{肌肉}$ 计算减弱倍数 K，并由附表查出所需材料的第二层屏蔽层厚度。

例 5-6　用铝容器内装 3.7×10^{10} Bq 的 ^{32}P，求铝的吸收厚度为多少厘米？如要求离源 0.5 m 处的吸收剂量 $\dot{D} = 1 \times 10^{-2}$ mGy·h^{-1}，是否应进行屏蔽？如需进行屏蔽，求所需的铅屏蔽层厚度。

解　由表 5-3，^{32}P 的 $E_{\beta,max} = 1.709$ MeV，$\overline{E}_\beta = 0.694$ MeV，则所需铝的吸收厚度

$$R_{\beta,max} = 0.542 E_{\beta,max} - 0.133 = 0.542 \times 1.709 - 0.133 = 0.793 (g·cm^{-2})$$

查铝的密度 $\rho = 2.7$ g·cm^{-3}，则所需铝吸收厚度为 $R_{Al} = 0.793/2.7 = 0.30$ cm 厚。又因 ^{32}P 源在铝容器中，$R_1 = 0$，$Z_{Al} = 13.0$，$r = 50$ cm，由表 5-5 数据作线性处理得 $\overline{E}_\gamma = 0.694$ MeV 时，$\left(\frac{\mu_{en}}{\rho}\right)_{肌肉} = 0.00322$ m^2·kg^{-1} = 0.0322 cm^2·g^{-1}，$A = 3.7 \times 10^{10}$ Bq，则

$$\dot{D}_{肌肉} = 4.59 \times 10^{-8} AZ \left(\frac{\mu_{en}}{\rho}\right)_{肌肉} \left(\frac{\overline{E}_\beta}{r}\right)^2 e^{-\mu R}$$

$$= 4.59 \times 10^{-8} \times 3.7 \times 10^{10} \times 13.0 \times 0.0322 \times \left(\frac{0.694}{50}\right)^2 e^{-0}$$

$$=0.137\,(\mathrm{mGy \cdot h^{-1}})$$

显然需要进行屏蔽，

$$K=\frac{\dot{D}_{肌肉}}{\dot{D}}=\frac{0.137}{1\times 10^{-2}}=13.7$$

查附表 4，当 $\overline{E}_\gamma=0.694\,\mathrm{MeV}$ 时，用二元线性法得所需铅的屏蔽厚度为 2.94 cm。

5.4.4　中子的防护

中子源分为反应堆中子源、加速器中子源和同位素中子源三类。

由中子源发射出来的中子几乎都是快中子。快中子在物质中的减弱过程是一个复杂的能量损失过程，主要通过弹性散射和非弹性散射损失能量而被慢化，最后被物质吸收，放出 γ 光子。因此，快中子的屏蔽一般较为复杂，除考虑快中子的减弱和吸收外，还应考虑 γ 射线的屏蔽。

对快中子的屏蔽材料，一般采用有良好减速作用的含氢材料，如水、重水、石蜡、塑料、含硼石蜡、混凝土等。对于活性较高的中子源和 γ 本底很强的中子源还应考虑多层屏蔽，如 $^{226}\mathrm{Ra}$-Be 中子源，先应用铅吸收源发出的 γ 射线，外层用含硼石蜡屏蔽快中子。

对于中子的屏蔽，除了反应堆中子源、加速器中子源及 g 量级以上的 $^{252}\mathrm{Cf}$ 中子源需要进行较为复杂的计算外，一般小型的同位素中子源、中子发生器多采用较为简单的计算方法，如以实验为基础的分出截面法、张弛长度法及实验曲线法等。

在此，主要介绍快中子的分出截面法对同位素中子源的屏蔽计算，一些常用的同位素中子源的特性列于表 5-14。

表 5-14　一些同位素中子源的特性

种　类	核反应	$T_{1/2}$	$E_{n,max}$ (MeV)	$\overline{E}_{n,max}$ (MeV)	中子产额 ($\mathrm{s^{-1} \cdot Ci^{-1}}$)	特　性
镭-铍	(α,n)	1622 a	13.08	3.9	15×10^6	γ 本底很高
钋-铍	(α,n)	138.4 d	10.87	4.2	2.5×10^6	半衰期短，γ 本底很低
钚-铍	(α,n)	24400 a	10.74	4.5	1.6×10^6	γ 本底低
锔-铍	(α,n)	462 a	10.74	4.5	3.2×10^6	γ 本底低
钠-铍	(γ,n)	14.8 h	—	0.83	0.13×10^6	γ 本底非常高，单能中子源
锑-铍	(γ,n)	60 d	—	0.024	0.19×10^6	γ 本底非常高，单能中子源
锎-252	自发裂变	2.659 a	≈13.0	2.34 (裂变谱)	2.34×10^{12} ($\mathrm{s^{-1} \cdot g^{-1}}$)	裂片中子源，γ 本底较高

5.4.4.1　分出截面

从中子源发出的中子通过厚度为 R 的含氢介质到达阈探测器（只记录能量高于某一预定的阈值的中子，见第 6 章），有的中子经过多次碰撞损失能量后，其能量仍高于阈探测器的阈值而被探测到，有的中子虽到达阈探测器，但因其中子能量在阈探测器的阈能以下而不能被探测到，有的中子被含氢介质所吸收，有的中子经大角度的散射偏离原来的入射束，也不能被阈探测器探测到。所有这些被吸收、偏离原来入射束方向或能量低于探测阈能的中子都不能被探测到，我们就说这些不能被探测到的中子从原来的入射束中分离出去了。分出截面就是用来描述快中子通过单位厚度的材料时，从高能群中分离出来进入低能群的概率的物理量。

分出截面分为微观分出截面 σ_R 和宏观分出截面 Σ_R，它们之间有如下关系：

$$\Sigma_R = \sum_{i=1}^{N} \frac{Q_i \sigma_{R,i} N_A}{M_{A,i}} \rho \tag{5-53}$$

式中 ρ 为物质的密度($g \cdot cm^{-3}$)，N_A 为阿伏加德罗常数($N_A = 6.023 \times 10^{23} mol^{-1}$)，$Q_i$ 为材料中第 i 种元素的质量百分比，$M_{A,i}$ 为材料中第 i 种元素的相对原子质量，$\sigma_{R,i}$ 为材料中第 i 种元素的微观分出截面(b)。

一些元素的微观分出截面见表 5-15，氢的微观分出截面 $\sigma_{R,H} = 0.9 \sigma_H$，$\sigma_H$ 为氢的总截面。实际计算时，取 $\sigma_{R,H} \approx \sigma_H$，$\sigma_H$ 用下式计算：

$$\sigma_H = \frac{10.97}{E_0 + 1.66} \text{ (b)} \tag{5-54}$$

式中 E_0 为中子能量(MeV)，对于谱分布中子源 E_0 取为中子平均能量。

表 5-15　一些元素的微观分出截面($1b = 10^{-28} m^2$)

元　素	分出截面(b)	理论计算值(b) (中子能量$\geqslant$14 MeV)	元　素	分出截面(b)	理论计算值(b) (中子能量$\geqslant$14 MeV)
Li	1.01	1.03	Cl	1.77	1.98
Be	1.07	1.20	Fe	1.98	1.87
B	0.97	1.12	Ni	1.89	1.84
C	0.81	0.95	Cu	2.04	2.04
O	0.74	0.74	Zr	2.36	2.43
Na	1.26	1.47	Nb	2.37	2.30
Mn	1.29	1.35	Mo	2.38	2.85
Al	1.30	1.42	Ba	2.82	2.14
Si	1.37	1.23	W	2.36	3.94
K	1.57	1.54	Pb	2.53	2.63
Ti	1.82	1.62	Bi	3.49	2.62

5.4.4.2　快中子的屏蔽厚度计算

对于同位素中子源，常用的屏蔽材料为水、含硼石蜡、聚乙烯、混凝土等均匀含氢介质，快中子在均匀含氢介质中的屏蔽厚度用下式计算：

$$\dot{D} = \frac{S}{4\pi r^2} d_D(E_0) B e^{-\left(\sum\limits_{i=1}^{N} \frac{Q_i \sigma_{R,i}}{M_{A,i}} N_A \rho\right) R} \tag{5-55}$$

式中 S 为中子源的中子发射率(s^{-1})，d_D 表示能量为 E_0 的快中子的剂量换算因子，R 为屏蔽材料的厚度(m)，r 为中子源至参考点的距离(m)。B 为快中子在屏蔽材料中的累积因子，用下式计算：

$$B = 1 + \frac{E_0 - E_C}{E_0} \Sigma_{t,H} R \tag{5-56}$$

式中 E_0 为中子源发射中子的最大能量(MeV)；E_C 为所取中子能量的下限，$E_C = 1.4$ MeV；$\Sigma_{t,H}$ 为材料中氢的宏观分出截面(m^{-1})。

(5-55)式的适用条件是源和参考点之间的含氢介质应有最小的厚度 R_{min}，使介质中的中子谱达到平衡，这个最小的屏蔽厚度一般与源中子能量 E_0、所探测的中子能量下限 E_C 及起分出作用的材料有关。当探测下限 $E_C = 0.33$ MeV 时，含氢介质的最小厚度可按氢的质量厚度为 $4.5 \sim 6$ g·cm^{-2} 确定。当 $E_C > 1$ MeV 时，$R_{min} > 3\lambda$，其中 λ 为张弛长度，为宏观分出截面的倒数。对于中子源的工程屏蔽，还应考虑中子的散射和泄漏及中子源室的屋顶厚度计算。

例 5-7　安装一个活度 $A=10\,\mathrm{Ci}$ 的 Am-Be 中子源,用水进行屏蔽,P 点离源的距离 $r=0.8\,\mathrm{m}$,求所需水屏蔽层的厚度 R。

解　由表 5-14 查得 Am-Be 中子源 γ 本底很低,中子的产额 $Y=3.2\times10^6\,\mathrm{s}^{-1}\cdot\mathrm{Ci}^{-1}$,中子发射率 $S=AY=3.2\times10^7\,\mathrm{s}^{-1}$,$E_{\mathrm{n,max}}=10.74\,\mathrm{MeV}$,$\overline{E}_\mathrm{n}=4.5\,\mathrm{MeV}$,由表 5-15 查得

$$\sigma_{\mathrm{R,O}}=0.74\,\mathrm{b}$$

$$\sigma_{\mathrm{R,H}}\approx\frac{10.97}{\overline{E}_\mathrm{n}+1.66}=\frac{10.97}{4.5+1.66}=1.78\,(\mathrm{b})$$

水中氧的宏观分出截面

$$\sum_{\mathrm{R,O}}=\frac{Q_\mathrm{O}}{M_{\mathrm{A,O}}}\sigma_{\mathrm{R,O}}\rho N_\mathrm{A}=0.602\times\frac{(16/18)\times0.74}{16}\times1$$
$$=0.02474\,(\mathrm{cm}^{-1})=2.474\,\mathrm{m}^{-1}$$

$$\sum_{\mathrm{R,H}}=0.602\,\frac{Q_\mathrm{H}\sigma_{\mathrm{R,H}}}{M_{\mathrm{A,H}}}\rho=0.602\times\frac{(2/18)\times1.78}{1}\times1$$
$$=0.1192\,(\mathrm{cm}^{-1})=11.92\,\mathrm{m}^{-1}$$

水的总宏观分出截面

$$\sum_\mathrm{R}=\sum_{\mathrm{R,O}}+\sum_{\mathrm{R,H}}=14.39\,\mathrm{m}^{-1}$$

设水的屏蔽厚度为 $R(\mathrm{m})$,则累积因子

$$B=1+\frac{E_0-E_\mathrm{C}}{E_0}\sum_{\mathrm{R,H}}R=1+\frac{10.74-1.4}{10.74}\times11.92R$$
$$=1+10.62R$$

由表 5-7,查得 Am-Be 中子源中子的剂量换算因子 $d_\mathrm{D}=5.338\times10^{-15}\,\mathrm{Gy}\cdot\mathrm{m}^{-2}$;由表5-1 查得 $\overline{E}_\mathrm{n}=4.5\,\mathrm{MeV}$ 时中子的 $W_\mathrm{R}=10$,取 $\dot{H}_{\mathrm{T,R}}=1\times10^{-2}\,\mathrm{mSv}\cdot\mathrm{h}^{-1}$ 代入(5-55)式,得

$$1\times10^{-2}=\frac{3.2\times10^7\times3600\times10\times5.338\times10^{-15}\times10^3}{4\pi(0.8)^2}\times(1+10.26R)\mathrm{e}^{-14.38R}$$

解方程得 $R=0.42\,\mathrm{m}$。

5.4.5　内照射的防护

内照射是指放射性核素进入体内所引起的照射。造成内照射的原因,通常是因为吸入被放射性物质污染的空气,饮用被放射性物质污染的水,食入被放射性物质污染的食物或者在发生事故情况下放射性物质从伤口进入体内。

内照射不同于外照射的显著特点是,即使停止接触放射性物质以后,已经进入体内的放射性核素仍将产生照射。特别是有效半衰期$\left(=\dfrac{T_{1/2,\mathrm{p}}\,T_{1/2,\mathrm{b}}}{T_{1/2,\mathrm{p}}+T_{1/2,\mathrm{b}}},T_{1/2,\mathrm{p}}\text{为该核素的物理半衰期},\right.$ $T_{1/2,\mathrm{b}}$为该核素从生物体内的半排期$\Big)$很长的核素如^{239}Pu 等,在体内排泄很慢,即使摄入量为 1/10 个年摄入量限值左右,其待积当量剂量也是很大的。因此,内照射防护的基本原则是采取各种措施,尽可能地隔断放射性物质进入人体内的各种途径,在"可以合理地做到"的限度内,使摄入量减少到可以接受的尽量低的水平。在进行放射性物质操作,设计生产用的工作场所及配置防护设备中,应采用辐射防护的三原则。

下面扼要介绍内照射防护应采取的基本措施。

（1）防止放射性物质经呼吸道进入体内　放射性粉尘或放射性气体逸入空间,可能造成工作场所空气的严重污染。例如铀矿井开采、选矿、金属铀加工和精制、浓缩铀的生产、燃料元件的制造、辐照过核燃料的后处理、放射性同位素与夜光粉的生产及夜光涂料车间、乙级以上放射化学实验室等场所。空气污染是造成放射性物质经呼吸道进入体内的主要途径,其基本的防止措施是：① 空气净化。就是通过过滤、除尘等方法,尽量降低空气中放射性粉尘或放射性气溶胶的浓度。② 稀释。是不断地排除被污染的空气并换以清洁的空气,换气次数视空气被污染的水平而定。为防止环境放射性污染,被排出的污染空气一般应经过空气过滤器过滤。③ 密闭包容。就是把可能成为污染源的放射性物质,存放在密闭的容器中或者在密封的手套箱或热室中进行操作,使之与工作场所的空气隔绝。④ 个人防护。就是工作人员佩戴高效率的防护口罩,采用隔绝式或活性炭过滤式防护面具,当空气污染严重时,工作人员或戴头盔或穿气衣作业。

（2）防止放射性物质经口进入体内　防止放射性物质经口进入体内,主要是防止衣物和水源污染。在通常情况下,食品被放射性物质污染较为少见。极个别情况下,工作人员可能经被污染的手接触食物而将放射性物质转移至体内。因此,必须遵守有关安全操作规程。

应特别重视的是防止水源污染。放射性物质不经过处理,大量排入江河、湖泊,或注入地质条件差的深井,都可能造成地面水或地下水源的严重污染。某些水生植物和鱼类能浓集某些放射性核素,经过食用,而造成人体内放射性核素的沉积。例如美国最大的钚工业中心汉福特,其后处理工厂的一些废水和反应堆冷却水排入哥伦比亚河,曾造成该河的严重污染,虽经过河水的充分稀释,然而哥伦比亚河流域个别渔民的骨骼剂量,估计曾达到年剂量限值的40%。因此,必须严格控制往江河湖泊排放放射性物质。排放之前应经过净化处理,水质达到国家规定的排放标准才准排放。

在厂区,生活用水系统和生产用水系统分别设置,以免生产用水污染生活用水。

（3）建立内照射监测系统　应对工作环境和周围环境中的空气、水源、有代表性的农牧产品进行常规监测,以便及时发现操作中的问题,改进防护措施。在必要的情况下,应对某些工作人员的排泄物进行定期检查或用全身计数器进行检查,以便及时发现体内污染事件。

参 考 文 献

[1] 李星洪,等编. 辐射防护基础. 北京：原子能出版社, 1982.

[2] 方杰,主编. 辐射防护导论. 北京：原子能出版社, 1991.

[3] 李德平,潘自强,主编. 辐射防护手册（第一分册）：辐射源与屏蔽. 北京：原子能出版社, 1987.

[4] 李德平,潘自强,主编. 辐射防护手册（第二分册）：辐射防护监测技术. 北京：原子能出版社, 1988.

[5] 李德平,潘自强,主编. 辐射防护手册（第五分册）：辐射危害与医学监督. 北京：原子能出版社, 1991.

[6] Hallenbeck W H. Radiation Protection. Boca Raton：Lewis Publishers, 1994.

[7] Sabol J, Weng P-S. Introduction to Radiation Protection Dosimetry. Singapore：River Edge, NJ：World Scientific, 1995.

[8] Shultis J K, Faw R E. Radiation Shielding. La Grange Park, IL：American Nuclear Society, 2000.

[9] Loevinger R, Holt J G, Hine G J. In Radiation Dosimetry；Ch. 17 "Internally administered radioisotopes". Eds. Hine G J & Brownell G L. New York：Academic Press, 1956.

[10] 中华人民共和国放射性污染防治法实施手册. 长春：吉林电子出版社, 2003.

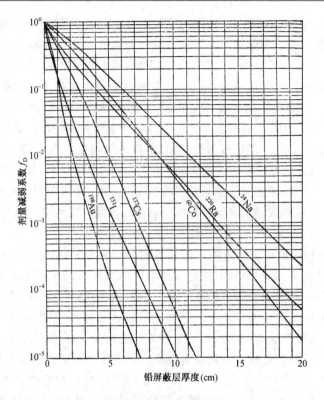

附图 1　剂量减弱系数 f_D 与铅屏蔽层厚度的关系（γ 点源，$\rho = 11.34\,\mathrm{g \cdot cm^{-3}}$）

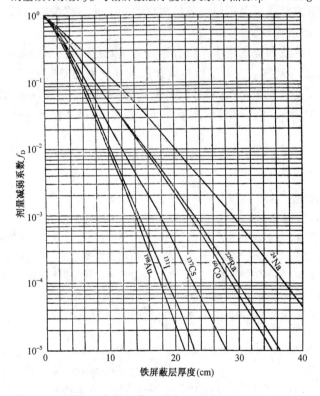

附图 2　剂量减弱系数 f_D 与铁屏蔽层厚度的关系（γ 点源，$\rho = 7.89\,\mathrm{g \cdot cm^{-3}}$）

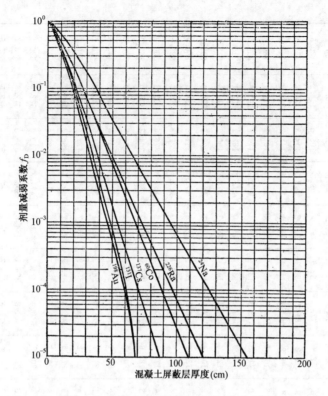

附图 3　剂量减弱系数 f_D 与混凝土屏蔽层厚度的关系（γ点源，$\rho = 2.35 \, \mathrm{g \cdot cm^{-3}}$）

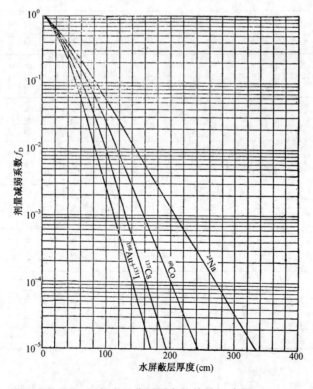

附图 4　剂量减弱系数 f_D 与水屏蔽层厚度的关系（γ点源，$\rho = 1.00 \, \mathrm{g \cdot cm^{-3}}$）

附表 1　各向同性点源 γ 射线减弱倍数 K 所需的水厚度（单位：cm）

水，$\rho=1\ \mathrm{g\cdot cm^{-3}}$

K ＼ E_γ (MeV)	0.25	0.5	0.662	1.0	1.25	1.5	1.75	2.0	2.5	3.0	4.0	5.0	6.0	8.0	10.0
1.5	22.7	20.2	19.3	19.0	19.2	19.6	20.1	20.4	21.0	21.8	23.5	23.9	24.5	25.6	26.2
2.0	27.7	26.9	26.7	27.5	28.3	29.3	30.3	31.0	32.4	34.0	36.5	38.4	39.8	42.1	43.6
5.0	40.8	43.6	45.3	49.0	51.7	54.9	57.0	59.3	63.3	67.3	74.2	79.5	83.8	90.7	95.4
8.0	46.8	51.1	53.6	58.7	62.3	65.8	69.3	72.3	77.6	82.9	92.0	99.2	105.0	114.2	120.8
10	49.5	54.5	57.3	63.1	67.1	71.7	74.9	78.2	84.2	90.1	100.2	108.2	114.8	125.2	132.6
20	57.5	64.6	68.5	76.3	81.6	86.8	91.8	96.2	104.1	111.9	125.1	135.8	144.7	158.8	168.9
30	62.1	70.4	74.9	83.8	89.8	95.7	101.3	106.4	115.4	124.2	139.4	151.6	161.8	178.1	189.8
40	65.2	74.3	79.3	89.0	95.5	101.9	108.0	113.5	123.3	132.9	149.3	162.7	173.8	191.6	204.5
50	67.7	77.4	82.7	92.9	99.9	106.7	113.2	119.0	129.4	139.7	157.0	171.2	183.1	202.1	215.9
60	69.6	79.8	85.4	96.2	103.5	110.6	117.3	123.4	134.4	145.0	163.3	178.8	190.7	210.6	225.1
80	72.7	83.7	89.7	101.2	109.0	116.6	123.9	130.4	142.1	153.5	173.1	189.5	202.5	224.0	239.7
1.0×10^{2}	75.0	86.7	93.0	105.1	113.3	121.3	128.9	135.7	148.1	160.0	180.6	197.5	211.6	234.3	250.9
2.0×10^{2}	82.2	95.7	103.2	117.0	126.5	135.6	144.3	152.2	166.4	180.1	203.9	223.4	239.8	266.1	285.6
5.0×10^{2}	91.5	107.5	116.5	132.5	143.5	154.2	164.4	173.6	190.3	206.3	234.2	257.8	276.6	307.8	330.9
1.0×10^{3}	98.5	116.2	125.7	144.0	156.2	168.5	179.3	189.6	208.1	225.9	256.9	282.5	304.2	339.0	365.0
2.0×10^{3}	105.3	124.8	135.3	155.3	168.8	181.8	194.2	205.4	225.8	245.3	279.4	307.6	331.5	370.0	398.8
5.0×10^{3}	114.2	136.0	147.8	170.2	185.3	199.7	213.6	226.1	248.9	270.7	308.9	340.6	367.5	410.8	443.3
1.0×10^{4}	120.8	144.4	157.4	181.3	197.6	213.2	228.1	241.7	266.3	289.9	331.1	365.3	394.5	441.4	476.7
2.0×10^{4}	127.4	152.7	166.5	192.4	209.9	226.6	242.6	257.2	283.6	308.9	353.7	390.0	421.4	472.0	510.1
5.0×10^{4}	136.0	163.6	178.3	206.9	225.9	244.6	261.6	277.5	306.3	333.9	382.2	422.4	456.7	512.7	554.0
1.0×10^{5}	142.5	171.8	187.8	217.8	238.0	257.4	275.9	292.7	323.4	352.7	404.0	446.9	483.4	542.4	587.1
2.0×10^{5}	149.0	180.0	196.8	228.6	250.0	270.5	290.1	307.9	340.4	371.4	425.8	471.3	510.0	572.6	620.1
5.0×10^{5}	157.3	190.7	208.8	242.9	265.8	287.8	308.8	328.0	362.8	396.1	454.5	503.4	545.0	612.5	663.7
1.0×10^{6}		198.7	217.7	253.6	277.7	300.8	322.9	343.0	379.6	414.7	476.2	527.6	571.5	642.5	696.5
2.0×10^{6}		206.7	226.7	264.2	289.6	313.7	336.9	358.1	396.5	433.8	497.8	551.8	597.9	672.6	729.4
5.0×10^{6}			238.4	278.2	305.2	330.8	355.4	377.9	418.6	457.6	526.2	583.6	632.7	712.2	772.6
1.0×10^{7}			247.3		317.0	343.7	369.3	392.9	435.3	476.6	547.7	607.7	659.0	742.4	805.3
2.0×10^{7}			256.4		328.8	356.4			452.0	494.4	569.1	631.7	685.2	771.9	837.9
5.0×10^{7}			267.8		344.4	373.3				518.6	597.4	663.3	719.7	811.3	880.9

附表 2　各向同性点源 γ 射线减弱倍数 K 所需的混凝土厚度（单位：cm）

混凝土 ρ=2.35 g·cm⁻³

K \\ E_r (MeV)	0.25	0.5	0.662	1.0	1.25	1.5	1.75	2.0	2.5	3.0	4.0	5.0	6.0	8.0	10.0
1.5	7.7	8.2	8.3	8.6	8.8	9.1	9.4	9.6	9.8	10.2	10.6	10.8	10.9	11.0	11.0
2.0	10.0	11.3	11.7	12.6	13.2	13.8	14.3	14.7	15.4	16.1	17.0	17.6	17.9	18.3	18.4
5.0	16.0	19.3	20.6	23.1	24.7	26.1	27.5	28.7	30.6	32.5	35.3	37.1	38.5	40.2	41.0
8.0	18.7	22.9	24.7	27.9	29.9	31.9	33.6	35.2	37.8	40.2	43.9	46.5	48.4	50.9	52.1
10	20.0	24.6	26.5	30.1	32.3	34.5	36.4	38.1	41.0	43.7	47.9	50.8	53.0	56.0	57.4
20	23.8	29.5	32.1	36.7	39.6	42.4	44.9	47.1	51.0	54.5	60.1	64.1	67.1	71.2	73.4
30	25.9	32.4	35.2	40.4	43.7	46.8	49.7	52.2	56.6	60.6	67.0	71.6	75.2	80.0	82.6
40	27.5	34.3	37.4	43.0	46.6	50.0	53.1	55.8	60.6	64.9	71.9	77.0	80.9	86.2	89.1
50	28.6	35.8	39.1	45.0	48.8	52.4	55.6	58.6	63.6	68.2	75.6	81.0	85.2	91.0	94.2
60	29.5	37.9	40.5	46.6	50.6	54.3	57.7	60.8	66.1	70.9	78.7	84.4	88.8	94.9	98.3
80	31.0	39.0	42.6	49.2	53.4	57.3	61.0	64.3	69.9	75.1	83.4	89.6	94.4	101.0	104.7
1.0×10^{2}	32.1	40.4	44.3	51.1	55.6	59.7	63.5	67.0	72.9	78.4	87.1	93.6	98.7	105.7	109.7
2.0×10^{2}	35.6	44.9	49.3	57.1	62.2	66.9	71.3	75.2	82.0	88.3	98.5	106.0	111.9	120.2	125.0
5.0×10^{2}	40.1	50.8	55.8	64.9	70.8	76.2	81.4	85.9	93.9	101.3	113.2	122.2	129.3	139.2	145.1
1.0×10^{3}	43.4	55.1	60.7	70.7	77.1	83.2	88.9	93.9	102.8	111.0	124.3	134.3	142.2	153.5	160.2
2.0×10^{3}	46.7	59.4	65.5	76.4	83.5	90.1	96.3	101.9	111.6	120.6	135.2	146.3	155.1	167.6	175.2
5.0×10^{3}	51.0	65.0	71.7	83.8	91.7	99.1	106.0	112.2	123.2	133.2	149.6	162.1	172.0	186.2	194.9
1.0×10^{4}	54.2	69.2	76.4	89.8	97.9	105.9	113.3	120.0	131.8	142.6	160.4	174.0	184.7	200.2	209.7
2.0×10^{4}	57.4	73.3	81.1	95.0	104.1	112.6	120.6	127.8	140.4	152.0	171.1	185.8	197.4	214.1	224.5
5.0×10^{4}	61.6	78.8	87.2	102.3	112.2	121.4	130.1	138.0	151.7	164.4	185.3	201.3	214.0	232.5	243.9
1.0×10^{5}	64.8	82.9	91.8	107.8	118.3	128.1	137.3	145.6	160.3	173.7	195.9	213.0	226.6	246.3	258.6
2.0×10^{5}	67.9	86.9	96.3	113.2	124.3	134.7	144.4	153.2	168.7	183.0	206.5	224.6	239.1	260.1	273.2
5.0×10^{5}	72.0	92.3	102.3	120.4	132.3	143.4	153.8	163.3	179.9	195.2	220.5	239.9	255.5	278.2	292.4
1.0×10^{6}	75.1	96.3	106.8	125.8	138.2	149.9	160.9	170.8	188.3	204.4	231.0	251.5	268.0	291.9	307.0
2.0×10^{6}	78.2	100.3	111.3	131.1	144.2	156.4	167.9	178.2	196.7	213.5	241.5	263.1	280.4	305.6	321.5
5.0×10^{6}			117.2	138.2	152.1	165.0	177.2	188.3	207.7	225.6	255.3	278.3	296.7	323.6	340.6
1.0×10^{7}					158.0	171.5	184.2	195.7	216.1	234.8	265.8	289.8	309.1	337.2	355.1
2.0×10^{7}					163.9				224.4	243.8	276.2	301.2	321.4	350.8	369.5
5.0×10^{7}					171.7									368.6	388.5

附表 3 各向同性点源 γ 射线减弱倍数 K 所需的铁厚度（单位：cm）

铁，$\rho=7.8\ \mathrm{g\cdot cm^{-3}}$

K \ E_γ(MeV)	0.25	0.5	0.662	1.0	1.25	1.5	1.75	2.0	2.5	3.0	4.0	5.0	6.0	8.0	10.0
1.5	1.20	1.84	2.00	2.23	2.36	2.47	2.55	2.60	2.63	2.66	2.62	2.55	2.45	2.30	2.16
2.0	1.73	2.66	2.94	3.36	3.60	3.80	3.96	4.08	4.20	4.29	4.31	4.24	4.12	3.90	3.58
5.0	3.16	4.86	5.46	6.41	6.96	7.44	7.84	8.17	8.60	8.92	9.23	9.28	9.17	8.85	8.46
8.0	3.84	5.89	6.64	7.82	8.52	9.13	9.66	10.1	10.7	11.1	11.6	11.7	11.7	11.3	10.9
10	4.15	6.36	7.18	8.47	9.24	9.91	10.5	11.0	11.6	12.1	12.7	12.0	12.8	12.5	12.0
20	5.09	7.79	8.80	10.4	11.4	12.3	13.0	13.6	14.5	15.2	16.0	16.4	16.4	16.1	15.5
30	5.63	8.59	9.72	11.5	12.6	13.6	14.4	15.1	16.2	17.0	18.0	18.4	18.4	18.1	17.6
40	6.01	9.16	10.4	12.3	13.5	14.5	15.4	16.2	17.3	18.2	19.3	19.8	19.7	19.6	19.0
50	6.30	9.59	10.9	12.9	14.1	15.2	16.2	17.0	18.2	19.2	20.3	20.9	21.0	20.7	20.2
60	6.54	9.94	11.3	13.4	14.7	15.8	16.8	17.7	18.9	19.9	21.2	21.7	21.9	21.6	21.1
80	6.91	10.5	11.9	14.1	15.5	16.7	17.8	18.7	20.1	21.1	22.5	23.1	23.3	23.1	22.5
1.0×10^2	7.20	10.9	12.4	14.7	16.2	17.4	18.6	19.5	20.9	22.1	23.5	24.2	24.4	24.2	23.6
2.0×10^2	8.08	12.2	13.8	16.5	18.1	19.6	20.9	22.0	23.6	24.9	26.6	27.5	27.8	27.6	27.4
5.0×10^2	9.21	13.9	15.8	18.8	20.7	22.4	23.9	25.1	27.1	28.6	30.7	31.7	32.2	32.2	31.6
1.0×10^3	10.1	15.1	17.2	20.5	22.6	24.5	26.1	27.5	29.7	31.4	33.7	34.9	35.5	35.5	34.9
2.0×10^3	10.9	16.4	18.6	22.2	24.5	26.5	28.3	29.9	32.3	34.2	36.7	38.1	38.7	38.9	38.3
5.0×10^3	12.0	18.0	20.4	24.5	27.0	29.2	31.2	32.9	35.6	37.8	40.7	42.3	43.0	43.3	42.8
1.0×10^4	12.0	19.2	21.8	26.1	28.8	31.2	33.4	35.3	38.2	40.5	43.6	45.4	46.2	46.6	46.1
2.0×10^4	13.7	20.4	23.2	27.8	30.7	33.6	35.6	37.6	40.7	43.2	46.6	48.5	49.5	49.9	49.4
5.0×10^4	14.8	22.0	25.0	30.0	33.1	35.9	38.4	40.6	44.0	46.7	50.4	52.6	53.7	54.3	53.8
1.0×10^5	15.6	23.2	26.3	31.6	34.9	37.9	40.5	42.8	46.5	49.4	53.6	55.7	56.9	57.6	57.1
2.0×10^5	16.4	24.4	27.7	33.2	36.7	39.9	42.7	45.1	48.9	52.0	56.3	58.7	60.0	60.8	60.4
5.0×10^5	17.5	25.9	29.5	35.4	39.1	42.5	45.5	48.1	52.2	55.5	60.1	62.8	64.2	65.1	64.7
1.0×10^6	18.3	27.1	30.8	37.0	40.9	44.4	47.6	50.3	54.7	58.2	63.0	65.8	67.3	68.4	68.0
2.0×10^6	19.1	28.3	32.1	38.6	42.7	46.4	49.7	52.6	57.1	60.8	65.8	68.8	70.5	71.6	71.3
5.0×10^6	20.1	29.8	33.9	40.7	45.1	48.9	52.5	55.5	60.3	64.2	69.6	72.8	74.6	75.9	75.6
1.0×10^7	20.9	31.0	35.2	42.3	46.8	50.9	54.5	57.7	62.8	66.8	72.5	75.9	77.7	79.1	78.8
2.0×10^7	21.7	32.1	36.5	43.9	48.6	52.8	56.6	59.9	65.2	69.4	75.3	78.9	80.8	82.3	82.1
5.0×10^7	22.8	33.7	38.2	46.0	50.9	55.4	59.4	62.8	68.4	72.8	79.1	82.8	84.9	86.5	86.3

附表 4　各向同性点源 γ 射线减弱倍数 K 所需的铅厚度（单位：cm）

铅，ρ=11.34 g·cm⁻³ K ＼ E_γ(MeV)	0.25	0.5	0.662	1.0	1.25	1.5	1.75	2.0	2.5	3.0	4.0	5.0	6.0	8.0	10.0
1.5	0.07	0.30	0.47	0.79	0.97	1.11	1.20	1.23	1.25	1.23	1.15	1.06	1.00	0.89	0.82
2.0	0.11	0.50	0.78	1.28	1.58	1.80	1.96	2.03	2.07	2.06	1.95	1.81	1.70	1.53	1.40
5.0	0.26	1.10	1.68	2.74	3.36	3.84	4.19	4.38	4.54	4.58	4.42	4.16	3.94	3.56	3.28
8.0	0.33	1.40	2.13	3.45	4.22	4.83	5.27	5.52	5.76	5.82	5.66	5.35	5.08	4.61	4.25
10	0.37	1.54	2.34	3.78	4.62	5.29	5.78	6.05	6.32	6.40	6.25	5.92	5.63	5.11	4.71
20	0.48	1.97	2.98	4.80	5.85	6.70	7.32	7.68	8.06	8.19	8.04	7.66	7.31	6.67	6.16
30	0.54	2.22	3.35	5.38	6.50	7.51	8.21	8.62	9.05	9.22	9.08	8.67	8.29	7.58	7.01
40	0.59	2.40	3.61	5.79	7.06	8.08	8.83	9.28	9.76	9.94	9.81	9.39	8.99	8.23	7.62
50	0.62	2.54	3.81	6.11	7.45	8.51	9.31	9.78	10.3	10.5	10.4	9.95	9.53	8.73	8.09
60	0.65	2.65	3.98	6.37	7.76	8.87	9.71	10.2	10.7	11.0	10.8	10.4	9.97	9.15	8.48
80	0.69	2.82	4.23	6.77	8.25	9.43	10.3	10.9	11.4	11.7	11.6	11.1	10.7	9.81	9.09
1.0×10^2	0.73	2.96	4.43	7.09	8.68	9.87	10.8	11.4	12.0	12.2	12.1	11.7	11.2	10.3	9.56
2.0×10^2	0.83	3.38	5.05	8.06	9.81	11.2	12.3	12.9	13.6	13.9	13.9	13.4	12.9	11.9	11.1
5.0×10^2	0.98	3.93	5.86	9.33	11.3	13.0	14.2	14.9	15.8	16.2	16.1	15.6	15.1	14.0	13.1
1.0×10^3	1.08	4.34	6.48	10.3	12.5	14.3	15.6	16.4	17.4	17.8	17.9	17.3	16.8	15.6	14.6
2.0×10^3	1.19	4.75	7.08	11.2	13.6	15.6	17.0	17.9	19.0	19.5	19.6	19.0	18.4	17.2	16.1
5.0×10^3	1.33	5.30	7.88	12.5	15.1	17.3	18.9	19.9	21.1	21.7	21.8	21.2	20.6	19.3	18.2
1.0×10^4	1.44	5.71	8.49	13.4	16.3	18.6	20.3	21.4	22.7	23.3	23.5	22.9	22.3	20.9	19.7
2.0×10^4	1.54	6.12	9.09	14.3	17.4	19.8	21.7	22.9	24.3	25.0	25.1	24.6	23.9	22.5	21.3
5.0×10^4	1.68	6.60	9.88	15.6	18.9	21.5	23.6	24.8	26.3	27.1	27.3	26.8	26.1	24.7	23.4
1.0×10^5	1.79	7.07	10.5	16.5	20.0	22.8	25.0	26.3	27.9	28.7	29.0	28.4	27.7	26.3	25.0
2.0×10^5	1.89	7.48	11.1	17.4	21.1	24.1	26.3	27.8	29.5	30.3	30.8	30.1	29.4	27.9	26.5
5.0×10^5	2.03	8.01	11.9	18.7	22.6	25.7	28.2	29.7	31.5	32.5	32.8	32.3	31.6	30.0	28.6
1.0×10^6	2.14	8.42	12.5	19.6	23.7	27.0	29.6	31.2	33.1	34.1	34.5	33.9	33.2	31.6	30.2
2.0×10^6	2.24	8.83	13.1	20.5	24.8	28.3	30.9	32.0	34.6	35.7	36.1	35.5	34.8	33.3	31.8
5.0×10^6	2.38	9.37	13.8	21.7	26.3	29.9	32.7	34.5	36.7	37.8	38.3	37.7	37.0	35.4	34.0
1.0×10^7	2.49	9.77	14.4	22.6	27.4	31.2	34.1	36.0	38.2	39.4	39.9	39.3	38.6	37.0	35.6
2.0×10^7	2.60	10.2	15.0	23.6	28.5	32.4	35.5	37.4	39.7	40.9	41.5	41.0	40.2	38.6	37.2
5.0×10^7	2.73	10.7	15.8	24.8	30.0	34.1	37.3	39.3	41.7	43.0	43.7	43.1	42.4	40.7	39.3

注：所有附图和附表均取自李星洪．辐射防护基础．北京：原子能出版社，1982。

第6章　辐射的探测

在研究和应用放射性核素时必须知道放射性核素所发射的荷电粒子或射线(统称核辐射)的种类、数量、能量及有关的性质,这就要求对核辐射进行探测和记录。

放射性测量装置通常由核辐射探测器和信号处理系统组成。核辐射探测器简称探测器,包括灵敏介质和结构部分。射线与灵敏介质相互作用并损失能量,能量被灵敏介质吸收并转换为光、电、热或者化学信号,被信号处理系统分析和记录。探测核辐射的方法原则上有下面几种:

(1)利用射线通过物质时的电离作用;

(2)利用射线通过某些物质时所产生的荧光、热释光或切伦柯夫辐射;

(3)利用射线与某些物质的核反应或弹性碰撞产生的次级粒子;

(4)利用射线所带的电荷;

(5)利用射线在物质中所产生的热效应;

(6)利用射线和物质作用产生的化学变化或在固体中的辐射损伤。

用第一种方法制作的探测器按使用的灵敏介质不同,分为气体探测器和半导体探测器两类。辐射在它们的灵敏体积内损失能量,使介质分子或原子发生电离,生成正-负离子对或电子-空穴对。在探测器电场的作用下,电极上的感应电荷发生变化,从而引起回路中负载电阻上的电流(或电压)变化,通过测量输出的电流(或电压)可以探测粒子的数量或(和)能量。

用第二种方法制作的探测器包括四类:闪烁探测器、热释光探测器、荧光玻璃探测器、切伦柯夫辐射探测器,其中闪烁探测器使用最为广泛。

第三种方法主要用于中子的探测,这是因为中子不带电荷,与介质相互作用时不能直接使介质电离。中子与含氢物质中的氢原子核发生弹性碰撞,氢原子核从分子中反冲出来,称为反冲质子。测量反冲质子在探测介质中的电离或激发就可以探测中子的数量或(和)能量。

在核科学发展的早期曾用验电器探测带电粒子的电荷。由于灵敏度和准确度太低,现在已经不用了。但在加速器上,**法拉第杯**(Farady cup)仍然被来探测荷电粒子的束流强度。射线在介质中损失的能量还可以转化为热能。因此量热计可以用来测量放射源的辐射功率,但灵敏度不高。射线通过介质时,可以导致介质发生化学变化或产生辐射损伤。利用这一原理,人们制造出了核乳胶、化学剂量计和核径迹探测器。

6.1　气体探测器

气体探测器(gas detectors)以气体为探测介质。入射粒子使气体电离产生电子-正离子对,电子和正离子在电场中漂移产生电信号。根据工作条件的不同,气体探测器分为**电离室**(ionization chamber)、**正比计数器**(proportional counter)、**盖革-弥勒计数器**(Geiger-Müller counter,G-M counter)和其他探测器。这些探测器具有结构简单、性能稳定可靠、成本低廉、使用方便等优点。

在核科学发展的早期,气体探测器是主要的探测器。20 世纪 50 年代以后,由于闪烁探测器和半导体探测器的发展,气体探测器被逐步取代。但在高能物理、重离子物理、辐射剂量学等领域,气体探测器应用广泛。

6.1.1 气体探测器的电流-电压曲线

一个充有气体的容器在射线照射下,部分气体分子被电离成电子-正离子对。带电粒子在气体中产生一个电子-正离子对所需要的平均能量称为**电离能**,用 w 表示。气体的电离能约为该气体分子的电离电位 I_0 的两倍,这是因为有一部分能量用于气体分子的激发。实验发现,在气体中产生一对离子所需要的能量 w 对于不同的气体及不同的射线稍有不同(表 6-1),大致在 30 eV 上下。对同一种射线和同一种介质,w 与射线能量无关。一个能量为 E 的荷电粒子,在气体中产生的离子对的平均数 $\bar{n}$ 为

$$\bar{n} = \frac{E}{w} \tag{6-1}$$

由于电离碰撞的随机性,实验测得的离子对数 n 会有统计涨落,其平均值为 $\bar{n}$,其方差与按泊松(Poisson)分布给出的方差 E_0/w 有所偏离。经过法诺(Fano)修正后的方差为

$$\sigma^2 = F \cdot \frac{E_0}{w} \tag{6-2}$$

式中 F 为**法诺因子**。对于气体,法诺因子在 $1/3 \sim 1/2$ 之间。电离的统计涨落决定了探测器的固有能量分辨率的下限。例如,对于能量为 5 MeV 的 α 粒子,在空气中产生的离子对数的平均值为 $5 \times 10^6/34.98 = 1.43 \times 10^5$,取 $F = 0.3$,均方根偏差为 207,能量分辨率下限为 0.145%(由于其他因素的贡献,实际上能量分辨率远高于此值)。

表 6-1 若干气体的平均电离能 w 和最低电离电位 I_0

气体	电离能 w(eV)			电离电位 I_0(eV)
	α 粒子	X,γ 射线	β 粒子	
Ar	26.3 ± 0.1	26.2 ± 0.2	26.4 ± 0.8	15.8
N_2	36.39 ± 0.04	34.6 ± 0.3	36.6 ± 0.5	15.5
O_2	32.3 ± 0.1	31.8 ± 0.3	31.5 ± 2	12.5
CO_2	34.1 ± 0.1	32.9 ± 0.3	34.9 ± 0.5	14.4
C_2H_2	27.3 ± 0.7	25.7 ± 0.4		11.6
C_2H_4	28.03 ± 0.05	26.3 ± 0.3		12.2
CH_4	29.1 ± 0.1	27.3 ± 0.3		14.5
BF_3	35.6 ± 0.3			
空气	34.98 ± 0.05	33.7 ± 30.15	36.0 ± 0.4	

电离生成的正离子和电子的热运动产生无规碰撞。正离子与电子相遇可能复合为中性分子,电子可能被电负性大的气体分子(如 H_2O、O_2、卤素分子等)俘获,形成**重负离子**。此外,正离子和电子还可能做定向运动。如果正离子和电子在空间分布不均匀,它们将由密度大的地方向密度小的地方**扩散**。如果外加电场,正离子将向阴极漂移,电子则向阳极漂移,这种漂移将在外电路形成**电离电流**。用电子学线路将电离电流记录下来,就可以实现对辐射的探测(图6-1)。下面我们讨论气体探测器的**电流-电压曲线**。

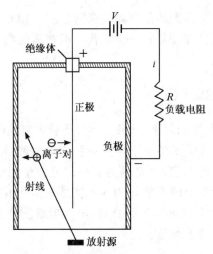

图 6-1　测量电离电流的装置示意图

若在一个充有**工作气体**的密闭容器内安装两个电极，中央为阳极，外壳为阴极，彼此间绝缘。在恒定强度的辐射照射下，测量流经负载电阻 R 的电流 I 随两极间所加的电压 V 的变化。实验测得的 $I\text{-}V$ 曲线呈现六个区段，如图 6-2 所示。

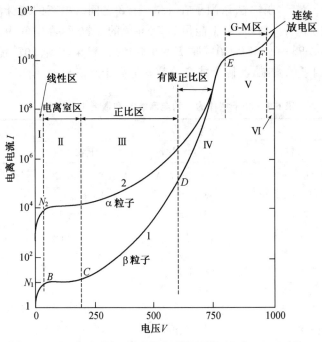

图 6-2　电离电流-电压曲线

（1）**线性区**　两极间电压较低时，正离子和电子漂移速度较慢，在到达电极之前有可能复合。随着电压升高，复合的概率减小，因此电离电流 I 随电压 V 几乎直线上升。

（2）**电离室区**　两极间电压继续升高，正离子和电子的漂移速度加快，电子和正离子在到达电极之前的复合概率可以忽略不计，辐射在工作气体中产生的电离电荷全部被收集。在图 6-2 中 C 点之前，电压升高不能产生更多的离子对，此时电离电流已达饱和值。因此曲线段

BC 基本上为水平直线。本区被称为**饱和区**或**电离室区**,各种电离室工作于此区间。电离室可用于射线计数和能量测量以及辐射剂量的测量。

（3）**正比区** 电压升高到 C 点以后及 D 点以前,电子在阳极附近的强场的加速下获得的动能足以引起介质分子的电离(次级电离),产生的次级电子被强电场加速,又可产生新的电离。因此原来的一个电子可以繁殖出许多电子,此过程称为**电子雪崩**。这一现象称为**气体放大**。放大倍数 A 只与电压有关,与初级电离产生的离子对数无关。A 一般在 $10^2 \sim 10^4$ 数量级。从负载电阻 R 上输出的电压信号正比于初级电离产生的离子对数,因此可用于射线能量的测量。CD 区段称为正比区,正比计数器即工作于这一区段。

（4）**转变区(有限正比区)** 电压继续升高,除发生电子雪崩外,高速运动的电子与气体分子碰撞,可使气体分子因激发而发射光子。光子打在作为阴极的容器壁上产生光电子,后者又参与电子雪崩过程。因此这一区间的放大倍数 A 高达 $10^5 \sim 10^7$,但在给定电压下不是常数,而与初级电离数 n 有关。n 越大,A 越小。显然,这一区域不适于用来设计探测器。

（5）**Geiger-Müller 区**（G-M 区） 外加电压越过转变区后,电子雪崩更加猛烈,并且迅速扩展至整个容器空间。电子很快被阳极收集,在阳极附近留下漂移速度比较慢的正离子,围绕阳极形成一个**正离子鞘**。这些空间电荷产生的电场方向与原先的电场方向相反,于是在阳极和正离子鞘之间形成一个低电位区。电子雪崩积累的空间电荷最终使得电子在此低电位区内不能产生次级电离,电子雪崩因此被终止。正离子漂移到阴极约需 10^{-7} s 的时间,被阴极所收集。在此区域气体放大系数高达 10^8,在负载电阻 R 上输出的电压脉冲幅度约为几百毫伏至几伏,与初级电离产生的离子对数目无关。由此可见,工作于此区的 G-M 计数器具有很高的灵敏度,但只适合于射线的计数,对于射线的能量无分辨本领。由于输出的脉冲幅度很高,测量系统只需略加放大甚至不放大便可记录下来。需要指出的是,到达阴极的正离子能量很高,足以从阴极表面打出电子引起新的一轮雪崩。因此必须设法制止(**淬灭**)这种二次放电,这可以通过外电路来实现(称为**外淬灭**),也可以在工作气体中加入某些有机物(如乙醇)或卤素气体对二次放电进行**自淬灭**。

（6）**连续放电区** 电压继续增加,放电过程将连续进行,这将导致气体探测器在短时间内损坏,故应避免。

6.1.2 电离室

6.1.2.1 电离室的结构

电离室有两种类型。一种是记录单个辐射粒子的**脉冲电离室**,主要用于测量重带电粒子的能量和强度。另一种是记录大量辐射粒子的平均效应,包括测量电离电流的**电流电离室**和测量给定时间内电离电荷的**累计电离室**,主要用于测量 X,β,γ 和中子辐射的注量率(或注量)和剂量率(或剂量),它们是剂量监测和反应堆控制的主要传感元件。这两类电离室的结构基本相同,如图 6-3 所示。其形状原则上是任意的,一般为平行板或圆柱形。电极之间用绝缘体隔开,并密封于充气的容器内。在收集电极 C 和高压电极 K 之间有一个保护环,其电位与收集电极相同,由绝缘体隔开。保护环的功能是使高压电极到地的漏电流不通过收集电极,避免对信号的干扰,同时还可以使收集电极边缘的电场不畸变,保证电场的均匀性,使电离室具有固定的灵敏体积。

电离室的大小、形状、室壁和电极材料,所充气体的成分和压强等都要根据所测量的辐射

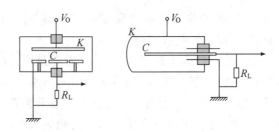

图 6-3　电离室的基本结构

的性质及实验的具体要求来选择。例如,测量 α 射线能量时,要确保粒子的射程包含在灵敏体积内。测量 γ 射线注量率时,电离室的室壁常衬以高原子序数的金属材料,以提高探测效率。在测量 X 或 γ 射线剂量时,电离室室壁材料应尽量与空气或生物组织等效。

6.1.2.2　脉冲电离室(pulse ionization chamber)

脉冲电离室用于带电粒子的计数和能量测量。为了测量带电粒子的能量,要求射线进入电离室后,全部能量都损失在灵敏体积内,产生的离子对不发生复合及形成重负离子,也不扩散逃逸出灵敏区。此外相继进入电离室的两个粒子的时间间隔应大于系统的分辨时间。因此,必须对放射源的活度加以限制。

电离室中的电子和正离子在电场作用下分别向阳极和阴极漂移,在外电路中产生的电流(感应电流)流经负载 R 上输出的电压脉冲包含由电子漂移贡献的快成分和由正离子漂移贡献的慢成分。如果时间常数 RC(C 为阳极对地电容)较小,则只记录电子漂移产生的脉冲,脉冲宽度约为 10^{-5} s,称这种电离室为**电子脉冲电离室**(electron pulse ionization chamber)。为了消除电离发生的位置对于脉冲幅度的影响,在靠近阳极处加上平行排列的细金属丝,其电位略低于阳极,称此为**屏栅电离室**(grid ionization chamber)。反之,如果时间常数 RC 很大,测得的是电子和正离子漂移的总贡献,脉冲宽度约为 10^{-2} s,称这种电离室为**离子脉冲电离室**(ion pulse ionization chamber)。由脉冲电离室输出的脉冲幅度为 mV 量级,测量系统需要有放大电路。

脉冲电离室可用于 α 粒子及重带电粒子的能谱测量,固有能量分辨率约为 0.2%。

如果在电离室中装置一个金硅面半导体探测器(见 6.3 节),用以测量粒子穿过电离室灵敏区后的能量 E。粒子在穿过灵敏区只损失其部分能量 ΔE,由于每种带电粒子具有特征的能损函数 $dE/dl = f(E)$,事先对装置进行刻度,就可以用于重带电粒子的鉴别,称为 **ΔE-E 望远镜**(ΔE-E telescope)。

6.1.2.3　电流电离室

电流电离室主要用于辐射注量率或剂量率的监测。电离电流是很小的。设在单位时间内射线在电离室灵敏体积内产生的离子对数目为 n,则电离电流为

$$I = ne \tag{6-3}$$

早期用"伦琴"(Röntgen,R)作为 X 或 γ 射线的照射量单位,1 R 的照射量在 1 cm^3 的标准状态的空气中产生电量各为 1 静电单位(0.333×10^{-9} C)的正、负离子。设电离室的灵敏体积为 100 cm^3,X 或 γ 射线的照射率为 1 μR·s^{-1},得电离电流为 33.3×10^{-15} A。这一输出电流在 10^9 Ω 的负载电阻上产生的电压降只有 33.3 μV。由此可见,为了获得精确的测量结果,需要高灵敏度和高稳定性的弱电流放大器。此外,潮湿空气下的电离室极间漏电、高阻值的负载电阻

的温度系数和热噪声、环境振动导致的电离室的电容变化,都会造成测量值漂移。

流气式电离电流室可用于气体放射性(如氡气、^{3}H 及 ^{14}C 的气体化合物)的测量。测量时,待测气体与工作气体按照一定的比例混合,以一定速度流经电离室。若电离室内壁覆盖一薄层^{235}U,可以用于中子的测量。

6.1.2.4 累计电离室

如果事先将电离室的两极充电至一定电压 V_1,该电压值足以保证收集全部的电离电荷。将电离室暴露于 X 或 γ 剂量场中 t 时间后,极间电压因为收集电离电荷而下降到 V_2,则收集到的电荷为 $Q=(V_1-V_2)C_0$,C_0 为电离室极间电容。由此可以计算出在 t 时间内接受的剂量及平均剂量率(实际工作中一般用标准源对仪器刻度)。电压测量可以用特制的仪表(仪器直接刻度为剂量),也可以目测置于电离室内的石英丝的位移(位移值刻度为剂量值)。累计电离室一般做成笔形或顶针形,便于放射性工作人员佩带,用来监督个人剂量。

6.1.3 正比计数器

正比计数器工作于电离电流-电压曲线的正比区。由于"气体放大"现象,收集电极上产生的脉冲幅度 V_∞(负载电阻为无穷大)将变大,

$$V_\infty = \frac{MNe}{C_0} \tag{6-4}$$

式中 N 为原电离产生的离子对数,C_0 为电离室的极间电容,M 为气体放大倍数。当加于正比计数器两极间的电压恒定时,气体放大倍数 M 为一常数,输出脉冲高度与原电离成正比,因而可用于粒子的能量(或能谱)的测量。低能 X 射线和 γ 射线在脉冲电离室中产生的脉冲信号太小,难于测量。如果使用正比计数器,输出信号可增加 $10^2 \sim 10^4$,容易记录。因此,正比计数器可用于低能 X 射线和 γ 射线的能谱测量和计数。

为了实现"气体放大",阳极附近的电场强度要达到 $10^4 \sim 10^5$ V·cm^{-1},以保证电子在两次相继的电离碰撞间获得大于工作气体电离能的能量,产生新的电离。工艺上通常将正比计数器做成圆柱形,用金属或镀金属膜的玻璃作外壳,管壳就是阴极,阳极为置于管轴线上的细金属丝(直径约为 $10^1 \mu m$ 量级),管内充一定压强的气体(如 90%Ar+10%CH$_4$)。在这种安排下,圆柱形正比计数器沿径向位置 r 处的电场强度 $E(r)$ 为

$$E(r) = \frac{V_0}{r \ln(b/a)} \tag{6-5}$$

式中 a,b 分别为阳极和阴极半径,V_0 为阳极相对于阴极的电位。

正比计数器输出信号由两部分构成。从电离发生到电子雪崩,脉冲幅度只有微小的增加(原电离的贡献)。从雪崩开始到电子被阳极收集,脉冲幅度急剧上升(增殖电子的贡献)。此后直到所有正离子被阴极收集,脉冲幅度先是迅速增加,然后缓慢增加,直到 MNe/C_0。为了保证有足够大的输出脉冲幅度,又使脉冲宽度较窄,一般采用较小的时间常数($10^{-4} \sim 10^{-6}$ s)。

正比计数器的能量分辨率稍低于脉冲电离室,主要用于 α 粒子、低能 β 粒子及低能 X 射线的能量和活度(或注量率)的测量。用于能谱测量的正比计数器对于高压的稳定性要求非常高(好于 0.02%)。与此相反,用于活度测量的正比计数器对于电压要求较低,因为在其计数率工作电压曲线(称为工作曲线)上有很长的坪。图 6-4 为用一正比计数器测量 α 和 β 放射性混合源的计数率与工作电压间的关系曲线,α 粒子的初级电离比 β 粒子高 10^2 倍,因此在固定的

甄别阈下,前者在较低的工作电压即可被记录。

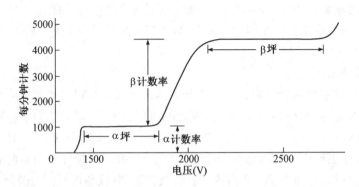

图 6-4　正比计数器测量 α 和 β 混合放射源的计数率与工作电压的关系

　　内部充气中含有 BF₃ 气体的正比计数器用于测量中子。在**多丝正比计数器**中,阳极为一组相互平行的细金属丝,这种正比计数器不但增加了灵敏体积,而且可以确定原电离发生的位置,**用做位置灵敏探测器**。

6.1.4　G-M 计数器

　　盖革-弥勒计数器一般简称为 **G-M 计数器**或 **G-M 管**,工作在图 6-2 的 G-M 区,它的灵敏度高,输出脉冲的幅度大且与入射粒子的种类和能量无关,测量设备非常简单,至今在放射性同位素应用和剂量监测中仍广泛应用。

　　G-M 管按所充气体分为两大类:有机 G-M 管(内充 Ar＋酒精或乙醚)和卤素 G-M 管(内充 Ar＋Cl₂ 或 Br₂)。按照不同用途,G-M 管的结构可做成端窗形(钟罩形)或圆柱形,每种类型还可以做成不同的式样,如气流式、套式等,如图 6-5 所示。

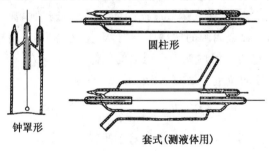

图 6-5　G-M 管

6.1.4.1　G-M 计数器的工作曲线与寿命

　　在 G-M 管的工作气体 Ar 中加入的少量酒精、乙醚、Cl₂ 或 Br₂ 称为淬灭气体,它们的电离电位比 Ar 低。Ar^+ 漂移到阴极之前与淬灭气体分子碰撞,发生如下的电荷交换反应:

$$Ar^+ + CH_3CH_2OH \longrightarrow Ar + CH_3CH_2OH^+$$

到达阴极时所有的正离子都是 $CH_3CH_2OH^+$,它们从阴极拉出电子,中和为激发态分子,其分解的平均寿命(约 10^{-13} s)比发射光子的平均寿命(约 10^{-7} s)短得多,而光子从阴极打出电子的概率约为 10^{-4},因此 $CH_3CH_2OH^+$ 从阴极上打出次级电子的概率约为 10^{-10}。如果到达阴极

的 $CH_3CH_2OH^+$ 有 10^8 个,造成假性计数的概率约为 $1‰$。随着 G-M 管外加电压的增加,正离子鞘中的正离子数目增加,假性计数的概率也增加,造成 G-M 管的工作坪有一定的斜度(图 6-6)。随着 CH_3CH_2OH 的消耗,坪斜增加,坪长缩短,到坪长小于某一数值(如 100 V)时,就不能再用了。因此,有机 G-M 管的寿命有限,约 10^8 个计数。

卤素 G-M 管的工作电压较低,坪长较短。由于卤素分子容易捕获电子形成重负离子,因而探测效率也有所降低。卤素分子分解为原子后,可以重新复合成卤素分子,但总有一部分与阴极作用而损耗,因此,卤素 G-M 管的寿命很长,约 $10^9 \sim 10^{10}$ 个计数,但也不是无限大。

综合坪长、坪斜和管子寿命考虑,G-M 管的工作电压应当选在坪的前 $1/3 \sim 1/2$ 之间,如图 6-6 所示。

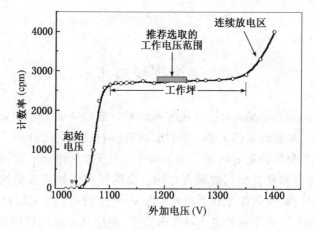

图 6-6　G-M 管的工作曲线

(cpm＝counts per minute,每分钟计数)

6.1.4.2　G-M 计数器的失效时间

如前所述,正离子鞘的形成使阳极附近的电场强度降低,不仅使雪崩放电被终止,而且对新进入灵敏区的带电粒子停止响应。随着正离子的漂移,中心电场逐渐恢复到维持放电的电场强度。这段时间称为 G-M 管的死时间。当正离子鞘全部收集,中心电场完全恢复,输出脉冲的幅度达到正常值,这段时间为恢复时间。脉冲幅度达到定标器的触发阈而能正常计数所需的时间称为 G-M 管的分辨时间。死时间 t_D,恢复时间 t_R 和分辨时间 τ 可以通过示波器观察,如图 6-7 所示,V_d 为定标器的触发阈。一般讲,G-M 管的死时间约为 $50\,\mu s$,分辨时间 τ 约为 $100 \sim 150\,\mu s$。由于分辨时间的影响,在分辨时间内进入的粒子将被漏记。因此应对进入 G-M管的平均粒子数进行修正。设进入 G-M 管的粒子的平均计数率为 n_0,实际测量到的计数率为 n,则由于分辨时间的影响,计数率的损失为

$$\Delta n = n_0 - n = n_0 n \tau$$

$$n_0 = \frac{n}{1 - n\tau} \tag{6-6}$$

(6-6)式说明,计数率愈高,漏计数愈严重。当 $n < 6000\,cpm$ 时,漏计数可以忽略。

温度对于 G-M 管的工作有影响。温度太低,淬灭气体凝聚,淬灭作用减弱。温度太高,电极热电子发射概率增加,使 G-M 管的坪斜增大,坪长缩短,性能变差,甚至不能工作。

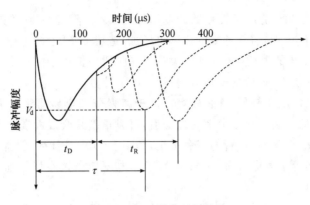

图 6-7 G-M 管的时间特性

6.2 闪烁探测器

闪烁探测器(scintillation detector)是利用核辐射与某些透明物质相互作用,使其电离和激发而发射荧光的原理来探测核辐射的,是应用最广泛的核辐射探测器之一,主要用于核医学诊断、工业探伤、辐射剂量学及高能物理学等。在核化学及放射化学中,闪烁探测器在能谱、活度、半衰期(寿命)及符合测量方面起着重要作用。由闪烁探测器组成的闪烁能谱仪如图 6-8所示。核辐射进入闪烁体,使闪烁体分子电离和激发,产生荧光。荧光通过光导打到光电倍增管的光阴极上产生光电子,电子在光电倍增管内倍增,在打拿极或阳极回路形成脉冲信号,再经前置放大器和线性放大器放大后输入到多道脉冲幅度分析器进行记录和分析。闪烁探测器主要包括闪烁体、光导和光电倍增管(或光电二极管)三部分。

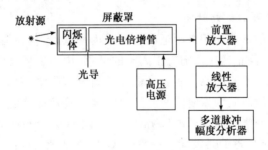

图 6-8 闪烁能谱仪的组成

6.2.1 闪烁体

6.2.1.1 闪烁体的分类

在核辐射照射下能产生荧光的物质称为闪烁体。闪烁体按化学性质分为两大类:**无机闪烁体和有机闪烁体**,按物理状态有单晶、多晶陶瓷、玻璃、粉末、塑料、惰性气体六类闪烁体。

(1) 无机闪烁体

无机单晶闪烁体:NaI：Tl,CsI：Tl,LiI：Eu,Bi$_4$Ge$_3$O$_{12}$(BGO),CdWO$_4$ 等。

多晶陶瓷闪烁体:(Y,Gd)$_2$O$_3$：Eu(YGO);Gd$_2$O$_2$S：Pr,Ce,F(GSO);Gd$_3$Ga$_5$O$_{12}$：

$Cr,Ce(GGO)$；$Yb_2(SiO_4)O:Ce(YSO)$；$BaHfO_3:Ce$ 等。

无机玻璃闪烁体：铈激活掺锂玻璃，镧钡硼氧化物玻璃(LBB)，磷酸镧钡玻璃(LBP)。

无机粉末闪烁体：$ZnS(Ag)$，$CaWO_4$。

上述闪烁体中有一些闪烁体加有少量激活剂，如碘化钠晶体中加入的少量 Tl，以前记为 NaI(Tl)，现在常用 NaI：Tl 表示。

(2) 有机闪烁体　此类闪烁体为具有广泛离域的 π 电子体系的有机化合物。

有机晶体闪烁体：如蒽晶体、四苯丁二烯晶体和对联三苯晶体。

有机液体闪烁体：由溶剂(如甲苯和二甲苯，有时添加一些其他物质如二乙二醇单甲醚以增加与水的相容性)、**第一闪烁体**和**第二闪烁体**(又称**波长变换剂**)组成，常用的第一闪烁体为联三苯，2,5-二苯基噁唑(PPO，Ⅰ)，2-苯基-5-(4-联苯基)-3,4-噁二唑(PBD，Ⅱ)等。常用的第二闪烁体为 1,4-二[2-(5-苯基噁唑基)]苯(POPOP，Ⅲ)。有机液体闪烁体又称**闪烁液**(cocktail)。

塑料晶体：也是由溶剂、第一闪烁体和第二闪烁体组成，溶剂为聚苯乙烯或苯乙烯-二乙烯苯共聚物。第一和第二闪烁体与有机液体闪烁体相同。如果做成薄膜，称为**薄膜闪烁体**。

加载闪烁体：在闪烁体中加入 Pb、Sn 等高原子序数的元素以提高对 γ 射线的探测效率，或在闪烁体中加入中子截面大的核素，如 ^{10}B、^6Li、^{157}Gd 等用于中子的探测。

从闪烁探测器的发明至今已有 100 多年的历史。分辨率比闪烁探测器高得多的半导体探测器出现以后，人们曾经以为闪烁探测器有可能被半导体探测器所取代。随着核医学、高能物理和中子物理对于探测器的需求量的增加，以及一些特殊的要求半导体探测器不能满足，近 30 余年来，闪烁探测器发展非常迅速，特别是一些新型无机闪烁体的发现，大大促进了核医学影像学和其他科学与技术领域的发展。

6.2.1.2　闪烁体的发光机制

无机和有机闪烁体的发光机制不同，分别讨论如下：

(1) 无机闪烁体的发光机制　根据固体能带理论，电子在晶格中具有分立的能带。电子的高能级有**价带**和**导带**。处于价带的电子被束缚在晶格内，处于导带的电子具有足够的能量，可以在晶体内自由运动。价带和导带之间为**禁带**。对于纯晶体，禁带不允许有电子存在。在电离辐射的作用下，电子吸收能量可以从价带跃迁到导带，在价带留下空穴。电子从导带退激到价带，发射紫外光，这种能量的紫外光又可以把电子从价带激发到导带，即光被晶体自吸收。所以，纯晶体的光输出很少，不可以作为闪烁体。在晶体内加入少量的杂质——激活剂，如在 NaI 单晶中加入 TlI，可在禁带中产生一些杂质能级，如果激活剂的激发态至基态为允许跃迁，则以高概率发射光子，激发态的平均发光衰减时间约为 $10^{-7}\sim 10^{-8}$ s。由杂质能级的激发态退激到基态，产生可见光。上述过程称为**荧光过程**。由于可见光的能量小于晶格的禁带宽度(能隙)，同时杂质原子又非常少，所以晶体对这种可见光自吸收很少，光输出变大。

如果从杂质能级的激发态到基态的跃迁是禁阻的，则可以通过热运动方式获得能量升到高激发态,然后变为允许跃迁,释放光子,这一过程称为**磷光过程**,构成了光输出的慢成分。

如果电子被捕获到杂质位置形成的激发态不是通过辐射光子跃迁,而是将激发能变为热运动消耗掉,这一无辐射跃迁过程称为**淬灭**。

(2) 有机闪烁体的发光机制　有机闪烁体的发光过程可用图 6-9 表示。有机闪烁体分子一般具有一定的对称性质,有离域的 π 电子体系,分子的 π 电子能级比 σ 电子能级高。单态能级为 S_0,S_1,S_2,S_3,…,三重态能级为 T_1,T_2,T_3,…。S_0 与 S_1 之间约为 3～4 eV,高能级间隔略小一些,每一电子能级又有一系列振动能级。用 S 或 T 的第二个下标表示,如 S_{00} 为基态电子态的基态振动态。振动态之间能级差约为 0.15 eV,由于两振动态之间的能量差比热运动能量0.025 eV大很多,所以在室温情况下,分子基本上都处于 S_{00} 态。

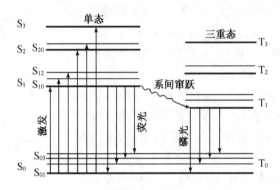

图 6-9　有机闪烁体的 π 能级机构和跃迁

当带电粒子经过有机分子附近时,电子吸收能量被激发到高能态,并很快通过无辐射跃迁退激到 S_1 态,而振动能量通过与周围热交换损失掉,最后激发态都处于 S_{10} 态。从 S_{10} 到 S_0 各态跃迁释放光子的过程称为荧光过程,平均发光衰减时间约为 10^{-9} s,比无机闪烁体的荧光过程快两个数量级。不同自旋态的能级间可以通过某种机制(如自旋-轨道耦合)实现跃迁,称为**系间窜跃**(intersystem crossing)。S_{10} 通过系间窜跃转变为三重态 T_1,T_1 的寿命约为 10^{-3} s,比 S_1 长。由 T_1 跃迁到 S_0 为磷光过程。T_1 低于 S_1,故磷光波长较长。T_1 也可以再激发到 S_1,通过荧光过程发光,但这种方式使荧光过程延迟了。从图 6-9 可以看出,激发吸收的能量大于退激发射的能量($S_{10} \rightarrow S_{00}$ 除外),因此有机闪烁体对光的自吸收非常小。

入射粒子的能量转变成可见光的份额定义为**闪烁效率**,闪烁效率愈高,闪烁体愈好。每吸收 1 MeV 辐射能产生的光子数称为**光子产额**。液体闪烁体或塑料闪烁体中的溶剂起着能量转移作用,即溶剂吸收能量,然后转移给闪烁体分子,使闪烁效率提高。少量的第二闪烁体的引入可将第一闪烁体发射的光子($\lambda = 350 \sim 400$ nm)吸收,发射 $\lambda = 420 \sim 480$ nm 的光子,效率几乎是 100%。后一波长的光子被闪烁液自吸收更少,能与光电倍增管的光阴极的光谱响应相配合,即能更有效地在光阴极上打出光电子,提高闪烁探测器的输出信号。

6.2.1.3　闪烁体的选择

闪烁体的选择标准因用途而异。闪烁体的发光波长和光产额决定使用何种光子记录元件(光电倍增管、发光二极管、雪崩发光二极管等)。对于探测高能粒子,光子产额并不是最重要的。如果被探测的粒子能量很低,增加光子产额有利于提高测量的精度和空间分辨率。此外,闪烁体的能量分辨率和对于能量的线性响应也取决于光子产额。光信号的上升和衰减时间对于时间分辨、快计数及飞行时间法(time-of-flight,TOF)是一个关键因素。在需要进行粒子鉴别的场合,如强 γ 场中测量中子,要求不同粒子产生的脉冲形状有差别,通过**脉冲形状甄别技术**予以区分。核医学影像学用的闪烁体要求无**余晖**(afterglow)。闪烁体对于辐射、机械、化学、潮湿空气及热的稳定性决定了闪烁体的使用环境限制和使用寿命。闪烁体的光输出随温度变化应该很小。如果对于使用的闪烁体的体积有限制,则闪烁体对于待测辐射的阻止本领愈高(高密度、高原子序数)愈好。为了探测中子,则要求闪烁体中含 ^{6}Li、^{10}B 或 ^{157}Gd 等核素。除此之外,原料便宜、易于制造和加工是决定价格的重要因素。

根据测量的要求,合理选择闪烁体是非常重要的。

(1) 测量 α 射线 由于 α 射线射程短,应该用无窗或薄窗(如镀 Al 塑料膜)的薄闪烁体,如 ZnS(Ag)、CsI(Tl)。

(2) 测量 β 射线 β 射线的穿透能力较强,可根据 β 射线的最大射程选择闪烁体的厚度,多用塑料闪烁体,根据射线的能量选择不同厚度。低能 β 射线也可以用液体闪烁体(即将放射源置于液体闪烁体内),实现大立体角无窗探测。

(3) 测量 γ 射线 应选择高原子序数的闪烁体来提高对 γ 射线的探测效率,常用无机闪烁体,如 NaI(Tl)、CsI(Tl)、BGO 等。

(4) 测量中子 对中子的测量主要是通过中子核反应产生的带电粒子,常用有机闪烁体及加 B、Li、Gd 等的闪烁体,如 ZnS 快慢中子屏,Li 玻璃,M_2LiLnX_6：Ce(M＝Cs、Rb,Ln＝La、Y、Lu,X＝Cl、Br、I)等。

(5) 测量低能 γ 射线和 X 射线 常选用薄 Al 窗或 Be 窗的 NaI(Tl) 或 BGO 闪烁体。根据射线的能量选择合适的闪烁体厚度。

另外,CsI(Tl) 和 BGO 不潮解,可做成无窗探头,但价格较贵。NaI(Tl) 易潮解,需要密封,但价格较便宜。BGO 对高能 γ 射线的探测效率高,分辨本领好。对于 1 MeV 以下的 γ 射线,BGO 闪烁体的能量分辨本领不如 NaI(Tl) 闪烁体。有机闪烁体比无机闪烁体的时间性能好,可以用于快计数。表 6-2 列出了若干无机闪烁体的性能。

表 6-2 若干无机闪烁体的性质

闪烁体 *	NaI：Tl	CsI：Tl	ZnS：Ag	GS1～GS3	BGO	LSO	YAP
密度(g·cm^{-3})	3.67	4.51	3.09	2.66	7.13	7.4	5.55
熔点(℃)	924	894			1050	2050	1850
折射率	1.85	1.80	2.36	1.06	2.15	1.82	1.94
光子产额(光子/MeV)	38000	65000		≈3500	8200	25000	18000
辐射长度 ** (cm)	2.9	1.86			1.11	1.14	2.67
衰减寿命(ns)	230	680(63%) 3340(36%)	200	50～70	300	40	27
发射峰波长 λ_{em}(nm)	415	540	450	395	480	420	347
耐辐照性(Gy)	10				$10^{2～3}$	10^5	10^4
潮解性	是	否	否	否	否	否	否

* 闪烁体缩写：GS1～GS3—掺 Li 玻璃；BGO—$Bi_4Ge_3O_{12}$；LSO—$Lu_2Ce_{2x}(SiO_4)O$：Ce；YAP—$YAlO_3$：Ce。

** 辐射长度：将电子束的能量减少到初始值的 $1/e$＝36.79% 的介质厚度。

6.2.2　光的收集与光导

光的收集系统包括反射层、耦合剂和光导。

（1）**反射层**　包围闪烁体的反射层主要用 MgO、TiO_2、Al 箔及镀 Al 塑料。经过反射层的反射，闪烁体发出的光能更有效地到达光电倍增管的光阴极。

（2）**光学耦合剂**　光学耦合剂也属于光导，常用硅油、硅酯、甘油、高真空泵油等。耦合剂的用途是避免来自闪烁体输出的光的全反射，使闪烁体发出的光更有效地进入光电倍增管的光阴极，因此提高了光的输出。

（3）**光导**　当闪烁体与光电倍增管的光阴极的形状和大小不匹配或需要避免高温、强电磁场等环境因素对光电倍增管的干扰及特殊需要时，如体内医学诊断测量等，需要用光导。通过光导将闪烁体发出的光引导到光电倍增管的光阴极。光导材料常用聚甲基苯乙烯、聚乙烯塑料、有机玻璃、石英玻璃和光导纤维等。

6.2.3　光电倍增管

6.2.3.1　光电倍增管的构造和工作原理

光电倍增管的构造示意图如图 6-10。

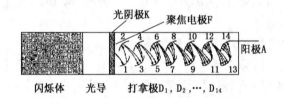

图 6-10　闪烁体-光导-光电倍增管示意

K 为**光阴极**，常用光电转换系数大的 Cs-Sb 合金、K-Cs-Sb 双碱阴极材料等，一般为半透明镀膜。F 为**聚焦电极**，对光阴极发出的光电子聚焦，提高下一级电极对电子的收集效率，有的光电倍增管没有聚焦系统。$D_1 \sim D_{14}$ 为**次阴极**或**打拿极**，常用 Ni 片上镀 Cs-Sb 或 K-Cs-Sb 材料，要求发射二次电子的概率大，一个电子打到打拿极上能产生 3～6 个电子。但又要求发射热电子和光电子的概率小。打拿极的个数一般为 9～14 个。A 为**阳极**，常用 Ni、Mo、Nb 等电离能较大的材料。

闪烁体发出的光，经光导传输到光阴极上，通过光电效应产生光电子，经电子光学系统加速，聚焦到第一个打拿极上，每个光电子可产生几个电子，这些电子再被打拿极间的电场加速打在第二个打拿极上，产生更多的电子……。经打拿极倍增的电子最后收集到阳极上，在阳极输出回路输出脉冲信号。一般讲，光电倍增管的放大倍数为 $10^5 \sim 10^7$ 倍。

聚焦型光电倍增管的电子渡越时间分散小，输出脉冲电流大，对极间电压的稳定性要求较高。非聚焦型光电倍增管的时间性能差一些，但极间电场均匀，稳定性较好。

6.2.3.2　光电倍增管的特性

（1）**光电转换特性**　光阴极的光谱响应应与闪烁体的发射光谱匹配，这样光阴极发射光电子的概率大。在单位光通量照射下光阴极产生的光电子流称为**光阴极光照灵敏度**。显然，光阴极光照灵敏度高，光电倍增管的输出信号大。

(2) 电子倍增特性　阳极收集到的电子数与第一个打拿极收集到的电子数之比,定义为光电倍增管的放大倍数。阳极电流与入射到光阴极上的光通量之比定义为**阳极光照灵敏度**。在正常工作电压下,放大倍数和阳极光照灵敏度不变,阳极电流与进入到闪烁体的入射粒子的能量有关,因此,可以通过测量脉冲幅度来确定入射粒子的能量。

(3) 光电倍增管的时间特性　电子从光阴极到阳极所经过的时间称为**渡越时间**。由于电子的发射速度不同,经过的路程不同,所以渡越时间有差别,这种差别具有统计性,称为时间分散或时间分辨本领,它影响时间测量的最小间隔。聚焦型光电倍增管的时间分辨本领约为 $10^{-9} \sim 10^{-10}\,\mathrm{s}$。

(4) 光电倍增管的噪声　无辐射和避光情况下,光电倍增管产生的阳极电流称为**暗电流**,一般约为 $10^{-10} \sim 10^{-7}\,\mathrm{A}$。暗电流的形成主要是因为光阴极和前几级打拿极材料的热电子发射、极间绝缘材料的漏电、管内及沿管壁玻璃的电极漏电。另外,残气电离、场致发射、切伦柯夫光子的产生及玻璃壳放电、玻璃荧光等因素也会对噪声有贡献。

(5) 稳定性　在定量分析中,稳定性是至关重要的指标。在光电倍增管出厂指标中稳定性一项,厂家常注明＋、一或 0,定量分析仪器应选择稳定性指标为 0 的光电倍增管。

根据光电倍增管的特性,好的光电倍增管应具有阳极光照灵敏度高、线性范围大、暗电流小(低噪声)、电子渡越时间和时间分散小及稳定性好等特性。同时满足上述指标是很困难的,例如阳极光照灵敏度高时,暗电流会增大;能量分辨本领好的,时间特性变差。应根据工作要求,合理选择。

6.2.4　其他电子倍增器和光电二极管

6.2.4.1　连续通道电子倍增器

连续通道电子倍增器是一中空的铅玻璃管,内表面作为二次电子发射器,管的两端加上电压,辐射产生的电子在管内加速。当电子打到管壁上时会引起一股二次电子发射,这些电子再加速打到管壁上,引起更多的二次电子发射……,其作用过程类似于光电倍增管,但电子的运动方向和轨迹都是随机的,其放大倍数可达 $10^{6} \sim 10^{7}$ 倍。这种电子倍增器通常做成曲线形或 V 形,增加电子与管壁的碰撞概率,同时避免电离产生的正离子的反馈。

6.2.4.2　微通道板(micro-channel plat,MCP)

数十万或百万个连续通道电子倍增器可组成微通道板。一般在一块薄片材料(如铅玻璃)上,做成 $10 \sim 100\,\mu\mathrm{m}$ 的圆柱孔阵列,如图 6-11 所示。微通道板可单独使用,也可以组合使用,通道可以与表面垂直,也可以与表面法线偏离一个小角度。工作原理如图 6-12 所示。

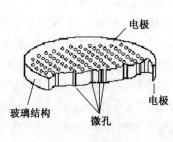

图 6-11　微通道板

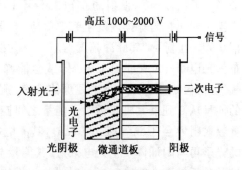

图 6-12　微通道板的工作原理

119

微通道板没有窗,对低能粒子的探测具有优越性。由于每个通道是独立的,因此还可以用于位置灵敏探测器。微通道板的时间特性好,上升时间快,可用于飞行时间谱仪的探测器。

6.2.4.3 光电二极管(photodiode)

光电二极管是将光信号变成电信号的半导体器件。它的核心部分是一个 p-n 结,和普通二极管相比,在结构上不同的是,为了便于接受入射光照,p-n 结的面积尽量做得大一些,电极面积尽量小些,而且 p-n 结的结深很浅,一般小于 $1\,\mu m$,光电二极管是在反向电压作用之下工作的。在反向偏压的作用下,p-n 结区的载流子被电极收集,形成一个没有载流子的"耗尽层"(depletion layer),这就是光电二极管的灵敏体积。入射光子在耗尽层激发出的光生载流子(电子-空穴对)在外加偏压下进入外电路后,形成可测量的光电流。PIN 光电二极管是将本征半导体单晶层插于 p 型和 n 型半导体片之间,形成 p-intrinsic-n 夹心结构,本征半导体层就是光灵敏区。PIN 光电二极管即使在最大的响应度下,一个光子最多也只能产生一对电子-空穴对。光电二极管是一种无内部增益的器件。为了获得更大的响应度,可以采用**雪崩光电二极管**(avalanche photodiode,APD)。APD 对光电流的放大作用基于电离碰撞效应,在一定的条件下,被加速的电子和空穴获得足够的能量,能够与晶格碰撞产生一对新的电子-空穴对,这种过程是一种连锁反应,从而由光吸收产生的一对电子-空穴对可以产生大量的电子-空穴对而形成较大的二次光电流。这种情况类似于 G-M 计数管中发生的雪崩,故称为工作于**盖革模式**(Geiger mode)。

6.2.5 闪烁谱仪

6.2.5.1 闪烁探测器脉冲幅度的统计涨落与能量分辨率

单能粒子经闪烁探测器探测,其输出的脉冲幅度并不完全相同,具有一定的统计涨落。其原因主要有:闪烁体产生的光子数的统计涨落、光阴极的光电转换效率和光电子从光阴极到第一打拿极的传输效率的统计涨落、放大倍数的统计涨落等。

由于影响脉冲幅度的统计性因素较多,在进行能量测量时就受到一定的限制。好的 NaI:Tl 闪烁探测器对 ^{137}Cs 的 0.662 MeV 的 γ 射线的能量分辨率可达 8% 左右。最近发现有一些无机闪烁体的能量分辨率很高,如 $LaBr_3$:0.5%Ce^{3+} 晶体对于 ^{137}Cs 的 0.662 MeV γ 射线的分辨率达 2.8%。

6.2.5.2 闪烁谱仪的 γ 射线能谱分析

由于 γ 射线与物质的相互作用的多种机制,使闪烁谱仪测量得到的 γ 射线能谱具有复杂的谱形。下面以 ^{137}Cs 发射的 0.662 MeV 的 γ 射线为例予以说明。

当 γ 射线在闪烁体内发生光电效应,光电子的能量全部损耗在闪烁体内并产生荧光,经光电倍增管输出脉冲,其脉冲幅度对应于 γ 射线的能量,脉冲幅度分布近似于高斯分布,称这种分布为**光电峰**(photoelectric peak)或**全能峰**(full energy peak)。当 γ 射线在闪烁体内发生康普顿散射,假如散射光子逃出闪烁体,康普顿电子的能量全部损耗在闪烁体内,由于康普顿电子的能量从 0 到最大康普顿电子能量之间连续分布,所以对应的脉冲幅度也是连续分布,称为**康普顿散射坪台**(Compton plateau),其高能端称为**康普顿边**(Compton edge)。若经康普顿散射的光子再与闪烁体发生光电效应,其能量与对应的康普顿电子的能量全部损耗在闪烁体内,输出脉冲贡献于全能峰。当 γ 射线与闪烁体以外物质发生反散射,反散射光子与闪烁体发生光电效应,其脉冲幅度对应于反散射光子的能量,称为**反散射峰**(back-scattering peak)。^{137}Cs 经 β 衰变到 ^{137}Ba,^{137}Ba 因内转换产生 32 keV 的特征 X 射线并损耗在闪烁体内,在对应于 32 keV能量处形成一个特征 X 射线的脉冲幅度分布,称为**特征 X 射线峰**(characteristic X-ray peak)。综合上述讨论,^{137}Cs γ 射线的能谱应包含全能峰、康普顿电子连续分布坪台、反散射峰和特征 X 射线峰,如图 6-13 所示。

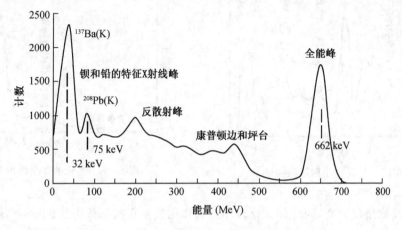

图 6-13 ^{137}Cs 的 γ 射线能谱

如果同时测量两个以上的不同能量的 γ 射线的能谱,最后得到的 γ 射线的能谱为它们的叠加,图 6-14 是^{60}Co 放射源能量为 1.173 MeV 和 1.332 MeV 的 γ 射线的能谱。

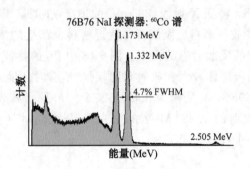

图 6-14 ^{60}Co 的 γ 射线能谱

当 γ 射线的能量大于 1.02 MeV 时,还应考虑电子对效应对能谱的贡献。若正电子在闪烁体内湮灭,产生两个能量为 0.511 MeV 的湮灭辐射。若其中一个 0.511 MeV 的 γ 射线逃离闪烁体,另一个 0.511 MeV 的 γ 射线能量全部损耗在闪烁体内,则对脉冲幅度的贡献应在比全能峰小 0.511 MeV 的位置上,称为**单逃逸峰**(single escape peak)。若两个 0.511 MeV 的 γ 射线都逃离闪烁体,则对脉冲幅度的贡献应在比全能峰小 1.02 MeV 的位置上,称为**双逃逸峰**(double escape peak)。若电子对效应发生在闪烁体以外,其中一个湮灭辐射光子(0.511 MeV)进入闪烁体并将全部能量损耗在闪烁体内,在对应能量为 0.511 MeV 的位置上会形成一个脉冲分布,称为**湮灭辐射峰**(annihilation radiation peak),但概率较小。因此,能量较高的 γ 射线的能谱比较复杂,图 6-15 为 ^{24}Na 的 γ 射线的能谱,只考虑 2.7539 MeV 的 γ 射线具有电子对效应。

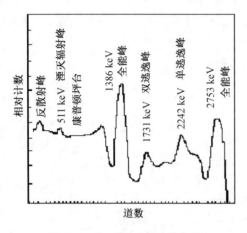

图 6-15　^{24}Na 的 γ 射线的能谱

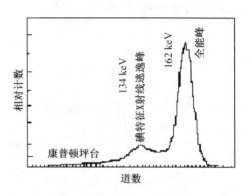

图 6-16　^{77m}Se 的 γ 射线的能谱

当 γ 射线能量比较高,闪烁体又比较小或者作用发生在闪烁体边缘区域时,康普顿电子或其他二次电子的逃离或只有部分能量损耗在闪烁体内,会引起 γ 射线能谱相应的低能部分增高。二次电子韧致辐射的逃离也会引起能谱中对应部分的增高。在闪烁体内光电效应产生的特征 X 射线的逃离,对能量较高的 γ 射线的能谱,只影响全能峰的低端部分,使全能峰不太对称。对于低能 γ 射线,闪烁体特征 X 射线的逃离会使 γ 射线的能谱出现明显的**特征 X 射线逃逸峰**(characteristic X-ray escape peak)。例如,^{77m}Se 的 162 keV 的 γ 射线的能谱如图 6-16 所示,由于 NaI(Tl)中碘的 Kα 特征 X 射线(28 keV)的逃离,在能量 134 keV 处出现明显的碘特征 X 射线逃逸峰。另外在放射源衬底及闪烁体附近材料上产生的反散射,因位置及材料种类的不同而影响 γ 射线能谱的反散射峰的大小。图 6-13 中 Pb 的特征 X 射线就是放射源的 γ 射线打在铅室上产生的。当闪烁体较大和放射源比较强时,有时还能观察到**和峰**(sum peak)**效应**。图 6-14 中能量为 2.505 MeV 的峰为和峰,是一个 ^{60}Co 原子核发射的 1.173 MeV 的 γ 光子和另一个 ^{60}Co 原子核发射的 1.332 MeV 的 γ 光子偶然"同时"(在测量系统的分辨时间之内)被闪烁体吸收,作为一个峰被记录下来。

6.3　半导体探测器

半导体探测器是以半导体材料作为探测介质的固体探测器,在带电粒子、X 射线和 γ 射线能谱的精细测量中占有重要地位。同其他探测器相比,半导体探测器具有分辨本领好(见表 6-3),线性范围宽,脉冲上升时间短(脉冲的前沿为 ns 量级),阻止本领大因而体积小,用于位置测量的空间分辨本领高(可达 μm 量级)等优点。半导体探测器也有一些缺点,如抗辐射本领差,温度效应大,常需要在低温(如液氮温度)下工作,价格和使用成本高等。

表 6-3 不同探测器能量分辨率比较

放射源	探测器	能量分辨率(%)
^{241}Am-α	Si(Au)面垒型半导体探测器	≈0.2
5.436 MeV	气体探测器	≈1
^{60}Co-γ	Ge(Li)半导体探测器	≈0.1
1.33 MeV	NaI(Tl)闪烁探测器	≈8
^{55}Fe-X	Si(Li)半导体探测器	≈3
5.9 keV	正比计数器(气体)	≈17
	NaI(Tl)闪烁探测器	50~60

6.3.1 半导体探测器的基本原理

半导体探测器是一种工作在反向偏压下的 p-n 结二极管,实质上是一个介质为半导体材料的固体电离室,其工作原理与气体电离室相似。一个 p 型半导体与一个 n 型半导体紧密接触时,p 区中的多数载流子(空穴)向空穴密度较小的 n 区扩散,同时电子由 n 区向 p 区扩散,电荷的分离导致"内建电场"的建立,方向为 n→p,阻止这种扩散无限制地进行,直到建立平衡,形成 p-n 结。结区内的自由电子和空穴被电场收集,因此结区内没有载流子,形成耗尽层,电阻率可达 $10^{10}\,\Omega\cdot$ cm。当半导体探测器工作在反向偏压时,外电场与内建电场方向一致,使耗尽层进一步加厚。当射线进入耗尽层,损耗的能量产生大量的电子-空穴对,在电场的作用下,分别向两极漂移,引起两极上感应电荷的变化,在输出回路形成脉冲信号。由于耗尽层的厚度很小,因此极间电场很强,电子和空穴的复合概率很小,输出脉冲幅度与射线损耗在耗尽层的能量成正比,所以半导体探测器可用于强度和能量的测量。半导体探测器根据制造工艺的不同,可分为:① 扩散结半导体探测器,如 p 型 Si 上扩散一层磷形成p-n 结;② 面垒型半导体探测器,如 n 型 Si 上镀一层 Au 或 p 型 Si 上镀一层 Al 膜,由于半导体和金属材料中费米能级的不同,在半导体中引起能带变化,具有 p-n 结的性质,是使用最广的探测器之一;③ 锂漂移型半导体探测器,主要用于 β,X 和 γ 射线的探测;④ 离子注入型半导体探测器,用约 10 keV 的磷或硼离子分别注入 p 型或 n 型 Si 中,形成 p-n 结,结区宽度整齐,漏电流小;⑤ 外延型半导体探测器,利用外延方法形成 p-n 结,可用于制造全耗尽层 ΔE 探测器或 ΔE-E 一体化探测器及位置灵敏探测器,用于粒子鉴别和空间分布测量。

6.3.2 半导体探测器的性质

6.3.2.1 结区宽度
p-n 结区的宽度 d 为

$$d_x = \left(\frac{\varepsilon V \mu_x \rho_x}{2\pi}\right)^{1/2}$$

式中 ε 为介质的介电常数,V 为外加偏压,ρ_x 为 x 型(x＝n 或 p,n 指电子,p 指空穴)半导体的电阻率,μ_x 为室温下多数载流子的漂移率。取 μ_n＝1450 cm·V^{-1}·s^{-1},μ_p＝450 cm·V^{-1}·s^{-1},ε＝12,电阻率用 Ω·cm 表示,电压用 V 表示,则 d_n 和 d_p 为

$$d_n = 5.3 \times 10^{-5} (\rho_n V)^{1/2}\,(\text{cm})$$
$$d_p = 3.2 \times 10^{-5} (\rho_p V)^{1/2}\,(\text{cm})$$

(6-7)

由此可见,半导体探测器的结区宽度正比于 $(\rho V)^{1/2}$。用半导体探测器测量带电粒子的能量

时,必须使结区宽度大于入射粒子在半导体材料中的射程,以保证粒子的能量全部损耗在耗尽层内,适当选取材料的电阻率及调整探测器所加偏压,可控制结区宽度。典型的 p-n 结 Si 半导体探测器的 $\rho = 10^4\,\Omega \cdot \mathrm{cm}$,$V = 200\,\mathrm{V}$,由此算得 $d \approx 0.045\,\mathrm{cm}$(n 型基质)或 $0.075\,\mathrm{cm}$(p 型基质),这样的厚度可以满足低能 β 粒子、质子和中低能 α 粒子的探测。

6.3.2.2　结电容

半导体探测器实际上相当于一个介电常数为 ε 的平行板固体电离室,因此具有一定的电容。探测器所加电压变化时,结区宽度也随之变化,所以,半导体探测器的结电容也随之变化。将结电容视为平行板电容器,其电容为

$$C_d = \frac{S\varepsilon}{d}$$

式中 S 为灵敏区面积(cm^2)。将(6-7)式代入可得 n 型 Si 基体半导体探测器的结电容为

$$C_d = 2.1 \times 10^4 (\rho V)^{-1/2} S \; (\mathrm{pF}) \tag{6-8}$$

p 型 Si 基体半导体探测器的结电容为

$$C_d = 3.5 \times 10^4 (\rho V)^{-1/2} S \; (\mathrm{pF}) \tag{6-9}$$

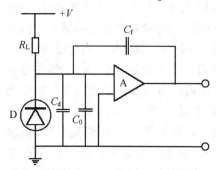

图 6-17　半导体探测器及电荷灵敏的放大器等效电路图
D—半导体探测器;R_L—负载电阻;$+V$—高压;A—放大器;
C_d—半导体探测器的结电容;C_f—反馈电容;
C_0—放大器的输入电容及杂散电容

例如,对于 n 型 Si 为基质的结型半导体探测器,取 $\rho = 10^4\,\Omega \cdot \mathrm{cm}$,$V = 200\,\mathrm{V}$,计算得到结电容为 15 pF。半导体探测器的信号输入前置放大器的等效电路如图 6-17 所示。为避免结电容的变化对输出脉冲幅度的影响,通常半导体探测器的信号经**电荷灵敏前置放大器**输出。电荷灵敏前置放大器是一个开环增益 K 很大的电容负反馈放大器。使用电荷灵敏前置放大器后,对脉冲信号有影响的电容变为

$$C = C_d + C_0 + (1 + K)C_f$$

$(1 + K)C_f$ 为电荷灵敏前置放大器的反馈电容,若 $K \gg 1$,则 $C \approx KC_f$。例如 $K = 1000$,$C_f = 1\,\mathrm{pF}$,$KC_f = 1000\,\mathrm{pF} \gg C_d$。从前置放大器输出的脉冲幅度为

$$\Delta V_{\max} = -\frac{Q}{KC_f} = -\frac{Ne}{KC_f} \tag{6-10}$$

式中 Q 为探测器收集的电荷,N 为在耗尽层中产生的电子-空穴对数。显然,$\Delta V_{\max}$ 与结电容无关。当然,电容 C_f 必须稳定性高并且具有零温度系数。

6.3.2.3　反向电流

半导体探测器的反向电流是影响探测器能量分辨本领的重要因素。反向电流的来源主要有:① 热激发在结区内部产生的体电流,其值为 μA 级。体电流与 $(\rho V)^{1/2}$ 成正比,降温可降低本征载流子的浓度,因而可有效地降低体电流。② 少数载流子的扩散电流。少数载流子指 p 区的电子和 n 区的空穴,它们在电场作用下向结区扩散形成扩散电流。由于少数载流子浓度极低,所以扩散电流非常小。③ 表面漏电流和局部漏电流。这些漏电流与半导体探测器的制造工艺有关,表面的离子污染、真空泵油的污染、指纹、水汽分子等都可以导致表面漏电;p-n

结的不整齐,可造成局部漏电流。

一般来说,当外加反向偏压为 100 V 时,一个好的半导体探测器的反向电流不超过 $1\,\mu A$。

6.3.3 半导体探测器的输出波形

半导体探测器输出的脉冲最大幅度由(6-10)式计算,脉冲的前沿取决于电荷 Ne 的收集时间,电子-空穴对产生的位置不同,电荷的收集时间也不同,最大收集时间可用漂移整个结区宽度来估计:

$$t_{max} = \frac{d}{\mu E} = \frac{d^2}{\mu V} \tag{6-11}$$

设 $d = 50\,\mu m$,偏压 $V = 50\,V$,则 $t_{max} \approx 10^{-9}\,s$。可见半导体探测器输出脉冲的上升时间约为 ns 量级。输出脉冲的后沿取决于输出回路的时间常数。

6.3.4 Si(Au)面垒型半导体探测器能谱仪

Si(Au)面垒型半导体探测器能谱仪的组成如图 6-18 所示。无辐射情况下,经电荷灵敏前置放大器的噪声输出约为几毫伏量级。反向电流的大小决定半导体探测器的噪声水平。噪声的统计涨落将增加信号峰的宽度。

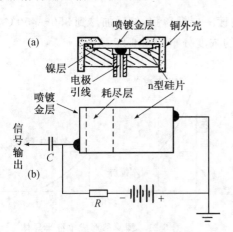

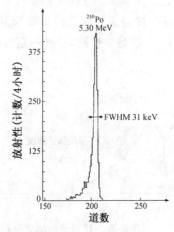

图 6-18 Si(Au)面垒型探测器
(a) 结构断面图;(b) 电路连接图

图 6-19 用 Si(Au)面垒型半导体
探测器测得的 ^{210}Po 的 α 谱

耗尽层内产生的电子-空穴对数目的统计涨落,决定了半导体探测器的固有能量分辨本领,对于 5.3 MeV 的 α 粒子,该因素对能谱展宽的贡献约为 3.6 keV。图 6-19 为用 Si(Au)面垒型探测器测得的 ^{210}Po 的 α 谱,半高全宽度(FWHM)为 31 keV,可见还有其他因素影响 Si(Au)面垒型探测器的分辨本领。

待测粒子必须穿过 Au 层(死层)时,由于带电粒子与物质相互作用的统计性,粒子能量会发生歧离。此外,粒子的非准直入射造成粒子穿过死层所走过的路程不同,损耗在死层中能量有差异。

显然,半导体材料的非均匀性和缺陷的存在会使能量分辨率下降。

电子学仪器,特别是前置放大器的噪声对于测量系统的噪声水平也有贡献。噪声干扰不但降低系统的探测灵敏度,而且影响能量分辨本领。采用场效应管、光反馈技术及低温环境可以降低噪声的影响。

　　另外,放射源的厚度对于测量结果也有影响,因为放射源不同深度处发出的射线的能量是不同的,面垒型半导体探测器的尺寸比较小,边缘效应使测量的能谱出现不对称性,能谱的低能部分偏高,如图 6-19 所示。

6.3.5　锂漂移半导体探测器

　　Si(Au)面垒型半导体探测器由于非常好的能量分辨本领和快的时间特性,对带电粒子,特别是对重带电粒子的能量测量获得极大成功。对 β 射线、X 射线和 γ 射线的能谱测量因灵敏层厚度不够大而受到限制。增加偏压虽然可以增加结区宽度,但反向电流也随之增大,电压过高会击穿 p-n 结。增加结区宽度的另一途径是提高材料的电阻率。锂漂移技术可补偿材料中的杂质,获得高电阻率的本征半导体,灵敏层厚度可达 10 mm 以上,从而对 β 射线、X 射线和 γ 射线的能谱测量带来革命性的变化。

　　锂原子半径约为 60 pm,比 Si 和 Ge 的晶格小(Si 542 pm,Ge 564 pm)。因此,锂原子比较容易通过晶格空隙扩散到晶体中去。锂原子在 Si 中的电离能为 0.033 eV,在 Ge 中为 0.093 eV,极容易电离,锂原子就像施主杂质一样,可以补偿 p 型半导体材料中的受主杂质,在补偿区形成本征半导体。

　　在经过表面处理后的 p 型 Si 单晶片上,真空镀一层锂薄膜,然后加热到 350~450℃,使锂原子向 Si 单晶中扩散,经过一定时间后,锂原子的浓度分布如图 6-20 所示。

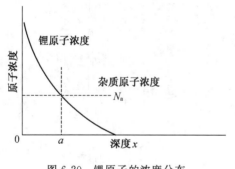

图 6-20　锂原子的浓度分布

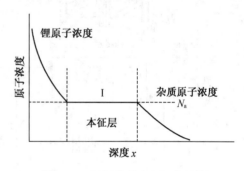

图 6-21　锂漂移形成本征半导体

　　在图 6-20 的 0~a 区,锂原子的浓度大于受主杂质浓度 N_a,半导体类型反转,变成 n 型。在 $x>a$ 区,锂原子的浓度小于 N_a,仍保持 p 型。因而在 a 处形成 p-n 结,即扩散结。p-n 结距表面一般约为 300~1000 μm。在 p-n 结上加反向偏压,约几百伏,在 100℃ 温度下,锂离子向 Si 单晶内部漂移。当锂离子漂移到 p 型材料中的受主杂质附近时,彼此结合成中性的正负离子对,相当于施主杂质将电子转交给受主杂质,从而使导带中的电子和价带中的空穴大大减少。当锂离子的浓度和 p 型 Si 中的受主杂质的浓度一样时,达到完全补偿,形成本征半导体,如图 6-21 所示的 I 区,这样就形成 PIN 结。

　　在 10^3 V·cm^{-1} 电场和 100℃ 温度时,锂离子的漂移速度约为 10^{-6} cm·s^{-1},因此,锂离子漂移 10 天的距离也只能为 10 mm 左右。由于 I 区的电阻率非常大,又无空间电荷分布,因而外加电压全部加在 I 区,电场分布均匀。将 p 层切去,镀上一层 Au 作为电极和探测粒子的入射窗,n 区表面镀 Ni 作为另一电极,于是就形成了 Si(Li)漂移型半导体探测器。I 区的厚度不随外加偏压变化,只与漂移过程所加电压、温度和漂移时间有关。

Ge(Li)漂移型半导体探测器的制造方法同 Si(Li)漂移型半导体探测器一样。由于 Ge 的禁带宽度小,约为 0.66 eV,常温下热激发可产生载流子,使反向电流增大。另外,锂离子与受主杂质结合成的离子对还会离解,破坏原来的补偿。因此,Ge(Li)半导体探测器必须在低温下保存和使用。图 6-22 为市售半导体探测器及其附属装置示意图。

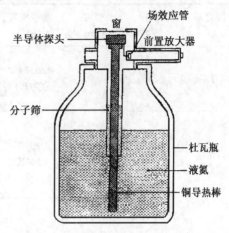

图 6-22 半导体探测器及其附属装置

漂移型半导体探测器分平面型和同轴型两类。平面型探测器灵敏体积小,主要用于高能重带电粒子(如质子)、β射线、X射线和低能γ射线的能谱测量。同轴型(单端、双端或通端)半导体探测器灵敏体积大,可达 150 cm³。大灵敏体积的 Ge(Li)探测器主要用于γ射线的能量测量,探测效率可与 NaI(Tl)相比,而能量分辨本领远远好于闪烁探测器。图 6-23 给出了 Ge(Li)谱仪测量的²⁴Na 的γ射线能谱。

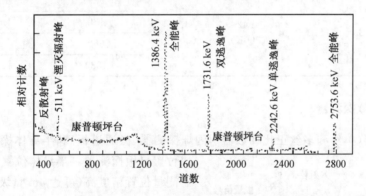

图 6-23 Ge(Li)谱仪测量的²⁴Na 的γ射线能谱

高纯 Ge 探测器原理上与结型探测器相同,只是由于所用的半导体 Ge 材料的纯度极高,因此耗尽层厚度可达 10 mm 量级,和漂移型探测器一样广为应用。它只需要常温保存,但必须低温下使用。另外,还有一些化合物半导体探测器,如 HgI_2、CdTe、GaAs,其性能见表 6-4。

表 6-4 半导体探测器性能比较

探测器	原子序数	密度 (g·cm⁻³)	禁带宽度 (eV)	平均电离能 (eV)	射线能量 (keV)	FWHM (keV)
Si(Li)	14	2.33	1.12 (300K)	3.61 (300K)	5.9	0.150~0.25
					115	1
					1000	2
Ge(Li)	32	5.33	0.74 (77K)	2.98 (77K)	5.9	0.15~0.25
					662	0.88
					1330	1.3

续表

探测器	原子序数	密度 $(g \cdot cm^{-3})$	禁带宽度 (eV)	平均电离能 (eV)	射线能量 (keV)	FWHM (keV)
HPGe	32	5.33	0.74 (77K)	2.98 (77K)	5.9	0.15～0.25
					122	0.63
					1330	1.75
HgI₂	80～83	6.30	2.13 (300K)	4.22 (300K)	5.9	0.175(LN),0.38(RT)
					122	
					662	15
					1330	22
CdTe	48～52	6.06	1.47 (300K)	4.43 (300K)	5.9	1.1
					122	10
					662	20
					1330	25
GaAs	31～33	5.30	1.42 (300K)	4.35 (300K)	5.9	2.5
					122	1.18～2.95
					662	15
					1330	22

6.3.6　位置灵敏探测器

气体探测器（单丝和多丝正比计数器）、闪烁探测器（微通道板）和半导体探测器都可以做成位置灵敏探测器。半导体位置灵敏探测器由于测量位置精度高（可达 μm 量级），在射线的空间分布探测及成像系统中广为应用。一维半导体位置灵敏探测器工作原理如图 6-24 所示。设条形半导体长度为 L（AC 段），射线入射位置为 x（L_{AB}），射线在探测器中产生的总电流为 I_0，对应能量为 E，AB 段电阻为 R_{AB}，AC 段电阻为

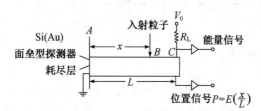

图 6-24　一维半导体位置灵敏探测器工作原理

R_{AC}，经 BC 段的电流为 I_{BC}，则

$$I_{BC} = \frac{R_{AB}}{R_{AC}} I_0 \qquad (6\text{-}12)$$

若电阻与长度成正比，则从 C 端输出的脉冲幅度

$$V_C \propto I_{BC} \propto \frac{L_{AB}}{L} I_0 \propto \frac{L_{AB}}{L} E = \frac{x}{L} E \qquad (6\text{-}13)$$

V_C 的幅度大小与射线入射位置 x 有对应关系，通过刻度测定 V_C 的大小就可以知道粒子的入射位置。利用光刻技术或离子注入技术还可以形成分立的一维、二维和三维的位置灵敏探测器。

6.4 其他类型的辐射探测器

6.4.1 固体径迹探测器

质量大于质子的带电粒子称为重带电粒子,它们进入固体绝缘材料和固体半导体材料时,在材料中留下辐射损伤的径迹。被辐照材料经过化学蚀刻之后,辐射损伤的径迹处比未被损伤部分蚀刻速度快,径迹进一步被扩大,用显微镜对径迹进行观察和计数,不仅可以测定入射粒子的数目,甚至可以对粒子进行鉴别。这种探测技术在高能物理、核化学、空间科学、地球科学、考古学等方面有广泛应用。

常用的径迹探测器材料有白云母、聚碳酸酯(PC)、聚丙烯(PP)、硝酸纤维(CN)、醋酸纤维(CA)等,在许多矿石中也可留下径迹。各种材料对于带电粒子的灵敏度各不相同。硝酸纤维及醋酸纤维膜可以记录包括质子在内的所有重带电粒子,CN、CA 和 CR-39(聚丙烯基二甘醇碳酸酯)可以记录 α 粒子和比 α 粒子更重的带电粒子,云母片只能记录 Ne 和比 Ne 更重的带电粒子。所有固体径迹探测器对于 β 粒子和 γ 射线都不敏感。

化学蚀刻液的成分及蚀刻温度和时间因材料而异。如云母可用 40% 的氢氟酸室温下蚀刻 30 min,聚酯可用 $6.5 \, \text{mol} \cdot \text{L}^{-1}$ 的 KOH 溶液 50℃下蚀刻 150 min。

固体径迹探测技术可用于样品中 U 的分析。将与聚碳酸酯(或聚酯)膜紧密接触的样品放在反应堆中用热中子照射一定时间,聚酯膜经蚀刻处理,用显微镜测量其中的裂片径迹,根据中子注量率、照射时间、所取样品量、裂片径迹数就可以测定样品中 U 的含量,测量灵敏度为 $10^{-9} \sim 10^{-12} \, \text{g} \cdot \text{g}^{-1}$。

6.4.2 切伦柯夫探测器

带电粒子在介质中的运动速度超过光在该介质中的运动速度时,可以观察到浅蓝色的光,该现象是切伦柯夫(P. A. Cherenkov)发现的,称为**切伦柯夫辐射**(Cherenkov radiation)。下面以电子为例说明切伦柯夫辐射的产生机制。

设介质的折射率为 n,则该介质中的光速 $c' = c/n$,c 为真空中的光速。当电子在该介质中的运动速度 $v < c'$ 时,在电子运动的径迹上的每一点,被极化的介质分子来得及围绕电子取向,总偶极矩为 0。极化分子的对称分布使得它们在弛豫过程中发射的光波彼此抵消。当电子运动速度 $v > c'$ 时,被极化的介质分子未来得及围绕电子作平衡取向,电子已经离开,因此体系出现瞬时的偶极矩,偶极矩弛豫时将发射光子。可以证明,切伦柯夫辐射的传播方向与电子运动方向的夹角为

$$\theta = \arccos\left(\frac{1}{\beta n}\right) \tag{6-14}$$

切伦柯夫辐射的波前是以电子运动方向为轴的圆锥面,锥角 $\varphi = 90° - \theta$。当 $\beta = \frac{1}{n}$ 时,$\theta = 0°$,只能在电子运动方向观察到切伦柯夫辐射;当 $\beta < \frac{1}{n}$ 时,无切伦柯夫辐射。所以,切伦柯夫辐射产生的条件为

$$\frac{1}{n} \leqslant \beta \leqslant 1 \tag{6-15}$$

对于折射率为 n 的介质,仅当 $\beta \geqslant \beta_{\min}$,

$$\beta_{\min} = \frac{1}{n} \tag{6-16}$$

时才能观察到切伦柯夫辐射。以水为例,$n = 1.33, \beta_{\min} = 0.75$,相应的电子动能为

$$m_e c^2 \left(\frac{1}{\sqrt{1-\beta^2}} - 1 \right) = 0.511 \times \left(\frac{1}{\sqrt{1-0.75^2}} - 1 \right) = 0.262 \, (\text{MeV})$$

所以,只要能量大于 $0.262 \, \text{MeV}$ 的电子(包括 β 粒子和 γ 射线打出的光电子和康普顿电子),在水中就可以观察到切伦柯夫辐射。切伦柯夫辐射可以用光电倍增管测量。

切伦柯夫辐射可以用来探测 β 放射性核素的活度。只要维持待测样品与标准样品的折光率 n 相同,将待测样品和标准样品分别置于液体闪烁探测器测量小瓶中,就可以用液体闪烁探测器直接测量。因为样品中未加闪烁液和任何其他物质,所以测量完毕后样品可以留作他用。

6.5　放射性活度的测量

6.5.1　放射性活度测量中的各种校正因子

放射性样品的活度指每秒钟的衰变数 A,仪器测得的是每秒钟的计数即净计数率 $n (= n_c - n_b, n_c$ 为总计数率,n_b 为本底计数率),从 n 确定 A 称为放射性活度的绝对测量。n 与 A 有什么关系呢?

如果不考虑样品对于发射的辐射的自吸收,辐射是以等概率向空间各个方向发射的,其中只有一部分 f_G 进入探测器,f_G 称为**几何因子**。设样品对于探测器张的立体角为 Ω,因空间立体角之和为 4π,则

$$f_G = \frac{\Omega}{4\pi} \tag{6-17}$$

如果样品不是无限薄,则从样品下层发射的辐射在穿出样品之前将有一部分被样品自身所吸收。不被样品自吸收的份额为 f_S,称为**自吸收校正因子**。

从样品中发射出来的辐射在进入探测器灵敏区之前,要穿越探测器与样品间的空气层及探测器的器壁,空气和器壁对于辐射的吸收总称为**窗吸收**。不被窗吸收的概率 f_W 称为**窗吸收校正因子**。

探测器对于进入其灵敏区的该种辐射转化为可记录信号的概率 η 称为**本征探测效率**。

如果计数率太高,探测器有限的分辨时间将造成漏记,不被漏记的概率为 f_τ

$$f_\tau = 1 - n\tau \tag{6-18}$$

f_τ 称为**死时间校正因子**。

有一些本来不在探测器相对于样品张的立体角之内的辐射,可能被样品衬底和立体角外的空气及其他物体散射而进入立体角,使得计数率增加 f_B 倍,f_B 称为**反散射校正因子**。

此外,还需要对于每次衰变发射被测量的辐射的数目 f_D 进行校正,f_D 称为**衰变分支比校正因子**。

最后得到样品的衰变率 A(放射性活度)与净计数率 n 的关系为

$$A = \frac{n}{f_G f_S f_B f_W f_\tau f_D \eta} \tag{6-19}$$

如果待测放射性核素的半衰期很短,还需要对测量时间内的放射性衰变进行校正,校正系数不难从衰变规律推出。

(6-19)式说明,精确测量样品的放射性活度是一件困难的工作,因为其中 f_S, f_W, f_B 的精确值很难得到。实际工作中常常采用 4π 测量法,即将样品做成无限薄并将样品置于探测器内(如 4π 正比计数管、4π G-M 计数管、液体闪烁计数器),或做成气体样品进行流气式测量,此时 f_S, f_W, f_B, f_G 均等于 1。

如果有一个同种放射性核素标准样品,其活度 A_s 已知,将待测样品与标准样品在完全相同的条件下进行测量,净计数率分别为 n_x 和 n_s,则

$$A_x = \frac{n_x}{n_s} A_s \tag{6-20}$$

实际工作中往往只要求出各样品的活度比就够了。在这种情况下,只要保持各样品的测量条件相同,则

$$\frac{A_i}{A_j} = \frac{n_i}{n_j} \tag{6-21}$$

可见相对测量比绝对测量简单得多。

6.5.2 符合法测量放射性活度

6.5.2.1 基本原理

两个或多个同时发生的事件,或者虽然不是同时发生,但有确定的时间关联的事件,称为**符合事件**(coincidence event)。例如,在正电子发射断层成像技术(PET)中,正电子与电子湮灭产生的飞行方向相反的两个 γ 光子,宇宙射线中的 μ 子穿越两个探测器产生的两个脉冲信号,以及放射性衰变的级联辐射(如 ^{60}Co 衰变发射的一个 β 粒子和两个 γ 光子,见图 6-25)。

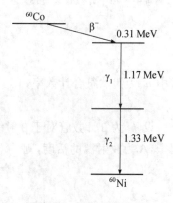

图 6-25 ^{60}Co 的衰变图

符合电路是一种逻辑电路。当电路的 N 个输入端同时有信号输入,符合电路输出一个脉冲,若其中任何一个输入端没有脉冲输入,符合电路没有输出。$N=2$ 称为二重符合。

如果两个事件虽然不是同时发生,但有确定的时间关联。例如,发生事件 1 后经过时间 t 发生事件 2。这时可以将信号 1 延时 t 时间与信号 2 符合,这种符合技术称为**延迟符合**(delayed coincidence)。

也可以将两个符合事件的信号输入到反符合电路。当两个输入端都有信号时,输出端没有信号输出;当二者之一有信号输入时,输出端有信号输出。

时间上没有确定联系的两个事件也可能同时发生,称为**偶然符合**(random coincidence)。两个时间上本无确定联系的信号先后输入到符合电路的两个输入端,如果两个信号到达的时间相差 τ,符合电路便视为"同时到达"而输出一个符合信号,τ 即为该符合电路的**分辨时间**。设两个事件的计数率分别为 n_1 和 n_2,每一个事件 1 的信号到达输入端 1 的时刻前后 τ 时间,若有事件 2 的信号到达输入端 2,电路便会输出一个偶然符合信号,单位时间内输出的偶然符合信号总数为 n_{12},

$$n_{12} = 2\tau n_1 n_2$$

$$\tau = \frac{n_{12}}{2n_1 n_2} \tag{6-22}$$

6.5.2.2　β-γ 符合法测量

用 β-γ 符合或 γ-γ 符合法可以测量 ^{60}Co 的活度,测量装置如图 6-26 所示。用 β-γ 符合法测量时只使用两个 γ 计数管中的一个。测量步骤如下:

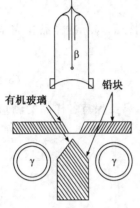

图 6-26　β-γ 符合或 γ-γ 符合测量中 β 和 γ 计数管装置图

(1) 在没有放射源的情况下,分别测定 β 和 γ 计数管的本底计数率 n_{1b} 和 n_{2b}。

(2) 加上放射源,其上挡一厚度超过 ^{60}Co 的 β 射线最大射程的铝片,测定 β 计数管的计数率 $n_{1\gamma} + n_{1b}$ 和符合计数率 $n_{\gamma\gamma} + n_{cb}$。其中 $n_{\gamma\gamma}$ 为两条级联 γ 射线分别被两个计数管记录引起的符合,n_{cb} 为本底符合计数率。本底符合计数率是由宇宙射线穿过 β、γ 两个计数管或宇宙射线产生的簇射粒子射入两个计数管引起的符合计数。

(3) 加上放射源,分别测定 β 和 γ 计数管的计数率 n_1 和 n_2 及符合计数率 n_c。

β、γ 计数管的真计数率 n_β, n_γ 及真符合计数率 $n_{\beta\gamma}$ 为

$$n_\beta = n_1 - (n_{1\gamma} + n_{1b})$$

$$n_\gamma = n_2 - n_{2b}$$

$$n_{\beta\gamma} = n_c - (n_{\gamma\gamma} + n_{cb}) - n_{rc}$$

式中 n_{rc} 为偶然符合计数率,

$$n_{rc} = 2\tau n_\beta n_\gamma$$

设 f_β 为 β 计数管对于 β 射线的总效率校正因子,f_γ 为 γ 计数管对于 γ 射线的总效率校正因子,A 为放射源的活度,则

$$n_\beta = A f_\beta$$

$$n_\gamma = 2A f_\gamma$$

$$n_{\beta\gamma} = 2A f_\beta f_\gamma$$

于是可求出放射源的活度

$$A = \frac{n_\beta n_\gamma}{n_{\beta\gamma}} = \frac{[n_1 - (n_{1\gamma} + n_{1b})](n_2 - n_{2b})}{n_c - (n_{\gamma\gamma} + n_{cb}) - 2\tau[n_1 - (n_{1\gamma} + n_{1b})](n_2 - n_{2b})} \tag{6-23}$$

符合法测定样品的放射性活度避免了事先测定各种校正因子,因而大大提高了测量的准确度。

6.6　射线测量仪器

6.6.1　射线测量仪器概述

从辐射探测器输出的信号经过放大以后,用各种电子学线路进行分析和记录。目前许多核辐射仪器采用了计算机进行数据的采集、分析和储存。由射线探测器、电子学仪器和控制与分析软件组成完整的射线测量仪器,如图 6-27 所示。

直流高压电源(high voltage supply)供给探测器必需的高压或偏压,其稳定性是最重要的

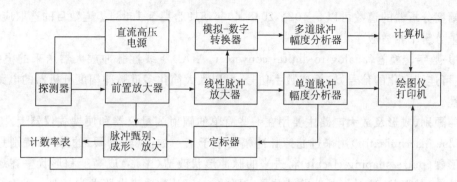

图 6-27 射线测量仪器的主要组合方式

指标。

前置放大器(preamplifier)是安置在紧靠探头的放大器,其主要用途是对来自探测器的输出脉冲进行功率放大,以便将脉冲信号无衰减地输送到距离较远的主放大器中。此外,前置放大器的输入阻抗高,输出阻抗低,起着阻抗变换的作用。如果探测器产生的信号太小,前置放大器可适当进行电压放大。此外,它必须具有分辨时间短($<1\,\mu s$)、低噪声和强的抗干扰能力。

线性脉冲放大器(linear pulse amplifier)又称**主放大器**,是一种精密的脉冲电压放大器,其功能是对于输入的脉冲无畸变地放大同样的倍数。一个通用的线性脉冲放大器的放大倍数应该是在较宽的范围内可调,并能接受和输出"＋"和"－"极性的信号。

单道脉冲幅度分析器(single channel analyzer,SCA)简称**单道**,它有一个上甄别器(阈 V_H)、一个下甄别器(阈 V_L),如图 6-28 所示。只有幅度超过甄别阈的脉冲才能通过该甄别器。从上、下甄别器输出的脉冲进入反符合电路,结果只有幅度 V 介于 V_L 和 V_H 之间的脉冲(如脉冲2)才被记录,幅度 $V>V_H$(如脉冲1)或 $V<V_L$(如脉冲3)的脉冲都不被记录。$V=V_H-V_L$ 称为**道宽**,它是脉冲通过的"窗口"。如果固定道宽,令 V_L 由 0 逐步增至 V_{max},测定每一个 V_L 值下通过"窗口"的脉冲数,就得到脉冲数目随脉冲幅度的分布,即**脉冲幅度谱**或**能谱**。有些仪器备有自动扫描功能,可以让 V_L 以一定的速度连续变化,完成自动扫描工作。

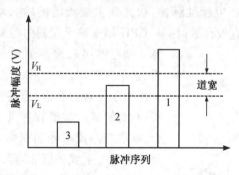

图 6-28 单道脉冲幅度分析器的工作原理

多道脉冲幅度分析器(multichannel analyzer,MCA)可以视为由许多单道并置而成,前一个的上甄别阈与后一个的下甄别阈重合,犹如在脉冲通过的路径上放置了许多的并置的"门",脉冲依其幅度大小通过不同的"门",这样就得到一张脉冲计数随"道数"或"道址"的分布,即脉冲幅度分布。若事先对仪器进行刻度,建立起道数与能量的关系,就成为一张能谱图。现代多道脉冲幅度分析器的道数可以是 1024,2048,4096,8192,甚至 16384。道数目的选取应与探测器的能量分辨率相适应。

模拟-数字转换器（analog-to-digital converter，ADC）将线性脉冲放大器送来的模拟信号（即幅度可连续变化的信号）转换成数字信号，可以大大简化多道脉冲幅度分析器的电路，提高其可靠性。

脉冲甄别、成形及放大电路主要用在一些简单的辐射测量仪器和便携式仪器上。**脉冲甄别器**（pulse discriminator）用来过滤掉脉冲幅度小于某一数值（甄别阈）的脉冲，特别是噪声。**脉冲成形器**（pulse shaping circuit）将进来的脉冲形状改造（整形）成高度和形状整齐划一（例如准方脉冲）的形状，这对于脉冲的计数是必要的，对于计数率表电路尤为必要。对由 G-M 计数器和定标器或计数率计组成的计数装置而言，成形后的脉冲幅度只要稍加放大（<10 倍）就可以了。因此，本模块常常附带有一个放大器。

定标器（scaler）实际上是一个计数器，即记录在给定时间内接收到的脉冲数目。自动定标器可以预设计数时间、两次测量间的时间间隔、总计数，由一个石英振荡器发出的时钟信号控制。

计数率表是一个将单位时间接收到的脉冲数转换成与之成正比或与其对数值成正比的平均电流的电路。计数率表电路是一个积分电路，显然，对于输入脉冲进行整形是必要的。电流值可以用表头直接读出，也可以输送到记录仪上记录下来。计数率表常用于反应堆、加速器、^{60}Co 源、X 光机现场的剂量监督，也用在备有放射性测量探头的高效液相色谱仪中。

20 世纪 70 年代以来，上述单元都做成统一规格的插件，可以根据需要插入到 NIM（nuclear instrument modules）机箱中，单元之间用电缆连接，各单元由机箱统一供电，使用起来十分方便。用户需要注意各单元之间的脉冲极性和幅度的匹配。

6.6.2 多道能谱仪

将辐射探测器、前置放大器、主放大器、ADC、MCA、标准脉冲发生器、CPU、储存器及相关的软件组合起来，就构成一台多道能谱仪。

标准脉冲发生器用于产生标准脉冲，加入到主放大器的输入端，用来测量仪器的"活时间"，即扣除了死时间后的有效计数时间。CPU 用于整个仪器的控制，还能进行一些简单的运算。储存器用来储存测量到的能谱，供以后读出、分析、显示和打印。

对于复杂的能谱，需要用专用软件来进行谱的解析，称为解谱。解谱软件具有找峰、峰形拟合、本底拟合、本底扣除及求峰面积的功能。有些解谱软件还带有核素的 γ 射线数据库，可以用来指认峰的归属。

在进行放射性核素的能谱和活度测量之前，需要对装置进行**能量刻度**和**效率刻度**。通常先固定样品的几何位置，然后在相同的几何位置下测量活度已知的标准样品的 γ 谱，作道数-能量曲线和效率-能量曲线。标准样品的衰变纲图已经多家实验室比对测量得到公认。常用的 γ 标准源包括 ^{56}Co、^{75}Se、^{82}Br、^{110m}Ag、^{133}Ba、^{152}Eu、

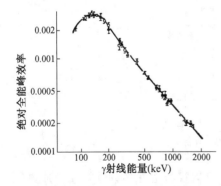

图 6-29 27 cm³ 同轴 Ge(Li) 探测器的
效率刻度曲线

（1 mL 液体源，距探头 65 mm）

^{154}Eu、^{169}Yb、^{182}Ta、^{180m}Hf、^{192}Ir 和 ^{226}Ra,用户可以根据感兴趣的能量范围和标准源供货情况选择。图 6-29 给出效率刻度曲线的一个例子。

多道能谱仪可用做**多路定标器**(multiscaler,MSC)。使用时用时序脉冲依次打开多道脉冲幅度分析器的各道,记录每道的输出。此时道数与时间相对应,计数-道数曲线就是衰变曲线。

6.6.3　液体闪烁谱仪

液体闪烁计数器(liquid scintillation counter,LS)在核化学、医学、生物学、考古学中应用广泛。它具有探测效率高、样品易于制备、适合于大量样品的自动测量等优点。^{3}H($E_\beta =$0.0186 MeV)和 ^{14}C($E_\beta = 0.156$ MeV)是最适合于标记生物和医学样品的核素,LS 对它们也有很高的探测效率。

双道液体闪烁计数器的组成如图 6-30 所示,它具有两个围绕样品池相对放置的低噪声光电倍增管(PMT)。从两个 PMT 出来的脉冲信号被送到符合电路中。由溶于(或置于)闪烁液中的放射性样品引起的发光必然被两个 PMT 同时记录,在符合电路产生一个输出信号,该信号被用来开启门电路。在相加电路中被求和,输出的脉冲与光脉冲的强度成正比。两个光电倍增管的噪声是非符合事件,它们进入符合电路后不能给出符合信号(偶然符合除外)去打开门电路。门电路的作用是控制线性放大器出来的信号是否向计数电路输出信号。由此可见,符合电路和门电路的存在可以大大降低光电倍增管噪声产生的本底计数。

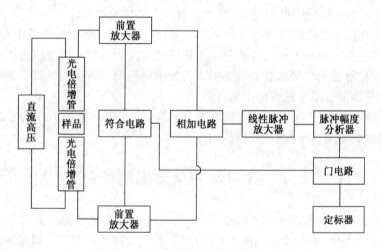

图 6-30　双道液体闪烁计数器主框图

图 6-30 中的脉冲幅度分析器可以是单道或多道。普及型的仪器一般使用两个单道 A 和 B。若被测样品只含有一种放射性核素,则用两道的计数比 n_A/n_B(称为"道比")对荧光淬灭进行校正。若样品中含有能量不同的两种核素(如 ^{3}H 和 ^{14}C),则将 A 道的下甄别阈调到剔除大部分的本底,上甄别阈调到包括 ^{3}H 的全谱,让 B 道的下甄别阈与 A 道的上甄别阈重合,上甄别阈包括 ^{14}C 的全谱,然后分别记录 A,B 两道的计数率,若事先测出 ^{14}C 的 β 射线在 A,B 两道的计数比,就可以将 ^{14}C 的贡献从 A 道中的扣除,从而计算出 ^{3}H 和 ^{14}C 的计数率。

液体闪烁计数器用的闪烁液可以从市场上买到,也可以根据需要自己配制。但需要注意两个问题:荧光淬灭和化学发光。

闪烁体发射的荧光由于某些原因而被减弱的现象称为**淬灭**(quenching)。某些化学物质可改变闪烁液中的能量传递过程,如将激发态闪烁体分子的能量转变为无辐射过程的能量耗散,称为**化学淬灭**。有色物质将荧光吸收,称为**颜色淬灭**。样品浓度过高而使荧光减弱,称为**浓度淬灭**。如果待测的各个样品的荧光淬灭程度不同,或进行放射性活度的绝对测量,都需要对于淬灭作校正。上述的"道比"与淬灭程度有单值函数关系,可以通过作道比-淬灭程度曲线对淬灭引起的计数效率降低进行校正。有关的实验细节可参考相关专著。

6.6.4 低本底测量装置

环境放射性样品和一些标记化合物的代谢产物样品的比活度往往很低,其计数率与本底计数的数量级相当。对于这种样品,除了增加样品和本底计数时间以获得有统计意义的计数外,还需要使用低本底测量装置。

本底计数可来自宇宙射线、天然放射性物质(U、Th 及其衰变子体,^{40}K、^{87}Rb 等)、人工放射性污染,以及电磁波干扰。环境的机械扰动会使电离室容积和电容值产生变化。可以采取以下方法降低本底:

(1) 在化学分离、样品提纯及样品制备过程中,使用高纯试剂和高纯水,尽量排除天然和人工放射性核素的污染。

(2) 使用含天然放射性极低的物质(如聚乙烯、聚四氟乙烯)制造的反应容器和测量瓶或样品衬底。

(3) 使用含天然放射性极低的材料(如不锈钢、汞)将探头屏蔽。

(4) 使用反符合技术降低宇宙射线产生的本底,即在主探头周围放置若干辅助探头,构成"反符合环"。将主探头和所有辅助探头的输出馈送到反符合电路。由宇宙射线贯穿主探头和辅助探头或宇宙射线产生的级联簇射分别射入主探头和辅助探头引起的符合信号在反符合电路中被剔除,这样就降低了主探头的本底计数。

(5) 使用低噪声的电子元器件和高质量的高压电源,必要时将探头和前置放大器置于低温中,并屏蔽外来的电磁波干扰及机械扰动。

6.7 放射性测量数据的处理

每一个放射性核的衰变都是一种随机事件,与其他放射性核是否衰变完全无关。若对同一个样品进行重复测量,每次得到的结果不尽相同,甚至有很大的差别。如果测量的次数足够多,测量的结果与该结果出现的频度所作的图围绕最概然值呈现一个分布,我们很自然地会将最概然值取为正确结果。实际工作中总是进行有限次的测量,如何正确表达测量的结果和误差,就是本节要讨论的问题。

6.7.1 平均值、标准误差和误差的传递

若对常规物理量如长度、质量、电阻等进行 n 次测量,得到的结果为 $x_1, x_2, \cdots, x_n$,平均值和标准误差为

$$\overline{x} = \frac{\sum\limits_{k=1}^{n} x_k}{n} \tag{6-24}$$

$$\sigma_x \approx s = \sqrt{\frac{\sum\limits_{k=1}^{n}(x_k - \overline{x})^2}{n-1}} \tag{6-25}$$

对于有限次测量,标准偏差 s 是标准误差 σ 的近似值。

放射性衰变服从统计规律。对于同一个样品进行多次测量,不管仪器如何精确,操作如何小心,测量结果都会有涨落。例如,三次测量的结果碰巧完全相同,我们也不能用(6-25)式计算标准偏差。理论分析和实验事实表明,放射性测量的结果服从泊松分布,计数率高时过渡到正态分布。

许多物理量是由几个直接测得的其他物理量计算得到,它们的误差按以下误差传递公式计算:

$$y = f(x_1, x_2, \cdots, x_n)$$

$$\sigma^2 = \left(\frac{\partial f}{\partial x_1}\right)^2 \sigma_{x_1}^2 + \left(\frac{\partial f}{\partial x_2}\right)^2 \sigma_{x_2}^2 + \cdots + \left(\frac{\partial f}{\partial x_n}\right)^2 \sigma_{x_n}^2 \tag{6-26}$$

6.7.2 单次测量

对同一放射性样品进行多次测量,如果测量次数无穷大,其平均值将趋向于真值。如果只测量一次,则可认为测得的计数 N 近似等于真值。因为放射性衰变服从泊松分布或正态分布, $\sigma_N = \sqrt{N}$,总计数 $= N$,总计数的标准误差 $\sigma_N = \sqrt{N}$,总计数的相对误差 $= \frac{\sigma_N}{N} = \frac{1}{\sqrt{N}}$,计数率 $n = \frac{N}{t}$,计数率的标准误差 $\sigma_n = \frac{\sqrt{N}}{t} = \sqrt{\frac{n}{t}}$,计数率的相对误差 $r = \frac{\sigma_n}{n} = \frac{1}{\sqrt{N}}$ 。上述结果的物理意义是,如果再作一次同样的测量,得到总计数落在 $N \pm \sqrt{N}$ 及计数率落在 $n \pm \sqrt{\frac{n}{t}}$ 的概率是 68.3%。相对误差只决定于总计数。

6.7.3 多次测量

若对同一放射性样品测量 k 次,每次测 t 时间,测得的计数为 $N_1, N_2, \cdots, N_k$,总计数的平均值为

$$\overline{N} = \frac{\sum\limits_{i=1}^{k} N_i}{k}$$

利用误差传递公式可计算出其标准误差和相对误差为

$$\sigma_N = \frac{\sqrt{\sum\limits_{i=1}^{k}\sigma_{N_i}^2}}{k} = \frac{\sqrt{\sum\limits_{i=1}^{k} N_i}}{k} = \frac{\sqrt{k\overline{N}}}{k} = \sqrt{\frac{\overline{N}}{k}}$$

$$r = \frac{\sigma_{\overline{N}}}{\overline{N}} = \frac{1}{\sqrt{k\overline{N}}} = \frac{1}{\sqrt{\sum\limits_{i=1}^{k} N_i}}$$

可见,多次测量的误差为单次测量的 $1/\sqrt{k}$,相对误差只决定于总计数。

利用相同的办法可以计算出平均计数率及其误差:

$$\overline{n} = \frac{\overline{N}}{t}$$

$$\sigma_{\overline{n}} = \frac{\sigma_{\overline{N}}}{t} = \frac{1}{t}\sqrt{\frac{\overline{N}}{k}} = \sqrt{\frac{\overline{n}}{kt}}$$

$$r = \frac{\sigma_{\overline{n}}}{\overline{n}} = \frac{1}{\sqrt{\overline{n}kt}} = \frac{1}{\sqrt{\displaystyle\sum_{i=1}^{k} N_i}}$$

上述结果的物理意义是,如果再进行一组 k 次测量,求得的 t 时间的计数的平均值和计数率平均值分别落在 $\overline{N}\pm\sigma_{\overline{N}}$ 和 $\overline{n}\pm\sigma_{\overline{n}}$ 范围的概率是 68.3%。

6.7.4　测量样品和测量本底时间的分配

由于测量样品时总计数包括本底计数,将本底扣除后的计数率为净计数率。在计算净计数率时,设测量样品和测量本底用的时间分别为 t_c 和 t_b,计数分别为 N_c 和 N_b,利用误差传递公式,可以得到净计数 n 及其误差

$$n = n_c - n_b = \frac{N_c}{t_c} - \frac{N_b}{t_b}$$

$$\sigma_n = \sqrt{\sigma_c^2 + \sigma_b^2} = \sqrt{\frac{n_c}{t_c} + \frac{n_b}{t_b}}$$

$$r = \frac{\sigma_n}{n} = \frac{\sqrt{\dfrac{n_c}{t_c} + \dfrac{n_b}{t_b}}}{n_c - n_b}$$

当 $t_c + t_b = T$ 一定时,如按下式分配 t_b 和 t_c,测得的 n 的误差最小。

$$\frac{t_c}{t_b} = \sqrt{\frac{n_c}{n_b}}$$

6.7.5　测量结果的检验

对于同一个样品进行测量,得到计数值 N_1 和 N_2,一般而言,N_1 和 N_2 总是有差异的。问题是差异 $\Delta = |N_1 - N_2|$ 是否显著,即是否仅仅来自放射性衰变的统计涨落？如果差异过大,我们有理由怀疑是某种不测因素(如仪器不稳定、操作失误等)造成的,此时无法在 N_1 和 N_2 中取舍,需要再作一次或多次测量。

服从正态分布的随机变量 x 的误差 $\Delta = x - \overline{x}$ 也是服从正态分布的,误差的概率函数为

$$p(\Delta) = \frac{1}{\sigma_\Delta \sqrt{2\pi}} \exp\left[-\frac{(\Delta - \overline{\Delta})^2}{2\sigma_\Delta^2}\right]$$

其中

$$\overline{\Delta} = \frac{\displaystyle\sum_{i=1}^{k} \Delta_i}{k} = \frac{\displaystyle\sum_{i=1}^{k} x_i - k\overline{x}}{k} = 0$$

$$\sigma_\Delta = \sqrt{\frac{\displaystyle\sum_{i=1}^{k} \sigma_i^2}{k}} = \sqrt{\frac{k\sigma^2}{k}} = \sigma$$

所以误差 Δ 的概率函数

$$p(\Delta) = \frac{1}{\sigma\sqrt{2\pi}} \exp\left[-\frac{\Delta^2}{2\sigma^2}\right] \qquad (6\text{-}27)$$

以 $t=\dfrac{\Delta}{\sigma}$ 作变换,得

$$p(t) = \frac{1}{\sqrt{2\pi}}\mathrm{e}^{-t^2/2} \tag{6-28}$$

概率积分 $\Phi(t)$ 为

$$\Phi(t) = \frac{1}{\sqrt{2\pi}}\int_{-\infty}^{t}\mathrm{e}^{-t^2/2}\mathrm{d}t \tag{6-29}$$

在前面曾讲过,测得 N_1 以后,再作一次测量,落在 $N_1\pm K\sigma$ 的概率为 $P\{x_0-K\sigma<x<x_0+K\sigma\}=P\{-K<t<K\}=\Phi(K)-\Phi(-K)$。如果将置信度取为接近 1(例如 $P=95\%$),则对于少数次测量,出现其余 $\alpha=1-P$(例如 5%)的概率是很小的,如果出现了,这个数据就值得怀疑。因此可以设置一个显著性水平 α(例如 5%),计算对应于 $P=1-\alpha$ 的 K 值,如果两次测量值的差 $\Delta_{12}>K\Delta$,就认为它在显著性水平 α 下有显著差别,需要再作重复测量。表 6-5 中列出了相应于不同 α 值的 K 值。

表 6-5 x 落在 $(x_0-K\sigma,x_0+K\sigma)$ 之间的概率 $P\{x_0-K\sigma<x<x_0+K\sigma\}$

K	0.6745	1.00	1.645	1.960	2.000	2.577	3.000	3.291
P	0.500	0.683	0.900	0.950	0.955	0.990	0.997	0.999
$\alpha=1-P$	0.500	0.317	0.100	0.050	0.045	0.010	0.003	0.001

例   重复两次测量得到的结果为 1550 和 1620,二者的差别在 $\alpha=0.05$ 的水平上是否显著?

解   由第一个数据算得 $\sigma=39$,查表 6-5 得 K 为 1.960,即 $\Delta\leqslant 1.960\sigma=76$。实验测得的第二个数据与第一个数据相差 $1620-1550=70<76$,差别不显著,属于正常涨落。

参 考 文 献

[1]   丁富荣,班勇,夏宗璜. 辐射物理. 北京:北京大学出版社,2004.

[2]   郑成法,编. 核辐射测量. 北京:原子能出版社,1983.

[3]   郑成法,毛家骏,秦启宗,主编. 核化学及核技术应用. 北京:原子能出版社,1990.

[4]   复旦大学,清华大学,北京大学,合编. 原子核物理实验方法.北京:原子能出版社,1985(上册),1986年(下册).

[5]   吴治华,等主编;复旦大学,清华大学,北京大学,合编. 原子核物理实验方法(修订本). 北京:原子能出版社,1997.

[6]   安继刚,编著. 电离辐射探测器. 北京:原子能出版社,1995.

[7]   Glenn F Knoll. Radiation Detection and Measurements, 3rd ed. New York:Wiley J, 2000.

第7章 核 反 应

原子核与原子核之间,或者原子核与其他粒子(如中子、γ光子等)之间的相互作用所引起的各种变化称为核反应。核反应是核化学的主要研究对象。通过对核反应的研究可以获得有关核素的性质、核转变的规律以及核结构方面的知识。此外,核反应是获得核能及放射性核素的重要途径,也是核分析的基础。因此,研究核反应具有重大的理论和实际意义。

7.1 核反应截面与激发函数

7.1.1 核反应概述

7.1.1.1 核反应的表示

用粒子 a 轰击原子核 A 生成原子核 B 并发射粒子 b 的反应可表示为

$$A+a \longrightarrow B+b$$

一般称 A 为靶核(target nucleus),a 为入射粒子(incident particle)、轰击粒子(bombarding particle)或弹核(projectile nucleus),B 为剩余核(residual nucleus)或产物核(product nucleus),b 为出射粒子(emergent or outgoing particle)。上反应亦可简写为

$$A(a, b)B$$

对于给定的入射粒子和靶核,能发生的核反应往往不止一种。例如能量为 30 MeV 的 ^{3}He 粒子轰击 ^{147}Sm 核,可以发生下述核反应:

$$^{147}Sm+^3He \longrightarrow \begin{cases} ^{150-x}Gd+xn, & x=1\sim4 \\ ^{149-x}Eu+p+xn, & x=1\sim3 \end{cases}$$

每一种核反应过程称为一个**反应道**(reaction channel)。反应道由**入射道**(entrance channel)和**出射道**(exit channel)构成。入射粒子和靶核组成入射道,剩余核和出射粒子组成出射道。不但对于同一个入射道可以有若干个出射道,而且对于同一个出射道也可以有若干个入射道。例如,

$$\left.\begin{array}{l} ^{10}B+\alpha \\ ^{12}C+d \\ ^{13}C+p \\ ^{14}N+\gamma \end{array}\right\} \longrightarrow {}^{13}N+n$$

一般入射粒子能量愈高,开放的反应道愈多。

7.1.1.2 核反应中的守恒定律

大量实验表明,核反应遵守以下几个守恒定律:

(1) 质量数守恒,即反应前后的总质量数不变。

(2) 电荷数守恒,即反应前后的总电荷数不变。

(3) 能量守恒,即反应前后的总能量(包括动能和静质量能)相等。

(4) 动量守恒,即反应前后体系的总动量不变。

(5) 角动量守恒,即反应前入射粒子的轨道角动量 l_a、自旋角动量 I_a 及靶核的自旋角动量 I_A 的矢量和等于反应后生成的出射粒子的轨道角动量 l_b、自旋角动量 I_b 及剩余核的自旋角动量 I_B 的矢量和,

$$l_a + I_a + I_A = l_b + I_b + I_B$$

(6) 宇称守恒,即反应前后体系的宇称不变。反应前体系的宇称 π_i 等于入射粒子的宇称 P_a、靶核的宇称 P_A 和二者相对运动的轨道宇称 $(-1)^{l_a}$ 之积,反应后体系的宇称 π_f 等于出射粒子的宇称 P_b、剩余核的宇称 P_B 及二者相对运动的轨道宇称 $(-1)^{l_b}$ 之积。宇称守恒要求

$$\pi_i = \pi_f$$

或

$$P_a \cdot P_A \cdot (-1)^{l_a} = P_b \cdot P_B \cdot (-1)^{l_b} \tag{7-1}$$

7.1.1.3 核反应的分类

核反应的分类方法很多,下面只介绍两种。按照入射粒子种类不同,可将核反应分成三类:

(1) **中子核反应** 如中子弹性散射(n, n),即核反应前后体系的动能相等。中子非弹性散射(n, n′),即核反应前后体系的动能不相等,靶核被激发到激发态。中子辐射俘获(n, γ),即中子被靶核俘获,发射一个或数个 γ 光子。此外,还有发射带电粒子的反应(n, p)、(n, α)等,中子裂变反应(n, f)(f 为 fission 的简写),发射两粒子的反应(n, 2n)、(n, pn)等。

(2) **带电粒子核反应** 如质子引起的核反应(p, γ)、(p, p)、(p, α)、(p, n)、(p, 2n)、(p, 3n)等;氘核引起的核反应(d, p)、(d, n)、(d, α)、(d, f)等;α 粒子引起的核反应(α, n)、(α, p)、(α, 2n)、(α, 3n)等;重离子引起的核反应(^{12}C, 4n)、(^{12}C, 6n)等。

(3) **光核反应**(photonuclear reaction) 即 γ 光子引起的核反应,如(γ, n)、(γ, p)、(γ, α)、(γ, f)等。

按照入射粒子能量的高低,也可将核反应粗分为三大类:

(1) **低能核反应** 包括 50 MeV 以下的质子和平均能量为 10 MeV/核子以下的复合粒子引起的核反应。此时轰击粒子的德布罗意波长大致与靶核的尺寸相当,靶核作为一个整体与其发生相互作用,导致复合核或复合系统的形成。由于入射能量不足 π 介子的静质量能,因此反应中无 π 介子产生。

(2) **高能核反应** 能量高于 140 MeV 的质子及高能复合粒子(>400 MeV/核子)引起的核反应。在高能核反应中,轰击粒子的德布罗意波长与靶核中两个相邻核子之间的距离(约 1.2 fm)相近,它与核中的个别核子相互作用,导致直接反应。由于入射能量很高,核反应中有介子或其他基本粒子产生。

(3) **中能核反应** 是介于低能核反应与高能核反应之间的一类核反应,入射粒子能量对于复合粒子大致为 20~250 MeV/核子,对质子为 50~140 MeV。

上面的能量划分不是很严格。由此可见,中、低能核反应和高能核反应在反应机制上有很大差别。

7.1.1.4 核反应中的能量

(1) **反应能** 核反应过程放出的能量称为**反应能**,通常用 Q 表示,亦称**核反应的 Q 值**。标明反应能的核反应表示式为

$$A + a \longrightarrow B + b + Q$$

$Q>0$ 的反应称为 **放能反应**，$Q<0$ 的反应称为 **吸能反应**。显然，反应能应等于反应产物的动能减去反应物的动能，即

$$Q = E_B + E_b - E_A - E_a \tag{7-2}$$

因核反应遵守能量守恒定律，故有

$$E_a + m_a c^2 + E_A + m_A c^2 = E_b + m_b c^2 + E_B + m_B c^2 \tag{7-3}$$

式中 m_X 表示原子核 X 的质量，c 为光速。由(7-2)式和(7-3)式可得

$$Q = (m_A + m_a - m_B - m_b)c^2 \tag{7-4}$$

注意到核反应过程中电荷守恒，所以反应前后的电子总数不变，电子结合能的改变与 Q 相比可以忽略。因此(7-4)式的原子核质量可以用原子质量 M 代替。于是

$$Q = (M_A + M_a - M_B - M_b)c^2 \tag{7-5a}$$

Q 值也可以用质量过剩 Δ 表示，对核反应 A(a,b)B，

$$Q = \Delta_a + \Delta_A - \Delta_b - \Delta_B \tag{7-5b}$$

核反应 $^7\mathrm{Be}(n,\alpha)^4\mathrm{He}$ 的 Q 值按(7-5a)式计算，

$$
\begin{aligned}
Q &= [M(^7\mathrm{Be}) + m_n - 2M(^4\mathrm{He})]c^2 \\
&= (7.016929 + 1.008665 - 2 \times 4.002603) \times 931.50 \\
&= 18.99 \,(\mathrm{MeV})
\end{aligned}
$$

按(7-5b)式计算，

$$
\begin{aligned}
Q &= \Delta(^7\mathrm{Be}) + \Delta(n) - 2\Delta(^4\mathrm{He}) \\
&= 15.769 + 8.0714 - 2 \times 2.4248 \\
&= 18.99 \,(\mathrm{MeV})
\end{aligned}
$$

这是一个放能反应。

硼中子俘获治疗(见 15.3.3 小节)所需的中子束既可从反应堆中引出，也可以通过核反应用加速器产生。人们考虑了下述两个核反应：

$$^7\mathrm{Li} + p \longrightarrow ^7\mathrm{Be} + n$$

$$^9\mathrm{Be} + p \longrightarrow ^9\mathrm{B} + n$$

用相同方法可计算出它们的 Q 值分别为 $-1.644\,\mathrm{MeV}$ 和 $-1.850\,\mathrm{MeV}$。

上面的讨论假定了剩余核处于基态。若剩余核处于激发态，则反应能 $Q'<Q$，

$$Q' = Q - E_{ex,B} \tag{7-6}$$

式中 $E_{ex,B}$ 为剩余核 B 的激发能。例如，在硼中子俘获治疗中，$^{10}\mathrm{B}$ 俘获一个中子后生成的 $^7\mathrm{Li}$ 可处于基态，也可处于激发态，后者比前者能量高 $0.4774\,\mathrm{MeV}$。若 $^7\mathrm{Li}$ 处于基态，$Q = 2.7916\,\mathrm{MeV}$；若 $^7\mathrm{Li}$ 处于激发态，$Q' = 2.3142\,\mathrm{MeV}$。

(2) 吸能反应的阈能 　对于吸能反应，入射粒子的动能只有大于某一值时才能发生。实验中靶核通常处于静止状态，即 $E_A = 0$。若以速度

$$v_a = \sqrt{2E_a/m_a}$$

的入射粒子轰击靶核 A，反应前体系的动量为 $m_a v_a$。根据动量守恒定律，反应后体系的动量 $(m_B + m_b)v_{CM}$ 应等于 $m_a v_a$，于是质心运动速度为

$$v_{CM} = \frac{m_a}{m_B + m_b} v_a$$

质心运动的动能为

142

$$E_{CM} = \frac{1}{2}(m_B + m_b)v_{CM}^2 = \frac{m_a}{m_A + m_a}E_a$$

由此可见,为了使吸能反应发生,入射粒子的动能 E_a 除了要供给体系吸收的能量 $-Q$ 以外,还要提供反应产物以必要的动能 E_{CM},才能保证动能守恒。因此使吸能反应发生的入射粒子的最小动能为

$$E_{th} = -Q + E_{CM} = -Q + \frac{m_a}{m_A + m_a}E_{th}$$

即

$$E_{th} = -\frac{m_A + m_a}{m_A}Q \tag{7-7}$$

式中 E_{th} 称为吸能反应的**阈能**(threshold energy)。利用(7-7)式可算得反应

$$^7Li + p \longrightarrow {}^7Be + n - 1.644\,MeV$$

的阈能为

$$E_{th} = -\frac{1+7}{7} \times (-1.644) = 1.879\,(MeV)$$

对于放能反应,由于不需要供给体系能量,原则上入射粒子动能为零时也能发生反应。然而对于带电粒子核反应,入射粒子进入靶核前要受到靶核库仑势垒的阻挡。仅当入射粒子的动能超过库仑势垒时,反应概率才比较大。

(3) **库仑势垒**(Coulomb barrier) 核电荷为 $Z_a e$ 的入射粒子从无穷远处接近核电荷为 $Z_A e$ 的靶核时,势能从零升高到

$$V_C(r) = \frac{Z_a Z_A e^2}{4\pi\varepsilon_0 r}$$

式中 r 为入射粒子与靶核间的距离。当 r 等于入射粒子和靶核的半径之和(称为**道半径** R,即 $R = r_a + r_A$)时,势能达到极大值:

$$V_C = \frac{Z_a Z_A e^2}{4\pi\varepsilon_0 R}$$

若 R 以 fm 为单位,上式可写成以下便于使用的形式:

$$V_C \approx \frac{Z_a Z_A}{A_a^{1/3} + A_A^{1/3}}\,(MeV) \tag{7-8}$$

当 $r < R$ 时,核力开始起作用,势能急剧下降,如图 7-1 所示。由此可见,带电粒子进入或飞出原子核均需穿过原子核附近的高势能区。这一势能来源于入射粒子的核电荷和靶核的核电荷间的库仑相互作用,或出射粒子的核电荷和剩余核的核电荷间的库仑相互作用,对带电粒子进入或飞出原子核起阻挡作用,故称之为**库仑势垒**。势垒区的最高点对应的能量 V_C 称为**势垒高度**。能量低于势垒高度的粒子仍有很小的穿透概率(隧道效应)。(7-8)式说明,因为道半径随入射粒子与靶核的核电荷的增加变化缓慢,库仑势垒近似地与入射粒子与靶核的核电荷的乘积成正比。

(4) **离心势垒**(centrifugal barrier) 按照经典力学,当入射粒子瞄准靶核中心轰击时,由靶核和入射粒子组成的复合体系不会产生转动。当入射粒子的入射线与靶核中心间的距离 ρ [称为**碰撞参数**(impact parameter, collision parameter)或**瞄准距离**(sighting range)]不为零时,二者将绕它们的质心转动。这一转动的角动量为

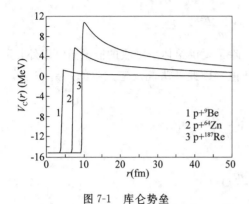

图 7-1　库仑势垒

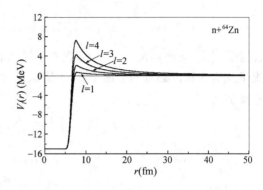

图 7-2　中子进入 ^{65}Zn 或从 ^{66}Zn 中出射
的离心势垒曲线（$l=0$，离心势垒＝0）

$$L = \rho\mu v \tag{7-9}$$

式中 μ 为约化质量，$\mu = m_{\mathrm{a}}m_{\mathrm{A}}/(m_{\mathrm{a}}+m_{\mathrm{A}})$，$v$ 为入射粒子与靶核的相对运动速度。转动能为

$$E_{\mathrm{R}} = \frac{L^2}{2I} = \frac{L^2}{2\mu\rho^2} \tag{7-10}$$

此处 I 为转动惯量。按照量子力学，$L^2 = l(l+1)\hbar^2$，l 为轨道量子数，可取值 $0,1,2,\cdots$。于是 (7-10)式可写成

$$E_{\mathrm{R}} = \frac{l(l+1)\hbar^2}{2\mu\rho^2} \tag{7-11}$$

这部分能量必须用于入射粒子-靶核系统的角动量等于 $\sqrt{l(l+1)}\hbar$ 的转动上。如果入射粒子的动能小于此值，入射粒子将在靶核附近飞掠而过。换言之，轨道角动量等于 $\sqrt{l(l+1)}\hbar$ 的分波（见 7.2.2 小节）将对核反应无贡献。对于给定的核反应，对应于入射粒子能量 E 有一个最大的 $l_{\max}$，它是 l 的截断值。因此，我们可以认为，在靶核近旁存在着一个阻挡 $l\neq 0$ 的入射粒子进入靶核的势垒区。这一势垒起源于离心力，故称为**离心势垒**。离心势垒高度为

$$V_l = \frac{l(l+1)\hbar^2}{2\mu R^2} \approx 14.4 \, \frac{A_{\mathrm{a}}+A_{\mathrm{A}}}{A_{\mathrm{a}}A_{\mathrm{A}}} \cdot \frac{l(l+1)}{(A_{\mathrm{a}}^{1/3}+A_{\mathrm{A}}^{1/3})^2} \, (\mathrm{MeV}) \tag{7-12}$$

此处 $R = r_{\mathrm{a}}+r_{\mathrm{A}}$。不难算出，轨道量子数为 l 的中子轰击质量数为 A 的靶核的离心势垒高度为

$$V_l \approx 14.4 \, \frac{A+1}{A} \cdot \frac{l(l+1)}{A^{2/3}} \, (\mathrm{MeV}) \tag{7-13}$$

对于 $l\neq 0$ 的中子，能量至少为数十万电子伏才能克服离心势垒，引起核反应。因此，对于低能中子，仅需考虑 $l=0$ 的中子引起的核反应。离心势垒曲线示于图 7-2 中。

7.1.2　反应截面与激发曲线

7.1.2.1　反应截面（reaction cross-section）

当一束入射粒子轰击到一定数目的某种原子组成的靶上时，只有很少一部分入射粒子能与靶核发生相互作用。这是因为，原子核的体积与原子体积相比是非常小的。为了描述入射粒子与靶核发生核反应的概率，需引入反应截面的概念。

设靶的厚度为 x，单位体积的靶中含有的靶核数为 N_{V}，则单位面积上的靶核数 $N_{\mathrm{S}} =$

$N_V x$。若靶子很薄,入射粒子垂直通过靶子时其能量和强度可认为不变,每个靶核都可认为暴露于入射粒子的"视野",而不会彼此遮掩。如果入射粒子束流的强度即单位时间内的入射粒子数目为 I,则单位时间内发生反应的数目 N' 应正比于 N_S 和 I,即

$$N' \propto I N_S$$

令比例常数为 σ,则

$$N' = \sigma I N_S$$

式中 σ 称为**反应截面**或**有效截面**。反应截面的物理意义是一个入射粒子同单位面积上一个靶核发生反应的概率,也是一个靶核与单位面积上一个入射粒子发生反应的概率。反应截面的 SI 单位为 m^2,常用单位为靶恩(barn,缩写为 b),简称靶,1 靶(b)$= 10^{-24}$ cm^2,1 毫靶(mb)$= 10^{-27}$ cm^2,1 微靶(μb)$= 10^{-30}$ cm^2。因为单位时间内发生核反应的数目 N' 也可以表示单位时间内被反应掉的入射粒子的数目 $-\Delta I$,所以

$$\sigma = \left(\frac{N'}{N_S}\right)\frac{1}{I} = \left(\frac{-\Delta I}{I}\right)\frac{1}{N_S} \tag{7-14}$$

如果靶子不是非常薄,则入射粒子束流将随靶的深度而下降。将(7-14)式改写成微分形式,并注意到 $N_S = N_V dx$,

$$dI = -\sigma I N_V dx$$
$$\frac{dI}{I} = -\sigma N_V dx$$

设靶子的厚度为 x,截面 σ 为常数,积分上式,得

$$\ln\left(\frac{I_0}{I}\right) = \sigma N_V x \tag{7-15}$$
$$I = I_0 e^{-\sigma N_V x}$$

在反应堆中,靶子完全置于中子场之中,所有的靶核皆受到照射。令 ϕ 为单位时间、单位面积上的中子数,即中子的**注量率**(fluence)或**通量**(flux),N 为置于该粒子场中的靶核数,则

$$\sigma = \frac{N'}{\phi N} \tag{7-16}$$

上式说明,σ 具有面积的量纲。因此可以认为,对于一个给定的核反应,每一个靶核具有一个有效截面 σ。入射核"打在"其上,将会发生该种核反应。

对于给定的入射粒子和靶核,可以发生的核反应往往不止一种,发生各种反应的总概率等于发生每种反应的概率之和。因此

$$\sigma_t = \sum_i \sigma_i$$

式中 σ_t 为反应**总截面**,σ_i 为发生第 i 种反应的**分截面**。

需要指出,反应截面 σ 与靶核的几何截面是完全不同的两个物理量。对于给定的靶核,其几何截面是一个固定值,而反应截面则随入射粒子的种类和能量而异。σ 虽然具有面积的量纲,表述的却是核反应的概率。可以预计,粒子性比较显著的高能粒子打在任何靶核引起的核反应的总截面下限为 πR^2,波动性比较显著的粒子打在任何靶核引起的核反应的总截面上限为 $\pi(R+\lambdabar)^2$,其中 $R = r_a + r_A$,为入射粒子和靶核的半径之和,$\lambdabar = \frac{\lambda}{2\pi} = \hbar/p$,为入射粒子的约化德布罗意波长,$p$ 为入射粒子对靶核作相对运动的动量。对能量为 0.025 eV 的中子,$\lambdabar \approx 2.9 \times 10^{-9}$ cm,$\pi(R+\lambdabar)^2 \approx 2.9 \times 10^7$ b。

例如，^{197}Au 的几何截面约为 2.2 b，14 MeV 中子的 $\sigma_{n,\alpha}=0.5$ mb，$\sigma_{n,p}=2.4$ mb，$\sigma_{n,2n}=2600$ mb，$\sigma_{n,\gamma}=7.6$ mb；平均能量为 0.025 eV 的热能中子的 $\sigma_{n,\gamma}=98.8$ b。^{135}Xe 的热中子反应截面为 2.65×10^{6} b，是所有的已知核素中最大的。

7.1.2.2 激发曲线(excitation curve)

核反应的各种截面均与入射粒子的能量有关。截面随入射粒子能量的变化关系称为**激发函数**(excitation function)，按激发函数绘制的曲线称为**激发曲线**。图 7-3 是中子轰击^{109}Ag 发生中子俘获反应的激发曲线。

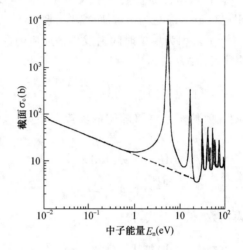

图 7-3 天然丰度的^{109}Ag 与中子反应的激发曲线

(引自 USAEC Report AECU-2040 and Supplement)

对^{109}Ag 而言，能量小于 0.7 eV 的中子被俘获的截面 σ_c 的对数与中子能量 E_n 的对数成线性关系，斜率为 $-1/2$，即

$$\sigma_c \propto \frac{1}{v}$$

此称"$1/v$ 定律"。中子能量高于 0.7 eV 直至上千电子伏区域，σ_c 随 E_n 的变化出现剧烈起伏，在中子能量为某些值时出现共振峰；中子能量更高时，发射粒子的反应道开放，且不同出射道的截面有时重叠。

7.1.3 微分截面与角分布

核反应的出射粒子是向各个方向发射的，且向不同方向发射的概率不一定相等。设导致出射粒子发射到 $\theta \to \theta+d\theta$ 和 $\phi \to \phi+d\phi$ 间的立体角 $d\Omega$(图 7-4)内的截面为 $d\sigma$，即定义单位立体角内的截面 $\dfrac{d\sigma}{d\Omega}$ 为微分截面 $\sigma(\theta,\phi)$，即

$$\sigma(\theta,\phi) = \frac{d\sigma}{d\Omega} \tag{7-17}$$

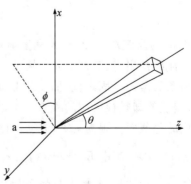

图 7-4 出射粒子的坐标

对于非极化的入射粒子束和靶核[①]，反应后的出射粒子相对于入射方向具有轴对称性，即 $\sigma(\theta,\phi)$ 只是角度 θ 的函数。所以(7-17)式可写成

$$\frac{\mathrm{d}\sigma}{\mathrm{d}\Omega} = \sigma(\theta) \tag{7-18}$$

微分截面 $\sigma(\theta,\phi)$ 对 θ 和 ϕ 角积分可得核反应的截面 σ，即

$$\sigma = \int_0^{2\pi}\int_0^{\pi} \frac{\mathrm{d}\sigma}{\mathrm{d}\Omega}\sin\theta\mathrm{d}\theta\mathrm{d}\phi = 2\pi\int_0^{\pi}\sigma(\theta)\mathrm{d}\theta \tag{7-19}$$

由于在核反应中体系的宇称和角动量必须守恒，因此出射粒子方向与入射粒子方向之间存在着**角关联**(angular correlation)。$\sigma(\theta)$ 随 θ 变化的曲线称为**角分布**(angular distribution)。角分布与核反应的机制有关。

在质心坐标系(C 系，质心静止不动)中，出射粒子的角分布有一定的对称性。根据一定的理论模型，可以计算出角分布。实际测量都是在实验室坐标系(L 系，靶核静止不动)中进行的，只有将 L 系观察到的角分布转换成 C 系中的角分布，才能与理论值进行比较。此外，采用 C 系在理论处理上可以简化。

7.1.4　正、逆反应截面间的关系——细致平衡原理

在核反应中，正反应

$$\mathrm{A+a \longrightarrow B+b}+Q$$

的截面 $\sigma_{\alpha\beta}$ 与其逆反应

$$\mathrm{B+b \longrightarrow A+a}-Q$$

的截面 $\sigma_{\beta\alpha}$ 间也存在一定的关系，即细致平衡原理，常用于由正反应截面计算逆反应截面，以及确定粒子或核的自旋。

$$\frac{\sigma_{\alpha\beta}}{\sigma_{\beta\alpha}} = \frac{p_\beta^2(2I_b+1)(2I_B+1)}{p_\alpha^2(2I_a+1)(2I_A+1)} \tag{7-20}$$

式中 $p_\alpha^2 = 2\mu_{aA}E_a'$，$p_\beta^2 = 2\mu_{bB}E_b'$，$I$ 为核自旋量子数，$(2I_b+1)(2I_B+1)$ 和 $(2I_a+1)(2I_A+1)$ 分别为逆、正反应过程的权重因子。

7.2　中、低能核反应

7.2.1　中、低能核反应机制

按照 Weisskopf 的观点，中、低能核反应的历程分为以下三个阶段，如图 7-5 所示。

（1）**起始阶段（独立粒子阶段）**　进入靶核之前的入射粒子在靶核的势场中运动，仍然保持着独立性。此时入射粒子可能被靶核势场散射而离开靶核，也可能被靶核吸收而进入核内。从广义上讲，二者都可称为核反应，则截面 σ 可以写成上述两个过程的截面之和，

$$\sigma = \sigma_{\mathrm{pot}} + \sigma_{\mathrm{a}}$$

式中 σ_{pot} 称为势散射（又称形状弹性散射）截面，σ_{a} 称为吸收截面。

---

①　核自旋空间取向不是各向同性的粒子束和靶，称为极化粒子束和极化靶。普通粒子束和靶子中的核子或原子核的自旋取向都是随机的，因此是各向同性的。

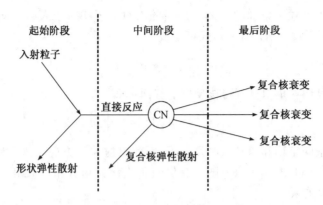

图 7-5　Weisskopf 的核反应三阶段概念

由此可见,入射粒子在靶核近旁的遭遇与光波射到一个半透明的玻璃球表面相似,一部分被吸收,一部分被散射。根据这一思想提出的模型称为**光学模型**。

(2) **中间阶段(复合系统阶段)**　入射粒子进入靶核之后,可能与某个核子碰撞而将该核子激发到**费米**(Fermi)**能级**①以上的能级上去。与此同时,在费米能级以下就出现一个空穴。入射粒子本身也处于靶核的激发能级。上述这种状态称为复合状态,如果二者或二者之一立即飞出核外,这就直接将核反应推向了第三阶段。这样的核反应称为**直接反应**。显然,发生直接反应的必要条件是激发能高于二者或二者之一与剩余核的结合能。这一过程所经历的时间是非常短的,大约与入射粒子穿越靶核所需的时间相近,约为 10^{-22} s 量级。

复合状态也可能出现另一种情况,即处于激发能级的核子进一步与其他核子多次碰撞,形成更多的粒子-空穴对。最后入射粒子带入靶核的激发能在所有可能的激发方式间分配,即达到统计平衡。入射粒子本身也和靶核融合为一,形成一个中间态核,称为**复合核**(compound nucleus,CN)。复合核的显著特点是它的寿命($10^{-16\pm3}$ s)与它形成的时间相比非常之长,因此它对于自己的形成方式失去“记忆”,即它的衰变方式与其形成方式无关,只与激发能、角动量的大小有关。描述复合核的理论称为**复合核理论**。

在直接反应与复合核反应中间还存在介于二者之间的过程,即**预平衡发射**(pre-equilibrium emission)过程,从复合状态向复合核过渡的过程中,仍然存在着发射粒子的可能性。这种达到统计平衡前发射粒子的现象称为预平衡发射。

综上所述,在本阶段中入射粒子与靶核发生了能量交换,二者不再是互相独立的。由二者组成的体系称为**复合系统**。由此可见,复合系统是比复合核更广的一个概念。

(3) **最后阶段**　在这一阶段中复合系统分解成出射粒子和剩余核。对于复合核反应,最后阶段就是复合核的衰变。按照原子核的液滴模型,复合核犹如被加热了的液滴,复合核衰变的过程就是它蒸发核子退激的过程。描述这一过程的模型称为**蒸发模型**。对于中、低能核反应,当入射粒子能量比较低时,主要是复合核反应。随着入射粒子能量升高,预平衡发射和直接反应的贡献愈来愈大。以 20~80 MeV 的 α 粒子轰击 ^{197}Au 为例,当 $E_\alpha < 30$ MeV 时,按复合核反应计算出的 ^{197}Au(α,2n)^{199}Tl 反应的激发曲线与实验曲线符合得很好;当 $E_\alpha =$

---

①　按照费米气体模型,自旋为半整数的粒子(费米子)组成的体系中,粒子自低到高依次占据能级,最高占据能级称为费米能级。核中的质子和中子各有一套能级。

30～60 MeV时计算值显著低于实验值；如果在计算中加进35％的预平衡发射，所得结果与实验结果符合得更好，如果能量再高，还应考虑直接反应的贡献。

7.2.2 分波分析与光学模型

7.2.2.1 反应截面的分波分析

远离靶核的入射粒子是在无场空间中运动的自由粒子，其薛定谔方程为

$$-\frac{\hbar^2}{2\mu}\nabla^2\varphi_{\text{inc}} = E'\varphi_{\text{inc}} \tag{7-21}$$

式中 μ 为约化质量，E' 为相对运动的动能，

$$E' = \frac{m_A}{m_a + m_A}E_a$$

选定入射方向为 z 轴，则方程式(7-21)的未归一化的解为

$$\varphi_{\text{inc}} = e^{ikz}$$

其中

$$k = \frac{1}{\lambdabar} = \frac{\sqrt{2\mu E'}}{\hbar}$$

式中 k 为波数，$\lambdabar$ 是入射粒子的约化德布罗意波长。入射粒子运动到靶核近旁时将受到靶核的球对称势场的作用。取靶核处为坐标原点，可将平面波 φ_{inc} 用球极坐标表示：

$$\varphi_{\text{inc}} = e^{ikz} = e^{ikr\cos\theta} = \sum_{i=0}^{\infty}(2l+1)i^l J_l(kr)P_l(\cos\theta) \tag{7-22}$$

式中 $J_l(kr)$ 是球面 Bessel 函数，$P_l(\cos\theta)$ 是 Legendre 多项式，θ 为矢径 r 与 z 轴的夹角，$r=|r|$。上式的物理意义是，平面波可分解为一系列球面波的叠加。第 l 个球面波相当于轨道角动量为 $\sqrt{l(l+1)}\hbar$ 的粒子，l 是轨道角动量量子数。仿照原子光谱的记号，可称 $l=0,1,2,\cdots$ 的分波分别为 s 波，p 波，d 波，……若将(7-22)式与(7-9)式联系起来，设第 l 个分波与碰撞参数为 ρ 的粒子相对应，第 l 个分波的轨道角动量在 z 方向（入射方向）的投影为 $l\hbar$，于是

$$\rho = \frac{L}{\mu v} = \frac{L}{p} = \frac{l\hbar}{\hbar/\lambdabar} = l\lambdabar \tag{7-23}$$

式中 p 为动量。根据测不准原理，碰撞参数不能取确定值。可以认为，s 分波与 $\rho=0\sim\lambdabar$ 的粒子相对应，p 分波与 $\rho=\lambdabar\sim 2\lambdabar$ 的粒子相对应，……第 l 个分波的碰撞参数落在 $\rho=l\lambdabar$ 与 $\rho=(l+1)\lambdabar$ 的环状区域（图7-6），其面积是

$$S_l = \pi\left[(l+1)\lambdabar\right]^2 - \pi(l\lambdabar)^2 = \pi\lambdabar^2(2l+1) \tag{7-24}$$

并非打在这个圆环上的粒子均能进入核内，因此角动量为 $l\hbar$ 的入射粒子的反应截面 $\sigma_{r,l}\leqslant S_l$。设该种粒子进入靶核的概率为 T_l，则

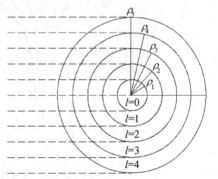

图7-6 分波与碰撞参数的对应关系

$$\sigma_{r,l} = \pi\lambdabar^2(2l+1)T_l \tag{7-25}$$

T_l 称为**透射系数**(transmission coefficient)。于是能量为 E' 的入射粒子的总反应截面 σ_r 为

$$\sigma_r = \pi \lambdabar^2 \sum_{i=0}^{\infty} (2l+1) T_l \tag{7-26}$$

$$\lambdabar = \frac{\hbar}{\sqrt{2\mu E'}}$$

T_l 可以用光学模型、连续区理论或抛物线模型(对重离子)计算。求得 T_l 之后便可算出反应总截面。

7.2.2.2 核反应的光学模型

光学模型将原子核视为半透明的玻璃球,将入射粒子视为投射到此玻璃球上的一束光。入射光中有一部分被反射,一部分被吸收,一部分透射而过。为了描述靶核对入射平面波的这种作用,光学模型以核势阱为复数势阱,即

$$V(r) = \sum_k [U_k f_k(r) + iW_k g_k(r)] \tag{7-27}$$

式中 U 和 W 分别代表核势阱深度的实部和虚部,$f(r)$ 和 $g(r)$ 为与 r 有关的形状因子。上式中的求和包括体积能、表面能和自旋-轨道相互作用能。将该势函数代入入射粒子的薛定谔方程,可以得到波函数。对于一维方势阱的简单情况,波函数具有如下形式:

$$\Psi = e^{iK_1 x} e^{-K_2 x} \tag{7-28}$$

其中,

$$K_1 \approx \frac{1}{\hbar} \sqrt{2\mu(E'+U)}$$

$$K_2 \approx \frac{WK_1}{2(E'+U)}$$

因为 $|\Psi|^2 = e^{-2K_2 x}$,Ψ 随 x 呈指数衰减,核势阱的虚部越大,衰减越快。由此可见,势函数的虚部 W 导致入射粒子的吸收。求得了出射波函数后,就可以计算透射系数 T_l,进而计算散射和吸收截面。图 7-7 给出中子与 $A=110$ 的靶核反应的 T_l 值。

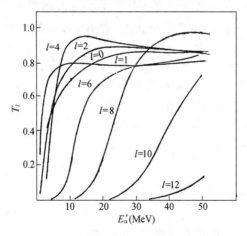

图 7-7 中子与 $A=110$ 的靶核反应的透射系数

上述讨论说明,光学模型只描述核反应的第一阶段。此外,光学模型适用于能量高于共振区的入射粒子与靶核的相互作用。在此能区内能量不确定性约为 10^5 eV 量级。因此,用光学模型计算出的截面是在该能量间隔中的截面的平均值。

7.2.3　核反应的共振及复合核模型

7.2.3.1　核反应的共振

大多数核反应的激发曲线在低能区有剧烈起伏,即当入射粒子的能量为某些值时反应截面急剧上升,呈现出一个一个的尖峰,这种现象称为核反应的共振。如图 7-3 中入射中子能量为 $1\sim100\,eV$ 的区域。又如,能量小于 $400\,keV$ 的中子轰击 ^{27}Al 引起的 $^{27}Al(n, n')^{27}Al$ 反应中观察到 8 个共振峰;能量为 $0.2\sim0.4\,MeV$ 的质子与 ^{27}Al 的 $^{27}Al(p, \gamma)^{28}Si$ 反应有 70 个共振峰;能量为 $1.42\sim2.47\,MeV$ 的质子与 ^{53}Cr 的 $^{53}Cr(p, n)^{53}Mn$ 反应的共振峰多达 261 个。

核反应出现共振现象证明了复合核的存在。例如,^{197}Au 俘获中子反应的第一个共振峰位于 $E_n=4.87\,eV$ 处,共振峰宽度 $\Gamma=0.0213\,eV$。反应中间体的能量不确定性 Γ 与时间不确定性即平均寿命 τ 服从海森堡(Heisenberg)测不准关系

$$\Gamma\tau \geqslant \frac{\hbar}{2}$$

$\tau \geqslant 1.5\times10^{-14}\,s$,而能量为 $4.87\,eV$ 的中子的速度为 $2.16\times10^6\,cm\cdot s^{-1}$,直接穿越 ^{197}Au 的时间约为 $3.7\times10^{-19}\,s$。由此可见,中子不能直接穿越靶核,而是与靶核形成一个比直接穿越靶核所需时间长得多的中间体,即复合核。

核反应出现共振现象还说明复合核存在能级结构。复合核的激发能比较高,一般均大于一个核子的分离能。由此可见,相应于核反应共振的能级位于核子分离能之上,我们称这种能级为**非束缚能级**或**虚能级**。激发能越高,非束缚能级变得越来越密,最后连成一片,形成所谓**连续区**。^{27}Al 俘获一个中子形成的复合核 ^{28}Al 的能级图示于图 7-8。

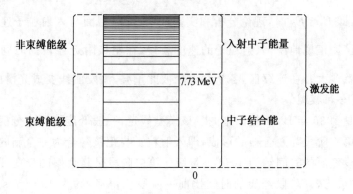

图 7-8　^{27}Al 吸收一个中子形成的复合核的能级示意图

设单位时间内复合核通过出射道 $1,2,3,\cdots$ 衰变的概率是 $W_1, W_2, W_3, \cdots$,则单位时间内复合核衰变的总概率 W 为

$$W = W_1 + W_2 + W_3 + \cdots \tag{7-29}$$

于是相应能级的平均寿命为

$$\tau = \frac{1}{W} \tag{7-30}$$

我们可以将能级的平均寿命视为体系存在时间的不确定性,根据测不准关系,相应的能量不确定性为

$$\Gamma \approx \frac{\hbar}{\tau} \tag{7-31}$$

能级能量的不确定性说明能级有一定的宽度 Γ，将(7-30)式和(7-29)式代入(7-31)式，可得**能级宽度**(level width)与单位时间内衰变概率的关系，

$$\begin{aligned}\Gamma &= \hbar W = \hbar W_1 + \hbar W_2 + \hbar W_3 + \cdots \\ &= \Gamma_1 + \Gamma_2 + \Gamma_3 + \cdots\end{aligned} \tag{7-32}$$

$\Gamma_1, \Gamma_2, \Gamma_3, \cdots$ 为相应衰变方式的**分宽度**。

引入能级宽度概念后，复合核以某一方式 i 衰变的相对概率为

$$p_i = \frac{W_i}{\sum W_j} = \frac{\Gamma_i}{\Gamma} \tag{7-33}$$

单个共振能级附近的截面随入射粒子能量的关系可用 Breit-Wigner 公式描述：

$$\sigma_l(a,b) = g_C(2l+1)\pi \hbar^2 \frac{\Gamma_a \Gamma_b}{(E-E_0)^2 + (\Gamma/2)^2} \tag{7-34}$$

式中 E_0 为发生共振时入射粒子的相对运动的动能，g_C 为计及角动量在空间取向不同而有 $(2I+1)$ 或 $(2l+1)$ 个简并度而引入的统计权重。令 I_a, I_A 和 I_C 分别为入射粒子、靶核和复合核的核自旋，则

$$g_C = \frac{2I_C + 1}{(2I_a + 1)(2I_A + 1)(2l + 1)}$$

代入(7-34)式得

$$\sigma_l(a,b) = \frac{2I_C + 1}{(2I_a + 1)(2I_A + 1)}\pi \hbar^2 \frac{\Gamma_a \Gamma_b}{(E-E_0)^2 + (\Gamma/2)^2} \tag{7-35}$$

在远离共振峰处，即 $E' \ll E_0$ 时，理论分析和实验证明，反应截面与入射粒子速度 v 成反比，这一能区称为"$\frac{1}{v}$ **区**"。正规地说，入射粒子的速度愈慢，在靶核附近停留的时间愈长，因而被靶核吸收的概率也就愈大。在连续区，各个共振峰彼此重叠，激发曲线变成光滑曲线。

7.2.3.2 复合核模型

复合核模型是 1936 年 Bohr 提出来的。该模型假定，一般低能核反应分两阶段进行，且两阶段彼此独立。第一阶段为复合核的形成，即入射粒子与靶核融合为一个新的居间激发核，称为复合核。此阶段经历的时间约为 10^{-22} s 量级。第二阶段是复合核的衰变，即复合核分解为出射粒子和剩余核。这一阶段经历的时间比前一阶段长得多，约为 $10^{-16\pm3}$ s 量级。这样，复合核反应可写为

$$A + a \longrightarrow C \longrightarrow B + b$$

此处 C 表示复合核。

复合核模型的基本思想与描述核结构的液滴模型相同，也是将原子核比做液滴。入射粒子进入靶核后不但带进了它的动能 E'，而且还要放出它与靶核的结合能 B_{aA}，因此复合核的激发能为

$$E^* = E' + B_{aA} \tag{7-36}$$

由于核内的核子之间的极度频繁的碰撞，激发能 E^* 很快就分布到整个复合核中。这一过程可以认为是液滴的加热过程，复合核形成以后并不立即衰变，这是因为尽管复合核的激发能很高，但每个核子分配到的能量并不多。要从核中发射粒子，必须在被发射的粒子上聚集足

够的能量,即该粒子与剩余核的分离能。对发射带电粒子,还需克服库仑势垒。这种概率是不大的,需要经历多次碰撞才能实现。能量聚集在哪种粒子上完全是随机的。对于中、重核,发射带电粒子的概率比较小,因为库仑势垒比较高。轻核发射带电粒子的库仑势垒比较低,相应的概率也比较大。

复合核的衰变过程可以与液滴的蒸发分子相比拟。随着粒子的蒸发,液滴温度下降。当剩余核的激发能低于任一种粒子的分离能后,γ 跃迁就成为退激的唯一方式。

由此可见,复合核从形成到衰变要经历许多次碰撞。复合核的衰变可以有多种方式,每种衰变方式具有一定的概率,这种概率只决定于复合核本身的性质,而与其形成方式无关。设某复合核 C 有两种形成方式和两种衰变方式:

C 衰变成 B+b 的相对概率为 $p_b(E^*)$,衰变成 B′+b′ 的相对概率为 $p_{b'}(E^*)$,根据二阶段独立的假设,应有

$$\sigma_{ab} = \sigma_{CN}(E_a)p_b(E^*)$$

$$\sigma_{ab'} = \sigma_{CN}(E_a)p_{b'}(E^*)$$

$$\sigma_{a'b} = \sigma_{CN}(E_{a'})p_b(E^*)$$

$$\sigma_{a'b'} = \sigma_{CN}(E_{a'})p_{b'}(E^*)$$

式中 σ_{CN} 为复合核形成截面。若不同入射道所形成的复合核的激发能 E^* 与角动量 J 相同,则

$$\frac{\sigma_{ab}}{\sigma_{ab'}} = \frac{\sigma_{a'b}}{\sigma_{a'b'}} \tag{7-37}$$

上式说明,复合核的衰变分支比与其生成方式无关。但因实际上不同入射道形成的复合核的角动量不一定相同,在衰变方式上可能还是有些差别。

当入射粒子能量比较高时,除发生复合核反应外,还可发生入射粒子擦边而过的直接反应。令 σ_{gr} 为**擦边反应**(grazing reaction)的截面,则

$$\sigma_a = \sigma_{CN} + \sigma_{gr} \tag{7-38}$$

由于低 l 分波的入射粒子比较接近靶核中心,高 l 分波的粒子比较接近靶核边缘,因此可以认为 l 高于某一临界值 l_{gr} 的分波给出擦边反应截面,l 低于 l_{gr} 的分波给出复合核反应截面。于是

$$\sigma_{CN} = \pi \lambdabar^2 \sum_{l=0}^{l_{gr}} (2l+1)T_l \tag{7-39}$$

7.2.3.3 复合核的衰变-蒸发模型

随着复合核激发能的升高,能级宽度增加,能级间的间距减小,单位能量间隔中的能级数目(能级密度)增加,许许多多的能级紧挨在一起,连成一片。如果将复合核的衰变过程视为由复合核能级 E^* 至剩余核能级 E_B^* 之间的跃迁过程(图7-9),允

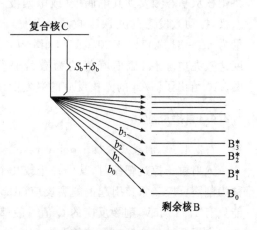

图 7-9 复合核的衰变

许的跃迁数目是非常多的。出射粒子的能量 E'_b 为

$$E'_b = E^* - S_b - E_B^* - E'_B - \delta_b$$
$$\approx E^* - S_b - \delta_b - E_B^* \tag{7-40}$$
$$\approx (E'_b)_{max} - E_B^*$$

式中 S_b 为出射粒子的分离能，E'_B 为剩余核的反冲动能，对中、重核发射中子或质子的反应 $E'_B \ll E'_b$，δ_b 为对效应校正项。当剩余核处于基态时，E'_b 达到最大值 $(E'_b)_{max} = E^* - S_b - \delta_b$。当 $E'_b = E^* - S_b - \delta_b$ 时，$E_B^* = 0$，因此出射粒子能量在从 0 到 $(E'_b)_{max}$ 间分布。这一情况与从液体中蒸发液体分子相似，我们可以用统计理论进行处理。理论分析和实验结果表明，出射粒子的能谱呈麦克斯韦-玻尔兹曼分布。对于出射中子谱分布函数为

$$\frac{dn}{n\,dE_n} = CE_n e^{-E_n/T} \tag{7-41}$$

式中 C 为归一化常数；T 为核温度，它具有能量的量纲。

对于带电粒子，因要克服库仑势垒，飞出粒子的平均能量要比出射中子的平均能量高得多，谱分布函数为

$$\frac{dn}{n\,dE_b} = Cp(E'_b, l_b)E_b e^{-E_b/T} \tag{7-42}$$

此处 $p(E'_b, l_b)$ 表示能量为 E'_b、角动量为 l_b 的出射粒子穿透势垒的概率。

如同液体蒸发分子的角分布是各向同性一样，在质心系统中，在适当条件下出射粒子的角分布也是各向同性的。在有些情况下虽然不是各向同性的，但对垂直于入射方向的平面是对称的，即

$$\sigma(180° - \theta) = \sigma(\theta) \tag{7-43}$$

7.2.3.4　光核反应(photonuclear reaction)

γ 光子与原子核的相互作用属于电磁相互作用。γ 光子打在靶核上，可能直接将核子敲出(直接反应)，也可能被靶核吸收形成复合核再衰变成产物。光核反应的一个重要现象是**巨共振**(giant resonance)，它实质上是将靶核从基态激发到其电偶极(或电四极、电八极)振动激发态的共振吸收。巨共振峰能量为 $\hbar\omega = 31.2A^{-1/3} + 20.6A^{-1/6}$ (MeV)，宽度达数兆电子伏，截面峰值约为数百毫靶。图7-10 给出了 ^{109}Ag 的光核反应的激发曲线。

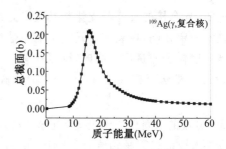

图 7-10　^{109}Ag 的光核反应的激发曲线
(数据取自 Photo Nuclear Data Files Retrieval System, Relational IAEA Photo Nuclear Data Library)

7.2.4　**直接反应**

7.2.4.1　削裂反应(stripping reaction)

入射粒子掠过靶核时，其中一个或几个核子被靶核俘获，其余部分留在核外，这样的反应称为削裂反应。氘核引起的削裂反应(d,p)和(d,n)是最重要的削裂反应。氘核的平均结合能只有 $1.11\,MeV$，削裂反应的 Q 值一般都比较大。

由于靶核库仑场对氘核的取向和极化作用，使得氘核的中子一端靠近靶核，质子一端远离

靶核,因而(d,p)反应比(d,n)反应截面大得多。最有实际意义的削裂反应是 ^{3}H(d,n)^{4}He 反应,这一反应的 Q 值大(17.58 MeV),在氘核能量为 105 keV 时反应截面有 5b,氢弹中正是利用这一反应。在加速器上可利用这一反应获得 14 MeV 的中子。

7.2.4.2 拾取反应(pick-up reaction)

与削裂反应相反,拾取反应是当入射粒子与靶核作用时,从靶核拾取一个或几个核子,结合成较重的粒子并飞出核外。(p,d) 反应和(n,d)反应分别是氘核削裂反应(d,p)和(d,n)的逆过程。

7.2.4.3 其他直接反应

除削裂反应和拾取反应外,还有其他类型的直接反应,如电荷交换反应(p,n)和(n,p),(^{3}He, t)和(t, ^{3}He),以及非弹性散射和敲出反应等。这些反应从表面上看似乎与复合核反应没有区别,但在实验上是可以区分的。区分方法是:① 角分布不同。复合核反应的角分布是各向同性的或者具有 90°对称性,而直接反应则没有 90°对称性。② 激发曲线形状不同。实验测得的激发曲线如与按复合核反应计算的激发曲线相符,该反应是复合核反应;如实验激发曲线在高能端有偏高的尾巴,需要考虑存在直接反应的可能性。③ 出射粒子能谱不同。复合核反应的出射粒子谱为蒸发谱,而直接反应则不是。

7.2.5 中、低能核反应化学

7.2.5.1 新核素的合成

迄今为止,已经发现的核素约有 3000 种,理论预言还有约 3000 种没有发现。这些未知核素绝大多数分布在远离 β 稳定线的区域,而且丰中子同位素的数目比缺中子同位素的数目多。例如,用(p,t)、(^{3}He, n)、(^{3}He,t)等反应制得了像 ^{9}C、^{13}O、^{17}Ne、^{21}Mg、^{33}Ar、^{40}Ti 等缓发质子的放射性核素以及缓发 α 粒子的核素 ^{20}Na。用 80~120 MeV 的 ^{3}He 和 ^{4}He 轰击稀土元素靶制得了具有 α 放射性的缺中子核素。利用重离子作轰击粒子制备极缺中子的核素更为有效。在 $N=82$ 的中子闭壳层附近的许多极缺中子核素如 $^{151\sim153}$Er、$^{150\sim154}$Ho 和 $^{156\sim157}$Yb 都是 α 放射性的。极缺中子的 $^{222\sim225}$Pa、$^{221\sim224}$Th 和 $^{213\sim222}$Ac 形成类似于天然放射系的衰变链。利用高注量率反应堆或核爆炸产生的高注量率中子生产出了像 ^{252}Cf 这样的极为有用的核素。

根据核的壳层模型,$Z=N=$ 幻数的核具有特别高的稳定性。1994 年合成了人们期待已久的 ^{100}Sn,这是迄今已知的最重的双幻数核,其他四个是 ^{4}He、^{16}O、^{40}Ca 和 ^{56}Ni。对于其性质的研究将有助于检验和完善核的壳层模型,认识元素的起源。

1985 年通过某些 He 和 Li 的同位素的核相互作用截面和核半径测量发现了**晕核**(halo nucleus)现象。晕核是一类特殊的原子核,其核心由具有正常密度的核物质组成,外围由低密度的中子或质子云(或称中子皮和质子皮)组成,核心部分与外围核子在空间上无偶合(彼此没有影响)。最外面核子的分离能很小,核表面的密度分布很弥散,因此具有很大的核半径、很窄的动量分布和反常大的反应截面。例如,晕核 ^{11}Li($T_{1/2}=8.7$ ms)的核半径与 ^{32}S 的核半径相当。图 7-11 是晕核的示意图。由量子力学我们知道,如果若干个核子束缚在一个核力势阱中,大部分的核子紧密结合组成核心,余下两个核子(称为价核子)结合很松弛,或者说它(它们)在其余核子的平均场中所处的能级很高,则它(它们)有相当大的概率(>50%)穿透势垒,出现在势阱之外的区域。按照测不准关系,晕核的寿命很短($10^{-3}\sim10^0$ s),晕核子的轨道角动量为 0(s 态),因为高角动量的核子穿透势垒要受到离心势垒的阻挡。同理,晕质子在空间上不如晕中子扩展。显然,晕核不能用壳层理论或平均场理论描述,而要用量子力学的**少体模型**(few-body model)描述。

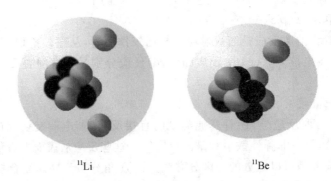

^{11}Li ^{11}Be

图 7-11 晕核示意图

[引自 Jim Al-Khalili,An Introduction to Halo Nuclei. Lect. Notes Phys.,2004(651):77~112]

理论预言晕核有中子晕、质子晕、n-p 晕或晕集团四种类型,目前已发现了前两种。^{6}He、^{11}Li、^{11}Be、^{17}B、^{19}B、^{15}C、^{19}C、^{23}O 等为**中子晕核**,^{8}B、^{11}C、^{17}F、^{17}Ne 等为**质子晕核**。晕核不限于基态核,我国学者张焕乔等发现^{13}C 的第一激发态是晕核。最近有人发现更重的晕核$^{26\sim28}$P 和$^{27\sim29}$S。

Borromean 核是一种类似于三环结的结构(图 7-12)。三环结中,只要取去其中的任意一环,其余二环也将分离开。Borromean 核由核心部分和结合松弛的两个中子或两个质子组成。只要移去三者中任意一个,其余两个也将分解。^{6}He、^{11}Li、^{14}Be、^{17}B、^{19}B、^{21}C 为具有两个价中子的 Borromean 核,^{8}B、^{11}C、^{17}Ne 等为具有两个价质子的 Borromean 核。

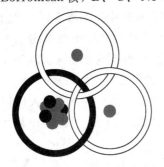

图 7-12 Borromean 三环结和 Borromean 核

近年来我国在中、低能核反应方面取得了很好的成绩。中国科学院兰州近代物理研究所和上海原子核物理研究所(现中国科学院上海应用物理研究所)先后合成和鉴别了^{202}Pt、^{208}Hg、^{185}Hf、^{237}Th 等八种丰中子新核素,^{131}Ce、^{135}Nd 等八种轻稀土质子滴线核素,^{25}P 和^{65}Se等两种轻质量数质子滴线核素,^{230}Ac、^{237}Th 等六个锕系新核素,以及超锕系新核素^{259}Db。其中^{230}Ac 是一个 β 缓发裂变(β-delayed fission)核。

中国科学院近代物理研究所正在建造用放射性核素作为轰击粒子(放射性束)的装置。因为放射性核素束本身是丰中子或缺中子的,以这种核素作为轰击粒子,有可能合成出更逼近中子滴线或质子滴线的新核素。产生放射性束的装置一般分为两级,短寿命放射性核素由驱动装置(高功率加速器或高通量反应堆),通过散裂反应(spallation)、碎裂反应(fragmentation)或裂变反应(fission)生成,用在线同位素分离器挑选出所要的粒子,经过电荷剥离及预加速,馈送到后加速器(post-accelerator),加速到额定的能量,引出到靶室去轰击靶子。

总之,新核素的合成是核化学研究的广阔领域,随着这方面工作的进展,必将大大丰富人类对于原子核结构和核素的演化方面的认识。

7.2.5.2 核反应机制的研究

如前所述,对于核反应的第一阶段,光学模型能够给出与实验测量基本相符的计算结果。对于复合核的衰变,统计理论对于出射道的截面和出射粒子谱能够做出定量的解释。对于核反应的第二阶段,目前了解还不多。近年来许多研究工作集中在大角动量对于核反应进程的影响上,这方面的研究有助于统计理论的完善。当一个核反应可以生成一种核素的两种或两种以上的同质异能素时,由于复合核发射高角动量的粒子受到离心势垒的阻挡,因此衰变过程中剩余核的能量降低比角动量降低要快,这就使高自旋的同质异能素比低自旋的同质异能素有较大的截面。通过测定同质异能素的生成截面比——**同质异能素比**(isomer ratio),可以获得有关能级密度方面的知识。现代快电子学技术的发展,使人们有可能直接测定复合核的寿命,这必将丰富我们对于核反应机制的了解。

7.2.5.3 核反应截面的测定

核化学研究的另一个重要方面是核反应截面的测定,这类工作在理论上和实用上都具有重要意义。

原则上讲,只需要测定入射粒子的流强 I、透过靶核后的流强 I' 以及单位面积上的靶核数 N_s,利用(7-14)式就可计算出反应截面,此时单位时间的反应数 $N' = I - I'$。实际上这一方法只适合于中子而不适合于带电粒子核反应。这是因为中子不带电,与核外电子不发生作用。用这种方法测出的是总截面。对于带电粒子由于核外电子的阻止作用,带电粒子的能量会发生变化,甚至被减速到不能引起核反应。由于截面与能量有关,这样就只能测定某个能量间隔的平均截面。为避免入射粒子的能量在靶中发生变化,靶必须做得很薄。这样单位时间发生核反应的数目很少,由此计算的反应截面的误差很大。

测定反应截面通常采用两个方法:

(1)测定生成的剩余核的数目 这一方法只适合于产物是放射性核素的情况。照射 t 时间后生成的剩余核的放射性活度为

$$A = I\sigma N_s(1 - e^{-\lambda t}) \tag{7-44}$$

式中 λ 为剩余核的衰变常数。为了排除竞争核反应的干扰,通常需要对产物进行放射化学分离,并通过测定加入的载体的回收率求得分离程序的化学收率。束流 I 的测量可以采用截面已知的参考核在相同条件下照射,通过(7-44)式计算,亦可用法拉第圆筒和束流积分仪直接测量。如果束流随时间变化,还需对此进行校正。这一方法的优点是可以测定许多核反应的分截面,Porile(1959)用这一方法测定了 α 粒子轰击 ^{64}Zn 发生的 (α,γ)、(α,n)、(α,p)、$(\alpha,2n)$、(α,pn)、$(\alpha,3n)$、$(\alpha,p2n)$、$(\alpha,2pn)$、$(\alpha,\alpha n)$、$(\alpha,\alpha 2n)$ 和 $(\alpha,\alpha pn)$ 反应的截面,部分结果示于图 7-13。这一方法目前仍广为采用。

(2)测定出射粒子的数目 这一方法是在 (θ,ϕ) 方向距离靶子 r 处放置一面积为 S 的探测器,记录单位时间出射粒子的数目 $\Delta N'$,按

$$\sigma(\theta,\phi) = \frac{\Delta N'}{IN_s\Delta\Omega} \tag{7-45}$$

$$\Delta\Omega = \frac{S}{r^2}$$

即可求出微分截面。若探测器的能量分辨率比较高,配上多道分析器以后,还可以测定出射粒子的能谱。如同时记录不同的 θ 的微分截面,便可得到角分布 $\sigma(\theta)$。将 $\sigma(\theta)$ 对 θ 积分就可以

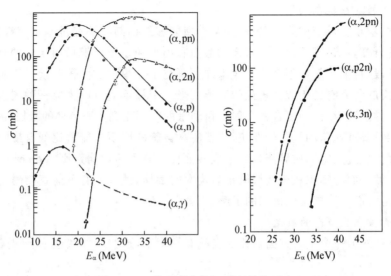

图 7-13　α 粒子轰击 ^{64}Zn 引起的核反应

得到反应截面。如果一个核反应同时发射两个出射粒子,利用两个探测器分别记录这两个粒子,便可得知这两个粒子出射方向间的关系——角关联。这一方法的缺点是对于不同反应放出的同种粒子[如(α,n)、(α,2n)和(α,3n)反应放出的中子]不能区分。

　　核反应截面对于核武器设计、核反应堆设计、放射性同位素生产、天体物理和宇宙化学及辐射防护都是极重要的基础数据,世界上有五个大的核反应数据库(JENDL、CENDL、BROND、ENDF/B、JEF)可供查询,中子的实验核反应数据可查 EXFOR 数据库,可登录我国核科学与核技术网上合作研究中心的网站(http://nst.pku.edu.cn 或 http://159.226.2.40/main.htm)获取这些数据库的数据。许多重要的医用放射性核素(如 ^{11}C、^{13}N、^{15}O、^{18}F、^{68}Ga、^{94}Tc、^{111}In、^{123}I、^{124}I、^{201}Tl 等)是用带电粒子轰击适当的靶子生产的,有关的激发函数已汇编成册(参见:Charged particle cross-section database for medical radioisotope production:diagnostic radioisotopes and monitor reactions,Final report of a co-ordinated research project,IAEA-TECDOC-1211,May 2001)。

7.2.5.4　应用

　　中、低能核反应有着广泛的应用。重核裂变除用于军事目的外,已成为重要的能源。可控轻核聚变(热核反应)一旦实现,将为人类提供取之不尽的洁净能源。活化分析已经成为人们熟知的高灵敏度的分析手段。通过核反应生产的种类繁多的放射性核素及标记化合物已广泛用于工农业生产、医疗卫生及科学研究中。除此之外,中、低能核反应对于阐明天体演化与元素起源起着非常重要的作用。

7.3　原子核裂变

　　原子核裂变的发现是 20 世纪科学史上的重大事件,它导致原子能的大规模军事与和平应用,对于人类社会生活乃至历史进程产生了深刻的影响。关于原子核裂变现象的发现历史已在第 1 章中叙述。

裂变是一个极其复杂的反应,它是一个核经过激烈变化重新组合成两个核的过程。自从裂变发现以来已经过了 60 多年,人们对裂变进行了大量的实验和理论研究,但仍有很多问题没有完全搞清楚。本节仅介绍裂变的基本知识,有兴趣的读者可阅读本章末所列的专著。

7.3.1 液滴模型和裂变参数

O. Hahn 和 F. Strassmann(1939)通过实验发现了裂变现象,L. Meitner 和 O. Frisch (1939)最早用液滴模型对裂变现象做出了理论解释。最详尽的核裂变理论则是由 N. Bohr 和 J. A. Wheeler(1939)提出来的。

根据液滴模型,一个球形原子核发生裂变的动力学过程可描述如下:原子核的结合能由体积能、表面能、库仑能、对称能和对能组成,如结合能的半经验公式(2-12)所示。当球形原子核发生形变时,原子核的势能要发生变化,但势能的符号与结合能相反。由于假定原子核为不可压缩的带电液滴,其体积能不变,对称能和对能也近似不变,唯有库仑能随形变加大而减小,而表面能随形变加大而增加。当形变较小时,表面能的增加超过库仑能的减小,因而阻止形变的进一步加大,此时球形核是稳定的。当原子核形变较大时,表面能的增加不足以阻止库仑能的减小,形变将进一步增大并导致原子核分裂。在形变的临界点,表面能和库仑能相等。

对于球形原子核的小的形变,总的势能变化为

$$\Delta E = (E_S + E_E) - (E_S^0 + E_E^0) = \frac{2\alpha^2}{5E_S^0}\left(1 - \frac{E_E^0}{2E_S^0}\right) \tag{7-46}$$

定义

$$\chi \equiv \frac{E_E^0}{2E_S^0} \tag{7-47}$$

为**可裂变参数**(fissionability parameter)。将(2-12)式中的相应项代入上式,得

$$\chi = \frac{a_E Z^2 A^{-1/3}}{2a_S A^{2/3}} = \left(\frac{a_E}{2a_S}\right) \cdot \left(\frac{Z^2}{A}\right)$$

在临界点,$\chi = 1$,

$$\left(\frac{Z^2}{A}\right)_{临界} = \frac{2a_S}{a_E} \approx 50$$

将上式代入(7-47)式,

$$\chi \approx \frac{0.02Z^2}{A} \tag{7-48}$$

用(7-48)式估算出 ^{157}Gd、^{232}Th、^{235}U、^{239}Pu、^{252}Cf 的 χ 分别为 0.52,0.70,0.73,0.74 和 0.76。从以上的讨论可以得出以下几点推断:

(1) 原子核越重,可分裂性越大。

(2) 核的可裂变参数越大,发生裂变所需的形变越小,越容易发生裂变。

(3) 只有 $\chi > 0.35$ 的原子核裂变反应有能量释放,这相当于 $A > 90$ 的原子核才有可能发生裂变。

(4) 若将 β 稳定线外推至锕系后核素,该区域 β 稳定线上的 N/Z 值约等于 1.67,由此推算出 $Z \approx 130$ 的原子核的 $\chi = 1$,此即为周期表的上限。

(5) 如果没有外加能量,即使像 ^{239}Pu 这样的重核对于裂变也是稳定的。它们只能借势垒

穿透发生自发裂变。

7.3.2 裂变势垒

按照液滴模型，$\chi < 1$ 的原子核发生形变时其能量升高，而裂变必须从形变开始。因此裂变受到势垒的阻挡，我们将沿着裂变路径形变的能量最高点（即上一小节中的临界点）与基态能量之差称为**裂变势垒**（fission barrier），称该点为裂变的**鞍点**（saddle point）。经过鞍点以后，能量随形变加大而下降，行将分离开的状态对应的点为裂变的**断点**（scission point）。过断点以后，两裂片之间的库仑斥力使它们沿相反的方向分开。表 7-1 列出了若干核素的裂变势垒的实验值。裂变势垒高度随 χ 增加而下降，但在锕系元素区，裂变势垒约为 6 MeV，基本保持不变。

表 7-1 一些核素的裂变势垒的实验值

核素	^{173}La	^{191}Ir	^{209}Bi	^{232}Th	^{235}U	^{238}U	^{239}Pu	^{253}Cf
裂变势垒（MeV）	28.7	23	20.4	6.0	5.8	5.8	5.8	5.3

利用液滴模型可以估算裂变反应

$$_Z^A M \longrightarrow {}_{Z_1}^{A_1} M_1 + {}_{Z_2}^{A_2} M_2$$

释放的能量。令 $x = A_1/(A_1 + A_2) = Z_1/(Z_1 + Z_2)$，$A = 236$，$Z = 92$，裂变释放的能量等于两裂片的结合能的和减去母核的结合能。用结合能的半经验公式计算的结果示于图 7-14。由该图可见，按照液滴模型，对称分裂释放出的能量最大，^{236}U 释放的能量约为 185 MeV。因为裂片仍处于激发态，其衰变能（约为 20~30 MeV）未计算在内。可以证明，对称分裂的裂变势垒最小，裂变概率最大。实际上，重核的低能裂变不对称分裂的概率最大，释放出来的能量也最大，这是液滴模型不能解释的。此外，按照液滴模型，一个核只有一个裂变势垒，因此不可能出现自发裂变同质异能素，这与实验事实矛盾。由此可见，虽然液滴模型在解释重核裂变的方面取得了很大的成功，但还需要修正。

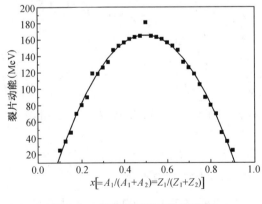

图 7-14 液滴模型预言的裂变能

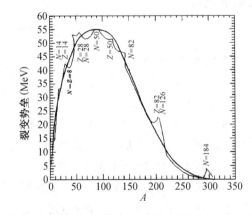

图 7-15 液滴模型（粗线），以及加壳效应及对效应校正后（细线）预言的裂变势垒

液滴模型是一个宏观模型，没有考虑原子核的壳层结构。B. M. Strutinsky 在液滴模型的基础上引入壳层效应修正，经过修正的原子核势能为

$$E = E_{LD} + \Delta E \tag{7-49}$$

$$\Delta E = \delta E_{SH} + \delta E_P$$

式中 δE_{SH} 和 δE_P 分别为壳修正和对能修正，ΔE 为总的能量修正。图 7-15 为经过修正的裂变势垒随 A 变化的曲线。由于形变核的单粒子轨道的能量是形变的函数，修正值 ΔE 随形变而起伏，使得在裂变势垒曲线出现双峰（铀核及其以后）甚至三峰（镭核和钍核）。

7.3.3 自发裂变和裂变同质异能素

自发裂变（spontaneous fission，SF）现象是 K. A. Petrzhak 和 G. N. Flerov 于 1940 年发现的。理论上，$A > 90$ 的核裂变时有能量释放，自发裂变由于裂变势垒的阻挡，只能借隧道效应发生。在铜系元素之前的元素，自发裂变概率太小以致观察不到。在铀、钍附近，α 衰变与 SF 的分支比约为 $10^7 : 1$。^{252}Cf 是一个常用的自发裂变中子源，α 衰变与 SF 的分支比为 $32 : 1$，而 ^{254}Cf 则为 $1 : 330$。$Z > 100$ 的超重元素自发裂变的半衰期越来越短，是合成超重元素的主要障碍。从 ^{238}U（$T_{SF,1/2} = 1.0 \times 10^{16}$ a）到 ^{258}Fm（$T_{SF,1/2} = 3.8 \times 10^{-4}$ s），半衰期的减少达 10^{28} 数量级。

考察迄今发现的 100 多个自发裂变核素人们发现，偶-偶核的 SF 半衰期随 Z^2/A 增加而下降，而奇 A 核的 SF 半衰期比相邻的偶-偶核长。用量子力学势垒穿透理论导出的计算公式为

$$T_{SF,1/2} = 2.77 \times 10^{-21} \exp(2\pi B_f / E_{CV}) \tag{7-50}$$

式中 E_{CV} 为势垒的曲率。由此可见，SF 的半衰期对于势垒高度非常敏感。

按照液滴模型，重核由球形形变为长椭球形时，势能曲线上只有一个势垒，如图 7-16 中虚线所示。利用 Nilson 模型（见 2.3.2.1 小节）对形变核进行壳效应和对效应校正后，势能曲线出现起伏，如图 7-16 中实线所示。该曲线上有两个势垒和两个势阱。若对应于小形变的势阱（Ⅰ）比对应于大形变的势阱（Ⅱ）深，则前者是基态，后者为激发态。两个势垒中能量较高的那个势垒（B）就是裂变势垒。若第二个势阱（Ⅱ）也比较深，以至于重核处在这个激发态的寿命可以测量，则称该重核核素为**裂变同质异能素**（fission isomer）。裂变同质异能态与基态之间的势垒（A）就是前者经 γ 跃迁到后者需要穿透的势垒。另一势垒就是裂变同质异能态裂变所需要穿透的势垒（B）。第一个也是已知寿命最长的裂变同质异能素 ^{242m}Am 是 S. M. Polikanov 于 1962 年发现的。迄今发现的 100 多个裂变同质异能素分布在 $N = 140 \sim 152$ 的区域。还有两个衰变过程与自发裂变相竞争：α 衰变和簇衰变。在钍和铀附近，α 衰变的概率远大于自发裂变，随着原子序数的增加，自发裂变的分支比迅速增加。

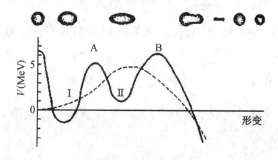

图 7-16 重核的双峰势垒曲线

[引自 A. Bohr，B. Mottelson. Ann. Rev. Nucl.，1973(23)：363]

7.3.4 诱发裂变和裂变阈能

表 7-1 说明，钍、铀和钚等重元素的各种常见同位素的裂变势垒很高，自发裂变的概率很小。为了克服裂变势垒，需要从外面加入能量。重核对于带电粒子的库仑势垒很高，而中子不需要克服库仑势垒，我们首先考虑用中子诱发的裂变。如用动能为 E_K 的中子轰击核 $_Z^A X$，中子被靶核吸收形成复合核 $_Z^{A+1} X$，释放的结合能为 S，

$$_Z^A X + n \longrightarrow {}_Z^{A+1} X^*$$

$$S = [M(Z,A) + m_n - M(Z,A+1)]c^2$$

若 S 大于 $_Z^{A+1} X$ 的裂变势垒 E_B，不管 E_K 为何值，哪怕是热中子(与 25℃ 环境达成热平衡的中子，其平均动能为 $0.025\,\text{eV}$)，一旦中子被 $_Z^A X$ 吸收，就可能导致裂变。我们称这种能被热中子分裂的核素为**易裂变核素**(fissile nuclide)。换言之，易裂变核素是可以被任何能量的中子(包括热中子)分裂的**可裂变核素**(fissionable nuclide)。从表 7-2 可知，中子数为奇数的核(如 ^{233}U、^{235}U、^{239}Pu 和 ^{241}Pu 等)俘获一个中子释放的能量比中子数为偶数的核(如 ^{232}Th、^{238}U、^{237}Np 和 ^{240}Pu 等)释放的能量要大。生成的核的激发能高于裂变势垒，因此这些核素可以被热中子裂变，它们是易裂变核素。^{232}Th、^{238}U、^{237}Np 和 ^{240}Pu 等虽然不能被热中子分裂，但可以被快中子分裂，它们属于可被快中子分裂的可裂变核素。

表 7-2　一些重核的裂变阈能(单位:MeV)

核素 $_Z^{A+1} X$	^{233}Th	^{234}U	^{236}U	^{239}U	^{238}Np	^{239}Pu	^{240}Pu	^{241}Pu	^{242}Pu
裂变势垒	6.4	6.0	5.9	6.2	6.0	6.2	5.7	5.9	5.8
S^*	4.78	6.85	6.54	4.80	5.49	5.65	6.53	5.23	6.31
核素 $_Z^A X$	^{232}Th	^{233}U	^{235}U	^{238}U	^{237}Np	^{238}Pu	^{239}Pu	^{240}Pu	^{241}Pu
$_Z^A X$ 的裂变阈能	1.62	—	—	1.4	0.51	0.55	—	0.7	—

* 为最后一个中子的结合能。

此外，^{232}Th 俘获一个中子后经两次 β^- 衰变生成 ^{233}U，

$$^{232}\text{Th} \xrightarrow{(n,\gamma),7.4\,\text{b}} {}^{233}\text{Th} \xrightarrow{\beta^-,22.4\,\text{min}} {}^{233}\text{Pa} \xrightarrow{\beta^-,27.0\,\text{d}} {}^{233}\text{U}$$

^{238}U 俘获一个中子后经两次 β^- 衰变生成 ^{239}Pu，

$$^{238}\text{U} \xrightarrow{(n,\gamma),2.73\,\text{b}} {}^{239}\text{U} \xrightarrow{\beta^-,23.5\,\text{min}} {}^{239}\text{Np} \xrightarrow{\beta^-,2.34\,\text{d}} {}^{239}\text{Pu}$$

^{240}Pu 俘获一个中子后生成 ^{241}Pu，

$$^{240}\text{Pu} \xrightarrow{(n,\gamma),286\,\text{b}} {}^{241}\text{Pu}$$

这类可俘获热中子经过(或不经过)β^- 衰变转变为易裂变核素的核素称为**可转换核素**(fertile nuclide)。

7.3.5 裂变截面和激发曲线

重核 $_Z^A X$ 吸收一个中子以后生成复合核 $_Z^{A+1} X^*$，复合核既可以裂变，也可以通过发射中子及 γ 射线退激。于是总截面

$$\sigma_t = \sigma_f + \sigma_\gamma + \sigma_n \tag{7-51}$$

当激发能比较低(例如轰击粒子为热中子)时，发射中子的反应截面很小。令

$$\sigma_a = \sigma_f + \sigma_\gamma \tag{7-52}$$

σ_a,σ_f,σ_γ 分别称为**吸收截面**、**裂变截面**和**俘获截面**。表 7-3 列出了几种可裂变核素的中子反应截面。

表 7-3 一些核素的中子反应截面(单位:b)

截 面	^{232}Th	^{233}U	^{235}U	^{238}U	^{239}Pu	^{240}Pu	^{241}Pu
σ_t	20.07	587.0	694	11.6	1019	291.1	1388
σ_a	7.40	578.8	680	2.7	1011.3	289.5	1377
σ_f	—	531.1	582	—	742.5	—	1009
σ_γ	7.40	47.7	98.6	2.7	268.8	289.5	368

^{235}U+n 的激发函数见图 7-17。热中子的反应截面符合 $1/v$ 定律。超热中子的反应截面剧烈起伏,源于核反应的共振。快中子的反应截面随中子能量变化平缓。当入射中子能量增高,以至于复合核的激发能高于中子的分离能时,将出现与裂变相竞争的 (n,n′) 反应。

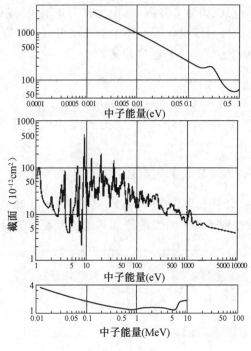

图 7-17 ^{235}U+n 的激发曲线

7.3.6 裂变后现象

断点以后,两个裂片(**初级裂片**,primary fragments)在其间巨大的库仑斥力下分开,并继续高速运动,从介质中俘获电子,损失能量,最终停留在介质中,经历时间约 10^{-12}s。初级裂片处于高激发态,通过发射中子和 γ 射线释放其一部分激发能。这一阶段发射的中子和 γ 射线分别称为**瞬发中子**(prompt neutron)和**瞬发 γ 射线**(prompt gamma-ray)。

当初级裂片的激发能小于最后一个中子的结合能时,只能通过多次 β 衰变(多半伴随发射

163

γ射线)退激。这种瞬发过程刚刚结束而放射性衰变过程尚未开始的裂片称为**次级裂片**(secondary fragment)或**初级裂变产物**(primary fission product)。质量不同的次级裂片构成一条条的**衰变链**(或称**质量链**)。

在裂变产物衰变链中,有些成员的激发能高于最后一个中子的结合能,有一定的概率发射一个中子,例如^{87}Br就是这样的核素,相对于缓发中子事件,它是一个**前驱核**,

$$^{87}\text{Br} \xrightarrow{55.7\,\text{s}} {}^{86}\text{Br} + \text{n}$$

缓发中子的数量并不多,^{235}U和^{239}Pu中子诱发裂变的缓发中子产额分别为1.58%和0.61%,但对于核反应堆的控制极为关键。

一次裂变发射的平均中子数常用$\bar{\nu}$表示,它等于平均瞬发中子数$\bar{\nu}_p$和平均缓发中子数之和。

$$\bar{\nu} = \bar{\nu}_p + \bar{\nu}_d \tag{7-53}$$

一次裂变发射的中子数ν是随机的,服从$(\bar{\nu}, \sigma)$高斯分布。^{233}U、^{235}U和^{239}Pu热中子裂变的$\bar{\nu} \pm \sigma$分别为2.4946 ± 0.0040,2.4320 ± 0.0036和2.884 ± 0.007。入射中子能量愈高,$\bar{\nu}$愈大。

裂变中子的实验室平均动能约为2 MeV,其中约有1/3(约0.67 MeV)的动能是裂变碎片赋予的,其余为质心系统中的发射能量。裂变中子的能谱可以用麦克斯韦-玻尔兹曼分布函数[(7-54 a)式]或Watt分布函数[(7-54 b)式]来描述。

$$\chi(E) = C\sqrt{E}\exp(-E/T_M) \tag{7-54a}$$

$$\chi(E) = C'\exp(-E/T)\sinh(\sqrt{4EE_f/T^2}) \tag{7-54b}$$

式中T_M称为麦克斯韦温度,E_f为裂变碎片每个核子的平均动能,T为核温度。中子的平均能量$\bar{E}$不难求得:

$$\bar{E} = \int_0^\infty E\chi(E)\mathrm{d}E = \frac{3}{2}T_M$$

^{235}U中子诱发裂变的$T_M = 1.319 \pm 0.019$ MeV,$\bar{E}_C = 1.979 \pm 0.029$ MeV。图7-18绘出了裂变中子能谱,两种分布函数差别不大。自发裂变和其他诱发裂变的瞬发中子能谱与此类似。

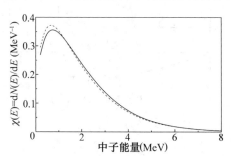

图 7-18 ^{235}U+n 的裂变中子能谱

实线:$\chi(E) = 0.453\exp(-1.036E)\sinh(\sqrt{2.29E})$

虚线:$\chi(E) = 0.770\sqrt{E}\exp(-0.776E)$

如果初级裂片的激发能小于最后一个中子的分离能,或者虽然能量上容许但跃迁受到角动量选择定则的禁阻,在开始β衰变之前,发射γ光子就成为退激的唯一方式。^{235}U热中子裂变的瞬发γ射线谱见图7-19。对于自发裂变和各种能量下的诱发裂变的瞬发γ射线谱的测量发现,每次裂变大约发射 8～10 个平均能量略小于 1 MeV 的瞬发 γ 光子,所有自发裂变和诱发裂变都大致如此。

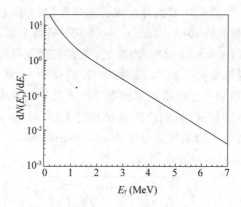

图 7-19 　^{235}U 热中子裂变瞬发 γ 射线谱(也适用于其他重核的裂变)

$$\frac{\mathrm{d}N(E_\gamma)}{\mathrm{d}E_\gamma} = 6.7\exp(-1.05E_\gamma) + 30\exp(-3.8E_\gamma)$$

(引自 G. Robert Keeping. Physics of Nuclear Kinetics,

Addison-Wesley, Reading, Massachusetts, 1995, 67)

至此,我们可以将裂变释放的能量总结一下。在 ^{235}U 的慢中子诱发裂变中,每次裂变平均释放的能量约 207 MeV,其中轻、重两个裂片的动能共约占 81%(168 MeV),瞬发中子的动能约占 2.3%(4.8 MeV),瞬发 γ 射线的能量占 3.6%(7.5 MeV),裂变产物的 β 射线能量约占 3.8%(7.8 MeV),裂变产物的 γ 射线能量约占 3.3%(6.8 MeV),中微子带走约 5.8%(12 MeV)的裂变能是极难检测和无法利用的。

1946 年,在巴黎大学镭学研究所居里实验室和法兰西学院核化学实验室留学的钱三强和何泽慧夫妇与另外两位法国研究生合作发现了铀的**三分裂**(triple fission)现象。所谓三分裂,是指在裂变核形变至行将断裂从形变核颈部发射 ^{4}He、^{3}He、^{3}H 等轻粒子的现象。三分裂的概率比**二分裂**(binary fission)低得多,大约每 300～500 次裂变事件中才有一次。与两个主要裂片相比,第三个裂片质量要小得多。除上述轻粒子外,也发现有 B、C、N 等原子核作为第三个裂片从颈部飞出,但概率更低。中子也能自行将断裂的颈部飞出,称为断裂中子。这些轻粒子在垂直于裂片的方向最多,在发射时间上先于瞬发中子和瞬发 γ 射线的发射。

由初级裂变产物至少经过一次 β 衰变生成的核素称为**次级裂变产物**(secondary fission product)。接着开始递次 β 衰变的慢过程($>10^{-3}$ s)。例如,质量数为 82 的衰变链如下:

$$^{82}\text{Ni} \xrightarrow{0.02\text{ s}} {}^{82}\text{Cu} \xrightarrow{0.12\text{ s}} {}^{82}\text{Zn} \xrightarrow{0.12\text{ s}} {}^{82}\text{Ga} \xrightarrow[(0.9300)]{0.599\text{ s}} {}^{82}\text{Ge} \xrightarrow{4.60\text{ s}} {}^{82}\text{As} \xrightarrow{19.1\text{ s}} {}^{82}\text{Se}$$

式中箭头上面的数字表示半衰期,d. n. 表示发射缓发中子,箭头下的数字表示分支比。每一个裂变产物核素既可以由裂变直接生成(初级裂变产物),又可以作为衰变链成员由其前面的成员衰变得到(次级裂变产物)。由裂变直接生成的产额称为**独立裂变产额**(independent fission yield)。某一裂变产物核素的独立产额,加上到指定时刻由于 β 衰变生成该核素的产额,称为该核素的**累积裂变产额**(cumulative fission yield)。如不指定时间,则指渐近值。如果某一裂变核素前面的成员是一个稳定核素或寿命极长的核素,如上面衰变链中的 ^{82}Br,它只能由裂变直接生成,称为**被屏蔽核**(shielded nuclus)。一条衰变链各个成员独立产额的总和称为该质量链的**链裂变产额**(chain fission yield)。换言之,链裂变产额等于裂变生成指定质量数的裂片的概率。因为一次裂变形成两个裂片,所以链产额的总和为 200%。显然,若一条质量链上没有被屏蔽核,则该链的最后一个成员的累积裂变产额就等于该质量链的链裂变产额。

重核裂变形成 100 余条质量链,裂变产物核素超过 1000 种,组成极为复杂。裂变产物的产额按质量数的分布称为裂变产物的**质量分布**(mass distribution)。图 7-20 给出了热中子和 14 MeV 快中子诱发 ^{235}U 裂变的质量分布曲线。

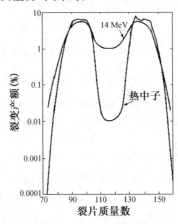

图 7-20 ^{235}U 裂变的质量分布曲线

质量分布曲线的一个显著特点是曲线上出现双峰,且激发能愈低,峰谷愈深。这表明,激发能低时,重核的非对称裂变占优势,对称裂变的概率很小。质量较大的峰称为重峰,峰的重心在 $A=139$ 左右,这是由于 $Z=50,N=82$ 的双闭壳层结构的特殊稳定性决定的。质量较小的峰称为轻峰,峰的重心在 $A=90\sim95$ 之间,这是由于 $N=50$ 的中子闭壳层结构的特殊稳定性的影响。比较质量不同的重核的自发裂变和不同能量的中子轰击下的诱发裂变的质量分布曲线可以看出,重峰的重心及重峰的轻侧的位置基本不变,轻峰重心和重峰重侧的位置随裂变核的质量增加近似线性地向右移。以上规律也适用于光致裂变和带电粒子诱发裂变。

对于一条质量数为 A_F 的质量链,在裂片生成瞬间裂变产额在各成员之间的分布称为裂片的**电荷分布**(charge distribution)。显然,将给定质量链的各成员的独立产额对核电荷数 Z 作图,就是该质量链的电荷分布。因为测定一条质量链的所有成员的独立产额是非常困难的,一般是先建立数学模型,然后用已经获得的实验数据确定模型中的参数。目前认为,电荷分布是高斯型的,

$$p(Z) = \frac{1}{\sqrt{c\pi}}\exp\left[-\frac{(Z-Z_p)^2}{c}\right] \tag{7-55}$$

式中 Z_p 为最概然电荷,参数 c 的平均值为 0.84 ± 0.14。最概然核电荷 Z_p 可通过实验测定独立产额或累积产额求得,也可由下列假说之一估算:

最小势能(minimum potential energy,MPE)假说:该假说认为在断点前复合核的电荷重

排,使得体系的势能最小,即

$$E_{\text{TOTAL}} = E(A_{\text{H}}, Z_{\text{H}}) + E(A_{\text{L}}, Z_{\text{L}}) + Z_{\text{L}} Z_{\text{H}} \frac{e^2}{D} \tag{7-56}$$

最小,其中下标 L 和 H 分别表示轻、重裂片,$D \approx 18 \times 10^{-15}$ m。此假说与实验符合较好。

恒电荷密度(unchanged charge density,UCD)假说:此假说认为裂变碎片的电荷密度 $Z_{\text{p}}/A_{\text{p}}$ 与裂变核放出中子后的电荷密度 $Z/(A-\bar{\nu})$ 相等,即

$$\frac{Z_{\text{p}}}{A_{\text{p}}} = \frac{Z}{A - \bar{\nu}} \tag{7-57}$$

此假说与实验结果有一些偏离。

等电荷位移(equal charge displacement,ECD)假说:此假说认为,一条质量链的最概然的质子数(Z_{p})距离其所在质量链最稳定核的质子数(Z_{s})的差即电荷位移,与其互补链的电荷位移相等,即

$$Z_{\text{L,p}} - Z_{\text{L,s}} = Z_{\text{H,p}} - Z_{\text{H,s}} \tag{7-58}$$

此假说与实验结果符合较好,是目前采用较多的假说。

7.4　重离子核反应

重离子(heavy ion)是比 α 粒子更重的离子,相对地说,α 粒子和 p、d、^{3}He 等称为轻离子。原则上目前已能加速周期表中从锂到铀形成的重离子,由这些离子所引起的核反应统称重离子核反应。

7.4.1　重离子核反应的特点和分类

7.4.1.1　特点

由于重离子的 Z 比较大,重离子核反应的库仑势垒比轻离子核反应高。

$$V_{\text{C}} = \frac{Z_{\text{a}} Z_{\text{A}} e^2}{4\pi\varepsilon_0 (r_0 + r_{\text{A}})} \approx \frac{Z_{\text{a}} Z_{\text{A}}}{A_{\text{a}}^{1/3} + A_{\text{A}}^{1/3}} \text{ (MeV)} \tag{7-59}$$

$$E_{\text{lab}} = \frac{m_{\text{a}} + m_{\text{A}}}{m_{\text{A}}} V_{\text{C}} \tag{7-60}$$

对于质量不同的两种入射粒子 1 和 2,若二者在实验室系统中的动能相同,$E_1 = E_2$,则二者的动量比为 $p_1/p_2 = \sqrt{A_1/A_2}$。若二者的每核子的动能相同,$E_1/A_1 = E_2/A_2$,则 $p_1/p_2 = A_1/A_2$。由此可见,重离子的动量比轻离子也大得多,若能量用 MeV 为单位,其德布罗意波长

$$\lambda = h/p = h/\sqrt{2m_{\text{A}} E_{\text{lab}}} \approx 28.7/\sqrt{A_{\text{A}} E_{\text{lab}}} \text{ (fm)} \tag{7-61}$$

也比轻离子小得多,一般远小于靶核半径。因此,在计算各种截面时,可将它们视为准宏观粒子,用半经典方法处理。表 7-4 列出某些重离子核反应的库仑势垒 V_{C} 和 λ。

在碰撞参数相同的情况下,重离子带入靶核的角动量也比轻粒子要大,这不难从以下粗略估算看出。入射粒子带入靶核的角动量 L 为

$$L = \rho\mu v$$

式中 ρ 为碰撞参数,μ 为约化质量。设靶核的质量数比入射粒子的质量数大得多,则约化质量 $\mu_1 \approx A_1$,$\mu_2 \approx A_2$,因此

$$\frac{L_1}{L_2} \approx \frac{p_1}{p_2}$$

带入靶核的最大角动量 $l_{\max}$ 可用下式估算:

$$E_{a,CM} - V_C = \frac{l_{\max}(l_{\max}+1)\hbar^2}{2\mu(r_a + r_A)} \qquad (7\text{-}62)$$

$$E_{a,CM} = \frac{A_A}{A_a + A_A} E_{a,lab} \qquad (7\text{-}63)$$

表 7-4　一些典型重离子反应的 V_C 和 λ 值

入射粒子 a	靶核 A	库仑势垒 V_C(MeV)	E_{lab}(MeV)	λ(fm)	$r_a + r_A$(fm)
^{12}C	^{12}C	7.9	15.7	2.09	6.59
^{12}C	^{40}Ca	21.0	27.3	1.59	8.22
^{12}C	^{120}Sn	41.5	45.7	1.23	10.40
^{12}C	^{208}Pb	59.9	68.7	1.04	11.83
^{40}Ca	^{40}Ca	58.5	117.0	0.42	9.85
^{40}Ca	^{120}Sn	119.7	159.6	0.36	12.03
^{40}Ca	^{208}Pb	175.5	209.2	0.32	13.46
^{120}Sn	^{120}Sn	253.4	506.9	0.12	14.21
^{120}Sn	^{208}Pb	377.6	595.5	0.11	15.63
^{208}Pb	^{208}Pb	567.4	1134.9	0.06	17.06

表 7-5　能量为 $8\,MeV \cdot u^{-1}$ 的离子轰击 ^{64}Ni 形成复合核的 $l_{\max}$(单位: $\hbar$)

入射粒子	p	α	^{12}C	^{20}N	^{40}Ar
$l_{\max}$	3	15	46	74	132

从表 7-5 可见,重离子带给复合核的角动量相当大,$m_a = 40$ 的 Ar 的 $l_{\max}$ 值已高达 $132\hbar$,这是轻离子反应所不可能达到的。

7.4.1.2　分类

按半经典处理方法,可用简单的碰撞轨道图像来描述重离子和靶核的不同深度的相互作用。随着碰撞参量 ρ 由大到小,即轨道角动量 l 值由大到小变化,入射重离子与靶核的作用由远及近,由浅到深,从而可以将相互作用过程按不同性质分为四类,如图 7-21 所示。

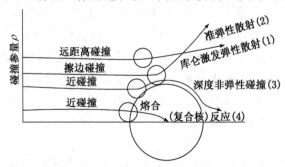

图 7-21　重离子和靶核碰撞的经典图像

（1）当 ρ 值相当大时，入射粒子在核力的作用之外，与靶核间只有长程的库仑相互作用。其结果，产生库仑激发和卢瑟福（Rutherford）弹性散射，这称为**远距离碰撞**（distant collision）。

（2）当 ρ 值大约等于道半径 $R(R=r_A+r_B)$ 时，核力开始起作用，但作用时间甚短，两核擦边而过。此时有可能发生弹性散射或非弹性散射，或者在这一擦边瞬间，在两核的表面上发生了少数核子的转移。在核子转移反应发生时，两个核交换了少许能量、质量和电荷。这一过程称为**准弹性散射**（quasi-elastic scattering，QES），也称**擦边碰撞**（grazing collision），但其性质属于核间表面的直接反应。

（3）当 ρ 值继续减少时，两个原子核相互撞入程度加深，相切时间延长，两核之间有相当多的核子参与作用，发生了大量的能量、角动量、质量和电荷的转移。原子核具有很高的激发能，但两核并没有熔融在一起，基本上保持了各自的主要特征，或称两体特征，这一过程称为**深度非弹性碰撞**（deep inelastic collision，DIC）或**深度非弹性散射**（deep inelastic scattering，DIS）。它也是体内作用的一种过程。

（4）当 ρ 值很小，重离子与靶核接近于迎面碰撞，两核相互作用时间足够长，两核可以熔融在一起，使动能和动量在所有核子之间进行交换和分配而达到统计平衡。这样形成了一个高激发态、高角动量的复合核，接着复合核进行衰变。这一过程称为**熔合反应**（fusion）或**全熔合反应**（complete fusion，CF）。近年来又发现先发射粒子后熔合的反应，称为**不完全熔合反应**（incomplete fusion，ICF）

上述分类情况还可以用表 7-6 来表示。表中，ρ_{gr}，l_{gr} 分别是擦边距离和擦边角动量，它表示核作用力的最大界限，即大于这个值，核力不起作用。ρ_m，l_m 分别是体内相互作用的最大距离和最大角动量，大于此值，不发生体内作用。ρ_{cr}，l_{cr} 分别是发生熔合反应的临界距离和临界角动量，超过这个值，熔合反应不能发生。例如，用 600 MeV 的 ^{84}Kr 轰击 ^{209}Bi 时，$l_m=250$，$l_{gr}=75$。

表 7-6　四种重离子核反应过程分类

碰撞参数	轨道角动量	相互作用过程
$\rho>\rho_{gr}$	$l>l_{gr}$	库仑激发，卢瑟福散射
$\rho_{gr}>\rho>\rho_m$	$l_{gr}>l>l_m$	准弹性散射
$\rho_m>\rho>\rho_{cr}$	$l_m>l>l_{cr}$	深度非弹性散射
$\rho<\rho_{cr}$	$l<l_{cr}$	熔合反应

7.4.1.3　重离子反应截面

按照半经典模型，只有碰撞参数≤道半径 R 时，核力才能起作用。因此，重离子反应总截面为

$$\sigma = \pi R^2 = \pi \rho^2 \tag{7-64}$$

准弹性散射反应截面 σ_{QES} 为

$$\sigma_{QES} = \pi(\rho_{gr}^2 - \rho_m^2) \tag{7-65}$$

将（7-24）式代入（7-65）式，可得

$$\sigma_{QES} = \pi \mathchar'26\mkern-10mu\lambda^2 (l_{gr}^2 - l_m^2) \tag{7-66}$$

深度非弹性散射截面 σ_{DIS} 为

$$\sigma_{DIS} = \pi(\rho_m^2 - \rho_{cr}^2) = \pi \mathchar'26\mkern-10mu\lambda^2 (l_m^2 - l_{cr}^2) \tag{7-67}$$

全熔合反应截面 σ_F 为

$$\sigma_F = \pi \rho_{cr}^2 = \pi \, \hbar^2 \, l_{cr}^2 \tag{7-68}$$

总的反应截面 σ 为

$$\sigma = \sigma_{QES} + \sigma_{DIS} + \sigma_F = \pi \, \hbar^2 \, l_{gr}^2 \tag{7-69}$$

根据能量守恒,入射粒子的相对运动动能 E' 等于入射粒子和靶核刚接触时的库仑能 V_C,加上擦边的相对运动能量 E_{cr}',最后按经典方法可以算出总反应截面 σ 为

$$\sigma = \pi R^2 \left(1 - \frac{V_C}{E'}\right) \tag{7-70}$$

式中 V_C 为库仑势垒,按(7-59)式计算。

按分波分析,总反应截面 σ 的表达式是

$$\sigma = \pi \, \hbar^2 \sum_{l=0}^{l_{gr}} (2l+1) T_l \tag{7-71}$$

以 $d\sigma/dl$ 对 l 作图,重离子核反应按照轨道角动量的分类情况示于图 7-22。图中 σ_F 为复合核反应即全熔合反应截面,对应于 $l < l_{cr}$;$l_{cr} < l < l_m$ 区域为深度非弹性散射;$l_m < l < l_{gr}$ 区域为准弹性散射;$l > l_{gr}$ 区域为弹性散射和库仑激发。$\hbar_\infty$ 为约化德布罗意波长渐近值,等于碰撞参数 ρ 为无限大时的约化德布罗意波长。

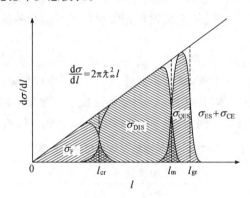

图 7-22　重离子核反应分类与角动量

7.4.2 深度非弹性散射

在表面直接反应或准弹性碰撞过程中,入射粒子和靶核的相互作用是瞬时非平衡态的擦边过程;在全熔合反应或复合核形成过程中,系统已由非平衡态达到统计平衡态;而深度非弹性散射则是介于两者之间的一个过渡阶段,它是一个没有达到统计平衡的系统。

两个重原子核的碰撞,可以比拟为两个液滴相互碰撞。核物质的宏观性质(或称集体效应),如物质的黏滞性、压缩性、热传导、摩擦力等性质,在核碰撞中都能出现。在深度非弹性碰撞中,由于黏滞性和摩擦力的存在,将使两核相对运动动能被耗损,并转变成反应碎片的内部激发能,以及相对轨道角动量转换为碎片内部角动量。

随着 ρ 的缩小,当 $l < l_m$ 时,两个核的相互掺进加深,轨道逐渐向小角度弯曲,以至轨道弯向负角,这代表着深度非弹性散射过程。此时两核相切时间增加,摩擦力增大,使入射粒子黏着靶核上转向了负角度,同时耗散了大量的动能。大量动能转化为激发内能,形成了一个处在高激发态、高角动量和大形变的复合核,然后再通过各个自由度的弛豫过程,向稳定的统计平

衡系统过渡。进行弛豫的各个自由度包括动能、电荷、质量、角动量和中子过剩自由度。

7.4.3 全熔合反应

全熔合反应通常指经过复合核的反应,它既包括形成复合核,也包括形成中间复合核以后发射粒子(熔合蒸发)或熔合裂变。

7.4.3.1 全熔合截面 σ_F

20 世纪 70 年代人们曾对合成超重核抱着很大的希望,而通过全熔合反应(复合核或熔合裂变)公认是最有成功可能的途径,因此引起对其形成截面 σ_F 计算的兴趣。如果 σ_F 值大,合成超重元素就有了可能。按经典法处理,

$$\sigma_F = \pi \bar{\lambda}^2 \sum_{l=0}^{l_{cr}} (2l+1) \approx \pi \bar{\lambda}^2 l_{cr}^2 \tag{7-72}$$

这就是(7-69)式,$l \leqslant l_{cr}$ 的分波全部形成复合核,$l > l_{cr}$ 的分波对复合核并无贡献。临界角动量 l_{cr} 是限制 σ_F 的唯一参量。

7.4.3.2 复合核的衰变

与轻核反应比较,重离子反应发生的复合核具有较高的激发能,一般达到几十甚至一百兆电子伏以上;同时还具有较高的角动量,一般可以达几十甚至近百个 $\hbar$。所以它们的衰变过程,包括蒸发轻粒子、裂变和退激,都显示一些新的特征。

(1)蒸发轻粒子 高激发的复合核会蒸发出 p,n,α 等轻粒子。轻复合核衰变时,发射 p,α 粒子的概率较大;在中等以上质量的复合核衰变中,则蒸发中子的概率最大。这里只简要地介绍中子蒸发过程。

设 $p(E^*, xn)$ 为激发能等于 E^* 的复合核蒸发 x 个中子的概率,则重离子引起的发射 x 个中子的反应(HI, xn)的截面

$$\sigma(HI, xn) = \sigma_{CN} p(E^*, xn) \tag{7-73}$$

式中 σ_{CN} 为复合核的形成反应截面。

图 7-23 是(HI, xn)反应的典型激发曲线,是按(7-73)式计算得的理论值,曲线呈现出一个宽度较大的峰,峰半宽度约 10 MeV。在曲线低能段和峰的附近,实验值与理论值吻合;在高能段,理论值一般低于实验值,这反映了(HI, xn)反应不完全来自复合核。当入射能量稍高时,一部分中子来自复合核平衡前的退激发射。

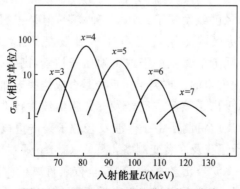

图 7-23 (HI, xn)反应的典型激发曲线

（2）复合核裂变 重的复合核，其激发能超过裂变势垒时，由于裂变的强烈竞争，蒸发中子的截面变小。

复合核越重，Γ_f/Γ_n 的比例越大，表示裂变概率比中子蒸发概率大得多。Γ_f，Γ_n 分别是复合核能级的裂变宽度和蒸发中子宽度。原因是复合核越重，其自发裂变势垒会越明显下降。例如轻核是几十兆电子伏，铀核只有 5～6 MeV。此外，复合核的自旋增加，核偏离球形增大，也使有效裂变势垒明显下降，裂变概率增大。这可用"旋转液滴"模型来解释。核液滴旋转时，由于离心力的作用，球形核就会沿垂直于旋转轴的方向拉长，角动量越大，拉伸得越长，而越有利于裂变。

（3）退激 复合核经过蒸发粒子，其激发能降低到一个核子的结合能（约 8 MeV）和裂变势垒以下时，发射 γ 光子的退激成了复合核衰变的唯一方式。

但是，蒸发粒子的过程能使激发能减少不少，而复合核的角动量却减少不多。因为一个中子平均只能带走角动量 2～4ℏ；蒸发四个中子，最多也只能带走十几个 ℏ 的角动量。所以蒸发中子后的余核，一般仍具有很高的角动量。随后发生的级联 γ 退激，也即电或磁多级 γ 跃迁过程，则能带走大量的角动量。

7.4.4 研究重离子核反应的意义

重离子反应引起了核的深刻变化，并产生了一些前所未有的新反应机制和新现象，极大地丰富了低、中能核物理和核化学的研究内容。

例如，在库仑激发的研究中，重离子提供了过去轻粒子所不可能提供的巨大的库仑激发势，而且重离子激发的截面大，其他核反应干扰小，又能产生多次激发能级。从各个角度看，它比轻离子都要优越。重离子又能产生高激发态和高角动量的核，这对深入了解核的结构和核力以及发展核理论都有很大的帮助。

在重离子反应的研究中，又不断地发现一些新现象。其中最为突出的是深度非弹性散射，它是一种崭新的核反应机制，又是研究自然界非平衡过程的难得的实验对象。

1962 年用重离子核反应发现了如 ^{242m}Am 这类形状同质异能素的自发裂变现象以来，现在在 $92<Z<98$ 这个区域内共找到了 100 多种形状同质异能素，其中大部分是通过重离子核反应合成的。对这种新的裂变同质异能素及其相应的双峰裂变势垒的研究，对核物理来说也是一个重要的发展。

直至目前，通过各种途径已经发现了约 3000 种核素，但是根据理论推算，在 β 稳定线两边，包括远离 β 稳定线的广大区域，应存在着约 6000 种核素。当然要寻找和合成这些新核素是极为艰巨的，特别是滴线附近的奇缺中子或奇缺质子核素，因为一般认为它们的半衰期极短，反应截面极小，合成是很困难的。重离子核反应是合成这些未知核素的重要途径。

在超铀元素的合成中，重离子核反应已经发挥并将继续发挥非常重要的作用。93～100 号元素的首次合成，采用的反应机制是中子俘获及轻粒子轰击重核的复合核过程。101 号元素 Md 已不能通过连续中子俘获及 β 衰变制备，是 A. Giorso 通过 ^{253}Es$(^4$He,n$)^{256}$Md 反应于 1955 年首次合成的。102～106 号元素的合成则完全依靠重离子核反应。使用的轰击离子是 C、N、O、Xe 等较轻的重离子。106 号以后的元素需要用更重的离子轰击才能使剩余核达到必要的 N/Z 比。目前超重核合成研究最成功的途径是重离子熔合蒸发反应。107～112 号元素乃至近来合成的 114 号、116 号和 118 号元素都是通过这种方法首次合成的。

利用重离子熔合反应生成具有一定激发能的复合核,该复合核蒸发一个到若干个中子退激,退激后的剩余核即为目标核。根据熔合动力学过程的不同,又将其分类为"冷熔合"、"热熔合"和"暖熔合"。

"热熔合"指以锕系元素(如 ^{232}Th、^{238}U、^{244}Pu、^{248}Cm、^{249}Bk 及 ^{252}Cf 等)作为靶核,用较轻的重离子作为轰击粒子,通过全熔合反应生成复合核的过程。生成的复合核的激发能一般在 50 MeV 左右,通过蒸发四个以上的中子退激。因为复合核的激发能相对较高,故称之为"热熔合"。该方法是由加州大学伯克利分校的 G. T. Seaborg 小组首先采用的,是一种传统的通过重离子熔合反应合成重元素的方法。

"冷熔合"指以具有满壳(或近满壳)结构的 ^{208}Pb 和 ^{209}Bi 核作为靶核,以 N/Z 比较高的中等质量的核作为轰击离子,通过全熔合反应生成复合核的过程。生成的复合核的激发能一般在 20 MeV 以下,通过蒸发 1~2 个中子退激。例如在合成 112 号元素时复合核的激发能在 10 MeV 左右,通过蒸发一个中子退激。对较低 Z 值的核,激发能会高一些。例如在合成 104 号元素时,通过 3n 道退激,复合核的激发能在 30 MeV 左右。该方法是 20 世纪 70 年代中期由苏联 Dubna 的 Yu. Ts. Oganessian 等人首先提出来的。德国 GSI 的 SHIP 小组利用该方法成功地合成了 107~112 号元素。

"暖熔合"指以双幻数核 ^{48}Ca 为弹核的重离子熔合过程,所形成复合核的激发能在 30 MeV 左右,介于"冷熔合"和"热熔合"之间。这样形成的复合核一般通过蒸发 3~4 个中子退激发。Dubna 小组发表的 114 号和 116 号元素的合成均是通过这一过程实现的。尽管近年来在超重元素的合成方面取得了可喜的成绩,但离理论预言的"稳定岛"还有一段距离。不论采用上述哪一种熔合方式,经过蒸发中子退激得到的剩余核与"稳定岛"上的双幻数核相比都缺少几个中子,解决这个问题难度非常大。除此之外还有分离和鉴定的困难。

尽管在新核素的合成方面还有许多困难,重离子核反应毕竟是开拓这个领域的有力工具。可以预期,随着重离子加速器、粒子探测技术和快速分离技术的不断发展,在今后几十年内,一定会发现许多新核素,并由此发现一些新的核性质和发展新的核理论,使核物理和核化学研究进入一个新阶段。

7.5 高能核反应

随着入射粒子能量的升高,预平衡发射和直接反应相对于复合核反应所占的比重愈来愈大。以不同能量的质子轰击 ^{209}Bi 为例,当质子能量低于 50 MeV 时,核反应主要通过复合核进行,预平衡发射的贡献已经相当显著,直接反应也不排除,不论上述何种机制,都可以用 $(p, xnyp)$ 描述,裂变的概率很小。反应产物(剩余核)是质量数为 206~209 的核。质子能量为 1 GeV 时,核反应产物的质量从 $A=A_{target}$ 至 $A<A_{target}/3$ 以下的一个很宽的范围里连续分布,如图 7-24 所示。在 $A_{target}/3<A<2A_{target}/3$ 区间的产物由裂变生成;$A>2A_{target}/3$ 的产物得自于靶核的**散裂反应**(spallation);$A<A_{target}/3$ 的产物由**碎裂反应**和**多重碎裂反应**生成;当质子能量更高时,散裂产物区和裂变产物区的分界逐渐消失,碎裂和多重碎裂产物增多。

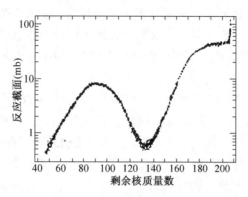

图 7-24 1 GeV 的质子轰击 ^{209}Bi 生成产物核的质量分布

7.5.1 散裂反应

当入射粒子的能量达到 400 MeV·u^{-1} 时,入射粒子的德布罗意波长与靶中核子间的距离(约 1.2 fm)相当。入射粒子进入到核以后,将与核内的单个核子或核子团发生碰撞。核子-核子碰撞的平均截面 σ 约为 30 mb,核物质的核子数密度 ρ 约为 1.4×10^{38} cm^{-3},入射粒子在核中的平均自由程 $\Lambda = 1/\rho\sigma = 2.4$ fm。由此可见,入射粒子在核中将经历多次碰撞。核子-核子的碰撞截面与入射粒子能量成反比,入射粒子能量再提高时,靶核对于入射粒子几乎是透明的。由于核内的低能级都已经被核子所占据,根据泡利(Pauli)原理,这些能级不能被受到碰撞的核子占据。于是,小能量转移的碰撞将不会发生。被撞击粒子将具有很高的动能(平均约 25 MeV)。它们与入射粒子一样,可以与核内其余的核子碰撞,产生下一级的被撞击粒子,这一过程称为**核内串级**(intranuclear cascade, INC)。这些被撞击的核子最终可能从靶核中飞出。此外,能量高于约 300 MeV 的质子与核子碰撞时,可产生 π 介子($\pi^{\pm}$ 介子的静质量能为 139.6 MeV)。π 介子与核子的相互作用截面很大,在核内的平均自由程更短,因而能更有效地将能量传递给核内更多的核子,发射更多的次级粒子。由此可见,在反应的第一阶段,入射核通过核内串级,从核内打出中子、质子和 π 介子,整个反应经历的时间约为 10^{-22} s 量级。此时剩余核具有很高的激发能,在向第二阶段过渡的过程中,还会发生预平衡发射,释放中子、质子和复合粒子。在反应的第二阶段,剩余核既可以通过蒸发中子、质子或轻复合粒子退激,生成散裂产物,也可以发生裂变,给出裂变中子和裂变产物。这一过程经历的时间比第一阶段长得多,约为 10^{-16} s。

散裂产物多为缺中子核素。裂变产物核处于 β 稳定线附近,中子数还是过剩,将通过 β 衰变,变为稳定核。高能粒子轰击重核产生大量中子。用质子轰击 Pb、W 和 ^{238}U,每个能量为 1~4 GeV 的质子可产生 20~40 个次级中子。正因为散裂反应可以产生大量的次级中子,可望用于构建加速器驱动的亚临界反应堆,用做干净的核能源(见第 8 章)。近年来提出的处理高放废液的**分离-嬗变**(partition-transmutation)方案是将从高放废液中分离出来的次锕系元素(minor actinides)用中子嬗变成短寿命核素,最终衰变为稳定核素而无害化。因此,近年来散裂反应极受关注。

7.5.2 高能裂变和碎裂反应

通过对产物核的动量、角分布测量和符合测量可以确定,出现在中等质量数区域的反应产物来自裂变。与低能裂变显著不同的是,裂变产物的质量谱呈现为一个宽峰,而不是双峰。其中大部分的裂变产物由激发能仅为数十兆电子伏的中间核裂变产生,它们是靶核经过核内串级和蒸发中子形成的。这些裂变产物多为位于 β 稳定线附近的丰中子核素。

但是,在高 Z 区,产物核多为缺中子核素,它们的反冲动能比裂片应有的反冲动能低,由此推断,它们不是由裂变反应生成的。在低 Z 区可以找到它们的互补核。据此可以推测出,它们是高能核反应的另一种过程——碎裂反应形成的。碎裂反应被认为是入射粒子以较小的碰撞参数打在靶核上,例如迎头碰撞,靶核的激发能很高,经过蒸发粒子后抛射出中等质量碎片(intermediate mass fragment,IMF)形成,或者经由多重碎裂反应形成。

7.5.3 多重碎裂反应

对于高能重离子核反应,多重碎裂反应可以用**刮除-剥裂**(abrasion-ablation)模型描述。入射粒子进入靶核时,与靶核重叠的部分获得很大的能量,形成“火球”(fireball),并以介于入射粒子和靶核之间的运动速度从靶核中飞出。靶核和入射粒子的非重叠部分作为“旁观者”基本保持不变。这一阶段称为刮除。火球飞出后,在入射粒子和靶核上留下“伤口”。伤口处由于新增的表面而具有过剩的能量,这一部分作为剩余核的激发能可转化为碎片动能而将碎片抛射出来。由此可见,在多重碎裂反应中,是高能入射粒子将靶核中的核子团从靶核中击出,犹如在质谱仪中快原子束将分子碎片从被分析的有机分子上击出一样。发射碎片后的剩余核的质量数比裂变产物的质量数高,中子数相对不足。因此这些碎裂产物一般是缺中子核素。

目前对于多重碎裂反应机制还存在分歧。碎片产物可能是退激动力学过程中抛射出来的,也可能是达到平衡后按统计规律发射的。还有一种观点认为,核物质在激发能很高时,会产生相变,核液滴被气化、凝聚时,形成很多小液滴,导致多个碎片核的生成。

7.5.4 π 介子引起的核反应

高能质子与核子碰撞时会产生 π 介子,即入射粒子的动能的很大一部分(139.6 MeV)转化为 π 介子的静质量能。按照核力的介子理论,π 介子是核力的媒介子。π 介子与核子间存在强相互作用。用 π 介子束轰击质子或中子,可观察到共振态的生成。共振态的寿命很短,它很快衰变为核子和 π 介子,上述过程表现为核子对于 π 介子的共振散射。π 介子最终被两个核子吸收,其静质量能在该两个核子间分配。由此可见,在高能核反应中,π 介子引起的共振态的生成和衰变 π 介子被吸收的过程加大了入射粒子的能量向靶核的转移。

7.6 核 聚 变

由两个较轻的原子核熔合成一个比二者任意一个都重的原子核的核反应称为**原子核聚变**(nuclear fusion)。从原子核的比结合能曲线(参见图 2-3)可知,Fe 以前的两个原子核熔合可以释放出能量。核聚变不但可以为人类提供巨大的能量,而且在宇宙和天体的演化过程及元素的形成中起着极为重要的作用。

7.6.1 核聚变的能量学和反应截面

聚变反应可以用下式表示:

$$A+B \longrightarrow C+D$$

其中反应物 A 和 B 可以为不同核素,如 D 和 H;也可以是同种核素,如 D 和 D。C 为聚变产物,D 为发射的轻粒子或 γ 光子。利用(7-5a)式或(7-5b)式计算出一些轻核的聚变反应释放的能量列于表 7-7。在所列的聚变反应中,H-H 反应是发生在太阳中的主要核反应,它为太阳提供了恒定而巨大的能量。该反应涉及一个质子衰变为一个中子,反应速率比较慢。幸好如此,太阳和其他质量相当的恒星才得以存在几十亿年,生命得以进化。否则,宇宙将完全是另外一个样子。

^{2}H$+^2$H 反应(D-D 反应)和 ^{2}H$+^3$H 反应(D-T 反应)是最重要的聚变反应。与涉及 He 及更重一些的轻核相比,它们的库仑势垒比较低,比较容易实现。

表 7-7 一些轻核的聚变能

聚变反应	Q(MeV)	注 释
^{1}H$+^1$H$\longrightarrow ^2$H$+e^++\nu$	0.42	涉及弱相互作用,速率慢
^{1}H$+^2$H$\longrightarrow ^3$He$+\gamma$	5.49	
^{2}H$+^2$H$\longrightarrow ^4$H$+\gamma$	23.8	激发能超过 p 和 n 结合能,受强烈竞争
^{2}H$+^2$H$\longrightarrow ^3$H$+p$	4.03	占 50%,最重要的聚变反应
^{2}H$+^2$H$\longrightarrow ^3$He$+n$	3.27	占 50%,最重要的聚变反应
^{2}H$+^3$H$\longrightarrow ^4$He$+n$	17.6	最重要的聚变反应
^{2}H$+^3$He$\longrightarrow ^4$H$+p$	18.3	
^{3}H$+^3$H$\longrightarrow ^4$He$+2n$	11.3	
^{3}He$+^3$He$\longrightarrow ^4$He$+2p$	12.86	
^{12}C$+^{12}$C$\longrightarrow ^{24}$Mg$+\gamma$	13.9	元素核合成过程涉及
^{16}O$+^{16}$O$\longrightarrow ^{32}$S$+\gamma$	16.5	元素核合成过程涉及

两个轻核相互靠拢时,受到它们之间的库仑势垒的阻挡。在巨大的库仑斥力下,两个核被一定程度地展平,阻滞它们的进一步接近。如果不考虑这种展平作用,D-D 和 D-T 这两个聚变反应的库仑势垒高度约为 0.5 MeV;^{2}H-^{3}He 聚变的库仑势垒高度大致提高到 2 倍;^{3}He-^{3}He 反应的库仑势垒高度将增高到约 4 倍。室温下 ^{2}H、^{3}H 及 ^{3}He 等原子的平均动能只有约 0.025 eV,势垒穿透的概率实际上为零,所以自发核聚变不会发生。

为了克服库仑势垒的阻挡,可以采用两个方法:① 用粒子加速器将参与反应的两种原子核之一加速,轰击另一种原子核。这种方法很容易实现,但不能实现能量的增益。② 用适当方法将反应物加热到极高的温度(如约 10^8 K,此时粒子动能约为 10 keV)。如果库仑势垒成倍提高,势必要求加热的温度也成倍提高,这不但会增加技术上的难度,而且也会大大提高输出能源的成本。

图 7-25 给出了 ^{3}H(d,n)^{3}He、^{2}H(d,p)^{3}H、^{2}H(d,n)^{3}He 等反应的激发函数。

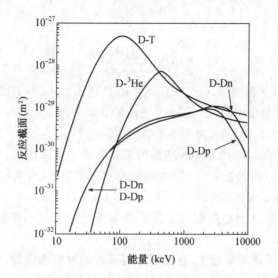

图 7-25 几个核聚变反应的激发函数

7.6.2 可控核聚变

聚变反应最先用于军事方面。以^{235}U 或^{239}Pu 为装料的裂变型核武器——原子弹问世后不久,主要依靠 D-T 聚变反应释放能量的热核武器——氢弹很快被制造出来。氢弹中的聚变反应是依靠内装的原子弹点燃的。当原子弹起爆后,在爆心造成10^8K 以上的超高温和巨大的压强,导致装在弹体中的 D 和 T 发生聚变反应,使温度和压强继续增高,使聚变反应进一步增强,直到弹体解体,反应在极短时间内完成。装入氢弹中的聚变材料可以是^{6}LiD,参与 D-T 聚变的^{3}H 通过^{6}Li(n,α)^{3}H 即时产生。这种以爆炸方式进行的核聚变是不可控的。

如前所述,为了使聚变反应得以发生,需要将参与反应的聚变材料加热到极高的温度以克服库仑势垒,并具有较大的反应截面(图 7-25)。在高达数亿度的温度下,反应物 D_2 分子或D_2+T_2分子全部电离成 D^+ 或 T^+ 正离子及电子。这种物质状态称为**等离子体**(plasma)。为了防止与周围环境进行热交换而被冷却,并阻止等离子体从反应区逃逸,必须用某种方法将等离子体约束在反应区。

设被约束和加热的等离子体以速率 R 反应,

$$R = n_1 n_2 \langle \sigma v \rangle \tag{7-74}$$

式中 n_1 和 n_2 为离子 1 和 2 的密度,σ 为反应截面,v 为运动速度。因为等离子体中离子的速度和动能服从麦克斯韦-玻尔兹曼分布,$\langle \sigma v \rangle$ 的值应对所有的离子取平均,称为**跃迁概率**。R 表示单位时间、单位体积中发生反应的数目。设聚变反应释放的能量为 Q,则在 τ 时间内单位体积中聚变反应的输出功为

$$W = n_1 n_2 \langle \sigma v \rangle Q \tau \tag{7-75}$$

将离子密度为(n_1+n_2)的等离子体加热到温度 T 消耗的功为

$$W' = (n_1 + n_2) \cdot \frac{3}{2} kT \tag{7-76}$$

如果没有能量泄漏,则聚变反应自持(self-maintained)的条件是

$$W \geqslant W'$$

设 $n_1 = n_2$,

$$n\tau \geqslant \frac{3kT}{\langle\sigma v\rangle Q} \tag{7-77}$$

对 D-T 反应,在 $10\sim20\,\mathrm{keV}$ 范围里,$\langle\sigma v\rangle \approx 1.18\times10^{-24}\,T^2\,\mathrm{m}^{-3}\cdot\mathrm{s}^{-1}$($T$ 以 keV 为单位)。D-T 反应释放的 $17.6\,\mathrm{MeV}$ 的能量中,只有 $3.56\,\mathrm{MeV}$ 分配给 α 粒子,其余 $14\,\mathrm{MeV}$ 被中子带走。

$$nT\tau \geqslant 2.6\times10^{21}\,\mathrm{keV\cdot m^{-3}\cdot s^{-3}} \tag{7-78}$$

(7-77)式和(7-78)式就是著名的 **Lawson 判据** 的简化形式。上式说明,为了使聚变反应自持,必须将等离子体加热到一定的温度 T,维持一定的离子密度 n,约束这些等离子体一定的时间,三者之积满足(7-77)式或(7-78)式的条件。实际上,可控聚变反应器中不可避免地会有能量损失,如韧致辐射等,所以上述判据只是令可控聚变反应开始的条件,即**点火**(ignition)条件。

要将上亿度的等离子体约束起来,显然不能用通常的材料作容器。目前实现等离子体约束的方法有两个,即**磁约束**(magnetic confinement)和**惯性约束**(inertial confinement)。用于磁约束的装置是托卡马克(Tokamak)装置,其原理如图 7-26 所示,实物剖面图如图 7-27 所示。螺旋管形磁场将等离子体约束在一个圆形管内,等离子体构成变压器的次级。当初级线圈中通以电流时,一方面将等离子体加热,另一方面是等离子体在圆形磁管内作圆周运动。等离子体的圆电流产生一个垂直磁场,叠加在圆形磁场上,等离子体在这个复合磁场中环流。如果满足 Lawson 判据,聚变反应将被点火。为了减少焦耳耗损,人们将超导技术用于聚变研究,俄、日、法、中等国设计制造了超导托卡马克装置。在过去的 30 年中,$nT\tau$ 提高了 1000 倍。设于英国 Calham 的 Joint European Torus 的等离子体温度达到 4.4 亿度,约束时间达到 $2\,\mathrm{min}$,Q 值(表示输出功率与输入功率之比)已超过 1.25,脉冲输出功率已达 $17\,\mathrm{MW}$。

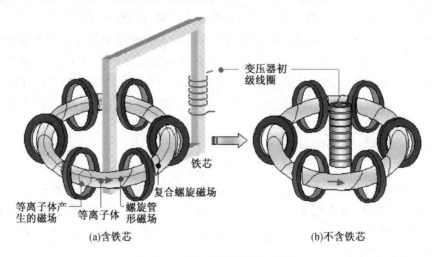

图 7-26　托卡马克装置的原理图

(引自 http://www.fusion-magnetique.cea.fr/gb/accueil/index.htm)

利用惯性约束实现核聚变的原理是,用高强度的激光脉冲照射包有 D＋T 的靶丸,D＋T 气体被电离使得原子核受到反冲而向内压缩,温度和密度骤升,达到 Lawson 判据所要求的条件时,聚变反应将被点火。实现这一目标要求激光脉冲功率超过 $10^{14}\,\mathrm{W}$。图 7-28 是安装在美国 Lawrence Livermore 国家实验室（LLNL）的国家点火设施（National Ignition Facility，NIF），该装置计划采用 192 束 351 nm 波长的激光，总能量为 1.8 MJ。

图 7-27 托卡马克装置的实物剖面图
（引自 http://www.fusion-magnetique.cea.
fr/gb/accueil/index.htm）

图 7-28 NIF 的激光
打靶装置

可控核聚变的实现将彻底解决人类的能源问题，在过去的几十年中虽然取得了很大的进展，但是离最终目标还有一段遥远的路要走。目前比较乐观的估计是，大约在 2050 年左右，聚变反应堆才可能投入商业运行。

7.7 宇宙核子学与化学元素的核合成

7.7.1 天体的演化

太阳是离我们最近的恒星，它是由星际气体和尘埃凝聚而成的第二代或者第三代恒星。几十亿年以来，它向空间辐射能量的功率几乎不变，约为 4×10^{20} MW。人们自然要问，太阳靠"烧"什么产生那么大的功率？它还能维持多久？即使构成太阳的物质都是化石燃料，太阳依靠燃烧这些化石燃料也只能维持 10^3 a。虽然重力收缩可以产生这样大的功率，但只能维持约 10^8 a，而地球及太阳已经存在约 $(4.6\sim5)\times10^9$ a 了。因此，太阳"烧"的只能是核能。

从太阳光谱推知，太阳由 73.4%（质量）的 H、25.0% 的 He 及 1.6% 的其他元素（C、N、O、Ne、Mg、Si、S、Fe 等）组成。太阳的光球半径为 7.0×10^5 km，平均密度为 1.41 g·cm^{-3}，质量高达 1.99×10^{30} kg。原始太阳巨大引力收缩使内部产生的高温、高压足以点燃质子熔合为氦的聚变反应——**氢燃烧**：

p-p 链（Ⅰ）：$^1H(^1H,e^+\nu)^2H(^1H,\gamma)^3He(^3He,2\ ^1H)^4He$ （69%）

p-p 链（Ⅱ）：$^4He(^3He,\gamma)^7Be \xrightarrow{EC} ^7Li(^1H,^4He)^4He$ （30.9%）

p-p 链（Ⅲ）：$^4He(^3He,\gamma)^7Be(^1H,\gamma)^8B \xrightarrow{\beta^+} ^8Be \longrightarrow 2\ ^4He$ （0.1%）

净的反应是四个质子熔合成一个氦核，释放 26.7 MeV 的能量（其中 2.04 MeV 来自反应产生的两个正电子与负电子的湮灭），相当于 0.71% 的初始质量转化成了能量。在上列的核反应中，涉及弱相互作用的反应速率较慢（表 7-8），使得恒星能够长久、稳定地存在和发光。在上

述质子-质子循环(p-p 循环)中,p-p 链除提供聚变能外,生成的中间核 ^{2}H、^{3}He、^{7}Li、^{7}Be、^{8}B 及 ^{8}Be 是生成更重的核的原料。

表 7-8 氢燃烧涉及的热核反应

核反应	释放能量 Q(MeV)	半反应期*
^{1}H + ^{1}H → ^{2}H + e$^+$ + ν_e	1.44	1.4×10^{10} a
^{2}H + ^{1}H → ^{3}He + γ	5.49	0.6 s
^{3}He + ^{3}He → ^{4}He + 2 ^{1}H	12.86	10^6 a

* 半反应期与温度及密度有关,此处指太阳内部的温度 1.3×10^7 K,$\rho = 200$ g·cm^{-3}。

1938 年,H. A. Bethe 和 C. F. von Weizsacker 提出,除 p-p 循环外,还存在 C、N、O 催化的氢燃烧过程,称为 **CNO 循环**,反应历程如下:

$$^{12}C + {}^1H \longrightarrow {}^{13}N + \gamma \qquad Q = 1.94\,\text{MeV}, \qquad \tau \approx 10^6\,\text{a}$$

$$^{13}N \longrightarrow {}^{13}C + e^+ + \nu_e \qquad Q = 2.22\,\text{MeV}, \qquad \tau = 14.4\,\text{min}$$

$$^{13}C + {}^1H \longrightarrow {}^{14}N + \gamma \qquad Q = 7.55\,\text{MeV}, \qquad \tau = 2 \times 10^5\,\text{a}$$

$$^{14}N + {}^1H \longrightarrow {}^{15}O + \gamma \qquad Q = 7.29\,\text{MeV}, \qquad \tau = 2 \times 10^8\,\text{a}$$

$$^{15}O \longrightarrow {}^{15}N + e^+ + \nu_e \qquad Q = 2.76\,\text{MeV}, \qquad \tau = 2.93\,\text{min}$$

$$^{15}N + {}^1H \longrightarrow {}^{12}C + {}^4He \qquad Q = 4.97\,\text{MeV}, \qquad \tau \approx 10^4\,\text{a}$$

本质上仍然是四个 ^{1}H 变为 ^{4}He 的聚变过程。温度越高,CNO 循环在氢燃烧中所占的比例越大。

为了产生 4×10^{20} MW 的辐射功率,每秒钟需要将 6×10^{11} kg 的氢转变为氦,有 4×10^9 kg 的质量转化成能量。这与太阳中拥有的氢及它的巨大质量相比是微不足道的。按目前的辐射功率计算,太阳可以存在 100 亿年。

上述 p-p 循环发生在半径为 7.5×10^4 km 的核心部分,温度高达 1.5×10^7 K,产生的高压膨胀足以抗衡引力收缩。因此,太阳目前正处在稳定状态,即天文学中赫-罗图(图7-29)上的**主星序**。约 90% 的恒星都位于赫-罗图中的主星序。

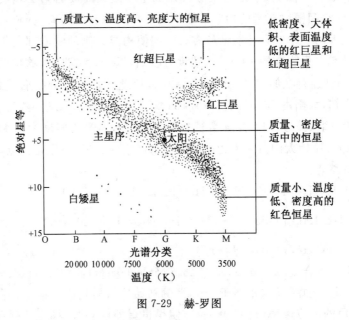

图 7-29 赫-罗图

当太阳中心的氢行将耗尽(约占太阳中氢的总量的 $10\%\sim12\%$)时,氢核心变成了氦核心,太阳作为主序星的生涯即告结束,并离开主星序。那时外向压力抵挡不住引力收缩而被压缩,温度急剧上升至 10^8 K,氦聚变将被点燃,发生三个 ^{4}He 熔合为 ^{12}C 的**三重 α 聚变**并放出 7.3 MeV 的能量。^{12}C 吸收一个 ^{4}He 转变为 ^{16}O,放出 7.2 MeV 的能量。这一阶段恒星的能源来自**氦燃烧**。中心氦核球温度升高后使紧贴它的那一层氢氦混合气体受热达到引发氢聚变的温度,热核反应重新开始。如此氦球逐渐增大,氢燃烧层也跟着向外扩展,使星体外层物质受热膨胀起来向红巨星或红超巨星转化。转化期间,氢燃烧层产生的能量可能比主序星时期还要多,但星体表面温度不仅不升高反而会下降。该过程放出的 γ 辐射被外层吸收而膨胀,外层因膨胀而冷却,形成一个较冷的外壳。因为外层受到的引力较小,大量物质被抛向星际空间。那时太阳的颜色将是红的,称为**红巨星**。随着此过程的不断进行,氦核心逐步转变为碳、氧核心。

当氦行将耗尽时,太阳内部的外向压力将再度抵挡不住引力压力而被压缩,但温度升高不到点燃 ^{12}C 或 ^{16}O 的聚变反应的温度。高压下形成的**简并电子气**[①]将阻止引力压缩。在内核外面剩余的氢及氦继续燃烧至尽,内部的高温因向外辐射而使亮度增加,此时的太阳将是一颗**白矮星**。随后核能释放过程终止,太阳内部将开始冷却,终于成为完全不发光的**冷星**。

恒星在主星序停留的时间取决于它的质量。质量越小,产生收缩的引力越小,较慢的氢燃烧速度足以平衡引力收缩,所以它们在主星序上停留的时间较长。质量小于 1.44 倍太阳质量的恒星的命运与太阳相似。恒星的质量越大,引起收缩的引力越大,恒星内部的温度愈高,氢燃烧越快,它们在主星序上停留的时间越短。质量高于 4 倍太阳质量的大恒星在氦核外重新引发氢聚变时,核外放出来的能量未明显增加,但半径却增大了好多倍,因此表面温度由约 10^4 K 降到 $(3\sim4)\times10^3$ K,称为**红超巨星**。质量低于 4 倍太阳质量的中小恒星进入红巨星阶段时表面温度下降,光度却急剧增加,这是因为它们外层膨胀所耗费的能量较少而产能较多。

红巨星和红超巨星的内核的氦耗尽以后,巨大的引力压力使 ^{12}C 和 ^{16}O 核心被压缩和升温,内核外的氦壳和更外层的氢壳的聚变反应被点燃。^{12}C 和 ^{16}O 核心在引力压力和氢、氦聚变的双重作用下,^{12}C 和 ^{16}O 的聚变反应被点燃,发生 ^{12}C(^{12}C,α)^{20}Ne、^{12}C(^{12}C,p)^{23}Na、^{23}Na(p,α)^{20}Ne、^{12}C(α,γ)^{16}O、^{20}Ne(α,γ)^{24}Mg、^{24}Ne(α,γ)^{28}Si、^{16}O(^{16}O,α)^{28}Si、^{16}O(^{16}O,n)^{31}S、^{16}O(^{16}O,p)^{31}P 等反应,主要产物为 ^{28}Si 和 ^{32}S。上述核过程结束后,引力收缩使得温度再度升高,更重的核的熔合反应成为可能,特别是 Si 核熔合为 Fe 核的反应。高强度的 γ 射线产生的(γ,n)、(γ,p)、(γ,α)等反应将分解一些结合得较松的核,释放出的质子、中子和 α 粒子被并入结合得较紧的核(如 ^{28}Si),硅聚变成大铁核。**光致重排**和重核熔合反应的最后产物为 Fe、Ni 等铁族元素。此时比结合能已经达到最大,不可能再发生放能核聚变了,最终在恒星内形成了一个铁核心。到了此阶段,所有核能都已消耗殆尽,随之而来的是大规模的引力收缩,简并电子气再也抵挡不住引力压力,电子被压入原子核并与质子结合成中子。电子的消失导致**引力坍塌**,在引力坍塌过程(<1 s)中,大量物质被抛射到星际空间,这就是**超新星爆发**。恒星被压缩成为一个直径小于 100 km 的巨大原子核。原子核所占据的体积比原先的电子和铁原子核所占的体积小得多。星球中心会发生猛烈的爆聚,而其外部则产生回弹现象。**超新星**就是这样爆发起来的。超新星的亮度可能比该星系中所有其他星球加起来的亮度还要大。超新星的最终命

---

① 简并电子气是一种电子气,其温度远低于其费米温度,绝大多数电子完全填充在较低的能级上。进一步的压缩将迫使每个自旋轨道上填充两个或两个以上的电子,这将违反 Pauli 原理。

运取决于原始恒星的质量。像太阳这样的恒星终将结束它的生命而变为红巨星,然后再变为白矮星。一颗质量比太阳大 2 倍的恒星坍塌后将变为一颗超新星,然后再变为一颗**中子星**。那些更大的恒星(例如在经历超新星阶段之后质量比太阳大 5 倍的恒星)的命运更加奇特,重力会使它转变成**黑洞**。

以上就是目前天文学家和天体物理学家关于天体演化过程的梗概,其中许多情节和大量细节还不清楚。随着天体观察工具和手段的不断提高及粒子物理学理论和实验的进展,人类对于天体演化的认识将不断深化。

7.7.2 元素的核合成

早期人们曾经提出多种关于元素起源与合成的假说,它们都试图用单一过程解释全部元素的成因,最后都不成功。较为成功的元素核合成假说是 20 世纪 50 年代由 G. Burbidge,M. Burbidge, W. A. Fowler 和 F. Hoyle 提出的 BBFH 理论。他们以尤里(H. C. Urey)提出的元素丰度分布曲线为出发点,以核反应理论为基础,认为宇宙间全部元素并非由单一过程一次形成,而是通过恒星各个演化阶段的相应八个过程逐次形成的。这八个过程是:① 氢燃烧,在 $T \geqslant 7 \times 10^6$ K 条件下,四个氢核聚变为氦核的过程;② 氦燃烧,即 $T \geqslant 10^8$ K 条件下,氦核聚变为碳核和氧核、氖核等的过程;③ α 过程,α 粒子与氖核反应,相继生成镁、硅、硫、氩等元素的原子核的过程;④ e 过程,元素丰度曲线上的铁峰元素(钒、铬、锰、铁、钴、镍等)的生成过程;⑤ 慢速中子俘获过程,简称为 s 过程,生成由铁至铋的重元素;⑥ 快速中子俘获过程,简称为 r 过程,生成钍、铀元素和其他丰中子核素;⑦ 生成低丰度的富质子同位素的质子 p 的俘获过程;⑧ 生成低丰度轻元素(如氘、锂、铍、硼等)的 x 过程。BBFH 理论发表以后,不断得到核物理、天体物理以及宇宙化学等领域新成就的补充与修正,例如补充了碳燃烧、氧燃烧和硅燃烧等新过程,大爆炸宇宙学又为氦的丰度较大提出了进一步的解释。上述八个过程可分为三类:氢燃烧、氦燃烧、碳燃烧、α 过程和 e 过程等属于恒星内的放热反应,s 过程和 r 过程属于中子俘获过程,p 过程和 x 过程属于恒星内或星际区域的质子俘获及散裂反应。

7.7.2.1 氢燃烧

在前一小节中讲到,氢燃烧除了为主星序的恒星提供能源外,从元素起源的角度,该反应是 He 的另一个来源。^{4}He 主要是在大爆炸的最初几分钟里生成的,氢和氦的质量约分别占全部元素质量的 75% 和 25%。主星序的恒星迄今因燃烧氢生成的氦只有大爆炸后最初几分钟生成的氦的约 20%。

7.7.2.2 氦燃烧

主要核反应为

$$^4\text{He} + {}^4\text{He} \Longleftrightarrow {}^8\text{Be}$$

$$^8\text{Be} + {}^4\text{He} \longrightarrow {}^{12}\text{C}^* \longrightarrow {}^{12}\text{C} + \gamma$$

其中 ^{8}Be 对于衰变为两个 ^{4}He 是不稳定的($T_{1/2} \approx 2 \times 10^{-16}$ s),其平衡浓度很小(^{8}Be : ^{4}He ≈ 10^{-9}),但如果没有它,通过三体碰撞生成 ^{12}C 是不可能的。氦燃烧总的反应为

$$3{}^4\text{He} \longrightarrow {}^{12}\text{C} + \gamma \quad Q = 7.281\,\text{MeV}$$

^{12}C 还可以进一步与 ^{4}He 反应,生成更重的元素。

$$^{12}\text{C} + {}^4\text{He} \longrightarrow {}^{16}\text{O} + \gamma \quad Q = 7.148\,\text{MeV}$$

$$^{16}\text{O} + {}^4\text{He} \longrightarrow {}^{20}\text{Ne} + \gamma \quad Q = 4.75\,\text{MeV}$$

$$^{20}\text{Ne} + {}^4\text{He} \longrightarrow {}^{24}\text{Mg} + \gamma \quad Q = 9.31\,\text{MeV}$$

这些反应将氢燃烧生成的氦消耗殆尽。

7.7.2.3 碳燃烧

在一些年老的红巨星中内核变为密度约为 $10^4\,\text{g} \cdot \text{cm}^{-3}$ 的富碳反应器。在重力压缩下,温度升高至约 $5 \times 10^8\,\text{K}$,有可能发生碳燃烧,如

$$^{12}\text{C} + {}^{12}\text{C} \longrightarrow {}^{24}\text{Mg} + \gamma \quad Q = 13.85\,\text{MeV}$$

$$^{12}\text{C} + {}^{12}\text{C} \longrightarrow {}^{23}\text{Na} + {}^1\text{H} \quad Q = 2.23\,\text{MeV}$$

$$^{12}\text{C} + {}^{12}\text{C} \longrightarrow {}^{20}\text{Ne} + {}^4\text{He} \quad Q = 4.62\,\text{MeV}$$

温度越高,反应越快。$6 \times 10^8\,\text{K}$ 时约为 $10^5\,\text{a}$,$8 \times 10^8\,\text{K}$ 时约为 1a。这些反应再生出 ^1H 和 ^4He 核。

7.7.2.4 α过程

按照 S. Chandrasekhar(1983 年诺贝尔物理学奖得主,美籍印度天文学家)极限,质量小于 1.44 倍太阳的恒星经由红巨星后,不会变为黑洞,而会演化为一颗白矮星。白矮星在引力收缩下,温度升高到 $10^9\,\text{K}$,使得吸能的 (γ,α) 反应得以进行,该反应发射的 α 粒子可以引发一系列的放能 (α,γ) 反应,通过这种机制,生成"α粒子"核素,如 ^{24}Mg、^{28}Si、^{32}S、^{36}Ar、^{40}Ca 等。

$$^{20}\text{Ne} + \gamma \longrightarrow {}^{16}\text{O} + {}^4\text{He} \quad Q = -4.75\,\text{MeV}$$

$$^{20}\text{Ne} + {}^4\text{He} \longrightarrow {}^{24}\text{Mg} + \gamma \quad Q = 9.31\,\text{MeV}$$

总的反应为

$$^{20}\text{Ne} + {}^{20}\text{Ne} \longrightarrow {}^{16}\text{O} + {}^{24}\text{Mg} \quad Q = 4.56\,\text{MeV}$$

α过程结束于 ^{40}Ca,因为 $^{40}\text{Ca}(\alpha,\gamma)^{44}\text{Ti}$ 生成的 ^{44}Ti 对于电子俘获衰变不稳定。α过程大约延续 $10^2 \sim 10^4\,\text{a}$。值得注意的是,从表面上看,α过程与氦燃烧有些相似,最主要的差别是二者的 ^4He 来源不同。

7.7.2.5 e过程(平衡过程)

质量为 $1.44 \sim 3.5$ 倍太阳质量的恒星氢燃烧速度更快,在主星序中停留的时间更短。在氢被耗尽之前,氦燃烧已经开始。离开主星序变成一颗非常不稳定的红巨星,接着发生爆炸(新星爆发),亮度陡增约 10^4。此时新星核心部分温度上升至 $3 \times 10^9\,\text{K}$,各种核反应,如 (γ,α)、(γ,p)、(γ,n)、(α,n)、(p,γ)、(n,γ)、(p,n) 等都可能发生,使得各种核反应产物和质子与中子间达成统计平衡。由于这个原因,该过程被称为 e 过程或平衡过程。^{56}Fe 核处于比结合能曲线的最高峰,因此在 e 过程中生成 ^{56}Fe 比生成临近核具有更大的概率。

7.7.2.6 s过程

从核的比结合能曲线可以看出,Fe 以后的元素不能由较轻的核熔合而成,它们的生成必须有其他途径。慢速中子吸收过程(slow neutron absorption,s 过程)被认为是 $A = 62 \sim 209$ 和 $A = 23 \sim 46$ 间非 α 过程核素的生成途径。s 过程发生在脉动的红巨星中,经历时间约 $10^7\,\text{a}$。慢中子可能来自星际中子源,更可能来自 $^{13}\text{C}(\alpha,n)^{16}\text{O}(2.20\,\text{MeV})$ 和 $^{21}\text{Ne}(\alpha,n)^{24}\text{Mg}$ $(2.58\,\text{MeV})$ 反应。靶核 ^{13}C 和 ^{21}Ne 则来自 ^{12}C 和 ^{20}Ne 的 (p,γ) 反应及随后的 β^+ 衰变。由于 s 过程是一个很慢的过程,靶核俘获中子后有充裕时间进行 β^- 衰变。因此,元素的同位素相对丰度取决于其前驱核的中子俘获截面。$N = 28, 50, 82$ 或 126 的核素的中子俘获截面小,因此相应的核素的同位素丰度大,如 $^{51}_{23}\text{V}$、$^{52}_{24}\text{Cr}$、$^{89}_{39}\text{Y}$、$^{90}_{40}\text{Zr}$、$^{138}_{56}\text{Ba}$、$^{140}_{58}\text{Ce}$、$^{208}_{82}\text{Pb}$ 和 $^{209}_{83}\text{Bi}$ 等。观察核素表可以发现,偶 Z 元素的地壳丰度比相邻的奇 Z 元素的地壳丰度高,偶 Z 元素的较重同位素的

丰度较高,这些实验事实也都可用 s 过程得到解释。

7.7.2.7 r 过程

快速中子吸收过程(rapid neutron absorption,r 过程)被认为是 ^{232}Th、^{235}U、^{238}U 等重元素和 Bi 前元素的重同位素的生成途径。

^{232}Th($T_{1/2}=1.4\times10^{10}$a)、^{235}U($T_{1/2}=7.0\times10^{7}$a)和 ^{238}U($T_{1/2}=4.5\times10^{9}$a)不可能由 s 过程生成,因为 $Z=84\sim91$ 元素的所有同位素都是 $T_{1/2}<10^{7}$a 的放射性核素。它们的形成被归因于快速中子吸收过程。当红巨星的温度升至约 10^{9}K 而发生超新星爆发时,原子核在极高的中子注量率下有可能一次俘获许多个中子。这一过程经历时间很短,约 $0.01\sim10$ s。如果俘获最后一个中子形成的核素的寿命非常短,或者中子数为幻数,则不可能进一步俘获中子。俘获了大量中子的核素已远离 β 稳定线,将经过连续 β⁻ 衰变到一个稳定核。^{232}Th、^{235}U 和 ^{238}U 就是这样形成的。它们是三个天然放射系的母体,由它们衰变生成 $Z=84\sim89$ 及 91 的放射性元素,它们在铀钍矿中的平衡浓度由它们的半衰期决定。假若地球上的铀都是由一次 r 过程生成的,由现在的 ^{238}U/^{235}U 比推知,该超新星爆发发生在 6.6×10^{9}a 前。更有可能的是,铀和钍是多次超新星爆发形成的,而且时间上均匀分布,由此推知,这些元素的核合成大概开始于约 10^{10}a 之前。我们的太阳系的年龄大约是$(4.6\sim5.0)\times10^{9}$a,这些核素的生成必然在太阳系形成之前。最新的数据推测,银河系的年龄为$(1.2\sim2.0)\times10^{10}$a。

地下核实验证实,由 ^{238}U 出发,通过多次俘获中子和连续 β⁻ 衰变可生成直至 $^{262}_{100}$Fm 的重核素。核素俘获中子的最大数目由中子滴线决定。超过中子滴线后,中子结合能将为负值。

除了 ^{232}Th、^{235}U 和 ^{238}U 外,一些富中子核素,如 ^{36}S、^{46}Ca、^{48}Ca,或许还有 ^{47}Ti、^{49}Ti 和 ^{50}Ti,也是通过 r 过程形成的。

7.7.2.8 p 过程

p 过程是俘获质子的过程。一些元素的富质子、低丰度同位素被认为是通过(p,γ)反应生成的。例如 ^{124}Xe(丰度 0.096%),因为其前的同量异位素 ^{124}I 是 EC 及 β⁺ 放射性的,这类核素被认为是经由 ^{122}Te(p,γ)^{123}I(p,γ)^{124}Xe 形成的。这些过程与超新星的活动有关,属于快过程。除 ^{113}In 和 ^{115}Sn 外,由 $^{74}_{34}$Se 至 $^{196}_{80}$Hg 的 36 个质子数为偶数的富质子核素按此机制生成。除 p 过程外,这些核素也有可能经由(γ,n)反应生成。

7.7.2.9 x 过程

前面叙述的核过程不能解释 ^{6}Li、^{7}Li、^{9}Be、^{10}B、^{11}B 是如何合成的,以及它们为什么能够一直存在到今天。这些核素的比结合能较小,在 $T>5\times10^{6}$K 的环境下都将被破坏。由此可知,它们只能在较低的温度和密度的星外核过程下合成,合成在年代上一定比较晚。现在认为,它们是由称为 x 过程的散裂反应或碎裂反应形成的。宇宙射线中和星际空间包含由 H 到 U 的元素。当宇宙射线的重原子核与星际空间的 ^{1}H 或 ^{4}He 碰撞,或者宇宙射线中的 ^{1}H 或 ^{4}He 与星际空间的重原子核碰撞,会发生散裂反应或碎裂反应,生成上述五个 $A=6\sim11$ 的核素。

除此之外,当超新星活动时,^{10}B 和 ^{11}B 能分别通过 ^{13}C(p,α)^{10}B 反应和 ^{14}N(p,α)^{11}C $\xrightarrow{β⁺}$ ^{11}B 反应生成。

最近有一种观点认为,在大爆炸后的数分钟内,宇宙并不是完全各向同性和处处均一的。由于质子由密度高处向密度低处的扩散受到电子的阻止,而中子可以自由地扩散,低密度处的中子密度比质子高,在大爆炸中合成的少量 ^{7}Li 在质子轰击下很快被分解,即 ^{7}Li(p,α)^{4}He。

在富中子区域,则可能通过$^7\mathrm{Li}(n,\gamma)^8\mathrm{Li}(\alpha,n)$生成$^{11}\mathrm{B}$,而且可避免$^{11}\mathrm{B}(p,\alpha)^8\mathrm{Be}\rightarrow 2\,^4\mathrm{He}$反应而存留下来。类似地,在富中子区域,一些富中子核素的合成和存活概率也比质子密度高的区域要大。

参 考 文 献

[1] Loveland W, Morrissey D, Seaborg G. Modern Nuclear Chemistry. http://oregonstate. edu/dept/nchem/textbook/.

[2] 卢希庭,主编,卢希庭,江栋兴,叶沿林,编著. 原子核物理(修订版).北京:原子能出版社,2000.

[3] Jim Al-Khalili. An Introduction to Halo Nuclei. Lect Notes Phys, 2004(651):77~112.

[4] 范登博施 R,休伊曾加 J R,著;黄胜年,等译. 原子核裂变. 北京:原子能出版社,1980.

[5] 张丕录,主编.裂变化学.北京:原子能出版社,1996.

[6] 戴光曦,等.重离子物理.北京:原子能出版社,1982.

[7] Hodgson P E. Nuclear Heavy-Ion Reactions. Oxford:Claredon Press,1978.

[8] Bass R. Nuclear Reactions with Heavy Ions. Springer-Verlag, 1980.

[9] 徐瑚珊,周小红,肖国青,等. 超重核研究实验方法的历史和现状简介. 原子核物理评论,2003,20(2):76~90.

[10] Booth C N. Nuclear Physics. http://www. shef. ac. uk/physics/teaching/phy303.

[11] Settle F. Nuclear Chemistry and the Community, http://science. kennesaw. edu/~mhermes/nuclear/.

[12] Vervier J, Äystö J, Doubre H, et al. Nuclear Physics in Europe:Highlights and Opportunities. NuPECC Report, December, 1997. http://www. nupecc. org/nupecc/.

[13] Nuclear Physics European Collaboration Committee. Magnetic fusion, an international activity for an energy option in the future. http://www. fusion-magnetique. cea. fr/gb/accueil/index. htm.

[14] Burbidge E M, Burbidge G R, Fowler W A, Hoyle F. Synthesis of the elements in stars. Rev Mod Phys, 1957(29):547~650.

[15] 史蒂芬·霍金,著;许明贤,吴忠超,译. 时间简史(插图本). 长沙:湖南科学技术出版社,2001.

[16] 史蒂芬·霍金,著;胡小明,吴忠超,译. 时间简史续编(New). 长沙:湖南科学技术出版社,2001.

[17] 史蒂芬·霍金,著;吴忠超,译. 果壳中的宇宙. 长沙:湖南科学技术出版社,2003.

[18] Greenwood N N, Earnshaw A. Chemistry of the Elements. 2nd ed. Elsevier, 1997.

[19] 柴之芳. 从宇宙大爆炸谈起. 长沙:湖南教育出版社,1998.

第8章　粒子加速器和核反应堆

8.1　粒子加速器

粒子加速器(particle accelerator)是一种用人工方法获得快速带电粒子束的大型实验装置,是研究原子核物理和核化学、认识物质深层次结构的重要工具。原子核物理和放射化学工作者用加速器合成了迄今已知的绝大部分超铀元素和超锎系元素,以及上千种人工放射性核素,并系统地研究了原子核的性质、内部结构及原子核之间的相互作用过程,促进了原子核科学的发展。此外,高能加速器是发现基本粒子和研究粒子物理的主要实验手段。

近 30 年来,加速器的应用已远远超出了核科学领域。除在物理学、化学、生物学、地质学等基础学科中有重要应用以外,还越来越广泛地应用于工程、技术和医疗卫生,如半导体材料的离子注入、高分子材料的辐射加工和改性、辐射育种、食品保鲜、医用器具的射线消毒、核医学影像学诊断和肿瘤的放射治疗等。基于加速器的分析方法如带电粒子活化分析、质子激发 X 射线荧光分析、同步辐射荧光分析、加速器超灵敏质谱分析以及 X 射线吸收精细结构谱等已经成为科学家手中强大的分析测试手段。在军事上,加速器可以用来模拟空间辐射和核爆炸辐射。目前,应用型加速器已占世界上现有加速器总数的约五分之四,其中大部分已由实验室研制转为工业批量生产。

加速器利用电磁场来加速粒子,所以被加速的粒子必须是带电的,如正、负电子,质子,轻、重离子,介子等。因此,加速器的全称应是"带电粒子加速器",简称加速器。加速器加速的粒子,其能量根据需要,可为 keV、MeV、GeV 乃至 TeV 量级,能量或者固定,或者连续可调。从加速器引出的粒子束既可以是连续束流,也可以是脉冲束流,粒子流强一般为 nA~mA 级,用于生产放射性核素的粒子束流可达数百微安,专门设计用于分离-嬗变的强流质子加速器的束流要求高达数百毫安。此外,依靠加速器的束流光学技术可以对束流的输运、偏转、聚焦进行精确的调节和控制。

加速器发展至今已有 70 余年的历史。1932 年英国科学家 J. D. Cockroft 和 E. T. S. Walton 首先建造成世界上第一台**高压倍加器**(voltage multipliers,Cockroft-Walton accelerator),将加速到 400 keV 的质子轰击 Li 靶,实现了核反应 $^7\text{Li}(p,\alpha)^4\text{He}$。1933 年美国科学家 R. J. van de Graaff 发明**静电加速器**(electrostatic accelerator, van de Graaff accelerator)。这两种加速器都属于直流高压型加速器,单级高压加速器能加速粒子的最高能量小于 10 MeV。

1924 年和 1928 年,G. M. Ising 和 E. Wideroe 分别发明了在漂浮管上加高频电压建成的**直线加速器**(linear accelerator)。由于受当时高频技术的限制,这种加速器最初只能将钾离子加速到 50 keV。但在此原理的启发下,美国实验物理学家 E. O. Lawrence 于 1932 年建成了**回旋加速器**(cyclotron),并用它产生了人工放射性同位素。早期的回旋加速器采用固定磁场,一般只能将质子加速到 25 MeV 左右。后来发展了平均磁场强度沿半径方向随粒子能量同步增加的**等时性回旋加速器**(isochronous cyclotron),可将质子加速能量的上限提高到几百兆电子伏。

1945年,苏联科学家V. I. Veksler和美国科学家E. M. McMillan各自独立地发现了**自动稳相原理**,导致一系列突破回旋加速器能量上限的新型加速器的产生。一种是**同步回旋加速器**(synchrocyclotron),它的高频加速电场的频率随被加速粒子能量的增加而降低,以便保持粒子回旋频率与加速电场同步。另一种名为**同步加速器**(synchrotron),加速电子的同步加速器使用了磁场强度随粒子能量的提高而增加的环形磁铁来维持粒子运动的环形轨道,但加速场的高频率却可以维持不变。加速质子的高能同步加速器其轨道磁场强度与加速电场的频率随粒子能量的提高而同步增加。早期同步加速器的聚焦力不强,在加速过程中,粒子将作振幅较大的横向振荡,称为**弱聚焦同步加速器**(weak-focusing synchrotron)。随着能量的提高,弱聚焦同步加速器的磁铁重量和造价急剧上升,使得同步加速器的加速能量限于约1 GeV以下。

1952年E. D. Courant,M. S. Livingston和H. S. Snyder发表了他们的强聚焦原理论文,希腊的N. C. Christofilos于1950年也曾提出了同样的建议。按此原理建造的同步回旋加速器称为**强聚焦同步加速器**(strong-focusing synchrotron)。此后在**圆形加速器**(circular accelerator)中,强聚焦原理被普遍地采用。现代的直线加速器(Linac)也都是基于自动稳相和强聚焦的原理运行的。

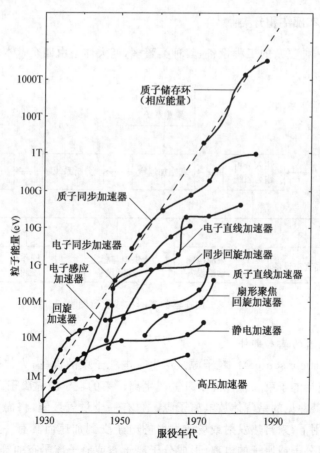

图 8-1　加速器束流能量随年代提高示意图

(引自谢家麟编著. 加速器与科技创新. 北京:清华大学出版社,2000)

用高速粒子轰击静止靶,例如加速 ^{12}C 轰击 ^{12}C 核,约有 50% 的能量转化为质心的动能,如果两个动能相等的 ^{12}C 核对撞,则碰撞后质心的动能为零,两个 ^{12}C 核的全部动能均可用于核反应,效率可以大大提高。**对撞机**(collider)就是将粒子或其反粒子沿相反的方向注入到加速器内,并令它们在指定的对撞点对撞的装置,它是 E. Touschek 在 1960 年首先提出来的。为了观察到足够多的核反应事件,需要将两束粒子在加速器中长时间储存,这种装置也名为**储存环**(storage ring)。

在电子的加速方面,D. W. Kerst 于 1940 年首先研制出**电子感应加速器**(betatron)。因作曲线运动的电子会向外不断发射电磁辐射,这种电磁辐射称为**同步辐射**(synchrotron radiation)。因为同步辐射会损失能量,电子感应加速器加速的能量极限约为 100 MeV。若使用**电子同步加速器**(electron synchrotron),可将电子加速到大约 10 GeV。因为电子作直线运动时没有辐射损失,使用电子直线加速器可将电子加速到 50 GeV,此时加速器长达 3.2 km。进一步提高电子能量需要更长的加速管和更高的造价。

自 Cockroft 和 Walton 建造世界上第一台高压倍加器以来,粒子加速技术的发展极为迅速。70 年中加速能量提高了约 10^9 倍,单位能量的造价则降低了约 10^4 倍,其发展轨迹从图 8-1 可见一斑。

8.1.1　加速器的基本部件和分类

粒子加速器是一种复杂的工程设备,其种类繁多,但大体上由四个基本部分及若干辅助系统构成,见图 8-2。

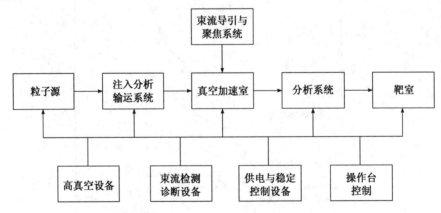

图 8-2　加速器的基本构成示意图

8.1.1.1　加速器的基本部件

(1) **粒子源**(particle source)　粒子源是产生带电粒子束的设备,为加速器提供待加速的各种带电粒子束,包括电子束和各种离子束。产生离子束的粒子源称**离子源**(ion source)。离子源有多种类型。最常见的是气体放电离子源。它有一个供气系统,将需要的气体充入放电室。在电磁场的作用下,来自热发射或场致发射的电子受到加速而具有一定的动能。它们与气体分子碰撞,导致分子或原子的电离,形成分子离子态或原子离子态的等离子体。最后由引出系统将带电离子自等离子体中引出,形成具有一定束流强度的离子束,注入加速器进一步加速。常用的离子源有高频离子源(high frequency ion source)、潘宁离子源(Penning ion

source)、双等离子离子源(duoplasmatron ion source)、电子回旋共振离子源(electron cyclo-tron resonance ion source)及负离子源(negative ion source)等。

(2) 真空加速室 真空加速室是一种装有加速结构的真空室,用以在真空中产生一定形态的加速电场,使粒子在不受空气分子散射的条件下得到加速。如各种类型的加速管、射频加速腔和环形加速室等。

(3) 束流导引与聚焦系统 它用一定形态的电磁场来引导并约束被加速的粒子束,使之沿着预定的轨道受到加速电场的加速。常用的有圆形加速器中的主导磁场、直线加速器中的四极透镜等。

(4) 束流输运与分析系统 它由真空管道、电磁透镜、弯转磁铁和电磁场分析器等组成。用来在粒子源与加速器之间或加速器与靶室之间输运并分析带电粒子束。

此外,加速器通常还设有各种束流监测系统、诊断装置、电磁场的控制装置、真空设备以及供电与操作设备等辅助系统。

8.1.1.2 粒子加速器的分类

加速器种类繁多,可按不同的原则划分,如依加速粒子达到的能量可分为:低能加速器($< 100\ \mathrm{MeV}$)、中能加速器($100 \sim 1000\ \mathrm{MeV}$)、高能加速器($1 \sim 100\ \mathrm{GeV}$)、超高能加速器($>100\ \mathrm{GeV}$)。

加速器通常还按照加速电场和粒子轨道的形态来分类,大体上可分为四类:直流高压型加速器、电磁感应型加速器、直线共振型加速器和回旋共振型加速器。近年来,大中型的粒子加速器往往采用多种不同类型的加速器互相串接组合而成,这样的组合系统有利于发挥每一类加速器的效率和特色。如由串列式静电加速器与超导直线加速器组成的重离子加速系统、由电子直线加速器与同步加速器组成的同步辐射光源等。本节重点对最基本的三种类型即静电加速器、直线加速器和回旋加速器作一简要介绍。

8.1.2 静电加速器

静电加速器属于高压型加速器,是利用静电荷所产生的高压电场来加速带电粒子的加速器。1933 年美国 van de Graaff 建造了第一台静电加速器,因此又称 van de Graaff 加速器。它以喷电和输电系统、高压电极、绝缘支柱、分压环和加速管等组成加速器,见图 8-3。

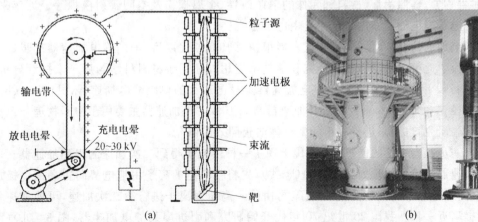

图 8-3 电子静电加速器示意图(a)和北京大学 4.5 MV 静电加速器外观与机芯(b)

其基本工作原理是由电晕针喷电系统将静电电荷源源不断地送上绝缘输电带,输电带将电荷传送到一个空心的高压电极,使电荷在电极的外表面上不断地积累,高压电极的电压随之不断升高。设高压电极对地的电容为 C,积累的电荷为 Q,则高压电极对地的电位 V 为

$$V = \frac{Q}{C} \tag{8-1}$$

通常 C 很小,一般仅几十到几百皮法,原则上只要积累足够多的电荷,就可以得到很高的电压。但实际上电荷的积累并不随时间线性地增长,这是由于积累电荷会通过各种负载泄放出去。这样电极上电荷的变化便决定于有效充电电流 I_e:

$$\frac{dQ}{dt} = I_e = I_C - I_L \tag{8-2}$$

式中 I_C 为输电电流,I_L 为负载电流。负载电流主要包括被加速的粒子流及通过各种途径从高压电极泄漏的电流,包括电晕电流。当电压超过某个临界值以后,负载电流迅速增长,结果使电荷的积累速度变慢并趋于饱和。高压电极最终所能达到的电压值取决于输电电流、粒子流和泄漏电流之间的平衡。

静电发生器与输电系统一般由喷电电源、喷电与刮电针排、动带式输电带或输电链、上下转轴和高压电极等组成。为了提高输电电流,减少电晕电流,提高高压电极的击穿电压,通常采用高压气体作绝缘介质。所以,近代静电加速器都安放在钢筒内,钢筒内充有绝缘性能好的高压气体介质,如高压氮约加 20% 的二氧化碳,维持在 $10\sim20$ 个标准大气压或用绝缘性能更好的六氟化硫气体。加速管是静电加速器的关键部件。由粒子源引出的粒子束,经聚焦后进入加速管得到加速。加速器端电压的提高主要决定于加速管的性能和耐压水平。加速管由一段段的绝缘环与金属加速电极片交叠封接而成。加速管内为真空,管上的各个加速电极与相应的分压电阻相连,使电压能在加速管上均匀分布。

此外再配上一个适合的粒子源,就构成一台完整的静电加速器。静电加速器的典型工作电压为 $2\sim10\,\mathrm{MV}$,加速的粒子流可达数十至数百微安,可产生能量为 MeV 级的 p,d 和 α 粒子束。它的优点是稳定性好,且能量连续可调。

按照加速粒子的不同,静电加速器又可分为电子和离子静电加速器两类。电子静电加速器的高压电极与钢筒的尺寸均比离子静电加速器要小,加速器的结构比较简单,主要用于辐射化学、放射生物学、辐照治疗、材料和元件的辐照改性、金属探伤及空间辐射模拟等。近年来,国际上还将电子静电加速器用来产生自由电子激光。

离子静电加速器在 20 世纪 50 年代发展很快,到 60 年代以后,串列静电加速器逐步成为其发展的主流。此类加速器除基础研究和核技术应用外还用于材料科学与质子微探针分析。北京大学自行设计制作的 $4.5\,\mathrm{MV}$ 静电加速器是我国最大的单级静电加速器,见图 8-3(b)。高压电极直径 $1.36\,\mathrm{m}$,钢筒直径 $2.4\,\mathrm{m}$,加速器高约 $10\,\mathrm{m}$。该加速器主要用于中子物理与重离子物理的实验研究,也用来进行材料和生物体的辐照效应研究。

为了进一步提高粒子的能量,50 年代出现了一种使粒子得到二次加速的串列加速器。两级串列式加速器的工作原理如图 8-4(a)(竖式),先将带负电的离子由地电势向正高压电极加速,在电极内通过电子剥离转变成正离子,再由同一高压对离子进行第二次加速,可使加速粒子的能量提高近一倍。我国 20 世纪 70 年代开始研究和引进串列静电加速器,图 8-4(b)(卧式)为牛津大学赠送给北京大学的 $2\times6\,\mathrm{MV}$ EN 串列静电加速器。目前它已成为低能物理研

究和核技术应用的强有力的工具。

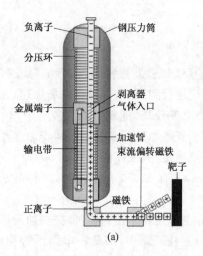
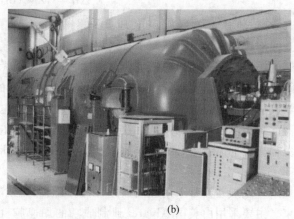

图 8-4　串列静电加速器的原理图(a,竖式)和北京大学的 $2\times6\,\mathrm{MV}\,\mathrm{EN}$ 串列静电加速器(b,卧式)

8.1.3　直线加速器

直线加速器(linear accelerator, Linac)属于直线共振加速器一类。它是应用高频电磁场来加速粒子的加速器,但被加速的粒子沿直线轨道运动,是最早发明的一种共振加速器。

1928 年德国 Wideroe 研制成功第一台直线加速器。其工作原理见图 8-5。在圆柱形加速腔的轴上,沿直线排列着一串圆柱形金属漂浮管,漂浮管亦称电极,奇数位和偶数位的漂浮管分别连接在高频电源的两极供给高频电压。奇偶漂浮管的电位极性正好相反,因此相邻漂浮管的间隙里产生射频电场。

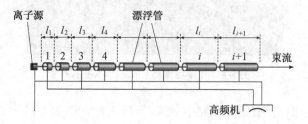

图 8-5　直线加速器原理示意图

由外界注入的正电荷(质子或正离子)在间隙中得到加速,其动能的增量为

$$\Delta W = ZV_a\cos\varphi \tag{8-3}$$

式中 Z 为粒子的电荷数;V_a 为加速电压;φ 为粒子通过加速间隙中心时加速电压的相位,$\varphi = \omega t$,ω 为角频率。

因金属制成的漂浮管中无电场,粒子在漂浮管中作等速运动。为了使粒子每次到达间隙时都正好遇到加速场,随着被加速粒子速度的增加,漂浮管的长度要逐节增加,使粒子通过漂浮管花的时间恰好是加速电压半周期的奇数倍。以此来决定每节漂浮管的增长度,这样粒子

到达间隙时总处在加速相位,以保证加速持续地进行下去。如通过 N 个加速间隙,则加速粒子动能的增加量为

$$\sum \Delta W = NZV_a \cos\varphi \tag{8-4}$$

由上式看出,随着 N 的增加,可使能量积累得很高。

　　直线加速器分为电子和离子直线加速器两类。电子直线加速器通常采用"行波"加速,即让加速电场以与粒子相同的速度向前传播。这样电子无论运行到哪里,都受到电场加速,在较短的距离内就可加速到高能量。低能电子直线加速器的束流较高,能量一般在 $4\sim30\text{ MeV}$,在医学放射治疗和工业辐照方面应用极为广泛。中能电子直线加速器多数用做同步加速器的注入器。高能电子直线加速器在粒子物理研究中占有重要地位,其最高能量可达 50 GeV。美国斯坦福直线加速器中心(SLAC)的直线加速器长 3.2 km,共有 82650 个漂浮管,可将电子加速到 32 GeV。

　　质子直线加速器常采用驻波加速,由高压倍加器或静电加速器作注入器,以提供加速用的粒子束。主要采用由美国 Alvarez 研制成功的加速腔,由圆柱腔筒中,加载一串漂浮管构成。加速腔一般用低碳钢或不锈钢的钢-铜复合体制成。质子直线加速器多用做高能加速器的注入器,还用于生产短寿命同位素、辐射化学、核医学及核物理实验研究等。这类加速器的能量在 $50\sim200\text{ MeV}$。图 8-6 为采用 Alvarez 加速腔的直线加速器 Linac 3。

图 8-6　直线加速器 Linac 3（Alvarez）

　　重离子同样可在带漂浮管的驻波腔中加速,但低能重离子加速器的工作频率要比质子加速器低得多。为了提高加速效率,中间还要加电荷剥离器,提高离子的电荷与质量之比。重离子直线加速器的结构比质子加速器更复杂,成本更高。直线加速器上加速的重离子,如铀离子的能量可达到每核子 10 MeV。近年发展的**高频四极场直线加速结构**(radio frequency qua-drupoles,RFQ)是一种新型的加速结构。它能直接加速由离子源引出的低能离子,其结构紧凑、体积小巧,因此几乎替代了所有体积庞大的高压倍加器作为直线加速器的注入器。

　　直线加速器的主要优点在于加速粒子的束流强度高,且能量可逐节增加,不受限制。缺点是设备投资高,高频功率消耗大,致使运行费用昂贵。近年来发展了多种低温超导结构,建成超导直线加速器可大大降低运行费用。

8.1.4 回旋加速器

回旋加速器(cyclotron)用一个大磁铁形成导引磁场,质子或其他轻、重离子在磁场中以一定频率沿圆弧轨道回旋运动,由高频电场对带电粒子实现共振加速。1930 年 Lawrence 为了克服直线加速器尺寸过长的困难,提出了建造回旋加速器的工作原理。第二年他和他的研究生一起制成世界上第一台回旋加速器,用直径 10 cm 的磁极,2000 V 的电压,使氘离子加速到 80 keV,令人信服地证实了他提出的工作原理。

早期的回旋加速器的结构如图 8-7 所示,基本构件是由两个金属空心盒制成的加速电极,对称地安放在真空室内,与整个真空室一起置于强磁场之中。由于每个电极的形状如英文字母 D,通常称为"D 形电极"。电极分别连接到高频电源的两极,工作时电极间隙中产生高频电场,构成加速间隙。粒子源安放在加速间隙的中心位置上,引出的粒子束在高频电场的作用下得到加速。由于金属盒内无电场存在,粒子进入 D 形盒内就不再受到加速,而在恒定磁场的作用下作恒速圆周运动。

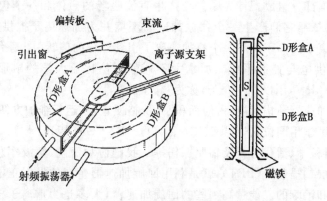

图 8-7 回旋加速器原理图

粒子作圆周运动轨道的半径 r 由磁场的洛伦兹力(圆周运动的向心力)决定,有

$$r = \frac{mv}{Bze} \tag{8-5}$$

式中 m 为被加速粒子的质量,v 为粒子的运动速度,B 为粒子所处磁场的磁感应强度,z 为粒子的电荷,e 为电子电荷。

由(8-5)式看出,随着 v 的增加,半径 r 也越来越大,所以在恒定均匀磁场的导引下,粒子沿着螺旋形轨道旋转,如图 8-7 中虚线所示。

当年 Lawrence 认为粒子的这种回旋运动的最令人兴奋的特点是:它的旋转频率可以是一个常数,而与粒子的速度或轨道半径无关!这意味着可以简单地用一个恒定频率的高频电场从头至尾地加速处于不同能量的粒子!实际上,一个带电量为 qe 的离子在磁场中的回旋频率 f_C 为

$$f_C = \frac{v}{2\pi r} = \frac{qeB}{2\pi m} \tag{8-6}$$

只要 B/m 为常数,上述论断即是正确的。在 D 形电极上高频电压 V_D 为

$$V_D = V_a \cos(2\pi f_D t) \tag{8-7}$$

193

式中 f_D 为高频电压的频率，V_a 为电压的幅值，t 为时间。

当磁感应强度满足共振条件，即 $f_C = f_D$，离子的回旋运动与电场的周期变化完全同步。在加速的相位下注入间隙的离子，每穿越一次电场都得到一次加速，称共振加速。在这种状态下离子每转一周加速两次直至达终能量为止。回旋 n 圈之后，离子得到的总能量 W 为

$$W = \sum (\Delta W) = 2nqeV_a \cos\varphi_i \tag{8-8}$$

式中 φ_i 为离子进入电场的初始相位。然而，当离子能量增高时，由于相对论效应，离子的旋转频率会随着能量增加越来越低于电场频率，最终导致不能再为电场所加速。由于这个缘故，一般的回旋加速器，加速质子的能量仅达数十兆电子伏。

为了进一步提高回旋加速器的能量，20 世纪 60 年代研制成功一种新型**扇形聚焦回旋加速器**(sector-focused accelerator)，在加速器磁极上装有若干块扇形叶片状磁铁，不仅增强了聚焦，更重要的是使离子每圈上感受到的平均磁场沿半径增加，保证粒子的旋转周期固定不变，称为**等时性回旋加速器**(isochronous cyclotron)，其终能量可达到 500MeV 以上。扇形聚焦加速器的成功开拓了中能区的新领域，它的束流的平均强度远高于原有的同步回旋加速器。回旋加速器由六个基本部分组成。首先是一个产生直流磁场的磁体和一个包括 D 形盒的高频电压发生器，加速器依靠它们产生一个共振加速的环境并为加速离子提供必要的电磁聚焦。其次要有一个产生离子的离子源和一个将加速离子引到外靶的偏转引出系统。最后还包括一个真空系统和一个供电与控制系统。加拿大不列颠哥伦比亚大学的扇形回旋加速器可将 H⁻ 离子加速到 520 MeV，用以产生介子，称为"介子工厂"。

小尺寸的回旋加速器结构紧凑，占地面积小，价格便宜，且运行维护方便，已有商业产品出售。适用于生产核医学用同位素，如 ^{11}C、^{13}N、^{15}O、^{18}F、^{67}Ga、^{111}In、^{123}I、^{201}Tl 等，可作放射性治疗，也可供材料科学、活化分析及辐照探伤等。我国协和医院、解放军总医院和北京宣武医院等的正电子断层扫描装置(PET)，就是利用回旋加速器生产的发射正电子的同位素来进行高灵敏度的诊断和治疗的。能量高一些的回旋加速器，大多是为重离子核物理研究的需要而建造的，能加速周期表中各种元素的离子至高能量。兰州重离子加速系统是我国最大的一个等时性回旋加速器系统(图 8-8)。中国原子能科学研究院自行设计建造的用于放射性同位素生产的小尺寸回旋加速器示于图 8-9。

图 8-8　兰州近代物理研究所的分离扇形回旋加速器　　　图 8-9　中国原子能科学研究院的回旋加速器

8.1.5 同步加速器和同步辐射

同步辐射产生于同步加速器,所以在介绍同步辐射之前,先谈谈同步加速器。

同步加速器是一种可获得较高能量的加速装置。其工作原理是,高速粒子围绕着一条固定轨道作圆周运动,通过调变轨道上磁场使之与粒子的能量同步增长,以维持粒子的旋转周期与电场的周期同步,实现对粒子的共振加速。电子和质子同步加速器的建成,特别是高能粒子对撞机的出现和高能加速器的组合,使加速离子的能量大大提高。如北京正负电子对撞机能量达到 2.8 GeV;美国费米国家加速器实验室(FNAL)的 Tevatron 半径 1.1 km,使用超导磁铁,可将粒子加速到 1 TeV(对撞 2 TeV)。此类加速器不论从能量上还是从规模上来说都是现代化的巨型设备,不仅是高技术的集成,其耗资也十分庞大。所以说高能加速器的建造成功与否是一个国家综合实力的体现。

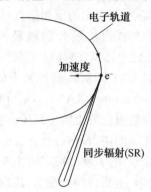

1947 年美国 H. Pollock 在调试 70 MeV 电子同步加速器时发现了强烈的"弧光",后经实验证实,这种"弧光"是高速运动的电子在加速器磁场作用下产生的辐射光。因是在同步加速器上发现的,所以简称**同步辐射**(synchrotron radiation)。图 8-10 表示作圆周运动的电子在其运动轨迹的切线方向发出电磁辐射。

图 8-10 电子作圆周运动时的电磁辐射示意图

同步辐射的发现是现代光源的一次极为重大的进展,是继历史上电光源、X 光光源和激光光源之后,对人类文明带来重要变革的第四个新光源。使用光来观察物质时,必须使所用光的波长大致与被观察对象的尺度相同,不同学科所

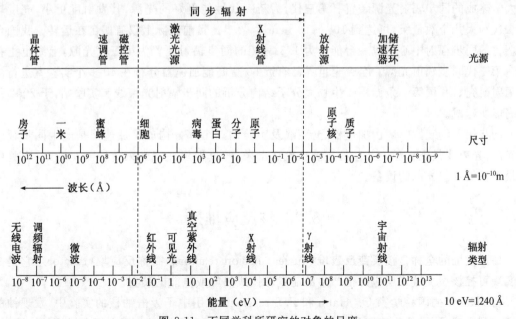

图 8-11 不同学科所研究的对象的尺度

(引自冼鼎昌著.神奇的光——同步辐射.长沙:湖南教育出版社,1995)

研究的对象的尺度如图 8-11 所示,可见同步辐射作为光源其波长范围大,适用于研究原子、分子、蛋白和细胞等相当广泛的研究对象。

同步辐射作为光源的突出特点是:其波长范围大,波长或能量分布是连续的;其次是同步辐射光准直度好,亮度高,具有偏振性及特定时间结构的脉冲光源,同时其能量分布和亮度还可以精确计算,能准确观察晶体的点阵参数或取向的微小变化;同步辐射还是一种极为"干净"的光源,光谱中无杂质谱线存在,可用来作要求极高的研究,如分析相对含量万亿分之一(10^{-12})的元素。

同步辐射的应用大大推进了生物大分子如蛋白质等的晶体结构的研究。如美国斯坦福同步辐射中心研究异柠檬酸脱氢酶的衍射,只用 0.8 s 就得到了一张衍射图,其中有 8000 多个有用的衍射斑点,与常用的照相法真是不可同日而语,把 X 射线形貌学方法推到了一个新的阶段。同步辐射作为**扩展 X 射线吸收精细结构谱**(extended X-ray absorption fine structure, EXAFS)的理想光源,使其研究范围由固态扩展到液态物质,可达到的精度为:配位层间距 $1\sim3$ pm,配位数 $\pm15\%$,近邻原子的种类 $Z\pm4$。**X 射线吸收近边结构谱**(X-ray absorption near-edge structure, XANES)是研究元素在化合物氧化态的有力工具。亦可用 X 射线荧光强度测量含量很低的物质。同步辐射还可对生物活样品进行动态显微拍照。同步辐射在医学中也获得广泛的应用,如心血管造影术可在很短的时间内完成造影,且有足够高的灵敏度。如美国科学家仅用 2 s 就完成了由 256 帧窄条照片组成的整个心脏的照片。总之,同步辐射光源在物理、化学、生物、材料、医学、药物学、微电子工业等现代科学技术的各个领域都显示了广阔而独特的应用价值。

同步辐射光源的发展分为三个阶段,或称三代:第一代,供高能物理用的加速器兼作同步辐射光源。我国北京高能所的正负电子对撞机属此类同步辐射光源。第二代,专为同步辐射用建造的加速器。当今世界上正在运行的同步辐射光源,大多数为第二代,如我国合肥中国科技大学建成的同步辐射光源装置。第三代,为新一代性能更好的光源,其发射度更小,亮度较第二代约大几个数量级,可达到 $10^{17}\sim10^{20}$ cm^{-2}·s^{-1}。目前国际上仅有四台在运转。我国台湾新竹的同步辐射中心建成一台能量为 1.3 GeV 的同步辐射装置为第三代光源,上海也正在建造第三代同步辐射光源。至今全世界已有近 60 台高能加速器分布在 40 多个实验室进行同步辐射研究。我国第一条专用于生物大分子结构分析的同步辐射光束线和实验站,于 2002 年在高能所建成。

同步辐射的装置一般由加速器、光束线及实验站三个部分构成。加速器是产生同步辐射的光源;光束线是把光源中某些特定波长挑选出来,经过聚焦并将光束传输到实验站;实验站是最终提供辐射光源的设备。

8.2　核反应堆

核反应堆的全称是**核裂变反应堆**(nuclear fission reactor),简称反应堆(reactor),它是一种实现可控核裂变链式反应并把产生的能量转换成热能或电能的装置。

自 1939 年德国科学家 O. Hahn 和 F. Strassman 在用中子轰击铀核的实验中,发现铀的原子核裂变后,原子核物理即从实验室研究开始走向军事和民用工业等方面大规模的应用。

一个铀原子核裂变,释放约 200 MeV 的能量,比一个碳原子氧化时放出的能量(4.1 eV)

几乎大1亿倍。或者说1kg ^{235}U裂变释放的能量相当于2800吨优质煤燃烧或20000吨TNT炸药爆炸时放出的能量。怎样才能做到合理地利用这么大的能量呢？1942年12月Fermi的研究组在美国建成了世界上第一座原子核裂变反应堆,首次实现了可控的核裂变链式反应。1945年8月在广岛和长崎爆炸的原子弹,是利用^{235}U和^{239}Pu原子核的链式裂变反应原理制成的。接着从50年代开始世界上供研究用反应堆应运而生,各种研究用反应堆相继出现并建成运行。1954年1月美国核潜艇的下水,6月苏联第一座核电站的建成,用做核动力的反应堆的发展受到世界科学家的高度重视。此后应用型反应堆的建造发展得相当迅速,世界各国都在积极地发展核动力的应用。

8.2.1 链式反应和临界条件

8.2.1.1 链式反应和临界条件

反应堆中的核燃料是指燃料元件中的易裂变核素和可裂变核素的总和,如由5％的^{235}U和95％的^{238}U组成的浓缩度为5％的金属U或UO_2。因为从释热的角度看,每分裂一个易裂变核素和可裂变核素释放的能量基本相同,分裂后变为质量相对较轻的裂片元素,所以在核工程中,将可裂变元素称为**重金属**(heavy metals,HM)。

易裂变核吸收一个热中子后发生裂变的概率很大。裂变过程中除生成两个裂片并释放很大的能量以外,还放出ν个中子($\nu = 2 \sim 3$)。例如,^{235}U的中子裂变反应的许多可能方式之一为

$$n + {}^{235}U \longrightarrow {}^{236}U^* \longrightarrow {}^{144}Ba + {}^{89}Kr + 3n + Q$$

对给定能量的中子,每种可裂变核每次裂变发射的中子数ν的平均值$\bar{\nu}$是一定的。^{233}U、^{235}U和^{239}Pu的热中子诱发裂变的$\bar{\nu}$分别为2.495,2.432和2.884。在这ν个中子中,如果至少有一个用于诱发新的裂变反应,则裂变反应将以链式反应的方式进行,称为**自持裂变反应**(self-sustaining fission)或**裂变链式反应**(fission chain reaction)。

定义中子增殖系数k为

$$k = \frac{\text{这一代的中子数}}{\text{上一代的中子数}} = \frac{N_i}{N_{i-1}} \tag{8-9}$$

如果裂变放出的所有中子都用于进一步的裂变,中子增殖系数k应当等于$\bar{\nu}$,但这是不可能的。

首先讨论无限大体系的情况。由于可裂变核的辐射俘获、控制棒和慢化剂及其中的杂质元素与燃料元件包壳等对于中子的吸收,中子会有损失,可转换及易裂变核的快中子裂变又使总的中子数有所增益。此外,快中子在慢化过程中可能被共振俘获而损失,热中子还可能被反应堆材料和裂变产物吸收而损失。考虑这些因素后,无限大体系的增殖系数k_∞为

$$k_\infty = \eta \varepsilon p f \tag{8-10}$$

式中,η称为**有效中子数**或**裂变因子**,即核燃料每吸收一个中子后发生裂变放出的中子的平均数。以铀燃料为例,设f_{235}和f_{238}分别为^{235}U和^{238}U的摩尔分数,σ_c和σ_f分别为辐射俘获截面和裂变截面,则

$$\eta = \bar{\nu} \frac{f_{235} \sigma_{f,235}}{f_{238} \sigma_c + f_{235}(\sigma_{c,235} + \sigma_{f,235})} \tag{8-11}$$

^{235}U和^{238}U都可以被快中子分裂,放出快中子,使得快中子数增殖。(8-10)式中ε称为**快中子**

增殖系数。

$$\varepsilon = \frac{热中子裂变产生的中子数 + 快中子裂变产生的中子数}{热中子裂变产生的中子数} \tag{8-12}$$

快中子在慢化过程中,当能量降低到 $1 \sim 100$ eV 区段,可被可转换核素(如 ^{238}U)共振吸收而损失。(8-10)式中的 p 为逃脱共振吸收概率。中子慢化到热能区后,只有一部分被易裂变核吸收,其余的被控制棒、慢化剂及其中的杂质元素、燃料元件包壳,以及裂变产物核等吸收,(8-10)式中的 f 称为**热中子利用系数**。

$$f = \frac{被易裂变核吸收的热中子数}{被吸收的热中子总数} \tag{8-13}$$

总体来说,由裂变放出的一个快中子,在慢化过程中由于快中子裂变增加为 ε 个,逃脱共振吸收后剩下 εp 个,这些中子中有 $\varepsilon p f$ 个被核燃料吸收而产生裂变,使快中子数变为 $\eta \varepsilon p f$ 个,开始下一个中子循环周期。

实际体系都不是无限大的,中子将从其表面泄漏。令 Λ 为不泄漏因子,k_{eff} 为有限尺寸的反应体系的中子增殖系数(**有效增殖系数**),则

$$k_{\text{eff}} = k_{\infty} \Lambda \tag{8-14}$$

一个中子由产生到被吸收称为一代。在给定体系中,每个中子的遭遇各不相同,寿命也不同。所有中子的平均寿命 τ 称为一代中子的平均寿命。在有限尺寸的体系中,中子增殖的速度为

$$\frac{\mathrm{d}N(t)}{\mathrm{d}t} = \frac{N(t)(k_{\text{eff}} - 1)}{\tau} \tag{8-15}$$

其解为

$$N(t) = N(0) \exp\left[(k_{\text{eff}} - 1) t / \tau \right]$$
$$= N(0) \exp(\Delta k t / \tau) \tag{8-16}$$

式中 $\Delta k = k_{\text{eff}} - 1$ 为对中子增殖有贡献的部分,称为**剩余反应性**。定义反应体系的周期或时间常数为使体系中子数增加 e 倍所需的时间,显然

$$T = \frac{\tau}{\Delta k} = \frac{\tau}{k_{\text{eff}} - 1} \tag{8-17}$$

体系的剩余反应性越大,中子的平均寿命和体系的周期越短。

若 $k_{\text{eff}} < 1$,中子数按指数衰减,反应体系处于**次临界状态**。

若 $k_{\text{eff}} = 1$,中子数不随时间变化,反应体系恰好处于**临界状态**,链式反应平稳地进行,这正是反应堆所要求的。

若 $k_{\text{eff}} > 1$,中子数按指数增加,反应体系处于**超临界状态**,如果 k_{eff} 过大,将导致裂变反应以爆炸的方式进行。原子弹就是利用 ^{233}U、^{235}U 或 ^{239}Pu 等重原子核的链式反应原理制成的。

由上面的讨论可以看出,一个系统的有效增殖系数 k_{eff} 是由许多因素决定的,如核燃料的种类、同位素组成、装料数量、慢化剂及控制棒种类、有无反射层,以及各种构件的排布方式等。反应堆的反应性增加将引起堆芯温度上升,如反应性有**负温度系数**,则随着堆芯温度升高,反应性将自动降低,这将增加反应的安全性。实际上,反应堆确实具有负的温度系数。也就是说,反应温度对于反应性变化具有负反馈作用。

如果核燃料为未加任何反射层的纯金属,中子得不到慢化,裂变只能由快中子诱发。由于裂变中子的能量为 $0 \sim 25$ MeV,呈麦克斯韦-玻尔兹曼分布,平均能量约为 2 MeV,裂变中子产

生以后,经过非弹性散射能量很快降低到 1 MeV 以下。天然铀中 ^{238}U 的丰度为 99.29%,只有能量高于 1 MeV 的快中子才能诱发裂变。中子在进一步慢化过程中大部分被 ^{238}U 吸收,被 ^{235}U 吸收并引起裂变的概率非常小。因此,天然金属铀无论体积多大都不能发生自持裂变反应。高浓缩金属铀、金属钚的情况就不同了。只要当它们的体积大于某一定值(称为**临界体积**)时或者它们的质量大于某一定值(称为**临界质量**)时,就能实现 $k_{eff} > 1$,使得裂变链式反应得以进行。表 8-1 列出无中子反射层时球形金属的临界半径和临界质量。用石墨、金属铍等作为中子反射层,可以减少中子的泄漏,使临界质量下降。

表 8-1 球形金属的临界半径和临界质量

核 素	临界半径(cm)	临界质量(kg)
^{233}U	4.63	7.5
^{235}U	6.75	22.8
^{239}Pu	4.1(α-Pu),4.85(β-Pu)	5.6(α-Pu),7.6(β-Pu)

当体系中存在慢化剂时,裂变中子被迅速慢化,逃脱共振吸收的概率大大提高,使得采用低浓缩铀甚至天然铀为燃料实现裂变链式反应成为可能。例如,天然铀-纯石墨、天然铀-重水、低浓缩铀(约 3‰ ^{235}U)-轻水体系,只要设计合理,都能达到裂变反应的自持。

在核燃料后处理工厂中,存放铀和钚的溶液也必须考虑临界安全问题。溶液的浓度和体积以及周围环境的中子反射体都必须加以控制。表 8-2 中列出了 ^{235}U 溶液的临界参数。如果临界容积和临界浓度同时超过,即为超临界。

表 8-2 ^{235}U 溶液的球形容器临界容积

金属 ^{235}U 或 ^{235}UO$_2$F$_2$ 浓度 [g(U)/L]	临界容积(L)	
	水反射层厚度 25 mm	水反射层厚度 300 mm
20	74	56
100	10.7	7.5

注: 数据取自 J. T. Thomas (ed.). Nuclear Safety Guide, TID-7016 Rev 2, NUREG/CR-0095 and ORNL/NUREG/CSD-6, 1978).

在西非加蓬的奥克洛铀矿区,^{235}U 的丰度只有 0.29%,远低于现代天然铀中 ^{235}U 的丰度(0.72%)。人们推测,在 20 亿年前,该矿区的富沥青铀矿(UO$_2$ 的含量高达 90% 以上)中 ^{235}U 的丰度约 3%,铀矿及地下水系统组成的体系达到链式反应的临界条件而成为"天然压水堆",反应性的负温度系数控制着反应堆的平稳运转达 $(5\sim6)\times10^5$ a。天然反应堆很可能是周期性或者脉冲式地运行的:链式反应使得地下水温度升高而汽化溢出,导致天然反应堆活性降到临界以下,"堆芯"部分温度下降到一定程度,地下水又回到"堆芯",反应堆重新启动,如此周而复始。在漫长的地质岁月中,其中的 ^{235}U 被燃耗到链式反应不能自持为止。

8.2.1.2 反应堆的控制

在反应堆中,裂变链式反应必须在严格的受控条件下进行,以保证反应堆的安全运行。在启动阶段,应当令 k_{eff} 略大于 1。到达额定功率以后,应保持 $k_{eff}=1$。在由于某种原因使得 $k_{eff}>1$ 时,能依靠一种可靠的机制立即制止功率的急剧增长。在需要反应堆停止运行(如进行检修)时,要让 $k_{eff}<1$。是否可以实现这种控制呢?

热中子反应堆的 k_{eff} 一般设计为 <1.0065，其瞬发中子的 τ 约为 10^{-3} s。由 (8-17) 式算得反应堆的周期 T 约为 0.15 s。假若采取控制的时间需要 3 s，则反应堆功率将提高 3 亿倍！显然，这样快的增殖速度是无法控制的。幸好，裂变反应除了放出瞬发中子，还放出少量缓发中子，使得反应堆周期大大变长。

重核裂变中释放的中子主要是瞬发中子，在裂变后毫秒时间内就发射，其平均寿命为 0.001s。而其余只占千分之几的属缓发中子，要经过数秒甚至几分钟才由裂变碎片中放出。

计算一代中子的平均寿命的公式为

$$\tau = (1 - \beta)\tau_{prompt} + \sum_{i=1}^{6} \beta_i \tau_i \tag{8-18}$$

式中 β 为缓发中子的总份额，τ_{prompt} 为瞬发中子的平均寿命（约为 0.001 s），β_i 为半衰期相同的缓发中子份额，τ_i 为第 i 组缓发中子的平均寿命。表 8-3 列出了 ^{235}U 裂变的缓发中子的半衰期。

对于 ^{235}U，一代中子的平均寿命为

$$\tau = (1 - 0.0064) \times 0.001 + 0.058 \approx 0.1 \, (s) \tag{8-19}$$

比只计瞬发中子算得的一代中子平均寿命长两个数量级。若实施控制的动作仍需 3 s，控制过程中反应堆功率才增高到原来的 1.2 倍。

表 8-3　^{235}U 裂变的缓发中子的半衰期

组 i	半衰期 (s)	生成份额 *	缓发中子发射体
1	55	0.034	^{87}Br
2	22	0.223	^{88}Br, ^{136}Te, ^{137}I, ^{141}Cs
3	6	0.201	^{87}Se, ^{89}Br, ^{93}Rb, ^{137}Te, ^{138}I
4	2	0.372	^{85}As, ^{88}Se, ^{90}Br, ^{93}Kr, ^{94}Rb, ^{135}Sb, ^{139}I, ^{142}Cs, ^{142}Xe, ^{143}Cs
5	0.6	0.128	^{86}As, ^{89}Se, ^{91}Br, ^{98}Y, ^{99}Y, ^{140}I
6	0.2	0.042	

* 每次热中子裂变所产生的缓发中子的份额 $= \beta_i / \beta, \beta = \sum \beta_i$。

8.2.2　核反应堆的基本构造

反应堆一般由堆芯、中子反射层、控制系统和屏蔽层等部分组成。图 8-12 为动力堆的基本构造。

（1）堆芯　堆芯是反应堆的核心部分，又称活性区。它由核燃料元件、慢化剂（或称中子减速剂）和冷却剂组成。

燃料元件 (fuel elements)：是堆芯中的最主要部件，裂变链式反应就发生在这里。燃料元件由裂变材料芯体和包壳组成。作为燃料的核素主要有 ^{233}U、^{235}U 和 ^{239}Pu 三种。根据不同堆型的要求来选择适合燃料，常用不同浓缩度（指 ^{235}U）的浓缩铀或钍-铀混合物的氧化物（MOX 燃料）。大多数反应堆采用若干根圆形燃料棒，也有用球形、片形、圆管形和六角管形等。燃料棒外有包壳，用以防止裂变产物扩散出活性区污染冷却回路和起支撑作用；同时要求包壳材料具有良好的导热性和很小的中子吸收截面，如采用铝、锆合金、不锈钢或其他特殊合金材料。

慢化剂 (modulator)：又称中子减速剂。前面谈到，^{235}U 的热中子俘获截面比快中子截面

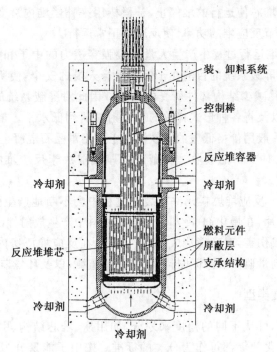

图 8-12 动力堆的构造

大,所以反应堆必须依靠慢化剂将裂变产生的中子的能量降低到热能,即最概然速度约为 $2200\mathrm{m\cdot s^{-1}}$(能量约为 $0.025\,\mathrm{eV}$)的热中子。水、重水或者石墨等较轻的物质是常用的慢化剂。水资源丰富,价廉,慢化效率高,水又可兼作冷却剂。重水是最好的慢化剂,可用于天然铀反应堆,但价格太昂贵。石墨的原子序数比氢高,慢化效率比氢低,但它具有一定的机械强度,耐高温、高压和强辐照,易加工,价廉等优点。

冷却剂:冷却剂的作用是导出裂变所产生的热能,并将其转换成经济可用的形式。一般要求冷却剂比热大、传热性能好、熔点低、沸点高、蒸气压低、化学性质稳定、中子俘获截面小等。常用的气态冷却剂有水蒸气、氮气、二氧化碳和氦气,也可使用水、重水或液态金属钠等液态冷却剂。目前最经济的反应堆如压水堆和沸水堆,多使用水作冷却剂和慢化剂。由于氢对中子的吸收截面很大($\sigma=0.33\,\mathrm{b}$),将妨碍中子增殖。天然铀作燃料时,则选用中子截面小的重水(氘的 $\sigma=0.0005\,\mathrm{b}$)作冷却剂。功率高的反应堆使用液态金属作冷却剂,因其具有良好的热交换性能。

(2) 中子反射层 为了防止堆芯中子的泄漏损失,堆芯须用中子反射材料围住。通常选用中子散射截面大而吸收截面小的材料作反射层,水、重水、石墨和铍都是良好的中子反射材料,反射能力分别为 82%,97%,93% 和 89%。

(3) 控制系统 控制系统是用来确保反应堆安全的。对中子增殖过程的控制是靠插入一组圆柱形的控制棒来实现的,控制棒是反应堆的关键部件,用具有很大中子俘获截面的硼($\sigma=3838\,\mathrm{b}$)、铪($\sigma=365\,\mathrm{b}$)和镉($\sigma=19910\,\mathrm{b}$)做成。也可用液态,如在压水堆的冷却剂中加入硼酸,通过对 $^{10}\mathrm{B}$ 浓度的控制,实现对裂变反应速率的控制。

控制棒分为安全棒(停堆棒)、补偿棒和调节棒三种。当反应堆发生意外事故或停堆时,安全棒组靠重力下落插入堆芯使运行的堆停止,补偿棒用来补偿堆内裂变反应的缓慢变化。调节棒组由驱动机构来调节反应堆的功率,使反应堆正常运行。

(4) 屏蔽层　反应堆运行过程中产生大量有很强穿透力的中子和极强的 γ 射线,对人体和设备都有伤害。设计屏蔽系统的目的在于保护运行人员的安全,使所接受的剂量降低到合理的和尽量低的水平,并减少结构部件所受的辐照。因此对屏蔽系统的要求是:将活性区泄漏的快中子慢化、吸收以及将各种形式释放的 γ 辐射减弱到低水平。最常用的方法是在堆周围设置很厚的屏蔽层,一般用价格低廉的含铁混凝土或用重晶石混凝土,必要时还可在混凝土内加入少量硼化物增大对中子的吸收。屏蔽层的厚度取决于反应堆的功率,有时达 3～4 m 以上。

(5) 辐射监测系统　反应堆燃料元件在裂变过程中会不断地产生强 γ 射线和中子流,以及大量的放射性裂变碎片,在慢化剂、冷却剂及结构材料中产生放射性。如果不进行严格的控制,随时可能对人员造成伤害,对环境造成污染。因此,在反应堆厂房内外必须建立辐射监测系统,包括运行人员的剂量监测、冷却和排放物系统的监测,以及环境监测等。

8.2.3　核反应堆的主要类型

反应堆的种类繁多,可从不同的角度来划分,如用途、堆芯结构、引起裂变反应的中子能量、核燃料、冷却剂和慢化剂等都可作为分类的标准。按中子能量分为:快中子堆,中子能量大于 1 MeV,如钠冷和气冷快堆;中能中子堆,中子能量在 0.1 eV～0.1 MeV;热中子反应堆,或称慢中子堆,中子能量在 0.025～0.1 eV,如大部分动力堆,常用浓缩铀作燃料。

按照反应堆的用途分为生产堆、研究试验堆和动力堆(包括供热堆)三类。本小节就不同类型堆的结构作简要介绍。

8.2.3.1　生产堆

此类反应堆的建造主要用来生产军用可裂变材料 ^{239}Pu、^{233}U 和氢同位素氚(^{3}H),是较早期研制的一种堆型,常建于发展核武器的国家。

8.2.3.2　研究试验堆

该类反应堆数量较多,因建堆的目的不同,堆的结构和燃料元件类型等有较大的差异。如用于核物理、中子物理、化学、生物学、医学、材料学等多学科基础研究用的中子源堆;为动力堆的设计提供数据而建的实验堆,以低浓度硫酸铀酰作燃料,均匀溶于慢化剂水中,又称均匀反应堆;还有堆芯悬挂在慢化剂水池中的游泳池反应堆,用做材料实验研究。研究堆按功率分为三类:

(1) 零功率堆　功率低于 100 W,堆结构简单,放射性低,易于操作,常用来研究堆的物理性能等。目前还在运行的已很少。

(2) 工程研究堆　功率 $2 \times 10^4 \sim 1.5 \times 10^5$ kW,主要用于研究新型堆的燃料元件和各种堆用材料的辐照性能等。

中国原子能科学研究院从前苏联引进,于 1958 年 9 月正式运行的重水研究堆(HWRR,图 8-13),以 2% ^{235}U 的金属铀作燃料,重水作慢化剂和冷却剂,石墨作反射层。曾利用此反应堆生产 ^{210}Po、^{3}H、^{125}I、^{32}P、^{35}S 等 20 多种放射性同位素。此后,我国又相继建成游泳池堆和高通量工程试验堆等多座研究性反应堆。为满足新世纪核事业发展的需要,中国原子能科学研究院正在建造一座先进的研究堆,称为 **中国先进研究堆**(China advanced research reactor,CARR),设计功率 60 MW,中子注量率 8×10^{14} cm^{-2}·s^{-1}),计划 2006 年前后投入运行,预计达到满功率后,其中子注量率/功率比可达到世界先进水平。

(3) 微型中子源反应堆(miniature neutron source reactor, MNSR)　这是中国原子能科学研究院于 1984 年研制成功的一种小型、安全、简便与经济的核分析工具(图 8-14)。反应堆堆芯为 $\phi280\,mm\times230\,mm$ 的圆柱体。燃料采用铀-铝合金,^{235}U 富集度为 90%,金属铍作反射层,轻水作慢化剂和冷却剂,功率 $27\,kW$,热中子注量率为 $1\times10^{12}\,cm^{-2}\cdot s^{-1}$,使用寿命为 10a。这种微型反应堆主要用于中子活化分析、短寿命同位素生产及教学和培训。

图 8-13　中国原子能科学研究院的 101 重水研究堆

图 8-14　微型中子源反应堆的俯瞰图

8.2.3.3　动力堆

动力堆是相当重要的一类反应堆,目前世界上大部分反应堆属动力堆,主要为利用核裂变释放出的能量来发电、驱动船舶和供热等而建造。约 80% 的动力堆为轻水反应堆,下面简要介绍几种堆型。

(1) **轻水反应堆**(light water reactor, LWR)　压水堆和沸水堆均属此类堆,以水作冷却剂和慢化剂,目前是最经济的核反应堆。

压水反应堆(pressurized water reactor, PWR):以浓缩铀的氧化物作燃料,锆合金或不锈钢作包壳。堆芯装在压力壳中,在约 $15\,MPa$ 的压力下,堆芯的水被加热到约 300℃,然后经热交换器将热量传入蒸汽循环系统。压水堆内的慢化剂和冷却剂水是均匀分布的,堆芯体积较小,因此燃料元件的功率密度较高且分布均匀。压水堆是国际上建造最多的堆型。现代压水

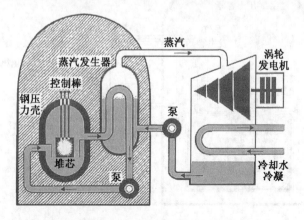

图 8-15　压水反应堆示意图

(摘自 http://www.world-nuclear.org/info/inf32.htm)

堆电站热功率约达 3800 MW,电功率1300 MW。压水堆的缺点是:如果堆内水沸腾就会破坏堆运行的稳定性,设计要求在水快沸腾时必须自动停堆,因堆壳要承受较高的温度和较大的压力,建造投资较大,且高压、高温下运行热循环部件易破裂或损坏。压水堆要用浓缩铀,更换燃料元件必须停堆也是其不足之处。我国秦山和大亚湾核电站皆采用压水堆发电。压水堆的结构示意图见图 8-15。

　　沸水反应堆(boiling water reactor,BWR):是同压水堆相近的一种慢中子堆。浓缩铀燃料也用锆合金作包壳。沸水堆是一种直接循环的蒸汽发生系统,即水在堆芯沸腾产生蒸汽直接用来驱动汽轮机,如图 8-16 所示。堆内压力和温度都比压水堆低些。沸水堆核电站的热功率可达 3840 MW,电功率可达 1250 MW。安全性能好是沸水堆的一个重要优点,但当功率升高时,堆芯的水加速沸腾,蒸汽增多,水的体积减少而使慢化的能力降低,裂变反应性下降,功率也随着降低。采用沸水反应堆的主要是美国、日本及西欧各国。

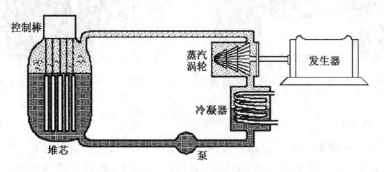

图 8-16　沸水反应堆示意图

　　(2) **重水反应堆**(heavy water moderated pile, heavy water reactor,HWR)　重水作慢化剂的反应堆亦称重水慢化反应堆。冷却剂多用重水,也可用普通水或其他材料。重水堆的最大优点是由于重水的核性能好,氘的中子俘获截面小,可以用天然铀作燃料。1962 年加拿大建成第一座重水反应堆,后经进一步发展成为一种典型的商用重水坎杜型反应堆(CANDU 加拿大氘-铀,图 8-17)。近

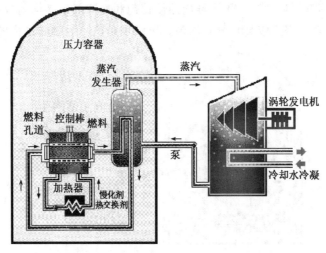

图 8-17　加拿大坎杜(CANDU)反应堆示意图

(摘自 http://www.world-nuclear.org/info/inf32.htm)

年来英国、日本和意大利等一些国家已研制了类似坎杜堆的原型堆,称蒸汽发生重水堆(SGH-WRs),用重水作慢化剂,普通水作冷却剂。重水堆可在正常运行下更换燃料,使用天然铀成本较低、较安全,且燃料循环费用低,产钚量比轻水反应堆高,每消耗1 kg天然铀,得到3.23 g ^{239}Pu。其缺点是重水价格昂贵,建堆成本高。

(3) **石墨慢化反应堆**(graphite-moderated reactor) 天然铀或浓缩铀作燃料,分水冷和气冷两类。

水冷堆(light-water graphite-moderated reactor, LGR):1954年苏联的第一个奥布宁斯克核电站,就是一个水冷却石墨反应堆。燃料用锆合金作包壳的浓缩二氧化铀,普通水作冷却剂。在苏联和东欧国家建立了多座石墨慢化水冷反应堆电站,切尔诺贝利电站发生事故的反应堆也是此种堆型(图8-18)。

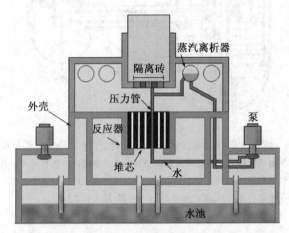

图8-18 切尔诺贝利石墨慢化水冷堆

气冷堆(gas-graphite reactor):用二氧化碳作冷却剂,因此堆的体积比水冷堆大得多,设备也较笨重,发电成本较高。尽管这种类型堆技术已成熟,目前也未见再建造这类堆。

高温气冷堆:是正处于发展阶段的一种堆型。它是以惰性气体氦作冷却剂,用热解碳包裹颗粒状浓缩铀氧化物,再分散于石墨中做成燃料元件。这种堆可达到很高的温度,冷却剂在3~4 MPa的压力下,堆芯出口温度达750℃以上。由于温度高,堆提供的过热蒸汽使其发电效率可达40%以上,是一种安全性、经济性好的新型反应堆,有相当好的发展前景。过去只有美国、日本及德国等少数发达国家开展了此类实验堆热能应用的研究,如作炼铁、煤的气化及化工等部门的工业热源。但这种堆型存在诸如选择耐高温材料,保证各种部件在高温下可靠地工作等技术难题,而且耗资较大等,要像轻水堆和重水堆那样作为商用堆,还需做进一步的研究工作。

高温气冷堆新近的发展已引起广泛的关注。除了中国和日本正在建造高温气冷实验堆之外,南非、美国、俄罗斯、法国等国都在积极开展高温气冷堆的发展工作,一些发展中国家对高温气冷堆表示了极大的兴趣。

我国从20世纪70年代起就开始气冷堆的研究,清华大学在模块式高温气冷堆的设计研究方面做了出色的工作,他们研制、建造的10 MW模块式高温气冷堆,已于2000年获得成功,达到临界。图8-19为清华大学核能技术设计研究院的10 MW高温气冷实验堆的总体结构。

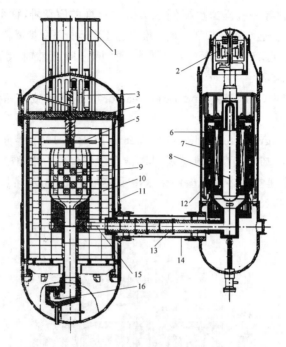

图 8-19　清华大学设计建造的 10 MW 高温气冷实验堆的总体结构图
1—控制棒驱动机构；2—氦气循环风机；3—吸收球储罐；4—热界；5—顶反射层；
6—冷氦气联箱；7—蒸汽发生器传热管；8—中间换热器；9—球床堆芯；10—侧反
射层；11—堆芯容器；12—蒸汽发生器压力容器；13—热气导管；14—热气导管压
力容器；15—热氦气联箱；16—卸料装置

（4）**快中子增殖堆**（fast-neutron breeder reactor）　简称快堆或增殖堆。由于快中子的裂变反应截面小，因此燃料中的可裂变物质的量要比慢中子堆多。铀氧化物作燃料，其中含有约 15% 的氧化钚，燃料用含有约 16% Cr 和 13%～16% Ni 的奥氏体钢包裹，液态金属钠或氦气作冷却剂。钠冷快堆的平均中子能量大约为 100 keV。快堆不使用慢化剂，故堆芯体积较小。一座电功率 1000 MWe 的钠冷快堆的堆芯体积约 6 m³。快堆的优点是在中子能量较高的情况下有效中子数高，这样就可以增殖新的可裂变材料。例如在有铀运行的反应堆中可发生下列反应：

$$^{238}U(n, \gamma)^{239}U \xrightarrow{\beta^-, 23\,min} {}^{239}Np \xrightarrow{\beta^-, 2.3\,d} {}^{239}Pu$$
$$\sigma = 2.74b$$

由上看出，不能与热中子发生核裂变的^{238}U 可俘获中子而转变成可裂变的^{239}Pu，这样^{238}U 可作**增殖材料**（breeding material）。增殖反应堆中产生的 Pu 中，^{239}Pu 约占 60%～70%，其余是^{240}Pu（20%～25%）、^{241}Pu（5%～10%）和^{242}Pu（1%～2%）。反应堆中将增殖材料转化为易裂变材料的效率用**转化比**（conversion ratio，CR）来表示。

$$CR = \frac{新产生的可裂变核的数目}{消耗掉的可裂变核的数目} \tag{8-20}$$

当 CR<1 时，消耗的可裂变核多于新产生的可裂变核，此种情况称转化比。一般反应堆的 CR≈0.5～0.7。

当 CR>1 时,此时 CR 不再叫转化比,而称**增殖比**(breeding ratio,BR),此种反应堆称为增殖堆。发展增殖堆的努力方向之一是设法提高增殖比。

转化比与有效中子数 η 之间有以下的关系:

$$CR = \eta - 1 - a \tag{8-21}$$

式中 a 为由于泄漏和吸收等多种原因而造成的中子损失,平均每次裂变要损失 $0.2 \sim 0.3$ 个中子。此外,还要保证有一个中子用于维持链式反应。在慢中子堆中,^{235}U 的 $\eta = 2.07$,扣除各种损失,则 CR<1,不可能实现核燃料的增殖。而对于 ^{239}Pu 燃料堆,当中子能量 $E_n = 100\,keV$ 时,$\eta \approx 2.5$,如果设计得当,转换比 CR>1 就有可能实现增殖。故快中子增殖堆使用 ^{239}Pu 为燃料。在慢中子堆中利用价值不高的贫化铀(其中 ^{235}U $0.2\% \sim 0.3\%$),而在快堆中可用做增殖材料。快中子堆燃料循环与慢中子反应堆燃料循环关系见图 8-20。从慢中子反应堆消耗燃料所得产物中,分出裂变产物,得到的钚用做快中子堆的原料。从某种意义上讲,快堆是慢中子堆的有重要意义的补充。快堆可以充分利用核资源,循环铀利用率为 $50\% \sim 80\%$,对环境的污染较小,热效率高,发展快堆有着深远的意义。不少国家如法国、德国、俄罗斯、日本等投入大量人力和物力开展研究,但终因钠冷快堆系统技术复杂、专用设备昂贵、燃料燃耗高达 10%、造价和发电成本高等技术经济问题一时难以较好地解决,至今仍未能实现商用,仅俄罗斯和日本用于功率不大的核电站。

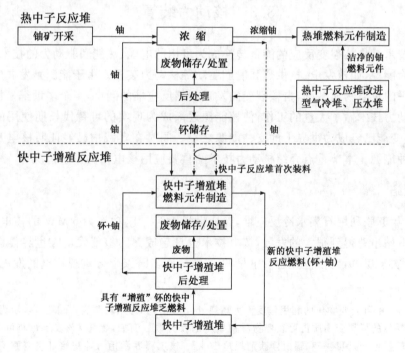

图 8-20 热中子和快中子反应堆核燃料循环关系

(摘自 House of Commons 1986,iXXVii)

^{232}Th 也是一种增殖材料,可通过下述过程转变为易裂变核素 ^{233}U:

$$^{232}Th(n,\gamma)^{233}Th \xrightarrow{\beta^-,23\,min} {}^{233}Pa \xrightarrow{\beta^-,27d} {}^{233}U$$

$$\sigma = 7.33\,b$$

^{233}U 是一种性能优良的易裂变核素($\sigma_f = 533.1\,b$，$\sigma_c = 47.7\,b$，$\bar{\nu} = 2.50$，$\eta = 2.28$)，但由于中间核 ^{233}Pa 的半衰期长，中子俘获截面大($\sigma = 43\,b$)，吸收中子过多，如果不及时将 ^{233}Pa 从照射区分离出来，将使 CR 难以大于 1。

我国快堆技术的基础研究始于 20 世纪 60 年代，已先后建成约 30 套的钠冷试验回路和实验装置。目前快堆技术的开发已纳入国家高技术计划，决定采取多单位联合研制 65 MW 的快中子堆，有原子能研究院等近十个单位参与研制，定名为"中国实验快堆"，计划近期建造完成。

(5) 反应堆安全问题　反应堆在运转过程中产生大量的放射性物质。一个以浓缩度为 3.5% 的 ^{235}U 为燃料的轻水反应堆，当燃耗深度[①]为 30 000 MWd·tHM^{-1} 时，产生的放射性约为 10^8 Ci·t^{-1}，包含长寿命 α 放射性的超铀元素、裂变产物和结构材料的放射性。其中有一些是放射性气体。因此，必须采取严密的安全措施，保证堆中的放射性物质不泄漏。因此，反应堆被设计建造在由三层密封壳构成的"核岛"中。此外，反应堆必须具有**负温度系数**，即当反应堆由于意外事故使得功率急剧升高因而堆芯温度急剧升高时，反应堆的剩余反应性 Δk_{eff} 随即下降甚至停堆，避免产生堆芯熔化和放射性外泄。经过严密设计的反应堆在安全上是有保证的。

8.3　核动力装置

核动力技术是将核裂变反应的能量转换成为可用的电能、热能和驱动力的技术，其重要的应用在于作为能源，如核发电、核供热和船舶驱动等核动力装置。由于能源是发展生产和提高人类生活水平的重要物质基础，自核裂变的发现到核反应堆的问世，半个多世纪来核科学工作者为发展核动力技术做了大量的工作，使核能源逐渐成为现实的可替代长期使用的化石燃料的能源，核裂变能已经成为世界上的支柱能源之一。同时在实践中已经证明核电是比煤电成本还低的一种能源。本节重点介绍核动力技术的重要应用核电站的一些情况。

8.3.1　核电站

自 1954 年苏联利用石墨水冷反应堆，建成世界上第一座功率为 5 MW 的核电站以来，近半个世纪核电站事业得到很大的发展，核电技术也日趋成熟。核能发电在世界能源构成中已占第二位，仅次于煤电，约占世界总发电量的 17%。许多国家十分重视核电的发展，如法国的

---

① 燃料元件中可裂变物质的利用程度称为**燃耗**(burn up)，亦称**燃耗深度**。燃耗可表示为在燃料元件被更换之前消耗掉的可裂变物质占可裂变物质初始量的百分数。例如，燃耗 1% 表示每吨可裂变原子(包括易裂变和可转换原子)因裂变和辐射俘获消耗掉 10 kg。核工程界常用每吨初始可裂变原子(以金属铀、钍或其混合物计，统称重金属)已释放出的能量来表示燃耗，单位为 MW·tHM^{-1}。铀燃料元件的燃耗可估算如下：一个 ^{235}U 核裂变可释放约 200 MeV(3.2×10^{-11} J)的能量。因此 1 MW 的功率相当于每秒钟有 3.12×10^{16} 个 ^{235}U 核裂变，每天有 2.7×10^{21} 个 ^{235}U 原子(1.05 g ^{235}U)核裂变，考虑到在裂变的同时必然有一部分 ^{235}U 核由于发生 (n, γ) 反应而消耗掉，因此释放 1 MW 的能量实际上要消耗的 ^{235}U 为 $1.05 \times (\sigma_f + \sigma_\gamma)/\sigma_f = 1.05 \times (587 + 101)/587 \approx 1.24$ g。随着燃料元件中易裂变核素的消耗和裂变产物(其中有些吸收中子的截面特别大而被称为中子毒物)的积累，使得反应堆的反应性 k_{eff} 下降。另一方面，燃料元件包壳在堆内受到强烈辐照而损伤，到一定程度后必须停用。这两个原因限制燃料元件的燃耗深度。

核发电已占其全国总电量的约77%，比利时、瑞典、斯洛伐克、匈牙利、瑞士、保加利亚和乌克兰等国约占50%，日本约占30%，美国约占20%。目前世界上已有34个国家（中国包括台湾）相继建成了各种类型的核电站。截止到2002年底，全世界运行的核电站有444座，总电功率达到363844 MWe。核电站在世界各国的分布见表8-4。

表8-4 世界各国核电站一览表（截止到2002年12月31日）

国　　家	核电站数（运行）	总功率（运行）(MWe)	核电站数（总计）*	总功率（总计）*(MWe)
阿根廷	2	1018	3	1710
比利时	7	5680	7	5680
巴西	2	1901	3	3176
保加利亚	4	2722	4	2722
加拿大	22	15113	22	15113
中国	13**	10310	19**	16348
捷克	4	1648	6	3610
芬兰	4	2656	4	2656
法国	59	60203	59	63203
德国	20	22594	20	22594
匈牙利	4	1755	4	1755
印度	14	2548	22	6128
伊朗	0	—	1	915
日本	53	44041	58	48883
立陶宛	2	2370	2	2370
墨西哥	2	1364	2	1364
荷兰	1	452	1	452
朝鲜	0	0	2	2000
巴基斯坦	2	425	2	425
罗马尼亚	1	655	5	3135
俄罗斯	27	20799	33	26074
斯洛伐克	6	2512	8	3392
斯洛文尼亚	1	656	1	656
南非	2	1800	2	1800
韩国	18	14970	22	18970
西班牙	9	7565	9	7565
瑞典	11	9460	11	9460
瑞士	5	3220	5	3220
乌克兰	13	11195	18	15945
英国	31	11802	31	11802
美国	104	99034	107	102637
总计	444	363844	494	406136

上表摘自：美国《核新闻》(Nuclear News)2003年3月，第67页。

* 包括运行与计划在建的核电站。

** 其中包括在我国台湾省正在运行的六座核电站(488 MWe)和计划在建的两座核电站(2700 MWe)。

世界上现有的核电站主要采用轻水反应堆,即压水堆和沸水堆,79%的核电站属此类堆型,其中压水堆占近 74%,见表 8-5。这类反应堆运行多年,积累了丰富的经验,经过不断的改进和发展,反应堆的结构也更合理、更简单紧凑,同时经济效益也好,故近年计划在建的核电站也多采用此类堆型。

表 8-5　世界上不同类型反应堆的核电站数

堆　型	核电站数(运行)	总功率(运行)(MWe)	核电站数(总计)	总功率(总计)(MWe)
压水堆(PWR)	262	236236	293	264169
沸水堆(BWR)	93	81071	98	87467
气冷堆(GLR)	30	10614	30	10614
重水堆(HWR)	44	22614	54	27818
石墨慢化轻水堆(LGR)	13	12545	14	13470
液态金属冷却快中子增殖堆(LMFBR)	2	793	5	2573

取自美国《核新闻》(Nuclear News)2003 年 3 月,第 67 页。

8.3.2　中国的核电

我国内地核电起步于 20 世纪 80 年代。经过 20 年来的发展,我国已建成和在建核电机组共 11 台,总装机容量约 9000 MWe。秦山核电站目前有五台核电机组,分三期建成。秦山一期包括一台 300 MWe 压水堆核电机组,由我国自行设计和建造,1991 年 12 月投入运行,至今已经安全运行 15 年。秦山二期包括两台 650 MWe 压水堆核电机组,也是我国自行设计、制造和自主经营的,2004 年 5 月全面建成。该二核电机组的比投资 1330 美元/千瓦,是世界上近期建成和在建核电站中较低的。秦山三期包括两台 700 MWe 重水堆核电机组,由我国和加拿大合作建设,分别于 2002 年 12 月和 2003 年 11 月全面建成并投入商业运行。

大亚湾和岭澳核电站是从法国引进的四台 1000 MWe 级压水堆核电机组,现正常运行。田湾核电站是从俄罗斯引进的两台 1060 MWe AES-91 型压水堆核电机组,按照调试计划,1号机组和 2 号机组将分别于 2007 年上半年和 2007 年年底投入商业运行。

目前我国核发电量仅占全国发电量的 2%。为了缓解我国能源紧张局面,减少温室气体的排放和改善环境,我国的核电产业政策将从适度发展阶段进入到积极发展时期。我国政府计划,到 2020 年核电装机容量达到 40 GWe,约占全国装机总容量的 4%,这意味着还需要新开工建设30 台左右的百万千瓦级核电机组。中国政府提出了"以我为主,中外合作"的方针。一方面充分利用现有基础,进行翻版扩建。在秦山二期核电站扩建两台 600 MWe 机组,在广东岭澳核电站扩建两台 1000 MWe 机组。另一方面,中核总实施核电自主化依托工程,高起点起步,计划在浙江三门和广东阳江分别建设两台 1000 MWe 级核电机组。同时,采取自主设计改进型二代核电站,消化吸收引进的第三代核电技术,树立自主知识产权的核电品牌的方针。上海核工程研究设计院完成了中国 1000 MWe 级压水堆核电站 CNP1000 的初步设计工作,其设计寿命为 60 年,核燃料换料周期为 18 个月,机组可利用率 87%。在经济性方面,实现批量化生产后,比投资将降到1300 美元/千瓦以下,上网电价可控制在 5 美分/千瓦时以下。与此同时,中核总第二研究设计院组织开展的 CNP1500 初步设计工作也即将完成。这样,中国就形成了 CNP300、CNP600、CNP1000/CNP1500 这样的具有自主知识产权的系列品牌。

中国的核燃料元件生产已经实现了国产化和系列化,供应广东大亚湾的燃料组件比从法国引进的还要好。

作为更长远的考虑,我国正在进行快堆研发。中国实验快堆65 MW,目前已进入安装阶段。中国原型快堆计划2020年左右建成。在受控核聚变技术领域,已建成中国环流器2号装置,并开展了前沿物理实验研究,同时,积极参与了国际热核实验堆(ITER)项目合作研究。

我国台湾省目前有六台核电机组在三座核电站运行,总装机容量约5000 MWe,年发电为363亿千瓦时,核电约占30%。现有的六个机组中四个采用沸水堆,两个采用压水堆。计划在台北龙门建造第四座核电站,电功率为2×1350 MWe,采用先进的沸水堆型,预期2006—2007年投入运行。

1986年4月26日苏联的切尔诺贝利核电站爆炸事件震惊世界,大量的放射性物质几乎扩散到整个欧洲,引起了一片恐慌,世界核电发展曾一时出现低谷。但更重要的是,事故之后人们能更加清醒地来估量安全在核能发展中的地位,加强了国际间共同协调核安全问题,并签订了"国际核安全公约",确保世界范围内的核安全。各国的科学工作者和工程师都在为设计更安全的反应堆而不懈地努力,并利用其他科学领域的先进技术和材料,提高热功效率。随着今后对生态、环境保护及核安全的重视与关注,核能的利用必将得到进一步的发展。

8.4　洁净核能源

能源是国民经济的支柱产业,能源技术始终是推动经济发展、促进社会进步的关键技术之一。因此与能源有关的科学技术研究一直受到世界各国的高度重视。

如上所述,目前核电发电量达到世界总发电量的约17%,核能发电在世界能源构成中已占第二位。我国核电占的比例还比较小,仅占2.3%,仍以燃煤为主要能源,而由此造成的环境污染和燃料资源的日益匮乏将不能满足快速发展的经济对能源的要求,核能源必将逐渐发展成为重要的补充能源。

目前世界各国的核电站绝大多数仍为热中子裂变能反应堆,而核裂变能的利用存在的主要问题有:

(1) 资源利用率低,以^{235}U为燃料,而占天然铀中99.3%的^{238}U无法利用。

(2) 核燃料元件产生很强的放射性废物,其中含有α放射性的次要锕系元素(minor actinides,MA)Np、Am、Cm等,长寿命裂变产物(long-lived fission products,LLFP)^{79}Se、^{93}Zr、^{99}Tc、^{107}Pd、^{129}I、^{135}Cs等,高释热裂变产物如^{90}Sr、^{137}Cs等,以及其他的裂变产物(FP)等。表8-6列出了核废料元件中的长寿命高放废物。每年产生约400 kg的高放废物,不仅生物毒性大,而且半衰期长,有的长达10^6 a以上,如^{129}I和^{99}Tc的远期危害很大。对这些废物的最终处理至今尚未完全解决,主要采用深地埋葬,而将成为危害生态环境的潜在因素。

表8-6　核废料元件中的长寿命高放废物

(1 GWe PWR核反应堆年卸料33吨)

核素	半衰期(a)	质量(kg)	核素	半衰期(a)	质量(kg)
^{238}Pu	88	4.5	^{79}Se	65000	0.2
^{239}Pu	24000	166	^{99}Tc	210000	25
^{240}Pu	6600	77	^{129}I	15700000	6
^{241}Pu	15	25	^{135}Cs	2300000	10

续表

核　素	半衰期(a)	质量(kg)	核　素	半衰期(a)	质量(kg)
^{242}Pu	387000	16	^{137}Cs	30	31
^{237}Np	2120000	15	^{93}Zr	950000	23
^{241}Am	433	17	^{107}Pd	6500000	7
^{243}Am	7950	3	^{90}Sr	29	13

（3）裂变反应堆是一个临界系数大于 1 的无外源自持系统,其安全问题仍是亟待改进的重大问题,切尔诺贝利事故至今留给人们不小的阴影。

（4）反应堆运行过程产生的^{239}Pu、^{237}Np、^{241}Am 和^{243}Am 等核素可用于军事目的,有核扩散的危险存在。

利用快中子增殖反应堆可以使^{238}U 转化为^{239}Pu,成为裂变燃料,由此可提高铀资源利用率约 70 倍。但增殖堆以一定量的^{239}Pu 为燃料(每次投料约 2 吨半,近 15% 的氧化钚),这样多的^{239}Pu 从哪里来? 如热堆未发展到相当的装机容量,快堆是不可能具有工业应用规模的。其产生的高放射性废料和安全技术的复杂,都是短时间难以解决的。

为了解决裂变堆存在的问题,近十余年来各国的科学工作者分别提出了多种构想和计划。由于提出的问题对核能发展至关重要,而成为核工程技术基础研究和核能开发研究的一个热点。普遍认为,最有希望的方案是加速器驱动的洁净核能系统,称为**洁净核能源**。它的基本原理是:用中能强流质子加速器产生的质子束轰击重金属,由重金属的散裂反应形成强的中子源(或称"外源"中子),以驱动次临界反应堆运行。在堆中,利用中子核反应(裂变或俘获)将长寿命放射性废物嬗变成短寿命或稳定的核素。国际上将这种体系称为加速器驱动体系(accelerator-driven system，ADS)。由于在裂变和废物的嬗变过程中还会释放出能量,这将提供可利用的核能源。洁净核能源系统的结构见图 8-21。因为次临界堆中的裂变链是由"外源"中子来维持的,当加速器停止运行,裂变链反应也自然终止,不会产生超临界事故,十分安全。

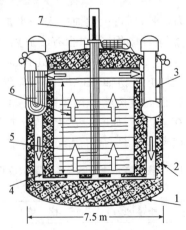

图 8-21　洁净核能源系统的结构示意图(典型功率为 50～100 MW)

1—石墨反射层;2—低压力容器,保证管道破裂时液体核燃料不外泄;3—热
交换泵,调节液体核燃料浓度;4—液体核燃料(熔盐加入核燃料);5—石墨
细棍做成的中子减速毯;6—铅靶(熔化液);7—高能质子束射入堆芯

（引自核物理动态,13 卷 4 期第 34 页）

洁净能源系统目前仍处于积极研究阶段,其构成主要有以下几部分:

(1)中能强流质子加速器 用来提供一个极强的质子束,要求质子能量达到 $1\sim1.5\,\mathrm{GeV}$,流强大于 $10\,\mathrm{mA}$。目前研究采用直线加速器和回旋加速器两类。美国于 1999 年在橡树岭开始建造的散裂中子源(spallation neutron source,SNS),由一台强流直线加速器和汞靶组成,产生的质子能量 $1.0\,\mathrm{GeV}$,平均束流 $1.1\,\mathrm{mA}$,耗资 14 亿美元,将于近期完成。

(2)散裂靶 即中子产生靶,具有 GeV 量级能量的质子打到靶上产生强的散裂中子。多采用重金属如熔融铅、铋、铅-铋液态靶或熔盐,也可用固态钨、钽靶。$1\,\mathrm{GeV}$ 的质子打到铅-铋合金靶上,能产生 20 个以上的快中子,经减速成热中子,构成高的"外源"中子,中子注量率可达 $10^{15}\sim10^{16}\,\mathrm{cm}^{-2}\cdot\mathrm{s}^{-1}$。产生一个中子的平均能耗为 $25\sim30\,\mathrm{MeV}$,是一种廉价的中子源。

(3)次临界反应装置(堆) 是系统的核心部分,由燃料元件、慢化剂、冷却剂和结构材料等构成,维持堆的增殖系数 k_{eff} 小于 1。在此装置中,因引入了高的"外源"中子,可将增殖裂变材料和生产能量与嬗变长寿命高放废物及处理锕系核素等结合起来。分为热堆型和快堆型两类,热堆用熔盐燃料、重水或石墨包层;而快堆则采用 MA、Pu 熔盐燃料。主要嬗变反应链如下:

$$^{99}\mathrm{Tc}(\mathrm{n},\gamma)^{100}\mathrm{Tc}\xrightarrow{\beta^-,15.8\,\mathrm{s}}{}^{100}\mathrm{Ru}(\mathrm{n},\gamma)^{101}\mathrm{Ru}(\mathrm{n},\gamma)^{102}\mathrm{Ru}$$
$$2.13\times10^5\,\mathrm{a} \qquad\qquad 稳定\quad 稳定\quad 稳定$$

$$^{129}\mathrm{I}(\mathrm{n},\gamma)^{130}\mathrm{I}\xrightarrow{\beta^-,12.4\,\mathrm{h}}{}^{130}\mathrm{Xe}(\mathrm{n},\gamma)^{131}\mathrm{Xe}(\mathrm{n},\gamma)^{132}\mathrm{Xe}$$
$$2.13\times10^5\,\mathrm{a} \qquad\qquad 稳定\quad 稳定\quad 稳定$$

废料中的长寿命裂变产物 $^{99}\mathrm{Tc}$ 和 $^{129}\mathrm{I}$ 在高中子通量下转化成稳定的同位素。相类似的是,锕系核素在吸收中子后也发生裂变,如 $^{237}\mathrm{Np}$ 可以相继吸收三个中子而发生裂变,成为可以增殖中子的核燃料。

$$^{237}\mathrm{Np}(\mathrm{n},\gamma)^{238}\mathrm{Np}(\mathrm{n},\gamma)^{239}\mathrm{Np}(\mathrm{n},\mathrm{f})\{\mathrm{FP}_1+\mathrm{FP}_2+2.7\mathrm{n}\}$$

此外,还应有相应的放化分离设施,可设计为"在线"或"离线"的,用以处理次临界装置中排出的放射性废物,再经过加工后,送回反应堆中被嬗变。

同时,西欧核子中心的诺贝尔奖获得者 C. Rubbia 提出了一种新的洁净核能系统,称为**能量放大器**(energy amplifier)。在这个系统中,能量的放大主要来自裂变材料的增殖和裂变。采用地球上含量丰富但难以发生裂变的 $^{232}\mathrm{Th}$ 作核燃料。"外源"中子将 $^{232}\mathrm{Th}$ 转变成可裂变的燃料 $^{233}\mathrm{U}$,$^{233}\mathrm{U}$ 吸收中子而裂变并放出能量。中子驱动和维持 $^{232}\mathrm{Th}$-$^{233}\mathrm{U}$ 的链式反应。

在运行中,当易裂变核素的量在天然铀或钍中达到相对稳定时,即形成一个长期稳定的能量产出。Rubbia 建议在尽可能低的中子注量率(约 $10^{14}\,\mathrm{cm}^{-2}\cdot\mathrm{s}^{-1}$)下实现链式反应,确保装置运行在次临界状态,比较安全,同时避免产生长寿命的锕系元素废料,从根本上解决核废料的难题。图 8-22 为能量放大器的示意图。

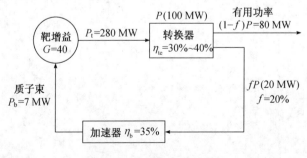

图 8-22 能量放大器示意图

　　20 世纪 90 年代以来,我国建立了"放射性洁净核能系统"的专门课题组,诸多单位参加研究和研讨,对国内中能强流质子加速器、靶及结构材料、次临界反应装置、高放射性废物的嬗变及分离流程,以及洁净核能系统的总体概念设计等诸多方面展开了理论和初步实验研究。

参 考 文 献

[1]　克勒尔 C,著;朱永赠,焦荣洲,徐景明,等译. 放射化学基础. 北京:原子能出版社,1993.

[2]　Choppin G, Liljenzin J-O, Rydberg J. Radiochemistry and Nuclear Chemistry, 3rd Edition. Oxford: Elsevier Books, 2002.

[3]　桂伟燮,编. 荷电粒子加速器原理. 北京:清华大学出版社,1994.

[4]　Wilson E J N. An Introduction to Particle Accelerators. Oxford University Press, 2001.

[5]　凌备备,主编. 核反应堆工程原理. 北京:原子能出版社,1989.

[6]　杜圣华,等编. 核电站(第 2 版). 北京:原子能出版社,1992.

[7]　Liverhant S E. Elementary Introduction to Reactor Physics. New York: Wiley, 1960.

[8]　陈佳洱,方家驯,裴元吉,郭之虞,李国树,编. 加速器物理基础. 北京:原子能出版社,1991.

第9章 放射化学分离方法

9.1 放射化学分离的特点

9.1.1 表征分离的若干参数

无论是天然还是人工制备的放射性核素,不仅常常与其他放射性和非放射性核素共存,而且其浓度往往还很低。因此,人们要研究或应用某一放射性核素,经常从分离及富集工作开始。从 100 年前钋和镭的发现,到第二次世界大战期间铀的裂变产物的分离,直到最近超锕系元素的合成及新核素的发现,都说明了放射化学分离是放射化学中的重要组成部分。

在放射化学中,分离就是将样品中某一或若干所需的组分与其他不需要的组分分开来。从热力学第二定律可知,不同物质的混合过程是一个熵增加的自发过程,而其逆过程分离则是不能自发进行的。为了达到分离的目的,都必须对被分离的料液加入能量或物质,例如,蒸馏时必须加热使形成蒸气相,萃取时必须加入含萃取剂的有机相,离子交换分离必须加入离子交换剂。这种加入的能量或物质称为分离作用力。

通常,分离前,所需组分与不需要组分组成的被分离对象处于均相体系中,在放射化学中大多为液相。为了达到分离的目的,必须加入第二相或在分离过程中形成第二相。例如萃取分离时加入有机相,离子交换分离时加入离子交换剂,沉淀法及蒸馏法分离时形成的固相和气相。所以,一个分离体系通常是由两相组成的,甚至是由三相组成的。人们当然希望两相中的一相仅含有所需组分,另一相中仅含有不需要组分。然而,实际上这是不可能的,也就是说任何方法都不可能达到百分之百的分离。再纯的物质中总会有杂质,只是杂质的多少而已。实际上分离能做到的,只是可以使两相中需要的组分与不需要组分的含量比有差别,这种差别愈大,表明分离愈成功。在上述加入或形成两相或三相之后,必须进行分离过程的第二步:也就是将在第一步中形成的两相,甚至三相分开,这一步是不改变聚集状态的相分离,相分离通常是依靠两相的密度、黏度、蒸气压或溶解度上的差别进行的物理过程,如离心、过滤等。

分离过程可以按各种方法进行分类,例如,可按两相的状态分类,也可以按第二相的来源分类。从分离的原理来看,可分为**平衡分离过程**和**速率控制分离过程**两大类。前者是依靠达到平衡的两相中,所需组分及不需要组分含量比的差别;后者是依靠所需组分及不需要组分传递速率的不同,造成两相中所需组分及不需要组分含量比的差别。

分离因数就是表征两相中所需组分 A 与不需要组分 B 含量比差别的一个系数,是衡量分离方法优劣的一个参量,它的定义是

$$\alpha_{A/B} = \frac{[A]_1/[B]_1}{[A]_2/[B]_2} = \frac{[A]_1/[A]_2}{[B]_1/[B]_2} = \frac{(Q_A/Q_B)_1}{(Q_A/Q_B)_2} \tag{9-1}$$

式中 1 和 2 分别表示两相,[]表示浓度,Q 表示含量。$\alpha_{A/B}$ 值越接近 1,表示分离程度越差;反之,$\alpha_{A/B}$ 越远离 1,表示分离程度越好。在平衡分离过程中,(9-1)式中的浓度及量均为达到平衡的两相中的值,而在速率控制分离过程中,(9-1)式中的浓度及量则是与流量有关的值。例如用反渗透法分离海水中的盐(S)和水(W),已发现水和盐穿过膜的流量分别为

$$N_{\mathrm{w}} = k_{\mathrm{w}}(\Delta p - \Delta \pi) \tag{9-2}$$

$$N_{\mathrm{S}} = k_{\mathrm{S}}([\mathrm{S}]_1 - [\mathrm{S}]_2) \tag{9-3}$$

式中 N_{w}, N_{S} 分别为水、盐穿过膜的流量；Δp 为膜两边的压力降；$\Delta \pi$ 为膜两边的渗透压降；k_{w}, k_{S} 分别为与膜结构及盐的性质有关的经验参数；$[\mathrm{S}]_1$, $[\mathrm{S}]_2$ 分别是膜两边的盐的浓度。

如果 $[\mathrm{S}]_1 \ll [\mathrm{S}]_2$, 则

$$\alpha_{\mathrm{w/S}} = \frac{[\mathrm{S}]_1/[\mathrm{S}]_2}{[\mathrm{W}]_1/[\mathrm{W}]_2} \approx \frac{N_{\mathrm{w}}}{N_{\mathrm{S}}} \cdot \frac{[\mathrm{S}]_1}{\rho_{\mathrm{w}}} = \frac{k_{\mathrm{w}}(\Delta p - \Delta \pi)}{\rho_{\mathrm{w}} k_{\mathrm{S}}} \tag{9-4}$$

式中 ρ_{w} 是水的摩尔密度。

又如气体扩散法分离 $^{235}\mathrm{U}$ 和 $^{238}\mathrm{U}$ 时，若用的气体是 UF_6, 则分离因数常表示为

$$\alpha_{235/238} = \sqrt{\frac{M_{238}}{M_{235}}} = \sqrt{\frac{352.15}{349.15}} = 1.0043 \tag{9-5}$$

也是在简化条件下，通过流量计算得到的，式中 M_{238}, M_{235} 为相对分子质量。

对于某一分离过程，还常用**回收率**和**富集因数**来表示分离过程的效果。回收率表示样品经过分离后，回收某一组分的完全程度。

$$R_i = \frac{Q_i}{Q_i^0} \tag{9-6}$$

式中 Q_i^0 为原样品中组分 i 的量，Q_i 为分离后得到的组分 i 的量。如将 R_i 乘以 100%, 则得到**回收百分率**。

根据样品中所需组分与不需要组分相对含量的不同，以及根据样品组分及分离过程的复杂程度，对 R_i 应有不同的要求。如果所需组分含量极小，如 0.001% 以下，则 R_i 能达到 0.95 就应该很满意了；如果样品组成十分复杂，分离过程繁复，则 R_i 能达到 0.70 也就不错了。

富集系数的定义是所需组分 A 与不需要组分 B 的回收率之比。

$$S_{\mathrm{A/B}} = \frac{Q_{\mathrm{A}}/Q_{\mathrm{A}}^0}{Q_{\mathrm{B}}/Q_{\mathrm{B}}^0} \tag{9-7}$$

如果 A 的回收率很高，$R_{\mathrm{A}} \approx 1$, 则 $S_{\mathrm{A/B}} = 1/R_{\mathrm{B}}$。$S_{\mathrm{A/B}}$ 越大，表示分离效果越好。

此外，在放射化学中还常用**去污因数**表示分离过程对某种放射性杂质的去污程度，它在数值上等于富集系数，它表示了放射性杂质(B)对所需放射性核素(A)沾污程度在分离前后的变化，只不过它的定义是

$$\mathrm{D.\ F.} = \frac{Q_{\mathrm{B}}^0/Q_{\mathrm{A}}^0}{Q_{\mathrm{B}}/Q_{\mathrm{A}}} \tag{9-8}$$

即分离前的 $Q_{\mathrm{B}}^0/Q_{\mathrm{A}}^0$ 与分离后的 $Q_{\mathrm{B}}/Q_{\mathrm{A}}$ 之比。

9.1.2　放射性物质的纯度及其鉴定

人们关心的是经分离后放射性物质的纯度。但是，由于在放射化学研究中，放射性物质通常是靠测量放射性活度来分析的，所以在放射化学中引入放射性核素纯度的概念。

在普通化学中，若某一物质纯度为 99%, 是指该物质的质量占产品总质量的 99%。在放射化学中，由于放射性核素总是以某固有的衰变方式在不断衰变中，所以要用放射性活度作为标准来衡量放射性物质的纯度。这就提出了**放射性核素纯度**，它是指某核素的放射性活度占产品总放射性活度的百分含量。例如 99% 的放射性核素纯度，是指在 $10000\ \mathrm{Bq}$ 可放射性产品中，某放射性核素占有 $9900\ \mathrm{Bq}$。与母体达到平衡的短寿命子体核素通常不认为是杂质。例

如，^{90}Sr 样品中，^{90}Sr 与其子体^{90}Y 达到放射性平衡后，虽然^{90}Y 的放射性活度与^{90}Sr 的相同，也不认为^{90}Y 是样品的杂质。

如果在某化学样品中，杂质仅占 10^{-10}，可以说该样品化学纯度很高。但是，如果这一杂质的放射性活度占了很大一部分样品的总放射性活度，则该样品的放射性核素纯度很低。反之，如在某放射性物质样品的 10^{10} Bq 放射性活度中，杂质仅占 1 Bq，则该样品的放射性核素纯度很高。而这一杂质占的质量百分数的多少，是不影响放射性核素纯度的。为此，在放射化学分离中，不会因加入非放射性物质而影响产品的放射性核素纯度。例如^{89}Sr 样品的放射性核素纯度大于 98%，是指除^{89}Sr 以外，^{90}Sr、^{137}Cs 等杂质的放射性活度占 2%以下，至于稳定锶及其他非放射性杂质含量的多少与放射性核素纯度无关。

除了放射性核素纯度外，还有**放射化学纯度**。放射化学纯度是对所需放射性核素所存在的化学状态有所要求。它的定义是，在样品的总放射性活度中，处于特定化学状态的某核素的放射性活度所占的百分比。例如，^{32}P-磷酸氢二钠溶液的放射化学纯度大于 99%，是指以磷酸氢二钠状态存在的^{32}P 的放射性活度占样品总放射性活度的 99%以上，以焦磷酸盐和偏磷酸盐等化学状态存在的^{32}P 的放射性活度占 1%以下。

放射性核素纯度通常用测 γ 能谱来鉴定，但如果该放射性核素只发射 β 射线，则可用测 β 能谱来鉴定。

放射化学纯度的鉴定则必须通过对被鉴定的放射性试样进行分离，但同时又希望这种分离简便快速。目前，最常用的分离方法是纸上色层和薄层色层。

色层法可按三种方法分类：① 按两相的物态分，当流动相是气体时称为气相色层，当流动相是液体时称为液相色层，固定相可以是固体，也可以是液体，这样，就有气固色层、液固色层、气液色层和液液色层；② 按分离的机制分，则可分为吸附色层、离子交换色层、萃取色层、亲和色层和排阻色层等；③ 按固定相外形分，当将固定相装成柱时称为柱色层，当固定相是平板状时称为平板色层，纸上色层和薄层色层都是平板色层。

纸上色层中用的滤纸通常含有约 20%的水分，这些水分作为固定相。薄层色层是将涂在平滑玻璃板或聚酯片上的硅胶、氧化铝或纤维素浆做成薄层代替滤纸。但是，因为纸可以由短的玻璃纤维制成，薄层色层的薄层也可以用植物纤维，所以它们之间没有明显的分界线。

实验中，先在滤纸或薄层的一端滴上一斑点或一窄条被鉴物试液，然后，在一被流动相蒸气饱和的容器内，将纸或薄层的这一端浸在流动相中。由于毛细管作用，流动相上升，当上升到与这一斑点或这一窄条接触时，被鉴物中的各不同组分将以不同的速度上升，形成离端点不同距离的斑点或窄条，直到流动相到达纸或薄层的另一端，从而使被鉴定物中各组分互相分离。在平板色层中通常用**比移值**（R_f）来衡量不同组分的分离程度。R_f 的定义是某斑点或窄条的中心的移动距离与流动相移动距离之比。通常，是要在滤纸或薄层上喷显色剂才能将各斑点或窄条显示出来，对放射性物质则可用**射线自照相法**显示出来。对一定的分离体系，在一定条件下，各不同的物质有其特征的 R_f 值，因此，根据 R_f 值便可以进行定性鉴定。而对于放射性物质，也可以用测量每单位面积的放射性活度的方法来测定 R_f 值。通常，为了定量分析，可将色斑或色条取下，经淋洗或溶解后，用分光光度法、极谱、原子吸收、荧光等方法测定。而对于放射性物质，根据斑点或窄条内某物质的放射性活度与整个平板上总放射性活度之比，便可以测得某物的放射化学纯度。

当水作为固定相时，常用易与水混溶的有机溶剂作为流动相，如甲醇、乙醇、乙酸及丙酮等,也可用不能与水混溶的乙醚、氯仿等作流动相。

反之,也可以用亲水性的有机溶剂作固定相,如可以用甲醇、甲酰胺、石蜡油及硅油等。用水溶液作流动相,溶质大多为无机盐和酸。这时,相对而言,称之为平板反相色层。

虽然 R_f 是平板色层中唯一的参数,是各物质的特征值,但是,由于影响 R_f 的因素很多,如滤纸、氧化铝、氧化硅等的性质,流动相流经的距离及流动方向,以及存在的其他杂质的性质及数量,pH 及温度等,还由于斑点或窄条可能发生拖尾现象,因此,R_f 值很难完全重复。

平板色层的分离机制,除了物质在水相及有机相之间的分配外,还存在吸附作用及离子交换作用,所以,分离机制是很复杂的。

按照《中国药典》的规定,鉴定软组织肿瘤显像剂枸橼酸镓 [67]Ga 的放射化学纯度,就是用水-乙醇-吡啶(体积比 4∶2∶1,pH＝6)作为流动相的纸上色层法。但对于放射性药物,仅作放射性核素纯度和放射化学纯度鉴定是不够的,还必须作生物鉴定。

除了平板色层外,还可以用离子交换色层和萃取色层法来鉴定,这两种色层将在 9.3 节及 9.4 节中讨论。在平板色层中是依靠检测固定相来鉴定,而在离子交换及萃取色层中是依靠检测流动相来鉴定。

9.1.3　载体及反载体

在放射化学研究中,放射性核素的浓度往往很低,在分离过程中,可能因吸附在容器壁上而丢失。在用沉淀法分离时,会因为放射性核素的浓度太低,达不到难溶化合物的溶度积而不能单独形成沉淀。为此,常常在放射性溶液中加入常量的该放射性核素的稳定同位素,因为除极轻的核素以外,同一元素的稳定核素和放射性核素的化学性质相同,所以它们将发生同样的化学过程,从而所加入的稳定核素起了载带放射性核素的作用,我们称加入的常量的稳定核素为**载体**(carrier)。例如,在示踪量的 [140]LaCl_3 溶液中,加入过量草酸,不能使 [140]La 沉淀,但加入 mg 量级的氯化镧以后,则在草酸镧沉淀过程中,可以把 [140]La 也载带下来。对于一些没有稳定核素的放射性元素,只能使用化学性质非常相似的常量元素作为载体,如 [241]AmCl_3,可以用 LaCl_3 作为载体。这样,载体就有**同位素载体**(isotopic carrier)和**非同位素载体**(non-isotopic carrier)之分。载体用量一般在几毫克和几十毫克之间。

以上讲的是利用载体将所需要的放射性核素从溶液中沉淀出来。反之,在加入载体使微量物质沉淀时,常常也可能使其他不需要的放射性杂质转入沉淀,从而造成放射性沾污。为了减少这种沾污,常常加入一定量可能沾污核素的稳定同位素作为**反载体**(hold-back carrier)。反载体的加入,由于同位素稀释的原因,减少了放射性杂质的沾污,提高了去污因数。例如在沉淀分离 [90]Sr 时,容易受到 [144]Ce 的沾污,去污因数仅为 13;但若加入一定量的稳定同位素 Ce(III) 作反载体后,同样的分离程序,去污因数提高到 9000。反载体也有同位素反载体和非同位素反载体之分。例如,在分析 [239]Pu 的裂变产物时,[239]Np 对分离出的裂变产物可能会造成严重的 α 放射性沾污,若加入与 Np 价态相同的 Ce(IV) 盐作为反载体,即可明显降低 [239]Np 的沾污程度。

在使用载体和反载体时,加入的稳定核素必须与放射性核素处于同一化学状态,否则就不能起到载体和反载体的作用。有时所需要的放射性核素可能处于几种不同的价态,则可以使载体及所需核素共同经历几次氧化还原反应,使它们最终转变为同一价态。

载体的加入固然不会影响到产品的放射性核素纯度,但在有些研究中要求用无载体的放射性核素。例如在 α 及 β 测量时，就不希望有载体对射线的自吸收；又如在放射性示踪实验中，为了提高灵敏度和准确度，也需要用无载体放射性核素。为了表示载体及其他非放射性物质在样品中量的多少，在放射化学中引入了放射性比活度，它的定义是每单位质量或体积样品的放射性活度。

9.2 沉淀分离法

9.2.1 沉淀分离法原理

沉淀分离法是在待分离的溶液中加入沉淀剂，使其中的某一组分以一定组成的固相析出，经过滤而与液相中其他不需要组分分开。在含有金属离子 M^{m+} 的溶液中，加入含沉淀剂 X^{n-} 的另一溶液，生成难溶性沉淀 M_nX_m，当体系达到平衡时，其平衡常数即溶度积为

$$K_{sp} = [M^{m+}]^n [X^{n-}]^m \qquad (9-9)$$

在一定温度下，饱和溶液中的 $[M^{m+}]^n [X^{n-}]^m$ 必定为一常数。这样，根据某溶液中 $[M^{m+}]^n [X^{n-}]^m$ 的数值，对照常数 K_{sp}，就可判断是否会生成沉淀 M_nX_m。一般说来，K_{sp} 应小于 10^{-4}，才能达到有效的分离。如果几种离子均可与沉淀剂作用而生成沉淀，则它们的 K_{sp} 之间必须有足够的差别。

由(9-9)式可见，沉淀的溶解度会因有共同离子的过量存在而减少，这叫做**同离子效应**。因此，为了使沉淀完全，加入适当过量的沉淀剂是可以的，但如果超过必要量时，反而会使溶解度增加。

当在溶液中不是加入太过量的同离子，而是加入并非构成沉淀的其他离子时，也会使溶解度增加，这叫做**盐效应**。这是由于溶液中加入其他盐，会使溶液的离子强度增大，造成活度系数减小。

对于强酸盐的沉淀，氢离子浓度$[H^+]$对溶解度影响不大；反之，对于弱酸盐的沉淀，尤其是有机试剂生成的沉淀，$[H^+]$有很大的影响。这是因为加大$[H^+]$，会使弱酸在溶液中主要以不解离的状态存在；而降低$[H^+]$，会使弱酸在溶液中主要以解离状态存在。因此，通常应在尽可能小的$[H^+]$下生成沉淀。

在溶液中，如加入能与被沉淀的离子生成可溶性络合物的络合剂，则会使沉淀的溶解度增大，甚至已经生成的沉淀还会完全溶解。

若在水溶液中加入乙醇、丙酮等有机溶剂，通常会降低无机盐的溶解度。这是由于金属离子对有机溶剂的溶剂化作用小以及有机溶剂的介电常数较低。

一般说来，溶解度随温度上升而上升，这是因为绝大部分沉淀的溶解是吸热反应。

最后，要指出的是，K_{sp}值都是对于颗粒度相当大的沉淀而言。因为随着沉淀颗粒度的减小，沉淀的溶解度会增加。从而也就不难理解，为什么在沉淀的陈化过程中，小颗粒沉淀会消失，较大颗粒沉淀会长大。

沉淀分离法的优点是方法简单，费用少；缺点是对多数金属不是非常有效，需时较长。在放射化学中，更大的缺点是放射性物质本身由于其量很小，通常不能单独形成沉淀。为此，在放射化学中常常用共沉淀方法。

9.2.2 共沉淀

在普通化学中,对于常量组分而言,通常要避免共沉淀现象发生。但在放射化学中,对微量的放射性物质而言,共沉淀却是一种分离和富集放射性核素的有效手段。

共沉淀分离法是利用溶液中某一常量组分(载体)形成沉淀时,将共存于溶液中的某一或若干微量组分一起沉淀下来的方法。共沉淀的机制主要有形成混晶、表面吸附及生成化合物等。

形成混晶的最典型的例子是 $BaSO_4$-$RaSO_4$ 混晶,微量组分 Ra 取代一小部分晶格上 Ba 的位置。取决于实验条件,微量组分在常量组分沉淀中的分配可以服从**均匀分配定律**(homogeneous distribution law),

$$\frac{x}{y} = D\frac{a-x}{b-y} \tag{9-10}$$

也可以服从**对数分配定律**(logarithmic distribution law),

$$\ln\frac{a-x}{x} = \lambda\ln\frac{b-y}{y} \tag{9-11}$$

式中 x 和 y 分别是微量和常量组分在析出晶体中的量,a 和 b 分别为微量和常量组分在原始溶液中的量,D 和 λ 为常数。D 即 9.1.1 小节所述的分离因数,IUPAC 不推荐称其为均匀分配系数。λ 称为**对数分配系数**。实现均匀分配的条件是很缓慢的沉淀,并且经过长时间的搅拌,使固液两相达到热力学平衡,一般说来,这种条件很难达到。实现非均匀分配的实验条件是,沉淀速度能保证使新生成的每一层晶体与溶液达到平衡,但是从整个体系来说则没有达到平衡。$D>1$,表示微量组分在晶体中得到浓集;反之,$D<1$,表示微量组分在溶液中得到浓集。$\lambda>1$ 时,微量组分主要在沉淀初期析出,而 $\lambda<1$ 时正相反。在选择常量组分时,要从溶解度和离子半径两方面考虑。

表面吸附共沉淀最常用的吸附剂是无定形氢氧化铁。通常用做吸附剂的有 $Fe(OH)_3$、$Al(OH)_3$、$Zr(OH)_4$、$La(OH)_3$ 等氢氧化物,PbS、SnS_2、CdS 等硫化物,磷酸钛、磷酸钙、磷酸镧等磷酸盐。此外,还有硫酸盐、卤化物、草酸盐等。无定形沉淀吸附微量组分的选择性与许多因素有关,其中最主要的是:① 微量组分所形成的化合物的溶解度,溶解度愈小,愈容易被载带;② 无定形沉淀表面所带电荷符号及数量,当微量组分所带电荷符号与沉淀的相反时,载带量大,因此 pH 及其他电解质的存在将有明显影响;③ 无定形沉淀表面积的大小,表面积愈大,载带量愈大。与形成混晶相比,表面吸附共沉淀的选择性要差得多。

生成化合物的共沉淀主要是指用有机沉淀剂时的情况,而生成的化合物主要是指生成螯合物及离子缔合物。如果金属离子的浓度很低,即使它生成的螯合物难溶于水,也不能沉淀出来。但可在某有机试剂沉淀析出时,将此金属螯合物载带下来。为使过量有机试剂沉淀出来,可以将热的有机试剂的水溶液慢慢冷却,也可以用加热,将随同有机试剂一起加入的挥发性有机溶剂除去。对于 1-硝基-2-萘酚就是用后一种方法,即随着一起加入的丙酮的减少,使它慢慢沉淀出来。在不同的 pH 下,1-硝基-2-萘酚可以载带[60]Co、[59]Fe、[237]Pu、[95]Zr、[65]Zn、[144]Ce 等。也可以用另加一种有机试剂的方法,这种另加的有机试剂尽管不与体系中任何物质发生反应,却可以诱导难溶螯合物被沉淀载带下来,这种化合物称为**惰性**或**无关共沉淀剂**。例如,1-萘酚或酚酞的乙醇溶液能将痕量铀(Ⅵ)的 1-亚硝基-2-萘酚螯合物自水溶液中析出。

金属离子与中性络合剂或阴离子配体形成络合离子后,可以与相对分子质量较大的具有相反电荷的有机沉淀剂生成难溶的离子缔合物,从而使微量的金属离子被载带下来。常用的有机沉淀剂是染料,如甲基紫、次甲基蓝、罗丹明 B 等。如在氯化物溶液中,In^{3+} 以 $InCl_4^-$ 配阴离子存在,次甲基蓝可使 In^{3+} 共沉淀下来。

与使用无机沉淀剂相比,使用有机沉淀剂的优点是选择性高和可灼烧除去。

影响共沉淀效果的因素很多,包括 pH、共存离子、隐蔽剂、温度、沉淀方法、搅拌方法、放置时间、试剂加入的顺序及速度等。

9.2.3　晶核的生成和成长

固体物质从过饱和溶液中析出时,由两个过程组成:晶核的生成过程、晶核的成长过程。沉淀颗粒的大小通常决定于晶核的生成速度和晶核成长速度的相对大小。若前者比后者大得多,则沉淀将由大量的小颗粒组成;反之,沉淀通常是颗粒数较少的完好晶体。

关于晶核生成的动力学,一般认为任何固体溶质在某一溶剂的过饱和溶液中,都不是完全均匀的,在溶液的不同部位,在不同的瞬间,会有离子聚集体或分子群生成。它们与周围的溶液处于动态平衡,它们迅速分解后,又在溶液中别的部位重新生成。当这种瞬间聚集体逐步长大到一定的大小,就成为沉淀的晶核。有人认为硫酸钡的一个晶核由 7~8 个离子,铬酸银由 6 个离子,氟化钙由 8~9 个离子组成。假如硫酸钡是强电解质,其过饱和溶液可以说已完全解离为钡离子和硫酸根离子,它们发生以下的聚集体生成过程:

(a) $Ba^{2+} + SO_4^{2-} \rightleftharpoons \{BaSO_4\}$　(二聚体)

(b) $Ba^{2+} + SO_4^{2-} + Ba^{2+} \rightleftharpoons \{Ba_2SO_4\}^{2+}$　(三聚体)

(c) $Ba^{2+} + SO_4^{2-} + SO_4^{2-} \rightleftharpoons \{Ba(SO_4)_2\}^{2-}$　(三聚体)

(d) $\{Ba_2SO_4\}^{2+} + SO_4^{2-} \rightleftharpoons \{BaSO_4\}_2$　(四聚体)

(e) $\{Ba(SO_4)_2\}^{2-} + Ba^{2+} \rightleftharpoons \{BaSO_4\}_2$　(四聚体)

(f) $\{BaSO_4\}_2 + Ba^{2+} \rightleftharpoons \{Ba_3(SO_4)_2\}^{2+}$　(五聚体)

一个晶核是一定大小的聚集体,这种聚集体不再认为是液相的一部分,而是结晶相的初胚。

实验发现,从试剂混合产生过饱和条件到开始形成晶核要经历一段时间,称为**诱导期**。对于同一种沉淀,诱导期与沉淀前难溶物的浓度 C 有如下经验关系:

$$I = kC^n \tag{9-12}$$

式中 k 和 n 都是大于零的经验常数。我们仍以硫酸钡晶核的形成为例来说明(9-12)式。现假设 $\{BaSO_4\}_2$ 作为晶核,在诱导期内反应(a)和(b)很快建立平衡。所以,按照反应(c),晶核的形成速度

$$v_{nucl} \propto [Ba_2SO_4^{2+}][SO_4^{2-}] \tag{9-13}$$

因反应(a)和(b)已达到平衡,则

$$[BaSO_4] = K_a[Ba^{2+}][SO_4^{2-}] \tag{9-14}$$

$$[Ba_2SO_4^{2+}] = K_b[BaSO_4][Ba^{2+}] = K_aK_b[Ba^{2+}]^2[SO_4^{2-}] \tag{9-15}$$

从而得到

$$v_{nucl} \propto [Ba^{2+}]^2[SO_4^{2-}]^2 \tag{9-16}$$

在过饱和溶液中,如果$[Ba^{2+}]=[SO_4^{2-}]$,则得

$$v_{nucl} = k[Ba^{2+}]^4 = k[SO_4^{2-}]^4 \qquad (9\text{-}17)$$

如果$[Ba^{2+}]\neq[SO_4^{2-}]$,平均浓度

$$C = ([Ba^{2+}][SO_4^{2-}])^{1/2} \qquad (9\text{-}18)$$

于是

$$v_{nucl} = kC^4 \qquad (9\text{-}19)$$

由此可见,(9-19)式与(9-12)式是一致的。

以上所述的晶核的生成,称为**均相成核过程**,通常是在高过饱和度下发生的。另外还有**异相成核过程**。在一般情况下,溶液中不可避免地混有不同数量的固体微粒,如玻璃容器壁上的细微粒子、灰尘,甚至所用试剂中也会有一些微溶性杂质。异相成核过程就是指这些外来的悬浮微粒起了晶种的作用,使晶核能在过饱和度相当小时就生成。而且,异相成核过程几乎是不可避免地或多或少存在的。如果把上述两种成核过程称为**一级晶核形成**,那么**二级晶核形成**就是指在结晶过程中,由于流动、搅动引起的流体剪应力造成的晶核以及因晶体同器皿表面接触而造成的接触成核。

晶核从过饱和溶液中生成之后,便会继续成长。晶体颗粒的成长过程是很复杂的。溶液中的溶质最终变为晶体的组成部分,首先要从溶液本体穿过靠近晶体表面上的一个静止液层,到达晶体表面,然后在晶体表面的适当位置参加到晶格中去,成为晶体的一部分。前一过程为**扩散过程**,后一过程为**表面反应过程**。如果颗粒的成长速度由扩散过程控制,那么晶体的成长速度就与溶液中正负离子的平均浓度 C 和饱和浓度之差$(C-C_s)$成正比。

$$v = k'(C-C_s) \qquad (9\text{-}20)$$

式中 k' 是经验常数,C_s 是饱和溶液的浓度。研究硫酸钡的沉淀过程表明,当钡离子和硫酸盐浓度大于 4×10^{-3} mol·L^{-1} 时,成长速度正比于浓度,成长速度由扩散过程控制。实验条件的不同,成长速度的控制步骤可能不同。

晶体的成长还与晶体缺陷有关。晶体的不完整或缺陷处的凸起可构成成长中心。晶体有位错时,晶体会沿位错生长。晶体的各个晶面上,成长的速率也可能不同。

由以上所述可知,影响沉淀过程的因素很多,机制极为复杂。目前,可以得出的一般结论是:① 在稀溶液中进行沉淀时,生成晶核的速度和晶核的数目都比浓溶液的低;② 缓慢加入沉淀剂,并充分搅拌,能得到颗粒较大而且成长良好的沉淀;③ 在有过量沉淀剂存在的条件下,会形成颗粒细小而松的沉淀,难以过滤。

9.3 离子交换与离子交换色层

9.3.1 离子交换剂

离子交换剂是一种能与水溶液中的离子发生离子交换反应的不溶性固体物质,可分为**有机合成离子交换树脂**及**无机离子交换剂**两大类。任何离子交换剂,按化学结构而言,都是由两部分组成,一部分称为**骨架**或**基体**,另一部分是连接在骨架上的能发生离子交换反应的官能团。

最常用的合成离子交换树脂的骨架是单体苯乙烯和交联剂二乙烯苯,以及由单体甲基丙

烯酸或丙烯酸和交联剂二乙烯苯聚合成的共聚物。交联剂起着在聚合链之间交联的作用,从而使树脂中高分子链成为一种三维网状结构。交联剂在单体总量中所占的质量百分数称为**交联度**,在普通商用离子交换树脂的牌号上都反映了交联度,交联度一般在 4～12 之间。如 Dowex 50×8 表示交联度为 8% 的 Dowex 50 阳离子交换树脂。随着合成树脂时所用单体、交联剂及聚合条件的不同可以制得大孔型结构骨架和凝胶型结构骨架。凝胶型树脂在干态下由于聚合物链的收缩作用而没有孔存在,只有在湿态下,链之间的空隙成为分子和离子的通道,但这些空隙的孔径一般都很小。凝胶树脂的外观一般是透明的。大孔型树脂在干态下就有大大小小、形状各异及互相贯通的孔道,孔径比凝胶型树脂的大得多,孔道数比凝胶型树脂多得多。大孔型树脂因内部孔的存在而外观呈乳白色。

骨架上的官能团可以是通过磺化反应,在交联聚苯乙烯的苯环上引入的磺酸基($-SO_3H$),或通过氯甲基化及胺化反应引入的季胺基团及其他胺基团。当丙烯酸或甲基丙烯酸作为单体时,原料上本身就带有官能团羧基($-COOH$)。

根据树脂上官能团的类别可将离子交换树脂分为:强酸性阳离子交换树脂(含$-SO_3H$)、弱酸性阳离子交换树脂(含$-COOH$ 或$-PO_3$)、强碱性阴离子交换树脂[含$-CH_2-N^+$ $(CH_3)_3Cl^-$ 或$-CH_2-N^+(CH_3)_2(CH_2-CH_2OH)Cl^-$]、弱碱性阴离子交换树脂(含$-NH_2$、$-NRH$ 或$-NR_2$)。树脂上的官能团离子称为**固定离子**(fixed ion),树脂中与固定离子电荷符号相反,可以被溶液中与之同符号的离子交换的离子称为**反离子**(counter-ion),并称之为离子交换树脂的**型**(form),如 H^+ 型、Na^+ 型等。

根据离子交换树脂的骨架可将树脂分为苯乙烯系、丙烯酸系、酚醛系、环氧系、乙烯吡啶系、脲醛系及氯乙烯系。

树脂上的官能团如果是具有螯合能力的胺羧基[$-N(CH_2COOH)_2$],这种树脂就称为**螯合树脂**(chelating resin)。如果树脂既有弱酸性又有弱碱性官能团,则称为**两性树脂**(amphoteric ion exchange resin)。

除了交联度以外,树脂的其他重要参数还有树脂的粒度、密度、比表面积、孔度和孔容、孔径、孔分布、含水量及离子交换容量。其中交换容量是最重要的。由于测定方法不同,交换容量有**总交换容量**、**表观交换容量**、**解盐交换容量**(neutral salt decomposing capacity)、**工作交换容量**及**穿透交换容量**等。总交换容量指单位质量的干树脂所含可交换离子(假定为一价离子)的数量,单位为 $mmol \cdot g^{-1}$。在实际工作中,还常用单位体积的湿树脂所含可交换离子的数量,单位为 $mmol \cdot mL^{-1}$。总交换容量是树脂的极限容量。

在实验应用中,应考虑到树脂的机械稳定性、热稳定性、辐射稳定性以及对有机溶剂、酸、碱、氧化剂、还原剂的化学稳定性。

无机离子交换剂大体上可分为天然无机离子交换剂(如沸石、蛭石、黏土矿物)、水合氧化物(如氧化铁、氧化铝、氧化锆)、多价金属酸性盐(如磷酸盐、砷酸盐、钼酸盐、钨酸盐)、杂多酸盐(如磷钼酸铵、磷钨酸铵、硅钨酸铵)、亚铁氰化物(如亚铁氰化锆、亚铁氰化钴)等。在放射化学中应用广的有磷酸锆、磷钼酸铵及亚铁氰化物等。

磷酸锆可以制成 $P/Zr=5/3$ 的无定形物,也可以制成 $P/Zr=2/1$ 的层状晶体。根据含水量的不同,可制成 $P/Zr=2/1$ 的一水合磷酸氢锆[$Zr(HPO_4)_2 \cdot H_2O, \alpha\text{-}ZrP$]、无水磷酸氢锆 [$Zr(HPO_4)_2, \beta\text{-}ZrP$]、二水合磷酸氢锆[$Zr(HPO_4)_2 \cdot 2H_2O, \gamma\text{-}ZrP$]及八水合磷酸氢锆 [$Zr(HPO_4)_2 \cdot 8H_2O, \delta\text{-}ZrP$],它们的层间距离分别为 75.5,94,122 及 104 pm。在上下两层中

间形成六边形的洞穴,由洞穴组成的通路允许离子通过。磷酸锆的骨架是由 $ZrO_2 \cdot nH_2O$ 构成的,官能团是 $H_2PO_3^-$,但其中只有一个 H^+ 可以发生交换反应。磷酸锆的 P/Zr 比愈大,交换容量也愈大。

磷钼酸铵可写成 $(NH_4)_3[P(Mo_{12}O_{40})]$,它是由 12 个 MoO_3 八面体组成一个空心球,PO_4^{3-} 位于球中心,NH_4^+ 和水分子则处在大阴离子 $P(Mo_{12}O_{40})^{3-}$ 的空隙内。磷钼酸铵中的 NH_4^+ 可以与其他阳离子发生阳离子交换反应,它对碱金属,特别是对铯具有很高的选择性。

亚铁氰化物的分子式一般可写成 $M^{2+}[N^{2+}Fe(CN)_6]$,式中 M^{2+} 和 N^{2+} 分别为不同的金属,其中 M^{2+} 为可在晶格中自由移动的可交换离子。但亚铁氰化物的交换机制相当复杂,有的也呈现阴离子交换性质。水合氧化物上的官能团—OH,也是具有两性性质的。

与无机离子交换剂相比,有机离子交换树脂的优点是交换容量大,交换速度快,可制成球形,可大规模生产及抗化学腐蚀等。而与有机合成离子交换树脂相比,无机离子交换剂的优点是耐高温、耐辐照、价格低廉及选择性高等。

9.3.2 离子交换平衡及动力学

等价离子 A^{z_A} 和 B^{z_B} 之间的交换反应和不等价离子 A^{z_A} 和 C^{z_C} 之间的交换反应可分别写成

$$R_{z_A}A + B^{z_B} \rightleftharpoons R_{z_B}B + A^{z_A} \tag{9-21}$$

$$Z_C R_{z_A}A + Z_A C^{z_C} \rightleftharpoons Z_A R_{z_C}C + Z_C A^{z_A} \tag{9-22}$$

式中 R 代表与交换离子电荷符号相反的一价固定离子。

按照质量作用定律,上述两个离子交换反应的(浓度)**平衡常数**(严格地讲是平衡浓度商)可分别写成

$$K_{A-B}^C = \frac{\overline{C}_B C_A}{\overline{C}_A C_B} \tag{9-23}$$

$$K_{A-C}^C = \frac{\overline{C}_C^{z_A} C_A^{z_C}}{\overline{C}_A^{z_C} C_C^{z_A}} \tag{9-24}$$

式中 $\overline{C}$ 表示交换剂相中的浓度,C 表示溶液相中的浓度。这样,可以分别得到 B 和 C 在两相中的浓度**分配系数**(distribution coefficent)或**分配比**(partition ratio)为

$$k_{C,B} = \frac{\overline{C}_B}{C_B} = K_{A-B}^C \frac{\overline{C}_A}{C_A} \tag{9-25}$$

$$k_{C,c} = \frac{\overline{C}_C}{C_C} = \left[K_{A-C}^C \left(\frac{\overline{C}_A}{C_A}\right)^{z_C}\right]^{\frac{1}{z_A}} \tag{9-26}$$

但是,由于交换剂要发生溶胀及收缩以及实验上的困难,所以常常改用每单位质量交换剂中 B 或 C 的量来代替 $\overline{C}_B$ 或 $\overline{C}_C$,从而就得到**质量分配系数**

$$k_{D,B} = \frac{\overline{M}_B}{C_B}, \quad k_{D,C} = \frac{\overline{M}_C}{C_C} \tag{9-27}$$

式中 $\overline{M}$ 表示每单位质量交换剂中的量。k_C 和 k_D 之间通过交换剂相的密度是可以互相换算的。由(9-25)式和(9-26)式可见,如果 B 和 C 是微量离子,A 是常量离子,B 或 C 的交换将不会改变 $\overline{C}_A$ 及 C_A 的值,则当 K_{A-B}^C 或 K_{A-C}^C 为常数的情况下,$k_{C,B},k_{C,c},k_{D,B},k_{D,c}$ 将不会随 C_B 或 C_C 而变。

以上只讨论了当 B 和 C 以简单离子存在于交换剂相及溶液相的情况。如果被研究元素生成络合离子则情况要复杂得多。如四价镎在硝酸溶液及阴离子交换剂之间的分配,则应考虑到以下络合反应

$$Np^{4+} + 2NO_3^- \rightleftharpoons Np(NO_3)_2^{2+} \tag{9-28}$$

$$Np(NO_3)_2^{2+} + 4NO_3^- \rightleftharpoons Np(NO_3)_6^{2-} \tag{9-29}$$

以及交换反应

$$Np(NO_3)_6^{2-} + 2RNO_3 \rightleftharpoons R_2[Np(NO_3)_6] + 2NO_3^- \tag{9-30}$$

在这种情况下,

$$k_{D,Np} = \frac{\overline{M}_{R_2[Np(NO_3)_6]}}{C_{Np^{4+}} + C_{Np(NO_3)_2^{2+}} + C_{Np(NO_3)_6^{2-}}} \tag{9-31}$$

且 $k_{D,Np}$ 随浓度而发生显著变化,先是随着 HNO_3 浓度增加而很快增加,当达到最大值后,又随 HNO_3 浓度增加而略有下降,$k_{D,Np}$ 不仅与交换反应的平衡常数有关,而且与(9-28)式及(9-29)式的络合物稳定性有关。

某离子交换剂对 1,2 两种元素的分离能力,常用 1,2 两元素的质量分配系数之比来表示:

$$\alpha = k_{D,1}/k_{D,2} \tag{9-32}$$

α 称为**分离系数**(separation coefficent)或**分离因子**(separation factor),显然不是常数,而是随溶液的组成、pH 及是否存在络合剂等条件而变。

离子交换反应是一种异相化学反应,(9-21)式中 B 和 A 的交换要经过以下五步:① B 离子从本体溶液穿过黏附在交换剂表面的液膜到达交换剂表面;② B 离子从交换剂表面扩散到达交换剂内 A 离子的位置;③ A 和 B 在官能团上发生交换;④ 从官能团上被交换下来的 A 离子从交换剂内扩散到交换剂表面;⑤ A 离子从交换剂表面穿过黏附在表面上的液膜而到达本体溶液中。

根据电中性原则,上述①,⑤两步及②,④两步都是同时反向进行的。因此,当 A 和 B 两者的交换速度是由①,⑤所控制时,称为**液膜扩散控制**;是由②,④所控制时,称为**粒内扩散控制**;是由③控制时,则称为**交换反应控制**。在实际工作中,可能遇到的是所有各步都控制两者的交换速度,至于是哪一种控制为主,则随研究对象及实验条件而变。影响离子交换速度的因素很多,当然首先要考虑到的是离子交换剂的物理性质和化学性质,以及进行交换的两种离子的化学性质;其次应考虑实验条件,例如两相体积的比例,溶液的浓度、温度,反应体系的搅拌速度以及水相的 pH 等。

9.3.3 离子交换色层

在离子交换色层法中,通常将离子交换剂装成柱,但并不是在离子交换(剂)柱上进行的分离都是色层分离,天然水中通常含有少量钙和镁,利用离子交换柱软化天然水,就不是色层分离。当硬水通过 Na^+ 型离子交换剂树脂时,发生交换反应

$$Ca^{2+} + 2RNa \rightleftharpoons R_2Ca + 2Na^+ \tag{9-33}$$

$$Mg^{2+} + 2RNa \rightleftharpoons R_2Mg + 2Na^+ \tag{9-34}$$

从而将 Ca^{2+}、Mg^{2+} 从水中除去。只要离子交换剂中 Ca^{2+} 和 Mg^{2+} 的浓度还没有达到 Ca^{2+}-Na^+、Mg^{2+}-Na^+ 质量作用定律所规定的值,流入柱中的硬水就被软化。如果柱内全部离子交换剂中的 Ca^{2+} 和 Mg^{2+} 的浓度达到了质量作用定律所规定的值,则水中的 Ca^{2+} 和 Mg^{2+} 不再

被除去。如果以流出水中的 Ca^{2+} 和 Mg^{2+} 的浓度对时间或流出液体积作图,就得到**穿透曲线**(breakthrough curve)。穿透曲线是一条流出液中 Ca^{2+} 或 Mg^{2+} 的浓度逐步上升的曲线,直到流出液与流入液浓度相等为止。**穿透交换容量**(breakthrough exchange capacity)就是根据穿透曲线得到的穿透前所利用的柱内离子交换剂的交换量,所以它总是小于总交换容量,而且随实验条件而变。这种方法虽然不是色层分离,但常常在放射化学中用于除去溶液中的杂质。

柱色层技术可以分为**洗脱**(elution)、**排代**(displacement)及**前流分析**(frontal analysis)三种。洗脱色层是在 Z 型离子交换剂柱的顶端,引入极小量的 A、B、C 三种反离子的混合物,在顶部形成很窄的混合区段。该离子交换剂对这四种反离子的亲和性次序为:Z<A<B<C。然后用亲和性最弱的 Z 离子的电解质 ZY 的溶液流入柱顶,ZY 称为**洗脱剂**(eluent)。这时 ZY 将越过 A、B、C 而流过柱,与此同时,A、B、C 离子将沿柱以不同的速度下移。由于它们对交换剂的亲和性不同,造成下移速度不同,所以只要柱足够长,A、B、C 可在柱中形成分隔开的区段或谱带,在柱的出口处分别出现三个不相连接或交叉不多的峰(图 9-1),亲和性愈大的离子,在出口处出现愈晚。

排代色层与洗脱色层正相反。首先是加到柱顶的 A、B、C 的量必须足够大,以使它们经分离后在柱上可形成各自的纯的区段;其次是足够量的 A、B、C 加到柱中后,不是用亲和性最小的 Z 的电解质 ZY 的溶液加到柱顶,而是用亲和性大于 C 的 D 离子的电解质 DY 的溶液加到柱顶,即亲和性次序为 D>A>B>C>Z,DY 称为**排代剂**。柱长足够,且有一定体积 DY 溶液流入柱后,A、B、C、Z 逐渐分开,有可能形成互相连接的有一些交叉的各自的纯区段,D 在最后,Z 在最前。图 9-2 给出了典型的排代色层的流出曲线。排代色层通常不用于分析目的,而是用于制备目的。排代色层不适用于微量组分,而是适用于常量组分。

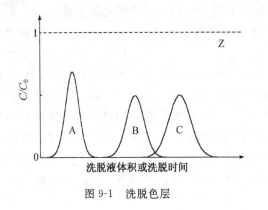

图 9-1　洗脱色层

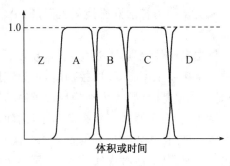

图 9-2　排代色层

前流分析很少用。实验时将待分离的物质的稀溶液连续流入交换柱,若待分离组分与树脂的亲和力有差别,它们从交换柱流出的速度将有所不同,亲和力最小的组分最先流出,在比它亲和力大的第二组分流出之前,流出液中只有第一组分,接着是组分 1+2,待第三组分也开始穿透后,流出液中将含有组分 1+2+3。由此可见,只有最先流出的那一部分溶液是纯品,它只含组分 1,其后的其他组分都不可能是纯的。图 9-3 表示三种组分的前流分析结果。由图可见,前流分析不是一种分离方法,因为只能得到纯 A,不能得到纯 B 和 C。

离子交换洗脱色层的柱上过程和两种被分离离子的流出曲线示于图 9-4。由图可见,在起始时,两种离子只在柱顶很窄的范围内,当流入一定体积洗脱液后,两种离子逐渐在柱上分离开。当流入足够体积洗脱液后,两种离子在柱上形成各自的区段。最后,在柱下端,形成两个分离开的峰。峰的中心位置在 $t_{R,1}$ 及 $t_{R,2}$ 时间上,在 t_0 时间上出现的是不与交换剂发生任何作用的不滞留物质的峰,$t_{R,1}$ 及 $t_{R,2}$ 称为峰的**保留时间**(retention time)。由图9-4可见,色层柱总体积为 V_t,V_t 包括交换剂本身体积及交换剂颗粒之间空隙内流动相所占的体积,即 $(V_t - V_0)$ 及 V_0。V_0/V_t 称为**空体积分数**(void volume fraction)ε,两相体积之比 $(V_t - V_0)/V_0$ 用 H 表示。如果以 F 表示单位时间内流出柱的洗脱液的体积,则 F/V_0 表示

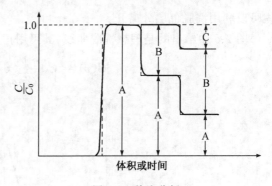

图9-3 前流分析

单位时间内流过柱的空体积数。从而得知在柱长为 L 时,流动相的**线性流速** $u = FL/V_0$。

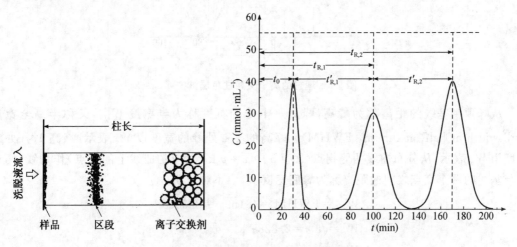

图9-4 洗脱色谱的柱上过程和洗脱曲线

如果柱的前后没有连接管道等空间,则 t_0 就是 V_0 体积洗脱液流过柱所需要时间。为此引入**调整保留时间**(adjusted retention time)$t'_{R,1} = t_{R,1} - t_0$ 及 $t'_{R,2} = t_{R,2} - t_0$。如果说 t_0 是数目很大的溶质平均在柱中停留在流动相中的时间,那么 t'_R 就是数目很大的溶质平均在柱中停留在交换剂中的时间。从而可导出,洗脱色层中广泛应用的**容量因子**(volume factor)

$$k' = \frac{某溶质在固定相中的量}{某溶质在流动相中的量} = \frac{t'_R}{t_0} = \frac{t_R - t_0}{t_0} \tag{9-35}$$

也就是

$$k' = \frac{(V_t - V_0)\overline{C}}{V_0 C} = \frac{V_t - V_0}{V_0} k_C = Hk_C \tag{9-36}$$

由(9-35)式和(9-36)式可见,可以由 t_R 及 t_0 的测定,求得 k_C 及 k'。在洗脱液流速恒定条件下,由 t_R 就可得到相应的保留体积 V_R。

相对于流动相在柱中的移动速度而言,溶质在柱中的移动的相对速度

$$R = \frac{L}{t_R} \bigg/ \frac{L}{t_0} = \frac{t_0}{t_R} = \frac{V_0 C}{(V_t - V_0)\overline{C} + V_0 C} = \frac{1}{1 + Hk_C} = \frac{1}{1 + k'} \tag{9-37}$$

由(9-37)式可见,k' 愈小,R 愈大;$k' = 0$,$R = 1$。只要两种被分离溶质之间 k' 的差足够大,

227

就可以利用洗脱色层分离开。

图 9-5 中给出的是理想洗脱曲线,其可用正态分布函数来描述,

$$C(v) = C_0 \frac{1}{\sqrt{2\pi}\sigma} \exp\left[-\frac{(v-v_0)^2}{2\sigma^2}\right]$$

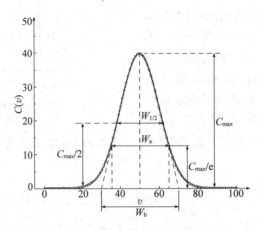

图 9-5 理想的离子交换柱色层淋洗峰

从峰顶到基线的距离称为**峰高**,峰高一半处的宽度称为**半宽度** $W_{1/2}$,又称**半高全宽** (full width at half maximum,FWHM)。峰高的 $1/e$ 处峰的宽度以 W_e 表示,峰高 $1/\sqrt{e}$ 处的宽度用 W_σ 表示,从分布曲线两侧拐点(图 9-5 中 $v=v\pm\sigma$ 对应的曲线上的两点)作切线,两切线与基线的两个交点之间的距离称为**峰底宽度** W_b。不难证明,

$$W_{1/2} = \mathrm{FWHM} = \sqrt{8\ln 2}\,\sigma = 2.355\sigma$$

$$W_e = \sqrt{8}\,\sigma = 2.828\sigma$$

$$W_\sigma = 2\sigma$$

$$W_b = 4\sigma$$

为了表示相邻两个峰之间分离的程度,定义**分离度**

$$R_S = 2\left(\frac{t_{R,2} - t_{R,1}}{W_{b,1} + W_{b,2}}\right) \tag{9-38}$$

当 $R_S = 1.5$,两个峰完全分离开;当 $R_S < 1$,两个峰有重叠;$R_S < 0.8$,两个峰未能分离开。由于 W_b 是随着在柱中移动距离的增加而增加,所以绝非柱愈长愈好。

如果将色层柱看做分馏塔,则**理论塔板数**就是量度**柱效**的一个参数。用 N 表示塔板数,N 愈大,柱效愈高。在峰为正态分布的条件下,可用下式计算:

$$N = 16\left(\frac{t'_R}{W_b}\right)^2 = 5.54\left(\frac{t'_R}{W_{1/2}}\right)^2 \tag{9-39}$$

相应的**理论塔板当量高度**(height of equivalent theoretical plate,HETP)

$$\mathrm{HETP} = L/N \tag{9-40}$$

由于实验得到的洗脱峰不可能是正态分布,拖尾现象是不可避免的,所以(9-39)式和(9-40)式只能算是一种近似估计 N 和 HETP 的方法。

由于在常压下进行的离子交换色层所需要时间较长,效率不高,对强 α 射线的超钚元素的分离尤其不适应,故近来常采用**高压**或**高效离子交换色层**。与常压相比,高压色层在两方面作

了改进,即采用极细的粒度均匀的离子交换树脂作固定相以及用高压输液泵来输送流动相,也常用**薄壳型离子交换剂**(pellicular ion-exchanger)代替极细的离子交换树脂。例如,先在高通量反应堆中将锎转变成^{242}Pu$+^{243}$Am$+^{244}$Cm,然后再将这些富中子核素转变成^{249}Bk$+$^{249,252}Cf,最后由 Cf 制备^{253,254}Es,并通过辐照 Es 制得^{257}Fm。用高效离子交换色层法可得到超锔元素,实验室用的是 20 μm 直径的强酸性阳离子交换树脂 Dowex 50×8,柱高 1.2 m,柱外径 1 cm,柱温 80℃,洗脱液为 α-羟基异丁酸溶液,所得色层图示于图 9-6。

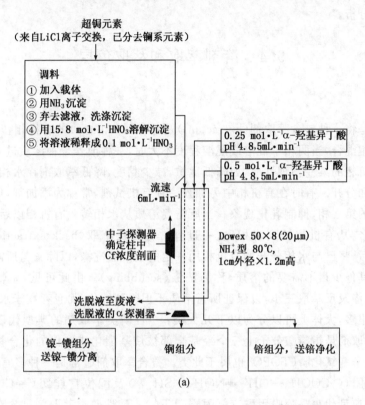

(a)

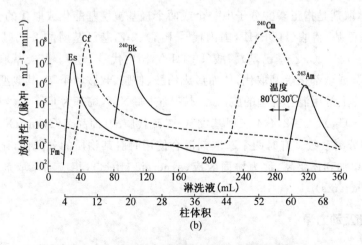

(b)

图 9-6 高效离子交换色层法分离超锔元素

(a) 分离流程图;(b) 洗脱色层图

229

在离子交换色层的基础上，又衍生出了**离子色层**（ion chromatography）和**离子对色层**（ion-pair chromatography）。前者主要是在离子交换柱后，串接一根高交换容量的抑制柱，以扣除流动相的背景电导，使电导检测器能灵敏和方便地检测出被分离的离子。该法广泛用于无机阳离子分析。后者主要是在流动相中加入与样品离子电荷相反的离子，即离子对试剂，改变样品离子在两相中的分配，从而使样品的保留和选择性显著变化。对酸性样品多用季铵盐作离子对试剂，对碱性样品多用烷基磺酸盐作离子对试剂。该法广泛用于药物、生化及染料等方面有机物的分析。

9.4　溶剂萃取和萃取色层

9.4.1　萃取剂

溶剂萃取是将一种包含萃取剂（extractant）及稀释剂（diluent）的有机相，与含一种或几种溶质的水溶液相混合，当两相不混溶或混溶程度不大时，一种或若干种溶质进入有机相。稀释剂用于改善有机相的某些物理性质，如降低比重，减少黏度，降低萃取剂在水相中的溶解度，有利于两相流动和分开。有时在有机相中另加入一种有机试剂，常称为添加剂，用于消除某些萃取过程中形成的第三相，抑制乳化现象。当所需要溶质从水相转入有机相以后，在改变实验条件下，也可以使它从有机相转到水相，这一过程常称为**反萃取**（back extraction, stripping）。有时还在萃取后，将已与水相分开的有机相用一定的水溶液洗涤，以除去与所需要的溶质一起进入有机相的其他少量不需要的溶质，称为**洗涤**（scrubbing）。由此可见，完整的萃取分离通常包括萃取、洗涤及反萃取三步，以保证所需溶质不但得到纯化，而且存在于水相中。

萃取种类很多，大体上可以分为以下几大类：中性磷类萃取剂的典型代表是磷酸三丁酯（TBP），这类萃取剂是指磷酸分子上三个羟基全部被烷基酯化或取代的化合物。三烷基氧化膦（R_3PO）如三辛基氧化膦（TOPO）也属于此类。螯合萃取剂通常是一种多官能团的弱酸，如具有酸性官能团（—COOH、—OH、=NOH、—SH 等）及配位官能团（=CO、≡N、=N—、—RN—等），其典型代表是噻吩甲酰三氟丙酮（TTA）。酸性磷类萃取剂是含有酸性基团的有机膦化物，这类萃取剂是指正磷酸分子中一个或两个羟基被烷基酯化或取代的化合物，其典型代表是二（2-乙基己基）膦酸（HDEHP，国内代号 P_{204}）、2-乙基己基膦酸-2-乙基己基酯（EHE-HP，国内代号 P_{507}）和二（2-乙基己基）膦酸（DEHPA，国内代号 P_{229}）。胺类萃取剂是指氨分子的三个氢原子部分或全部被烷基取代，从而形成伯胺、仲胺、叔胺和季胺，其典型代表是三正辛胺（T-n-OA），工业上常用混合烷基的胺，如三烷基胺（如 N_{235}，烷基为 $C_8 \sim C_{12}$）和单烷基胺（如 N_{1923}，烷基为 $C_{19} \sim C_{23}$）。二（2,4,4-三甲基戊基）二硫代膦酸（商品名 Cyanex301）对于 Am^{3+}/Eu^{3+} 具有很高的分离系数。有时两个萃取剂混合使用时对某物质的分配比，比单独使用它们时的分配比的简单加和还要高，称为**协同效应**（synergic effect），相应的萃取剂称为**协同萃取剂**（synergic extractants）。

9.4.2　萃取平衡及动力学

在一定的温度下，在溶剂萃取体系的有机相及水相之间，当某元素 M 的同一化学状态 A_1 的分配达到平衡时，A_1 在两相中浓度之比

$$K = [A_1]_{(o)} / [A_1]_{(aq)} \tag{9-41}$$

式中下标 o 表示有机相，aq 表示水相。在活度系数近似等于 1 的情况下，近似为常数，称**分配系数**。然而，在萃取体系中，元素 M 可以以各种化学状态 A_1、A_2、$\cdots$、A_n 存在于两相中，而在实验中测到的是某元素在两相中的分析浓度，即总浓度 $[M]_{(o)}$ 和 $[M]_{(aq)}$，所以实际工作中常用的是分配比 D，

$$D = \frac{[M]_{(o)}}{[M]_{(aq)}} = \frac{[A_1]_{(o)} + [A_2]_{(o)} + \cdots + [A_n]_{(o)}}{[A_1]_{(aq)} + [A_2]_{(aq)} + \cdots + [A_n]_{(aq)}} \tag{9-42}$$

分配比 D 显然不是一个常数，受元素 M 的浓度、水相 pH、萃取剂浓度、稀释剂性质、掩蔽剂、盐析剂等因素影响。至于萃取百分数，则还取决于有机相与水相体积比。

中性磷类萃取剂是由官能团 $\equiv P = O$，与金属生成中性络合物并进入有机相。例如，TBP 从硝酸溶液中萃取金属离子的反应为

$$M^{n+}_{(aq)} + nNO_{3(aq)}^- + qTBP_{(o)} \Longleftrightarrow M(NO_3)_n \cdot qTBP_{(o)} \tag{9-43}$$

该反应的平衡常数

$$K_{ex} = \frac{[M(NO_3)_n \cdot qTBP_{(o)}]}{[M^{n+}]_{(aq)} [NO_3^-]_{(aq)}^n [TBP]_{(o)}^q} \tag{9-44}$$

式中 $[TBP]_{(o)}$ 是有机相中自由 TBP 的浓度。假如金属 M 在水相中只以 M^{n+} 离子状态存在，有机相中只以 $M(NO_3)_n \cdot qTBP$ 存在，则分配比

$$D = \frac{[M(NO_3)_n \cdot qTBP]_{(o)}}{[M^{n+}]_{(aq)}} \tag{9-45}$$

将(9-44)式和(9-45)式结合起来，可得

$$D = K_{ex}[NO_3^-]_{(aq)}^n [TBP]_{(o)}^q \tag{9-46}$$

由(9-46)式可见，D 与 K_{ex}，$[NO_3^-]_{(aq)}^n$ 及 $[TBP]_{(o)}^q$ 均成正比。硝酸浓度不大时，增加硝酸浓度使 D 上升，但当硝酸浓度足够大时，再增加硝酸浓度，D 反而下降。这是因为硝酸分子也被中性磷化物萃取，在有机相中形成 $HNO_3 \cdot TBP$，从而减少自由 TBP 浓度。加入硝酸盐作为盐析剂，也可以提高 D，但不同的硝酸盐的作用不同。虽然增加 TBP 浓度可提高 D，但也可能因 TBP 浓度高而分层困难，有时甚至形成第三相。此外，TBP 浓度高，也可使杂质元素的萃取增加，从而不利于分离。

螯合萃取剂作为一弱酸，通常用 HL 表示，它既可溶于有机相，又可微溶于水相，在两相中的分配系数

$$K_{HL} = \frac{[HL]_{(o)}}{[HL]_{(aq)}} \tag{9-47}$$

HL 在水中的解离常数

$$K_a = \frac{[H^+]_{(aq)} [L^-]_{(aq)}}{[HL]_{(aq)}} \tag{9-48}$$

金属离子 M^{n+} 与水相中螯合剂阴离子 L^- 的螯合物 ML_n 的累计稳定常数

$$\beta_n = \frac{[ML_n]_{(aq)}}{[M^{n+}]_{(aq)} [L^-]_{(aq)}^n} \tag{9-49}$$

螯合物在两相中的分配系数

$$K_{ML_n} = \frac{[ML_n]_{(o)}}{[ML_n]_{(aq)}} \tag{9-50}$$

当金属离子 M^{n+} 在水相和有机相中都只生成一种螯合物 ML_n 时,M 的分配比

$$D = \frac{[ML_n]_{(o)}}{[ML_n]_{(aq)} + [M^{n+}]_{(aq)}} \tag{9-51}$$

将(9-47)～(9-50)式代入(9-51)式可得

$$D = \frac{K_{ML_n}}{1 + [H^+]^n_{(aq)} K^n_{HL}/\beta_n K^n_a [HL]^n_{(o)}} \tag{9-52}$$

由(9-52)式可见,pH 对 D 影响很大,pH 增加,D 上升。但如金属在水相中发生水解或聚合,甚至沉淀,则增加 pH 不利于萃取。β_n,K_a,$[HL]_{(o)}$ 增大,即螯合物更稳定,HL 更易于解离及螯合剂在有机相中浓度更大,则 D 值上升。K_{HL} 愈小则 D 愈大。但是,在放射化学工作中,因为螯合剂浓度通常大大高于所研究放射性核素的浓度,所以通常不用增加螯合剂浓度来提高 D 值。改变稀释剂就会改变 K_{ML_n}、K_{HL},但 D 与 K_{ML_n} 只是正比关系,而与 K_{HL} 的 n 次方呈负相关。

如果在水相中不仅生成 ML_n,而且还生成 ML_1、ML_2、$\cdots$、ML_i;如果金属在水相中不仅与 OH^- 生成 $M(OH)$、$M(OH)_2$、$\cdots$、$M(OH)_j$,而且还与其他配体 B 生成 MB、MB_2、$\cdots$、MB_p;如果金属在有机相中不仅以 ML_n 存在,而且以三元配合物 $ML_n \cdot B$、$ML_n \cdot B_2$、$\cdots$、$ML_n \cdot B_q$ 存在,则金属 M 的分配比

$$D = \frac{[ML_n]_{(o)} + \sum_q [ML_n \cdot B_q]_{(o)}}{[M^{n+}]_{(aq)} + \sum_i [ML_i]_{(aq)} + \sum_j [M(OH)_j]_{(aq)} + \sum_p [MB_p]_{(aq)}} \tag{9-53}$$

溶剂萃取与离子交换反应一样,也是一种异相化学反应,但与离子交换反应相比,一般萃取速度要快得多。金属 M 从水相萃取到有机相,通常也要经过以下五步:① 金属离子 M^{n+} 从水相内迁移到与之相邻的有机相界面上;② 有机相中萃取剂从有机相内迁移到与之相邻的水相界面上;③ 萃取剂分子通过两相界面进入水相;④ 萃取剂分子与金属发生反应形成萃合物;⑤ 萃合物通过两相界面进入有机相。

当萃取速度是由五步中某一步或某几步控制时,就可分别称为扩散控制型、化学反应控制型等。影响萃取速度的因素很多,首先要考虑萃取剂及稀释剂的物理及化学性质,以及被萃取金属的化学性质;其次考虑实验条件,如两相体积比、搅拌速度、金属及萃取剂的浓度、水相的 pH 等。

9.4.3　萃取色层

上一小节介绍的离子交换色层只是色层法中的一种。色层分离是利用不同组分在不相溶的两相中的离子交换、吸附、分配或亲和作用性能上的差别,使不同组分分离的一种技术。

萃取色层(extraction chromatography)是将有机萃取剂浸渍或键合在惰性支持体上,装在柱内作为固定相,以无机酸、碱或盐的水溶液作为流动相,利用待分离物质在两相中分配性能上的差别,在柱上以不相等的速度迁移而获得分离的方法。因此,萃取色层是一种特殊型式的液液柱分配色层。这种色层又常称为**反相分配色层**(reversed-phase partition chromatography),这是相对于极性固定相和非极性或弱极性流动相的正相分配色层而言的。

萃取色层的优点是:① 固定相为有机萃取剂,水溶液为流动相,萃取剂在不同水相条件下萃取金属离子的分配比,可作为萃取色层选择分离条件的借鉴;② 萃取剂种类繁多;③ 萃

取剂固定在惰性支持体上,用量比液液萃取时少,一般不会发生乳化;④ 萃取色层相当于级数很多的多次萃取,分离效率高。萃取色层的缺点是:① 色层柱虽可反复使用,但其稳定性较差,吸附在支持体上的萃取剂会从柱床上逐步漏到流动相中,影响色层柱的寿命;② 色层柱的容量较低;③ 制备合适的色层柱比较困难。因此,目前萃取色层仅局限于实验室规模。

萃取色层对惰性支持体的要求是能保持较多的作为固定相的萃取剂,在流动相流过时萃取剂不易漏走,不被有机萃取剂溶解或明显溶胀,不被流动相中酸碱浸蚀,还要求有良好的机械稳定性和耐热、耐辐照性等。目前作为支持体的可分为无机吸附剂、经硅烷化的憎水性吸附剂和有机高分子聚合物。如色层硅胶、硅藻土、玻璃粉、聚四氟乙烯、聚乙烯、聚氯乙烯、苯乙烯-二乙烯苯树脂骨架等。

最简单的将固定相吸附在支持体上制备色层粉的方法是,将已配制好的一定浓度的萃取剂溶液,逐步加入已称重的干燥支持体上,边加边搅拌,直到有机相均匀地吸在支持体上。也可将一定量的干燥支持体,加到由过量挥发性有机溶剂稀释的萃取剂溶液中,使支持体被有机溶液全部浸没,然后适当加热或减压以除去挥发性溶剂。

化学键合固定相是采用特定的化学反应,使固定相与惰性支持体表面的特定基团,如发生化学键合,在表面形成均匀的、牢固的单分子薄层。例如聚乙二醇与硅胶表面的 Si—OH 基反应生成硅酸酯≡Si—O[CH$_2$CH$_2$O]$_n$H。也可通过化学反应形成硅烷键 Si—O—Si—C,其典型产品是(十八烷基硅烷)/(硅胶)。

萃淋树脂(solvent-impregnated resin)是一种含有液态萃取剂的树脂,又称**浸渍树脂**。

萃淋树脂是基于悬浮聚合原理,用特殊方法制成的。如用苯乙烯和二乙烯苯的单体混合物掺入萃取剂经过游离聚合可制得萃淋树脂。几乎所有萃取剂和多孔材料都可作为制备萃淋树脂的原料,如交联聚苯乙烯、交联聚丙烯酸酯、聚四氟乙烯等。它的优点是萃取剂漏失少、负载量大、传质性能好、寿命长。

萃取色层与离子交换色层一样,也可分为洗脱、排代及前流分析三种技术。在排代法中用的排代剂是一种比被分离样品混合物中任一组分更为强烈地保留在柱上的组分,能将样品中各组分从柱上完全排代下来。目前,用得最多的是洗脱法。

在萃取中,除了最简单的单级间歇萃取法外,还有多级错流及逆流萃取。**错流萃取**(cross-current extraction)实际上是有机相和水相多次重复平衡。当单级萃取完成及两相得到分离后,在水相中继续加入新鲜的有机相,重复操作,每加入一次新鲜有机相就称为一个萃取级,级数愈多,萃取百分数愈大。错流萃取的缺点是,每一萃取级都加入一份新鲜有机相,因此得到很多份萃取液,使萃取剂用量大增,造成反萃取及溶剂回收工作困难。错流萃取的另一重要缺点是,每增加一级萃取,有机相中所需组分和杂质组分的总量都在增加,所以增加级数,只能增加产量,不能增加所需组分的纯度。**逆流萃取**(counter-current extraction)与错流萃取不同,它由 n 个萃取器组成。一个萃取器可以是实验室中的一个分液漏斗、工业上的一个**混合澄清槽**,或一个**离心萃取器**。料液从第 n 级加入,有机相从第 1 级加入。经过一轮混合和澄清以后,第 $j+1$ 级的水相流入第 j 级,第 $j-1$ 级的有机相流入第 j 级,进行下一轮的萃取平衡。从第 n 级出口的有机相浓集了待萃组分,从第 1 级出口的水相为贫化了的待萃组分的**萃余液**。在稀土金属的串级萃取生产工艺中,常采用图 9-7 所示的**分馏萃取**(fractional extraction)模式,即在上述安排的基础上再加入 m 级洗涤用萃取器。第 1 级至第 n 级为**萃取段**,第 $n+1$ 级至第 $n+m$ 级为**洗涤段**。料液 F(一般是水相,也可以是有机相)从第 n 级加入。新鲜萃取剂 S

从第 1 级加入,第 $n+m$ 级流出。洗涤液从第 $n+m$ 级加入。从第 1 级流出的水相为 F+W,包括料液和洗涤液。如果料液中有待分离物质 A 和 B,A 为易萃组分,B 为难萃组分,则从第 $n+m$ 级流出的有机相富集了 A,从第 1 级流出的水相富集了 B。如果工艺参数设计得当,对二组分体系 A/B 可获得纯 A 和纯 B 两个产品。对于三组分体系 A/B/C,可根据需要,设计成 A/(B+C)或(A+B)/C 分离模式,只能得到一个纯产品。徐光宪教授和他领导的研究组推导出了上述稀土串级萃取的整套公式,编制了优化工艺参数设计、系统快速启动方案、动态过程仿真等计算程序和专家系统。针对三组分以上的复杂体系,他们发明了三出口和多出口技术。以三组分 A/B/C(分配比 $D_A>D_B>D_C$)为例,在某中间级 i 再开一个出口,称为**第三出口**。通过最优化的设计,可以得到纯 A 和纯 B 两个产品和一个 C 浓缩物(A+C 或 B+C)。上述串级萃取理论和工艺设计已经被我国的稀土生产工厂广泛采用。

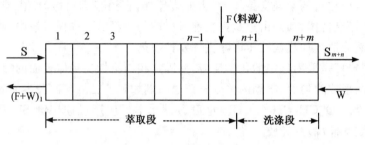

图 9-7　分馏萃取示意图
S—萃取剂;W—洗涤液;F—料液;
(F+W)$_1$—第 1 级水相;S$_{m+n}$—第 $n+m$ 级有机相

在核燃料后处理工厂中,铀/钚分离和铀、钚纯化都是采用分馏萃取工艺。在放射化学实验室中,因为待分离的都是少量的性质相似的放射性物质,用上述多级萃取技术显然是不方便的。从以上所述可见,萃取色层可认为是一种在柱上进行的逆流萃取,用一根柱代替了许多萃取管,显然,萃取色层十分适用于分离放射化学中的少量放射性物质。

逆流萃取与萃取色层在理论上的主要差别是,逆流萃取的每一个萃取器中,两相达到平衡,可以用上述的分配比 D 来进行计算,计算被萃取物在各萃取器中两相的分配,而在萃取色层中,相接触的两相之间的分配没有达到平衡。为此引入了理论塔板概念,将色层柱分成若干段,好比蒸馏塔中的塔板,每一块塔板相当于一个萃取器,在每块塔板上,被分离物在两相之间分配,如果固定相中被分离物质的平均浓度与从该塔板上流出来的流动相中的平均浓度之比,相当于真正平衡时的浓度比,则这塔板的高度称为理论塔板当量高度(HETP)。由此可见,对同一萃取色层柱,在同一条件下进行分离,被分离的各不同组分将会有不同的理论塔板当量高度。

设 v_s 和 v_m 分别为一块塔板中的固定相和移动相体积,当有体积 dv 的流动相从第$(n-1)$块塔板流至第 n 块塔板时,就有 $C_{m,n-1}$dv 量的某溶质进入第 n 块塔板,而在同一时间内,有 $C_{m,n}$dv 量的某溶质从第 n 块塔板转移到第$(n+1)$块塔板。用 C_m 表示流动相中某溶质浓度,用 C_s 表示固定相中某溶质浓度,则由于流动相流动造成某溶质转移,在第 n 块塔板上两相中某溶质浓度分别发生了 d$C_{m,n}$ 和 d$C_{s,n}$ 的变化,根据物料平衡要求,可得

$$(C_{m,n-1}-C_{m,n})\mathrm{d}v = v_m\mathrm{d}C_{m,n}+v_s\mathrm{d}C_{s,n} \tag{9-54}$$

假定在每一块塔板中都达到了热力学平衡,则 $C_{s,n}=K^*C_{m,n}$,则又可得

$$\frac{\mathrm{d}C_{\mathrm{m},n}}{\mathrm{d}v} = \frac{C_{\mathrm{m},n-1} - C_{\mathrm{m},n}}{v_{\mathrm{m}} + K^* v_{\mathrm{s}}} \tag{9-55a}$$

如用 $C_{0(\mathrm{m})}$ 表示流动相中某溶质起始浓度,用 V 表示用于洗脱色层的流动相总体积,用 $v_{\mathrm{m}} + K^* v_{\mathrm{s}}$ 表示**有效塔板体积**,则用有效塔板体积数 v_{t} 来表示 V 时为

$$v_{\mathrm{t}} = V/(v_{\mathrm{m}} + K^* v_{\mathrm{s}}) \tag{9-56}$$

(9-55a)式变为

$$\frac{\mathrm{d}C_{\mathrm{m},n}}{\mathrm{d}v_{\mathrm{t}}} = C_{\mathrm{m},n-1} - C_{\mathrm{m},n} \tag{9-55b}$$

假定洗脱色层开始时,某溶质均保持在第一块塔板上,则

$$C_{\mathrm{m},n} = \begin{cases} C_{0(\mathrm{m})}, & n=0 \\ 0, & n>0 \end{cases}$$

对于 $n=0$(第 1 块塔板),因为没有编号为 $n-1$ 的塔板,所以 $C_{\mathrm{m},n-1}=0$,

$$\frac{\mathrm{d}C_{\mathrm{m},0}}{\mathrm{d}v_{\mathrm{t}}} = -C_{\mathrm{m},0}$$

积分得到

$$\ln C_{\mathrm{m},0} = -v_{\mathrm{t}} + 常数$$

对 $v_{\mathrm{t}} = 0, C_{\mathrm{m},0} = C_{0(\mathrm{m})}$,所以常数 $= \ln C_{0(\mathrm{m})}$,

$$C_{\mathrm{m},0} = C_{0(\mathrm{m})} \mathrm{e}^{-v_{\mathrm{t}}}$$

对于 $n=1$,

$$\frac{\mathrm{d}C_{\mathrm{m},1}}{\mathrm{d}v_{\mathrm{t}}} = C_{\mathrm{m},0} - C_{\mathrm{m},1} = C_{0(\mathrm{m})} \mathrm{e}^{-v_{\mathrm{t}}} - C_{\mathrm{m},1}$$

积分上式并利用初值条件 $v_{\mathrm{t}} = 0, C_{\mathrm{m},0} = C_{0(\mathrm{m})}$,得

$$C_{\mathrm{m},1} = C_{0(\mathrm{m})} \mathrm{e}^{-v_{\mathrm{t}}} v_{\mathrm{t}}$$

类似地可以推导出

$$C_{\mathrm{m},2} = \frac{C_{0(\mathrm{m})} \mathrm{e}^{-v_{\mathrm{t}}} v_{\mathrm{t}}^2}{1 \cdot 2}$$

$$C_{\mathrm{m},3} = \frac{C_{0(\mathrm{m})} \mathrm{e}^{-v_{\mathrm{t}}} v_{\mathrm{t}}^3}{1 \cdot 2 \cdot 3}$$

余类推,可得到该溶质在色层柱各塔板中的分布,

$$C_{\mathrm{m},n} = \frac{C_{0(\mathrm{m})} \mathrm{e}^{-v_{\mathrm{t}}} v_{\mathrm{t}}^n}{n!}$$

令

$$f(n) = \frac{C_{\mathrm{m},n}}{C_{0(\mathrm{m})}}$$

可得

$$f(n) = \frac{\mathrm{e}^{-v_{\mathrm{t}}} v_{\mathrm{t}}^n}{n!} \tag{9-57}$$

该方程代表了柱上某溶质的分布,它相当于泊松分布。当 n 很大时(离子交换柱色层及萃取色层都属于这种情况),$f(n)$ 将趋近于正态分布 $f(x)$。将从塔板数为 N 的柱上洗脱出来的某溶质的浓度对 v_{t} 作图,如对方程(9-57)微分时所示的那样,当流经柱的流动相体积相当于有效塔板体积 v_{t} 的 N 倍时,流出液中该溶质的浓度出现最大值,即达到峰值,与峰值相对应的体积称为**保留体积**。

$$V_R = N(v_m + K^* v_s) = V_m + K^* V_s \tag{9-58}$$

式中 V_s 和 V_m 分别为柱中固定相和流动相的体积。在流动相流速 F 恒定的条件下,某溶质在柱上的相对移动速度

$$R = \frac{t_0}{t_R} = \frac{V_m/F}{V_R/F} = \frac{V_m}{V_m + K^* V_s} = \frac{1}{1 + HK^*} = \frac{1}{1 + k'} \tag{9-59}$$

式中 t_0, t_R, F, H 等已在前一节中定义,k' 也有同样的涵义,也称为**容量因子**。(9-59)式与(9-37)式完全一样,即在两种色层中,溶质的相对移动速度的公式是一致的。但在本节中,对 K^* 从塔板理论的角度给予更明确的说明。上节中关于 R_s 及 N 的(9-38)式和(9-39)式同样也适用于此。

对 R 的定义,与 9.1.2 小节中平板色层的 R_f 的定义完全一致,而且三种色层的溶质的相对移动速度的公式相同,只是三种色层的 k' 分别表示了三种容量因子。

在塔板理论中假定:① 每块塔板上两相间的浓度关系可以用 $C_{s,n} = K^* C_{m,n}$ 表示,且 K^* 在每一块塔板上是相同的;② 相邻的塔板之间,溶质不发生扩散;③ 溶质最初只在第一块塔板上。

用 TBP 萃取色层柱分离某些稀土元素的结果示于图 9-8,以憎水硅藻土为惰性支持体,色层柱直径为 3 mm,高 110 mm,$\varepsilon = 0.7$,流速 0.03 mL·min^{-1},温度为室温。

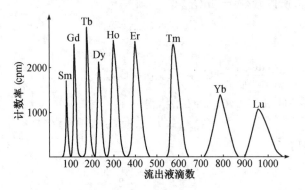

图 9-8　用 TBP 柱分离某些镧系元素

洗脱剂:12.3 mol·L^{-1} HNO$_3$;柱尺寸:11 cm×0.07 cm^2;

空体积分数 ε 约为 0.7;流速:0.03 mL·min^{-1};室温

由上所述可见,离子交换色层和萃取色层各有优缺点,目前在放射化学中正是两种互相补充的有效的分离方法。

9.5　膜分离技术

9.5.1　膜分离过程的特点

膜分离方法的关键是膜。由于近代科学技术的发展,为膜材料的研究开发提供了良好的条件,从而促使膜分离技术不断取得进步。利用固态合成高分子膜建立了电渗析、扩散渗析、超过滤、微孔过滤和反渗透等分离技术。但由于高分子膜受其固体本性的限制,即缺乏流动性和机械强度等限制,不能完全满足分离物理性质和化学性质很相似的物质的要求。近来,液膜

的研究及应用发展很快。最近甚至还出现了充斥于疏水性的多孔聚合物膜孔隙中的气体构成的气态膜。

膜分离过程以具有选择透过性的膜作为分离各组分的分离介质。渗析式膜分离是将被处理的溶液置于固体膜的一侧，置于膜另一侧的接受液是接纳渗析组分的溶剂或溶液。被处理溶液中某些溶质或离子在浓度差、电位差的推动下，透过膜进入接受液中，从而被分离出去。过滤式膜分离是将溶液或气体置于固体膜一侧，在压力差的作用下，部分物质透过膜而成为渗滤液或渗透气，留下部分则为滤余液或滤余气。由于各组分的分子的大小和性质有别，它们透过膜的速率有差异，因而透过部分与留下部分的组分不同，从而实现了各组分的分离。液膜分离与上述两法不同，它涉及三种液相，待分离料液是第一液相，接受液是第二液相，处于两者之间的液膜是第三液相。液膜必须与料液及接受液互不混溶，利用各组分在液-液两相间传质速度不同而达到分离目的。溶质从料液进入液膜可看成萃取，从液膜进入接受液可看做反萃取。

由以上所述可见，膜分离与沉淀、离子交换及溶剂萃取分离不同。后三种分离是通过不相混溶的两相之间的平衡操作，使两相平衡时有不同的组分而达到分离的。而膜分离是通过在压力、组成、电势等梯度作用下，由于被分离各组分穿过膜的迁移速度不同而达到分离。膜分离的优点是：① 膜分离过程没有相变，不需要液体沸腾，也不需要气体液化，因而是一种低能耗、低成本的分离技术；② 膜分离一般可在常温下进行，因而对那些需避免高温的物质，如药品等具有独特优点；③ 适用范围广，对无机物、有机物及生物制品等均可适用；④ 装置简单，操作容易，制造方便。正是由于这些优点，膜分离方法发展很快，种类繁多，不可能在这里作详细全面的介绍，而只能就放射化学中应用前景广阔的液膜分离作一些简单介绍，因为该法特别适用于低浓度物质。

9.5.2　液膜分离

液膜就是悬浮在液体中的很薄一层乳液，乳液通常是由溶剂（水或有机溶剂）、表面活性剂（作为乳化剂）和添加剂制成的。溶剂是构成膜的基体，表面活性剂含有亲水基和疏水基，可以定向排列以固定油/水界面而使膜稳定，将乳液分散在外相（连续相）中，就形成液膜。液膜还可以分为单滴型、支撑型及乳状液型。目前，乳状液型研究最多，使用最广。这种乳化型液膜的液滴直径范围为 $0.5\sim0.2$ mm，乳化的试剂滴的直径为 $10^{-1}\sim10^{-3}$ mm，膜的有效厚度约 $1\sim10\ \mu m$，其形状示于图 9-9。按液膜组成不同，又可分为油包水型（W/O）和水包油型（O/W）两种。前者内相和外相都是水相，而膜是油质的，这种体系靠加入表面活性剂分子将其亲水的

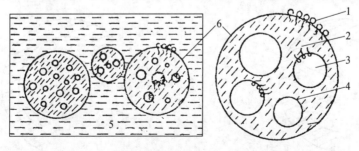

图 9-9　乳化型液膜示意图（油包水再水包油型）

1—表面活性剂；2—膜相（油相）；3—内相（接受相）；

4—膜相与内相界面；5—外相（连续相，如废水）；6—乳滴

一端插入水相构成。后者的内相和外相都是油相，而膜是水相。由于放射化学中待分离的一般是水溶液，故一般用前者。油膜是由表面活性剂、流动载体和有机膜溶剂（如烃溶剂）组成的。膜相溶液与水和水溶性试剂组成的内水溶液，在高速搅拌下形成油包水型的且与水不相溶的小珠粒，内部包裹着许多微细的含有水溶性反应试剂的小水滴，再把此珠粒分散在另一水相，即被分离料液（外相）中，就形成了油包水再水包油的薄层膜结构。料液中的渗透物质靠穿过两水相之间的这一薄层进行选择性迁移而分离。

某组分穿过液膜的流量可表示为

$$N = T \frac{A}{\delta} \Delta C \tag{9-60}$$

式中 A 为液膜的总表面积，δ 为液膜的厚度，ΔC 为液膜两侧某组分的浓度差，T 为传质系数。然而，在实际工作中，A, δ, T 都很难得到。

表面活性剂是液膜的主要成分之一，它可以控制液膜的稳定性，根据不同的要求，可以选择适当的表面活性剂制成油膜或水膜。膜溶剂是构成液膜的基体，选择膜溶剂时，主要考虑液膜的稳定性和对溶质的溶解度。为了使液膜保持适合的稳定性，就要溶剂具有一定的黏度。对无载体液膜来说，溶剂应能优先溶解要分离的组分，而对其余溶质的溶解度则应很小，才能得到很高的分离效果。而对有载体的液膜，溶剂应能溶解载体，而不溶解溶质，以提高膜的选择性。此外，溶剂应不溶于膜内相和膜外相，这可以减少溶剂的损失。油膜大多采用 S100N（中性油）和 Isopar M（异链烷烃）作溶剂。流动载体必须具备的条件是：① 载体及其与溶质形成的配合物必须溶于膜相，而不溶于膜的内相和外相，并且不产生沉淀，因为否则将造成载体损失；② 载体与欲分离溶质形成的配合物要有适当的稳定性，在膜外侧生成的配合物能在膜中扩散，而到膜的内侧要能解离；③ 载体不与膜相的表面活性剂反应，以免降低膜的稳定性。流动载体是实现分离的关键。流动载体有离子型和非离子型两大类，一般说非离子型（如冠醚）好一些。加入添加剂，又称稳定剂，以便液膜在分离操作中有适当稳定性。

无载体液膜分离机制主要是：选择性渗透及化学反应。由于被分离混合物中不同的组分在液膜中溶解度不同，渗透速度亦不相同。在膜中的溶解度愈大，愈易富集到内水相。如图 9-10 所示，A 透过膜易，而 B 透过膜难，从而达到分离的目的。为了提高富集的效果，可使得富集组分在内水相发生化学反应而降低其浓度，这种方式叫做 Ⅰ 型促进迁移。如图 9-11 所示，料液中欲分离物 A 通过膜进入乳滴内，与内水相试剂 R 发生反应生成 P，生成物不能透过液膜，被分离物 A 在膜内浓度几乎等于零，因而能使迁移过程保持很大的推动力，使连续相中

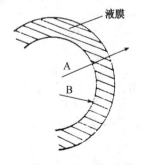

图 9-10　单纯迁移液膜原理示意图

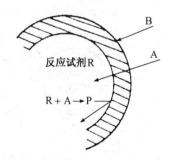

图 9-11　滴内化学反应（Ⅰ 型促进迁移）原理示意图

A 不断迁移到膜内。液膜法处理含酚废水就用了这种 Ⅰ 型促进迁移,内相试剂为氢氧化钠,酚与氢氧化钠反应生成的酚钠不溶于膜,不能返回废水中去。

有载体液膜分离机制属于载体输送 Ⅱ 型促进迁移。如图 9-12 所示,载体分子 R_1 先在液膜的料液(外相)侧选择性地与某溶质(A)发生化学反应,生成中间产物(R_1A),然后这种中间产物扩散到膜的另一侧,与液膜内相中试剂(R_2)作用,并把该溶质释放出来,这样溶质就从外相转入到内相,而流动载体又扩散到外侧,如此重复。在整个过程当中,流动载体没有消耗,只起到搬迁溶质的作用,被消耗的只是内相中的试剂。这种载体输送 Ⅱ 型促进迁移,选择性表现在所选用的流动载体与被迁移物质进行化学反应的专一性,这种专一性使此种液膜能从复杂的混合物中分离出所需的组分。

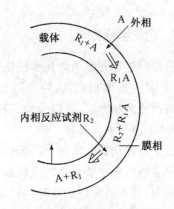

图 9-12 膜相化学反应(载体输送 Ⅱ 型促进迁移)原理示意图

例如分离及富集铜时,液膜中流动载体可用 Lix63 或 Lix64N(二者均为可选择性萃取铜的羟肟酸类萃取剂,以 HA 表示),以异链烷烃、环己烷、煤油等作膜溶剂,以山梨糖醇单油酸酯等作表面活性剂,外相是含 Cu^{2+} 的料液,乳状液滴内相包含较高浓度的酸。当外相中 Cu^{2+} 扩散到液膜表面时,与膜中载体 HA 发生反应,放出 H^+。

$$Cu^{2+} + 2HA \Longrightarrow CuA_2 + 2H^+ \tag{9-61}$$

这一步相当于萃取,生成的配合物 CuA_2 扩散到膜的内水相侧表面,并与内相中酸反应,放出 Cu^{2+}。

$$CuA_2 + 2H^+ \Longrightarrow 2HA + Cu^{2+} \tag{9-62}$$

这一步相当于酸反萃 Cu^{2+},生成的 HA 因本身浓度梯度再扩散到膜的外相侧面,再与外相中 Cu^{2+} 反应,如此反复,从而达到分离的目的。

在用液膜法分离铀时,可选用磷酸三丁酯作为流动载体,UO_2^{2+} 从 HNO_3 水溶液相,穿过 TBP 液膜,进入到 Na_2CO_3 内水相。在 HNO_3/TBP 界面处,铀被 TBP 萃取。

$$UO_2(NO_3)_2 + 2TBP \Longrightarrow UO_2(NO_3)_2 \cdot 2TBP \tag{9-63}$$

在 TBP/Na_2CO_3 界面处,铀被反萃取。

$$UO_2(NO_3)_2 \cdot 2TBP + 3Na_2CO_3 \Longrightarrow Na_4UO_2(CO_3)_3 + 2NaNO_3 + 2TBP \tag{9-64}$$

但在铀分离中,由于乳状液型液膜存在相分离难、有溶剂损失、膜稳定性差等缺点,常采用支撑型液膜。

与溶剂萃取相比,液膜分离增加了制乳及破乳两步,这两步中,破乳的成功与否更直接影响到整个分离的经济价值。破乳可以是加入破乳剂的化学破乳,也可以是用离心、加热、加静电场及加入电解质聚结剂等物理方法。

液膜法作为一种新技术,不可避免地有其待克服的严重缺点,影响了在工业上大规模应用,主要缺点是液膜的不稳定性,液膜体系的专一性问题以及制乳、破乳设备的不完善等。

9.6 其他分离方法

9.6.1 电化学分离

根据放射性元素的电化学性质上的差异来进行分离,是放射化学研究中很早就采用的一种方法,其中的电沉积法,特别适合于制备无载体的、均匀的薄层放射源和加速器用的薄靶。按分离的原理和方法,可以分为三种。

9.6.1.1 电置换法

由于每种金属元素都有一定的标准电极电势,在溶液中电极电势高的金属离子,可以将浸在溶液中的电极电势较低的金属原子置换下来,而自身沉积于金属的表面。在这个电化学置换过程中,并不需要外加电势,所以也称为金属的自沉积过程。

例如,在铀-镭放射系中,^{210}Pb(RaD)、^{210}Bi(RaE)和^{210}Po(RaF)是三个长寿命的放射性核素,它们与 Ni、Cu 及 Ag 的标准电极电势如下:

$$E_{Ni/Ni^{2+}} = -0.23\,V, \quad E_{Pb/Pb^{2+}} = -0.13\,V, \quad E_{Bi/Bi^{3+}} = +0.23\,V,$$
$$E_{Cu/Cu^{2+}} = +0.34\,V, \quad E_{Po/Po^{4+}} = +0.76\,V, \quad E_{Ag/Ag^+} = +0.80\,V$$

在上述列举的三种放射性核素中,钋是正电性最大的元素,可以被许多金属从溶液中置换出来。从已分离出钋的溶液中,铋可被电极电势序中位于其左边的金属所置换,由于这三个放射性核素的浓度极低,需进行很长时间的电沉积,才能分离出大部分放射性核素。制备放化纯的钋,在银电极(片或丝)上分离最为方便。在能与银生成配合物的离子存在下,这种分离是可能的。在氯离子存在下,银的电势降至 $+0.22\,V$,而铋降至 $+0.16\,V$。电沉积法分离步骤如下:在 $0.4\,mol \cdot L^{-1}$ HNO$_3$-$0.1\,mol \cdot L^{-1}$ HCl 溶液放入 Ag 片,^{210}Po 自发沉积在 Ag 片上,电沉积反应需要 2~3 h 才能完成。将分离掉^{210}Po 的溶液蒸干,加入 $0.1\,mol \cdot L^{-1}$ 的 HCl 和 2~5 mg 稳定的 Pb^{2+} 作为 ^{210}Pb 的反载体,放入 Ni 片,令^{210}Bi 在 Ni 片上沉积 4~6 h,取出 Ni 片,^{210}Pb 留在溶液中。

9.6.1.2 电解沉积法

这是需要外加电场,让在溶液中的某金属离子电解沉积在电极上的电化学分离过程,也是应用最多的一种电化学分离方法。

例如,从反应堆中用中子照射铋,可以生产高活度的^{210}Po 核素,反应式为

$$^{209}Bi(n,\gamma)^{210}Bi \xrightarrow{\beta} {}^{210}Po$$

要从大量的铋靶中分离出极少量的钋,用前述的电置换法得到的^{210}Po 源,其质量不如用电解法得到的高。

在 $2.4\,mol \cdot L^{-1}$ HNO$_3$-$1.6\,mol \cdot L^{-1}$ Bi^{3+} 的条件下,测得的临界析出电势如下:

	Bi^{3+}	^{210}Po
浓度(mol·L^{-1})	1.6	1.6×10^{-6}
临界析出电势(V)	-0.008	$+0.245$

可见,Bi 和 Po 的临界析出电势相差甚远。所以可以通过控制阴极电势的方法,使^{210}Po 从大量的铋中电沉积在阴极上。

离子液体(ionic liquid)的电化学窗口比水溶液的电化学窗口宽得多,例如三辛基甲基铵的双(三氟甲基磺酰)亚胺盐$[(C_8H_{17})_3NCH_3][(CF_3SO_2)_2N]$的电化学窗口为 6.7 V。因此,有可能将电正性很高的金属(如铯、锶、镧系元素、铀、锕系元素等)从溶液中直接电解沉积在阴极上,或通过控制阴极电势将它们分离。例如,有人建议,在离子液体中,控制阴极电势保证U^{3+}在阴极上还原为金属,而将Pu^{3+}留在溶液中。

有些元素,如 U、Pu、Am、Cm 等,电解时不能从水溶液中直接以金属态在电极上沉积,但是,在电解时由于阴极附近的$[OH^-]$增大,这些元素能水解成带正电荷的$U(OH)^{3+}$、$Pu(OH)^{3+}$、$Am(OH)^{2+}$、$Cm(OH)^{2+}$等水解配离子,并且以复杂的形式沉积在阴极上。利用这种水解电解,可以制备锕系元素的薄源或加速器靶子。

9.6.1.3 电泳法

电泳法有好几种,有在水溶液中离子自由迁移的一般电泳;有用纸、纤维素、琼脂等凝胶作支持材料的电泳,在放化分离中应用较多的是用纸作支撑材料的纸上电泳。

纸上电泳以滤纸作支持体,用含酸或碱或络合剂的水溶液作为电解液,滤纸先用电解液润湿,将其两端浸入盛电解液的两个槽中,被分离的物质以微小的液滴滴在滤纸的中部,两个液槽中插入 Pt 电极,接通高压直流电源,电压可为几百到几千伏(电场梯度 10~400 V·cm^{-1})。在通电时,由于被分离物质的离子形式、所带电荷数和离子半径不同,导致不同物质在滤纸上的迁移速度或方向不同,从而达到分离目的。

在放射化学中,纸上电泳常用于放射性物质的鉴定。例如,在放射性药物化学研究中,需要穿越血脑屏障(BBB)进入脑中的药物,必须是电中性物质,常用纸上电泳法判断药物分子在溶液中是否为中性分子。同一种元素的不同配合物因电荷或(和)离子大小不同,可用纸上电泳法分开,但要求被鉴定的配合物在动力学上是惰性的,在分离过程中不会因为平衡移动而改变不同的化学形态的相对含量。

利用高压纸上电泳法,可以实现微量放射性物质的快速分离。例如有人用 0.05 mol·L^{-1}的乳酸作为支持电解质,只用 30 min 就可将镧系离子分离。

9.6.2 蒸馏和挥发法

某些元素本身或其化合物具有挥发性,可用于它们与其他难挥发性杂质的分离。元素态的惰性气体、卤素、氮、磷、汞等在常温或略升温下即可气化,镓、锗、砷、锑、硒、碲等的氢化物,锇、钌、铼的高价氧化物,镓、铟、锗、锡、砷、锑、硒、铈等的氯化物在适当温度下均有不同程度的挥发性,已被用来进行放射化学分离。例如,将金属碲靶置于反应堆中用中子照射,生成的^{131}Te 经β衰变得到^{131}I,可以用干法或湿法将放射性碘氧化为分子态碘,干馏(或蒸馏)出来。蒸馏和挥发分离法选择性好、效率高、速度快、设备简单,是一种很有用的分离方法。

9.7 快 化 学

9.7.1 概述

在讨论放射化学分离的特殊性时,已经提到了快速分离或快化学。快化学的研究对象是短寿命的放射性核素,这些核素主要出现在下列三个研究领域:① 核化学研究。内容包括各

241

种各样的短寿命的核反应产物的鉴定和研究。人工合成和鉴定新核素、新元素则是其中很重要的课题。② 核衰变研究。测定核衰变过程的衰变粒子、能量、强度、角关联等时,都要求样品具有很高的放射性纯度,若所研究的核素是短寿命的时,就要先作高纯度的快速化学分离。③ 活化分析。一般情况下,都选择寿命较长的核素作为被分析元素的放射性指示剂,但有时不得不应用寿命较短的核素,尤其是当得不到可作比较的标准样品时,就必须将活化了的样品作放射性的绝对测量。而要取得准确的绝对测量数据,前提是先进行彻底的化学净化,排除一切杂质放射性的干扰,制得高放射性纯的源,这时快化学分离是必不可少的。

决定化学分离过程快慢的因素是复杂的。假如被分离物质是气体,可以用快速的蒸馏法或挥发法进行分离;如被分离物质处于难溶的化合物状态,则难以用快化学处理。分离所需时间还决定于分离对象的复杂程度,简单的一个或两个核素的分离,一般总是较快的。如要从几十种元素中分离出一种纯的元素,所费的时间就不可能太短。分离时间的长短,最关键的还是决定于分离方法,而分离方法的选择并不是任意的,它取决于被分离体系的性质、核素的寿命、产物纯度的要求等因素。合理地选择方法,安排程序,能够提高速度;反之,方法和程序不当,就达不到快速要求。在半衰期很短的情况下,宁可采用快速的方法,以观察到短寿命的核素,而不能只顾追求化学产率和纯度,选定耗费时间的分离方法,这样做的结果将是一无所得。

从分离的方式和特性看,可以将快速分离方法归纳为两大类,即非连续的和连续的分离程序。

9.7.2　非连续的分离程序

非连续的分离程序(discontinuous separation procedure, batch operation)主要指从溶液中用常规的方法,如沉淀法、萃取法等进行的快速分离,操作的方式是一批一批的、不连续的。

文献[14]第 2 章对于 1993 年前的工作作了简要的总结。

9.7.3　连续的分离程序

连续分离程序(continuous separation procedure)是从核反应产物的传输、化学分离到样品测量,这一整个过程都是连续不断地进行的。靶子持续地接受粒子束的照射,反应产物也是连续不断地通过传送和分离,而到达探测仪器。它的突出优点是,可以不断地测量,有效测量时间长,实验的统计误差小。

9.7.3.1　氦气-气溶胶喷射(helium-aerosol jet)

起初用氦气流喷射从加速器靶子上反冲出来的反应产物,通过压差载带穿过一个小孔,迅速带到一个转轮上,由紧靠着轮子的一个粒子探测器进行放射性测量,用这样的装置可以测出半衰期小至 50 ms 的核素。这种方法实际上只是一种没有化学过程的快速的载带过程。

近 30 年来,在这一方面又有了不少的改进,各国著名的实验室都纷纷建立了符合自己要求的喷射探测装置。图 9-13 是美国国立 Lawrence Berkeley 实验室的称为"旋转木马"(merry-go-round, MG)的氦喷射装置。

9.7.3.2　在线同位素分离器(on-line isotope separator, OLIS)

从加速器靶室或反应堆靶子引出管道的一端,连接着立即进行分离和测量的质谱计,这种装置称为同位素分离器,质谱计能将不同的质荷比的离子分离。对于同一元素的各个同位素,其荷电状态是相同的,则质量上的差异,可以使各个同位素彼此分离。

早期,用人工方法将靶子中的核素转化为质谱计用的离子,这至少要花费几分钟到十几分

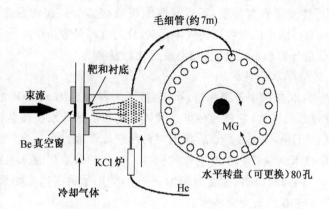

图 9-13　美国 Lawrence Berkeley 国家实验室的氦喷射装置 merry-go-round

(引自 Philip Arthur Wilk, LBNL-47475)

钟的时间。目前已改为连续化,使照射靶子中的核素反冲或用气流传输到离子源。并快速被电离成离子,被质谱计的电磁场偏转分离,或者靶子直接放置于离子源灯丝内,轰击时生成核不断地被电离。分离后处于不同位置的各个核素,由不同探测器作测量记录,这种先进的在线同位素分离器,能够连续不断地分离和测定半衰期很短的核素。

图 9-14 是在线同位素分离器分离鉴定核反应 $^{239}Pu(^6Li,xn)^{245-x}Bk$ 的产物的示意图。

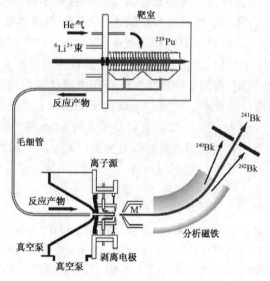

图 9-14　在线同位素分离器分离鉴定核反应 $^{239}Pu(^6Li,xn)^{245-x}Bk$ 的产物

(引自 M. Asai et al. Identification of the New Isotope ^{241}Bk. Eur. Phys. J. , 2003,

A16:17,亦参见 http://inisjp. tokai. jaeri. go. jp/ACT03E/07/0701. htm)

9.7.3.3　热色层法(thermochromatography)

利用各种元素卤化物的挥发性不同,可以在高温下快速分离某些放射性核素的混合物。先将被分离物质在高温下迅速卤化成挥发性的卤化物(如溴化物或氯化物)。然后通入一个具有温度梯度的色层柱,柱子是一根直径为几个毫米的细管,由于不同卤化物的凝固温度不同,因而各种物质在柱中的沉积区域不同;与色层分离相似,呈现了一个不同元素的分段分布现象。柱子的

低温出口一端,接上活性炭阱和氮冷阱,活性炭阱能吸收卤素和一些挥发性最强的卤化物(如 Sn、Tc、Se 等的溴化物),冷阱可以吸收惰性气体元素,分离过程只需几秒钟。

这一方法的缺点是分辨率不太高,且加温系统比较复杂。

9.7.3.4　高速连续萃取分离机

1974 年以来,瑞典、联邦德国等国相继设计制造了一种命名为 SISAK 的高速萃取分离装置,专门用来研究短寿命的核素,它是一种可连续操作的离心式萃取机械装置。在分离系统的排列方面,前一台离心机用于萃取过程,后接的一台用于反萃取过程。

例如瑞典哥德堡技术大学核化学系制作的机器。操作的萃取溶液体积较小,约 12 mL,流速较大,约 23 mL·s^{-1},各相在机内滞留时间约 0.25 s,使用这种高速连续萃取分离机,可以分离和测定半衰期为 1 s 左右的短寿命核素。

9.7.3.5　用于超重核合成的超快速分离装置

目前超重核合成通常使用重离子熔合反应,截面很小($10^{-12} \sim 10^{-15}$ b),所使用的重离子束流很难做得很大(通常 10^{-18} A 量级),因此超重核的生成速度很低,半衰期很短($10^{2} \sim 10^{-6}$ s),其分离与化学研究是在“每次一个原子”(one-atom-at-a-time)的水平上进行。为此,必须设计专门的实验装置进行产物的分离与鉴别。核反应产物核因受到反冲而脱离靶子,用于分离反冲核的设备称为反冲核分离器。反冲核(包括蒸发余核)分离器一般包括三部分:① 反应靶系统;② 基于电磁及相关技术的反冲核飞行中的分离系统;③ 反冲核的测量鉴别系统。目前已成功地用于超重核研究的反冲核分离器根据其采用的技术不同,分为两类:电磁反冲分离器和充气反冲分离器。前者利用静电偏转和磁偏转,将动能/电荷比或质荷比不同的反应产物分离。德国重离子研究所(GSI)的 SHIP、俄国杜布纳(Dubna)的 VASSILISSA、法国国家重离子加速器研究所(GANIL)的 LISE Ⅲ属于这一类。后者主要由一个大型二极磁铁构成,工作时其中充满稀薄的工作气体,利用反冲核与气体相互作用使其电荷处于围绕某一平均电荷态的动态平衡状态,以提高传输效率。俄国 Dubna 的 DGFRS、日本理化学研究所(RIKEN)的 GARIS、美国 Lawrence Berkeley 国家实验室(LBNL)的 BGS,以及芬兰 Jyväskylä 大学的 RITU 等装置均属于这一类。有兴趣的读者可参看文献[15]及其引用的原始文献。

参 考 文 献

[1]　秦启宗,毛家骏,全忠,陆志仁. 化学分离法. 北京:原子能出版社,1984.

[2]　郑成法,毛家骏,秦启宗. 核化学与核技术应用. 北京:原子能出版社,1990.

[3]　刘元方,江林根. 放射化学. 无机化学丛书,第十六卷. 北京:科学出版社,1988.

[4]　King C J. Separation Processes,2nd ed. New York:McGraw-Hill Book Company,1980.

[5]　王应玮,梁树权. 分析化学中的分离方法. 北京:科学出版社,1988.

[6]　穆林 A H,等著;陶祖贻,赵爱民,译. 放射化学和核过程化学. 北京:人民教育出版社,1981.

[7]　Helfferich F. Ion Exchange. New York:McGraw-Hill Book Company,1962.

[8]　陶祖贻,赵爱民,编著. 离子交换平衡及动力学. 北京:原子能出版社,1989.

[9]　克勒尔 C,著;朱永赡,焦荣洲,等译. 放射化学基础. 北京:原子能出版社,1993.

[10]　徐光宪,王文清,吴瑾光,高宏成,施鼐,著. 萃取化学原理. 上海:上海科技出版社,1984.

[11]　徐光宪,袁承业,等著. 稀土的溶剂萃取. 北京:科学出版社,1987.

[12]　孙素元,李葆安,等编译. 萃取色层法及其应用. 北京:原子能出版社,1982.

[13]　陆九芳,李总成,包铁竹,编著.分离过程化学.北京:清华大学出版社,1993.

[14]　Rengan K,Meyer R A. Ultrafast Chemical Separations, UCRL report 2C-104963 (1992),或网上在线免费图书:Committee on Nuclear and Radiochemistry, Board on Chemical Science and Technology, National Research Council, Ultrafast Chemical Separations (1993), http://www. nap. edu/books/NI000150/html/.

[15]　徐瑚珊,周小红,肖国青,等.超重核研究实验方法的历史和现状简介.原子核物理评论,2003,20(2):76~90.

[16]　Choppin G, Liljenzin J-O, Rydberg J. Radiochemistry and Nuclear Chemistry, 3rd Edition. Oxford: Elsevier Books, 2002.

第 10 章　放射性元素化学

放射性元素是指其已知同位素都是放射性的元素,分为**天然放射性元素**和**人工放射性元素**两类。

天然放射性元素即在自然界中存在的放射性元素,它们是一些原子序数 $Z>83$ 的重元素,包括 Po、At、Rn、Fr、Ra、Ac、Th、Pa 和 U。其中除具有长寿命的放射性同位素 U 和 Th 在自然界中仍然存在外,其余七个都是以 ^{238}U、^{235}U、^{232}Th 为母体的三个天然放射系的成员存在。

人工放射性元素在自然界中并不存在,是通过核反应人工合成的元素,包括 Tc、Pm 和原子序数 $Z>93$ 的元素。在元素周期表中铀以后的元素统称为**超铀元素**或**铀后元素**(transuranium elements),$Z= 89\sim103$ 的 15 种元素涉及 5f 轨道的填充,与 $Z= 57\sim71$ 的 15 种镧系元素相对应,称为**锕系元素**(actinides)。104 号以后的元素称为**超锕系元素**或**锕系后元素**(transactinides),迄今为止,国际纯粹和应用化学联合会(International Union of Pure and Applied Chemistry,IU-PAC)已给 104~111 号元素命名,112 号元素已经得到确认,目前已合成的原子序数最高的元素是 118 号。117 号元素已于 2010 年合成出来[见 Phys. Rev. Lett. ,2010,104(14):142502.]。

10.1　天然放射性元素

10.1.1　天然放射性

迄今为止,在已知的 117 种元素中,有 81 种元素具有稳定同位素,其余 36 种只有放射性同位素,它们的放射性衰变半衰期长短不等。原子序数大于 83 的元素属于放射性元素(包括天然放射性元素和人工放射性元素),其中有三个核素 ^{232}Th、^{238}U 和 ^{235}U,由于它们具有足够长的半衰期,因此在自然界中仍然存在,并形成三个天然放射性衰变系,即钍系、铀系和锕铀系。它们衰变后的最终产物分别是稳定核素 ^{208}Pb、^{206}Pb 和 ^{207}Pb。其他天然放射性元素中,有一些是 U 和 Th 的衰变子体,它们的半衰期相对地球的年龄而言比较短,在未经扰动的体系中与 U 和 Th 达成母子体平衡而共存。

在自然界中,还有一些半衰期很长又有稳定同位素的放射性核素,如表 10-1 所示,它们在地球形成时(约 4.5×10^9 a)就已存在,由于寿命很长,至今在地球上仍有一部分残存下来。其中有些是 β 放射性核素,如 ^{40}K、^{87}Rb、^{96}Zr,因为所涉及的 β 跃迁属于高级禁阻跃迁,或者衰变能很小,所以半衰期特别长。有一些是双 β 放射性核素,如 $^{50}Cr(2EC)$、$^{100}Mo(2\beta)$,因涉及核中两个中子同时转变为质子(或相反),概率特别小。有些是 α 放射性核素,如 $^{147}Sm(Q_\alpha=2.31\ MeV,T_{1/2}=1.06\times10^{11}\ a)$,α 衰变能很小,α 粒子穿透势垒的概率很小,所以半衰期特别长。

还有一类放射性核素,如 ^3H、^7Be、^{10}Be、^{14}C、^{22}Na、^{26}Al、^{36}Cl 等,是由于宇宙线与大气作用在自然界中不断进行核反应形成的,称为**宇生放射性核素**(cosmogenic radio nuclides)。例如,中子轰击在 ^2H、^3He、^{14}N 核上,可以发生 $^2H(n,\gamma)^3H$、$^3He(n,\ p)^3H$、$^{14}N(n,\ p)^{14}C$ 等核反应。中子既可直接来自宇宙线,也可由宇宙线中的高能粒子与大气中 O 或 N 核的核反应产生。轻核的(α,n)反应也能产生一些放射性核素,如 $^{19}F(\alpha,\ n)^{22}Na$。宇宙线中的高能粒子与大气中的 N 和 O 核碰撞还可能发生散裂反应,生成放射性核素。由于 ^3H、^{14}C 不断产生又不断衰变,在大气-水-生物圈中达到平衡,通常认为 ^3H 和 ^{14}C 的含量是不变的。20 世纪的大气核武器试验使得大气圈、水圈和生物圈碳中 ^{14}C 的丰度有所提高。

表 10-1   三个天然放射系以外的天然放射性核素

核素	丰度(%)	半衰期(a)	衰变方式	核素	丰度(%)	半衰期(a)	衰变方式
^{40}K	0.0118	1.277×10^9	β^-	^{130}Te	34.48	7.9×10^{20}	β^-
^{48}Ca	0.187	6×10^{18}	$\beta^-,2\beta^-$	^{138}La	0.089	1.2×10^{11}	EC, β^-
^{50}V	0.25	$>1.8\times10^{17}$	EC, β^-	^{142}Ce	11.07	5×10^{16}	α
^{50}Cr	4.345	1.8×10^{17}	2EC	^{144}Nd	23.85	2×10^{15}	α
^{70}Zn	0.6	5×10^{14}	$2\beta^-$	^{150}Nd	5.62	1.1×10^{19}	β^-
^{82}Se	8.73	1.08×10^{20}	$2\beta^-$	^{147}Sm	15.0	1.06×10^{11}	α
^{87}Rb	27.835	4.75×10^{10}	β^-	^{176}Lu	2.6	3×10^{10}	β^-
^{96}Zr	2.80	3.9×10^{19}	β^-	^{174}Hf	0.17	2×10^{15}	α
^{100}Mo	9.63	1.2×10^{19}	$2\beta^-$	^{180m}Ta	0.012	$>1.2\times10^{15}$	EC 或 β^-
^{113}Cd	12.22	9.3×10^{15}	β^-	^{180}W	0.13	$>7.4\times10^{16}$	α
^{113}In	4.3	$>10^{15}$	β^-	^{187}Re	62.5	4.35×10^{10}	α,β^-
^{115}In	95.7	4.41×10^{14}	β^-	^{184}Os	0.02	5.6×10^{13}	EC
^{122}Sn	4.63	$>5.8\times10^{13}$	$2\beta^-$	^{186}Os	1.29	2×10^{15}	α
^{124}Sn	5.79	$>2.4\times10^{17}$	$2\beta^-$	^{190}Pt	0.013	6.1×10^{11}	α
^{123}Te	0.87	1.2×10^{13}	EC	^{192}Pt	0.78	$\approx1\times10^{15}$	β^-(?)
^{128}Te	31.69	2.2×10^{24}	$2\beta^-$	^{209}Bi	100	2.7×10^{17}	α

宇生放射性核素也可能来自太阳系附近超新星的爆发。因此测量宇生放射性核素的异常可以推测超新星的活动。

10.1.2   三个天然放射系

以 ^{238}U 为母体,经过 8 次 α 衰变和 6 次 β^- 衰变,以铅的稳定同位素 ^{206}Pb 终结,形成一个递次衰变链,称为**铀放射系**(uranium radioactive series),简称**铀系**(uranium family),如图10-1所示。铀系中的每一个成员的质量数可以表示为 $4n+2$,因此铀系又称为 $4n+2$ 系。

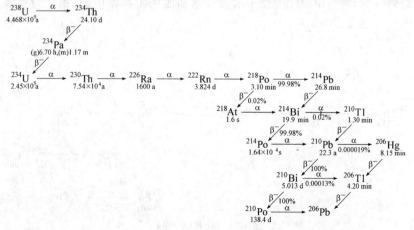

图 10-1   铀系($4n+2$ 系)

　　因为^{238}U(历史上称为 U_I)和^{234}U(U_{II})半衰期很长,中间的子体^{234}Th(UX_1)和^{234}Pa(基态 UZ,亚稳态 UX_2)半衰期比较短,可以认为,天然铀中的^{238}U 和^{234}U 处于长期平衡。^{234}Th 半衰期 24.1 d,易于测量,可以从铀样品中将其分离出来,作为 Th 的示踪剂。同样,可以从^{234}Th 中分离出^{234}Pa,用来研究 Pa 的化学。在铀矿提取和精制铀的过程中,^{230}Th(Io)及其以下的多代子体将与母体 U 脱离,进入矿渣和尾矿中,可以从中提取。其中,^{226}Ra 的提取最有价值。历史上曾经出现过镭工业,总共获得过约 4.5 kg 的^{226}Ra,曾用于肿瘤的放疗及夜光钟表发光粉的制备。用^{226}Ra 盐与铍粉混合,可制备 Ra-Be 中子源。在历史上,^{226}Ra 曾经作为放射性活度的标准物质,最初将 1 g ^{226}Ra 的放射性活度定义为放射性活度单位居里(Ci)。因该单位与^{226}Ra 的半衰期测定值有关,根据这个定义,1 Ci 的衰变率势必随着变化。为此,将 1 Ci 定义为 3.7×10^{10} 衰变/s,与^{226}Ra 完全脱钩。此外,^{226}Ra 也曾用做 γ 辐射源的单位(克镭当量)。

　　氡的同位素^{222}Rn 是放射性环境学最为关注的核素。在铀矿开采过程中,^{222}Rn 从矿砂中释放出来并积聚于坑道中不易扩散出去,对采矿工人造成危害。氡气也可以通过地下水流迁移到离铀矿区较远的区域,穿过地层进入大气中,甚至出现在室内。氡的子体可分为短寿命组[从^{218}Po(RaA)至^{214}Po(RaC′)和^{210}Tl(RaC″)]和长寿命组(^{210}Pb 以后)。按衰变类型可分为三组:^{214}Po、^{210}Po(RaF)是 α 放射性核素,^{214}Pb(RaB)、^{210}Pb(RaD)、^{210}Tl、^{206}Tl(RaE″)、^{206}Hg 是 β^- 放射性核素,^{214}Bi(RaC)、^{210}Bi(RaE)是 $\alpha+\beta^-$ 放射性核素。它们生成时因为受到反冲,容易附着在物体表面和大气悬浮物上,称为**放射性淀质**(radioactive deposits)。吸附有放射性物质的大气悬浮粒子称为**放射性气溶胶**。氡(包括^{222}Rn 和钍系的^{220}Rn)及其子体存在于空气、水、土壤、建筑材料甚至动植物中,对人体产生的内外照射造成的剂量约为 $1\ mSv \cdot a^{-1}$,构成天然本底照射的约 60%。因此,氡是环境放射性检测的重要放射性核素。

　　铀放射系的放射性平衡受水文、地质、气候变化及人类活动的影响,根据样品中铀系成员的放射性活度的平衡或者不平衡,可以进行年代测定,研究古代气候的变迁、海平面的涨落、河流沉积物的输运、植被的演化等,有兴趣的读者可参考有关专著。

　　^{232}Th 及其衰变子体构成另一个天然放射系——**钍放射系**(thorium radioactive series),简称**钍系**(thorium family),亦称 $4n$ 系。该系包括 6 次 α 衰变和 4 次 β^- 衰变,以^{208}Pb 结束,见图 10-2。在密封储存 50 年左右的钍("老钍")样品中,整条衰变链达到了放射性平衡。该系中也有一个气体放射性核素^{220}Rn,因为半衰期仅 55.6 s,因此扩散距离比铀系的^{222}Rn 短。^{220}Rn 的子体全都是短寿命的,将 Th(OH)$_4$ 置于水蒸气饱和的密闭容器中,以铂片为负极,金属棒为

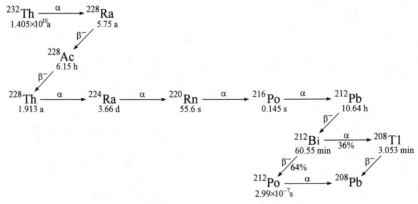

图 10-2　钍系($4n$ 系)

正极,加上 1000 V 左右的电压,放射性淀质很容易被负极收集。

以 ^{235}U 为母体的放射系称为**锕-铀放射系**(actinium-uranium radioactive series),简称**锕铀系**(actinuium-uranium family),亦称 $4n+3$ 系。该系中的 ^{227}Ac 半衰期 21.77 a,适合于 Ac 的物理和化学研究,见图 10-3。出现在该系的放射性气体是 ^{219}Rn,半衰期只有 3.96 s,也不能扩散到太远的距离。

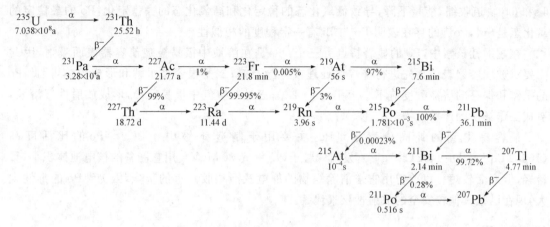

图 10-3　锕铀系($4n+3$)

自然界存在 $4n,4n+2,4n+3$ 三个放射性衰变系,而缺少 $4n+1$ 系。后来用人工方法得到了 $4n+1$ 系。在核反应堆中 ^{239}Pu 连续俘获两个中子生成 ^{241}Pu,后者经 β$^-$ 衰变成 ^{241}Am,它经 α 衰变生成 $4n+1$ 系中寿命最长的核素 ^{237}Np,并将 ^{237}Np 作为 $4n+1$ 系的母体,该系因之被称为**镎放射系**(neptunium radioactive series),简称**镎系**(neptunium family)。该系的另一重要成员 ^{233}U 是一个易裂变核素,可由 ^{232}Th 在增殖反应堆中转换大量制备。与三个天然放射系不同,镎系中没有氡的同位素(参见图 3-1)。

在三个天然放射系中,Ac、Th、Pa、U 属于锕系元素,它们的化学将在 10.3 节中叙述。Tl、Pb、Bi 有稳定同位素,它们的化学属于无机化学的内容。Fr 和 At 历史上属于"空位元素",将在 10.2 节中讨论。此处仅对 Po、Rn 和 Ra 作简单介绍。

10.1.3 钋

钋是居里夫人发现的第一种天然放射性元素,已发现的 Po 的同位素共 30 个($A=190\sim219$),半衰期最长的是 ^{209}Po($T_{1/2}=102$ d)、^{208}Po($T_{1/2}=2.898$ a)、^{210}Po($T_{1/2}=138.376$ d)。在三个天然放射系中共有 7 个 Po 的同位素,它们的质量数分别为 210,211,212,214,215,216,218。其余的 Po 同位素均需在加速器上通过核反应得到。在 Po 的同位素中,^{210}Po 最重要,可以用反应堆中子照射 Bi 靶得到,热中子俘获截面 0.024 b,反应为

$$^{209}\text{Bi}(\text{n},\gamma)^{210}\text{Bi} \xrightarrow{\beta^-,5.013\,\text{d}} {}^{210}\text{Po}$$

金属钋呈银白色,质软,其邻近空气或容器因受辐照而发蓝光。金属 Po 至少有两种同素异形体,即简单立方晶格的 α 相和简单斜方晶格的 β 相,相变温度为 36℃,在 18~54℃ 范围内两相可共存。因为 ^{210}Po 的 α 放射性,金属钋发热达 114.6 J·Ci^{-1}·h^{-1},新制备的金属 Po 处于 β 相。熔点 252℃,密度 9.3 g·cm^{-3}(α 相,9.196 g·cm^{-3};β 相,9.398 g·cm^{-3}),沸点

962℃。Po 是一种挥发性的金属,55℃时在空气中挥发掉 50％。

Po 能与空气中的 O_2 反应,因此必须保存在惰性气体或溶剂中。Po 易溶于稀酸,微溶于碱。

Po 的电子组态为 $4f^{14} 5d^{10} 6s^2 6p^4$,基态 $^3P_2$,属于元素周期表的 ⅥA 族,化学性质与同族元素 Te 相似,金属性增强。Po 的氧化态可以为 $-2,0,+2,+3,+4,+6$。由于相对论效应,$6s$ 和 $6p$ 轨道收缩,能量下降,导致低氧化态的稳定化和高氧化态的去稳定化,Po 的最稳定的氧化态是 $+4$,Po^{3+} 的存在表明 Po 与 Bi 有一定程度的相似性。

在放射性核素中,Po 的显著特点有三个:一是在溶液中极易被玻璃容器表面吸附,因此需要对玻璃容器表面预先进行硅烷化处理或敷涂石蜡;二是很容易水解和形成胶体,因此 Po 的操作和保存的溶液酸度应不小于 $1 mol \cdot L^{-1}$;三是在空气中极易反冲,形成放射性气溶胶,造成工作场所的严重污染。

最容易得到的钋同位素是 ^{210}Po,主要用于制造钋-铍中子源。^{210}Po 的比活度高 $(166 TBq \cdot g^{-1} = 4492 Ci \cdot g^{-1})$,发射 α 粒子 $(E_\alpha = 5.30 MeV)$,用它制备的核电池体积小,重量轻,但寿命较短。以前曾用它来消除织物的静电及照相胶片上的灰尘,因为 ^{210}Po 的毒性太大,现在已被其他较安全的放射性核素代替。

10.1.4　氡

氡是一种常温下为气态的放射性元素,已经发现的氡的同位素共 33 个 $(A = 196 \sim 228)$,^{219}Rn、^{220}Rn 和 ^{222}Rn 分别是锕铀系、钍系和铀系的成员,并分别称为锕射气(acton,An)、钍射气(toron,Tn)和镭射气(radon,Rn)。在氡的所有同位素中,以 ^{222}Rn 的半衰期最长 $(3.824 d)$,应用得较多。早期医学上将氡密封于细玻璃管中(氡管),用于肿瘤的放射治疗。废氡管是 ^{210}Pb 和 ^{210}Bi 的主要来源。虽然 ^{210}Po 也可以从废氡管中提取,但主要还是依靠反应堆中子照射 Bi 生产。迄今有关 ^{222}Rn 的物理化学性质主要是研究 ^{222}Rn 获得的。

氡的电子组态为 $4f^{14} 5d^{10} 6s^2 6p^6$,属于元素周期表中的 0 族元素,即惰性气体。沸点 $202.2 K$,熔点 $211 K$,密度 $0.00973 g \cdot cm^{-3}$。它是已知惰性气体中最重的一种元素。它的第一电离能 $(10.75 eV)$ 比 $Kr(14.00 eV)$ 和 $Xe(12.13 eV)$ 的都低。由于镧系收缩,Rn 的原子半径 $(134 pm)$ 与 $Xe(131.3 pm)$ 的相差无几。Rn 难溶于水,易溶于脂肪烃、芳香烃、二硫化碳等有机溶剂中。Rn 亦易被活性炭吸附,且在升温下解吸,这个特性常用来除氡或测定微量镭和氡。

氡的化学性质同其他惰性气体元素类似。因其第一电离能比 Xe 低,应比后者更易形成化合物。Rn 与 F_2 及其他氟化剂(如 BrF_3、BrF_5、$[NiF_6]^{3-}$ 等)反应可生成氟化物 RnF_2。氡的水合物 $Rn \cdot 6H_2O$ 和溶剂合物 $Rn \cdot 2S$(S 为 C_2H_5OH、$C_6H_5CH_3$ 等)的存在均通过同晶共沉淀方法得到证实。因为氡的半衰期太短,氡的化学难于研究和找到应用。

氡及其子体是天然本底照射的主要来源,因此,氡的监测是环境放射性监测的重点。自从发现氡出现在家居和办公场所等室内以来,氡的环境监测也受到公众的广泛关注。此外,地下水中氡含量的突变是地震的一种预兆,因此氡的监测可用于地震预报。

氡的测量方法很多,除传统的静电计法、电离室法以外,α 闪烁计数器、液体闪烁计数器、热释光仪、固体径迹探测器都可用于测量氡及其子体。气体的取样可采用活性炭作吸附剂,液体的采样可利用甲苯萃取法。

10.1.5 镭

镭是居里夫妇于 1898 年发现的第二种天然放射性元素。已知镭的同位素共有 33 个($A=202\sim234$），全部都是放射性的，^{226}Ra 是其中寿命最长的（$T_{1/2}=1600$ a）。^{223}Ra(AcX)、^{224}Ra(ThX)、^{226}Ra、^{228}Ra(MsTh$_1$)分别是锕铀系、钍系、铀系和钍系成员。

镭的电子组态 7s^2，属于元素周期表中的 IIA 族元素，化学性质活泼。金属镭呈银白色，熔点 700.0℃，沸点 1737℃。密度 5.0 g·cm^{-3}。镭在空气中不稳定，表面生成一层黑色的 Ra$_3$N$_2$ 和 RaO 薄膜。镭与水剧烈反应，生成氢氧化镭。

大多数镭盐和钡盐同晶。除氢氧化物外，镭盐的溶解度一般比钡盐小。因此，当以钡盐作载体进行共结晶共沉淀时，不论是均匀分配，还是非均匀分配，镭总是在固相中富集。

镭能与柠檬酸、乳酸、EDTA 等形成配位化合物，但它们的稳定性比其他碱土金属差。这种配位化学上的差别被成功地应用于离子交换色谱法从其他碱土金属元素中分离和纯化镭。传统的萃取剂一般不能从水相将镭萃取到有机相，但为镭特别设计的冠醚可选择性地萃取镭。

镭的测定一般在分离和富集后进行，常用 α 或 γ 能谱法直接测量镭本身，或者用测氡仪测量其子体氡。

10.2 人工放射性元素

直到 1925 年，当时的元素周期表中还有四个空位没有元素填充，即 43，61，85 和 87 号。1934 年，人工放射性的出现，为寻找这几种元素开辟了新的途径。有的是首先由人工制备的，有的是从裂变产物或衰变链中分离出来的，但它们的半衰期都很短，所以通常称这四种空位元素为人工元素。

10.2.1 锝

10.2.1.1 锝的制备和同位素

1937 年，意大利科学家 C. Perrier 和 E. Segre 用 152.4 cm 回旋加速器产生的 8 MeV 的氘核轰击钼靶，发生 Mo(d, n)反应，首次获得了约 10^{-10} g 43 号元素，并把它命名为 technetium（锝，Tc），意为"人工的"。美籍华裔科学家吴健雄等在铀的裂变产物中发现了锝。

迄今已发现 37 个 Tc 同位素，质量数 87～113。其中半衰期最长的是 ^{97}Tc（$T_{1/2}=2.6\times10^6$ a）、^{98}Tc（$T_{1/2}=4.2\times10^6$ a）和 ^{99}Tc（$T_{1/2}=2.11\times10^5$ a）。^{235}U 和 ^{239}Pu 裂变生成 Tc 的产额很高。例如，^{235}U 热中子裂变生成 ^{99}Tc 的产额高达 6.16%。据计算，燃耗深度为 25000 MWD·tHM^{-1} 的动力堆元件，每吨重金属含锝约 628 g。目前锝的产量已达吨量级。

^{99m}Tc 是重要的医用放射性核素，可以从 ^{99}Mo-^{99m}Tc 发生器方便地得到。制备 ^{99}Mo 主要有两个方法：① 以天然 Mo 或富集 ^{98}Mo 的 Mo 作靶子，用高通量反应堆的热中子照射，生产出的 ^{99}Mo 比活度分别约为 1 Ci·g^{-1} 和 10 Ci·g^{-1}；② 从裂变产物中分离 ^{99}Mo，^{99}Mo 的比活度高达 10000 Ci·g^{-1}。

^{94m}Tc（$T_{1/2}=52.0$ min）发射 β$^+$ 粒子，近年来被建议用于制备正电子发射断层成像的药物（PET 药物）。这个核素可以用多个核反应制备，如 ^{94}Mo(p, n)，^{93}Nb(α, 3n)，^{93}Nb(^{3}He, 2n)等，前一个反应要求的质子能量约为 10 MeV，故可以用医用回旋加速器生产，但需用 ^{94}Mo 富集靶。

10.2.1.2　锝的物理化学性质

金属锝呈银灰色,密度 11.500 g·cm^{-3}。金属中 Tc 原子取六方密堆积方式。

金属锝在潮湿的空气中慢慢失去光泽,而在干燥空气中则不变。它能溶于氧化性酸,如硝酸、热浓硫酸中,但不溶于盐酸。在氯气中锝的反应缓慢且不完全。

锝在氧气中燃烧,生成挥发性的淡黄色 Tc_2O_7 晶体,熔点 119.5℃,沸点 310.6℃。在空气中 Tc_2O_7 晶体极易吸水潮解而变成红色糊状物,溶于水则生成无色的 $HTcO_4$ 溶液。

常温下 TcO_2 在空气中较稳定。但易被氧化成 Tc_2O_7,当 $TcO_2 \cdot H_2O$ 溶于浓的 KOH 或 NaOH 溶液中时,则生成 $Tc(OH)_6^{2-}$ 离子。

锝的电子组态为 $4d^6 5s^1$,基态谱项为 $^6S_{5/2}$,在周期表中属ⅦB族,与锰、铼同族,性质上更接近于铼,表现在:① 它的配合物都是低自旋的;② 高氧化态比低氧化态稳定;③ 生成金属-金属键的倾向比锰大;④ M(Ⅳ)和 M(Ⅰ)配合物的配体取代反应比相应的锰配合物惰性要大。但在程度上,锝和铼还是有差别的,与铼相比,锝和锰的相似性大于铼和锰的相似性。

锝的价态可从 +7 到 -1,能生成多种类型的配合物(表 10-2)。锝的标准电极电位如下:

$$Tc^- \xrightarrow{\text{约}-0.5V} Tc \xrightarrow{0.272V} TcO_2 \xrightarrow{1.39V} TcO_4^{2-} \xrightarrow{0.569V} TcO_4^-$$

(with $0.472V$ bridging TcO_2 to TcO_4^- above, and $0.738V$ bridging TcO_2 to TcO_4^- below)

锝的 +7 价最稳定,+4 价较稳定。低于 +4 价的化合物,都易被氧化成为 +4 或 +7 价。如果选择适当的配体,锝可以稳定在任何价态,特别是 +5 价。+5 或 +6 价的锝含氧酸在中性溶液中发生歧化:

$$2TcO_4^{2-} + 2H^+ \longrightarrow TcO_4^- + TcO_3^- + H_2O$$

$$2TcO_3^- \longrightarrow TcO_4^{2-} + TcO_2$$

表 10-2　锝的配合物举例

价态	配 合 物 例 子
+7	$[TcH_9]^{2-}$,TcO_4^-,CH_3TcO_3,$TcO_3X(bpy)$ $(X=Cl, Br)$,$TcN(O_2)_2(bpy)$,$Tc(NAr)_3Me$
+6	TcO_4^{2-},$[TcOCl_5]^-$,$Tc_2(NAr)_6$,$[TcNX_4]^-$,$Tc(NHC_6H_4S)_3$
+5	$[Tc(diars)_2Cl_4]^+$,$[TcOCl_4]^-$,$[TcO(CN)_4(H_2O)]^-$,$TcO(EC)$,$TcN(Et_2NCS_2)_2$,$[TcO(SCH_2CH_2CH_2S)_2]^-$
+4	$[TcCl_6]^{2-}$,$[Tc(acac)_3]BF_4$,$[Tc(C_2O_4)_3]^{2-}$,$(H_2EDTA)Tc(\mu\text{-}O)_2(H_2EDTA)$
+3	$[Tc(tu)_6]^{3+}$,$[Tc(NCS)_6]^{3-}$,$TcCl_3(CO)(PMe_2Ph)_5$,$TcCl(Hdmg)_2(dmg)BCH_3$
+2	$trans\text{-}TcCl_2(dppe)_2$,$[Tc(bpy)_3]^{2+}$,$TcCl_2(C_6H_5P(OEt)_2)_4$,$[Tc(CH_3CN)_6]^{2+}$
+1	$[Tc(CNR)_6]^+$,$[Tc(CN)_6]^{5-}$,$[Tc(dmpe)_3]^+$,$[Tc(phen)_3]^+$,$[Tc(CO)_3(H_2O)_3]^+$,$[Tc(C_6H_6)_2]^+$
0	$Tc_2(CO)_{10}$,$Tc_2(PF_3)_{10}$,$TcM(CO)_{10}(M=Mn, Re)$,$TcCo(CO)_9$,$Tc_2(CO)_8(\mu\text{-}C_4H_6)$
-1	$[Tc(CO)_5]^-$,$HTc(CO)_5$

(1) Tc(Ⅶ)　最常见的 Tc(Ⅶ)化合物为高锝酸 $HTcO_4$ 及其盐。高锝酸是强酸,TcO_4^- 水化程度很低,容易被阴离子交换树脂吸附和被胺类萃取剂萃取。许多中性萃取剂(如磷酸三丁酯、三辛基氧化膦、醇、酮、醚等)能萃取 $HTcO_4$。在生物体内,TcO_4^- 的行为与 I^- 离子类似,

被甲状腺选择性吸收。许多还原剂可以将 TcO_4^- 还原,还原 Tc 的价态除了取决于还原剂的氧化还原电位以外,还与溶液酸度及存在的配体种类和浓度有关。$HTcO_4$ 的 OH 基可以被等电子的甲基取代,生成 CH_3TcO_3。

(2) Tc(V) 已合成出大量的 Tc(V)配合物,这些配合物按照"配位核心"的不同,大致可以分为Tc(V)、$[Tc=O]^{3+}$、$[O=Tc=O]^+$、$[Tc\equiv N]^{2+}$、$[Tc=NAr]^{3+}$、$[Tc=S]^{3+}$ 等类型。

多数 TcO^{3+} 核配合物具有四方锥构型,由于 O^{2-} 的强给电子作用,Tc 原子位于四方锥底面之上。Tc 的配位多面体具有 C_{4v} 对称性。Tc(V)的两个 4d 电子占据能量最低的非键轨道 d_{xy},因此配合物的基态为 $^1A_1$,反磁性,且对配体取代反应表现一定的惰性。

N^{3-} 是一个比 O^{2-} 更强的 π 给予体,与 Tc(V)形成 $[Tc\equiv N]^{2+}$ 核。这个核也生成四方锥结构的配合物,它比相应的 TcO^{3+} 配合物更不易被水解和还原。

(3) Tc(IV) Tc(IV)为 d^3 离子,它的配合物的一个显著特点是对于配体取代反应动力学的惰性。$TcCl_6^{2-}$ 是制备 Tc(IV)配合物的常用原料,可用浓盐酸还原高锝酸得到。

(4) Tc(III) 电子组态为 d^4 的 Tc(III)能与各种类型的配体形成配合物,包含单核和多核配合物、簇合物及金属有机化合物,这些化合物都是低自旋的,Tc(III)的配位数可由"18 电子规则"推测出来。

(5) Tc(II) 电子组态为 d^5 的 Mn(II)的绝大多数配合物都是高自旋的,而 Tc(II)配合物则是低自旋的。Tc(II)容易被氧化,需要用叔膦等配体使之稳定。

(6) Tc(I) Tc(I)是 d^6 离子,它的配合物的一个显著特点是对配体取代反应的高度惰性。它与 6 个二电子给体(如 CO、RNC、H_2O、胺等)形成低自旋八面体配合物。其中较重要的有 $[Tc(CO)_3(H_2O)_3]^+$ 和 $[Tc(CNR)_6]^+$。

10.2.1.3 锝的应用

^{99m}Tc 标记的放射性药物常用于核医学影像学诊断中。因为 ^{99m}Tc 的半衰期短($T_{1/2}=6.02\,h$),γ 射线能量适中($E_\gamma=140\,keV$),其丰富的配位化学非常有利于药物的设计和合成,因此被世界核医学界公认为是核医学的首选核素。^{99m}Tc 标记的放射性药物将在第 15 章介绍。

含锝的钢具有良好的抗腐蚀作用。金属锝及其合金在低温下是超导体,有可能用于超导磁铁制造。

10.2.2 钷

1947 年 J. A. Marinsky 等人用离子交换法,从裂变产物和慢中子照射钕靶的核反应产物中,分离出了一种新的镧系元素,从淋洗曲线中清楚地看到它的淋洗峰位于 60 和 62 号元素之间,这就肯定了它就是 61 号元素,命名为钷(promethium,Pm)。

钷的电子组态为 $4f^56s^2$,基态谱项 $^6H_{5/2}$,是镧系元素的一个成员,它主要来源于质量数为 147 的裂变产物链。

$$^{147}Nd \xrightarrow{\beta^-,10.98\,d} {}^{147}Pm \xrightarrow{\beta^-,2.62\,a} {}^{147}Sm \xrightarrow{\alpha,1.06\times10^{11}\,a}$$

已知 Pm 的同位素 36 个($A=128\sim163$),其中 $^{146}Pm(T_{1/2}=5.53\,a)$ 和 $^{147}Pm(T_{1/2}=2.6234\,a)$ 寿命最长。^{235}U 的热中子裂变生成 ^{147}Pm 的产额 2.26%,可从裂变产物中大量提取。

金属钷与其他镧系元素金属相似。金属钷有两个同素异形体,常温下处于立方晶格的 α

相。Pm 与水作用缓慢,在热水中作用较快,可置换氢。它易溶于稀酸中,在空气中慢慢氧化,在 150~180℃时灼烧可形成氧化物 Pm_2O_3。三价离子在水溶液中呈浅红黄色,加入氨水或氢氧化钠到碱性,则生成微棕色凝胶状的氢氧化钷。硝酸钷晶体呈浅玫瑰色,在空气中易吸水而潮解。Pm^{3+} 离子可形成难溶的氟化物、草酸盐、磷酸盐和氢氧化物。用钙可以将 PmF_3 还原,从而获得熔点为 1158℃的金属。在高温下烧制的氧化钷能很好地溶解在强酸中,形成相应的盐。

[147]Pm 是纯 β 发射体,β 粒子的能量为 0.233 MeV,可用于密度计、测厚仪等;还可以制造荧光粉,用于航标灯、夜光仪表和钟表,也可用于制造体积小、重量轻的核电池。

10.2.3　钫

现在已知钫的同位素共有 34 个,$A=199\sim232$。1939 年 M. Perey 第一次从铀矿中锕的衰变产物中分离得到[223]Fr,它来源于[227]Ac(AcK)的 α 分支(1.2%)衰变。为了纪念在法国得到,新元素被命名为钫(francium,Fr),

$$^{227}Ac \xrightarrow{\alpha,\,21.77\,a} {}^{223}Fr \xrightarrow{\beta^-,\,21.8\,min}$$

在自然界[223]Fr 在铀矿中含量极微,7.7×10^{14} 个[235]U 原子,或 3×10^{18} 个天然铀原子中含一个[223]Fr 原子,因此难以找到。后来从钍系里又找到另一个同位素[224]Fr,它来自[228]Ac(MsTh$_2$)的 α 分支衰变子体。

$$^{228}Ac \xrightarrow{\alpha,\,6.15\,h} {}^{224}Fr \xrightarrow{\beta^-,\,2.7\,min}$$

钫的其他同位素都是人工合成的。

钫的电子组态为 $7s^1$,属于元素周期表 IA 族元素,具有典型的碱金属性质。只有特征的 +1 价氧化态,它的大多数化合物如氢氧化物、盐类等都是水溶性的。仅有少数化合物如高氯酸铯、氯铂酸铯、硅钨酸铯、氯钽酸铯等可以与钫同晶共沉淀载带下来,把沉淀溶解,用离子交换法把钫与铯分开,可以获得无载体的放射性核素钫。

10.2.4　砹

1940 年,E. Segre 等用 152.4 cm 的回旋加速器产生的 28 MeV α 粒子轰击铋靶,引起核反应[209]Bi(α,2n)[211]At,得到 85 号元素,命名为砹(astatinium,At)。后来在三个天然放射系里也找到了砹的短半衰期同位素。已知砹的同位素共有 31 个,$A=193\sim223$,其中[210]At($T_{1/2}=8.1$ h)和[211]At($T_{1/2}=7.214$ h)的半衰期最长。自然界存在同位素有[215]At、[218]At 和[219]At,其他都是人工合成的同位素。

砹的电子组态为 $6s^26p^5$,基态 $^2P_{3/2}$,属于元素周期表 ⅦA 族元素,化学性质与碘相似。和邻近的元素钋也有某些相似。砹同时具有金属性和非金属性。

砹易挥发,在室温下受热升华,但比碘挥发得慢,利用 At 的这一性质可将它与 Bi、Po 等分离。

At 在 Au、Ag 和 Pt 的表面却不易挥发,室温时能沉积在 Au 的表面上,但不能沉积在 Cu、Ni 和 Al 表面上。元素 At 易溶于非(或低)极性溶剂中,以碘为载体,很容易被 CCl_4 或 $CHCl_3$ 萃取。

已知 At 有 $-1,0,+1,+5$ 和 $+7$ 五种价态。元素 At 在水溶液中易被 SO_2 或 Zn 还原成

At^-。在溴水或 HNO_3 作用下，At^- 被氧化成 AtO^-。在过硫酸盐、高价铈等强氧化剂作用下，At^- 将转变成 AtO_3^-。电解时，砹既可在阴极上析出，也可在阳极上析出，说明砹的行为又与钋相似。

^{211}At 是一个 α 发射体（42％ α, 5.87 MeV；58％EC），半衰期适中，可用于制备体内放疗药物。

10.3 锕系元素化学

在周期表内，和镧系元素类似，存在一组锕系元素，即 89～103 号元素。锕系元素的发现者及发现年份等列于表 10-3。

表 10-3 锕系元素的发现

Z	元 素	元素符号	发现时的核反应及同位素	发现者及发现时间
89	锕（actinium）	Ac	天然，^{227}Ac	A. Debierne，1899
90	钍（thorium）	Th	天然，^{232}Th	J. J. Berzelius，1828
91	镤（protactinium）	Pa	天然，^{231}Pa	K. Fajans，1913
92	铀（uranium）	U	天然，^{238}U	M. H. Klaproth，1789
93	镎（neptunium）	Np	$^{238}U(n,\gamma)\xrightarrow{\beta^-}{}^{239}Np$	E. M. McMillian 等，1940
94	钚（plutonium）	Pu	$^{238}U(d,2n)^{238}Np\xrightarrow{\beta^-}{}^{238}Pu$	G. T. Seaborg 等，1940—1941
95	镅（americium）	Am	$^{239}Pu(n,\gamma)(n,\gamma)^{241}Pu\xrightarrow{\beta^-}{}^{242}Am$	G. T. Seaborg 等，1944—1945
96	锔（curium）	Cm	$^{239}Pu(\alpha,n)^{242}Cm$	G. T. Seaborg 等，1944
97	锫（berkelium）	Bk	$^{241}Am(\alpha,2n)^{243}Bk$	S. G. Thompson 等，1949
98	锎（californium）	Cf	$^{242}Cm(\alpha,n)^{245}Cf$	S. G. Thompson 等，1950
99	锿（einsteinium）	Es	热核爆炸，^{253}Es	A. Ghiorso 等，1952
100	镄（fermium）	Fm	热核爆炸，^{255}Fm	A. Ghiorso 等，1953
101	钔（mendelevium）	Md	$^{253}Es(\alpha,n)^{256}Md$	A. Ghiorso 等，1955
102	锘（nobelium）	No	$^{238}U(^{22}Ne,xn)^{254,256}No(x=6,4)$	A. Ghiorso 等，1958
103	铹（lawrencium）	Lr	$^{249\sim252}Cf+^{10,11}B\longrightarrow^{257,258}Lr$	A. Ghiorso 等，1961
			$^{243}Am(^{18}O,5n)^{256}Lr$	E. D. Donets 等，1965

10.3.1 锕系元素概论

在锕系中，5f 轨道和 6d 轨道的能量接近（图 10-4）。在镤（$Z=91$）之前，6d 轨道能量低于 5f，因此电子优先填充 6d 轨道；镤以后则相反，电子优先填充 5f 轨道，在锕之后开始形成 5f 电子层，直到铹（$Z=103$）5f 电子层完全充满。锕系元素中性原子和 +1～+4 离子基态的电子组态如表 10-4 所示。

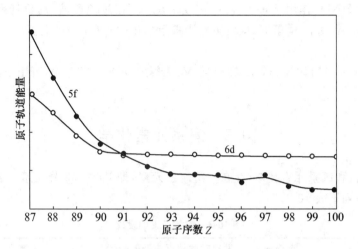

图 10-4　锕系元素的 5f 和 6d 轨道的相对能量

表 10-4　锕系中性原子和 +1～+4 离子基态的电子组态

	Ac	Th	Pa	U	Np	Pu	Am	Cm	Bk	Cf	Es	Fm
Z	89	90	91	92	93	94	95	96	97	98	99	100
M^0	$6d7s^2$	$6d^27s^2$	$5f^26d7s^2$	$5f^36d7s^2$	$5f^46d7s^2$	$5f^67s^2$	$5f^77s^2$	$5f^76d7s^2$	$5f^97s^2$	$5f^{10}7s^2$	$5f^{11}7s^2$	$5f^{12}7s^2$
M^+	$7s^2$	$6d7s^2$	$5f^27s^2$	$5f^37s^2$	$5f^57s?$	$5f^67s$	$5f^77s^2$	$5f^77s^2$	$5f^97s$	$5f^{10}7s$	$5f^{11}7s$	$(5f^{12}7s)$
M^{2+}	$7s$	$5f6d$	$5f^26d$	$5f^36d?$	$5f^5?$	$5f^6$	$5f^7$	$5f^8$	$5f^9$	$5f^{10}$	$5f^{11}$	$(5f^{12})$
M^{3+}	$5f$	$5f^2$	$5f^3$	$5f^4$	$5f^5$	$5f^6$	$5f^7$	$5f^8$	$5f^9$	$5f^{10}$	$(5f^{11})$
M^{4+}		$5f$	$5f^2$	$5f^3$	$5f^4$	$5f^5$	$5f^6$	$5f^7$	$5f^8$	$(5f^9)$	$(5f^{10})$

　　与镧系元素相比,锕系原子的相对论效应更加显著。按照量子力学,s 和 $p_{1/2}$ 轨道上的电子有一定的概率出现在原子核处及其邻近,因此 7s 轨道产生一定程度的收缩,能量下降。与此对应,7s 电子对于 5f 电子屏蔽核电荷的效应增强,使得 5f 轨道变得较为扩展和弥散,能量上升。6d 轨道也有一定程度的扩展和能量上升,但不如 5f 轨道显著,如图 10-5 所示。另一方面,与 5s 和 5p 轨道屏蔽配位场对于 4f 轨道的影响相比,6s 和 6p 轨道对于 5f 轨道屏蔽配位场的作用较弱。换言之,5f 轨道的配位场效应比 4f 轨道显著,但不如 nd 轨道的配位场效应大。

　　相对论效应的另一个结果是锕系离子(原子)的自旋-轨道耦合很强,自旋-轨道耦合系数比相应的镧系离子约高一倍,使得 Russell-Saunders 耦合(L-S 耦合)不适用。必须采用 j-j 耦合方案或者居间耦合(intermediate coupling)方案,这直接影响锕系元素原子和离子的能级结构与光谱及磁学性质。

　　锕系元素的氧化态列于表 10-5。对于锕系元素的前几种元素的气态中性原子,将一个电子从 5f 轨道激发到 6d 轨道所需的能量比相应的镧系元素的 4f→5d 激发能小,所以锕系元素能出现高于 +3 的价态。5f-6d 轨道的杂化导致 UO_2^{2+} 为直线构型,而与之等电子的 ThO_2 中 Th 用 6d 轨道参与成键,O—Th—O 键角为 122°。锕系元素的后半部分,从 5f 轨道激发到 6d 轨道所需的能量比相应的镧系元素的 4f→5d 激发需要更多的能量。这就说明为什么重锕系元素低价态稳定并存在 +2 价的原因。四价锫表现出 5f 电子半充满的稳定性,二价锘表现出 $5f^{14}$ 电子全充满的稳定性。

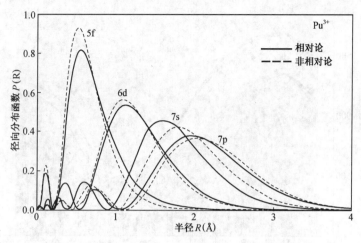

图 10-5　相对论效应对于原子轨道径向分布的影响

表 10-5　锕系元素的氧化态

Z	89	90	91	92	93	94	95	96	97	98	99	100	101	102	103
元素	Ac	Th	Pa	U	Np	Pu	Am	Cm	Bk	Cf	Es	Fm	Md	No	Lr
	(2)	(2)		2			(2)	(2)		(2)	(2)	2	2	2	
	3	3	(3)	3	3	3	**3**	**3**	**3**	**3**	**3**	**3**	**3**	3	**3**
价		**4**	4	4	4	**4**	4	4	4	(4)					
态			**5**	5	**5**	5	5			(5)					
				6	6	6	6								
					7	7	(7)								

注：表中黑体带底线者为稳定的氧化态，括号中的价态尚未确定。

10.3.2　锕系元素金属

锕系元素金属一般可在 1100～1400℃ 下用 Li、Mg、Ca 或 Ba 蒸气还原它们的三氟化物或者四氟化物来制备。由锕到锿都已获得金属形式。金属钍、铀和钚是重要的核燃料，已大量生产。而锕、镤和一些轻超铀元素仅分离出 g 级或 mg 级产品。超锿金属还未得到。

新制备的锕系金属呈银白色或银灰色，在空气中很快变暗。它们有很高的密度，例如 α-U 的密度为 $19.050\,\mathrm{g \cdot cm^{-3}}$，$\alpha$-Np 的密度高达 $20.2\,\mathrm{g \cdot cm^{-3}}$。从 Ac 到 Pu 固态金属的同素异形相的数目逐渐增加，固体钚至少有 6 个相，钚以后物相的数目逐渐减少，如图 10-6 所示。此外，从 Ac 到 Pu，室温下稳定相的对称性逐渐降低，熔点也随着降低。

锕系金属的特殊性质起因于锕系原子中 f 电子的填充。原子轨道的宇称 $\pi=(-1)^l$，f 轨道（$l=3$）具有奇对称性，这与金属晶格通常具有的高对称性不匹配。在 Pu 之前，f 轨道成键作用随 Z 增加而增大，到 Pu 时增至最大，常温下金属的稳定相的对称性逐渐下降。Pu 的 α 相属于对称性最低的单斜晶系，每个单胞含有 16 个原子，有 8 个不同的 Pu—Pu 键长（257～371 pm）。高温下 f 轨道的成键作用被消除，回复到一般金属的高对称性物相（δ 相，面心立方晶格）。大约在 Am 以后，5f 轨道基本不参与成键，与 4f 轨道类似。

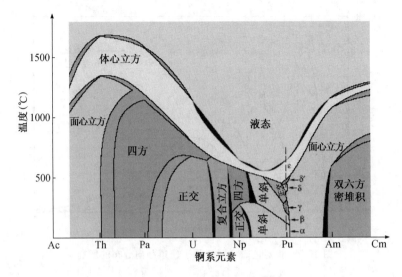

图 10-6　锕系金属的物相

（引自 Number 26，2000 *Los Alamos Science*，Plutonium，An element at odds with itself，
http：//www.fas.org/sgp/othergov/doe/lanl/pubs/00818006.pdf）

锕系元素金属能互相形成许多种合金体系。但是，由于其复杂的晶体结构，使其与其他金属形成合金的能力小一些。

金属态锕系元素的电正性很大，与沸水或稀酸反应放出氢气，可与大多数非金属直接化合。

易裂变核素^{233}U、^{235}U、^{239}Pu 的临界质量和临界容积见表 8-1 和 8-2。其他易裂变的超钚核素的临界质量列于表 10-6。

表 10-6　可裂变的超钚核素的最小临界质量

核　素	半衰期 $T_{1/2}$(a)	临界质量(g)	浓度*(g·L^{-1})
^{242m}Am	141	23	5
^{243}Cm	29.1	213	40
^{245}Cm	8500	42	15
^{247}Cm	1.56×10^7	159	60
^{249}Cf	351	32	20
^{251}Cf	898	10	6

*　达到临界质量的近似浓度。

引自 H. K. Clark. Trans. Am. Nucl. Soc.，1969(12)：886.

10.3.3　锕系元素的离子半径

与镧系元素类似，在锕系元素中也存在离子半径随着原子序数的增加而减小，即锕系收缩现象，如图 10-7 所示。从该图可以看出，+3～+6 四种锕系氧化态都表现出锕系收缩。对于 An^{3+}和 An^{4+}离子，半径 r 并非原子序数 Z 的线性函数，前几个成员的 r(An^{3+}) 及 r(An^{4+}) 随 Z 增加收缩得快，Np 或 Pu 以后变化平缓。这意味着，锕系元素的化学行为的差别随着原子序数的增加而逐渐变小，这就使得超钚元素分离越来越困难。

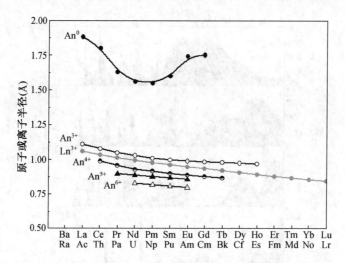

图 10-7 镧系元素(Ln)和锕系元素(An)的原子和离子半径

10.3.4 锕系元素的电子光谱

与过渡元素自由离子中的 d-d 跃迁一样,锕系自由离子的 f-f 跃迁也是 Laporte 禁阻的。但锕系元素化合物中,由于配位场效应,使得禁阻的 f-f 跃迁被部分地解除。在锕系元素化合物的紫外-可见吸收光谱中出现 f-f 跃迁吸收峰。就配位场效应而论,5f 轨道的行为介于 d 轨道与 4f 轨道之间。例如,对于与给定配体生成的正八面体配合物,若金属离子半径相同,配位场分裂能 $\Delta(nd) \approx (0.5 \sim 1.5) \times 10^4 \text{ cm}^{-1}$, $\Delta(5f) > 10^3 \text{ cm}^{-1}$, $\Delta(4f) \approx 10^2 \text{ cm}^{-1}$。这就是说,锕系离子的紫外-可见吸收光谱受配位环境的影响比镧系离子的大。光谱跃迁概率和峰的半宽度也有类似倾向,d-d 跃迁的摩尔吸光度 $\varepsilon \approx 10^0 \sim 10^2 \text{ L} \cdot \text{mol}^{-1} \cdot \text{cm}^{-1}$,峰的半宽度 $\delta \approx 3000 \sim 5000 \text{ cm}^{-1}$;5f-5f 跃迁 $\varepsilon \approx 10^0 \sim 10^2 \text{ L} \cdot \text{mol}^{-1} \cdot \text{cm}^{-1}$, $\delta \approx 10^2 \sim 10^3 \text{ cm}^{-1}$;4f-4f 跃迁 $\varepsilon < 10 \text{ L} \cdot \text{mol}^{-1} \cdot \text{cm}^{-1}$, $\delta \approx 100 \sim 300 \text{ cm}^{-1}$。图 10-8 为几个三价水合锕系离子的紫外-可见吸收光谱。

除 f-f 跃迁光谱外,锕系元素前半部分的 5f-6d 跃迁很常见,因为是 Laporte 容许跃迁,摩尔吸光度很大($> 10^3 \text{ L} \cdot \text{mol}^{-1} \cdot \text{cm}^{-1}$)。

锕系元素前半部分是变价元素,其化合物中的金属至配体的电荷跃迁(MLCT)和配体至金属的跃迁(LMCT)光谱都很常见,摩尔吸光度很大($10^3 \sim 10^4 \text{ L} \cdot \text{mol}^{-1} \cdot \text{cm}^{-1}$)。

10.3.5 锕系元素的水解

金属离子的水解,实质上是与 OH^- 的配位作用,因为 OH^- 也是一种强的配体。在研究锕系元素水溶液过程时,必须要考虑它们的水解问题。随着溶液 pH 提高,原先与锕系离子配位的配体逐渐被 OH^- 取代。同时,羟合锕系离子通过 OH^- 桥开始聚合为多核羟合物,提高温度或(和)pH 加剧聚合过程,并导致 OH^- 桥向 O^{2-} 桥过渡,最终形成聚合物,在形成沉淀之前,这一聚合过程相当缓慢。氢氧化物沉淀结构复杂,最终产物为无定形的水合氧化物[如无定形水合二氧化钚 $\text{PuO}_2(\text{am})$],并可转化为水合氧化物微晶。这一过程常常是不可逆的。+3 和 +4 价锕系离子的一级水解常数见表 10-7,一级水解常数定义为

$$\text{M}(\text{H}_2\text{O})_x^{n+} \Longleftrightarrow \text{M}(\text{H}_2\text{O})_{x-1}(\text{OH})^{(n-1)+} + \text{H}^+$$

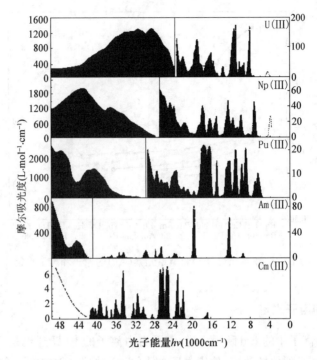

图 10-8　几个三价水合锕系离子的紫外-可见吸收光谱

（引自 W. T. Carnall，P. R. Fields. Lanthanide/Actinide Chemistry. Advances in

Chemistry Series，No. 71，ACS，Washington，D. C.，1967）

$$K_{H,1}=\frac{[M(H_2O)_{x-1}(OH)^{(n-1)+}][H^+]}{[M(H_2O)_x^{n+}]}$$

要想抑制水解，一般是提高溶液的 H^+ 浓度，或加入强配体。

在锕系元素中，高电荷的离子半径小，水解和形成配位化合物的能力强。水解倾向和配合物形成能力的递减顺序为

$$M^{4+}>MO_2^{2+}>M^{3+}>MO_2^+$$

表 10-7　三价和四价锕系元素的一级水解常数

An^{3+}	$K_{H,1}$	An^{4+}	$K_{H,1}$
Pu^{3+}	$1.1\times10^{-7}(\mu=5\times10^{-2})$	Th^{4+}	$7.6\times10^{-5}(\mu=1.0)$
Am^{3+}	$1.2\times10^{-6}(\mu=0.1,23\,℃)$	Pa^{4+}	$7\times10^{-1}\quad(\mu=3)$
Cm^{3+}	$1.2\times10^{-6}(\mu=0.1,23\,℃)$	Np^{4+}	$0.5\times10^{-2}(\mu=2)$
Bk^{3+}	$2.2\times10^{-6}(\mu=0.1,23\,℃)$	U^{4+}	$2.1\times10^{-2}(\mu=2.5)$
Cf^{3+}	$3.4\times10^{-6}(\mu=0.1,23\,℃)$	Pu^{4+}	$5.4\times10^{-2}(\mu=2.5)$

注：μ 代表离子强度。

10.3.6　锕系元素的氧化还原电位

锕系元素的特征氧化态是 +3，由于 f 轨道全空（f^0）、半充满（f^7）和全充满（f^{14}）特别稳定，某些锕系元素有比较稳定的 +2 或 +4 价。锕系元素的情况比较复杂。锕和钍在水溶液分别

处于+3 和+4 价态。镎、铀、镎、锫、钚和镅出现变价(表 10-5),镅及其以后的锕系元素处于锕系元素应有的特征价态+3 价。图 10-9 表示 An(Ⅲ)/An(Ⅱ)和 An(Ⅳ)/An(Ⅲ)在 1 mol·L^{-1} 的 HClO$_4$ 溶液中的条件电极电位随原子序数的变化。从总的变化趋势来看,随着原子序数增加,$E_{An(Ⅳ)/An(Ⅲ)}$ 和 $E_{An(Ⅲ)/An(Ⅱ)}$ 上升,这意味着,低价的稳定性增加,这与锕系收缩和相对论效应的影响是一致的。$Z=96$(锔)的 $E_{Cm(Ⅲ)/Cm(Ⅱ)}$ 特别低,这是因为 Cm^{3+} 的电子组态为 5f^7 的缘故。同理,$Z=97$(锫)的 $E_{Bk(Ⅳ)/Bk(Ⅲ)}$ 比邻近的 Cm、Cf 低,这是因为 Bk^{3+} 的电子组态是 5f^8,很容易再失去一个电子,变成 5f 轨道半充满的 Bk^{4+}。

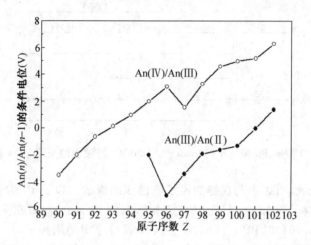

图 10-9 An(Ⅲ)/An(Ⅱ)和 An(Ⅳ)/An(Ⅲ)的条件电极电位
(在 1 mol·L^{-1} 的 HClO$_4$ 溶液中)

不同价态的铀、镎、钚、镅在溶剂萃取和离子交换行为方面很不相同,通过控制溶液的氧化还原电位,可以调整它们的价态,达到分离的目的。图 10-10 给出了这四种元素在 1 mol·L^{-1} HClO$_4$ 溶液中的条件电位。

从图 10-10 可知,UO_2^+ 和 PuO_2^+ 易发生歧化反应。如果没有别的配体及价态支持剂(或称价态保持剂)存在,Pu^{3+}、Pu^{4+}、PuO_2^+ 和 PuO_2^{2+} 以相差不多的浓度在溶液中共存,这在所有的已知元素中是独一无二的。在水溶液中,NpO_2^{2+} 是中等强度的氧化剂,Np^{3+} 是中等强度的还原剂,Np 主要以 Np^{4+} 和 NpO_2^+ 存在。在强碱性溶液中,Np 可以被氧化到+6 价的 $[NpO_4(OH)_2]^{3-}$。Np(Ⅶ)也可以固态镎酸盐存在,如 $CsNpO_4$。

迄今已对 U、Np、Pu 的氧化还原动力学进行了大量的实验研究。一般来说,$An^{4+}+e \Longrightarrow An^{3+}$ 和 $AnO_2^{2+}+e \Longrightarrow AnO_2^+$ 为单电子转移,反应速度快;$AnO_2^++4H^++e \Longrightarrow An^{4+}+2H_2O$ 和 $AnO_2^{2+}+4H^++2e \Longrightarrow An^{4+}+2H_2O$ 因涉及 An=O 键的断裂或生成,反应速度较慢。

10.3.7 锕系元素的配位化学

锕系元素可处于多个氧化态,它们的 5f,6d,7s 和 7p 轨道都可以参与成键,使得锕系元素有丰富的配位化学。

10.3.7.1 配位数

与镧系元素和过渡元素相比,锕系元素的一个显著特点是可以达到很高的配位数,这是因

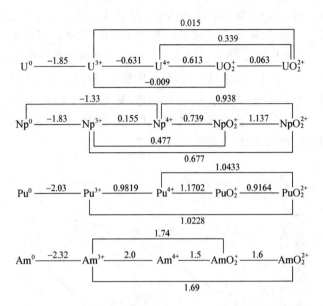

图 10-10　U、Np、Pu 和 Am 在 $1\,\mathrm{mol\cdot L^{-1}}$ $HClO_4$ 溶液中的条件电位(单位：V)

为锕系元素离子半径大，可以参与成键的原子轨道多的缘故。以 An^{4+} 为例，其配位数可以为 6(如$[UCl_6]^{2-}$，八面体)，7(如 Na_3UF_7，五方双锥)，8(如 $U(acac)_4$，四方反棱柱)，9(如$[Et_4N]$ $[U(NCS)_5\cdot2bpy])$，10(如$[PPh_4]Th(NO_3)_5(Me_3PO)_2$ 中的阴离子，1∶5∶5∶1 构型)，11 (如 $Th_2(NO_3)_6(\mu\text{-}OH)_2(H_2O)_6$)，12(如$[U(NO_3)_6]^{2-}$，二十面体)，14(U(BH_4)_4\cdot 2THF，其中 BH_4^- 为二齿配体)。在水溶液中，水合离子 $An(H_2O)_x^{4+}$ 中 x 可能等于 8 或 9。

　　K. W. Bagnell 和李醒夫发现，锕系离子的配位数在很大程度上受堆积因素支配。如果将锕系离子与配体之间的相互作用视为刚性球间的静电相互作用，配体之间存在范德华力，则配位原子在金属离子表面堆积就既不能太拥挤，也不能太稀疏。他们引入扇面角(fan angle，FA)和立体角系数(solid angle factor，SAF)来定量描述中心原子外配体的堆积情况。FA 和 SAF 定义如图 10-11 所示。

r_L—配位原子的范德华半径
l_{M-L}—M—L 键长

扇面角 $FA=\theta=\arcsin\left(\dfrac{r_L}{l_{M-L}}\right)$

立体角 $SA=\Omega=2\pi(1-\cos\theta)$

立体角系数 $SAF=\dfrac{\Omega}{4\pi}=\dfrac{1}{2}(1-\cos\theta)$

立体角系数和 $SAS=\displaystyle\sum_i SAF_i$

图 10-11　扇面角和立体角定义

　　他们分析了大量的镧系元素和锕系元素的配合物(包括金属有机化合物)的晶体结构数据，得出以下规律：

　　(1) 扇面角之和必须小于 $180°$，立体角系数之和必须小于 1，即

$$\sum_i FA_i\leqslant180°$$

$$SAS=\sum_i SAF_i\leqslant1$$

（2）对给定的锕系离子，其稳定配合物的立体角系数之和 SAS 之值落在某一范围（表10-8）。

表 10-8　几种金属离子的 SAS

离　子	SAS	离　子	SAS
U(Ⅳ)	0.80 ± 0.03	Th(Ⅳ)	0.80 ± 0.05
U(Ⅵ)	0.90 ± 0.04	三价锕系离子	0.73 ± 0.03

10.3.7.2　配合物稳定性规律

在锕系配合物中，静电相互作用在形成金属与配体间的化学键 M—L 中起主要作用，即主要决定于离子势 Z/r，但共价成键的贡献也不可忽略。与镧系元素的 4f 轨道相比，5f 轨道在更大的程度上参与成键作用。了解锕系离子的上述特点，就不难理解下述从实验结果总结出来的规律：

（1）对同一锕系元素，配合物的稳定性按下列顺序递降：

$$M^{4+}>MO_2^{2+}>M^{3+}>MO_2^{+}$$

（2）对给定的配体，锕系离子的配合物比相应的同价镧系离子的配合物稳定性稍大一些（图 10-12）。

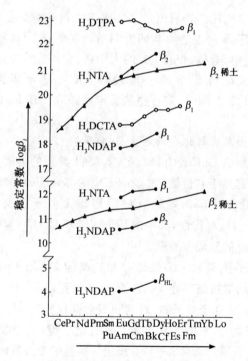

图 10-12　三价镧系和锕系元素的氨基多羧酸配合物的稳定常数

H_5DTPA—二亚乙基三胺五乙酸；H_4DCTA—1,2-环己基二氨四乙酸；

H_3NDAP—次氮基二乙酸一丙酸；H_3NTA—次氮基三乙酸

（转引自科·克勒尔. 超铀元素化学. 北京：原子能出版社，1977）

（3）"锕系酰基"离子 AnO_2^{2+} 和 AnO_2^{+} 分别比通常的二价和一价主族金属离子的配位能力强。

（4）对给定的配体，同价锕系离子配合物的稳定性随原子序数增加而增加（图 10-12），但对于 AnO_2^{2+} 和 AnO_2^+ 有例外。

按照"软硬酸碱"规则，锕系离子（特别是高价锕系离子）属于"硬酸"，与卤素离子形成配合物的稳定性顺序为

$$F^- > Cl^- > Br^- > I^-$$

对于以 VA 和 VIA 族元素为配位原子的配体的稳定性顺序为

$$N \gg P > As > Sb$$

$$O \gg S > Se > Te$$

$$O > N$$

综合起来，锕系离子与 F^- 及以 O 配位的配体形成最稳定的配合物。

锕系元素配位化合物形成的趋势按下列顺序递降：

（1）−1 价配体：

$OH \approx F^- >$ 氨基酚类（如 8-羟基喹啉）$> 1,3$-二酮类 $> \alpha$-羟基羧酸类 $>$ 乙酸 $>$ 硫代羧酸类 $> H_2PO_4^- > SCN^- > NO_3^- > Cl^- > Br^- > I^-$

（2）−2 价配体：

亚氨二羧酸类 $> CO_3^{2-} > C_2O_4^{2-} > HPO_4^{2-} > \alpha$-羟基二羧酸类 $>$ 二羧酸类 $> SO_4^{2-}$

有时并不严格符合这些顺序，8-羟基喹啉与四价锕系元素形成 1∶4 螯合物具有最高的稳定常数。四（5,7-二氯-8-羟基喹啉）合锌（IV）的 β_4 约为 10^{46}。

螯合物的稳定性遵从配位化学的一般规律，五元螯合环比六元螯合环稳定。在 $R_1COCH_2COCF_3$ 类型的 1,3-二酮中，螯合物的稳定性随取代基 R_1 的下列顺序递降：萘基 $>$ 苯基 $>$ 噻吩基 $>$ 呋喃基。

10.3.7.3　锕系元素金属有机化合物和金属-金属键

锕系元素与环戊二烯形成 Cp_3M、Cp_4M 及 Cp_3MCl 类型的金属有机化合物，其中环戊二烯基与锕系离子间的化学键介于共价键（如 Cp_2Fe 中的 Cp—Fe）和离子键（如 NaCp）之间，具有显著的共价性。四价铀与环辛四烯基（COT）形成类似于二茂铁 Cp_2Fe 的夹心化合物 $U(C_8H_8)_2$。该化合物具有 D_{8h} 对称性，其中的环辛四烯基 $C_8H_8^{2-}$ 为平面构型，U 的 5f 轨道对 $C_8H_8^{2-}$ 与 U(IV) 间的化学键的形成有贡献。

金属铀具有很高的原子化能 533 kJ·mol^{-1} 和离解能 218 kJ·mol^{-1}。1974 年 L. N. Gorokhov 等人基于质谱测定结果报道存在 U_2 分子。1999 年 J. V. D. Walle 等人用质谱法研究 20%^{235}U-80%^{238}U 液态 Au-U 合金离子源，观察到混合同位素的 U_2^+。2005 年，L. Gagliardi 和 B. O. Roos 用相对论量子力学方法计算了 U_2 间的化学键，结果发现，U_2 分子的键长只有 243 pm，自旋角动量 $S=3$，轨道角动量 $\Lambda=11$。该化学键是一个五重键，其中一个正常 σ 键、两个正常 π 键、四个单电子键（$1\sigma+2\delta+1\pi$）和两个非键电子（$1\phi_g+1\phi_u$），分子轨道式可简写为

$$(7s\sigma_g)^2(6d\pi_u)^4(6d\sigma_g)^1(6d\delta_g)^1(5f\delta_g)^1(5f\pi_u)^1(5f\phi_u)^1(5f\phi_g)^1$$

上式中 σ_g，π_u，δ_g 和 ϕ_u 为成键轨道；σ_u，π_g，δ_u 和 ϕ_g 为反键轨道。2005 年，P. Pyykkö 等人用类似的方法计算了 U_2^{2+} 离子，结果表明，U_2^{2+} 的键长比 U_2 更短，只有 230 pm，由许多低能态组成，$S=0\sim2$，$\Lambda=0\sim10$，键级为 3，即一个正常 σ 键、两个正常 π 键，分子轨道式可简写为

$$(6d\sigma_g)^2(6d\pi_u)^4(5f\delta_g)^1(5f\delta_u)^1(5f\phi_u)^1(5f\phi_g)^1$$

因为锕系元素的 5f 轨道比镧系元素的 4f 轨道更积极地参与形成化学键，可以预料，锕系

元素比镧系元素更容易形成金属-金属键和簇合物。

10.3.8 锕系元素的分离化学

10.3.8.1 锕系元素与镧系元素的分离

锕系元素的前几种元素(Th～Pu)因为可处于+3 价以外的其他价态,不难将它们与镧系元素分离。Am 及其以后的锕系元素通常处于+3 价态,离子半径与相应的镧系离子相差不大,这两组元素的分离是一个困难问题。传统的方法是用离子交换色层法。因为离子交换树脂辐照稳定性差,不适于处理高水平放射性废液。因此人们将眼光转向溶剂萃取。

20 世纪末,我国学者朱永㵘和陈靖等人研究了烷基磷(膦)酸、烷基硫代磷(膦)酸和羟肟等对锕和镧系元素的萃取分离,首次将商品 Cyanex 301 萃取剂用于从镧系元素中分离锕,分离系数达到 500,首次证明了二烷基二硫代膦酸分离锕和镧系元素的巨大能力。Cyanex 301 是一种工业萃取剂,其有效成分为二(2,4,4-三甲基戊基)二硫代膦酸(HBTMPDTP),含量约为 80%。他们研究了 Cyanex 301 的纯化方法,用纯化过的 HBTMPDTP 为萃取剂,锕和镧系元素的分离系数可大于 2000,用少数几级逆流萃取即可实现上述元素的良好分离,并且完成了热验证实验。他们的研究表明,Cyanex 301 的纯化产品具有足够高的辐照稳定性能,发现二烷基二硫代膦酸与中性磷萃取剂组成的协萃体系可降低萃取 pH 到 2.5,辐照稳定性进一步提高。在此基础上,他们研究了不同取代烷基的二硫代膦酸对分离锕和镧系元素的影响,结果说明二(2-乙基己基)二硫代膦酸的分离效果最佳。1999 年全球先进核燃料循环国际会议上,该成果被 30 名科学家组成的专家组评价为"本领域中多年来最重要的发展"。

除上述 HBTMPDTP 外,德国卡尔斯鲁厄研究中心的 Z. Kolarik 等人合成了只含 C、H、O、N 的萃取剂 2,6-二(5,6-二丙基-1,2,4-三嗪-3-基)吡啶(n-Pr-BTP),发现该萃取剂能从 1～2 mol·L⁻¹ 的硝酸溶液中选择性地萃取 An(Ⅲ),对 An(Ⅲ)/Ln(Ⅲ)的分离系数为 135。n-Pr-BTP 的结构式如下:

10.3.8.2 超锔锕系元素的分离

三价锕系离子的相互分离一般采用离子交换法,但萃取色层法近年来特别受到关注。阳离子交换法分离 An(Ⅲ)的关键是淋洗剂的选择,最广泛采用的淋洗剂为 α-羟基异丁酸(α-HIBA),其他有柠檬酸、乳酸、EDTA、HEDTA 等。为了达到快速分离的目的,常采用粒度小的树脂和高压色层技术,同时提高柱温使之能达到离子交换平衡。阴离子交换法对于三价锕系离子的相互分离效果不是很理想。萃取色层综合了萃取法和离子交换法的优点,是一种很有潜力的方法。

10.3.9 锕系元素的应用

10.3.9.1 锕和镤

在已知的 25 个锕的同位素中,^{227}Ac 的半衰期最长($T_{1/2}=21.77a$)。已发现的 Pa 同位素共 24 个，^{231}Pa 的半衰期相当长（$T_{1/2}=3.28\times10^4$a）。这两种元素除了用于科学研究之外，还没有发现它们在技术上的用途。^{233}Pa 是以 ^{232}Th 为原料生产 ^{233}U 的中间核素，半衰期为 26.967d，将辐照过的钍从反应堆卸出后，需等待 ^{233}Pa 衰变为 ^{233}U 后方可进行 ^{233}U 的提取。

10.3.9.2　钍

钍最重要的用途是在慢中子增殖反应堆中用于生产能源和易裂变核素 ^{233}U，

$$^{232}\mathrm{Th}(\mathrm{n},\gamma)^{233}\mathrm{Th}\xrightarrow{\beta^-,22.3\text{min}}{}^{233}\mathrm{Pa}\xrightarrow{\beta^-,26.967\text{d}}{}^{233}\mathrm{U}$$

与以 ^{235}U 为核燃料相比，以 ^{233}U 为核燃料的优点是：σ_γ/σ_f 较小，一次裂变发射的平均中子数 $\bar\nu$ 较高，生成的超铀核素少，钍的地壳丰度约为铀的 4 倍。但是，以钍为核燃料还存在许多技术问题。除了要设法实现核燃料的增殖外，还有辐照过的钍的强 γ 放射性问题需要解决。原来，刚从矿石中提取得到的 ^{232}Th 中总是含有其子体 ^{228}Th，后者只需约一个月就与它的全部子体建立起放射性平衡，为防护 ^{228}Th 及其子体的 γ 辐射，必然增加钍燃料元件的加工费用。其次，由于以下途径产生 ^{232}U（α 衰变，$T_{1/2}=68.9$a）：

$$^{230}\mathrm{Th}(\mathrm{n},\gamma)^{231}\mathrm{Th}\xrightarrow{\beta^-,25.52\text{h}}{}^{231}\mathrm{Pa}(\mathrm{n},\gamma)^{232}\mathrm{Pa}\xrightarrow{\beta^-,1.31\text{d}}{}^{232}\mathrm{U}$$

$$^{232}\mathrm{Th}(\mathrm{n},2\mathrm{n})^{231}\mathrm{Th}\xrightarrow{\beta^-,25.52\text{h}}{}^{231}\mathrm{Pa}(\mathrm{n},\gamma)^{232}\mathrm{Pa}\xrightarrow{\beta^-,1.31\text{d}}{}^{232}\mathrm{U}$$

$$^{233}\mathrm{U}(\mathrm{n},2\mathrm{n})^{232}\mathrm{U}$$

$$^{237}\mathrm{Np}(\mathrm{n},2\mathrm{n})^{236\mathrm{m}}\mathrm{Np}\xrightarrow{\beta^-,22.5\text{h}}{}^{236}\mathrm{Pu}\xrightarrow{\alpha,2.858\text{a}}{}^{232}\mathrm{U}$$

^{232}U 的子体就是前面提到的 ^{228}Th，这使得经中子照射后的钍具有很强的 γ 放射性，这种核燃料的后处理需要使用遥控设备。为了防止核扩散，人们建议在钍增殖层中混入一定量的 ^{238}U。此外，钍还有其他应用。二氧化钍在金属氧化物中熔点最高（3050℃），可用于高温坩埚和陶瓷的制造；高温下二氧化钍发白光，可用于光源的生产；耐高温、耐辐照及导热性好，适合于核燃料元件的制造。

10.3.9.3　铀

已知铀有 25 个同位素（$A=218\sim242$），其中 ^{234}U（天然丰度 0.0055%）、^{235}U（0.720%）和 ^{238}U（99.275%）存在于天然铀中，其他同位素都是通过核反应人工制得的。^{235}U 是唯一的天然存在的易裂变核素，是人类利用裂变能的基石。^{238}U 是可转换核素，它俘获一个中子后经二次 β$^-$ 衰变得到另一个易裂变核素 ^{239}Pu。^{233}U 也是易裂变核素，如上面所述，它是由 ^{232}Th 俘获一个中子后经二次 β$^-$ 衰变转换而来的。虽然天然铀可以直接用做某些反应堆的核燃料，但核电站使用的核燃料的 ^{235}U 丰度一般为 3%～5%。研究用反应堆则使用 ^{235}U 丰度 12%～19.75% 的浓缩铀。通常将 ^{235}U 丰度＜20% 的浓缩铀称为低浓缩铀（low-enriched uranium，LEU），将 ^{235}U 丰度＞20% 的浓缩铀称为高浓缩铀（highly-enriched uranium，HEU），将 ^{235}U 丰度＞90% 的浓缩铀称为武器级铀（weapon-grade uranium）。将 ^{235}U 浓缩的过程称为铀的同位素分离，此过程产生的 ^{235}U 丰度＜0.720%（一般为 0.2%～0.3%）的铀称为贫化铀。贫化铀可以在增殖反应堆中转化为易分裂核素 ^{239}Pu，也可以用来制造防弹装甲车及穿甲弹。铀与氢气在 250℃ 时迅速反应，生成黑色 UH_3 粉末，400℃ 时 UH_3 开始分解，435℃ 时 UH_3 上的氢气压强达到 0.1MPa。因此，金属铀是一种很好的储氢材料。

10.3.9.4　钚

钚有 20 个同位素（$Z=288\sim247$），质量数≥239 的同位素在反应堆中生成。^{239}Pu 经由

$$^{238}U \xrightarrow[\sigma=2.7b]{(n,\gamma)} {}^{239}U \xrightarrow[T_{1/2}=23.45\,min]{\beta^-} {}^{239}Np \xrightarrow[T_{1/2}=2.357\,d]{\beta^-} {}^{239}Pu$$

途径生成。^{239}Pu 还可俘获中子生成 ^{240}Pu、^{241}Pu 及 ^{242}Pu 等。^{239}Pu 和 ^{241}Pu 是易裂变核素,但 ^{240}Pu 不能被慢中子裂变,且辐射俘获截面比较大($\sigma_\gamma=290$ b),自发裂变概率相对较高。^{241}Pu 的半衰期较短($T_{1/2}=14.35$ a),经长时间存放将转变为 ^{241}Am,导致钚的 γ 辐射大大增加。因此,在专门用来生产军用 Pu 的反应堆(生产堆)中,为了减少 ^{240}Pu 的生成,需要控制燃耗为一较低的数值,使得 ^{240}Pu 的丰度<7%。在动力堆中,^{240}Pu 会积累到较高的含量(约 20%)。^{240}Pu 丰度≥19% 的钚称为反应堆钚。

^{238}Pu($T_{1/2}=87.74$ a,$E_\alpha=5.50$ 和 5.46 MeV)适合于同位素热电池制造,用于心脏起搏器、航天器及人造卫星,还可以用来制造 ^{238}Pu-Be 中子源。^{238}Pu 可经由以下途径生成:

$$^{237}Np \xrightarrow[\sigma_\gamma=176\,b]{(n,\gamma)} {}^{238}Np \xrightarrow[T_{1/2}=2.117\,d]{\beta^-} {}^{238}Pu$$

^{244}Pu 是寿命最长的钚同位素($T_{1/2}=8.1\times10^7$ a),因富含中子,可用做合成超重核的靶子。

10.3.9.5 镎

在 17 个已发现的镎同位素($A=227\sim243$)中,^{237}Np 的半衰期最长(2.14×10^6 a),最有应用价值。在反应堆中,^{237}Np 可由三个途径生成:

$$^{235}U \xrightarrow[\sigma_\gamma=98\,b]{(n,\gamma)} {}^{236}U \xrightarrow[\sigma_\gamma=5\,b]{(n,\gamma)} {}^{237}U \xrightarrow[T_{1/2}=6.75\,d]{\beta^-} {}^{237}Np$$

$$^{238}U(n,2n)^{237}U \xrightarrow[T_{1/2}=6.75\,d]{\beta^-} {}^{237}Np$$

$$^{241}Am \xrightarrow[T_{1/2}=432.7\,a]{\alpha} {}^{237}Np$$

因而可以从乏燃料中提取。1998 年美国能源部宣布,^{237}Np 和 Am 可以用来制造核爆炸装置。^{237}Np 的裸金属球的临界质量为 57 kg,与 ^{235}U 相近。因此,近年来国际上将监控 ^{237}Np 作为防止核扩散和反恐的重要内容。此外,^{237}Np 是制备 ^{238}Pu 的原料。

10.3.9.6 镅和锎

在已知的 16 个镅同位素($A=232\sim247$)中,^{241}Am($T_{1/2}=432.7$ a)可以从乏燃料后处理流程产生的高放废液中较大量地提取。其主要用途是制造 ^{241}Am-Be 中子源和用于 X 射线荧光分析的 γ 放射源($E_\gamma=59.54$ keV)。锎的同位素 ^{252}Cf($T_{1/2}=2.645$ a)自发裂变的分支比为 3%,中子产量约 1.8×10^{12} s$^{-1}\cdot$g^{-1},用做中子源具有中子产率高、体积小、可移动、无超临界问题等优点。

10.3.10 超铀元素的制备

超铀元素的合成方法如下:

10.3.10.1 在核反应堆中连续俘获中子法

在核反应堆中,以铀作为核燃料,在运行过程中生成镎、钚、镅和锔。^{239}Pu 是合成超钚元素的重要原料。从 ^{239}Pu 开始产生超钚元素分以下三阶段进行:

(1) 中子照射 ^{239}Pu,使之转变为 ^{242}Pu、^{243}Am 和 ^{244}Cm。

(2) 中子照射 ^{242}Pu、^{243}Am 和 ^{244}Cm,生成锎的同位素。

(3) 中子照射锎合成锿和镄同位素。

经过长时间照射，裂变截面相对于俘获截面来说太大，所以最初生成的 ^{239}Pu、^{243}Am 和 ^{244}Cm 在合成反应过程中大部分消耗了。将 ^{239}Pu 完全耗尽，转变成 ^{252}Cf 的产额只有 0.3%。到目前为止，用这种方法制得的最重要核素是 ^{257}Fm。

10.3.10.2　热核爆炸生成超铀元素

热核爆炸时，在一个极短的时间内会生成极高的中子注量率，这从核反应堆和热核爆炸两种中子源的比较中可以看出（表 10-9）。

表 10-9　核反应堆和热核爆炸两种中子源的比较

	核反应堆	热核爆炸
燃料	^{235}U	D＋T（以 ^{6}LiD 形式加入）
功率密度（W·cm^{-3}）	$\approx 1\sim700$	$\geqslant 5\times10^{15}$
中子源	裂变：^{235}U＋n→ 裂变产物＋$\bar{\nu}$n	聚变：D＋T→^{4}He＋n
中子平均能量（eV）	≈ 0.025	$\approx (1\sim3)\times10^4$
平均时间	几个月	$<10^{-6}$ s
中子照射量（cm^{-2}·a^{-1}）	$\approx 9\times10^{22}$（HFIR）*	$\approx (1.2\sim27)\times10^{24}$（按不同装置）

*　HFIR：high flux isotope reactor.

在核爆炸时核素的形成分为两步进行，首先在中子反应阶段形成靶核的重同位素，紧接着就是放射性衰变阶段。此时，所形成的重同位素转变为原子序数更高的同量异位素。

99 号（锿）和 100 号（镄）是在第一次核爆炸中非常意外地发现的。开始时，对爆炸后收集的放射性尘埃进行细心观察，发现了 ^{244}Pu 和 ^{246}Pu。后来，经过极仔细的分离和鉴定，发现了 ^{253}Es 和 ^{255}Fm，到目前为止，生成的核素质量还不能大于 257。

10.3.10.3　带电粒子反应生成超铀元素

利用加速器，将带电粒子加速到高能量，轰击丰中子的靶核，可以合成新的超铀元素，所合成新元素的原子序数最多等于靶核和入射粒子原子序数之和，如

$$^{238}_{92}\text{U}+^{16}_{8}\text{O} \xrightarrow{E_{CM}\approx 80\text{ MeV},\sigma=0.1\text{ b}} [^{254}_{100}\text{Fm}]^* \longrightarrow \begin{cases} 裂变（f） & \sigma_f=0.1\text{ b} \\ ^{250}_{100}\text{Fm}　+　4\text{n} & \sigma_{4n}=10^{-6}\text{ b} \end{cases}$$

这并不意味着复合核只有裂变和连续发射四个中子这两种衰变方式的竞争，而是在连续发射四个中子的每一步都存在裂变和中子蒸发之间的竞争：

$$^{254}\text{Fm} \xrightarrow{-n} {}^{253}\text{Fm} \xrightarrow{-n} {}^{252}\text{Fm} \xrightarrow{-n} {}^{251}\text{Fm} \xrightarrow{-n} {}^{250}\text{Fm}$$

所以在每一步里，放出中子和裂变均有一定的概率，用 Γ_n/Γ_f 比值来表示。Γ_f 和 Γ_n 分别表示在退激过程中裂变宽度和放出中子的宽度。略去低次项并假定每一步蒸发的 $\Gamma_n/(\Gamma_f+\Gamma_n)$ 比值是常数，则上述反应截面的一级近似式为

$$\sigma_{4n}=\sigma_{CN} \cdot P_4 \cdot [\Gamma_n/(\Gamma_f+\Gamma_n)]^4 \approx \sigma_{CN} \cdot P_4 \cdot (\Gamma_n/\Gamma_f)^4$$

式中 σ_{CN} 是复合核的生成截面，P_4 是复合核正好放出四中子的概率。

（1）轻离子核反应　用轻离子进行核反应合成新的超铀元素需要用较高质量数的靶核。如果用 α 粒子轰击靶核生成 ^{245}Cf，就需要用 ^{242}Cm 作靶。因为在当前还不可能生产可称量的 $Z>100$ 的元素，所以用轻离子核反应合成 $Z>102$ 的元素还是不可能的。

（2）重离子核反应　用重离子核反应合成重超铀元素，必须有能将重离子加速到足够高

的能量的重离子加速器，使其足以克服库仑势垒，形成复合核。复合核大都以裂变方式衰变。在最有利的情况下，蒸发中子与裂变概率之比约为 $1:10^3$，核反应的最大截面可达 $10\sim100\,\mu b$。但实际上，在大多数实验室观察到的截面更小，如：

$$^{243}\mathrm{Am}(^{18}\mathrm{O},\ 5n)^{256}\mathrm{Lr}$$

$$E(^{18}\mathrm{O}) = 96\,\mathrm{MeV}, \quad \sigma = 0.03\,\mu b$$

在 $^{232}\mathrm{Th}+^{22}\mathrm{Ne}$、$^{238}\mathrm{U}+^{16}\mathrm{O}$ 和 $^{241}\mathrm{Pu}+^{13}\mathrm{C}$ 核反应中，都能生成中间核 $^{254}\mathrm{Fm}$，它接着放出四个中子生成 $^{250}\mathrm{Fm}$。原子序数高的靶核与原子序数低的入射粒子反应生成的产额高，这是因为入射粒子越重，需要克服的库仑势垒越高，入射粒子需要更高的能量。这就使复合核处于更高的激发态，裂变概率变得更大。

靶核和入射粒子种类对重核产额的影响列于表 10-10，表中列出了在改变靶核或改变入射粒子种类的情况下，核反应的最大截面。无论靶核或是入射粒子核电荷的增加，结果都使截面减小。

表 10-10　入射粒子与靶核各种反应生成重核的 $\sigma_{最大}$

靶核	入射粒子	反应	产物核	$\sigma_{最大}(\mu b)$	$E(\mathrm{MeV})$
$^{238}\mathrm{U}$	$^{12}\mathrm{C}$	$(^{12}\mathrm{C},\ 4n)$	$^{246}\mathrm{Cf}$	62	68
$^{238}\mathrm{U}$	$^{16}\mathrm{O}$	$(^{16}\mathrm{O},\ 4n)$	$^{250}\mathrm{Fm}$	1	88
$^{238}\mathrm{U}$	$^{22}\mathrm{Ne}$	$(^{22}\mathrm{Ne},\ 4n)$	$^{256}\mathrm{No}$	0.045	112
$^{232}\mathrm{Th}$	$^{12}\mathrm{C}$	$(^{12}\mathrm{C},\ 4n)$	$^{240}\mathrm{Cm}$	80	68
$^{242}\mathrm{Pu}$	$^{12}\mathrm{C}$	$(^{12}\mathrm{C},\ 4n)$	$^{250}\mathrm{Fm}$	9	65
$^{246}\mathrm{Cm}$	$^{12}\mathrm{C}$	$(^{12}\mathrm{C},\ 4n)$	$^{254}\mathrm{No}$	1	72

10.4　超锕系元素的合成与化学

从 1940 年开始人工合成超铀元素，到 1961 年锕系元素全部合成。1964 年开始合成超锕系元素 104 号，迄今已报道合成了除 117 号以外的 104～118 号元素，104～111 号元素已由 IUPAC 和 IUPAP(International Union of Pure and Applied Physics)命名，112 号元素的合成已经被确认，113～116 号及 118 号元素的合成尚有待确认。表10-11列出了超锕系元素的英文名、中文名、元素名称及合成时间。

表 10-11　超锕系元素的命名及合成时间

原子序数 Z	英文名	中文名	元素符号	合成年份
104	rutherfordium	𬬻	Rf	1964
105	dubnium	𬭊	Db	1967
106	seaborgium	𬭳	Sg	1974
107	bohrium	𬭶	Bh	1981
108	hassium	𬭼	Hs	1984
109	meitnerium	鿏	Mt	1982
110	darmstadtium	𫟼	Ds	1994

续表

原子序数 Z	英文名	中文名	元素符号	合成年份
111	roentgenium	铊	Rg	1994
112	(ununbium)		Uub	1996
113	(ununtrium)		Uut	2004
114	(ununquadium)		Uuq	1998
115	(ununpentium)		Uup	2004
116	(ununhexium)		Uuh	2000
118	(ununoctium)		Uuo	2004

10.4.1　超锕系元素的合成

104 号以后的元素都是用重离子加速器合成的。104～106 号元素是由"热熔合"反应（用 ^{12}C 到 ^{22}Ne 等作为入射粒子）制备的；107～113 号元素是"冷熔合"反应（用重离子如 ^{54}Cr、^{58}Fe、^{64}Ni 和 ^{70}Zn 等轰击铅和铋等）合成的，114～116 号及 118 号元素是通过"暖熔合"反应（参见第 7 章）制备的。104 号以后的新核素的获得以个数计，要求使用新的更高的探测方法。超锕系元素的命名和合成时间等列于表 10-11 中。

确定一种新元素应有基本的证明，那就是确定它的原子序数，而不是一定要确定它的质量数。为新元素提供确凿的证明，必须具备下列三点之一：① 化学鉴定是理想的证明；② X 射线（应与 γ 射线区别）的鉴定是满意的；③ α 衰变关系以及已知质量数的子核的证明，也是可以接受的。

根据确证新元素的三原则，下面对 104～112 号元素合成作一简单介绍，为书写方便，凡是已经命名的超锕系元素一律用正式名称。

（1）104 号（铲，Rf）元素的合成　1964 年，Г. Н. Флеров 等用直径 3 m 的重离子回旋加速器，用 114 MeV 能量的 $^{22}Ne^{4+}$ 离子（流强为 1.8×10^{12} s^{-1}）轰击 $^{242}PuO_2$ 靶，实现下列核反应：

$$^{242}Pu(^{22}Ne, 4n)^{260}Rf \xrightarrow{SF, T_{1/2}=0.3\,s}$$

产生的 ^{260}Rf 核从 Pu 靶反冲到捕集传送带上，以一定速度把新核传送到磷酸盐玻璃探测器，留下新核自发裂变的径迹。从传送速度和探测位置，可以测得新核的自发裂变半衰期为 0.3 s。Ю. И. Оганесян 等于 1970 年在重复这一实验时，设法减少了本底，结果把自发裂变半衰期修正为 0.1 ± 0.05 s。

1966 年，I. Zvara 等发表了化学鉴定的实验结果，他们将产生的新核素 ^{260}Rf 在 300℃ 用 $NbCl_5$ 氯化成 $^{260}RfCl_4$，并用 $ZrCl_4$ 为载体，迅速通过一个吸附过滤器。设想三价锕系氯化物被过滤器吸附，而 $ZrCl_4$ 把 $RfCl_4$ 带进云母窗探测器，以记录 Rf 原子的裂变径迹。总共记录了 14 个 ^{260}Rf 原子的自发裂变径迹。

在该实验中，是用测定自发裂变产物的能量来鉴定新元素的，但是裂片的能量并不是特征的。美国 A. Ghiorso 等多次重复这一实验，并没有观察到 ^{260}Rf 元素，因此对实验结果提出了疑问。他们实现了下列两个核反应：

$$^{249}Cf(^{12}C, 4n)^{257}Rf \xrightarrow{\alpha, 4.5\,s} {}^{253}No$$

$$^{249}Cf(^{13}C, 3n)^{259}Rf \xrightarrow{\alpha, 3\,s} {}^{255}No$$

他们测定了核反应产物发射的 α 粒子的能量并鉴定出其衰变子体是已知的^{253}No，从而证明了核反应产物是^{257}Rf。依靠测定特征的 α 粒子的能量来鉴定新元素是比较可靠的方法，通过子体能够可靠地鉴定母体的存在。他们合成得到的这两个同位素的原子核的数目数以千计，这有利于新元素的分离和鉴定。

1967 年，A. Ghiorso 等进一步以 90 ～100 MeV 能量的^{18}O 离子轰击 50 μg Cm 靶，合成了目前已知的 Rf 同位素中寿命最长的新核素^{261}Rf，按以下核反应生成：

$$^{248}Cm(^{18}O,5n)^{261}Rf \xrightarrow{\alpha,(70\pm10)\,s} {}^{257}No \xrightarrow{\alpha,23\,s}$$

(2) 105 号（𬭊，Db）元素的合成　1970 年，A. Ghiorso 等成功地获得了 105 号元素，他们使用 85 MeV 的^{15}N 离子轰击 60 μg 的^{249}Cf 靶，实现了下列核反应：

$$^{249}Cf(^{15}N,4n)^{260}Db \xrightarrow{\alpha,(1.6\pm0.3)\,s} {}^{256}Lr$$

同样地用测定 α 粒子的能量和鉴定其子体证实了^{260}Db 的存在，1971 年被 В. А. Друин 等所做的实验所证实，他们是用^{22}Ne 轰击^{243}Am 而获得了 Db。

1971 年，A. Ghiorso 等又合成了两个新的 Db 同位素：^{261}Db 和^{262}Db，核反应分别为^{249}Bk(^{16}O,4n)^{261}Db 或^{250}Cf(^{15}N,4n)^{261}Db 及^{249}Bk(^{18}O,5n)^{262}Db。^{261}Db 的子体为^{257}Lr，而^{262}Db 的子体为^{258}Lr，都已被观察到，而作为新元素的证明。^{262}Db 的 α 衰变的半衰期相当长，达 34 s，这对合成 106 号以上的元素，增加了希望。

(3) 106 号（𬭳，Sg）元素的合成　1974 年，A. Ghiorso 等使用 95 MeV 的^{18}O 离子轰击^{249}Cf，实现下列核反应：

$$^{249}Cf(^{18}O,4n)^{263}Sg \xrightarrow[9.06,9.25\,MeV]{\alpha,0.9\,s} {}^{259}Rf \xrightarrow[6.77,8.86\,MeV]{\alpha,3\,s} {}^{255}No \xrightarrow[8.11\,MeV]{\alpha,3\,min}$$

新核素^{263}Sg 的生成截面约为 3×10^{-10} b。其子体^{259}Rf 及其再下一代子体^{255}No 都是已知半衰期和能量的 α 放射核。这样，从 α 放射性衰变的母子体关系，就能对新核素的原子序数和质量数提供明确无误的证据。同年，Ю. И. Оганесян 等用 280 MeV 的^{54}Cr 离子轰击^{207}Pb 和^{208}Pb，都获得另一同位素^{259}Sg，其自发裂变半衰期为 4～10 ns。

(4) 107 号（𬭛，Bh）元素的合成　1976 年，Ю. И. Оганесян 等用^{54}Cr 轰击^{209}Bi，认为发生了下列核反应：

$$^{209}Bi(^{54}Cr,2n)^{261}Bh \xrightarrow{\alpha,80\%} {}^{257}Db \xrightarrow{SF,5\,s}$$
$$\downarrow{\scriptstyle SF,2\,ns}$$

利用自发裂变判断 107 号新元素。对于这一实验有不同的意见：既然有 80% 的 α 衰变，为什么未加以观察？而采用自发裂变判断新核素的原子序数，Seaborg 等认为这并不可靠。

1981 年，G. Münzenberg 等在 120 m 长的"全粒子加速器"上，用^{54}Cr 离子（4.85 MeV·u^{-1}）轰击^{209}Bi 靶，其核反应如下：

$$^{209}Bi(^{54}Cr,n)^{262}Bh$$

每天能获得 2 个^{262}Bh 的计数，总共观察到 7 个计数，使用半导体面垒探测器测定了 α 粒子的能量。利用衰变关系证明了^{262}Bh 合成的成功，如图 10-13 所示。

^{262}Bh、^{258}Db、^{254}Lr 和^{250}Fm 衰变数据都是在这一实验中测定的，^{262}Bh 是新发现的一种核素，^{250}Fm 是已知的，^{258}Db 和^{254}Lr 是尚未报道过的新核素。因此他们用 4.75 MeV·u^{-1} 的^{50}Ti 离子流进行核反应^{209}Bi(^{50}Ti, n)^{258}Db，这就证明了^{258}Db 和^{254}Lr 这两种新核素的 α 衰变特征。

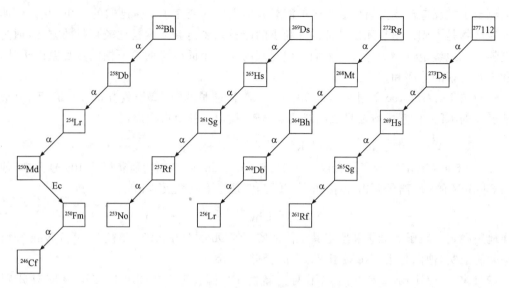

图 10-13　鉴定 107～112 号元素的衰变链

每条链的最终衰变产物是已知的,半衰期和 α 粒子的能量是每个核素的特征参量

因而能确定图 10-13 所示的^{262}Bh 的全部衰变系。这就证实了^{262}Bh 的存在。

（5）108 号（镙,Hs）元素的合成　1984 年,德国重离子研究所（GSI）的 P. Armbruster 和 G. Münzenberg 等又报道了 108 号元素的合成。他们用能量为 5.02 MeV · u^{-1}的^{58}Fe 离子轰击^{208}Pb 靶,观察到三个^{208}Pb(^{58}Fe, n)^{265}Mt 核反应事件,^{265}Mt 的寿命为 22～34 ms。其衰变如图 10-13。

（6）109 号（𫟼,Mt）元素的合成　继 1981 年合成了 107 号元素 Bh 之后,GSI 的 P. Armbruster 和 G. Münzenberg 等,又在"全粒子加速器"上,用^{58}Fe 轰击^{209}Bi,预期的核反应为^{209}Bi (^{58}Fe, n)^{266}Mt。在长达一星期的轰击实验中,只观察到一个事件,即一个 109 号元素的原子。核反应及其衰变途径见图 10-13。

GSI 的 P. Ambraster 教授等,用"全粒子直线加速器"（ONILIC）,合成了 110,111,112 号三种新的核素。其合成时间及衰变途径如下:

（7）110 号元素（𫟷,Ds）的合成　1994 年 11 月,合成反应为^{208}Pb(^{62}Ni ,n)^{269}Ds,其半衰期 $T_{1/2}=0.4$ ms,观察到三个事件,衰变如图 10-13。

（8）111 号元素（𬬭,Rg）的合成　1994 年 12 月,合成反应为^{209}Pb(^{64}Ni ,n)^{272}Rg,其半衰期 $T_{1/2}=1.5$ ms,观察到三个事件,其衰变链如图 10-13。

（9）112 号元素（ununbium）的合成　1996 年 2 月,合成反应为^{208}Pb(^{70}Zn ,n)^{277}112,其半衰期 $T_{1/2}=280$ μs ,观察到两个事件,其衰变链如图 10-13。

（10）113 号元素（ununtrium）的合成　2004 年来自美国 Lawrence Livermore 国家实验室（LLNL）G. T. Seaborg 研究所、化学生物学和科学部的科学家,与来自俄罗斯联合核子研究所（JINR）Флеров 核研究实验室（FLNR）的科学家合作发现了 113 号元素的同位素。研究者使用了 JINR 的 U400 回旋加速器和杜布纳充气分离器,通过衰变类型、衰变链推断,他们确信,首次发现了 113 号元素 113,它是新元素 115 的 α 衰变产物。

同年,日本科学家 Kosuke Morita 等人用 349.0 MeV 的^{70}Zn 离子轰击 Bi 靶,累计注量

1.7×10^{19}，首次观察到 $^{278}113$、^{274}Rg 和 ^{270}Mt 等三种新核素，它们的 α 粒子能量和半衰期分别为 $11.68 \pm 0.04\ MeV$，$0.344\ ms$；$11.15 \pm 0.07\ MeV$，$9.26\ ms$；$10.03 \pm 0.07\ MeV$，$7.16\ ms$。合成 $^{278}113$ 核反应为 $^{209}Bi(^{70}Zn,\ n)^{278}113$，生成截面为 $10^{-39}\ cm^2$。

（11）114 号元素（ununquadium）的合成　1999 年，Ю. Ц. Оганесян 领导的，由俄、美、日、德、意、斯洛伐克科学家参加的国际合作研究小组，利用核反应 $^{244}Pu(^{48}Ca,\ 3n)^{289}114$ 合成了衰变时间为 $30\ s$ 的 $^{289}114$。

（12）115 号元素（ununpentium）的合成　2004 年，Ю. Ц. Оганесян 领导的，由来自 LLNL 和 JINR 的科学家组成的合作研究组，用 JINR 的 U400 回旋加速器将 ^{48}Ca 离子加速到 $248\ MeV$，轰击 ^{243}Am 靶，累计注量为 4.8×10^{18}，观察到三条彼此类似的、由 5 个递次 α 衰变组成的衰变链，均在 $20\ s$ 内测得，各链以自发裂变终结，释放的裂变能约为 $220\ MeV$。他们将 ^{48}Ca 离子能量提高到 $253\ MeV$，轰击 ^{243}Am 靶的累计注量相同，观察到一条 4 个成员的递次 α 衰变链，最终自发裂变。他们将观察结果与微观-宏观模型的预测进行了比较，认为发生的核反应为 $^{243}Am(^{48}Ca,\ xn)^{291-x}115$，观察到了 9 个新的超重核素，包括新元素 115 和 113。他们的结论受到了质疑，因为观察到的衰变链并不终止为已知核素。

（13）116 号元素（ununhexium）的合成　2000 年 Ю. Ц. Оганесян 领导的 FLNR 的研究小组用 ^{48}Ca 轰击 ^{249}Cm 靶，在第 35 天观察到第一个 $^{292}116$ 原子，其子体 114，112 及 110 号元素与先前用 ^{48}Ca 轰击 ^{244}Pu 得到的同位素的性质相符。2000 年末和 2001 年 1 月，他们进行了两次重复实验，都没有成功。2001 年 5 月，当 ^{48}Ca 的累计注量达到 2×10^{19} 时，终于观察到又一个 116 原子，从而证实了新元素 116 的合成成功。

（14）118 号元素（ununoctium）的合成　2002 年 Ю. Ц. Оганесян 领导的研究组利用 JINR 的充气反冲分离器和 U400 重离子回旋加速器产生的 $245\ MeV$ 的 ^{48}Ca 轰击 ^{249}Cf 靶 $2300\ h$，累计注量 25×10^{19}，观察到两个可认为生成了 118 号元素的事件。其中一个事件是由两个 α 衰变核组成的衰变链，对应的能量和相关时间分别为 $E_{\alpha,1} = 11.65 \pm 0.06\ MeV$，$t_{\alpha,1} = 255\ ms$；$E_{\alpha,2} = 10.71 \pm 0.17\ MeV$，$t_{\alpha,2} = 42.1\ ms$，最后以自发裂变终止，$E_{tot} = 207\ MeV$（TKE 为 $230\ MeV$），$t_{SF} = 0.52\ s$。第二个事件链在 $3.16\ ms$ 后自发裂变，$E_{tot} = 223\ MeV$（TKE 为 $245\ MeV$），没有中间的 α 衰变。他们将第一个事件的衰变链特征与 $Z = 116,114,112$ 的偶-偶核的衰变性质进行比较，并与各种模型计算值进行比较，认为经由核反应 $^{249}Cf(^{48}Ca,\ 3n)^{294}118$ 生成了新核素 118。

10.4.2　超重核的展望

从 1940 年开始人工合成超铀元素，到 1961 年合成了 103 号元素铹，历经 21 年，得到从 89 到 103 号全部锕系元素。1964 年开始合成锕系后的元素 104 号，到 1996 年已合成 112 号元素。截至 2004 年，113～116 号和 118 号元素已宣布合成成功。

从最重天然放射性元素钍、铀、钚直到最重的元素，它们的半衰期不断缩短。从 93 号元素镎到最重的 112 号元素，$\lg T_{1/2}$ 随原子序数增加半衰期的缩短近乎呈直线下降，如图 10-14。

随着合成的超重核的原子序数的增加，生成截面越来越小（图 10-15），按照目前的探测下限，生成截面 $< 0.11\ pb$ 已经很难检测出来。

由此可见，超铀元素的半衰期和生成截面随着原子序数的增加而迅速下降，自发裂变的趋势越来越大，随着新元素的合成，元素周期表的延伸问题自然提到人们面前——元素周期表究竟可以填充到什么地步？

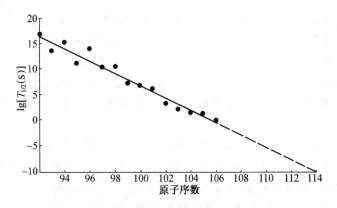

图 10-14 超铀元素半衰期随着原子序数的增加而缩短

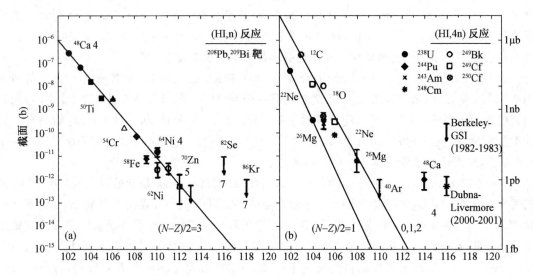

图 10-15 ^{208}Pb(HI, xn)和 ^{209}Bi(HI, xn)反应的实测截面和截面极限

(引自 S. Hofmann *et al*. Nucl. Phys. A, 2004, 734: 93～100)

在 7.3.1 小节中曾经提到,对于球形原子核,在 $Z\approx130$ 附近,裂变参数 $\chi=1$,这是自发裂变对于球形原子核的 Z 设定的上限。超重核不是球形核,由于形变,超重核的能级结构发生改变,形变核的壳层效应使得超重核有可能稳定存在,这就是 20 世纪 60 年代提出"稳定岛"的根据。

根据理论物理学的计算,提出了存在"超重核"的可能性。可以预测,在核内存在着类似于核外电子壳层的核壳层,具有幻数中子数或质子数的原子核就显得特别稳定。一般认为质子数为 114,中子数为 184,质量数为 298(114+184=298)的双幻数核最稳定。估计原子序数为 114～126,中子数为 184～196 的区间,可能存在较稳定的超重核,称它为超重元素的"稳定岛",如图 10-16 所示。要想达到超重核的稳定岛,就必须跨过不稳定的海洋,也就是必须使用很重的重离子作为入射粒子引起核反应。

根据最近的理论计算(M. Bender *et al*. Phys. Lett. B, 2001, 515: 42),超重核的单粒子能级有很大的改变。首先,总的能级密度与 $A^{1/3}$ 成正比,其次能级间没有特别大的能隙,这意味着在这一区域壳层效应不显著。理论预测在 $Z=82$ 和 $N=126$ 之后幻数处的壳层效应已不复存在,代之以一个没有幻数的广宽的壳稳定区域,这对于实验工作者是一个好消息,通过弹核-靶核组合有可能合成壳稳定的超重核。

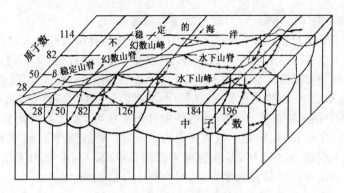

图 10-16　已知的和预言的核稳定区,四周是不稳定的海洋包围着

随着原子序数的增加,1s 电子出现在原子核中的概率增高,它们被核中的质子俘获的概率随之增加,使得元素的"化学"不稳定出现在 $Z=172$ 附近。

超重核合成的第三个限制是核中的 N/Z 比。随着 Z 的增加,处于外推 β 稳定线的核的 N/Z 应增加,目前的弹核-靶核组合的 N/Z 比总是偏小,使得合成的超重核都是缺中子的,这使得它们对于自发裂变、α 衰变、EC 衰变不稳定。目前合成的 114 号元素的同位素 $N=175$,与双幻数核 $^{298}114$ 的中子数 $N=184$ 还缺 9 个中子。要解决这个问题非常困难。使用高丰中子弹核 ^{48}Ca(天然丰度 0.187%,$N/Z=2.4$)、^{70}Zn(天然丰度 0.6%,$N/Z=2.33$)、^{76}Ge(天然丰度 7.44%,$N/Z=2.375$),甚至使用丰中子的放射性弹核,可以在一定程度上改善这种困境。

最后,探测系统的有限灵敏度对于明确无误地鉴定核反应产物也是一个限制。近年来 GSI 在这方面作了极大的努力,可望将现有的探测灵敏度提高一个数量级。不难想象,要让重离子加速器连续工作数月,准确探测期间仅发生一次核反应事件,对于实验工作者不能不是一个巨大的挑战。

在 7.4.4 小节中已经简要介绍了用重离子核反应合成超重核的策略,下面简单回顾一下人们攀登"稳定岛"所做过的尝试或设想。

(1) 可能的核反应　有人设想过如下的核反应:

$$^{232}\text{Th}+^{76}\text{Co}\longrightarrow^{304}122+4\text{n}$$

这是企图使核反应生成的核比我们所需要的核更重,经过多次 α 衰变及电子俘获等得到所需的较稳定的核。

1978 年在德国,M. Schadel,G. Herrmann 等用 1785 MeV ^{238}U 轰击 ^{238}U(300 mg·cm^{-2}):

$$^{238}\text{U}+^{238}\text{U}\longrightarrow^{476-x}184+x\text{n}$$

设想合成超重核,结果未成功。

1983 年在德国,由德国、美国、瑞士的 40 多位核化学家协作,再次重复了 ^{48}Ca 轰击 ^{248}Cm 的实验。这次使用的 ^{48}Ca 的能量稍低,为 4.5～4.9 MeV·u^{-1},估计产物的激发能仅为 16～40 MeV,有利于超重核的生成。但实验结果仍令人失望,半衰期小于 1 min 的反应截面上限约为 10^{-34} cm^2(100 pb),而半衰期大于 1 d 的反应截面上限为 10^{-35} cm^2,实际上还未见到超重核。

寻找超重核的熔合反应的实验表明,双幻数核 $^{298}114$ 不可能由靶核与入射核的结合获得,原子序数为 114 时,能达到的最大中子数仍然小于 180。已合成的中子幻数 $N=126(Z=90)$ 和 $N=184(Z=122)$ 的核反应表明,这种壳层不具备较高的稳定性。而壳层封闭,具有球对称基态的稳定核在激发能为 15 MeV 时就会被毁坏,而形变核在激发能为 40 MeV 时仍能存在。

根据实验及理论计算,制备未知超重核素需要综合考虑多个因素才有可能:① 利用形变核的壳层稳定性;② 将两个具有封闭核子壳层的核熔合,以便大量减少复合核的加热,减少裂变损失；③ 用比较硬的球形核熔合，可较易克服聚变的势垒。

使用铅附近的核作为靶核是最佳的体系，因为它与弹核熔合时具有最大的熔合概率和最低的复合核激发能。在可制备的超重元素中，最稳定的核素并不是双幻数核$^{298}114$，而是在$^{273}109$和$^{291}115$之间。由于壳层效应使核变得稳定，Z 为 106 和 108 元素的寿命大约提高了 15 个数量级。自发裂变的半衰期相当长，对 $Z \geqslant 106$ 的元素来说，丰质子同位素的 α 衰变可与裂变反应相竞争。

（2）在自然界中寻找超重核 如果自然界中有超重核素，那么当太阳系形成时会同时形成，它们的半衰期一定很长，在地壳中应找到它们的痕迹。曾在地球矿石、月球岩石、陨石和宇宙射线中寻找，都未找到。1981 年，苏联曾报道在陨石（橄榄石）中找到了超重元素的高能裂片径迹，但许多科学家对此结果都表示怀疑，将有待于今后验证。

10.4.3 超锕系元素化学

从 104 号 Rf 开始的超锕系元素在周期表中应该置于何处，是否 104～112 号元素的原子中陆续填充 6d 轨道，从而构成第四过渡元素系？113～118 号元素是否陆续填充 7p 轨道，组成第七周期的 p 区元素？如果将它们这样排列到周期表中，它们的物理化学性质是否与现有周期表的变化规律相同？对超重元素，相对论效应更大，这会在多大程度上影响它们的物理化学性质？这些问题是化学家及物理学家关注的问题。这就需要开展超锕系元素化学的研究。

超锕系元素化学的研究与常见元素研究的最大差别是可资用于化学研究的元素的量非常少而且寿命非常短，很多情况下是每次只有一个原子，即所谓"one-atom-at-a-time"，这就需要用新的理论和新的研究方法。

10.4.3.1 相对论效应

与锕系元素相比，超锕系元素的相对论效应更显著，这可以从图 10-17 和 10-18 看出来。图 10-17 中 Db 的 7s 轨道的径向密度分布的相对论计算结果与非相对论计算结果的差别比 Pu^{3+} 的差别（图 10-5）要大。Sg 与同族元素 Cr、Mo、W 相比，7s 与 6d 轨道能级顺序发生了反转，7s 轨道能量比 6d 轨道能量还低。显然，相对论效应必将影响基态的电子组态和电离能，影响原子和离子半径，影响各价轨道的成键特性，也影响化学键的键长、键能和键的共价键成分/离子键成分的相对比例。就目前获得的研究结果看，相对论效应的影响还不足以改变超锕系元素在周期表中的位置。

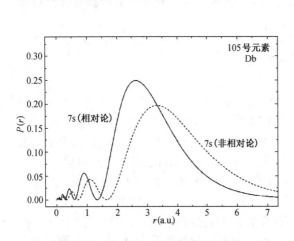

图 10-17 Db 的 7s 轨道的相对论效应
［引自 V. G. Pershina, in: M. Schädel (Ed.). The Chemistry of Superheavy Elements, Kluwer, 2003］

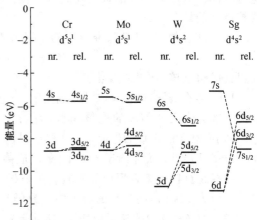

图 10-18 ⅥB 族元素的 ns 和$(n-1)$d 轨道
（引自 V. G. Pershina, J. P. Desclaux, 1998）

10.4.3.2 超锕系元素化学的研究方法

1. 设备

（1）加速器和靶　为了生成可以进行化学研究的量,加速器的束流强度应尽可能大。典型值为：束流强度 3×10^{12} HI·s^{-1}（HI＝heavy ions,重离子数）,靶子厚度 0.8 mg·cm^{-2}。在这种条件下,Rf 和 Db 核的生成速度为 $2 \sim 3$ 个·min^{-1}, ^{265}Sg 约为 5 个·h^{-1}, ^{269}Hs 约为 2 个·d^{-1}。因此,选择超重核生成截面大的反应,使用高效率的离子源和束流光学系统,选择最佳的加速能量,以期达到最大的生产效率。

（2）产物传输装置　一般采用喷射传输,将从靶子中反冲出来的产物核快速转运到在线分离系统,常用气溶胶喷射或称"簇雾"（cluster）喷射,在水溶液中进行分离一般用 KCl 作为簇雾物质,如 KCl-He 气流。若分离在气相中进行,一般用碳作为簇雾物质。采用这种技术,传输时间一般为几秒钟。

（3）快速分离装置

（4）在线化学研究装置　视所研究的超重核的半衰期,选择手工间歇操作或自动化连续操作。测定超锕系元素在某萃取体系的分配系数只需用间歇操作。迄今关于 Rf～Sg 的化学行为的知识主要是用**自动快速化学仪器**（automated rapid chemistry apparatus, ARCA）获得的。ARCA Ⅱ采用微机控制,可快速、重复和可重现地完成液相色谱分离,柱中可填充阴或阳离子交换树脂,也可填充萃取色层的固定相。对于"每次一个原子"的化学,唯一的分析方法就是放射性测量。如**与 α 能谱测量系统相耦合的自动离子交换仪**（automated ion exchange apparatus coupled with detection system for alpha spectroscopy, AIDA）。AIDA 还包括样品出入真空测量系统的运送装置。通过比较超锕系元素与已知元素的离子交换色谱或萃取色谱行为（如淋洗峰位）,研究它们在周期表中的正确位置以及在同族元素中的化学性质变化趋势。研究超锕系元素挥发性化合物可采用连续快速气相色谱,如在线气相色谱仪（on-line gas chromatographic apparatus, OLCA）,通过测定穿透曲线确定其"保留时间当量"（retention-time-equivalent,相当于气相色谱的保留时间）或热色谱中的位置,推断其与已知元素的相似性程度。

2. 主要研究结果

（1）Rf 的化学　为了研究 Rf 离子与 F$^-$ 离子的配位作用,测定 HF 浓度对 Zr(Ⅳ)、Hf(Ⅳ)、Th(Ⅳ) 和 Rf 在 HNO$_3$-HF 水溶液的阳离子交换行为,改变 HF 浓度,测定这些离子在阳离子交换树脂上的分配常数 K_d,比较使 K_d 下降所需 HF 浓度,可以推断出这些离子与 F$^-$ 形成配合物的趋势有如下顺序：Zr $\geqslant$ Hf $>$ Rf $>$ Th。也可以用阴离子交换树脂进行这项研究,即测定多大的 HF 浓度下,给定离子就不被阴离子交换树脂吸附。

在离线实验中,HF 浓度从 10^{-3} 增加到 10^{-1},Zr 和 Hf 在阴离子交换树脂上的 K_d 增加 10 到 100 多倍,Th 的 K_d 则无明显提高。在在线实验中,当 HF 浓度为 $10^{-3} \sim 1$ mol·L^{-1} 范围内,HF 浓度的提高对 Hf 和 RF 的 K_d 没有明显的提高作用。上述结果对于 Th 是可以理解的,因为它与 F$^-$ 不形成配阴离子,但对 Hf,在线实验和离线实验的结果不同,原因不清楚。只有搞清楚其中的原因,才能对 Rf 与 F$^-$ 的配位行为做出可靠的解释,因为 Rf 只有在线数据。

早期的实验结果提示,在纯的 0.22 mol·L^{-1} HF 中和在 0.27 mol·L^{-1} HF- 0.2 mol·L^{-1} HNO$_3$ 中,Rf 与 F$^-$ 形成阴离子配合物。有趣的是,以 TBP/8 mol·L^{-1} HCl 为探针,用 AIDA 研

究发现,Rf 的行为介于 Zr 和 Hf 之间而更接近 Hf。而以阴离子交换树脂/8 mol·L^{-1} HNO$_3$ 为探针,同样用 AIDA 研究发现,Th 和 Pu 与 NO$_3^-$ 形成阴离子配合物,而 Rf 则否。这说明,Rf 的行为类似于 Zr 和 Hf,而不同于 Th 和 Pu。

(2) Db 的化学　实验发现,在硝酸和盐酸介质中,Db 很容易被玻璃表面所吸附,这是 VB 族 Nb、Ta 的典型性质。在用 ARCA 进行的三异辛胺/HCl-HF 体系萃取色层实验中,发现 Rf 的行为不同于 Nb 和 Ta 而类似于"拟同族元素"Pa。这一结果不好解释,因为无法分辨到底生成了 Cl$^-$ 还是 F$^-$ 配合物。考虑了 Cl$^-$ 和 OH$^-$ 的竞争后,理论预言,从纯 HCl 溶液萃取的顺序为 Pa≫Nb≥Db>Ta。最近以纯 F$^-$、Cl$^-$、Br$^-$ 体系进行的实验,结果与相对论量子力学计算结果符合极好。

用季铵型萃取剂 Aliquat 336(Cl$^-$)从 6 mol·L^{-1} HCl 进行的萃取实验,得出的萃取顺序为 Pa > Nb ≥ Db > Ta,见图 10-19。

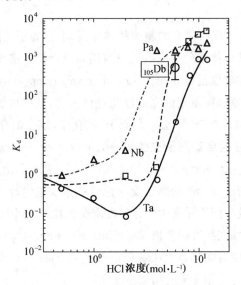

图 10-19　用 Aliquat 336(Cl$^-$)从 6 mol·L^{-1} HCl 萃取 Nb、Ta、Pa 和 Db 的分配系数
(转引自 M. Schädel, J. Nucl. Radiocheml. Sci., 2002, 3(1):113～12)

(3) Sg 的化学　用离子交换法进行的研究结果表明,Sg 最稳定的价态是 +6 价。与 Mo 和 W 相似,Sg 也生成阴离子氧化物及卤氧化物。其化学行为与 U 的化学行为不同。在硝酸介质中,Sg 没有类钨性质,可归因于其水解倾向较弱,Mo(Ⅵ) 和 W(Ⅵ) 可水解为中性产物 MoO$_2$(OH)$_2$,而 Sg(Ⅵ) 的水解停留在 [Sg(OH)$_5$(H$_2$O)]$^+$(或写做 {SgO(OH)$_3$}$^+$) 甚至 [Sg(OH)$_2$(H$_2$O)$_2$]$^{2+}$。对于其卤氧化物及羟氧化物也进行了气相色谱研究。

迄今对于 Bh 和 Hs 的化学也已开展了研究。因为随着原子序数的增加,其生成速度越来越小,其半衰期越来越短,化学研究的难度越来越大。

图 10-20 是包括超锕系元素在内的元素周期表。

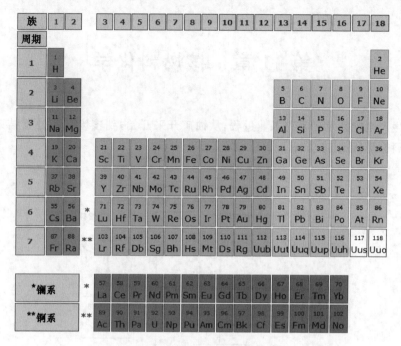

图 10-20 元素周期表

（引自 http：//www.webelements.com/）

参 考 文 献

[1] Kellor C,著；超铀元素化学编译组,译. 超铀元素化学. 北京：原子能出版社,1977.

[2] Seaborg G T. Actinides and Transactinides, Encyclopedia of Chemical Technology, 3rd. Edition. John Wiley & Sons, 1978.

[3] Seaborg G T,著；徐鸿桂,祝疆,译. 核化学与放射化学. 北京：原子能出版社,1980.

[4] 朱永赡,焦荣洲,等译. 放射化学基础. 北京：原子能出版社,1993.

[5] 刘元方,江林根,主编. 放射化学. 北京：科学出版社,1988.

[6] 郑成法,江林根,等. 核化学与核技术应用. 北京：原子能出版社,1990.

[7] Schädel M(ed). The Chemistry of Superheavy Elements. Kluwer Acad Publ, 2003.

[8] Simon Cotton. Lanthanide and Actinide Chemistry. Wiley, 2006.

[9] 刘伯里,贾红梅. 锝药物化学及其应用. 北京：北京师范大学出版社,2006.

[10] 徐瑚珊,周小红,肖国青,等. 超重核研究实验方法的历史和现状简介. 原子核物理评论,2003,20(2)：76~90.

[11] Vértes A, Nagy S, Klencsá Z (Eds.). Handbook of Nuclear Chemistry, Volume 2：Elements and Isotopes (Formation, Transformation, Distribution). Springer, 2004.

[12] Hoffman D C, Lee D M. Chemistry of the Heaviest Elements-One Atom at a Time. Chem J. Educ, 1999, 76(3)：332~347 (LBNL-46364).

[13] Schädel M. The Chemistry of Transactinide Elements-Experimental Achievements and Perspectives. Nucl J. Radiochem Sci, 2002, 3(1)：113~120.

[14] Kratz J V. Critical Evaluation of the Chemical Properties of the Transactinide Elements. Pure Appl Chem, 2003, 75(1)：103~138.

[15] http：//www.vanderkrogt.net/elements/index.html.

[16] http：//www.webelements.com/.

第11章 核燃料化学

反应堆生产电能涉及一系列工业过程,从铀矿开采开始,到核废料的处置结束,形成一个完整的**核燃料循环**(nuclear fuel cycle),如图11-1所示。

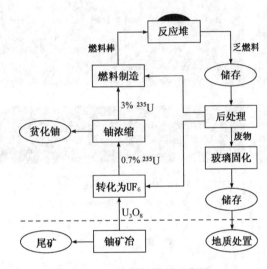

图 11-1　核燃料循环示意图

(1) **铀矿冶**　将铀矿石开采出来,经粉碎、选矿后用常规浸出法提取铀,也可用堆浸、细菌浸出或地下浸出法就地提取铀。然后通过萃取法或离子交换法分离和提纯铀,转化为重铀酸铵(俗称黄饼)。通常称这一铀矿冶过程为**前处理**。

(2) **铀转化**　将黄饼转化为 UF_6。

(3) **铀浓缩**　用气体扩散法或离心法将^{235}U 的丰度由 0.714% 浓缩到约 $3\%\sim5\%$。经过浓缩的 UF_6 送燃料元件工厂,贫化的 UF_6 将来可加工为快堆燃料,用于生产核能和增殖核燃料。

(4) **燃料制造**　将浓缩的 UF_6 转化为 UO_2,单独或与后处理厂来的 PuO_2 制成 MO_2 陶瓷燃料元件,装于锆合金包壳中,制成燃料组件。

(5) **反应堆燃烧**　将燃料棒插入反应堆堆芯,在此处^{235}U核裂变并释热,由冷却剂将热量传送到发电机组用于发电,或通过热交换向外供热。

(6) **后处理**　燃料元件燃耗到一定程度后取出,放置一定时间,令其中的短半衰期裂变产物衰变掉,或者不经任何处理,直接进行地质埋藏,此称为一次通过(once-through);或者进行后处理,将乏燃料中的铀和生成的钚提取出来供再利用。

(7) **高放废物储存**　令其放射性进一步减弱,释热率进一步减少。

(8) **玻璃固化**　将高放废物与玻璃原料混合烧结成玻璃。

（9）地质处置　将玻璃固化后的高放废物埋葬在特定的地质层中,与生物圈隔离。

由图 11-1 可见,核燃料循环包括化工、冶金、机械制造等一个完整的工业体系,其中涉及的化学问题是核燃料循环化学(核燃料化学)的研究内容。

表 11-1 给出一座电功率为 1 GWe 的核电站的核燃料使用情况的典型数据。

表 11-1　1 GWe 核电站的核燃料的典型使用情况

环　节	铀资源使用情况	铀制品成分说明
采矿	20000 吨铀矿石(铀品位 1%)	含天然铀 200 吨
湿法冶金	获得 230 吨 U_3O_8	含天然铀 195 吨
铀化合物转化	获得 288 吨 UF_6	含天然铀 195 吨
铀-235 浓缩	获得 35 吨浓缩 UF_6(^{235}U 4%)	含 ^{235}U 丰度为 3% 的铀 24 吨
燃料元件制造	制成 27 吨 UO_2 燃料元件	含 ^{235}U 丰度为 3% 的铀 24 吨
反应堆发电	发电 7000 GWh	
乏燃料	卸出 27 吨 UO_2 乏燃料	Pu 240 kg,U 23 吨(^{235}U 0.8%),裂变产物 720 kg,次量锕系元素

注: 铀浓缩中 ^{235}U 丰度 4%,贫化铀中 ^{235}U 丰度 0.25%,反应堆负载因子(load factor,等于反应堆在给定时间间隔内实际输出的功与最大输出功率乘时间间隔之比)80%,堆芯装料 72 吨铀,每年替换 1/3。

11.1　铀的提取工艺学

11.1.1　铀的矿物资源

铀广泛存在于自然界。地壳中铀的平均含量为 4×10^{-4}%,其总含量达 1.3×10^{14} 吨,约和锡的储量相近。它在各类岩石中的分布不均匀,在火成岩中含量较高,并随岩石中硅土含量的增加而增加;在水成岩中含量较低,约为火成岩中含量的一半。另外,铀在海水中的平均浓度为 $3.3 \mu g \cdot L^{-1}$,估计总量有 45 亿吨。铀属分散性元素,已发现的铀矿物和含铀矿物约有200 种,其中仅 20 余种具有工业价值。铀矿物按成因分为**原生铀矿**和**次生铀矿**。原生铀矿是地球形成时由岩浆形成的矿物,矿物中的铀常以 UO_2 或 U_3O_8 的形式存在。次生铀矿是原生铀矿经各种表面过程(氧化、水合、溶解、沉积等)形成的,矿物中的铀主要是六价状态。含铀矿物指的是含有少量铀的其他矿物资源,铀以吸附、共沉淀或晶置换的形式存在。表 11-2 列出了一些重要的铀矿物和含铀矿物。

表 11-2　某些重要的铀矿物

	矿物名称	组　　成	铀含量(%)
原生铀矿	沥青铀矿	$UO_2 \cdot mUO_3 \cdot nPbO$	$40 \sim 76$
	晶质铀矿	$(U,Th)O_2 \cdot mUO_3 \cdot nRbO$	$65 \sim 75.4$
	钛铀矿	$(U,Ce,Fe,Y,Th)_3 Ti_5 O_{16}$	<40
	黑稀金矿	$(Y,U)(Nb,Ti)_2 O_6$	<15
	复稀金矿	$(Y,U,Th)(Nb,Ti)_2 O_6$	<15

续表

矿物名称	组　成	铀含量(%)
水沥青铀矿	$UO_2 \cdot mUO_3 \cdot nH_2O$	—
红铀矿	$PbO \cdot 4UO_3 \cdot 5H_2O$	60～70
柱铀矿	$4UO_3 \cdot 9H_2O$	65～70
板铅铀矿	$2PbO \cdot 5UO_3 \cdot 4H_2O$	60～70
铁铀云母	$Fe(UO_2)_2(PO_4)_2 \cdot nH_2O$	—
铜铀云母	$Cu(UO_2)_2(PO_4)_2 \cdot (8～12)H_2O$	50
砷铜铀矿	$Cu(UO_2)_2(AsO_4)_2 \cdot 10H_2O$	—
钙铀云母	$Ca(UO_2)_2(PO_4)_2 \cdot (8～12)H_2O$	50
钾钒铀矿	$K_2(UO_2)_2(VO_4)_2 \cdot (1～3)H_2O$	50
钒钙铀矿	$Ca(UO_2)_2(VO_4)_2 \cdot 8H_2O$	50～60

（表左侧纵向标注：次生铀矿）

铀矿石中除铀矿物以外,还混杂了大量脉石,主要有硅酸盐、硫化物、磷酸盐、氧化物和可燃有机物等类型。目前开采的铀矿石品位($U_3O_8\%$)一般在千分之一左右。铀的提取便是将具有工业品位的铀矿石加工成含铀 75%～80% 的化学浓缩物(重铀酸钠或重铀酸铵,俗称黄饼)。

11.1.2　铀矿石的预处理

铀矿石的预处理包括配矿、破碎、选矿、焙烧和磨矿。预处理的目的在于使铀矿水冶过程中得到最佳的铀回收率和最低的费用。

配矿是把进厂的各类矿石按一定的比例混合(也可在破碎后配矿),通常是在水冶厂的储矿系统中进行配矿作业。

破碎一般先用颚式破碎机将矿石粗碎(粒度为 100～150 mm)。粗碎的矿石由皮带运输机载运进行放射性选矿。所得的矿石再用圆锥式破碎机(或锤式破碎机)进行中碎(粒度为 25～60 mm)和细碎(粒度为 10～20 mm)。破碎的目的是将大块的矿石(大于 400 mm)破碎成小块矿石,为磨矿作准备。

焙烧是为了除去矿石中的还原性物质,提高有用组分的溶解度,改善矿物浸出性能和利于固液分离。同时在焙烧过程中,铀矿石中不易被浸出的四价铀被氧化为易被浸出的三氧化铀。UO_3 与矿石中的很多金属氧化物相互作用,形成溶于稀硫酸或碳酸盐溶液的铀酰盐。

当铀矿中含有大量的硫化物时,可以通过焙烧使其转化为难溶氧化物和挥发性氧化物,以避免 FeS_2 与稀硫酸(酸浸时)和碳酸钠(碱浸时)的相互作用,降低试剂的消耗。

在一些含有有机物的矿物(如铀褐煤、含铀页岩等)中,铀常与有机物共生。直接浸出不仅效率不高,消耗试剂量大,而且给后续工序如过滤、沉降、洗涤增加困难。在 500～600℃ 焙烧后,浸出率可从原来的 70% 提高到 95% 以上,其焙烧时的热能还可以进一步利用。

对一些多元素共生铀矿,为综合回收有用元素如钼、钨等,经焙烧后可以获得较高的浸出率,为了回收钒有时甚至加盐焙烧共生铀矿。

磨矿主要采用湿磨(固液比控制在 1:0.4～1:1),这样既可以改善劳动条件,又可以避免产生放射性粉尘。

在磨矿阶段,要避免矿石过度磨细,矿粒太细不仅耗能大,固液分离难,而且消耗试剂多,引入的杂质也多。通常酸浸时要求粒度为 $1.0 \sim 0.15\,mm$（$16 \sim 100$ 目）的矿粒占 50% 以上；碱浸时要求粒度 $0.15 \sim 0.074\,mm$（$100 \sim 200$ 目）的矿粒占 70% 以上。

11.1.3　铀矿石的浸取

用酸或碱的水溶液，从铀矿石中选择性地将铀矿物溶解下来的化学反应过程叫做浸出（或浸取）。通过浸取，铀转入水溶液，并和大量不溶解的脉石分离，为以后的浓缩、纯化过程创造了条件。

浸出按所用浸出剂分酸法（主要是用硫酸溶液）和碱法（主要是用碳酸钠-碳酸氢钠溶液）。这主要取决于矿石的类型，包括铀在矿石中的存在形式和脉石的组成，见表 11-3。

表 11-3　不同成因类型矿石与浸出工艺的关系

成因 类型	矿石类型	主要铀矿物	浸出 方法
原 生 铀 矿	沥青铀矿型	沥青铀矿	C,Ad△
	晶质铀矿型	晶质铀矿	Ad△,Ac△
	钛铀矿型	钛铀矿	Ac△
次 生 铀 矿	铀黑型	铀黑	Ad,C
	铀的含水氧化物型	水沥青铀矿,红铀矿,柱铀矿等	C,Ad△
	铀云母型	铜铀云母,铁铀云母,翠砷铜铀矿等	C,Ad△
	不定型铀矿物型	磷酸钙,有机物,黏土类等	Ad,Ad△
混 合 型 铀 矿	沥青铀矿—铀型	原生与次生铀矿物共生	Ad△
	沥青铀矿—铀云母型	原生与次生铀矿物共生	Ad△
	沥青铀矿—铀的含水氧化物型	原生与次生铀矿物共生	Ad△
	沥青铀矿—硅钙铀矿型	原生与次生铀矿物共生	Ad△,C
	沥青铀矿—钾钒铀矿—钒钙铀矿物型	原生与次生铀矿物共生	Ad△,C

注：表中符号 Ac—浓酸浸出；Ad—稀酸浸出；C—碱法浸出；△—加氧化剂。

酸法浸出具有对铀溶解能力强、反应速度快、浸出率高等优点，是目前铀矿石浸出的主要方法。一般都以稀硫酸作浸出剂，它对铀的浸出率高，价格便宜，对设备的腐蚀性较小。盐酸与硝酸虽也可以用做浸出剂，但由于其腐蚀性大，使设备材料选择发生困难，此外价格较贵，在目前生产实践中很少采用。

碱性浸出主要用来处理含碳酸盐较高的铀矿石。对这种矿石进行酸浸取时，消耗大量的硫酸，显然不合适，一般当矿山中碳酸盐含量大于 $8\% \sim 12\%$ 时，以碱法浸出为宜。常用的浸出剂是碳酸钠和碳酸氢钠的混合溶液。碱法浸出所得的浸出液较纯，对设备材料的腐蚀性小，但反应速度较慢，浸出率较低。

11.1.3.1　酸法浸取

1. 主要化学反应

酸法浸出的主要化学反应如下：

$$UO_3 + 2H^+ \Longrightarrow UO_2^{2+} + H_2O$$

$$UO_2^{2+} + SO_4^{2-} \Longrightarrow UO_2SO_4$$

$$UO_2SO_4 + SO_4^{2-} \Longrightarrow UO_2(SO_4)_2^{2-}$$

$$UO_2(SO_4)_2^{2-} + SO_4^{2-} \Longrightarrow UO_2(SO_4)_3^{4-}$$

铀能以上述任何一种或几种形式被溶解而进入溶液,其量的多少与体系的酸度、温度、铀的浓度及其他与配合物形成的因素有关。以四价铀存在的铀矿物为例,溶解前须氧化成六价铀,常在含铁离子的上述体系中加入 MnO_2 即可。

硫酸除与矿石中的铀起反应外也与杂质成分发生反应,如

$$Al_2O_3 + 3H_2SO_4 \Longrightarrow Al_2(SO_4)_3 + 3H_2O$$

矿石中还含有少量的钙、镁碳酸盐(若超过 8%～12% 须先选除碳酸盐,再酸浸),酸浸有下列反应:

$$CaCO_3 + H_2SO_4 \Longrightarrow CaSO_4 + CO_2\uparrow + H_2O$$

$$MgCO_3 + H_2SO_4 \Longrightarrow MgSO_4 + CO_2\uparrow + H_2O$$

磷酸盐与硫化物在酸浸时反应如下:

$$2PO_4^{3-} + 3H_2SO_4 \Longrightarrow 2H_3PO_4 + 3SO_4^{2-}$$

$$S^{2-} + H_2SO_4 \Longrightarrow H_2S\uparrow + SO_4^{2-}$$

铁氧化物,在有氧化剂的情况下,对铀的浸出有好处,在酸浸时其反应如下:

$$Fe_2O_3 + 3H_2SO_4 \Longrightarrow Fe_2(SO_4)_3 + 3H_2O$$

$$FeO + H_2SO_4 \Longrightarrow FeSO_4 + H_2O$$

不难看出酸浸时,酸耗大部分为分解杂质所用。酸用量大约为 5%～7%(个别低的在 5% 以下,高的可达 10%～15%)。

2. 影响浸出的因素

(1) 粒度　浸出速度与扩散速度有关,试剂从矿石表面进入内部并起反应,生成物(即 UO_2^{2+})从矿石内部扩散到表面,再从表面进入溶液。如果粒度小,比表面大,试剂与矿粒中的铀接触面加大,反应速率加大,试剂进入矿石内以及 UO_2^{2+} 扩散到矿粒表面的路程缩短有利浸出;但也不能太细,太细将增大矿浆黏度和降低扩散系数,固液分离困难。

(2) 矿浆液固比　液固比小,会使设备使用率提高;但也不能太小,太小会造成矿浆流动不畅、固液表面接触不良、减缓反应速度、降低浸出率,也会给搅拌和输送带来困难。通常液固比为 1:1(质量比)。

(3) 酸度　溶矿过程中要维持足够的剩余酸度以分解矿石。目前认为 H^+ 浓度对 UO_2^{2+} 形成速度有影响。在实际的浸出工艺中,为使浸出具有一定速度,其酸用量大大超过电位-pH 图中的计算值。生产中通常控制浸出液具有一定的剩余酸度,以保证达到要求的浸出率。对易浸出的矿石,剩余酸度在 $3\sim 8\,g\cdot L^{-1}$ 左右;对难溶矿石,可高达 $30\sim 40\,g\cdot L^{-1}$。

(4) 氧化剂　为得到较高的铀浸出率,维持溶液的氧化条件是极其重要的因素。通常在浸出液中加 MnO_2,以使溶液具有一定的 Fe^{3+} 浓度,其反应为

$$2Fe^{2+} + MnO_2 + 4H^+ \longrightarrow 2Fe^{3+} + Mn^{2+} + 2H_2O$$

有人做过实验,如果保持溶液中的 Fe^{3+} 浓度不变,浸出率随 Fe^{2+} 浓度增大而下降,增加 Mn^{2+} 也有同样的现象。这种降低浸出率的机制,可能是由于 Fe^{3+}、Mn^{2+}、Fe^{2+} 以及其他阳离子间对 UO_2 固相表面上反应区的竞争,造成 Fe^{3+} 在反应区的量减少所致。

(5) 温度　提高温度可以加速反应的进行。在矿石的浸出中提高浸出温度,可加速分解反应,提高铀的浸出率,同时提高杂质的浸出率。温度过高,介质对设备的腐蚀加剧。一般控

制在 50～80℃。

(6) 时间　浸出时间越长,铀的浸出率越高;但过长会导致设备的生产能力下降,也会使杂质溶解增大。浸出时间与矿石类型、粒度、酸度等有关,一般为 4～24 h。

另外通过搅拌,使试剂与铀矿物充分接触,也可以使矿石表面上的 UO_2^{2+} 加速扩散到溶液中,使浸出效果变得更好。但搅拌过分,会增加设备的磨损,消耗动力。

11.1.3.2　碱法浸取

铀矿石中氧化钙(CaO)含量大于 12% 时用碱法浸出。与酸法浸出相比较,碱法浸出具有选择性好,产品较易纯化,沉淀时过滤性能好,对设备腐蚀性小等优点。缺点是浸出速度慢,浸出率低,投资高,特别是对四价铀矿石的处理,需强氧化条件甚至高温高压才能得到满意的浸出率。目前世界上大多数厂采取酸法浸出,少数采用碱法浸出。碱法浸出的常用试剂是碳酸钠和碳酸氢钠,它们将矿石中的铀以碳酸铀酰配阴离子形式进入溶液,其主要反应为

$$UO_3 + 3CO_3^{2-} + H_2O \rightleftharpoons UO_2(CO_3)_3^{4-} + 2OH^-$$

pH 通常控制在 9～10.5 范围内。如 pH<9,浸出速度慢,效率差;pH>10.5,则 OH^- 与已溶解的 $UO_2(CO_3)_3^{4-}$ 起反应,将铀再次沉淀为铀酸钠和重铀酸钠,反应如下:

$$UO_2(CO_3)_3^{4-} + 4OH^- + 2Na^+ \rightleftharpoons Na_2UO_4 \downarrow + 3CO_3^{2-} + 2H_2O$$

$$UO_2(CO_3)_3^{4-} + 6OH^- + 2Na^+ \rightleftharpoons Na_2U_2O_7 \downarrow + 6CO_3^{2-} + 3H_2O$$

为防止上述反应的发生,浸出液中应有一定浓度的 HCO_3^- 以便抑制 pH 上升,其反应如下:

$$HCO_3^- + OH^- \rightleftharpoons CO_3^{2-} + H_2O$$

所以,铀矿石是在溶液中含碳酸钠 40～50 g·L^{-1} 和含碳酸氢钠 10～20 g·L^{-1} 的充气环境中进行浸出。

碳酸盐和碳酸氢盐除与铀矿石中的铀氧化物发生上述反应外,同时也与矿石中的杂质发生一系列反应。主要有:

与二氧化硅反应,生成胶体状的 Na_2SiO_3 影响矿浆的澄清和过滤。反应如下:

$$SiO_2 + 2Na_2CO_3 + H_2O \rightleftharpoons Na_2SiO_3 + 2NaHCO_3$$

矿石中的钙、镁硫酸盐也是消耗碳酸钠的主要成分,反应如下:

$$CaSO_4 + Na_2CO_3 \rightleftharpoons CaCO_3 \downarrow + Na_2SO_4$$

$$MgSO_4 + Na_2CO_3 \rightleftharpoons MgCO_3 \downarrow + Na_2SO_4$$

矿石中的硫化物,在充气氧化或氧化剂氧化矿石中的四价铀时,将与碳酸钠发生如下的反应:

$$2FeS_2 + 8Na_2CO_3 + 15/2O_2 + 7H_2O \rightleftharpoons Fe(OH)_3 + 4Na_2SO_4 + 8NaHCO_3$$

反应生成的碳酸氢钠可抑制浸出液的 pH 上升,但是在较高的温度下,易分解。

$$2NaHCO_3 \rightleftharpoons Na_2CO_3 + H_2O + CO_2 \uparrow$$

矿石中含有 0.2% 的黄铁矿就可保证浸出液中有 10～20 g·L^{-1} 的碳酸氢钠。

影响碱浸的因素和影响酸浸的因素在原则上是一致的。由于碳酸盐的反应能力较弱,故矿石必须磨得更细,以加强试剂与矿物的接触,浸出时间也长些。此外,为了提高浸出效率,除常压浸出外,还采用加压浸出(以空气或纯氧作氧化剂)。加压碱浸既能提高矿浆温度和强化搅拌效果,又能提高氧的分压,加速铀的氧化。碱法浸出的工艺条件一般如下:矿石粒度,100～200 目;矿浆液固比,0.8～1.4;浸出剂浓度,30～60 g·L^{-1} Na_2CO_3,5～15 g·L^{-1} $NaHCO_3$;温度,60～80℃(常压),95～120℃(加压,2.1～6.3 大气压);浸出时间随矿石性质

而异,对同一矿石而言,加压浸出时间约为常压浸出的 $1/10 \sim 1/20$。

11.1.3.3　堆浸、细菌浸出和地下浸出

随着核燃料工业的发展,如何从低品位铀矿石中提取铀的问题引起了人们的重视。在世界铀矿资源中低品位铀矿石占有很大的比重。目前认为,堆浸、细菌浸出和地下浸出是从低品位铀矿石中提取铀的较好方法。

堆浸实质上是渗滤浸出,浸出剂一般用稀硫酸。粗粒矿石露天堆放于一块平坦而略有坡度(朝收集溶液的一边倾斜)的场地上,场地四周有时设有围墙,全部场地表面和围堤内侧面都敷以塑料薄板或沥青油毛毡。浸出剂溶液喷洒于矿堆上方,并借重力向下流动,矿石中的铀便溶解于流动的溶液中,溶液自装于矿堆底部的多孔收集液管收集,并从流槽排出。为了减低酸耗和提高浸出液的铀浓度,浸出液可以用泵进行循环喷洒。堆浸法对矿石粒度要求不高、投资费用低,能经济地从低品位矿石中提取铀。但它的浸出速度慢、浸出率低,并要求矿石有良好的渗透性和适宜的气候条件。

当矿石中含有黄铁矿等含硫矿物时,可以在某些细菌存在下利用降雨和定期喷水进行所谓"自然"堆浸,即细菌浸出。在细菌的催化作用下,矿石中的硫化物能较快地氧化为硫酸与硫酸铁,供浸出之用。主要反应为

$$2FeS_2 + 15/2O_2 + H_2O \xrightarrow{\hspace{1cm}} Fe_2(SO_4)_3 + H_2SO_4$$

$$FeS_2 + 7Fe_2(SO_4)_3 + 8H_2O \xrightarrow{\hspace{1cm}} 15FeSO_4 + 8H_2SO_4$$

$$4FeSO_4 + 2H_2SO_4 + O_2 \xrightarrow{\hspace{1cm}} 2Fe_2(SO_4)_3 + 2H_2O$$

表 11-4 所列细菌是在某些矿山的酸性矿坑水中存在的单细胞微生物。从矿坑水中挑选菌种,经培植后把它们加到含硫化物的铀矿石中进行细菌浸出。浸出的适宜条件为:温度,20 ~ 40℃;pH,1.5 ~ 4.0;矿石粒度,14 ~ 20 目;并要求有良好的通风条件。对于一些不含硫化物的铀矿石,在添加黄铁矿后也能进行细菌浸出。细菌浸出还可和地下浸出等方法配合使用。

表 11-4　细菌浸出中细菌的种类及其主要生化特性

细菌名称	主要生化特性	最佳 pH
氧化铁硫杆菌	$Fe^{2+} \rightarrow Fe^{3+}$,$S_2O_3^{2-} \rightarrow SO_4^{2-}$	2.5 ~ 5.3
氧化铁杆菌	$Fe^{2+} \rightarrow Fe^{3+}$	3.5
氧化硫铁杆菌	$S \rightarrow SO_4^{2-}$,$Fe^{2+} \rightarrow Fe^{3+}$	2.8
氧化硫杆菌	$S \rightarrow SO_4^{2-}$,$S_2O_3^{2-} \rightarrow SO_4^{2-}$	2.0 ~ 3.5
聚生硫杆菌	$S \rightarrow SO_4^{2-}$,$H_2S \rightarrow SO_4^{2-}$	2.0 ~ 4.0

地下浸出又叫"化学采矿"或"溶液采矿"。它不经过矿石的机械开采,直接将浸出剂自开凿的注入孔注入地下,通过矿床的渗透与矿石的毛细作用使浸出剂溶液穿透矿体,把矿石中的铀溶解下来,浸出液由开凿的回收孔流出。地下浸出把浸出工序直接移入地下矿床中,省去了采矿、破碎、磨矿和固液分离等工序,并把尾矿废弃于原地,是一个成本低廉、有利于环境保护的浸出方法。但是它对矿体的生成条件有严格的要求:要求矿体为平状沉积岩;具有良好的渗透性等。

11.1.4　铀的浓缩与纯化

铀矿石浸出时,铀和部分杂质一起转入溶液。所得浸出液中铀浓度很低,一般每升仅含铀几百毫克,高的也不过 $1 \sim 2 g$ 左右,而杂质浓度却很高,一般每升含几克到几十克。为了从含

有大量杂质的低浓度铀溶液中获得核纯铀化合物,必须对浸出液进行浓缩与纯化。

11.1.4.1 离子交换法

大多数情况铀矿石用硫酸浸取,故矿浆和浸出液为酸性。在硫酸浸出液中除铀外,还有大量杂质,如:铁、铝、钙、镁、钼、硅等。为避免金属离子的污染,工艺中采用阴离子交换树脂,使铀与大多数金属杂质分离。在硫酸体系中,铀酰离子与硫酸有如下反应:

$$UO_2^{2+} + SO_4^{2-} \Longrightarrow UO_2SO_4 \qquad K_1 = [UO_2SO_4]/[UO_2^{2+}][SO_4^{2-}]$$

$$UO_2^{2+} + 2SO_4^{2-} \Longrightarrow UO_2(SO_4)_2^{2-} \quad K_2 = [UO_2(SO_4)_2^{2-}]/[UO_2^{2+}][SO_4^{2-}]^2$$

$$UO_2^{2+} + 3SO_4^{2-} \Longrightarrow UO_2(SO_4)_3^{4-} \quad K_3 = [UO_2(SO_4)_3^{4-}]/[UO_2^{2+}][SO_4^{2-}]^3$$

当溶液中的离子强度 $\mu=1$,温度 $t=25℃$ 时,上述三种反应的平衡常数 K_1,K_2,K_3 分别为 50,350 和 2500。铀主要是以 $UO_2(SO_4)_3^{4-}$ 阴离子形式存在,其次是 $UO_2(SO_4)_2^{2-}$;UO_2SO_4 及 UO_2^{2+} 存在量较少。由于 $UO_2(SO_4)_3^{4-}$ 负电荷高,易被阴离子交换树脂吸附,所以金属阳离子杂质被水相带走。另外钼、磷、砷、铁、钒等配阴离子对树脂的亲和力比铀酰配阴离子小,这些杂质配阴离子也留在水相被带走。但是当铁离子浓度超过 $5\ g \cdot L^{-1}$ 时,铁离子以 $Fe(SO_4)_3^{3-}$ 被树脂吸附,其影响不可忽视。此外,磷、砷含量太多可能以 $H_2PO_4^-$、$H_2AsO_4^-$、$UO_2(H_2PO_4)_3^-$ 和 $UO_2(H_2AsO_4)_3^-$ 被吸附,它们对树脂的亲和力大,淋洗困难。五价钒 VO_3^- 易被阴离子树脂吸附,当浓度高于 $1\ g \cdot L^{-1}$ 时,影响铀的吸附。铀在树脂上的吸附随溶液 pH 下降而下降,随溶液中铀离子浓度的增加而上升。温度的增加,对铀的吸附有利,但超过 $50℃$ 时树脂的热稳定性受影响(应控制在 $50℃$ 以下)。

为了能够处理澄清的浸出液和稀矿浆,现在工业上应用浸出液与树脂逆流的连续离子交换装置。在该装置中,树脂和矿浆以相反的方向通过一组串联的搅拌槽(即吸附段),经空气搅拌使矿浆与树脂充分接触,在混合槽内停留约 20 min,树脂与细泥矿浆的混合物从槽内溢流出来。再用空气提升到一个 65 目的筛子上,使树脂与细泥矿浆分开。被分离的细泥矿浆向下槽运动,树脂分成两部分:一部分流向前槽,另一部分返回混合槽。通过部分树脂的循环,便可调节混合槽内树脂/矿浆比,从而实现了树脂和矿浆的连续逆向流动,并从矿浆中吸附铀。

树脂被铀饱和后,用适当的试剂把铀从树脂上洗脱下来。按淋洗剂的性质,分为酸性、碱性和中性三种淋洗剂。用得较多的是硝酸(或硝酸盐)、硫酸(或硫酸盐)以及氯化物等。

11.1.4.2 溶剂萃取法

早在 20 世纪 40 年代,溶剂萃取就已应用于铀的制备过程,当时用乙醚萃取法制备了核纯的铀化合物。1956 年开始溶剂萃取技术又用于从铀矿石的浸出液中提取铀,目前它已成为铀工艺中浓缩和纯化铀的主要方法。

工业上应用的萃取剂主要有有机胺和有机磷二类。例如三异辛胺(TiOA)、N 235(混合叔胺,$C_8 \sim C_{12}$)、二(2-乙基己基)磷酸(D_2EHPA,HDEHP 或 P 204)和磷酸三丁酯(TBP)等。有机胺与酸性磷酸酯的分配比大,萃取容量较小,适宜于从铀矿石的硫酸浸出液中提取铀。磷酸三丁酯的选择性高、容量大,但分配比低,适宜于在硝酸介质中精制铀的化学浓缩物。

(1) 有机胺从浸出液中萃取铀　三脂肪胺从铀矿石的硫酸浸出液中提取铀时,其反应和弱碱性阴离子交换树脂相似,铀以 $UO_2(SO_4)_3^{4-}$ 或 $UO_2(SO_4)_2^{2-}$ 配阴离子形式进入有机相。

铀的分配比随有机相中胺浓度的提高而增加。但胺浓度的提高会使有机相黏度增大、分层速度变慢,因此胺浓度一般控制在 $0.1\ mol \cdot L^{-1}$ 左右。

浸出液中的硫酸根有利于铀配阴离子的形成,但硫酸根本身也能为三脂肪胺萃取,所以浓

度控制为 $0.5\sim1.0\,mol\cdot L^{-1}$。水相酸度是影响分配比的主要因素。对于 $0.1\,mol\cdot L^{-1}$ 三脂肪胺来说,水相 pH 一般在 $1.0\sim1.5$ 之间。

胺分子结构中有亲油基(烷基)和亲水基(氮原子),故在萃取过程中易于产生乳化现象。这不仅影响操作,而且会造成有机相的大量损失。为了抑制乳化,可将所用的煤油充分磺化(使不饱和烃小于 2%),并在有机相中加入高碳醇(2%~5%异癸醇、十三碳醇等)等破乳剂。

由于三脂肪胺只能萃取那些在酸浸出液中形成配阴离子的金属离子,因此有较高的选择性。在铀矿石浸出液中,通常只有钼 MoO_4^{2-}、$MoO_2(SO_4)_n^{2(n-1)-}$ 和五价钒 VO_3^-、VO_3^{3-}、$V_2O_7^{4-}$ 能和铀一起被显著地萃取。预先把五价钒还原为四价钒(VO^{2+})和控制水相的 pH,能抑制钒的萃取。钼的分配比比铀还高,而且不能被氯化物有效地反萃。可在浸出时通过配矿以调整矿石中钼的含量,并于萃取后对有机相进行冲洗以控制钼的萃取量,积累在有机相中的钼可用 5%~10%碳酸钠溶液洗涤。反萃剂常用酸化的氯化钠溶液和碳酸盐溶液。氯化钠的价格便宜,反萃取性能好,分相速度也快。但其浓度不宜过高,以防反萃时生成氯化铀酰配阴离子而被三脂肪胺重新萃取。氯化钠溶液的浓度一般为 $1\sim1.5\,mol\cdot L^{-1}$(pH=2)。10%碳酸钠或碳酸铵溶液是十分有效的反萃取剂,一次就能把铀全部反萃下来。特别是碳酸铵,可以直接进行结晶反萃取,以制取三碳酸铀酰铵晶体。

在胺类萃取剂中,除伯仲、叔胺外,还有一种季铵盐萃取剂,例如四烷基氯化铵盐 $R_4N^+Cl^-$(例如 N 263)能从碱性介质中提取铀,铀以 $UO_2(CO_3)_3^{2-}$ 配阴离子形式进入有机相。反萃取剂可用 $0.7\,mol\cdot L^{-1}$ 碳酸钠和 $1.0\,mol\cdot L^{-1}$ 碳酸氢钠的混合液,也可用 $250\,g\cdot L^{-1}$ 碳酸铵溶液直接结晶反萃取,以制取三碳酸铀酰铵。但季铵盐萃取剂在碱性介质中溶解损失较大,且易引起中毒。

(2) 二(2-乙基己基)磷酸从浸出液中萃取铀 由于水相的酸度对萃取性能影响很大,在较高 pH 下进行萃取,有较高的分配比,但为了防止杂质(特别是三价铁)的萃取以及铀与杂质的水解,酸度也不宜过低,pH 通常控制在 2 以下。

有机相中二(2-乙基己基)磷酸浓度增加,铀和杂质离子(特别是三价铁)的分配比都上升。考虑到铀的分配比和铀对杂质的分离系数的要求,可根据料液中铀浓度的高低来选择二(2-乙基己基)磷酸的浓度。当料液中铀浓度为 $0.4\sim0.5\,g\cdot L^{-1}$ 和 $4\sim5\,g\cdot L^{-1}$ 时,可分别选取 $0.02\,mol\cdot L^{-1}$ 和 $0.2\,mol\cdot L^{-1}$ D_2EHPA。

二(2-乙基己基)磷酸萃取,铀能和浸出液中大部分杂质元素分离,但三价铁、钼、钛,四价钒等能同时萃入有机相中,特别是三价铁与钼酰离子(MoO_2^{2+})和二(2-乙基己基)磷酸的亲和力很强,其分配比和铀相近。浸出液中三价铁含量一般较高,为了抑制铁的萃取,料液在萃取前可先经铁屑还原,把三价铁还原为不易萃取的二价铁。此外,铀的萃取速度甚快,只要 $1\sim2\,min$ 就能达到萃取平衡,而铁则要几个小时,甚至十几个小时,所以利用快速萃取的方法也能提高铀对铁的分离系数。

反萃取剂可用浓酸或碳酸盐溶液。考虑到反萃率、萃取剂的损失与设备的腐蚀,通常使用 10%碳酸钠溶液。此外,也可用 $200\,g\cdot L^{-1}$ 左右的碳酸铵溶液直接进行结晶反萃取,以制取三碳酸铀酰铵。在反萃过程中形成的二(2-乙基己基)磷酸的钠盐在煤油中溶解度较低,为了防止形成三相,在萃取剂中常加入磷酸三丁酯或高碳醇。

(3) 磷酸三丁酯萃取精制铀 在铀的提取工艺中,磷酸三丁酯(TBP)萃取常用于铀化学浓缩物的精制过程,以获得核纯的铀化合物。

磷酸三丁酯从铀化学浓缩物的硝酸溶液或硝酸盐淋洗液中萃取铀时,硝酸铀酰和磷酸三丁酯形成中性溶剂化物 $UO_2(NO_3)_2 \cdot 2TBP$ 而萃入有机相。萃取时水相硝酸浓度控制在 $5\,mol \cdot L^{-1}$ 左右。由于硝酸的盐析作用和硝酸对铀竞争萃取的双重影响,铀的分配比在 $4\sim5\,mol \cdot L^{-1}$ HNO_3 时出现最大值。

磷酸三丁酯萃取的选择性高,在适宜的萃铀条件下,大部分杂质元素的分配比在 $10^{-3}\sim10^{-4}$ 之间。唯钍、锆和四价铈较易萃取,但是当磷酸三丁酯对铀接近饱和萃取时,它们的分配比也不高,如钍的分配比仅为 0.01。所以萃取过程应尽量使磷酸三丁酯在接近饱和(饱和度一般为 $85\%\sim90\%$)的情况下达到平衡状态,以利于提高选择性。通常采用 $30\%\sim40\%$ TBP,有机相使用一段时间后需定期用碳酸钠溶液处理,以除去煤油与磷酸三丁酯的降解产物,如磷酸二丁酯(DBP)与磷酸一丁酯(MBP)等。

常用的反萃剂为 $0.02\,mol \cdot L^{-1}$ 硝酸溶液($60℃$),也可用 5%(质量分数)硫酸铵溶液。$0.02\,mol \cdot L^{-1}$ 热硝酸溶液的反萃效率略低于 5% 稀硫酸,但所得反萃液较纯,从反萃液中沉淀铀化合物也比较经济、方便。流程见图 11-2。

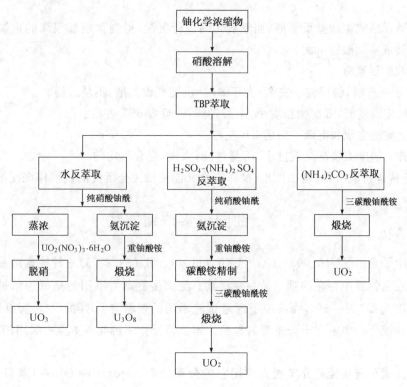

图 11-2 几种核纯铀氧化物的生产流程

11.1.4.3 铀的沉淀法

铀矿浸出液经萃取法(U_3O_8 浓度高于 $0.9\,g \cdot L^{-1}$)或离子交换法(U_3O_8 $0.35\,g \cdot L^{-1}$)处理后,会得到较浓的含铀淋洗液或反萃液,其杂质的含量也大大减少,特别是反萃液,基本上达到核纯度。因此一些大型水冶厂,不经化学浓缩工段,直接制备核纯铀化物(如三碳酸铀酰铵、二氧化铀、四氟化铀)。

在沉淀工艺中,用多段沉淀系统代替过去的单段沉淀系统,如图11-3。第一段用 CaO 沉淀去除铁、铝、钛、钍,连续真空过滤;第二段沉淀,用氨生产重铀酸铵沉淀,其反应为

$$2UO_2SO_4 + 6NH_4OH \longrightarrow (NH_4)_2U_2O_7 \downarrow + 2(NH_4)_2SO_4 + 3H_2O$$

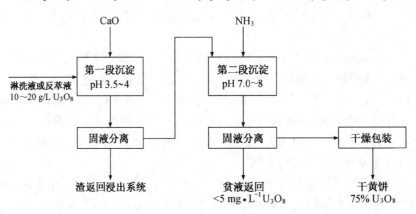

图 11-3　黄饼两段连续沉淀流程

如果是碱浸液或碳酸盐反萃液,加氢氧化钠进行沉淀,得到含钠量很高的重铀酸钠沉淀,再用硫酸铵转成重铀酸铵沉淀。

影响沉淀的因素有:

pH:小于 6.5 时,铀沉淀不完全;大于 8 时,沉淀颗粒太细,不易过滤。

温度:沉淀温度低,沉淀物粒度小,不易过滤,一般为 65℃左右。

时间:沉淀的生成和沉降一般需 2 h 左右。

搅拌速度:速度太快沉淀粒度小,不易过滤;太慢,混合不均匀。

因而,应选择价廉易得、腐蚀性小、操作安全又能使铀完全沉淀的试剂作沉淀剂。

11.2　铀同位素浓缩方法

自然界中铀是由 $^{234}U(0.0057\%)$、$^{235}U(0.711\%)$、$^{238}U(99.28\%)$ 三种核素组成的混合物。其中 ^{235}U 是在自然界中存在的唯一易裂变核素。绝大多数动力堆用的是低加浓铀作燃料,其中 ^{235}U 的丰度为 $1.5\% \sim 5\%$,而高中子通量试验堆用的燃料含 90% 的 ^{235}U,所以铀的浓缩在燃料循环和核能生产中占有十分重要的地位。本节简要介绍目前核工业中采用的方法和正在研究的方法。

一个同位素分离装置的分离能力常用它的**分离功率**(separative power)来表示。**分离功**(separative work,SW)是同位素分离装置消耗的功的量度。分离 $F(kg)$ ^{235}U 丰度为 X_F 的铀原料,得到 $P(kg)$ ^{235}U 丰度为 X_P 的浓缩铀产品和 $W(kg)$ ^{235}U 丰度为 X_W 的贫化铀,需要的分离功为

$$SW = P \cdot V(X_P) + W \cdot V(X_W) - F \cdot V(X_F)$$

其中价值函数 $V(X) = (1-2X)\ln\dfrac{1-X}{X}$,分离功具有质量的量纲,常用 kgSWU 为单位,称为千克分离功单位(separative work unit,SWU)。单位时间消耗的分离功称为分离功率,常用 kgSWU $\cdot$ a^{-1} 为单位。

11.2.1 气体扩散法

气体扩散法是用于铀同位素分离的最老方法之一。它是一种使待分离的气体混合物,流入装有分离膜的装置来得到浓缩和贫化的两股物流的同位素分离方法。其分离原理是在分子间相互碰撞可以忽略不计的情况下,气体混合物中分子的平均动能相等,分子的平均热运动速度反比于质量的平方根。因此,铀的两种主要同位素^{235}U 和 ^{238}U 的六氟化物(UF_6),由于质量不同,它们的分子运动速度也不同。含 ^{235}U 的 UF_6 分子的运动速度略大于较重的含 ^{238}U 的 UF_6 分子的运动速度。当它们沿着多孔分离膜流动时,通过膜的轻分子的数目就相对多些(单位时间内轻分子碰撞器壁的概率大),而剩下来没有穿过分离膜的气体中,重分子数目相对多些,这样就达到了分离的目的。如图 11-4。

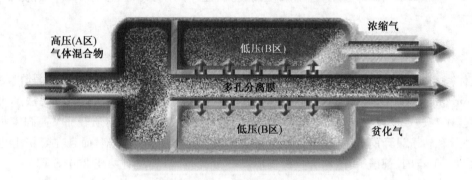

图 11-4 气体扩散法分离铀同位素的单元

从图 11-4 可以看到供料 UF_6 气体流,从 A 区通过多孔膜的小孔,扩散到已被抽成低压的 B 区,其压力 P_1 在扩散过程中保持恒定。A 区的总压力 P_h 比 P_1 大得多。气体混合物各组分在通过单位孔截面从 A 扩散到 B 时的摩尔流量 g' 可由下式计算:

$$g' = \frac{1}{4} n\overline{V} \tag{11-1}$$

式中 n 为气体的摩尔数,$\overline{V}$ 为分子的平均速度。

将各组分的摩尔数 n 表示为分压的函数,并考虑到平均速度与温度和相对分子质量的函数关系,可得到不同组分的摩尔流量。

$$\phi_1 = \frac{N_1 P_h}{(2\pi M_1 RT)^{1/2}} \tag{11-2}$$

$$\phi_2 = \frac{(1-N_1)P_h}{(2\pi M_2 RT)^{1/2}} \tag{11-3}$$

式中 N_1 为轻组分摩尔数即含 ^{235}U 的 UF_6 分子的摩尔数,P_h 为 A 区的总压力,M_1 为 $^{235}UF_6$ 的相对分子质量,M_2 为 $^{238}UF_6$ 的相对分子质量,其他符号同前。

在扩散的初始阶段,可以忽略从 B 区进入 A 区的反向气流,轻组分 N_1 基本保持恒定,因此进入 B 区的轻组分的相对丰度是

$$R' = \phi_1/\phi_2$$

从(11-2)式和(11-3)式可得到单级全分离系数$(\alpha\beta)_0$:

$$(\alpha\beta)_O = \phi_1/\phi_2 = \sqrt{\frac{M_2}{M_1}} = \sqrt{\frac{352}{349}} = 1.004 \tag{11-4}$$

我们选择的原料为 UF_6。因为氟只有一种质量数为 19 的同位素,所以在各分子形成的 UF_6 之间的质量差,完全取决于铀同位素。在理想条件我们计算出的全分离系数 $(\alpha\beta)_O = 1.004$。实际上分离膜的孔径大小、几何形状及在孔附近不同分子间的碰撞等,与理想条件有一定差别,使得高压区(A 区)的轻组分的实际丰度,大于理想条件下的丰度,故实际的全分离系数 $(\alpha\beta)_O$ 小于 1.004。气体扩散法的单级全分离系数是很小的,通常小于 1.002。因此要想将天然铀中 ^{235}U 的丰度提高到 3%,且贫化流中含 0.25% ^{235}U,则大约需要 1400 级串联起来的连续分离操作。如果 ^{235}U 的丰度在 90% 以上,则需几千级的串联。气体扩散厂的每一级需压缩机压缩气体,又需水冷却,所以气体扩散厂占地面积大、耗能大(根据国外数据,约为 $2400\,kWh \cdot SWU^{-1}$)、冷却水用量大,致使投资大,建厂周期长。但它有个最大的优点,就是生产量大。

11.2.2　离心法

气体离心分离法是气体扩散法的最强竞争对手,离心法分离同位素的设想,早在 1919 年就被 Lindemann 和 Aston 提出,由于这种方法要求特别强的离心力场,在当时无法解决其中的许多技术难题,该方法那时无法应用和实施。随着科学技术的发展,质轻而又高强度材料的问世,轴承和转子设计的改进,使得离心分离法不仅在技术上可以实施,而且在经济上也更具吸引力。目前英国、德国、荷兰联合投资发展离心分离技术,现已有两座 $200\,tSWU \cdot a^{-1}$ 的中试工厂投入运行。

气体离心法分离铀同位素,主要是利用在强重力场下,不同种类的同位素行为的差异。图 11-5 是气体离心法分离同位素的原理图。

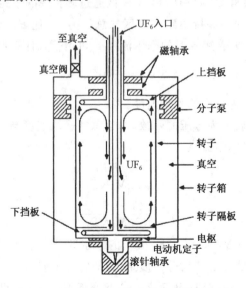

图 11-5　气体离心法分离同位素的原理图

这个强重力场是在以角速度(ω)绕轴高速旋转的圆筒内产生的,即把被分离的气体混合物,密封在一个绕中心轴而高速旋转的长圆筒内,此时在长筒内所形成的压力分布为

$$P_{(r)} = P_{(0)} \mathrm{e}^{M\omega^2 r^2/2RT} \tag{11-5}$$

从上式可以看出,旋转筒内部各处的压力分布与该处到中心轴的距离 r 的平方成指数函数变化,如果旋转筒内的气体是 $^{235}\mathrm{UF}_6$(用 M_1 表示)和 $^{238}\mathrm{UF}_6$(用 M_2 表示)两成分的混合气体时,它们各自的分压可由下式表示:

$$P_{(r),M_1} = P_{(0),M_1} \mathrm{e}^{M_1\omega^2 r^2/2RT} \tag{11-6}$$

$$P_{(r),M_2} = P_{(0),M_2} \mathrm{e}^{M_2\omega^2 r^2/2RT} \tag{11-7}$$

从(11-5),(11-6)两式可以看出:旋转筒的中心轴周围,相对分子质量小的 $^{235}\mathrm{UF}_6$ 的压力相应要高;而在旋转筒壁周围,相对分子质量大的 $^{238}\mathrm{UF}_6$ 的压力相应要高(即分子的相对数量增多)。在这种情况下,把旋转筒的中心轴($r=0$)与筒壁($r=\alpha$)之间形成的组成差,在离心法中称径向平衡分离系数(单级分离系数的一种),可由下式表示:

$$\begin{aligned}(\alpha\beta)_0 &= \left[P_{(0),M_1}/P_{(0),M_2}\right]/\left[P_{(r),M_1}/P_{(r),M_2}\right]\\ &= \mathrm{e}^{(M_2-M_1)\omega^2 r^2/2RT}\end{aligned} \tag{11-8}$$

上式表明,离心法的分离系数与圆周速度的平方和被分离的各种分子形式的质量差有关,而与含有被分离同位素的元素组成的化合物无关。这些性质是离心法所特有的。

假如用一个半径 $r=10$ cm,转速为 700 r·s^{-1} 的离心转筒,在 $T=300$ K 通过离心过程分离 $^{235}\mathrm{U}$,单级径向平衡分离系数为

$$(\alpha\beta)_0 = \mathrm{e}^{(352-349)\times(4396)^2\times10^2/2\times815\times10^7\times300} = 1.123$$

表 11-5 列出在 $T=300$ K,对于 M_2-M_1 在 $1\sim3$ 之间,以及不同的圆周线速度所得到的径向平衡分离系数。

表 11-5　不同质量差和不同圆周线速度得到的单级径向平衡分离系数($T=300$ K)

质量差 M_2-M_1	圆周线速度（m·s^{-1}）				
	300	400	500	600	700
1	1.018	1.033	1.051	1.075	1.103
2	1.037	1.066	1.105	1.155	1.217
3	1.057	1.101	1.162	1.242	1.343

UF_6 在室温下,径向平衡分离系数与圆周速度的相互关系是:当圆周速度为 300 m·s^{-1} 时,$(\alpha\beta)_0\approx1.06$;圆周速度为 400 m·s^{-1} 时,$(\alpha\beta)_0\approx1.1$。实际上离心径向分离系数小于上述数值。当今使用的是逆流离心机,有轴向流动,形成轴向丰度梯度,使分离效果倍增,其浓度分离系数 α 可达 $1.2\sim1.6$,比扩散法要大得多。

虽然离心分离法的单机分离系数很大,但单机的分离能力(分离功率 δU)却很小。因此,为了要达到与气体扩散法相同的分离功率,整个工厂往往要几万台到几百万台(与工厂规模有关)离心机进行级联,故各国科学家正在努力提高单机的分离功率以降低浓缩成本。离心法的单位 SW 耗电比气体扩散法低得多,约为 60 kWh·SWU^{-1}。

K. Cohen 用下式表示离心机的理论最大分离功率($\delta U_{\max}$):

$$\delta U_{\max} = D\rho\left[(M_2-M_1)v^2/2RT\right]^2 \frac{\pi l}{2} \tag{11-9}$$

式中 D 为 $^{235}\mathrm{UF}_6$ 和 $^{238}\mathrm{UF}_6$ 的相互扩散系数,ρ 为 UF_6 气体的浓度,l 为转筒的长度,v 为转筒

的圆周速度。

(11-9)式表明 δU_{max} 在理论上与圆周速度 v 的四次方成正比,与转筒长 l 成正比,因此各国正在开发高圆周速度和长转筒的离心机。高速旋转的离心机需要轻质高强度耐氟化腐蚀的材料。为保证其稳定运行,还需避免转筒的共振现象。可用于制造转筒的材料列于表 11-6。

表 11-6　各种转子材料的基本性能

材　料	抗拉强度 σ_b (10^6 Pa)	最高圆周速度 (m·s^{-1})
铝合金	50	425
钛合金	90	440
高强度钢	170	455
马氏体时效钢	280	580
玻璃纤维复合材料	70	600
碳纤维复合材料	160	950
尼龙复合材料	150	1100

11.2.3　喷嘴法

喷嘴法是一种利用气体动力学原理分离同位素的方法。当气体同位素混合物高速通过装有喷嘴的弯曲轨道时,其质量较轻的同位素在半径小的圆周上被浓缩,而质量较重的同位素在半径大的圆周上被浓缩。

图 11-6 是用示范工厂的喷嘴系统的断面图。在一块金属壁上开一个剖面接近半圆的曲槽。在槽的上方搁置间隔适当且与槽面不相接触的两个金属刀片,将整个金属槽分割成曲面相通的三个室(如图中 A,B,C)。第一个刀片被加工成与槽的弧形面壁相似的弧面楔块,从颈到口形成一个在剖面图中所看到的导管(狭缝),第二个刀则像一把下插的刀。

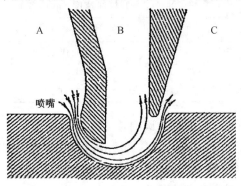

图 11-6　喷嘴系统的断面图

A—5% UF_6 + 95% He(或 H_2);B—浓缩[235]U 的 UF_6 + He(或 H_2);C—贫化[235]U 的 UF_6 + He(或 H_2)

当大量的被氦稀释的 UF_6 气体(通常氦的摩尔丰度为 95%,UF_6 的摩尔丰度为 5%),从 A 区(其总压力为 8×10^4 Pa)供入,压力迫使它通过狭缝进入 B 区。由于 B 区和 C 区的压力低很多(2×10^4 Pa),混合气体膨胀,并在膨胀过程中加速到超声速的气流顺着金属曲槽壁面弯转。由于轻、重分子所受离心力的大小不同,较重分子靠近壁面浓缩,较轻分子远离壁面浓缩。调节第二个刀片在混合气体出口处的位置,就可将含[235]UF_6 较多的轻流分和含[238]UF_6 较多的重流分分开,分别用泵从 B 区和 C 区抽出。

加入很大比例的氦气(或其他与 UF_6 无化学反应的轻气体),主要作用是可使在给定压比下 UF_6 能达到流速大大提高,同时使离心力建立的 UF_6 密度梯度再混合的过程减缓。氦气最后从混合气体中分离出来重复使用。

喷嘴法的单级分离系数与喷嘴的特定构型以及诸如稀释气体的类型、相对丰度、进口处的压力、温度、轻流分的膨胀比等因素有关,所以通常依靠实验数据来确定。例如摩尔组成为 $1.6\%UF_6$ 和 98.4% 氦的混合气体,得到的单级分离系数为 1.04(这比气体扩散法的 $(\alpha\beta)_o$ 高 10 倍),实际上采用较低的压缩比更利于生产,此时分离系数为 $1.010\sim1.020$。

这种分离方法的单级分离系数也是很小的,它介于气体扩散法和离心法之间。故在工厂的生产工艺中,同样要将大量的分离喷嘴串联起来。这种分离方法比气体扩散法所需级数要少,也不需要制造难、价格贵的分离膜,故投资略低于气体扩散厂,但其缺点是比能耗太大,即为了在各级之间输送气体,压缩机消耗的电能超过气体扩散法。目前,有的国家正在研制分离性能好的分离单元,在压缩机、冷却系统等方面作些改正,以期比能耗和现有一些气体扩散厂的比能耗相当,或略低,使喷嘴法成为一种经济上有吸引力的技术。

11.2.4　激光分离法

激光分离同位素是根据原子或分子在吸收光谱上的同位素位移,用特定波长的激光激发某特定同位素原子或含有该原子的分子,再通过物理或化学方法使激发态原子或分子与基态成分分开,从而达到浓缩同位素的目的。

激光法分离同位素与前述三种方法相比具有以下特点:① 分离系数大。利用激光的高度单色性,选择性地激发同位素混合物中某特定同位素原子或含有该原子的分子,对其他的同位素原子或分子影响很小,故分离系数大(而气体扩散法、离心法等是利用同位素质量的微小差别来进行分离,分离系数小)。实验表明,单级分离系数 α 可以高达 $5\sim15$。这样高的分离系数,可以大大减少级联装置,缩短工艺流程,减少基建投资,降低生产成本。② 能量消耗低。由于是极强的选择性激发和电离,所以能量仅消耗在特定的同位素原子或含有该原子的分子上。而扩散法、离心法等则是将能量消耗在同位素混合物各原子或分子上。③ 平衡时间短。由于激光分离系数大、分离单元少,因此平衡时间很短,大大减少了系统装置中的滞留量(气体扩散法的平衡时间需要几个月,激光法几乎不需要平衡时间)。④ 产生的废物少。减少了三废污染,整个分离过程不需要化学试剂,仅需要激光器发出的激光光子。

激光法的上述特性,显示它在同位素分离技术上具有潜在的竞争力。但目前仍受一定限制,例如关于如何选择具有较明显的同位素光谱位移效应[①]的工作物质,如何获得与之相匹配的激光器,以及提高分离过程中所用原子或分子的密度,从而获得较大的产量等问题,尚待进一步研究和解决。

激光法用于分离铀同位素的研究,最先是从原子蒸气体系开始的,在美国称为 AVLIS (atomic vapor laser isotope separation),先将天然金属铀加热到约 3000℃变成铀原子蒸气,调节激光输出频率,使其与 ^{235}U 原子运动频率相匹配,激光选择性地激发 ^{235}U 原子,^{238}U 原子不被激发。如图 11-7。

[①] 同位素核质量的不同使原子或分子的能级发生变化,引起原子光谱或分子光谱的谱线位移,称为同位素位移。

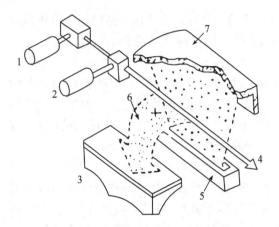

图 11-7　原子激光法分离同位素示意图

1,2—激发激光；3—浓缩铀回收装置；4—激光；
5—铀蒸气发生器；6—^{235}U 原子；7—中性原子

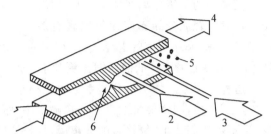

图 11-8　分子激光法分离铀同位素原理示意图

1—超音速 UF_6 气流；2—红外激光；3—紫外激光；
4—UF_6；5—$^{235}UF_6$；6—喷嘴

被激发的 ^{235}U 原子，极易失去电子。因此，当被激发的 ^{235}U 原子继续向前移动时，被紫外激光（波长 2100～3100 nm）照射则被电离为 ^{235}U 离子，在高压电场的作用下，^{235}U 离子被吸附在带负电的收集器上，从而实现 ^{235}U 和 ^{238}U 同位素原子的分离。

由于原子激光法需高温原子蒸气，而且原子振动态能量远大于分子振动态能量，所以又研究了气体状态的各种含铀分子体系，其中研究较多的是六氟化铀体系。如图 11-8 所示。

UF_6 气体（含有惰性载带气体），以超音速从左边的喷嘴喷出，此时发生绝热膨胀，UF_6 气体急剧冷却到 50 K（在此温度下 UF_6 气体的振动光谱清晰），过冷状态的 UF_6 气体，以两种不同的激光照射。先用红外激光（波长 16 μm 左右）照射 UF_6 气体，它选择性地激发 UF_6 气体中的 $^{235}UF_6$ 分子，使 $^{235}UF_6$ 分子处于激发态；然后用紫外激光照射，使受激 $^{235}UF_6$ 分子解离，形成 $^{235}UF_5$ 分子和氟原子。$^{235}UF_5$ 是固态粉末状，它就从 UF_6 气体流中沉积下来，落入收集器中。

上述过程是一个理想过程，实际却复杂得多，如需加光敏剂（SF_6）和清扫剂（H_2）等。由于 UF_6 腐蚀性大，对设备的防腐要求高，现有人改用六甲氧基铀[$U(OCH_3)_6$]等来代替 UF_6。

原子或分子体系激光分离同位素，都必须满足：① 被利用的原子或分子的光谱有同位素位移；② 有与被分离同位素频率相匹配的合适的激光器；③ 利用合适的物理或化学方法，收集产品。各国科技工作者正在从上述三方面进行研究（特别是前两点），以期达到商用阶段。

激光法的分离系数很高，对于生产低浓铀核燃料的激光分离工厂，级联中的大多数级用于贫化段，以便使尾料中含 ^{235}U 非常低（趋于零）。有人认为激光分离工厂的供料丰度为 0.25%～0.3% 的 ^{235}U（即气体扩散厂和离心分离厂的尾料），其尾料（贫化流）丰度为 0.05%～0.08% ^{235}U 是经济的，这样可以从全世界浓缩工厂的已废贫料中回收 ^{235}U，能供全世界用 5～8 a。

11.2.5　其他浓缩法

（1）化学交换法　该方法是利用同位素之间具有微小的化学性质（化学平衡、反应速度等）的差异来进行同位素分离的。溶液中四价铀与六价铀共存时，六价铀离子中的 $^{235}U^{6+}$ 比 $^{235}U^{4+}$ 多，且离子交换树脂对六价铀的吸附远大于对四价铀的吸附，当氧化剂、四价和六价铀的混合溶液、还原剂依次加入离子交换柱时，铀溶液在交换柱内的移动过程经历反复的吸附、分离,最后在柱的上部^{235}U被浓缩。本方法的分离系数很小,约为1.0015。

（2）电磁分离法　带电粒子射入均匀磁场后,在磁力作用下,沿着圆周轨道运行。离子的质量越大,运动轨道的半径也越大,故在不同的半径上便可分别接收到不同质量的离子,从而实现同位素分离的目的。电磁分离法就是利用这一原理来分离同位素的,它与喷嘴法的原理相似。目前正在大力研究的旋转等离子体和离子回旋共振技术,是有希望获得应用的电磁分离法的一个分支。

（3）等离子体法　它是利用带电粒子在磁场中的共振转速与质量数成反比的性质来分离同位素的,铀原子以等离子体状态导入超导磁场内,由于超导磁体的影响铀离子进行旋转运动。因为^{235}U$^+$比^{238}U$^+$的离子回旋加速频率大1%,在强磁场中,^{238}U$^+$不发生共振,旋转的轨道半径小,而^{235}U$^+$发生共振激发旋转速度大,轨道半径大。产品用捕集电极回收。从理论上说,该方法的分离与激光法一样,分离系数很大。

浓缩铀的方法较多,但已供商业应用的只有气体扩散法、离心分离法,中试规模的有喷嘴法（南非）,已建示范厂的有激光法（美国Lawrence Livermore国家实验室）。图11-9为一些铀浓缩工厂或示范装置的例子。

图 11-9　浓缩铀工厂或示范装置

（a）位于美国肯塔基州的Paducah气体扩散厂;（b）德国Granau浓缩工厂的离心机大厅;
（c）Lawrence Livermore的激光分离铀同位素示范装置;（d）巴西联合等离子体实验室的真空电弧等离子体离心机

11.3　乏燃料后处理化学

核燃料在反应堆辐照之后的处理称乏燃料后处理。核燃料经过反应堆辐照,由于裂变反应和中子俘获反应,原来的纯铀变成含几十种化学元素的复杂混合物。其典型组成列于表11-7。后处理的化学任务就是把尚未耗尽的核燃料铀和新生成的钚从这复杂的混合物中分离出来,同时,提取一些重要的裂片元素(如[137]Cs、[90]Sr、[147]Pm 和[99]Tc 等)以及超铀元素(如[237]Np、[241,243]Am 和[242,244]Cm),并对后处理过程产生的大量放射性废物进行妥善的处理和处置。

表 11-7　压力堆卸出铀乏燃料元件中的元素组成[*]

元素名称	含量(g·tU^{-1})	比放射性活度(Bq·tU^{-1})	元素名称	含量(g·tU^{-1})	比放射性活度(Bq·tU^{-1})
锕系元素			裂变产物		
U	9.45×10^5	1.7×10^{11}	Cd	4.75×10^1	2.2×10^{12}
Np	7.49×10^2	6.7×10^{11}	In	1.09	1.3×10^{10}
Pu	9.03×10^3	4.0×10^{15}	Sn	3.28×10^1	1.4×10^{15}
Am	1.40×10^2	7.0×10^{12}	Sb	1.36×10^1	2.9×10^{14}
Cm	4.70×10^1	7.0×10^{14}	Te	4.85×10^2	5.0×10^{14}
小计	9.64×10^5	4.7×10^{15}	I	2.12×10^2	3.0×10^{10}
裂变产物			Xe	4.87×10^3	1.2×10^{11}
^{3}H	7.17×10^{-2}	2.6×10^{13}	Cs	2.40×10^3	1.2×10^{15}
Se	4.78×10^1	1.5×10^{10}	Ba	1.20×10^3	3.7×10^{15}
Br	1.38×10^1	0	La	1.14×10^3	1.8×10^{13}
Kr	3.60×10^2	4.0×10^{14}	Ce	2.47×10^3	3.1×10^{16}
Rb	3.23×10^2	7.0×10^{12}	Pr	1.09×10^3	2.9×10^{16}
Sr	8.68×10^2	6.4×10^{15}	Nd	3.51×10^3	3.5×10^{12}
Y	4.53×10^2	8.82×10^{15}	Pm	1.10×10^2	3.7×10^{15}
Zr	3.42×10^3	1.1×10^{16}	Sm	6.96×10^2	4.6×10^{15}
Nb	1.16×10^1	1.9×10^{16}	Eu	1.26×10^2	5.0×10^{14}
Mo	3.09×10^3	0	Gd	6.29×10^1	8.6×10^{13}
Tc	7.52×10^2	5.0×10^{11}	Tb	1.25	1.1×10^{13}
Ru	1.90×10^3	1.8×10^{11}	Dy	6.28×10^{-1}	0
Rh	3.19×10^2	1.8×10^{16}	小计	3.09×10^4	1.5×10^{17}
Pd	8.49×10^2	0	总计	9.95×10^5	1.6×10^{17}
Ag	4.21×10^1	1.0×10^{14}			

　　*　表中所列辐照燃料中[235]U 的初始丰度为 3.3%,比功率为 30MW·tU^{-1},比燃耗 33000MWd·tU^{-1},冷却时间为 150d,裂变产物的比活度为 1.59×10^{17} Bq·tU^{-1}。

　　要达到上述目的,要求后处理工艺对铀和钚的回收率尽可能高,同时铀和钚产品中的杂质应尽量低。由于反应堆型(生产堆或动力堆)不同以及产品的使用目的(军用或民用)不同,对铀、钚的回收略有差别,对铀、钚产品中某些杂质的除去也有所不同。一般后处理对铀的回收率为 99.5%~99.97%,对钚为 99.1%~99.9%。铀产品中去钚的分离系数为 10^6,钚产品中去铀的分离系数大于 10^7,产品中总的净化系数(decontamination factor,DF)可达 10^6~10^8。

　　工业规模的乏燃料后处理已有 50 多年的历史。在这一时期内,后处理技术经历了一个从各种方法广泛地进行实验、比较、选择和发展的过程。目前各国普遍认为水法中的普雷克斯(PUREX)工艺流程是最经济可靠的工业生产流程。实践证明,该流程不仅可用来安全地处理反应堆天然铀金属乏燃料和动力堆低浓铀氧化物乏燃料,而且经进一步改进后,也可用于快堆乏燃料的后处理。本节即主要介绍 PUREX 流程对生产堆、动力堆和快堆乏燃料的后处理。

11.3.1 乏燃料的冷却、去壳和溶解

11.3.1.1 乏燃料元件的冷却

从反应堆中取出辐照元件后,需放在特殊设计的水池中存放一段时间,然后加工处理。它的主要目的是:

(1) 降低元件的放射性强度 辐照燃料中的 200 多种裂变产物,大多具有放射性。乏燃料经过冷却,可使短寿命的裂变产物衰变掉,从而降低放射性水平,以利于处理。尤其要让^{131}I(半衰期 8.04 d)等对环境和处理过程有严重不利影响的核素衰变掉。

(2) 减少可裂变物质^{233}U 和^{239}Pu 的损失 ^{233}U 和^{239}Pu 分别由其中间产物^{233}Pa 和^{239}Np衰变而成,其过程为

$$^{232}Th \xrightarrow{(n,\gamma),7.4\,b} {}^{233}Th \xrightarrow{\beta^-,22.4\,min} {}^{233}Pa \xrightarrow{\beta^-,27.0\,d} {}^{233}U$$

$$^{238}U \xrightarrow{(n,\gamma),2.73\,b} {}^{239}U \xrightarrow{\beta^-,23.5\,min} {}^{239}Np \xrightarrow{\beta^-,2.34\,d} {}^{239}Pu$$

为了使^{233}Pa 和^{239}Np 完全衰变为^{233}U 和^{239}Pu,必须让乏燃料冷却一段时间,避免造成^{233}U和^{239}Pu 的损失。

(3) 保证放射性很强的重同位素^{237}U 的衰变 ^{237}U 由下述中子俘获反应产生:

$$^{235}U \xrightarrow{(n,\gamma),98\,b} {}^{236}U \xrightarrow{(n,\gamma),5\,b} {}^{237}U \xrightarrow{\beta^-,6.75\,d} {}^{237}Np$$

$$^{238}U(n,2n)^{237}U \xrightarrow{\beta^-,6.75\,d} {}^{237}Np$$

冷却时间的选择,除了上述因素外,还要考虑储存场所的容量、核燃料积存的经济影响等因素。一般生产堆辐照燃料典型的冷却时间为 90～120 d。动力堆辐照燃料冷却时间为150～180 d。快堆辐照燃料元件由于裂变物质含量高,积压量希望尽量减少,因此要求适当缩短冷却时间,现取 50～60 d。

11.3.1.2 去壳和溶解

随着堆型和燃料元件的种类不断增加,元件的包壳材料除铝及铝合金外,还用了锆合金、不锈钢或其他材料。目前铝及其合金包壳的化学去壳技术已很完善,各国都有成熟的经验;对于不锈钢和锆合金包壳的乏燃料元件,曾使用过 Sulfex 法、Zirflex 法和电解溶解法,目前趋向于切割-浸取法。

(1) 化学去壳和溶芯 天然金属铀燃料芯体,常用铝或铝合金作包壳。利用铝既能溶于酸又能溶于碱,而铀则不溶于碱的化学性质,先用碱溶解铝壳,反应如下:

$$2Al + 2NaOH + 2H_2O \longrightarrow 2NaAlO_2 + 3H_2 \uparrow$$

为了抑制氢气量,在氢氧化钠溶液中加入适量的硝酸钠($100\,g \cdot L^{-1}$),此混合液俗称混合碱,总反应式为

$$Al + 0.85NaOH + 1.05NaNO_3 \longrightarrow NaAlO_2 + 0.9NaNO_2 + 0.15NH_3 \uparrow + 0.2H_2O$$

加入过量的 NaOH 以防止偏铝酸钠发生水解生成 Al(OH)₃ 沉淀,堵塞管道。

　元件的去壳和溶芯也有分批间歇进行的,即先在溶解器内加一定量的润湿水,再加入元件和浓混合碱让其反应,利用溶解器的夹套通入蒸汽加热促使反应加剧,再通入搅拌空气和稀释空气,使铝壳完全溶解,待温度降至 50℃左右,将溶解液(主要是偏铝酸钠)从溶解器中排至废水处理工程,再用去离子水漂洗铀芯,排除漂洗水后,就可开始溶芯。

　PUREX 流程要求乏燃料中待分离的各种元素以硝酸盐形态溶于水溶液,所以芯体的溶解总是选用硝酸作溶解试剂,主要反应为

$$3UO_2 + 8HNO_3 \longrightarrow 3UO_2(NO_3)_2 + 2NO \uparrow + 4H_2O$$

$$UO_2 + 4HNO_3 \longrightarrow UO_2(NO_3)_2 + 2NO_2 \uparrow + 2H_2O$$

当体系中硝酸浓度大于 $10 \, mol \cdot L^{-1}$ 时,上式为主反应,如在溶芯过程中通入空气,则反应为

$$2UO_2 + 4HNO_3 + O_2 \longrightarrow 2UO_2(NO_3)_2 + 2H_2O$$

　铀与钚均以易被萃取的硝酸盐形式存在于溶液中,而裂变产物主要以不易被萃取的价态形式存在于溶液中。

　(2) 切割-浸取法　目前各国动力堆乏燃料元件后处理工厂中常用此法,它是先用机械设备如切割机,将乏燃料元件单根或整束切成若干段,使燃料芯体露出,然后用硝酸浸取燃料芯体(燃料包壳不溶解),反应式为

$$UO_2 + 3HNO_3 + 0.25O_2 \longrightarrow UO_2(NO_3)_2 + NO_2 \uparrow + 1.5H_2O$$

　切割-浸取过程的主要步骤是:元件从储存水池吊入热室后,由加料箱将整束元件送入卧式切割机,被切割成 20～150 mm 的小段(可调试),并落入热室下面的溶解器,硝酸溶芯后,包壳经漂洗当做强放固体废物处理。

11.3.2　PUREX 流程

　目前世界各国的乏燃料后处理工艺,主要采用 PUREX 流程及其变体,它是英文 Plutonium Uranium Reduction Extraction 的缩写,意为"钚、铀还原萃取"。该流程的基本原理是用 TBP 作萃取剂,煤油为稀释剂,硝酸作盐析剂,利用铀、钚和裂变产物的不同价态在有机萃取剂中有不同的分离系数,将它们一一分离。目前各国采用的大都是普雷克斯二循环流程,即

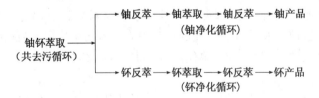

11.3.2.1　共去污分离循环

　PUREX 流程的第一步是共去污分离循环,此步从铀、钚中除去 99.8％的裂变产物后,再进行铀和钚的分离,共有 1A,1B 和 1C 三个萃取器(离心萃取器、脉冲柱或混合澄清槽)。其流程见图 11-10。

　共去污是在 1A 萃取器中实现的,它是将乏燃料元件经去壳、溶解、调价和过滤得到的溶解液(又叫 1AF 料液),从 1A 萃取器的中部引入,与有机萃取剂 1AX(30％TBP-煤油)逆流接

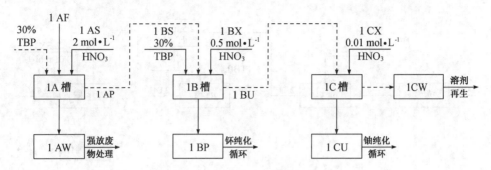

图 11-10 共去污分离循环流程图

触。1AF 料液中的六价铀离子(以铀酰离子 UO_2^{2+} 存在)和四价钚离子(Pu^{4+}),几乎全部被萃入有机相,而绝大部分的裂变产物以及其他杂质如镅(Am)、锔(Cm)主要以三价存在,则留在萃余水相中(1AW)。在 1A 萃取器的有机相出口端,再用洗涤剂 1AS($1\sim3\,mol\cdot L^{-1}$ HNO₃)逆流洗涤有机相,进一步除去有机相从料液中夹带来的少量裂变产物,从而提高铀、钚与裂变产物的分离效果,经洗涤后的含铀、钚有机相 1AP 从 1A 萃取器上部流出。

铀、钚分离是在 1B 萃取器中进行的,当含铀、钚有机相 1AP 从 1B 萃取器中部引入时,与从有机相出口端引入的还原性反萃取剂 1BX(水相)逆流接触,Pu^{4+} 被还原剂还原到 Pu^{3+},而 Pu^{3+} 几乎不被 TBP 萃取而从有机相转入水相,又称 1BP,从 1B 萃取器的下端流出作钚纯化循环的料液。铀不被还原仍在有机相,从而达到铀、钚的分离,含铀有机相从 1B 萃取器的上端流出(又称 1BU)并进入 1C 反萃槽,1B 萃取器中的主要反应为(以 Fe^{2+} 为例)

$$Fe^{2+}+Pu^{4+}\longrightarrow Fe^{3+}+Pu^{3+}$$

能将 Pu^{4+} 还原成 Pu^{3+} 而不能还原 UO_2^{2+} 的还原剂较多,但又要满足还原反应速度快,还原完全,没有副反应,不破坏有机试剂,对设备腐蚀小,价格便宜等,可供选择的还原剂就不多了,常用的 Pu^{4+} 还原剂有 Fe^{2+}、U^{4+}、羟胺(NH_2OH)和阴极还原法等。

铀的反萃是在 1C 反萃槽中进行,由 1B 萃取器上端流出的含铀有机相 1BU 从 1C 槽的下端引入与上端引入的 1CX($0.01\,mol\cdot L^{-1}$ HNO₃)反萃液逆流接触,UO_2^{2+} 被反萃到水相(又叫 1CU),1BU 中除含 UO_2^{2+} 外,还有被萃取的 HNO₃(约 $0.5\,mol\cdot L^{-1}$),此时,也被反萃到 1CU 中,使得 1CU 的酸度实为 $0.07\,mol\cdot L^{-1}$ HNO₃。反萃液 1CX 的用量通常与有机相 1BU 等体积,这样既保证铀的反萃取率在 99.9% 以上,又可减轻铀纯化工艺浓缩 1CU 的负担。

1AF 料液经过 1A 萃取器的共去污,1B 萃取器的铀、钚分离和 1C 反萃槽,其总 γ 放射性净化系数在 $5\times10^3\sim5\times10^4$;铀和钚的回收率都达到 99.9%。

11.3.2.2 铀纯化循环

铀纯化循环的主要任务是对初步分离出钚和裂变产物的含铀溶液 1CU 再次萃取,以进一步除去钚和裂变产物。铀的纯化循环流程如图 11-11。

从 1C 槽得到的反萃液含铀约 $65\,g\cdot L^{-1}$,需经蒸发浓缩到含铀约 $428\,g\cdot L^{-1}$,浓缩的 1CU 溶液可加肼处理,使钌转化成不易被 TBP 萃取的化合物,同时可将溶液中的 Pu^{4+} 还原到 Pu^{3+},提高 2D 萃取器的铀、钚分离系数。浓缩和加肼处理的 1CU 溶液再用 $0.01\,mol\cdot L^{-1}$ 和 $1.3\,mol\cdot L^{-1}$ HNO₃ 调整铀的酸度和浓度,使之成为 2DF 料液,2DF 料液冷却到 40℃ 左右从 2D 萃取器的中部引入,与从靠近下端出口处引入的 30%TBP-煤油萃取剂逆流接触,将 UO_2^{2+}

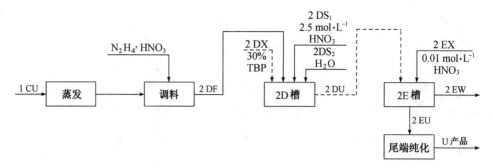

图 11-11　铀纯化循环流程图

萃入有机相,经 $2DS_1$($2.5\,mol \cdot L^{-1}\,HNO_3$)洗涤除钌后,靠近有机相出口处再用 $2DS_2$(去离子水)洗涤。经两次洗涤后的有机相($2DU$)流出 $2D$ 萃取器进入 $2E$ 反萃槽,用 $2EX$($0.01\,mol \cdot L^{-1}\,HNO_3$)反萃铀,反萃后的有机相经溶剂再生可以复用。在含铀水相($2EU$)中,铀以硝酸铀酰存在(或经脱硝成铀氧化物形式存在)。为达到铀产品的要求需进一步除去锆、铌、钌等裂变元素及其他杂质,这一过程称铀的最终纯化。方法之一是将 $2EU$ 经硅胶吸附装置处理,处理后的 γ 放射性活度可以降低到能直接加工的水平,其他杂质的除去也能满足产品质量要求,加上硅胶吸附流程简单,操作方便,投资少,是最常用的铀的最终纯化方法。如用硅胶吸附难以达到目的,则改换成增加一次 TBP 萃取循环。纯化后的产物多为硝酸铀酰形式,为运送到氟化工厂需将硝酸铀酰转化成氧化物形式。

转化方法有湿法和干法两类。湿法是选择一种合适的沉淀剂如碳酸铵(或碳酸氢铵)将铀从溶液中沉淀成三碳酸铀酰铵,再经过滤、干燥后煅烧成铀氧化物。干法是将硝酸铀酰水溶液在高温下直接脱水、脱硝,制成三氧化铀,再进一步还原成二氧化铀。

11.3.2.3　钚纯化循环

钚的纯化循环是进一步除去 1BP 中裂片元素和铀,以便最终得到符合质量要求的钚产品。其工艺流程如图 11-12。

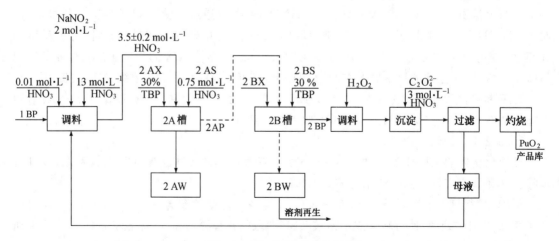

图 11-12　钚纯化循环流程图

钚的纯化循环主要由 2A、2B 两个萃取器组成,Pu^{4+} 在 1B 萃取器被 Fe^{2+} 还原反萃到水相后,

以 Pu^{3+} 形式存在于 1BP 中,故进入纯化循环阶段,首先必须用亚硝酸钠将其全部氧化到 Pu^{4+}。

$$Pu^{3+}+NO_2^-+2H^+\longrightarrow Pu^{4+}+NO\uparrow+H_2O$$

生成的 NO 可以转化成 NO_2^-,加速 Pu^{3+} 的氧化。2AF 料液的酸度为 $3.5\ mol\cdot L^{-1}$ HNO_3,因此,需用浓硝酸调 1BP 的酸度。经钚的调价和调酸后的 1BP 变成 2AF 料液,从 2A 萃取器的中部引入并与从下端引入的 30%TBP-煤油萃取剂 2AX 逆流萃取。含钚有机相 2AP 流出 2A 萃取器之前,经洗涤剂 2AS($0.5\sim0.8\ mol\cdot L^{-1}$ HNO_3)洗涤,除去锆和铌,进入 2B 反萃槽,反萃原理和采用试剂与 1B 萃取器的相同。

经纯化循环所得的硝酸钚产品如达不到要求,需进一步除去裂变元素和铀等杂质。常用的方法有阴离子交换法,即高酸度($3\ mol\cdot L^{-1}$ HNO_3)条件下,Pu^{4+} 与 NO_3^- 易形成稳定的配阴离子 $Pu(NO_3)_6^{2-}$,很容易被阴离子交换树脂吸附,而 UO_2^{2+} 要在更高浓度($6\sim8\ mol\cdot L^{-1}$ HNO_3)下才形成 $UO_2(NO_3)_3^-$ 配阴离子,且比 Pu^{4+} 形成配阴离子的能力弱得多。锆、铌、钌、铈等元素,在硝酸体系中有的不形成配阴离子,有的与 NO_3^- 生成配阴离子的能力很弱,故用阴离子交换法可得到较纯的钚产品。

另一种纯化钚的方法是沉淀法,通过草酸钚沉淀达到除去铀、裂变元素等杂质。Pu^{3+}、Pu^{4+} 和 PuO_2^{2+} 均与草酸生成沉淀。

$$2Pu^{3+}+6NO_3^-+3H_2C_2O_4+10H_2O=\!=\!=\!=\!Pu_2(C_2O_4)_3\cdot 10H_2O\downarrow+6HNO_3$$

$$Pu^{4+}+4NO_3^-+2H_2C_2O_4+6H_2O=\!=\!=\!=\!Pu(C_2O_4)_2\cdot 6H_2O+4HNO_3$$

$$PuO_2^{2+}+2NO_3^-+H_2C_2O_4+3H_2O=\!=\!=\!=\!PuO_2C_2O_4\cdot 3H_2O+2HNO_3$$

但 $PuO_2C_2O_4\cdot 3H_2O$ 红色结晶体在硝酸-草酸混合液的溶解度比草酸钚大得多,故沉淀前先用过氧化氢把钚的价态调到四价(防止 PuO_2^{2+} 存在)。然后加入 $1\ mol\cdot L^{-1}$ 草酸于 60℃下沉淀,并热化 1 h。

将草酸钚沉淀过滤,得滤饼,在 $100\sim120$℃ 的空气中先干燥,接着在 $200\sim300$℃ 的空气中煅烧成 PuO_2,然后在 $350\sim480$℃ 用 HF 氟化成 PuF_4,再用氢(或钠、钙)来还原 PuF_4,以制成金属钚。

11.3.2.4 溶剂回收

采用 PUREX 流程的后处理厂,有机溶剂应尽可能再生复用,以减少溶剂的补充量和降低后处理费用。来自铀纯化循环过程的溶剂几乎不含杂质或降解产物,可不经溶剂净化处理,多次反复使用。但另一些溶剂由于在强辐射、高温和化学试剂等的作用下,会发生水解、聚合、氧化、断链等反应(总称为降解反应),使性能变差,导致 TBP 对铀、钚回收率的降低和对锆、铌去污性变差。发生降解反应后的溶剂中含有痕量裂变产物,钚、铀、硝酸、磷酸二丁酯以及其他一些降解产物,所以返回复用之前,必须先将昂贵的钚、铀回收,除去裂变产物。

目前,常用的溶剂净化方法是洗涤法,用碱洗涤可将磷酸一丁酯、磷酸二丁酯和一部分裂变产物除去,用硝酸也可以洗去一部分裂变产物。一般对高放系统溶剂用高锰酸钾-碳酸钠溶液洗涤,对中、低放系统的溶剂用碳酸钠溶液洗涤,洗涤效果较好。国外一座处理能力为每天 5 吨动力堆乏燃料元件的后处理厂,采用的有机溶剂净化流程是:将来自第一萃取循环的有机溶剂注入体积为 $5\ m^3$ 的倾析器,溶剂中所含的少量水经分离后送往废水蒸发工段,而溶剂进入 $50\ m^3$ 的中间储罐。此时有机溶剂约含下列物质:铀 $1\ mg\cdot L^{-1}$,钚 $0.2\ mg\cdot L^{-1}$,裂变产物 $7.4\times10^6\ Bq\cdot L^{-1}$,硝酸 $0.0001\ mol\cdot L^{-1}$。溶剂依次用 $0.01\ mol\cdot L^{-1}$ HNO_3,$0.2\ mol\cdot L^{-1}$ Na_2CO_3,$2\ mol\cdot L^{-1}$ NaOH 和 $0.02\ mol\cdot L^{-1}$ HNO_3 洗涤。洗涤后,有机溶剂中铀、钚和裂变产物的含量分别为原来的 $1/10,1/50$ 和 $1/2$。如果废水中不希望有更多的钠离子，可将 Na_2CO_3 改为 $(NH_4)_2CO_3$，净化后的溶剂收集在 $20\ m^3$ 的储槽中，经烧结不锈钢过滤器过滤后送往较大的储罐备用。

循环使用的溶剂，随着使用时间的增长，虽经过洗涤，溶剂质量仍将逐步下降，因此为了满足萃取分离工艺的要求，要定期地将不能继续使用的废溶剂更换成新溶剂，更换出来的废溶剂可用真空急骤蒸馏法再生，回收使用。

11.3.3　动力堆乏燃料后处理

由于 PUREX 流程具有分离效率好，运行灵活，工艺过程易于扩大，以及积累了丰富的运行经验等优点，因此，对其他各种堆型卸出的乏燃料元件（如动力堆的低加浓铀元件、高加浓铀元件等）的处理，很自然地把重点放在 PUREX 流程上。但是由于燃料元件的结构、组成以及比燃耗等不同，导致首端处理、工艺参数等的差别，对 PUREX 流程也作了改进。这里仅举动力堆乏燃料后处理为例，其他请参看有关专著，这里就不作介绍。

目前，各国动力堆燃料元件多为锆、锆合金或不锈钢包壳的二氧化铀元件，铀的加浓度一般为 3% 左右，平均燃耗为 $3.3\times10^4\ MWd\cdot tU^{-1}$，普遍采用 PUREX 三循环流程进行处理，现以美国巴威尔核燃料后处理厂（Barnwell Nuclear Fuel Reprocessing Plant）的流程为例加以叙述。

巴威尔厂是美国准备用于处理压水堆和沸水堆乏燃料元件的商用（民用）后处理厂，其技术指标是：铀、钚的回收率大于 98.5%，硝酸铀酰产品的质量指标为总 β-γ 放射性不能超过老化天然铀放射性的一倍。钚产品的质量指标是：铀含量小于万分之一，总 γ 放射性小于 $1.5\times10^6\ Bq\cdot g^{-1}\ Pu$。

11.3.3.1　首端处理

该厂采用切断-浸取法制备料液，即将较长的乏燃料元件切断成 $2.5\sim12.5\ cm$ 长的燃料块，让其进入接受筐中。接受筐位于有三个隔室的半连续溶解器的一个隔室中，硝酸连续进入此隔室，浸取液也自此连续排到调料罐中。当筐装满燃料块时，支撑此筐的溶解器隔室旋转到第二个位置，在那里加入硝酸，使残留的氧化物燃料完全溶解。然后，此筐和包壳再旋转到第三个位置，经水洗回收残留的浸取液，收集的料液送到调料罐中。此料液中含有 $5.6\ g$ 钚（确保临界安全），调料罐中用 N_2O_4 调钚到易被萃取的四价态，用稀硝酸和浓硝酸将铀浓度和溶液的酸度分别调到 $1.8\ mol\cdot L^{-1}(428\ g\cdot L^{-1})$ 和 $2.4\ mol\cdot L^{-1}\ HNO_3$，经离心机除去溶液中的固体杂质，它作为 HAF(1AF) 料液进入共去污萃取循环。

11.3.3.2　共去污循环

HAF 料液连续不断地流入 10 级离心萃取器 HA，随后流入起洗涤有机相 HAP 作用的脉冲柱 HS。在 HA 中，有机相 HAX(30% TBP-煤油) 可从水相料液中萃取 99% 以上的铀、钚和不到 1% 的裂变产物，99% 以上的裂变产物在萃余水相 HAW（强放废水）中，在 HS 中，洗涤液 HSS($3\ mol\cdot L^{-1}$ HNO_3) 洗涤来自萃取段的有机相 HAP，以除去其中约 70% 的残余裂变产物。

11.3.3.3　铀、钚分离

在 HS 中，经 HSS 洗涤过的有机相 HAP 变成 HSP，进入由电解柱和脉冲柱组成的 1B 柱。当有机相向上通过电解脉冲柱内区时，四价钚被逆流水相反萃出来，并被电解还原成不被萃取的三价态，由该柱的底端流出。有机物进入 1B 脉冲柱基本上不含钚，此时再被含有支持还原剂肼的反萃液 1BX 将残留在有机相的钚反萃下来，含铀有机相进入 1C 柱。

在 1C 柱中,用 $0.07\,mol \cdot L^{-1}\,HNO_3$ 反萃液 1CX 反萃有机相 1BU 中的铀。

11.3.3.4 铀的纯化

1C 柱的反萃液(含铀水相)1CU,经蒸发浓缩,调节酸度后进入 2D 柱,开始铀的第二萃取循环和硅胶吸附纯化处理。在 2D 柱中,用萃取剂 2DX(30%TBP-煤油)萃取铀,有机萃取液 2DU 经含羟胺和肼的稀硝酸洗涤液 2DS 洗涤,以除去铀中的痕量的钚和裂变产物,洗涤液进入萃余水相 2DW 中。经洗涤后的有机相 2DU 进入 2E 柱,用 $0.01\,mol \cdot L^{-1}\,HNO_3$ 将 2DU 中的铀反萃下来得 2EU,2EU 经蒸发浓缩后通过硅胶吸附,除去大部分残留的裂变产物,得符合要求的硝酸铀酰产品。

11.3.3.5 钚的纯化

由 1B 电解柱底端流出的含钚水相 1BP,用 N_2O_4 将钚氧化成四价态,同时调酸度,进入 2A 柱中,开始钚的二、三萃取循环的纯化处理。在 2A 柱中,用萃取剂 2AX 萃取钚,并用 $1\,mol \cdot L^{-1}\,HNO_3$ 洗涤液 1AS 进行洗涤,使有机萃取液 2AP 中的裂变产物的含量减少,仅为料液 2AF 中裂变产物含量的 1/100。在 2B 柱中,用反萃液 2BX($0.35\,mol \cdot L^{-1}\,HNO_3$),将有机相 2AP 中的钚和痕量铀反萃到水相。当温度为 35℃ 时,含钚溶液中的硝酸浓度应不低于 $0.35\,mol \cdot L^{-1}$,以免溶液中的钚形成不被萃取的聚合物,而沉积在设备中,造成堵塞管道和临界安全的危险。2B 柱的反萃液 2BP 进入 3A 萃取柱中,用 TBP 萃取,再用 $1\,mol \cdot L^{-1}\,HNO_3$ 洗涤 3AP 使钚中的裂变产物含量降低 2 个数量级,然后进入 3B 柱,在 3B 柱中,用含肼和羟胺的 $1\,mol \cdot L^{-1}\,HNO_3$ 反萃液 3BX 将有机相萃取液 3AP 中的钚还原成三价态,并反萃到水相中,痕量铀仍保留在有机相 3BW 中。经有机相 3BX 洗涤后,水相钚产品 3BP 中的铀含量低于 0.01%。3BP 经硝酸酸化后,在 3PSD 柱中用稀释剂(如煤油)洗涤,除去痕量 TBP。洗涤后的硝酸钚溶液,在浓缩器 3P 中蒸发浓缩,得到硝酸钚产品。

从 2B 柱和 3B 柱流出的有机相合并在一起返回电解柱,以回收有机相中残留的铀和钚。从 2D 柱、3A 柱、2A 柱和 3P 浓缩器流出的含铀、钚水相合并成 1SF。先用 N_2O_4 将钚氧化成四价态,然后在 1S 柱中用 30%TBP 萃取 2SF 中的铀、钚,有机萃取液 1SP 返回 HA 离心萃取器的上端第三级。溶剂再生、硝酸回收,与 11.3.2 小节相似。

11.3.4 萃取工艺的化学原理

PUREX 流程尽管处理对象复杂,工艺步骤繁多,但其基本过程是铀、钚和裂变产物在 TBP 和硝酸水溶液之间的萃取分配。因此,为了掌握 PUREX 流程的基本原理和选择工艺条件的方法,下面将结合后处理工艺讨论 TBP 对铀、钚和裂变产物的萃取及其影响因素。

11.3.4.1 硝酸的萃取

硝酸存在于 PUREX 流程的各个环节,它在萃取中起盐析剂的作用,其本身又能被 TBP 萃取。因此,硝酸的浓度及其在两相的分配对铀、钚和裂变产物都有重要的影响。

TBP 对硝酸的萃取与水相酸度、铀浓度和 TBP 的浓度及温度有关。酸度的影响见表 11-8。当体系的 HNO_3 浓度小于 $4\,mol \cdot L^{-1}$ 时,生成 $HNO_3 \cdot TBP$。随 HNO_3 浓度增加,可能有 $2HNO_3 \cdot TBP$ 及 $3HNO_3 \cdot TBP$ 存在。在 HNO_3 浓度不高时,硝酸的分配比可用下式表示:

$$D_H = K_H [NO_3^-][TBP]_{(o)}$$

由上式可见,硝酸的分配比随着有机相中自由 TBP 浓度的增加而增加。

表 11-8　硝酸浓度对 30％TBP-煤油萃取硝酸的影响(25℃)

平衡水相硝酸浓度(mol·L^{-1})	D_H	平衡水相硝酸浓度(mol·L^{-1})	D_H
0.020	0.020	1.00	0.221
0.044	0.039	1.51	0.233
0.085	0.071	2.01	0.226
0.180	0.105	2.47	0.225
0.301	0.119	3.04	0.214
0.497	0.168	4.03	0.196

当水中有铀存在时,硝酸浓度对 D_H 的影响见图 11-13。在铀浓度小于 0.2 mol·L^{-1}时,D_H 随着硝酸浓度增加,开始上升,然后下降;当铀浓度大于 0.2 mol·L^{-1}时,D_H 随硝酸浓度的上升而下降。总的趋势是,在酸度一定时,增加铀的浓度,导致硝酸的分配比下降。

温度对萃取硝酸的效应见图 11-14。在无铀存在时,随着温度上升,硝酸的分配比保持不变,或略有下降;当有铀存在时,硝酸分配比随着温度上升而增加。这表明温度上升,铀的分配比下降,因而自由 TBP 浓度增加,硝酸的分配比亦随之增大。

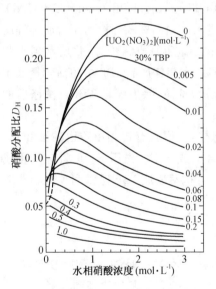

图 11-13　水相硝酸浓度和铀浓度
对硝酸分配比的影响

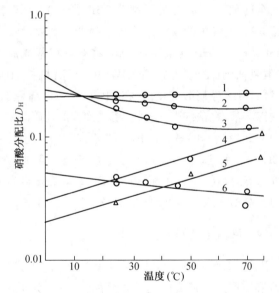

图 11-14　温度对硝酸分配比的影响(30％TBP-煤油)

1—3.0 mol·L^{-1} HNO$_3$;2—1.0 mol·L^{-1} HNO$_3$;

3—0.5 mol·L^{-1} HNO$_3$;

4—3.0 mol·L^{-1} HNO$_3$+0.15 mol·L^{-1} UO$_2$(NO$_3$)$_2$;

5—3.0 mol·L^{-1} HNO$_3$+0.45 mol·L^{-1} UO$_2$(NO$_3$)$_2$;

6—0.1 mol·L^{-1} HNO$_3$

11.3.4.2　铀的萃取

铀在 PUREX 流程中是一常量组分,它易与 TBP 生成中性溶剂配合物 UO$_2$(NO$_3$)$_2$·2TBP 而萃入有机相。铀的分配比与 TBP 浓度、硝酸浓度、铀的饱和度有关。TBP 浓度提高,铀的分配比增大,硝酸浓度对 TBP 萃取铀的影响如表 11-9 所示。当硝酸浓度小于 5 mol·L^{-1}时,铀的分配比随着硝酸浓度的增加而上升;当硝酸浓度大于 $6\,mol\cdot L^{-1}$ 时,硝酸浓度继续增加,铀的分配比反而下降。在硝酸浓度很低时,铀的分配比很小,因此可用很稀的硝酸反萃铀。

表 11-9 硝酸浓度对铀萃取的影响(19％TBP-煤油)

水相硝酸浓度(mol·L^{-1})	D_U	水相硝酸浓度(mol·L^{-1})	D_U
0.137	0.227	5.52	35.0
0.32	0.832	5.56	33.6
0.60	2.07	6.01	32.4
1.05	5.30	7.06	28.4
2.50	17.7	8.07	22.8
3.50	25.6	0.37	15.2
5.09	34.2	10.8	10.1

硝酸铀酰浓度的变化会提高或降低铀的分配比。在硝酸浓度不变时,铀饱和度越高,铀的分配比越小(表 11-10)。

表 11-10 铀的分配比与饱和度的关系(25℃)

饱和度 ξ (%)	D				
	U	Pu(Ⅳ)	Ru	Zr	稀土(RE)
28.0	16.7	4.0	0.067	0.041	0.0096
45.6	12.1	2.3	0.028	0.025	0.0048
61.7	7.8	1.6	0.0096	0.020	0.0021
72.0	5.4	1.1	0.0037	0.021	0.0011
82.4	3.6	0.79	0.0016	0.009	0.0004

30％TBP-煤油;水相初始硝酸浓度 3mol·L^{-1};有机相:水相=2:1(体积比)。

TBP 萃取铀的反应是放热反应,随温度升高,反应平衡常数下降,故铀的分配比亦随之下降,随着饱和度的提高,温度的影响越不显著。

此外,磷酸根、草酸根、硫酸根以及氟离子等阴离子存在时,由于它们与铀生成不被萃取的配合物,也造成铀的分配比下降。这些阴离子对铀的分配比影响次序是

$$PO_4^{3-}>SO_4^{2-}>F^->C_2O_4^{2-}>Cl^-$$

11.3.4.3 钚的萃取

PUREX 流程中,钚是微量组分,钚的含量仅为铀量的万分之几到千分之几。在共去污分离循环中,钚的浓度约为 $10^{-3}\,mol\cdot L^{-1}$,在铀净化循环中,其浓度大一些。由于钚浓度低,对常量组分(铀、硝酸)的萃取影响不大,但常量组分对钚的萃取有显著影响。

在硝酸溶液中,钚能以 Pu(Ⅲ)、Pu(Ⅳ)和 Pu(Ⅵ)等价态存在。钚与 TBP 生成的中性溶剂配合物,对于不同价态,分别为 Pu(NO$_3$)$_3$·3TBP、Pu(NO$_3$)$_4$·2TBP 和 PuO$_2$(NO$_3$)$_2$·2TBP。TBP 对不同价态钚的萃取次序与它们形成配合物的相对趋势是一致的,即

$$Pu(Ⅳ)>Pu(Ⅵ)\gg Pu(Ⅲ)$$

Pu(Ⅲ)难以被 TBP 所萃取。图 11-15 列出实验结果说明,四价钚的分配比比三价钚要大得

多,例如在硝酸浓度为 1 mol·L^{-1} 时,四价钚的分配比是 1.5,三价钚的分配比为 0.012。因此进入有机相的四价钚,可以通过还原为三价的途径,将其反萃到水相。这也是还原反萃取分离铀和钚的依据。

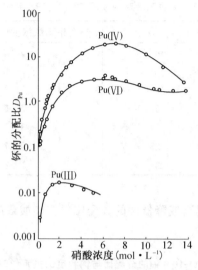

图 11-15　TBP 对不同价态钚的萃取(19%TBP-煤油)

水相铀浓度和 TBP 的铀饱和度对钚分配的影响很大(表 11-11 和 11-12)。因为铀与 TBP 生成中性溶剂配合物的能力大于任何价态的钚,所以随着水相铀浓度和有机相铀饱和度的增加,萃入有机相的钚会被铀所取代,而导致钚分配比下降。

表 11-11　铀浓度和温度对 Pu(Ⅳ)分配比的影响

| 水相铀平衡浓度 | 分配比 D_{Pu} | | | |
(mol·L^{-1})	20℃	30℃	50℃	70℃
0	5.91	5.56	4.98	4.10
0.021	2.22	2.78	3.64	3.02
0.105	0.63	0.87	1.33	1.57
0.21	0.357	0.520	0.840	1.060
0.42	0.162	0.252	0.475	0.640
0.84	0.139	0.210	0.320	0.404
1.26	0.125	0.195	0.290	0.350

有机相:20%TBP-煤油;水相:3.0 mol·L^{-1} HNO$_3$(平衡浓度)。

表 11-12　铀饱和度对 Pu(Ⅳ)分配比的影响

铀饱和度 ξ(%)	D_{Pu}	铀饱和度 ξ(%)	D_{Pu}	铀饱和度 ξ(%)	D_{Pu}
28.0	4.0	61.7	1.6	77.2	1.0
37.0	3.7	70.2	1.3	82.4	0.79
45.6	2.3	72.0	1.1	86.8	0.57

有机相:30%TBP-煤油;水相:初始硝酸浓度 3mol·L^{-1};相比(有/水)为 2∶1;温度 25℃。

TBP 萃取 Pu(Ⅳ)与温度的关系可见表 11-13。当溶液中无铀存在和硝酸浓度较低时,分配比随温度升高而减少,当硝酸浓度较大时,分配比却随着温度的增加而增加。当有铀存在时,钚的萃取分配一般总是随温度的增加而增加。尽管温度对 TBP 萃取钚的影响比较复杂,但在温度变化不大时,分配比的变化不大。

表 11-13　硝酸浓度和温度对 Pu(Ⅳ)分配比的影响

水相平衡硝酸浓度	分配比 D_{Pu}			
（mol·L^{-1}）	20℃	30℃	50℃	70℃
0.1	0.0082	0.0066	0.0042	0.0016
0.5	0.45	0.363	0.27	0.103
3.0	5.91	5.56	4.98	4.10
5.0	14.28	13.95	12.96	10.06
6.0	14.60	14.88	15.42	15.82
7.0	14.10	14.52	15.20	15.62
8.0	13.66	14.00	14.80	15.40
10.0	7.22	7.62	8.40	9.04

有机相为 20%TBP-煤油。

此外,硫酸根、草酸根、磷酸根和氟离子等阴离子配体的存在,对 TBP 萃取钚也有很大的影响。由于这些阴离子配体能与钚(Ⅳ)生成稳定的不被 TBP 萃取的配合物,会引起钚的分配比下降。

在 PUREX 流程中,使用氨基磺酸亚铁作钚(Ⅳ)的还原反萃剂时,氨基磺酸根会生成硫酸根离子,这些硫酸根与钚(Ⅳ)生成 $PuSO_4^{2+}$、$Pu(SO_4)_2$ 和 $Pu(SO_4)_3^{2-}$ 等配合物,因而降低钚的分配比,在硝酸浓度较低时硫酸根的影响很大,硝酸浓度较高时硫酸根的影响较小。亚铁还原钚(Ⅳ)时生成的三价铁能与部分硫酸根结合,因而可以降低硫酸根对 TBP 萃取钚的影响。

11.3.4.4　锆、铌、钌的萃取

辐照核燃料后处理的料液中,所含的主要裂片元素有铯、锶、稀土、锝、锆、铌和钌等。其中铯、锶、稀土和锝等在 TBP-煤油-硝酸体系中分配比都很小,几乎可全部留在共去污循环萃残液中,容易除去。但是,锆、铌和钌则是化学行为复杂的三种元素。它们能部分被 TBP 所萃取,并随铀、钚一起进入萃取循环,成为共去污净化的主要对象。

（1）锆、铌的状态与萃取　锆和铌分别位于周期表的ⅣB 与 VB 族,在化合物中都以高价态存在。它们的共同特点是易水解和聚合,因而化学行为比较复杂。

锆在化合物中以正四价存在。在水溶液中,Zr^{4+} 离子的水解倾向大于 Hf^{4+}、Ce^{4+} 和 Pu^{4+} 等。其水解反应为

$$Zr^{4+} + nOH^- \Longrightarrow Zr(OH)_n^{4-n}$$

水解产物的组成与溶液的 pH 密切相关。如表 11-14 和图 11-16 所示,当水溶液 pH＜0时,Zr^{4+} 即已开始水解;当 pH＝0 时已有 50% 的 Zr^{4+} 水解;随 pH 的增加,水解加剧,而当pH＝1 时,Zr^{4+} 已全部水解。水解的最终产物为氢氧化锆沉淀或胶体。

锆的浓度较大时（＞10^{-4} mol·L^{-1}）,锆很容易形成以氧桥连接的多核配合物,结构如右式:

309

在这种化合物中,锆的八个配位数的剩余部分由水分子饱和。

表 11-14 锆在水溶液中的状态与 pH 的关系

pH	无其他配体存在下 Zr 的状态
<0	Zr^{4+},$Zr(OH)^{3+}$
0~1.0	Zr^{4+},$Zr(OH)^{3+}$,$Zr(OH)_2^{2+}$,$Zr(OH)_3^+$,$Zr(OH)_4$
1.0~1.5	$Zr(OH)_3^+$,$Zr(OH)_4$
1.5~4.0	$Zr(OH)_4$,$Zr(OH)_n^{4-n}$(存在带负电的假胶体)
4.0~12	$[Zr(OH)_4]_n$(真胶体)
>12	锆酸盐

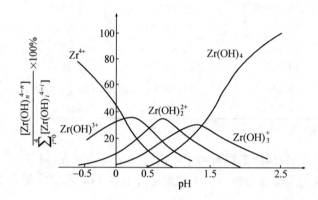

图 11-16 锆水解产物的组成与 pH 的关系

在硝酸溶液中,锆的状态与硝酸浓度有关。它是以一系列含有 NO_3^- 和 OH^- 配体的配合物形式存在。如当硝酸浓度大于 $1\,mol \cdot L^{-1}$ 时,就有 $Zr(OH)_3(NO_3)_2$ 和 $Zr(OH)_2(NO_3)_3$ 等存在;随着硝酸浓度增加,NO_3^- 逐渐取代 OH^- 基团;在硝酸根浓度接近 $5\,mol \cdot L^{-1}$ 时,锆以四硝酸根配合物存在。

在核燃料元件脱壳溶解的料液中,硝酸根浓度为 $4 \sim 6\,mol \cdot L^{-1}$,此时大部分锆以 $Zr(NO_3)_4$ 状态存在。

铌的特征价态为五价,它的水解能力比锆还大。铌在水溶液中的状态与 pH 有关,还与它的含量有关。铌的浓度为 $10^{-5}\,mol \cdot L^{-1}$ 时,在 pH 1.0~1.5,就开始生成胶体;当 pH≥2,铌强烈水解生成 $Nb(OH)_5$ 沉淀,甚至在 $2\,mol \cdot L^{-1}$ HNO_3 溶液中,铌仍有部分以胶体状态存在;当铌的浓度为 $10^{-2} \sim 10^{-3}\,mol \cdot L^{-1}$ 时,在 pH 0.2~0.3,就生成 $Nb(OH)_5$,并且是难溶的。铌的含量越大,开始水解的酸度越高。

在硝酸溶液中,铌与 NO_3^- 和 OH^- 配体形成不同组分的配合物,它们在溶液中存在下列平衡:

聚合物 $\rightleftharpoons$	带正电荷氢氧化物 $\rightleftharpoons$	中性配合物 $\rightleftharpoons$	带负电荷的配合物
	$Nb(OH)_4^+$	$Nb(OH)_4(NO_3)$	$Nb(OH)_4(NO_3)_2^-$
	$Nb(OH)_3^{2+}$	$Nb(OH)_3(NO_3)_2$	
	$Nb(OH)_2^{3+}$	$Nb(OH)_2(NO_3)_3$	

酸度增加,平衡向右移动。

由于锆、铌在低酸条件下易于水解和聚合,所以 TBP 萃取它们的分配比很低,因此在低酸条件下有利于除去锆、铌。

在 TBP-煤油-硝酸体系中,锆和铌的萃取行为相似。分配比与硝酸浓度、铀饱和度和温度有关,随着水相硝酸浓度的提高,锆和铌的分配比一直增大(表 11-15)。

表 11-15　水相硝酸浓度对锆、铌、钌和稀土元素分配比的影响

水相硝酸浓度	分配比			
(mol·L^{-1})	Zr	Nb	Ru	稀土
0.5	7×10^{-4}	1×10^{-4}	73×10^{-4}	4×10^{-4}
2	31×10^{-4}	3×10^{-4}	31×10^{-4}	5×10^{-4}
3	100×10^{-4}	4×10^{-4}	9×10^{-4}	4×10^{-4}
4	240×10^{-4}	12×10^{-4}	5×10^{-4}	4×10^{-4}
5	890×10^{-4}	18×10^{-4}	2×10^{-4}	2×10^{-4}
6	890×10^{-4}	32×10^{-4}	2×10^{-4}	1×10^{-4}

有机相:30%TBP-煤油;平衡时铀饱和度为 80%。

有机相铀饱和度对锆和铌的萃取有显著的影响。随着有机相铀饱和度的增加,锆和铌的分配比都有不同程度的下降,见表 11-16。因此,在萃取过程中,提高有机相铀的饱和度有利于锆、铌和其他裂片元素的净化。

表 11-16　有机相铀饱和度对锆、铌分配比的影响

水相硝酸浓度(mol·L^{-1})	有机相铀饱和度(%)	D_{Zr} *	水相硝酸浓度(mol·L^{-1})	有机相铀饱和度(%)	D_{Nb} **
2.00	0	0.045	2.0	0	1.8×10^{-3}
1.97	45.2	0.0185	2.0	41	8.9×10^{-4}
1.97	69.6	0.0072	2.0	63	4.5×10^{-4}
1.98	87.0	0.0047	2.0	70	3.3×10^{-4}
			2.0	80	1.9×10^{-4}

* 19%TBP-煤油;* * 30%TBP-煤油。

温度对 TBP 萃取锆、铌也有影响,如图 11-17 所示。锆的分配比在 10～30℃范围内随着温度升高而减小,直至最低值,然后,又随着温度的升高而增大,而且,分配比的最低值随硝酸浓度增加,向低温方向移动。高于 30℃,锆与 TBP 形成的溶剂化合物在有机相中的溶解度增加。从图也可以看出,萃取体系的温度为 25～30℃时,对锆的净化最为有利。

(2) 钌的状态与萃取　钌属于铂族金属,它的价态变化很大,从 RuO_4 中的 +8 价到羰基化合物中的 0 价。与 PUREX 流程密切相关的价态是 +2 价和 +3 价。钌的一个显著特点是,它的亚硝酰基状态 $Ru(NO)^{3+}$ 非常稳定,并形成了大量的亚硝酰钌配合物。亚硝酰钌配合物可以是阳离子、阴离子或中性分子,但都是具有八面体结构的六配位体配合物,且仅有一个 NO 基团。

当辐照核燃料在硝酸中溶解时,大部分的钌以亚硝酰钌的各种硝酸根、亚硝酸根或混合的硝酸根-亚硝酸根的配合物形式进入溶液。同时,还有氢氧根和水分子参加配位。当硝酸浓度降低,其中 NO_3^- 被 OH^- 取代,生成二或一硝酸根配合物:

$$RuNO(NO_3)_3 \underset{HNO_3}{\overset{OH^-}{\rightleftharpoons}} RuNO(NO_3)_2(OH) \underset{HNO_3}{\overset{OH^-}{\rightleftharpoons}} RuNO(NO_3)(OH)_2$$

各种亚硝酰钌的硝酸根配合物的比例取决于溶液中 NO_3^- 的浓度。在 20℃,钌的浓度约为 $0.1\,mol \cdot L^{-1}$ 时,硝酸溶液中各种配合物的比例列于图 11-18。

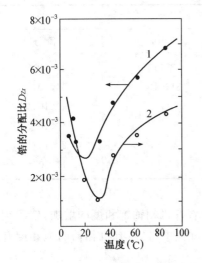

图 11-17　温度对锆的分配比的影响

TBP 浓度:$1.24\,mol \cdot L^{-1}$;

水相起始硝酸浓度:1 为 $3.0\,mol \cdot L^{-1}$, 2 为 $0.5\,mol \cdot L^{-1}$

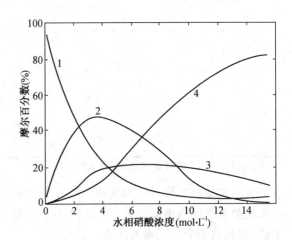

图 11-18　RuNO-硝酸根配合物的组成与硝酸浓度的关系

1—无硝酸根;2——硝酸根;2—二硝酸根;4—三硝酸根

亚硝酸根与亚硝酰钌的配位能力比硝酸根强,所以在亚硝酸根存在下,可生成亚硝酰钌的亚硝酸根配合物:

$$[RuNO(NO_3)_2(H_2O)_3]^+ + 2NO_2^- \rightleftharpoons [RuNO(NO_2)_2(H_2O)_3]^+ + 2NO_3^-$$

这类配合物的通式为 $[RuNO(NO_2)_x(H_2O)_y(OH)_z]^{3-x-y-z}$。其中含有四个亚硝酸根的亚硝酰钌最稳定。三亚硝酸根的亚硝酰钌配合物在溶液中并不稳定,容易发生水解,转化为比较稳定的二亚硝酸根配合物。

除硝酸根配合物和亚硝酸根配合物之外,还存在一系列硝酸根和亚硝酸根的混合配合物,如 $RuNO(NO_2)(NO_3)_2(H_2O)_2$ 等。当辐照燃料溶解于硝酸时,亦能形成四价钌的化合物,其中一部分可能以双核氧桥化合物 Ru—O—Ru— 的形式存在。四价钌的硝酸盐是不被 TBP 萃取的。亚硝酰钌的三硝酸根配合物最容易被 TBP 萃取,四硝酸根和二硝酸根配合物次之;含硝酸根以及混合配位的亚硝酸根-硝酸根配合物的萃取性能大于亚硝酸根配合物。

钌的分配比不仅取决于钌的状态,而且还与 TBP 浓度、硝酸和亚硝酸浓度以及温度等因素有关。分配比随 TBP 浓度的提高而增加,硝酸浓度对分配比的影响见图 11-19。随着水相硝酸浓度的提高,钌的分配比开始是增大的,但在达到最大值后,却随着硝酸浓度的继续提高而减小。

钌的分配比是随着温度的升高而减小,如图 11-20 所示。这可能是由于在硝酸溶液中,钌的配合物有下列平衡:

$$RuNO(NO_3)(OH)_2(H_2O)_2 \xrightarrow{\ NO_3^-\ } RuNO(NO_3)_2(OH)(H_2O)_2$$
$$\xrightarrow{\ NO_3^-\ } RuNO(NO_3)_3(H_2O)_2$$

温度升高,平衡向左移动,使二硝酸根配合物和一硝酸根配合物的量增加,因此导致钌分配比减少。另外,TBP 萃取钌是个放热过程,这也是温度升高引起钌分配比下降的原因之一。

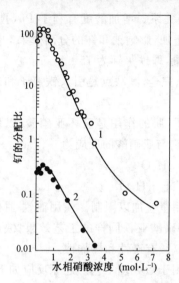
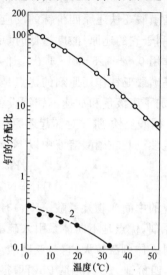

图 11-19　钌的分配比与硝酸浓度的
关系(30%TBP,20℃)
1—三硝酸根配合物;2—二硝酸根配合物

图 11-20　钌的分配比与温度的关系
1—三硝酸根配合物;2—二硝酸根配合物

综上所述,在 PUREX 流程中,通过采用高酸进料或高酸洗涤,提高萃取温度以及加硝酸处理料液等途径,可改善对钌的去污效果。

11.3.4.5　钚的氧化还原反应

在 PUREX 流程中,钚的提取和纯化是利用钚(Ⅲ)和钚(Ⅳ)被 TBP 萃取的能力不同,交替使用氧化还原的办法,达到钚与铀及裂片产物分离的目的。在 PUREX 流程中使用的氧化还原剂有:

(1)亚硝酸钠　为了调节钚为可被萃取的 Pu(Ⅳ),通常采用亚硝酸钠或亚硝酸。亚硝酸根既可将六价钚还原为四价,又可将三价钚氧化为四价,是使钚稳定在四价的最好氧化还原剂。反应式为

$$Pu^{3+} + NO_2^- + 2H^+ \longrightarrow Pu^{4+} + NO + H_2O$$
$$PuO_2^{2+} + NO_2^- + 2H^+ \longrightarrow Pu^{4+} + NO_3^- + H_2O$$

硝酸溶解辐照燃料元件时,钚大部分处于四价状态,即使有少量的三价钚存在,也能被溶液中存在的亚硝酸氧化为四价状态。因此,在共去污阶段,不需另加亚硝酸或亚硝酸钠。

在钚的净化循环中,由于 1BP 中,钚是以三价状态存在的,因此在用 TBP 进行萃取之前,需要加亚硝酸钠将钚全部转变成四价状态。

用亚硝酸钠调价的优点是反应快、完全、操作简单,又可以使钚稳定在四价状态;缺点是亚硝酸根容易被 TBP 萃取,对有机溶剂有破坏作用。

(2)氨基磺酸亚铁[Fe(NH$_2$SO$_3$)$_2$]　它是目前 PUREX 流程中最常用的 Pu(Ⅳ)的还原

剂。反应为

$$Fe^{2+} + Pu^{4+} = Fe^{3+} + Pu^{3+}$$

在室温下,反应进行得很快。但是由于体系中存在有 HNO_2 和 NO,使 $Pu(\text{III})$ 和 $Fe(\text{II})$ 不稳定。为了保护 $Pu(\text{III})$ 和 $Fe(\text{II})$ 的稳定性,引进氨基磺酸根,它与亚硝酸的反应为

$$NH_2SO_3^- + HNO_2 \longrightarrow N_2 + SO_4^{2-} + H^+ + H_2O$$

氨基磺酸亚铁还原四价钚的反应与溶液酸度有密切关系。增加酸度有利于 $Pu(\text{IV})$ 的稳定,但不利于它的还原;酸度过低时,反萃下来的铀也会增加,影响铀和钚的分离效果。体系酸度一般选用 $0.5 \sim 1.5 \, mol \cdot L^{-1}$。加入氨基磺酸亚铁的量,取铁:钚为 15:1。

氨基磺酸亚铁作还原剂的优点是:钚的还原速度快、完全;其缺点是引入铁离子和硫酸根离子,增加了废液量和加速不锈钢设备的腐蚀。

(3) 硝酸亚铁-肼　对钚起还原作用的仍是亚铁离子,肼的作用是破坏亚硝酸,以保护亚铁的稳定性。肼在硝酸溶液中以 $N_2H_5^+$ 离子形式存在,它与亚硝酸的反应为

$$N_2H_5^+ + NO_2^- \longrightarrow HN_3 + 2H_2O$$
$$HN_3 + NO_2^- + H^+ \longrightarrow N_2O + N_2 + H_2O$$

反应的中间产物叠氮酸(HN_3)有爆炸性,所以肼的用量应加以限制。使用亚铁-肼作四价钚的还原剂,优点是不向体系引入硫酸根,可得到与氨基磺酸亚铁同样的工艺效果;缺点是配制肼时对人体刺激较大,它与亚硝酸反应的中间产物叠氮酸有毒性和爆炸性。

(4) 四价铀　$U(\text{IV})$ 是 $Pu(\text{IV})$ 很好的还原剂,已试用于后处理工艺。还原反应如下:

$$2Pu^{4+} + U^{4+} + 2H_2O = 2Pu^{3+} + UO_2^{2+} + 4H^+$$

这个反应进行得很完全,但还原 $Pu(\text{IV})$ 的速度比用亚铁时稍慢。

由于亚硝酸、硝酸和空气中的氧对四价铀都有氧化作用,因此用四价铀作还原剂时还需要引入肼和尿素等支持还原剂,以保持 $U(\text{IV})$ 的稳定性。

用四价铀作还原剂优点是,不引入铁、硫酸根等杂质,可得到纯净的硝酸钚溶液,钚的还原完全,反应速度亦较快;缺点是操作比较复杂,条件较严格,此外,在处理加浓铀燃料时,会导致铀产品的同位素稀释。

(5) 钚的电解还原　电解还原 $Pu(\text{IV})$ 是一种很有前途的还原方法。硝酸钚(IV)溶液电解时,在阴极上 $Pu(\text{IV})$ 被还原到 $Pu(\text{III})$:

$$Pu^{4+} + e = Pu^{3+}$$

在 $1 \, mol \cdot L^{-1} \, HClO_4$ 中标准电位为 $0.982 \, V$,在 $1 \, mol \cdot L^{-1} \, HNO_3$ 中为 $0.932 \, V$。

在阳极上,水被氧化为 O_2:

$$H_2O - 2e = 2H^+ + 1/2O_2$$

若以肼作支持还原剂,则在阳极上发生的反应是肼的氧化:

$$N_2H_5^+ - 4e = N_2 + 5H^+$$

同时,在阴极和阳极上还可能发生下列副反应:

在阴极上,

$$NO_3^- + 3H^+ + 2e = HNO_2 + H_2O$$
$$2H^+ + 2e = H_2$$

在阳极上,

$$Pu^{4+} + 2H_2O - 2e = PuO_2^{2+} + 4H^+$$

为了控制这些副反应不发生,选择有较高超电压的材料钛作阴极。

电解还原法的显著优点是,不引入金属和阴离子杂质,因而能大大减少放射性废液的体积和处理费用,尤其对钚含量高的燃料的处理特别适合。

11.4　高放废物的处理与处置

11.4.1　高放废液的处理

各国对高放废液主要采取浓缩减容后,用不锈钢槽暂时储存酸性高放废液或直接进行玻璃固化。例如法国的马库尔后处理厂的高放废液 1978 年已在玻璃固化车间进行固化处理。

高放废液的比活度高,成分复杂。所以,在储存期间,需考虑废液的自释热降温及废气排出、储槽的防腐及屏蔽防护、地质水文资料等许多因素,以确保高放废液长期储存的安全性。由于这种储存花费资金大,且是暂时的,故目前的发展倾向于废液固化。

放射性废液固化的目的是减少放射性向自然环境扩散、污染的能力,从而增加储存的安全性。对低、中放废液的固化,因其废水量大,必须考虑经济效益,其固化方法有水泥、沥青、塑料固化等;对高放废液的固化则采用玻璃固化、煅烧固化、陶瓷固化等。

水泥固化:是将水泥与废水按一定比例混合均匀,然后,将这些混合废物装入一定体积的容器中凝固成形。其优点是工艺、设备简单,费用低,可连续操作,可直接在储存器中固化;缺点是浸出率较大。水泥固化法多用于低放废液处理。为了克服浸出率高的缺点,将固化的水泥块在 165℃下真空脱水,变成多孔隙度的固体,再浸渍在有机单体(如苯乙烯)中,加热浸渍的固体,使单体聚合成固化的聚合物浸渍体。这样处理后放射性浸出率变得很低。

沥青固化:将废液加入熔化的沥青中,在 150～230℃下混合蒸发,待水分和挥发性组分驱去后,将混合物在储存容器中固化成形。此方法又称高温熔化混合物蒸发法(还有暂时乳化法、乳化沥青法)。该方法操作简单,费用低,对各种不同类型的废物具有较大的适应性,浸出率小。但不足之处是:沥青导热性差,包容的水分不易蒸发;沥青污染设备不易清除,给检修设备带来困难;抗辐射性差,高温时易变形。常用于中放废液的处理。

煅烧固化:将高放废液在低温下蒸发、脱水、脱硝,将得到的残渣在高温下煅烧使金属盐分解成固体颗粒或稳定的氧化物颗粒。国外对流化床煅烧工艺研究得较多。这种工艺是将废液通过气动雾化喷嘴注入粒状固体床内,床温保持在 400～600℃,由床底向上喷入热空气,连续搅拌以保持颗粒处于浮动状态,进入床内的废液与颗粒接触,迅速蒸发煅烧,在颗粒外表形成一层外壳,气体夹带的细小煅烧颗粒由旋风分离器回收,返回床内,排入另一容器,实现将高放废液转变成稳定的固体。

玻璃固化:将高放废液与玻璃原料以一定的配料比混合后,在高温(900～1200℃)下熔融,经退火处理后即可转化为稳定的玻璃固化体。高放废液在固化时以玻璃固化较为理想,它结构稳定、耐腐蚀、浸出率低,但也存在操作系统复杂、费用高、需要耐高温的材料等缺点。世界上第一个玻璃固化工艺流程是在法国马库尔工厂建立的,目前正以工业规模有效地运行。

陶瓷固化:与玻璃固化原理相似,只是加入的固化剂为陶瓷原料。

11.4.2　高放废物的处置

高放废物含的核素半衰期长(24400 a),要让它们衰变到无害水平,需储存几十万年。所以,国外也把这类废物的永久储存称为"最终处置"。到目前为止,很难找到一种合适的处置方式保证在几十万年内这些放射性核素不会返回人类生物圈。各国科学家为了对放射性废物进行最终处置,做了大量的科研工作,提出许多处置方案,其中对于深地质层储存研究得较多,较成功的是地下盐矿。现在对花岗岩层、玄武岩层、凝灰岩层、盐岩层、黏土层等也开展了大量的研究工作。

20 世纪 50 年代已在深地质层储存放射性废物方面开展了研究工作,尤以美国和德国的科学工作者在这方面开展的工作最早,进展也快。美、英、法、日、意、加拿大、德国等已有地下废物库(中、低放)和地下实验场(高放)或有具体的研究计划。从目前公布的资料来看,利用地下盐矿作深地质层储存废物较多,因盐矿下的基岩是密实的,透水性差,基岩下没有循环地下水,盐矿导热性好,有良好的机械强度。

德国的阿塞盐矿经地下、地面设施改建后,于 1971 年起开始常规储存低放废物;1972—1976 年进行中放废物的储存。中放废物以单个屏蔽容器从地面通过竖井吊车落到地下 490 m 层,起重机把废物桶从吊车车笼中提出来,装到横坑卡车上,运到装料室中,再通过孔道将废物送到 511 m 层的储存室中。在储存中放废物的实际运行中,德国科学家也取得了不少经验,并于 1976 年开始进行储存高放废物的实验工作。

深地质层贮藏场要求基岩稳定,透水性差,有一定的塑性、深度和导热性能,有较好的热和辐射稳定性,所以位置应是地震活动频率很低的区域。有关详细要求见 IAEA 技术报告丛书 177 号。

设计处置场时,应先设计地面或地下临时储存高放废物的场地,经临时储存几十年,废物释热率明显下降后,再转移到深地质层作永久储存。处置场可分层布局储存库房,或以其他形式布局(平面或立体的)库房。高放废物置放在洞穴内,其空间需回填密封,一般要求回填材料对核素有很好的吸附能力和控制进入洞穴的地下水的 pH 和氧化还原电位,以防容器腐蚀和放射性核素的浸出。

11.5　核燃料后处理技术的发展

11.5.1　高放废液萃取分离流程的进展

反应堆乏燃料元件经后处理工艺处理,虽然回收了其中 99% 以上的铀和钚,但产生的高放废液仍然含有毒性大、寿命极长的次锕系元素和 $T_{1/2} > 10^6$ a 的长寿命裂变产物[99]Tc 和[129]I 等,它们对人类和环境构成潜在危害。因此,对它们的妥善处理和处置是关系到核事业持续发展的关键。

目前高放废液的处理和处置有两种途径:玻璃固化和分离-嬗变。前者是把高放废液与玻璃熔融固化后,埋入地下处置。该法废液量大,费用高。后者是从高放废液中将其他锕系元素和长寿命裂变产物分离出去,使高放废液变为中低放废液,而提取出来的锕系元素和长寿命裂变产物经嬗变变成短寿命核素,实现高放废液的大体积减容。该法费用低,安全性好。

近年来,许多国家提出了若干从高放废液中分离锕系元素的萃取流程,简要介绍如下:

11.5.1.1　TRUEX 流程(transuranium extraction)

该流程由美国阿贡实验室于 20 世纪 80 年代初研究,采用双官能团萃取剂 CMPO(辛基苯基-N,N-二异丁基氨基甲酰甲基氧膦),结构式为

$$C_8H_{17}-P(=O)-CH_2-C(=O)-N-CH_2CH(CH_3)_2,\ CH_2CH(CH_3)_2$$

美国爱达荷化学处理厂(ICPP)用真实的高放废液在热室内对 TRUEX 流程进行了验证。高放废液酸度为 $1.72\,mol \cdot L^{-1}$,萃取剂为 $0.2\,mol \cdot L^{-1}$ CMPO $+1.4\,mol \cdot L^{-1}$ TBP 的 Isopar L(异链烷烃稀释剂),实验在 24 级 $\varphi 20$ 离心萃取器中进行。8 级萃取,5 级洗涤,6 级反萃取,5 级萃取剂再生。料液中锕系元素总的去除率达 99.97%,α 比活度由 $1.75 \times 10^4\,Bq \cdot g^{-1}$ 降到 $4.44\,Bq \cdot g^{-1}$。

11.5.1.2　DIAMEX 流程(diamide extraction)

该流程为法国原子能委员会 SPIN(Separation Incineration)计划的一部分,用 $0.5\,mol \cdot L^{-1}$ DMDBTDMA(N,N'-二甲基-N,N'-二丁基-1-十四烷基丙二酰胺)+ TPH(氢化四丙烯)作为萃取剂,于 1993 年 6 月在 CYRANO 热室内用 6 级混合澄清槽(6 级萃取,2 级洗涤,8 级反萃)进行了热实验。结果表明,该流程对锕系元素的萃取率>99%,1997 年为防止 Zr 和 Mo 的萃取,又对 DIAMEX 流程进行了改进。

萃取剂 DMDBTDMA 的结构式为

$$\begin{array}{c} C_4H_9 \quad\quad C_{14}H_{29} \quad\quad C_4H_9 \\ N-C-C-C-N \\ CH_3\ \ \overset{\|}{O}\ \ \overset{|}{H}\ \ \overset{\|}{O}\ \ CH_3 \end{array}$$

该流程的特点是:① 在高放废液酸度下,可以直接进行萃取,不需调节料液酸度;② 萃取剂只含 C、H、O、N,废萃取剂可完全焚烧掉,不污染环境。

11.5.1.3　DIDPA 流程(diisodecylphosphoric acid)

DIDPA 流程开发始于 1973 年,它作为日本的 OMEGA 计划(options making extra gains of actinide and fission products generated in nuclear fuel reprocessing)的一部分。最初,把 HLW 中的元素分成三组:超铀元素、锶-铯和其他。1985 年后发展为四组分离流程,增加了锝-铂族组分。欧洲委员会合作研究中心超铀元素研究所用真实的高放废液在离心萃取器中对 DIDPA 流程进行了热试验。

DIDPA(二异葵基磷酸)萃取剂的结构式为

$$\begin{array}{c} i\text{-}C_{10}H_{21}O \quad\quad O \\ P \\ i\text{-}C_{10}H_{21}O \quad\quad OH \end{array}$$

萃取体系为 $0.5\,mol \cdot L^{-1}$ DIDPA $+ 0.1\,mol \cdot L^{-1}$ TBP $+$ 正十二烷。萃取时,加入 H_2O_2 溶

液,使镎被有效萃取。在萃取段,U 的去污系数 DF 为 2×10^4;Pu,DF>160;Am,DF>10^4;Cm 的 DF 和 Am 的相近。

11.5.1.4　CTH 流程

该流程包括三步萃取和一步无机离子交换:① 用 $1\,mol\cdot L^{-1}$ HDEHP 从高放废液中萃取和回收铀、镎、钇;② 用 50% TBP 从上述萃残液中萃取 HNO_3,使酸度降到 $0.1\,mol\cdot L^{-1}$,并回收绝大部分的 Tc;③ 用 1% HDEHP 从上述萃残液中共萃镅、锔和镧系元素,后用 TAL-SPEAK 流程分离锕系元素和镧系元素;④ 用丝光沸石吸附 Cs。瑞典对这一流程用真实的高放废液进行了试验。流程对 α 放射性核素的去污系数>10^5,对 β 放射性核素的去污系数>3×10^4。热试验结果表明:铀、钇的损失<0.1%;镎、镅、锔的损失<3%。

11.5.1.5　TRPO 流程(trialkylphosphine oxide)

我国清华大学核能技术研究院从 1979 年起自主开发 TRPO 流程。在 20 多年里,该流程不断完善。1990—1993 年间,两次在欧洲委员会超铀元素研究所热室用真实动力堆高放废液进行了热实验。1996 年初又用我国的生产堆高放废液在清华大学核能技术设计研究院的热室内进行了热实验。锕系元素的回收率均大于 99%,可将高放废液分成小体积的 α 废物和大体积的非 α 高放废物,将后者中的锶、铯去除后成为中低放废物。

所用 TRPO(三烷基氧膦)为有机工业产品的萃取剂,价格低廉。结构式为

$$\begin{matrix} & R & \\ & | & \\ R - & P & = O \qquad (\text{R 为含 } C_6 \sim C_8 \text{ 的烷基}) \\ & | & \\ & R & \end{matrix}$$

TRPO 流程有以下特点:① 在料液 HNO_3 浓度<$2\,mol\cdot L^{-1}$ 时,30% TRPO-煤油溶液的萃取容量比美国采用的 CMPO+TBP 体系高几倍;② TRPO 的辐照稳定性优于 HDEHP 和 TBP,在用真实高放废液进行的试验中,负载长达一周的有机物反萃率无变化;③ 反萃物流 Am+RE,Np+Pu,U 三者的交叉污染小;④ 可同时去除镎,^{99}Tc 对长期总风险的贡献占 91%。

其他还有 DHDECMP/DEB(N,N-二乙胺甲酰甲撑膦酸二乙酯/二乙基苯)流程、俄罗斯流程(萃取剂为二羰基氯化钴盐和氧膦化物的衍生物)等。在这些流程中 TRPO、TRUEX、CTH、DIAMEX、DIDPA 流程均用真实的高放废液进行了热实验。

欧洲委员会和法国原子能委员会根据综合比较认为:TRPO 和 DIAMEX 流程是最有应用前景的流程,但 DIAMEX 流程只针对镅和锔。目前这些流程还在不断改进和完善。

11.5.2　先进核燃料循环的设想

核能的可持续发展必须解决两个大问题:铀资源利用的最优化和产生核废物的最少化。目前热堆电站核燃料循环可以部分地实现 Pu 和 U 的再循环,但仅使铀资源的利用率提高 0.2~0.3 倍,且循环过程受到了许多限制。将来随着快堆的发展,快堆乏燃料的后处理流程,应该是实现 Pu、U 和锕系元素及长寿命裂变产物的闭合循环。一般认为,采用快堆乏燃料闭合循环,可使铀资源的利用率提高 50~60 倍,并能大大减少高放废物的体积和放射性毒性。这种"先进核燃料循环"概念图如图 11-21 所示。

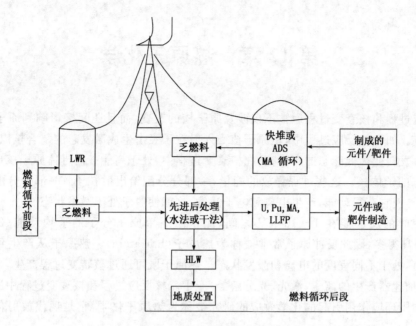

图 11-21 "先进核燃料循环"概念流程

参 考 文 献

[1] 李民权,编. 核工业生产概论. 北京:原子能出版社,1995.

[2] 陈与德,王文基,等编. 核燃料化学. 北京:原子能出版社,1985.

[3] 核燃料后处理工艺编写组. 核燃料后处理工艺. 北京:原子能出版社,1978.

[4] 姜圣阶,任凤仪,等编著. 核燃料后处理工学. 北京:原子能出版社,1995.

[5] 吴华武. 核燃料化学工艺学. 北京:原子能出版社,1989.

[6] 肖啸菴,等编. 同位素分离. 北京:原子能出版社,1999.

[7] Choppin G, Liljenzin J O, Rydberg J. Radiochemistry and Nuclear Chemistry, 3rd Edition. Oxford: Elsevier Books,2002.

[8] 焦荣洲,宋崇立,朱永嬒. 萃取分离法处理高放废液的进展. 原子能科学技术,2000(34):473.

[9] 顾忠茂. 我国先进核燃料循环技术发展战略的一些思考. 核化学与放射化学,2006(28):1.

第 12 章　热原子化学

核反应过程和核衰变过程通常不仅涉及原子核的改变,而且还间接影响到原子的电子壳层和化学键。如在核反应过程中,靶原子核受入射粒子轰击生成激发态的复合核以后,会通过适当途径自发转变为低能态的产物核;在核衰变过程中,处于高能态的母体原子核也会自发转变为低能态的子体核。这些过程释放的能量,一部分分配给出射粒子,一部分分配给发生核转变的原子,使它获得动能,产生电离和电子激发,这就使原子处于激发状态。

核转变时的反冲能在 $1 \sim 10^5$ eV 之间,比室温下单原子分子的平均动能(298 K 时为 0.0257 eV)高得多,因此反冲原子常常被称为**热原子**(hot atom)。热原子从产生到热化为中性原子之前,处于不同程度的电离和激发状态。热原子既可通过核转变过程产生,也可用非核方法(化学加速器产生的离子、激光、光分解等)产生。核反应过程和核衰变过程中所产生的激发原子与周围环境作用引起的化学效应的研究被称为**热原子化学**,它是现代放射化学的一个重要领域。

本章将分别讨论在核转变过程中原子激发以及由此产生的热原子与周围环境作用引起的化学效应,并介绍热原子化学在实际中的应用。

12.1　Szilard-Chalmers 效应

用中子照射靶子,靶中的原子核发生中子俘获反应后,生成原子序数不变而质量数增加 1 的放射性同位素。由于放射性同位素与靶子中稳定同位素的化学性质完全相同,因此用一般的方法不能将它们分离。

1934 年 L. Szilard 和 T. A. Chalmers 用中子照射液态碘乙烷(C_2H_5I)时,发现在 ^{127}I (n, γ)^{128}I 核反应过程中,得到的放射性 ^{128}I 大部分是以元素态或无机离子态形式存在,而不是以原来的靶子化合物的有机物形式 (C_2H_5I) 存在。这说明在核反应过程中发生了化学变化,引起了 C—I 之间的化学键断裂。其原因是 ^{127}I 俘获中子后激发核放出 γ 光子时,生成核 ^{128}I 获得的反冲能量,破坏了化学键,这种化学效应被称为 **Szilard-Chalmers 效应**。根据这个效应,可以使得原来比较复杂的分离同位素的问题,归结为用普通的化学方法分离两种不同化合物($C_2H_5{}^{127}I$ 和无机态 ^{128}I,如 $^{128}I_2$、$^{128}I^-$)的问题。这样可以很容易地用 5%氢氧化钠水溶液将 ^{128}I 从 $C_2H_5{}^{127}I$ 有机溶液中萃取出来。

在同位素分离过程中,为了把反冲原子与其他原子分开,必须满足下列条件:

(1)反冲的放射性原子一定要和起始原子处于不同的键合状态或不同的价态。

(2)反冲的放射性原子与非放射性原子间没有热能状态下的同位素直接交换,但可以间接交换。同位素交换可通过以下途径进行:

① 电子交换,如

$$^* Fe^{2+} + Fe^{3+} \Longleftrightarrow {}^* Fe^{3+} + Fe^{2+}$$

$$^* Tl^+ + Tl^{3+} \Longleftrightarrow {}^* Tl^{3+} + Tl^+$$

式中"＊"指放射性核素。

② 离子交换，如

$$C_4H_9I + {}^*I^- \Longrightarrow C_4H_9{}^*I + I^-$$

（3）生成的化合物必须是化学和辐射化学稳定的。

反冲分离效果的好坏用**浓集系数**（enrichment coefficient）表示。浓集系数是指分离出来的放射性元素比活度与它在辐照产品中比活度的比值。在某些情况下浓集系数可以达到 10^6。浓集系数与辐照时间、辐照方式等有关。例如在反应堆中辐照碘乙烷，由于部分化合物被辐射分解，释放出来的非放射性碘将反冲碘稀释，造成浓集系数降低。

Szilard-Chalmers 分离法对有机卤化物特别适用，因为此时卤素转变成无机卤化物离子。此法也适用于金属有机化合物如二苯铬、金属羰基化合物以及稳定的金属螯合物（如金属的酞菁和乙二胺四乙酸的配合物）。

12.1.1 保留

在核转变过程中，一部分放射性同位素未能从靶子化合物中分离出来，这种现象称为保留（retention），为了定量描述 Szilard-Chalmers 分离法的效果，通常用 R 来表示保留值：

$$R = \left(1 - \frac{n^*}{N^*}\right) \times 100\% \tag{12-1}$$

式中 n^* 为分离出来的放射性原子数，N^* 为照射后生成的放射性原子总数。

依据产物存在的形式，可将保留分为**真保留**和**表观保留**。真保留是以原始化合物形式存在的保留，表观保留则与所采用的分离方法有关，它包括以原始化合物形式的保留和与它性质相近的化合物（新产物）形式的保留。表 12-1 列出了某些有机卤化物（n，γ）反应的保留值。

表 12-1 某些有机卤化物（n，γ）反应的保留值

靶子化合物	水相产额(%)	表观保留值(%)	真保留值(%)	新产物产额(%)
CH_3I	43	57	46	11(CH_2I_2)
CH_2Br_2	43	57	43	14($CHBr_3$)
$CHBr_3$	44	56	37	19(CBr_4)
C_6H_5Cl	50	50	35	15($C_6H_4Cl_2$)

也可根据核反冲引起化学键的断裂情况将保留分为**一级保留**和**二级保留**。一级保留是指化学键未断裂而引起的保留。二级保留是指发生了化学键断裂以后，反冲原子再与周围介质中其他分子或自由基发生反应，因而不能被所用分析试剂分离出来那部分保留。化学键未发生断裂的原因是多方面的，有可能是分配于化学键上的反冲能量小于化学键能（如 β 衰变），也有可能是因同时发射方向相反的 γ 光子，反冲作用相互抵消，净反冲能不足以破坏化学键等。

12.1.2 反冲原子次级反应的机制

次级化学反应是指高能反冲原子与环境分子进行的化学反应。中子照射碘甲烷、二溴甲烷、三溴甲烷和氟苯后，生成的放射性卤素原子一部分以无机物状态进入水相；另一部分以原始化合物形式以及二碘甲烷、三溴甲烷、四溴甲烷、二氟苯等形式存在于有机相。二碘甲烷等产物便是次级化学反应的结果。反冲原子的次级反应和能量耗散的机制可用**超热能模型**（epithermal model）来描述。

1952 年 W. F. Libby 和 M. Fox 引入超热能反应的概念，超热能原子是指反冲原子的能量降低到 $5\sim20$ eV（约为化学键能的 $2\sim3$ 倍）时的原子。这种能量状态的原子与有机分子作非弹性碰撞而将能量转移给整个分子，使分子受到振动激发而断键，生成一些有机自由基。这时反冲原子已没有足够能量逃逸出由自由基包围的反应笼中，结果与自由基结合成新的化合物。核反冲产生的卤素单质在烃类化合物中形成卤代烃产物，以及在卤代物中形成非母体有机产物的反应，均可用超热能模型来解释。如

$$I^* + C_3H_8 \longrightarrow C_3H_7I^* + H$$

$$Br^* + C_6H_5Br \longrightarrow C_6H_4BrBr^* + H$$

超热能模型是根据一些液相热原子化学实验结果提出来的，后来 Libby 等人也用此解释固体的一些实验现象。在固相中，反冲原子在只有几百个原子的很小体积中传递能量，在它周围形成一个高温的灼热区。如 $^{14}N(n,p)^{14}C$ 反应，灼热区的温度可达 10^7 K 数量级。灼热区的温度散失到足够低时，反冲原子便能发生化学反应。

Libby 和 Fox 模型仅是一个着重定性描述的反应模型，有一定的局限性，此后他人也提出过一些模型，但迄今还只能处理一些简单的体系。

12.1.3　反冲原子次级反应能区的划分

反冲原子的次级反应分为两个反应能区：① **热反应**（hot reaction）**区**或称**高能反应**（high-energy reaction）**区**。这一能区的热反应过程包括两种，一种是弹性碰撞引起的热反应，另一种是非弹性碰撞产生的超热能反应。② **热能反应**（thermal reaction）**区**。这一能区的反应是反冲原子慢化到热能原子状态时发生的反应，介质中的热能原子在扩散过程中遇上了自由基，结合成为分子。

鉴别热反应和热能反应对于了解反应机制是很必要的，常应用添加剂效应进行鉴别。

1939 年我国科学家卢嘉锡等最早使用苯胺等有机物作添加剂，把它与靶子化合物液体卤代烷一起照射，发现苯胺等添加剂能使反冲卤素原子的保留值明显降低。对于苯胺降低保留值的原因可用 Menschutkin 反应解释：

$$C_6H_5NH_2 + R\cdot + X^*\cdot \longrightarrow C_6H_5NH_2R^+ + X^{*-} \tag{12-2}$$

$$C_6H_5NH_2 + H\cdot + X^*\cdot \longrightarrow C_6H_5NH_3^+ + X^{*-} \tag{12-3}$$

上列两式中的"·"表示自由基。反应（12-2）表示苯胺是一种自由基清除剂，反应（12-3）表示苯胺能和反冲的 $X^*\cdot$ 形成季铵盐，使 X^* 进入水相，上述两种过程均能降低保留值。

在以后的几十年中，不论在液相热原子化学，或在气相热原子化学的研究中，都广泛使用添加剂。添加剂按其功能分为两类：一类是能起化学反应的自由基清除剂，另一类是能传递能量的慢化剂。因此使用添加剂研究热原子反应机制的方法也可分为两种：自由基清除剂法和慢化剂法。

12.1.3.1　自由基清除剂法（free radical scavenger）

（12-2）和（12-3）式中苯胺的 Menschutkin 反应是最典型的自由基清除反应。其他胺类的添加剂也有类似的作用。如溴苯的 $^{79}Br(\gamma,n)^{78}Br$ 反应，当用苯肼作自由基清除剂时，保留值与苯肼浓度的关系如图 12-1。

从图 12-1 中可看出,刚加入少量苯肼时,保留值急剧下降,随着苯肼浓度增加,保留值下降趋于平缓。这是典型的清除剂曲线。因为苯肼能有效地清除自由基和热能化了的反冲原子,使热能原子的扩散复合反应受到抑制,所以保留值急剧下降。而高能反冲原子对清除剂却不敏感,因此将清除剂曲线的平直部分外推到苯肼浓度为零处,可以将高能反应区的保留值和热能反应区的保留值区分开来。图 12-1 中直线外推到苯肼浓度为零时,保留值为 13%,可视为高能反应引起的保留值,在纵坐标上从 13% 到 55%(不加清除剂时的总保留)间的差值 42% 为热能反应引起的保留值。

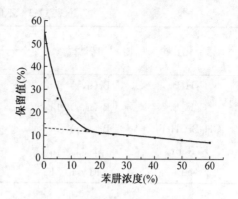

图 12-1　苯肼浓度与保留值的关系

12.1.3.2　慢化剂法

鉴别热原子反应最有效的方法是向体系中加入化学惰性的慢化剂。慢化剂并不影响热能反应,但能降低热原子与反应物的碰撞频率,使热反应概率减小甚至消除。通常使用惰性气体为慢化剂,它与热原子的碰撞属于弹性碰撞,采用质量相近的惰性气体,其慢化效率最好。例如在氚-丙烷体系中,当加入过量慢化剂 He 时,各种氚反应产物都降到零,表明这些产物都是热反应产生的。而在 ^{11}C-乙烯体系中,当加入过量慢化剂 Ne 时,有一些产物虽然产额减小,但不能完全消除,表明这些产物是由热反应和热能反应两种途径生成的。

12.1.4　影响保留值的因素

12.1.4.1　反冲能的影响(能量效应)

表 12-2 列出不同核反应生成 ^{18}F 的保留值。

表 12-2　不同核反应生成 ^{18}F 的保留值

靶子化合物	^{18}F 真保留值(%)	
	(γ,n)反应	(n,2n)反应
C_6H_5F	19.4	14.5
4mol·L^{-1} C_6H_5F 乙醇溶液	4.7	4.3
p-$FC_6H_4CH_3$	20.4	17.0
p-FC_6H_4COOH	15.2	20.0

(γ,n)核反应的反冲能约为 1MeV,(n,2n)反应的反冲能约为 0.1MeV,二者相差一个数量级,但保留值相差无几,其他一些体系的实验也有类似结果。这说明决定产物最终化学状态的**热原子反应**(hot atom reaction),是在高能反冲原子丢失了大部分过剩能量以后才进行的。不同核反应的反冲能量对最终化学状态的影响不大。

12.1.4.2　聚集态的影响(相效应)

各种状态的保留值一般有如下顺序:固态>液态>气态。表 12-3 为不同聚集态对保留值的影响。

表 12-3　不同聚集态对保留值的影响

靶子化合物	核过程	保留值(%)		
		固态	液态	气态
C_2H_5Br	$^{81}Br(n,\gamma)^{82}Br$		75	4.5
C_3H_7Br	$^{81}Br(n,\gamma)^{82}Br$	88.4	39.2	
CH_2BrCH_2Br	$^{81}Br(n,\gamma)^{82}Br$		31	
K_2ReBr_6	$^{80m}Br \xrightarrow{IT} {}^{80}Br$	100	10	6.9
$NaBF_4$	$^{19}F(\gamma,n)^{18}F$	88	0	

12.1.4.3　温度的影响

实验室中几百度的温度变化对热反应的影响是微不足道的。如气相 CH_4 中的 $^6Li(n,\alpha)^3H$ 反应,高能的反冲氚取代 CH_4 中的氢,在 22℃和－200℃时测得的保留值分别为 30.6% 和 31.2%,基本没有差别。但在热能反应区,由于反冲原子已与整个体系达到了热平衡,温度对保留值有明显影响。温度对固相反应的影响最大,升温能使保留值上升,这种现象称为退火(annealing)。

Szilard-Chalmers 分离法对于分离具有多种稳定价态的过渡元素、无机化合物也是可用的。含氧阴离子如 CrO_4^{2-}、MnO_4^-、PO_4^{3-} 或 ClO_4^- 都很适用(表 12-4),因为处于低价态的反冲原子容易分离出来而且与高低价态(如 Cr^{3+} 和 CrO_4^{2-})之间没有同位素交换。

表 12-4　反应产物和保留值举例

被照射的物质 *	(n,γ)反应的反冲原子	溶于水后的产物	保留值(%)
$KMnO_4$	^{56}Mn	Mn^{2+},MnO_2	22
K_2CrO_4	^{51}Cr	Cr^{2+},Cr^{3+}	60
$NaClO_4$	^{38}Cl	Cl^-,ClO_3^-	0
KIO_3	^{128}I	I^-,I_2,IO_3^-	4
K_2ReCl_6	$^{186,188}Re$	ReO_2,ReO_4^-	63
$trans$-$[Co(en)_2Cl_2]$	^{60}Co	Co^{2+}	7.3

* $trans$-$[Co(en)_2Cl_2]$ 在－78℃下辐照,其他在 20~50℃下辐照。其中 en 为乙二胺。

张智勇等人用反应堆的热中子照射 $ReN(S_2CNEt_2)_2$,靶子化合物溶于二氯甲烷,用稀 $NaOH$ 溶液提取反冲的 $^{186/188}Re$,产率为 36%,浓集系数为 210,分离出的 Re 全部处于 ReO_4^-。

在固体中,由于给出能量的时间极短,"热反冲原子"能被碰撞造成的缺陷捕集,反应不能进行完全。因此辐照固体中大量的反应好像被"冻结"了,辐照后把固体加热到较高温度。在"解冻"下,部分晶格单元运动加大,反应得以继续进行,晶格缺陷也得到恢复。但是,反冲原子在不同最终产物间的分配发生变化,而且保留值增加(图 12-2)。

用中子辐照碱金属氯化物时,由 $^{35}Cl(n,\alpha)^{32}P$ 反应和 $^{35}Cl(n,p)^{35}S$ 反应生成的反冲磷原子和硫原子在热和辐照作用下被氧化,可能经过磷和硫的中间氯化物,然后在溶于水时水解成 $^{32}PO_4^{3-}$ 和 $^{35}SO_4^{2-}$。

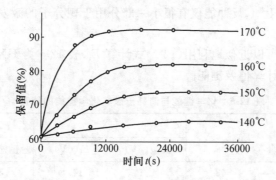

图 12-2 中子辐照的[Co(NH₃)₆](NO₃)₃ 在不同温度下退火时保留值的变化

要观察到辐照之后固体中的变化，只有在处理样品时没有发生附加的反应才有可能，比如在固体中生成的 Cr(Ⅳ)在溶解时会立即歧化成 Cr(Ⅲ)＋ Cr(Ⅵ)就是这样的附加反应。

12.2 （n,γ)反应的化学效应

核转变过程都包含有粒子的发射。由于粒子的发射，子体核或产物核得到一个反冲动量，它的大小与出射粒子的动量相等，方向相反。反冲能 E_R 可通过下式计算：

$$E_R = \frac{1}{2}Mv^2 = \frac{p_R^2}{2M} = \frac{p^2}{2M} \tag{12-4}$$

式中 E_R 为反冲能，M 为反冲核的质量，v 为反冲核的速度，p_R 为反冲核的动量，p 为出射粒子的动量。

（n,γ)反应是指靶核俘获一个中子后，中子的结合能以单一光子形式辐射的反应。注意到 $p_\gamma = E_\gamma/c$，(n,γ)反应的反冲原子的能量可按下式计算：

$$E_R = \frac{p_\gamma^2}{2M} = \frac{E_\gamma^2}{2Mc^2} \tag{12-5}$$

式中 E_R 为反冲能，E_γ 为放出光子能量，M 是俘获中子后的原子核质量，c 是光速。

若 E_γ 的单位采用 MeV，M 采用原子质量单位，则生成核 R 的反冲能为

$$E_R = 536E_\gamma^2/M \, (\text{eV}) \tag{12-6}$$

例如，在 $^{127}I(n,\gamma)^{128}I$ 核反应中，放出的 γ 光子能量约为 4 MeV，则生成核 ^{128}I 的反冲能为

$$E_R = 536 \times 16/128 = 67 \, (\text{eV})$$

如果靶核俘获一个中子后，同时发射两个或多个光子，反冲核具有的反冲能量就不仅与放出 γ 光子的数目及能量有关，而且还和它们的出射方向之间的角度有关。

受反冲的原子是与母体分子的其余部分相连接着的。反冲能 E_R 将在反冲核和靶分子的剩余部分之间分配，分配给靶分子剩余部分的那部分能量必须扣除，余下部分用于靶分子的激发。

对于双原子分子，靶分子激发能可按下式计算：

$$E_i = E_R - \frac{M_1}{M_1+M_2}E_R = \frac{M_2}{M_1+M_2}E_R \tag{12-7}$$

式中 E_i 为靶分子的激发能，E_R 是反冲能，M_1 是反冲原子质量，M_2 是分子剩余部分质量。

当 $M_2 \ll M_1$ 时,如 $H^{128}I$,反冲能仅有很小一部分用于靶分子的激发;当 $M_2 \gg M_1$ 时,反冲能几乎全用于分子激发。

对于多原子分子也可以近似地利用(12-7)式计算 E_i,表 12-5 为 HX 和 C_2H_5X 中,反冲能用于破坏化学键的能量计算值及键能。

表 12-5　化学键能与消耗于破坏化学键能的能量

元　素	E_γ(MeV)	$E_{M,max}$(eV)	HX		C_2H_5X	
			键能(eV)	E_i(eV)	键能(eV)	E_i(eV)
Cl	6.2	543	4.4	14.5	3.1	235
Br	5.1	174	3.7	2.2	2.6	45
I	4.8	96	3.0	0.8	2.0	18

从表 12-5 可见,在 Br 和 I 的情况下,卤化氢经(n,γ)反应后 H—X 之间的化学键不能被生成的热原子 X 的反冲能所破坏。但实验结果表明,中子照射 HBr 后,H—Br 键还是被破坏了。在这里,引起化学键断裂的主要因素是 ^{80m}Br 的同质异能跃迁后的高度电离激发(见 12.5 节)。下面分析由(n,γ)反应产生的几种重要核素的核反冲化学。

12.2.1　碘的(n,γ)反冲化学

反冲碘可由 $^{127}I(n,\gamma)^{128}I$、$^{129}I(n,\gamma)^{130}I$、$^{127}I(n,2n)^{126}I$ 和 $^{127}I(d,p)^{128}I$ 等核反应产生,^{129}I 是长寿命裂变产物($T_{1/2}=1.57\times10^7$ a)。

(n,γ)反应产生的 ^{128}I 与 CH_4 反应时,反冲碘可以以高能原子(或离子)形式、I^+ 离子形式或者激发原子形式参与反应。实验表明,在有 I_2 清除剂存在下若不加慢化剂,产物 $CH_3{}^{128}I$ 的产额为 54%;若使用 Ne、Ar、Kr 作慢化剂,极限产额可降到 36%,这表明在产物 $CH_3{}^{128}I$ 中有 54%−36%=18% 是由热反应引起的;若使用 Xe 作慢化剂,极限产额降到 11%;使用 NO、CH_3I 作慢化剂,极限产额降到零。这是由于 Xe 的电离势比 $I^+({}^1D_2)$ 低(表 12-6),Xe 除了能起慢化作用外,还能与 $I^+({}^1D_2)$ 发生电荷转移反应:

$$I^+({}^1D_2)+Xe \longrightarrow Xe^+ + I$$

所以反应产物中有 25%(=36%−11%)是由 $I^+({}^1D_2)$ 形成的。NO、CH_3I 的电离势比 $I^+({}^3P)$ 还低,加入 NO、CH_3I 能使极限产额降为零,故 11% 的产物 $CH_3{}^{128}I$ 是由 $I^+({}^3P)$ 或者激发态的碘原子引起的。

表 12-6　若干原子和分子的电离势

物　质	电离势(eV)	物　质	电离势(eV)
$I^+({}^1D_2)$	12.156	Xe	12.13
$I^+({}^3P_1)$	11.333	NO	9.25
$I^+({}^3P_0)$	11.25	CH_4	12.6
$I^+({}^3P_2)$	10.454	C_2H_6	11.5
Ne	21.56	C_3H_8	11.1
Ar	15.76	$n\text{-}C_4H_{10}$	10.6
Kr	14.00	CH_3I	9.5

由电子俘获产生的^{125}I（$^{125}Xe \rightarrow {}^{125}I$）与 CH_4 反应则是另一种情况。反应的有机物产额为 58%，加入 Ne 与 Ar 慢化剂对产额无影响，但体系中加入 Kr 或 Xe 后，产额降到 18%。这表明在这一体系中没有热反应产物，40% 的有机物产额是由 I^+（^1S）产生的，其余 18% 的有机物产额是由 I^+（^3P）或激发态原子产生的。

反冲^{128}I 与其他烷烃的气相反应的有机物产额要比与 CH_4 反应的产额低得多，如表 12-7 所列。

表 12-7 反冲^{128}I 与烷烃的有机物产额

烷　烃	有机物产额（%）	烷　烃	有机物产额（%）	烷　烃	有机物产额（%）
CH_4	54	C_3H_8	4	$n\text{-}C_5H_{12}$	4
C_2H_6	4	$n\text{-}C_4H_{10}$	5	$n\text{-}C_6H_{14}$	3

因为乙烷和其他烷烃的电离势要比 CH_4 低（见表 12-6），这些烷烃可以与 I^+（$^1D_2$）或 I^+（^3P）发生电荷转移反应：

$$I^+（^1D_2 \text{ 或 } ^3P）+C_nH_{2n+2} \longrightarrow C_nH_{2n+2}^+ + I（^2P_{3/2} \text{ 或 } ^2P_{1/2}）$$

所以抑制了 I^+ 与烷烃的反应。

在反冲碘反应的体系中也可以观察到热反应产物的激发分解现象。如反冲^{128}I 与丁烷的气相反应，其热反应产额为 1.02%，各有机物产物的相对组成列于表 12-8。

表 12-8　^{128}I 与丁烷反应的热反应产物的相对组成

热反应产物	CH_2I_2	CH_3I	C_2H_5I	C_2H_3I	C_3H_7I	$C_5H_{11}I$
相对含量（%）	31	22	21	13	9	4

由表 12-8 可见，产物中不含 C_4H_9I，大量的是小分子碘化物，另有少量的 $C_5H_{11}I$，这表明这些产物是激发态的初级产物分解所引起的。其反应过程是^{128}I 与丁烷首先生成激发态的 CH_3I^*、$C_2H_5I^*$ 和 $C_3H_7I^*$，

$$I+C_4H_{10} \longrightarrow \begin{cases} CH_3I^* + \cdot C_3H_7 \\ C_2H_5I^* + \cdot C_2H_5 \\ C_3H_7I^* + \cdot CH_3 \end{cases}$$

随后，分子退激生成 CH_3I、C_2H_5I、C_3H_7I，或者发生如下的分解反应：

$$CH_3I^* \longrightarrow \cdot CH_3 + \cdot I^*$$

$$CH_3I^* \longrightarrow H\cdot + \cdot CH_2I^* \begin{cases} \xrightarrow{I_2} CH_2I^*I + I\cdot \\ \xrightarrow{C_4H_{10}} C_5H_{11}I^* + H \end{cases}$$

$$C_2H_5I^* \longrightarrow \cdot C_2H_5 + \cdot I^*$$

$$C_2H_5I^* \longrightarrow C_2H_3I + 2H\cdot$$

$$C_2H_5I^* \longrightarrow CH_3I^* + \colon CH_2$$

反冲碘与烷烃在液相中的反应产额要比气相中的产额高，如^{128}I 与丁烷的液相反应、热反应的总产额为 26%，其中 C_4H_9I 的相对含量占 51%，其余为 CH_3I、C_2H_5I、C_3H_7I、CH_2I_2 等产物。反应机制是反冲^{128}I 与丁烷的置换反应，以及反冲^{128}I 与自辐解产生的自由基发生反应。

12.2.2　无机含氧酸盐和配合物的(n,γ)反冲化学

有人曾对周期表中Ⅴ,Ⅵ,Ⅶ族元素的含氧酸盐在(n,γ)反应中的化学效应作过较详细的研究。发现磷酸盐、铬酸盐、锰酸盐、碘酸盐等在中子照射后,都有一部分产物是以非母体化合物形式存在。

表 12-9　中子照射 Na_2HPO_4 后的产物

产　物	化　学　式	磷的骨架
正磷酸盐	PO_4^{3-}	P(Ⅴ)
亚磷酸盐	HPO_3^{2-}	P(Ⅲ)
次磷酸盐	$H_2PO_2^-$	P(Ⅰ)
焦磷酸盐	$[O_3POPO_3]^{4-}$	P(Ⅴ)-O-P(Ⅴ)
异连二磷酸盐	$[O_3POP(H)O_2]^{3-}$	P(Ⅴ)-O-P(Ⅲ)
三聚磷酸盐	$[O_3POP(O_2)OPO_3]^{5-}$	P(Ⅴ)-O-P(Ⅴ)-O-P(Ⅴ)
连二磷酸盐	$[O_3P \cdot PO_3]^{4-}$	P(Ⅳ)-P(Ⅳ)
双亚磷酸盐	$[O_3PP(H)O_2]^{3-}$	P(Ⅳ)-P(Ⅱ)

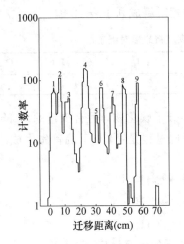

图 12-3　中子照射 Na_2HPO_4 后产物的纸上电泳谱
1—三聚磷酸盐;2—焦磷酸盐;3—未知物;
4—异连二磷酸盐;5—连二磷酸盐;6—正磷酸盐;
7—双亚磷酸盐;8—亚磷酸盐;9—次磷酸盐

磷酸盐是一个典型例子。因为磷的各种含氧酸盐可以在水溶液中同时存在,且相互间不发生交换反应,所以核反应产生的各种产物可以一一加以分离鉴定。如中子照射 Na_2HPO_4 后用纸上电泳法分析,得到的色谱图有 9 个峰,如图 12-3 所示,其中 8 个峰经过鉴定,结果列于表 12-9。

其他元素的含氧酸盐,在经中子照射后,能从其水溶液中分离出来的产物要少得多,这是因为一些生成物与水起了反应,或者生成物间相互发生了反应。

照射溶液组成的变化,常常可影响起始化合物形式的产额。如中子照射碘酸盐溶液,起始化合物形式的产额为 20%,与溶液 pH 无关。若在照射前,向碘酸盐溶液中加入还原性物质如 I^- 或 CH_3OH,则起始化合物形式的产额降至 6%;若加入高碘酸盐,则起始化合物形式的产额可上升到 40%。已知亚碘酸 IO_2^- 可以进行如下的反应:

$$IO_2^- + I^- \longrightarrow 2IO^-$$
$$IO_2^- + CH_3OH \longrightarrow I^- + \cdots$$
$$IO_2^- + IO_4^- \longrightarrow 2IO_3^-$$

因此可以推测出碘酸盐经中子照射后的最初产物中 IO_3^- 占 6%,IO_2^- 占 34%,I^- 或者 IO^- 占 60%。

配合物的(n,γ)反应也是研究得较多的一类反应。早期常利用配合物在核反应中发生化学键断裂的性质,富集放射性同位素。例如用中子照射钴氰化钠后,用 α-亚硝基-β-萘酚可将反冲断裂的^{60}Co沉淀出来,得到高放射性比活度的^{60}Co。配合物照射后生成的放射性产物是很复杂的,常会得到配体被不同程度置换的配合物的混合物。如中子照射$Na_2{}^{191}IrCl_6 \cdot 6H_2O$后,用纸上电泳法分离反应产物,可得到 12～13 个峰,它们分别是$^{192}IrCl_6^{2-}$、$^{192}IrCl_6^{3-}$、$^{192}IrCl_5^{2-}(H_2O)$、$^{192}IrCl_4(H_2O)_2^{-}$、…、$^{192}IrCl(H_2O)_5^{2+}$及羟基配合物。

具有空间异构体的配合物,其(n,γ)反应的产物一般都有保留原有构型的特点。例如d-$[Co(en)_3](NO_3)_3 \cdot 3H_2O$(en 代表乙二胺)在室温下经中子照射,生成$^{60}Co$的产物,其中 D 型的产额为 4.6%,L 型的为 0.6%。顺式与反式的$[Co(en)_2Cl_2]NO_3$在(n,γ)反应中也能保持构型,它们在干冰温度下照射的结果如表 12-10 所列。

表 12-10 $[Co(en)_2Cl]NO_3$经(n,γ)反应后的构型

靶化合物的形式	^{60}Co 的产额(%)		^{38}Cl 的产额(%)	
	顺式	反式	顺式	反式
顺式的	3.1	0.1	12.5	0.4
反式的	0.2	7.3	0.6	15.5

12.3 α衰变化学

放射性原子核自发地放出 α 粒子转变成另一种原子核的过程叫 α 衰变。根据动量守恒原理,α 衰变的反冲原子能量可按(12-4)式计算,因为 α 粒子运动速度不大,可表示为

$$E_R = \frac{p_R^2}{2M} = \frac{p_\alpha^2}{2M} = \frac{2M_\alpha E_\alpha}{2M} = \frac{M_\alpha}{M}E_\alpha \tag{12-8}$$

式中 M_α 为 α 粒子的质量,E_α 为 α 粒子的能量,M 为反冲核的质量。

例如,^{222}Rn 经 α 衰变成 ^{218}Po,发射的 α 粒子的能量 $E_\alpha = 5.489$ MeV(99.9%),^{218}Po 得到的反冲能为

$$E_R = \frac{4}{218} \times 5.489 = 0.101 \text{ (MeV)}$$

放射性衰变放出的 α 粒子的能量在 1.83 MeV(^{144}Nd)和 11.7 MeV(^{212m}Po)之间,α 衰变的子体具有很高的反冲能,一般都在 0.1 MeV 数量级,远远大于化学键能,因此必然使化学键断裂。

单纯的 α 衰变,只使原子带上两个负电荷。但实际上由于子体原子在高反冲能量作用下运动,以及外层电子因震脱效应而失落,这些过程能使原子带上少量正电荷,实验测得的 ^{222}Rn 的子体 ^{218}Po 的最概然正电荷是 +2,^{210}Po 和 ^{241}Am 的 α 衰变子体的最概然正电荷是 +1。

与其他的核转变过程相比,对 α 衰变的化学研究较少,有人曾研究过铀酰离子与苯甲酰丙酮及二苯甲酰甲烷的配合物中的 ^{238}U 的 α 衰变。用湿的 $BaCO_3$ 吸附 Th^{4+} 的方法测子体 ^{234}Th 的保留值,得固态时的保留值为 80%～90%,丙酮溶液中的保留值为 20%～65%。用穆斯堡尔谱法测定 ^{241}Am 的 α 衰变的子体 ^{237}Np 的价态,固态 $^{241}Am_2O_3$ 和 $^{241}AmO_2$ 的 α 衰变子体 ^{237}Np 呈 +4 及 +5 价,固态 $^{241}AmF_3$、$^{241}AmCl_3$ 和 $^{241}Am(OH)_4$ 衰变子体 ^{237}Np 呈 +3 价。对 ^{212}Bi 的 α 衰

变子体 ^{208}Tl 的状态也作过一些研究,由于子体 ^{208}Tl 有一个内转换系数很高的 39.85 keV γ 跃迁,它能造成子体原子高度荷电,使研究结果复杂化。

12.4　β 衰变化学

β 衰变时产物核获得的反冲能与其质量、β 衰变能 Q_β 及其在 β 粒子和中微子间的分配方式,以及它们的出射方向间的夹角等有关。当放出的 β 粒子的动能等于该组 β 射线的最大能量 $E_{\beta,max}$ 时,中微子的动能等于 0。对高速运动的电子,计算其动量时要考虑相对论效应。由

$$E = \sqrt{c^2 p_e^2 + m_e^2 c^4} = E_e + m_e c^2$$

得

$$p_e^2 = \frac{E_e^2}{c^2} + 2E_e m_e$$

式中 E 为电子的总能(＝动能＋静质量能);m_e,p_e 和 E_e 分别为电子的静质量、动量和动能。考虑相对论效应后,引入对反冲能的修正项 $E_e^2/2Mc^2$。当发射单能电子时,根据(12-4)式可以导得

$$E_R = \frac{E_e^2}{2Mc^2} + \frac{m_e}{M} E_e \tag{12-9}$$

当 E_e 用 MeV 为单位,m_e 和 M 用原子质量单位时,可得

$$E_R = 536 \frac{E_e^2}{M} + 548 \frac{E_e}{M} \text{ (eV)} \tag{12-10}$$

上式可用于计算 β 衰变过程的最大反冲能,也适用于计算发射内转换电子的反冲能。

例如,^{14}C 衰变放射的 β 粒子的最大能量为 0.156 MeV,其最大反冲能为

$$E_{R,max} = 536 \times 0.156^2 / 14 + 548 \times 0.156 / 14 = 7.04 \text{ (eV)}$$

轻核(如 ^{12}B、^{8}Li)放出的 β 粒子能量很高,$E_{R,max}$ 可高达数千电子伏;中重核发射的 β 粒子的最大能量约为 1～2 MeV,$E_{R,max}$ 值为 10^1～10^2 eV,高于化学键能;在重核情况下,$E_{R,max}$ 一般小于化学键能。考虑到中微子带出的能量等因素,实际上 E_R 比上面计算的还要小,平均反冲能约为最大反冲能的一半。

β 衰变时可因**电子震脱**(electron shake-off)引起原子的激发和电离。电子震脱是原子序数 Z 发生变化的核过程引起核外电子壳层变化的结果。当 $\Delta Z > 0$ 时(β^- 衰变),核的电场强度增大,引起电子壳层收缩;当 $\Delta Z < 0$ 时(β^+ 衰变及轨道电子俘获),则电子壳层扩展。若电子壳层的重排比核过程慢,则将引起电子激发而电离。电子震脱主要发生在外层电子。实验证明,β^- 衰变时主要是 +1 价电荷态。如 ^{85}Kr $\xrightarrow{\beta^-}$ ^{85}Rb,初级产物中 79% 是 +1 价,11% 是 +2 价,0.7% 是 +6 价。

若 β 衰变的子体核仍处于激发态,可通过发射 γ 光子或内转换电子退激。此时子体原子将获得额外的反冲能,其值分别用(12-6)和(12-10)式计算。

重核退激时发射内转换电子的概率很大。内转换过程常常导致俄歇串级过程(见 3.4 节),使相关原子处于高度电离的状态。因此,在重核的 β 衰变中,虽然子体核获得的反冲能一般不足以打断化学键,但如子体核处于激发态,仍可借上述机制产生化学效应。

β 衰变产物的电荷状态主要由下述因素决定:① β 衰变类型。发射 β^- 粒子使子体原子的

氧化数比母体原子的增加 1，如 $^{32}P^V O_4^{3-} \xrightarrow{\beta^-} {}^{32}S^{VI} O_4^{2-}$；发射 β^+ 粒子使子体原子的氧化数比母体原子的减少 1，如 $^{34}Cl^{VII} O_4^- \xrightarrow{\beta^+} {}^{34}S^{VI} O_4^{2-}$；发生电子俘获时，子体原子的氧化数不变，如 $^7Be^0 \xrightarrow{EC} {}^7Li^0$。② 电子震脱效应。电子震脱和俄歇效应均会引起附加的电子丢失。一般在纯 β^- 和 β^+ 衰变中，这些附加的电子丢失效应不大，受影响的子体原子只占 10%～20% 或更少。如 T 是纯 β^- 放射体，T_2 分子或 HT 分子经 β^- 衰变后，用质谱仪分析子体产物的分布，结果列于表 12-11。

表 12-11 T_2、HT 的 β^- 衰变产物分布

衰 变 物	产　物	产　额(%)	衰 变 物	产　物	产　额(%)
T_2	$(^3He \cdot T)^+$	94.5 ± 0.6	HT	$(^3He \cdot H)^+$	89.55 ± 1.1
	$T^+ + {}^3He^+$	5.5 ± 0.6		$^3He^+$	8.2 ± 1.0
				H^+	2.3 ± 0.4

表 12-11 说明，T_2 或 HT 分子经 β^- 衰变主要生成分子离子 $(T \cdot {}^3He)^+$ 或 $(^3He \cdot H)^+$，离解产物 T^+ 和 $^3He^+$ 或 $^3He^+$ 和 H^+ 仅占百分之几。

氚标记的 C_2H_5T 经 β^- 衰变，它的初级产物分布列于表 12-12。

表 12-12 C_2H_5T 的 β^- 衰变产物分布

衰变产物	产　额(%)	衰变产物	产　额(%)
$C_2H_5{}^3He^+ + C_2H_5T^+$	<0.2	$C_2H_2^+$	6.9 ± 0.7
$C_2H_5^+$	78 ± 2	C_2H^+	4.1 ± 0.4
$C_2H_4^+$	<0.5	C_2^+	1.7 ± 0.2
$C_2H_3^+$	6.5 ± 0.7		

由表 12-12 可看出，C_2H_5T 经 β^- 衰变生成不断键产物 $C_2H_5{}^3He^+$ 极少，这是因为 $C_2H_5{}^3He^+$ 很不稳定，一旦生成立即发生 C—He 键的断裂，裂解成 $C_2H_5^+$ 和 He。因此 $C_2H_5^+$ 的产额最高。具有过剩内能的 $C_2H_5^+$ 进一步分解成 $C_2H_4^+$、$C_2H_3^+$ 等离子。王德民、朱芝仙等人[①]假定氚发生 $T \xrightarrow{\beta^-} {}^3He$ 的速度远快于分子几何结构调整的速度，用从头计算分子轨道法(*ab initio* MO)计算了 F—H…NH_2CH_3、TH_2N…H—OH、THO…H—F、NH_2T、CH_3T、TCHO、C_2HT、C_2H_3T 及 TCN 经 β^- 衰变后子体离子的势能曲线，据此预言了可能的离解产物。

^{132}Te 经 β^- 衰变后生成 ^{132}I。在 $^{132}TeO_3^{2-}$ 或 $^{132}TeO_4^{2-}$ 溶液中生成的 ^{132}I 有 70% 以 IO^-、I_2 和 I^- 形式存在，15% 以 IO_2^- 存在，其余以 IO_3^- 和 IO_4^-(TeO_3^{2-} 不生成 IO_4^-)存在。从衰变过程推断，$^{132}TeO_3^{2-}$ 和 $^{132}TeO_4^{2-}$ 衰变后应生成 IO_3^- 和 IO_4^-，但实际得到的是大量的 IO^-、I_2、I^-。这说明生成的初级产物处于激发态，它们通过失去氧而退激，生成上述多种还原态产物。

在有些体系中，测得 β 衰变子体产物的价态与预期的价态是一致的。如 $^{90}Sr^{2+}$ 的水溶液中，^{90}Y 以 $^{90}Y^{3+}$ 形式存在；又如固体的 $Cs^{51}MnO_4$ 经 β^+ 衰变后溶于水得 $^{51}CrO_4^{2-}$，都与预期的结果一致：

---

① 朱芝仙，赵航，王德民，童建昌. 氚化 FH…NH_2CH_3 分子 β 蜕变后行为的量子化学研究. 北京大学学报(自然科学版)，1988(24)：411～418.

$$^{90}Sr^{2+} \xrightarrow{\beta^-} {}^{90}Y^{3+}$$

$$^{51}MnO_4^- \xrightarrow{\beta^+} {}^{51}CrO_4^{2-}$$

实际上这两个衰变过程仍然是复杂过程，$^{90}Sr^{2+}$ 衰变因受电子震脱的影响，能产生少量带高电荷的钇离子。^{51}Mn 衰变引起的反冲能量为 72 eV，^{51}Mn 衰变也能产生一些其他产物。不过这些初级产物化学性质很活泼，在水溶液中，最后都转变成稳定的 Y^{3+} 和 CrO_4^{2-}。

^{57}Ni 标记的 $[Ni(NH_3)_6]X_2$（X 为 $S_2O_8^{2-}$、ClO_4^-、NO_3^-、I^- 等）在发生 β^+ 衰变或电子俘获时，$^{57}Co(\text{III})$ 的产额受到外层阴离子 X 的氧化能力的影响。外层配阴离子的氧化能力 $S_2O_8^{2-} > ClO_4^- > NO_3^- > I^-$，$^{57}Co(\text{III})$ 的产额分别为 41.8%，36.6%，34.8%，29.6%。说明 $^{57}Co(\text{III})$ 在退激过程中与外层配阴离子有相互作用。

12.5　γ 跃迁化学

同质异能转变可以有三种形式：放出 γ 光子；放出内转换电子；形成电子偶。其中前两种形式是主要的。

光子的动量为 $p_\gamma = E_\gamma/c$，母核的反冲能 E_M 同样可按 (12-6) 式计算。

放出 γ 光子时，一般 $E_\gamma = 10^5$ eV，若 $M = 100$，则 $E_M \approx 0.05$ eV，E_M 值比一般的化学键能小，显然反冲能不足以使化学键断裂。

发射内转换电子时，反冲能 $E_M = 536 E_e^2/M + 541 E_e/M$，$E_e$ 为内转换电子能量。若 $E_\gamma = 10^5$ eV，$M = 100$，转换电子为 K 层电子，则 $E_M \approx 0.5$ eV，也比一般的化学键能小。

通过实验发现，在同质异能跃迁中引起化学键断裂，是内转换电子引起的**空穴串级**的结果（图 12-4）。当核过程产生内转换电子或电子俘获时，可使电子壳层 K 层或 L 层失去电子形成空穴。由于俄歇过程，外层的电子将填充空穴，并引起发射更多的光子及由光子击出的电子，形成空穴串级，最后使原子高度电离，电荷数可达 +10 以上。

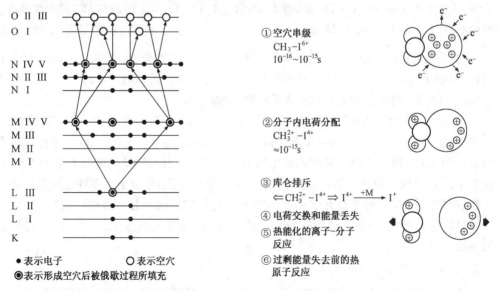

① 空穴串级
CH_3-I^{6+}
$10^{-16} \sim 10^{-15}$ s

② 分子内电荷分配
$CH_3^{2+}-I^{4+}$
$\approx 10^{-15}$ s

③ 库仑排斥
$\Leftarrow CH_3^{2+}-I^{4+} \Rightarrow I^{4+} \xrightarrow{+M} I^+$

④ 电荷交换和能量丢失

⑤ 热能化的离子-分子反应

⑥ 过剩能量失去前的热原子反应

● 表示电子　　○ 表示空穴
◉ 表示形成空穴后被俄歇过程所填充

图 12-4　^{130m}I 的 L 层的空穴引起的空穴串级

图 12-5　气相 CH_3I 的俄歇效应造成分子爆炸和伴随化学变化的示意图

空穴串级过程的时间在 $10^{-16} \sim 10^{-15}$ s,比分子振动的时间标度($10^{-14} \sim 10^{-12}$ s)要短得多,积聚的正电荷通过分子内部电荷再分布。分子内部的正电荷之间的强烈的库仑斥力导致**分子爆炸**(molecular explosion)。分子爆炸又称为**库仑爆炸**(Coulomb explosion)。图 12-5 是气相 $CH_3{}^{130m}I$ 的库仑爆炸示意图。分子爆炸后的体系中不仅有 I^+,而且还有 CH_3^+、CH_3I^+ 等碎片。裂片产物具有很高的正电荷。例如,^{80m}Br 的同质异能跃迁的内转换系数很大($E_{\gamma,1} = 37.05$ keV,$\varepsilon_{K/\gamma} = 1.6$;$E_{\gamma,2} = 49$ keV,$\varepsilon_{K/\gamma} = 298$)。气相 $CH_3{}^{80m}Br$ 的同质异能跃迁产生各种价态的溴离子,其电荷分布如图 12-6 所示。子体溴离子最高能带 13 个正电荷(以电子所带的电荷为单位),平均电荷数为 $+6.4$,并生成 CH_3Br^+、CH_3^+、CH_2^+、C^+、H_2^+、H^+、C^{2+}、C^{3+} 等离子。

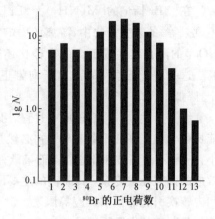

图 12-6 ^{80m}Br 衰变时 ^{80}Br 的电荷谱

同质异能跃迁的内转换系数大小对化学效应的影响很大。如 ^{69m}Zn、^{127m}Te 和 ^{129m}Te 的衰变能分别为 $0.44,0.089,0.106$ MeV,内转换百分数分别为 5%,97.5% 和 100%。^{69m}Zn 的衰变能大于 ^{127m}Te 和 ^{129m}Te 的衰变能,而 ^{127m}Te 和 ^{129m}Te 的内转换系数大于 ^{69m}Zn 的内转换系数。将 ^{69m}Zn 和 ^{127m}Te、^{129m}Te 标记的二乙基化合物,在 110℃ 气相下保存一段时间,让它们进行同质异能衰变,结果在容器壁上沉积有 ^{127}Te 和 ^{129}Te(因 Te—C 键破裂而产生),而没有 ^{69}Zn 沉积。这说明引起化学键断裂的主要因素是内转换系数,而不是反冲能的大小。

Br 的两个同质异能核素 ^{80m}Br 和 ^{82m}Br,由于其衰变方式不同,在化学行为上有一定的差异。例如,^{80m}Br 和 ^{82m}Br 分子与 CH_4 反应,产生标记的 CH_3Br 和 CH_2Br_2,其产额列于表 12-13。

表 12-13 Br 同位素标记的 CH_3Br 和 CH_2Br_2 产额

核 素	CH_3Br 产额(%)	CH_2Br_2 产额(%)
^{80m}Br	3.5	1.1
^{82m}Br	5.0	1.1

若在体系中加入足够量的 Ar 慢化剂,CH_3Br 的产额均降到 0.5%,但 CH_2Br_2 的产额不变。这说明在 ^{80m}Br 和 ^{82m}Br 的体系中分别有 3% 和 4.5% 的 CH_3Br 产物是由热反应产生的,0.5% 的 CH_3Br 和 1.1% 的 CH_2Br_2 可能是热能化的 Br^+ 进行下述离子-分子反应而生成的:

$$Br^+ + CH_4 \longrightarrow CH_3Br + H^+$$

$$Br^+ + CH_4 \longrightarrow CH_4Br^+$$

$$CH_4Br^+ \xrightarrow{\text{中和,解离}} CH_3B$$
$$\quad \xrightarrow{\text{中和,解离}} \cdot CH_2Br \xrightarrow{Br_2} CH_2Br_2 + Br$$

在 ^{80m}Br 溶液中,^{80m}Br 标记的溴代烷衰变后产生有机基团结合的 ^{80}Br 化合物。如 $n\text{-}C_3H_7{}^{80m}Br$ 衰变后产生 20 余种产物,有 $n\text{-}C_3H_7{}^{80}Br$、$1\text{-}C_3H_7{}^{80}Br$、$1,2\text{-}C_3H_6Br^{80}Br$、$1,3\text{-}C_3H_6Br^{80}Br$、溴乙烷、二溴乙烷以及碳链较长的溴化物。该事实说明,化学反应涉及的能量相当大,反应是很剧烈的。

在 ^{80m}Br 标记的 $[M(NH_3)_5{}^{80m}Br]X_2$（M 为 Co、Rh、Ir 等；X 为 NO_3^-、ClO_4^-、NO_2^-、$S_2O_6^{2-}$、$C_2O_4^{2-}$ 等）的衰变产物中，游离的 $^{80}Br^-$ 的产额随阴离子不同而不同，氧化性阴离子（如 ClO_4^-、NO_3^-）的配合物生成 Br^- 的产额比还原性阴离子（如 $S_2O_6^{2-}$、$C_2O_4^{2-}$）配合物生成 Br^- 的产额高。这是由于还原性的阴离子向带正电荷的 ^{80}Br 提供了电子，从而使 $[M(NH_3)_5{}^{80m}Br]^{2+}$ 稳定，降低了 $^{80}Br^-$ 产额。

综上所述，不同的核反应过程，引起化学键断裂的因素是不同的。对于 (γ, n) 反应，反冲能比化学键能高几个数量级，它必然是断键的主要原因。同质异能跃迁和电子俘获的反冲能小，一般不足以破坏化学键，而俄歇效应的空穴串级则是断键的主要原因。β 衰变引起化学效应的因素比较复杂，其断键的主要原因有 β 衰变子体核的反冲、电子震脱，以及原子的激发和内转换引起的俄歇效应等因素。对于最常见的 (n, γ) 反应来说，反应中放出光子获得的反冲能是断键的主要原因。

12.6　热原子化学的应用

12.6.1　氟的反冲化学

研究氟的反冲化学一般均利用 ^{18}F（$T_{1/2} = 109.7\ \text{min}$），无载体的 ^{18}F 可用 $^{18}O(p, n)^{18}F$、$^{16}O(\alpha, d)^{18}F$ 和 $^{16}O(t, n)^{18}F$ 等反应大量生产。通过 $^{19}F(n, 2n)^{18}F$ 和 $^{19}F(\gamma, n)^{18}F$ 反应制备的 ^{18}F 是有载体的。

通过氟的反冲化学的研究可以获得氟化物特别是有机氟化物化学的反应机制方面的知识。

^{18}F 的典型反应是 ^{18}F 与 CF_3CH_3 的反应。用全氟丙烯作热能化 ^{18}F 的清除剂时，反冲 ^{18}F 的初级反应有如表 12-14 所列的几种方式。其中，有机氟的总产额为 26.1%。

表 12-14　^{18}F 的各种初级反应的反应产物

反应方式	反应产物及其相对产额	反应方式	反应产物及其相对产额
氢提取反应	$H^{18}F$（51%）	氟置换反应	$CF_2{}^{18}FCH_3$（3.6%）
氟提取反应	$F^{18}F$（5.4%）	CH_3 置换反应	$CF_3{}^{18}F$（5.8%）
氢置换反应	$CF_2 \cdot CH_2{}^{18}F$（8.2%）	CF_3 置换反应	$CH_3{}^{18}F$（8.2%）

表中所列的初级产物中有许多是处于高激发态，它们迅速分解为自由基。若不用清除剂，则可以观测到热能化 ^{18}F 的反应，反应产物是 $H^{18}F$，所占份额为 17%。

反冲 ^{18}F 与乙烯可以发生置换反应，直接生成 $CH_2{=}CH^{18}F$，它处于高激发态，很容易分解成 $:CH_2$ 和 $\cdot CH_2{}^{18}F$，也可以发生加成反应，生成激发态的 $[\cdot CH_2CH_2{}^{18}F]^*$，并通过 C—H 键和 C—C 键断裂分解成 $:CH_2$、$\cdot CH_2{}^{18}F$ 和 $CH_2{=}CH^{18}F$ 等产物。如果体系中存在过量的 SF_6 或 CF_4 慢化剂，则热能化的 ^{18}F 与乙烯发生加成反应，生成 $[\cdot CH_2CH_2{}^{18}F]^*$，它具有的激发能要低得多，只能通过 C—H 键的断裂分解：

$$[\cdot CH_2CH_2{}^{18}F]^* \longrightarrow CH_2{=}CH^{18}F + H \cdot$$

或者通过碰撞生成稳定的 $\cdot CH_2CH_2{}^{18}F$ 自由基。当体系中存在含氢的分子如 HI 时，则生成 $CH_3CH_2{}^{18}F$。^{18}F 与乙炔主要发生热能化的加成反应，很少发生产物为 $HC{\equiv}C^{18}F$ 的热置换反应。热能化的^{18}F 与乙炔进行加成反应生成 · CH ═CH^{18}F。若体系中有 HI 时，则生成 CH$_2$ ═CH^{18}F。由于这一反应很易进行，故乙炔常用做热能化^{18}F 的清除剂。

12.6.2　新化合物的制备

在 β^- 衰变中，子体原子的化合价增加 1：

$$_Z X^{n+} \xrightarrow{\beta^-} {}_{Z+1} Y^{(n+1)+}$$

当放射性原子是分子的一部分且 β^- 衰变后没有因反冲而与分子的其余部分分离开时，β^- 衰变引起的核电荷数改变导致形成相邻元素的类似化合物。用这种方法曾制得一些无载体的原先未知的化合物。

一个例子是二苯锝。它在芳烃-金属 π 配合物系列中的存在过去是有疑问的，因为相应的铼配合物 Re(C$_6$H$_6$)$_2^+$ 是稳定的，而锰配合物是不稳定的。为了考察锝配合物的稳定性，先制备二苯钼-^{99}Mo，期望经过 β^- 衰变会生成相应的锝化合物。

$$^{99}Mo(\eta^6\text{-}C_6H_6)_2 \xrightarrow{\beta^-} {}^{99}Tc(\eta^6\text{-}C_6H_6)_2^+$$

事实上，二苯锝阳离子可以分离出来，收率达到 80%～90%。后来还分离出了制剂量的二苯锝。如果反应的初级产物不稳定，它可以获得电子转变成稳定的较低价态。这种过程的一个例子是经 β^- 衰变制备铑的环戊二烯配合物，

$$^{105}Ru(\eta^5\text{-}C_5H_5)_2 \xrightarrow{\beta^-} {}^{105}Rh(\eta^5\text{-}C_5H_5)_2^+ \xrightarrow{+e^-} {}^{105}Rh(\eta^5\text{-}C_5H_5)_2$$

生成的^{105}Rh(η^5-C$_5$H$_5$)$_2$ 不稳定，立即形成一个 C—C 键二聚。有人还曾通过^{144}Ce 的衰变几乎定量地生成^{144}Pr 的乙酰丙酮盐（acac）。

$$^{144}Ce(acac)_3 \xrightarrow{\beta^-} {}^{144}Pr(acac)_3^+ \xrightarrow{+e^-} {}^{144}Pr(acac)_3$$

12.6.3　用反冲原子直接标记

^{14}N(n,p)^{14}C（热中子反应截面 $\sigma =$ 1.75 b）反应生成的^{14}C 具有 45 keV 的反冲能，这样大的能量足以使^{14}C 原子脱离原来的分子（图 12-7）。随后它能以多种方式和周围分子作用。图 12-8 以烟酸的辐照为例说明之。

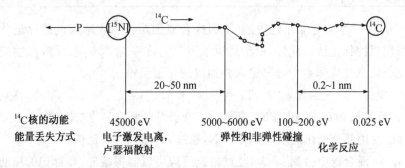

图 12-7　一个^{14}C 反冲原子在有机液体中丢失能量的概然单级过程

用反应堆中子辐照乙酰胺时，除了生成乙酸（6.4%）和丙酮（0.13%）外，还以 6.5% 的收率生成预料中的^{14}C-丙酸 CH$_3$CH$_2$COOH。意外的是—COOH 基团中只含 24% 的^{14}C，

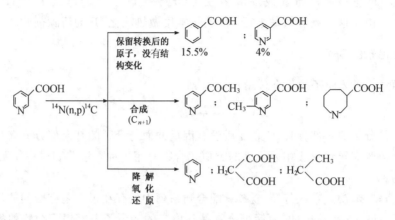

图 12-8　热中子辐照烟酸的反应产物

25％的^{14}C 在 CH_2 基团中,51％的^{14}C 在 CH_3 基团中。这表明在^{14}C 反冲标记时被辐照分子和转化产品的任何位置都可以被标记。

用氚反冲原子标记有机化合物时主要利用$^6Li(n,\alpha)T$ 反应。由于反应截面大,得到 T 的放射性活度可显著高于用$^{14}N(n, p)^{14}C$ 反应的^{14}C 标记。由于 T 的半衰期短,所得比活度也高得多。1 mmol Li(6.9 mg)靶在注量率 $\phi=10^{12}$ $cm^{-2} \cdot s^{-1}$ 的中子场中照射 1 h 可得到约 1.7×10^{14} 个 T 原子(相当于 3 MBq)。然而,根据被辐照的化合物不同,只有 5％～30％的氚能结合到有机化合物中,见表 12-15。

表 12-15　通过$^6Li(n,\alpha)T$ 反应的氚反冲标记

被辐照的化合物	T 源	被辐照物的放射化学产额(％)	放射性活度($Bq \cdot mg^{-1}$ H)
烟酸	10％ Li_2SO_4	6	1.2×10^4
胆固烷	10％ Li_2CO_3	19	5.2×10^4
葡萄糖	50％ Li_2CO_3	10	1.5×10^3
利血平(或蛇根碱)	3％ Li_2CO_3	18	5.2×10^4
L-(＋)-丙氨酸	3％ Li_2CO_3	12	15.5×10^4

反冲标记法是一种非定位标记法,对于那些合成困难或者收率很低的标记化合物(如糖类),可考虑采用反冲标记法。此外,由于热原子可参与许多化学反应,反应产物组成复杂,将所需的标记化合物从反应体系中分离出来并加以纯化很困难。

短寿命的、发射正电子的核素$^{13}N(T_{1/2}=9.96\ min)$、$^{15}O(T_{1/2}=2.03\ min)$,特别是$^{11}C(T_{1/2}=20.3\ min)$ 的反冲标记对于制备 PET 药物(正电子发射断层显像)具有重要意义。用 3～13 MeV 的质子(也使用部分慢化的质子)辐照^{14}N,通过$^{14}N(p,\alpha)^{11}C$ 反应:

(1) 在 N_2/O_2 混合物中得到$^{11}CO_2$,经过格氏反应可以制得端部^{11}C 标记的脂肪酸,可用于心脏检查。

(2) 在 N_2/H_2 混合物中得到$^{11}CH_4＋NH_3$,在加热的铂上转变成 $H^{11}CN$。与 $R—CH_2Cl$ 反应可转变成端部^{11}C 标记的胺 $R—CH_2—^{11}CH_2—NH_2$。

(3) 在 H_2/HI 混合物中以 25％的收率(按气体组成计)得到$^{11}CH_3I$。与 1,2-二异丙基-D-

葡萄糖或 5,6-二异丙基-D-葡萄糖反应,可以得到放射化学纯的[3-^{11}C]-甲基-D-葡萄糖,比活度$>10^7$Bq·μmol^{-1},该标记化合物可用于 PET 法测定脑的葡萄糖代谢。

选择合适的起始物质和有目的的辐照,可通过^{14}N(p,α)^{11}C 反应制备复杂的标记分子。辐照液态 NH$_3$/N$_2$O 混合物可得到[^{11}C]-胍,产率可达 42%,[^{11}C]-胍(Ⅰ)与丙二腈(Ⅱ)作用生成嘧啶衍生物,如 2,4,6-三胺基嘧啶(Ⅲ)。

$$\underset{\text{I}}{H_2N-\overset{NH}{\underset{NH_2}{^{11}C}}} + \underset{\text{II}}{NC-CH_2-CN} \longrightarrow \underset{\text{III}}{H_2N-^{11}C}$$

用Ⅱ的取代衍生物,如对氮进行甲基化并取代 CH$_2$ 基团上的一个 H 原子(Ⅳ),可得到在 5 位上取代的 2-胺基嘧啶衍生物,如化合物Ⅴ。然后可容易地用于进一步的快合成。

$$\underset{\text{I}}{H_2N-\overset{NH}{\underset{NH_2}{^{11}C}}} + \underset{\text{IV}}{(CH_3)_2N-CH=\overset{Cl}{C}-CH_2-N(CH_3)_2} \longrightarrow \underset{\text{V}}{H_2N-^{11}C}\cdots Cl$$

^{11}C-氰胺(H$_2$N—^{11}C≡N)也是一种活泼分子,可用来快速合成复杂化合物,用质子辐照氨基锂时,^{11}C-氰胺产率达 80%。这种胍衍生物是麻黄素-N-甲基转移酶的抑制剂,可用来研究人体内肾上腺素的代谢。

12.6.4 生物化学中的反冲效应

共价结合在一个分子内的放射性原子发生衰变,不仅影响到它的键合,还常常影响整个分子和邻近的分子。下面用标记的脱氧核糖核酸(DNA)及其构成单元为例来说明这种效应在重要的生物分子中是怎样表现的。活组织里重要生物分子中放射性核素的分子内衰变的生物学作用,包括影响染色体使之发生遗传变异,诱发癌变直到使细胞死亡。

观察到的效应可归结为由于:① 放射性衰变本身,即一种新元素的形成和衰变引起的反冲。这种效应在^{125}I 的情况下是主要的。② 衰变能,如 β 粒子能量的传递。能量的释放还影响到衰变原子的周围环境。这种效应被称为"β 辐解",在^{3}H、^{14}C 和^{32}P 的情况下是主要的。

这些效应对 DNA 的损害主要用单链断裂数(SSB)和双链断裂数(DSB)表示。SSB 损伤可以用酶重新修复(并大部分被修复),而 DNA 的 DSB 是致命的(被称为"放射性自杀")。^{3}H 原子在相对密度(与水比)为 1 的物质(如水)中衰变时,在 1 μm 之内 80% 的 β 粒子被吸收,其余在 6 μm 内被吸收。平均来说,1 个 β 粒子以>20 eV·nm^{-1} 的 LET 引起约 160 次电离。β 粒子射程和哺乳动物细胞核直径大致相同。^{3}H 原子的衰变引起键的断裂,因为子体核^{3}He 不需要化学键。在^{3}H 与碳成键的情况下,在 10^{-5} s 内形成一个很活泼的碳正离子≡C$^+$:

$$\equiv C-^3H \longrightarrow \equiv C-^3He \longrightarrow \equiv C^+ + ^3He$$

碳正离子可以进一步进行多种多样的反应,例如发生某些取代反应。细菌 DNA 中的[5-^{3}H]-胞嘧啶(下式Ⅰ)的约 28% 在^{3}H 衰变后经过脱氨基的中间步骤变成尿嘧啶(Ⅱ),后者具有与胸腺嘧啶相同的遗传编码特性。相反，[6-³H]-胞嘧啶在³H 衰变时不发生脱氨基反应，最终产物仍然和胞嘧啶有相同的遗传特性。

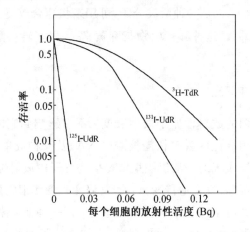

尽管由此得出这两种碱的 SSB 值不同，但它们的致死率都是 DNA 分子内每次³H 衰变 0.015 DSB。因为致死主要归因于 β 内辐照。³H 元素转变的效应≤10%，因而胞嘧啶内³H 不同取代位置的影响较小。

¹²⁵I 标记的分子情况就不同了，此时¹²⁵I 衰变的俄歇效应引起的元素转变效应占主要地位。因此，¹²⁵I 的放射毒性大大高于³H 或¹³¹I（图 12-9），也高于单考虑吸收剂量时的毒性。对双标记[2-¹⁴C,5-¹²⁵I]-碘尿嘧啶（如碘脱氧尿嘧啶）的研究表明，¹²⁵I 的衰变使嘧啶环完全破碎成小碎片，如¹⁴CO 和¹⁴CO₂，即使结合在 DNA 上也是这样。每次¹²⁵I 衰变引起 DSB 致死的数目至少为 1，在某些条件下可达 12。¹²⁵I 的破坏作用可用来治癌，例如把¹²⁵I 标记的激素（荷尔蒙）引入细胞核。当然它必须达到癌细胞的细胞核。

图 12-9 用¹²⁵I-UdR、¹³¹I-UdR 和³H-TdR 标记的中国土拨鼠 V79 细胞的存活率
I-UdR＝5-碘代脱氧尿（嘧啶核）苷，TdR＝5-³H 脱氧尿（嘧啶核）苷

比较细胞外和细胞内¹²⁵I 衰变对细胞造成的损伤是有趣的，例如将¹²⁵I-安替比林引入一个细胞（在那里它不能自由扩散到与 DNA 结合的分子上）。与¹²⁵I 标记的蛋白质在细胞外的衰变相比，这种内部的俄歇电子辐照对细胞造成较强的杀伤。

考察结合在 DNA 磷酸根中的³²P 标记原子的衰变时发现，生成化学性质不同的³²S 原子总是导致一个 SSB（内辐照还会使 SSB 和 DSB 进一步提高）。

表 12-16 给出了各种放射性核素的元素转变效应和内辐照效应对哺乳动物细胞的相对影响。

表 12-16　哺乳动物细胞核中的链断裂 *

核素	微剂量（mGy/衰变）	内辐照效应		元素转变效应		内辐照 DSB 与元素辐照 DSB 之比
		SSB	DSB	SSB	DSB	
^{32}P	41.5	125	12	1	0.05	240
^{14}C	1.9	0.57	0.06	1	0.02	3
^{3}H	2.8	0.8	0.08	0.3	0.01	8
^{125}I	6.5	2	0.2	0.5	0.5	0.4

* SSB，单链断裂数；DSB，双链断裂数。

参 考 文 献

[1] 刘元方，江林根. 放射化学. 无机化学丛书，第十六卷. 北京：科学出版社，1988.

[2] 郑成法，毛家骏，秦启宗. 核化学与核技术应用. 北京：原子能出版社，1990.

[3] 徐长林，柳蕴刚，编译. 热原子化学. 北京：原子能出版社，1985.

[4] Adloff J P，Gaspar P P, Imamura M, Maddock A G, Matsuura T, Sano H, Yoshihara K. The Handbook of Hot Atom Chemistry. Kodansha, Tokyo；VCH, Amsterdam，1992.

[5] Tatsuo Matsuura（ed）. Hot atom chemistry：Recent trends and applications in the physical and life sciences and technology. Elsevier , Amsterdam, New York；Kodansha, Tokyo, 1984.

[6] Takeshi Tominaga，Enzo Tachikawa. Modern Hot-atom Chemistry and Its Applications. Berlin-New York：Springer-Verlag，1981.

[7] Gordus A A. Hot atom chemistry. Radioanal J Nucl Chem，1990(142)：293.

第13章 核分析技术

核分析技术是一门以粒子与物质相互作用、核效应、核谱学及核装置(反应堆、加速器等)为基础,由多种方法组成的综合技术。包括的方法有:活化分析、离子束分析、中子散射和中子衍射、同位素示踪技术、核成像技术、Mössbauer 谱学、加速器质谱分析、同步辐射技术等。核分析技术以众多常规非核技术无可替代的特点,例如高灵敏度、高准确度和精密度、高分辨率(包括空间分辨率和能量分辨率)、非破坏性、多元素测定能力、特异性等,为自然科学的深入发展提供了可靠的基础。

鉴于本书的篇幅所限,本章将简要介绍几种常用的核分析技术的基本原理及其主要应用,包括活化分析、质子激发 X 射线荧光分析、同步辐射 X 射线荧光分析、加速器质谱、同位素稀释法和放射免疫分析。

13.1 活化分析

13.1.1 基本原理

活化分析(activation analysis)作为一种核分析方法,它的基础是核反应。该方法是用一定能量和流强的中子、带电粒子或者高能 γ 光子轰击待测试样,然后测定核反应中生成的放射性核衰变时放出的缓发辐射或者直接测定核反应中放出的瞬发辐射,从而实现元素的定性和定量分析。活化分析通常包括**中子活化分析**(neutron activation analysis,NAA)、**带电粒子活化分析**(charged particle activation analysis,CPAA)、**光子活化分析**(photon activation analysis,PAA)等。

活化分析基于核反应中产生的放射性核,其放射性活度由下式给出:

$$A_t = f\sigma N(1 - e^{-0.693\,t/T_{1/2}}) \tag{13-1}$$

上式的物理意义为,在粒子流中活化某种靶核时,在 t 时刻得到的生成核素的放射性活度与粒子注量率 f、核反应截面 σ 和靶核数目 N 成正比,与照射时间 t 成指数关系。图 13-1 说明了这种关系,图中的曲线称为活化过程中放射性核素的生长曲线。

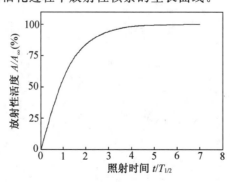

图 13-1　放射性核素的生长曲线

在活化分析中，一般照射后并不立即进行放射性测量，而是让放射性样品"冷却"（即衰变）一段时间，于是，在照射结束后 t' 时刻的放射性活度 $A_{t'}$ 为

$$A_{t'} = A_t \mathrm{e}^{-\lambda t'} = f\sigma N(1 - \mathrm{e}^{-0.693t/T_{1/2}})\mathrm{e}^{-0.693t'/T_{1/2}} \tag{13-2}$$

靶核数目 $N = 6.023 \times 10^{23} \theta \dfrac{W}{M}$，$\theta$ 为靶核的天然丰度，W 为靶元素的质量，M 为靶元素相对原子质量，6.023×10^{23} 为阿伏加德罗常数。将 N 值代入（13-2）式，得

$$A_{t'} = 6.023 \times 10^{23} f\sigma\theta \frac{W}{M}(1 - \mathrm{e}^{-0.693t/T_{1/2}})\mathrm{e}^{-0.693t'/T_{1/2}} \tag{13-3}$$

上式就是活化分析中最基本的活化方程式。从原理上讲，活化分析是一种绝对分析方法，然而在实际工作中，由于放射性 $A_{t'}$ 的绝对测定比较麻烦，σ 和 f 值不容易准确测出，所以在活化分析中很少使用绝对法，而大多数采用相对法。所谓相对法，即配制含有已知量 $W_{标}$ 待测元素的标准，与试样在相同条件下照射和测量，由此可得

$$A_{t'标} = f\sigma N_标(1 - \mathrm{e}^{-0.693t/T_{1/2}})\mathrm{e}^{-0.693t'/T_{1/2}} \tag{13-4}$$

$$A_{t'样} = f\sigma N_样(1 - \mathrm{e}^{-0.693t/T_{1/2}})\mathrm{e}^{-0.693t'/T_{1/2}} \tag{13-5}$$

由（13-4）和（13-5）式可得

$$\frac{A_{t'样}}{A_{t'标}} = \frac{N_样}{N_标} = \frac{W_样}{W_标} = \frac{n_{t'样}}{n_{t'标}} \tag{13-6}$$

式中 $n_{t'样}$ 和 $n_{t'标}$ 分别为 t' 时刻测量的试样和标准中待测核素的计数率。于是，试样中待测元素的浓度

$$C = \frac{n_{t'样} \cdot W_标}{n_{t'标} \cdot m} \tag{13-7}$$

式中 m 为试样的质量（g）。（13-7）式是相对法活化分析的最基本公式。

13.1.2 中子活化分析

13.1.2.1 中子活化分析方法简介

中子活化分析（NAA）基于由中子引发的核反应。1936 年 Hevesy 和 Levi 首次利用 300 mCi 的 Ra-Be 中子源（中子产额约 $3 \times 10^6 \, \mathrm{s}^{-1}$），通过 ^{164}Dy (n, γ) ^{165}Dy 反应测定了氧化钇中的镝。此后，中子活化分析得到迅速发展，成为现代核分析技术最重要的方法之一。

在中子活化分析中，用于诱发核反应的中子可来自反应堆、加速器或核素中子源，其中以反应堆最为重要，反应堆中子活化分析占全部中子活化分析的 95% 以上。由反应堆产生的中子能谱很宽，能量范围从 0.001 eV 到 15 MeV，未经扰动的堆中子谱称为裂变中子谱。为了进行中子活化分析，一般需用各种减速剂（如重水、石墨、铍、普通水等），通过弹性散射或非弹性散射，使中子减速。通常把能量在 0.5 MeV 以下的中子称为慢中子，在此以上的称为快中子。慢中子还可以分为以下几类：热中子（$\overline{E} = 0.025 \, \mathrm{eV}$）、超热中子（$E > 0.4 \, \mathrm{eV}$）和共振中子（$1 \, \mathrm{eV} < E < 1 \, \mathrm{keV}$）。

（1）**热中子活化分析**（thermal neutron activation analysis，TNAA）　热中子活化分析的入射粒子为热中子。热中子反应绝大多数为 (n, γ) 反应，σ 值一般比较大，而且很少有副反应产生，因此热中子活化分析具有很高的灵敏度，适合于大多数元素的分析，一直在活化分析中占首要地位。表 13-1 列出了 71 种元素热中子活化的检出限。

表 13-1　热中子活化分析的检出限

检出限(μg)	元　素
$(1\sim3)\times10^{-6}$	Dy
$(4\sim9)\times10^{-6}$	Mn
$(1\sim3)\times10^{-5}$	Kr, Rh, In, Eu, Ho, Lu
$(4\sim9)\times10^{-5}$	V, Ag, Cs, Sm, Hf, Ir, Au
$(1\sim3)\times10^{-4}$	Sc, Br, Y, Ba, W, Re, Os, U
$(4\sim9)\times10^{-4}$	Na, Al, Cu, Ga, As, Sr, Pd, I, La, Er
$(1\sim3)\times10^{-3}$	Co, Ge, Nb, Ru, Cd, Sb, Te, Xe, Nd, Yb, Pt, Hg
$(4\sim9)\times10^{-3}$	Ar, Mo, Pr, Gd
$(1\sim3)\times10^{-2}$	Mg, Cl, Ti, Zn, Se, Sn, Ce, Tm, Ta, Th
$(4\sim9)\times10^{-2}$	K, Ni, Rb
$(1\sim3)\times10^{-1}$	F, Ne, Zr, Ca, Tb
$10\sim30$	Si, S, Fe

中子注量率为 10^{13} cm$^{-2}\cdot$s^{-1}；照射时间 1 h。

热中子活化分析可在微量或超微量水平测定各类样品中的元素含量。最早的应用领域是地球化学和宇宙化学。由于 TNAA 对稀土元素的分析灵敏度很高,所以被用来测定岩石和陨石样品中稀土元素的含量,然后根据稀土分布模式的变化推测宇宙和地球的演化规律。近年来,TNAA 在生命科学领域的应用日益广泛,其高分辨率与高选择性成为测定复杂生物基体中极低含量无机元素的理想工具。除已分析了多种动植物样品外,还用 TNAA 分析了包括正常和疾病状态下所有人体组织中微量元素的水平。TNAA 还可用来进行活体分析,即利用同位素中子源发出的中子轰击人或动物全身或局部,使其活化,然后通过测量其 γ 谱可求得体内常量元素如 N、Ca、O、Na 和 H 以及一些有毒元素如 Cd 的含量。

随着人们对环境问题的日益关注,对环境样品分析的需求也在不断增加。TNAA 特别适合于评价重金属污染,如测定污水和采矿废水中 Hg、Cd、As、Cu 和 Sb 的含量以及大气颗粒物中各种污染元素的含量等。

高纯材料中微量杂质的分析对传统的分析方法提出了挑战。例如,微量的 B 会严重影响用于电子元件的半导体材料的性能,然而多数方法对微量 B 的分析均无能为力,但利用 TNAA 即可实现 B 的高灵敏测定。其他可用 TNAA 分析的高纯材料包括石英玻璃、金属、塑料和陶瓷。

作为一种多元素分析手段,TNAA 还被用于分析考古样品。利用 TNAA 给出的样品中多种主量、微量元素的含量,通过聚类分析或因子分析可以得到原料产地、大致制作时间等信息。TNAA 亦在法庭科学中得到广泛应用,如爆炸物中微量元素的组成能够提供其来源的信息;分析犯罪现场遗留的子弹能够确定其生产批次。

（2）**超热中子活化分析**（epithermal neutron activation analysis，ENAA）　在一般反应堆未经任何屏蔽的辐照位置,超热中子注量率约占中子总注量率的 2%。1 mm 厚的镉能够吸收所有热中子,但允许能量在 0.5 eV 以上的超热中子和快中子通过。超热中子与靶核也是发生（n,γ）反应。利用穿过镉或硼屏蔽的超热中子与靶核发生（n,γ）反应的中子活化分析技术称为超热中子活化分析。

在生物、环境或地质样品中有时 Na、K、Cl 或 Mn 的含量很高，全堆谱中子照射以后生成放射性极强的^{24}Na、^{42}K、^{38}Cl 或^{56}Mn，严重干扰其他元素的测定。由于 Na、K、Cl 和 Mn 的超热中子反应截面较低($I/\sigma < 1.0$)，对于一些超热中子吸收截面与热中子吸收截面比值较大的核素如^{75}As、^{127}I、^{79}Br 等，用超热中子活化法的检出限比全堆谱中子活化法好 2～8 倍。

(3) **快中子活化分析**(fast neutron activation analysis，FNAA) 快中子引发的核反应主要有(n,p)、(n,α)、(n,2n)等几种，反应截面比慢中子引起的 (n,γ) 反应要低得多。快中子活化分析的灵敏度平均只有热中子活化分析的 1/500。但也有一些元素，如 N、O、Si、P、Fe、Pb 等不适合用热中子引起的 (n,γ) 反应进行分析，它们又有较大的快中子反应截面，对这些元素用快中子活化分析法就比热中子活化分析法有利。

(4) **放射化学中子活化分析**(radiochemical neutron activation analysis，RNAA) 按照实验过程，中子活化分析可分为仪器中子活化分析(instrumental neutron activation analysis，INAA)和放射化学中子活化分析。INAA 就是将用上面任一种中子活化方法照射后的样品不作任何化学处理而只借助于仪器的方法。RNAA 是将照射以后的样品经过化学处理分离出单一元素或若干元素以提高对待分析元素的灵敏度和选择性。用于 RNAA 的分离方法有很多种，适用于常量元素分离的分析化学方法如沉淀法、萃取法、离子交换法、色谱法、电解法等，也适用于 RNAA。

RNAA 常用于基体复杂的样品中微量元素的测定，如地质样品或生物样品，多数 RNAA 方法也是围绕这类样品发展起来的。地质样品中的稀土元素、贵金属和超铀元素以及生物样品中的 As、Cd、Cu、Hg、Mo、Se 和 Zn 是 RNAA 最常见的分析对象。

(5) **瞬发 γ 中子活化分析**(prompt-gamma neutron activation analysis，PGNAA) 任何能量的中子均可用于 PGNAA。原子核俘获一个中子后获得能量处于激发态，激发核通过发出瞬发 γ 射线快速退激(少于 10^{-13} s)，测定瞬发 γ 射线的能量和强度，便可对样品中的元素进行定性、定量分析。由于激发态的半衰期很短，PGNAA 不能像常规缓发 γ 中子活化分析那样将样品从照射地点转移到测量地点，因此用于 PGNAA 的系统必须设计成照射和测量同时进行，这就使 PGNAA 的实际应用比缓发 γ 中子活化分析困难。

PGNAA 同缓发 γ NAA 分析样品的种类相同，Ca、N、Cd、H、Cl 和 P 发出的瞬发 γ 射线常用来进行体内 NAA。PGNAA 在工业上的重要应用是测定半导体材料中极低含量的 B。内含中子发生器或同位素中子源的便携式 PGNAA 装置可被吊入钻孔，通过分析周围物质的成分预测石油或矿物的储量。基于相同的道理，PGNAA 也被考虑用于地外天体的远距离分析和工业上的在线分析。

(6) **分子-中子活化分析**(molecular neutron activation analysis，MNAA) 一般情况下，中子活化分析只能测定样品中元素的总量，不能测定元素的化学种态。但如果与某些特效的元素种态分离技术如化学分离或生物化学分离等相结合，即可实现元素的种态分析。在环境和生命科学等领域，成功用于元素种态分析的分子活化分析方法有：离子交换-NAA、共沉淀-NAA、分级溶解(提取)-NAA、差速离心分离-NAA、凝胶柱色谱分离-NAA、聚丙烯酰胺凝胶电泳(PAGE)-NAA 和 PAGE-PIXE 等。

13.1.2.2 中子活化分析的特点

中子活化分析具有如下优点：

(1) **灵敏度高** 中子活化法对元素周期表中大多数元素的分析灵敏度在 $10^{-6} \sim 10^{-13}$ g

之间(见表 13-1)。正是因为中子活化分析的灵敏度高,取样量少(可少至 1 μg 左右),对于某些稀少珍贵样品的分析是极为可取的。

(2) 准确度高,精密度好 实践证明,中子活化分析是痕量元素分析方法中准确度相当高的一种方法,常被用做仲裁分析。中子活化分析的精密度一般在 ±5%,不同实验室的精密度在 ±(5%～10%),如果在中子活化分析中采取严格的措施,则可使精密度达 ±1%。

(3) 多元素分析能力 可在一份试样中同时测定三四十种元素,最高可达 56 种。

(4) 不需溶样,无试剂空白 其他痕量分析方法往往需要将样品作各种形式的化学处理,而中子活化分析一般在照射前不作任何化学处理,避免了样品制备和样品溶解可能带来的丢失和污染(尤其是超低含量元素)。

(5) 可实现非破坏分析 由于不需要前处理,活化分析用过的样品等其放射性衰变到一定程度后,还可以供其他目的所用。

(6) 基体效应小 除基体中主要成分是吸收截面高的元素之外,活化分析适合于各种化学组成复杂的样品,如核材料、环境样品、生物组织、地质样品等。

(7) 可实现活体分析 这是其他方法难以做到的。

中子活化分析也存在一些缺点:

(1) 分析的灵敏度因元素而异,且变化很大(见表 13-1)。

(2) 由于核衰变及其计数的统计性,致使中子活化分析存在独特的分析误差。例如试样中待测元素活化后,测得的放射性计数数目为 100,则其标准偏差为 ±10 个计数,产生的分析误差为 ±10%。若把样品量加大 100 倍,则计数数目为 10000,标准偏差为 ±100,误差为 ±1%。由此可见,误差的减小与样品量的增加不成比例。

(3) 用于中子活化分析的设备比较复杂,且价格较贵,尤其是照射装置不易获得。另外,还需要有一定的放射性防护设施。

(4) 一般来说,给出分析结果的时间较长。

由于中子活化分析方法种类繁多,所以上述优缺点往往随条件而变。例如测定海水或含钠量高的基体中的痕量元素时,由于活化后产生极强的 ^{24}Na 放射性,严重干扰其他元素的测量,这时就需要对照射后的样品进行放射化学分离,非破坏性分析的优点就不复存在。又如,中子活化分析一般周期较长,但如果利用微型反应堆开展短寿命核素的活化分析,可使分析速度大大提高,一次分析只需 1～2 min,每周可分析几千个样品。

近年来,作为另外一种多元素分析方法,电感耦合等离子体质谱(ICP-MS)的发展极为迅速,分析灵敏度大大提高,仪器大量普及,使得中子活化分析方法面临严峻的挑战。国内外一些学者通过对这两种方法进行比较,普遍认为中子活化分析和 ICP-MS 对不同元素的分析各有千秋。对于固体样品(包括大气颗粒物),由于活化分析不需溶样,避免了样品制备和样品溶解可能带来的丢失和污染(尤其是超低含量元素),与 ICP-MS 相比有明显的优势。

仪器中子活化分析对痕量分析能够给出可很好**溯源**(traceability)的不确定度,而对于某些具有简单放化分离流程和干扰校正的元素而言,RNAA 在超痕量分析领域仍有竞争力。

13.1.3 带电粒子活化分析

带电粒子活化分析(CPAA)是选择适当的带电粒子(p、d、^{3}He、α 等)照射待分析的样品,使其中某一个或几个稳定核素产生核反应,生成放射性核素,测量放射性核素的性质和活度,可以对样品中的元素进行定性、定量分析。

带电粒子要与靶核碰撞发生核反应,必须克服核的库仑势垒,为此必须用加速器等设备加速带电粒子。对带一个单位电荷的入射粒子(如质子),除与极轻的核起反应只需约 100 keV 左右的能量之外,一般均需具有几兆电子伏的能量。对于 Z 为 92 的铀核,则入射质子能量需高达 15 MeV 才能发生核反应。

CPAA 灵敏度高,但不如 NAA 简便,主要作为 TNAA 的一种补充手段,其分析对象是一些轻元素和不适合于 NAA 的中、重元素。同时带电粒子核反应发生在样品表面,因此是表面分析的重要手段。

CPAA 常用的带电粒子是一些轻核如 p、d、^{3}He、α。带电粒子核反应比中子和光子核反应复杂得多。具有中等能量的带电粒子即可引发各种核反应,如 20 MeV 的质子给出如下一些反应:(p,n)、(p,pn)、(p,d)、(p,2n)、(p,2p)、(p,α)、(p,t)、(p,γ)、(p,^{3}He)。对于具有较高能量的粒子则反应更复杂,甚至发生散裂反应。为了得到足够高的反应概率和避免一些不必要的干扰反应,需要选定合适的入射粒子能量。

CPAA 的应用领域与 NAA 相同,其中在工业上最重要的用途是分析金属或半导体材料中的轻元素。如 B 的中子反应截面很大,用于建造反应堆的金属材料中 B 的含量必须严格控制。B 的测定可利用 ^{11}B 的(p,n)反应或 ^{10}B 的(d,n)或(p,α)反应。半导体或金属中的碳可利用 ^{12}C(^{3}He,α)^{11}C 或 ^{12}C(d,n)^{13}N 反应。^{14}N(p,α)^{11}C 可用于测定金属中的 N。金属材料中的 O 可利用 ^{3}He 轰击产生的 ^{18}F 测定。

13.1.4　光子活化分析

光子活化分析(PAA)基于由高能 γ 光子轰击靶核而引起的光核反应,发生的情况随 γ 光子的能量和靶核的原子序数而变。光子能量在 15~20 MeV 时,主要是(γ,n) 反应。其他可利用的反应包括(γ,p)、(γ,2n)和(γ,α)。用于 PAA 的光子源通常都来自电子加速器产生的韧致辐射。

光子活化分析与中子活化分析相比,既有优点,又有缺点:

(1) 对热中子不灵敏的 C、N、O 和 F 等轻元素和某些中等或重元素 Fe、Ti、Zr、Tl 和 Pb 等,用光子活化的灵敏度相当高。

(2) 光子活化的最大能量可变,这就提供了增强或减弱某些反应的可能性。

(3) 光核反应若用于生物样品或含钠量高的基体,则可避免热中子活化分析由 ^{24}Na 引起的强烈放射性。

(4) 高能 γ 光子与中子一样,样品受到均匀照射,可避免自屏蔽效应。且试样的发热现象可忽略。

(5) 与带电粒子活化分析相比,干扰反应较少,若有干扰反应存在,也可用多次照射方法在不同能量下用实验测定。

(6) 电子直线加速器转换靶附近的通量梯度高,这是 γ 光子活化的一个严重缺点。

(7) 由(γ,n)反应产生的都是缺中子同位素,为 β^+ 发射体,因此无法充分使用高分辨率的半导体探测器,而要通过衰变曲线分解以至放化分离来鉴定。

(8) 从反应效果上讲,(γ,n) 反应与 14 MeV 中子诱发的 (n,2n) 反应一样,但(γ,n)反应的灵敏度比较高,因为普通的电子直线加速器产生的剂量率 1 Gy·s^{-1} 相当于 1.9×10^{11} 光

子 $cm^{-2}\cdot s^{-1}$，大型的电子直线加速器可产生 7×10^{14} 光子 $(20\,MeV)cm^{-2}\cdot s^{-1}$ 的注量率。而对于 $(n,2n)$ 反应来讲，要产生与 (γ,n) 反应相同强度的放射性核素，$14\,MeV$ 中子的流强需达到 $10^{11}\sim10^{12}\,cm^{-2}\cdot s^{-1}$，这在目前是比较困难的。

活化分析方法虽已趋于成熟，且面临非核方法的挑战，但不论从方法学上还是各个学科的应用角度看，由于其独特的优点，仍发挥着不可替代的作用。纵观国际上活化分析方法的重要发展趋势，除前面提到的分子活化分析和利用同位素中子源的体内活化分析外，还有可以测定半衰期为 ms 量级的超短寿命核素的活化分析，测定固体介质中轻元素的冷中子活化分析以及将仪器中子活化分析与计算机断层原理结合，可以得到整个样品中元素三维分布的**中子诱发 γ 射线发射断层**（neutron-induced gamma emission tomography，NIGET）等。这些方法的发展将使活化分析得到更广泛的应用。

13.2　质子激发 X 射线荧光分析和同步辐射 X 射线荧光分析

X 射线荧光分析是指由外部的初级 X 射线、中子、带电粒子或 γ 光子照射样品，对样品中原子受激后在退激过程中发射的 X 射线荧光实现仪器分析。由加速器产生带电粒子作为激发源的 X 射线荧光分析称为**粒子激发 X 射线荧光分析**（particle induced X-ray emission，PIXE）。质子是其中最常用的粒子，**质子激发 X 射线荧光分析**亦简称 PIXE（proton induced X-ray emission）。用同步辐射光源作为激发源的 X 射线荧光分析称为**同步辐射 X 射线荧光分析**（synchrotron radiation X-ray fluorescence，SRXRF）。下面将介绍质子激发 X 射线荧光分析和同步辐射 X 射线荧光分析两种方法，由于其基本原理相同，差别仅在于激发源，故以质子激发 X 射线荧光为例简述其原理。

13.2.1　质子激发 X 射线荧光分析的原理

13.2.1.1　X 射线的产生

当用带电粒子（质子）轰击样品中的原子时，入射粒子与束缚在原子上的电子之间的库仑场发生作用，使原子内壳层电离产生空穴，这个过程的概率用电离截面 σ 表示。在元素定量分析中，电离截面是一个基本的物理量。外层电子以一定的概率跃迁填补空穴，发射确定能量的特征 X 射线。或把激发能传递给外层电子，使其逃逸出来，形成发射电子，这种电子称俄歇电子。

产生特征 X 射线的概率用荧光产额 ω 表示，它随原子序数 Z 的升高而增加。在轻原子中，由于轨道电子的束缚能较小，较易发射俄歇电子，在 X 射线荧光分析时即限制了低 Z 元素的灵敏度。而在重原子中发射 X 射线的概率高。荧光产额的大小还依赖于入射粒子产生的空位所在的壳层。把最强的射线定为 100%，不同壳层的 X 射线发射的相对强度，亦称为相对跃迁概率，在推导 X 射线发射截面是时必须考虑的，可通过查表获得。但 ω 几乎与电离方式（粒子碰撞、光致电离等）无关（速度很低的粒子除外）。带电粒子轰击后的 X 射线实际上是各向同性的。

对应于电离截面 σ_I 的 X 射线发射截面 $\sigma_X=\omega\sigma_I$。已经用量子力学的各种近似方法计算了电离截面，其中最简单的计算是借助于平面波玻恩近似（plan wave Bohn approximation，PWBA）公式和类氢波函数，其电离截面 σ_I 的表达式为

$$\sigma_{\mathrm{I}} = 8\pi a_0{}^2 \, \frac{Z^2}{Z_{\mathrm{eff}}^4} \cdot \frac{f(\eta,\theta)}{\eta} \tag{13-8}$$

式中 Z_{eff} 为靶核的有效电荷；Z 为轰击粒子的电荷；θ, η 和 $f(\eta,\theta)$ 是已表格化的参数。

上述公式对高速轰击粒子的计算结果与实验值相符。对轻轰击粒子，计算给出与截面行为有关的通用规则：

(1) σ_{I} 与轰击粒子的原子序数 Z 的平方成正比。

(2) 速度与电荷均相同的轰击粒子具有相同的电离截面。

利用这两个规则可以写出

$$\sigma(E_0) = Z^2 \sigma^{\mathrm{p}} \left(\frac{E_0}{A} \right) \tag{13-9}$$

式中 $\sigma(E_0)$ 是原子质量数为 A、原子序数为 Z、能量为 E_0 的轰击粒子的截面，$\sigma^{\mathrm{p}} \left(\dfrac{E_0}{A} \right)$ 是能量为 E_0/A 的质子的截面。

(3) 原子壳层的电离电位越高，则其截面越小，即

$$\sigma_{\mathrm{K}} \ll \sigma_{\mathrm{L}} \ll \sigma_{\mathrm{M}}$$

13.2.1.2 基本原理

用能量为 MeV 量级的质子轰击原子时，在其电离后放射特征 X 射线，从中可以获得两种信息：其一通过分析特征 X 射线的能量确定样品中含有什么元素，其二通过分析特征 X 射线的强度确定与这种特征 X 射线所对应元素的含量。经常采用的质子能量是 2 MeV，较适合于分析原子序数 $Z=25\sim40$ 的 K X 射线与 $Z\approx70$ 时的 L X 射线；当质子能量为 3 MeV 时，分析 $Z=40\sim90$ 之间的元素比较适合。

目前 Si (Li) 半导体探测器已具有良好的分辨率，例如，对 5 keV X 射线的 FWHM 值为 140 eV 左右，因此可分辨复杂的 X 射线谱。

13.2.1.3 PIXE 的本底

质子激发 X 荧光发射中的本底直接影响灵敏度，该本底主要来自三个方面：

(1) 在轰击样品表面过程中，放出低能和中能的次级电子(俄歇电子)，这些电子有可能与散射室器壁碰撞，而直接进入 Si(Li) 探测器，由这种次级电子引起的韧致辐射是本底的主要来源。

已知一个质量为 m 的重粒子(在 PIXE 中为质子)，可以传递给静止电子的最大能量 $K_{\max}$ 由经典公式给出：

$$K_{\max} = 4 \, \frac{m_0}{m} E_0 \tag{13-10}$$

式中 m_0 是电子的静止质量，E_0 是入射粒子的能量。当 $K_{\max}$ 比待测元素的特征 X 射线能量大时，本底辐射会严重影响分析灵敏度。

(2) 本底的另一个来源是入射带电粒子受到靶核库仑场减速而产生的韧致辐射。因为韧致辐射强度与入射粒子的质量的平方成反比，因此质子的韧致辐射较电子小得多，且其能量分布是缓慢衰减的平坦直线。

(3) 当入射粒子的能量大于靶核库仑势垒时，产生核反应的概率增大，并产生 γ 射线，其康普顿散射构成 X 射线能区的连续本底辐射。

在 PIXE 分析中，Si(Li) 探测器测得的能谱，在低能部分有一极大值，比极大值更低能的

部分由于 Si(Li)探测器的 Be 窗的吸收而锐减,低能端的本底限制了轻元素的精确分析。

13.2.2　PIXE 方法的特点

(1) 灵敏度高　从理论上讲,PIXE 方法可测定原子序数 $Z>11(Na)$ 的所有元素。其相对灵敏度约为 10^{-6} g·g^{-1},绝对灵敏度一般为 10^{-9} g 左右,分析灵敏度与入射粒子的能量、靶核原子序数、衬底材料、轰击时间等因素有关。如果选择合适的实验条件,可使 PIXE 的灵敏度进一步提高。

(2) 取样量少　PIXE 法由于灵敏度高,所以取样量少。PIXE 最适于分析小于 1 mg·cm^{-2} 的薄样,考虑到离子束斑的直径一般小于 0.5 cm^2,因此样品量小于 1 mg。

(3) 分析速度快　一般一个样品的分析时间少则几十秒,最多亦不过十几分钟。世界上许多 PIXE 实验室已实现了自动化分析,每昼夜可以测定近千个样品。

(4) 可实现无损分析。

(5) 分析的精密度和准确度良好。

(6) 谱线干扰现象严重　有时分析的是一个复杂的 X 射线谱,谱中重元素的 L 及 M 的 X 射线与轻元素的 K X 射线重叠,或相邻两个元素的 Kα 和 Kβ X 射线重叠。这种情况只有提高探测器的能量分辨,或改用波长色散分析才能解决。但用波长色散分析就会失去多元素同时分析这一优点。因此,用 PIXE 技术分析薄靶时(厚度小于 1mg·cm^{-2}),可获最佳效果。但此时更应注意取样及靶被辐照处的代表性。

13.2.3　PIXE 方法的实验装置

按 PIXE 法的实验要求,现在常用的 PIXE 实验装置可分为三类:

(1) 真空 PIXE 装置　它是因对待测样品的分析在真空靶室内进行而得名的,这是当前广泛采用的一种装置。

PIXE 分析的整个过程如下:来自加速器的束流经过散射箔均匀化后通过准直器轰击在样品上,所产生的 X 射线被置于真空密封窗外的 Si(Li)探测器所收集,形成与 X 射线的能量及强度相关的电脉冲,经前置放大、主放大及模数转换,最后在多道分析器上形成 X 射线能谱。该谱由本底和代表某元素的一系列峰所组成,其峰位与某元素的特征 X 射线能量一一对应,峰面积正比于该元素的含量。测完样品谱后,谱被送入计算机中,用专用程序拟合解谱,然后扣除本底求出元素的种类和含量。

(2) 外束 PIXE 装置　质子束可通过 Be、Al 或 Kapton® 聚酰亚胺箔窗引出真空管道,然后在大气中或充氮、氩等气体的靶室中进行样品分析。外束装置的优点是可分析不同形状和尺寸的样品。此外,由于电离空气的导电性限制电荷堆积效应以及空气的冷却作用,外束可采用更高流强的带电粒子激发样品。图13-2示出了一种典型的外束 PIXE 装置。

(3) 质子扫描探针　可用电磁压缩法、微孔准直切割法或者兼用这两种方法,获得直径为 μm 量级的质子微束,进行微区扫描分析,因为这种方法与电子探针相似,所以称为质子扫描探针。它可识别待测元素的空间分布图像,但质子探针韧致辐射本底比电子探针低得多,因而灵敏度得到明显改善。质子扫描探针近年来得到了迅速发展,现已广泛用于生命科学、材料科学和地学等领域中。

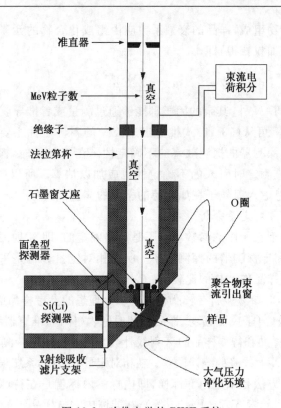

图 13-2 哈佛大学的 PIXE 系统

(引自 http://www.mrsec.harvard.edu/cams/PIXE.html)

13.2.4 PIXE 的实验方法

13.2.4.1 定性分析

定量分析首先鉴别样品中含有哪些元素,其次是这些元素的含量。把两个相邻元素的 X 射线峰全部或部分区别开的可能性主要依赖于探测器的能量分辨率。

13.2.4.2 定量分析

考虑一薄靶,某元素产生的特征 X 射线的计数为 Y,探测器对该元素的特征 X 射线的探测效率为 ε,对选定的探测器 ε 值只与能量有关,对靶所张的立体角为 Ω,特征 X 射线的计数 Y 可由下式给出:

$$Y = nN\sigma_X(E)T_{tot}\varepsilon\Omega \tag{13-11}$$

式中 n 是入射粒子数,N 是靶中某一待测元素在每平方厘米中的原子个数,$\sigma_X(E)$ 是在入射粒子能量为 E 时的 X 射线产生的截面(b)。T_{tot} 是总透射因子,包括了样品和探测器之间所有物体对 X 射线的吸收,即探测器的 Be 窗和死层、靶的自身吸收、靶室的窗(如很薄可忽略不计)的吸收等。如用了吸收片,其吸收也应包括在内。透射因子

$$T_{tot} = T_S \cdot T_A \cdot T_W \cdot T_D \tag{13-12}$$

式中 S,A,W,D 分别代表样品、吸收片、探测器的窗和它的死层。T 又可表达为

$$T = \exp(-\mu t/\cos\theta) \tag{13-13}$$

式中 μ 是吸收体的衰减系数,t 是吸收层的厚度,θ 是 X 射线发射方向与吸收体法线的夹角。

如果样品是由化合物组成,样品的衰减系数应由组成化合物的元素的衰减系数按这些元素在分子中所占百分比加权获得,即

$$\mu = \sum_{i=1}^{m} C_i \mu_i \qquad (13\text{-}14)$$

在(13-11)式中,除了 N 外,其余的因子都能够通过测量或者推导获得,只有 Y 是用 PIXE 技术测得,Y 被测定后 N 可从(13-11)式推导出来。N 的不确定性主要取决于正在引用的 X 射线产生截面以及测量探测器的探测效率的不确定性。在 Z 较低时,探测效率的准确测定特别困难。另外,离子束流测定时引入的不确定性也应加以估算。所以严格地说,(13-11)式仅适用于薄靶的情况,不考虑入射粒子在如此薄的靶中的能量损失。

13.2.4.3　比较或相对定量分析

绝对测量的困难在于它所用的参数本身不是严格确定的,即 X 射线产生的截面有较大的不确定性,很难准确地测定探测器的探测效率。所谓相对定量分析是采用含量已知的参考样品或者标准样品同待测样品作严格的比较。

在相对定量分析中,对参考样品有较严格的要求。理想的参考样品必须在性质、数量、制备方法、测量过程中的参数(离子束流强弱、样品辐照时间、立体角、准直器和吸收片等)上严格相同。实际上只要用参考样品和待测样品的 X 射线计数之比就可确定待测样品元素的浓度,测量的精确度仅取决于特征 X 射线峰的统计误差。在相对定量分析中,系统误差仍然不可避免。

另一种常用的定量方法是采用内部标样,即内标。内标就是在待测样品中加入已知浓度和化学形式的元素(常用元素 Y、Zr、Pa、Te 等),在能谱中它与样品元素之间互不干扰,并要求均匀地与样品混合。它的特点是在测量样品中元素的同时也测量内标元素。如果用被测量元素与内标元素的 X 射线计数比值去刻度和计算样品中元素的含量,那么在外部标样中所要求的"实验细节相同"这一苛刻要求就没有那么严格,测量的精确度也可获得提高。加内标的最主要优点是可以消除靶的不均匀性或者入射束流的不均匀性带来的影响。

13.2.4.4　样品对离子和 X 射线的吸收

测量薄靶($1\,\mathrm{mg \cdot cm^{-2}}$)时,在样品中入射粒子能量的损失可忽略不计,也不必考虑从靶中发射的 X 射线的能量损失。而厚靶就要考虑入射粒子和发射的 X 射线的能量损失,在能量为 $2\,\mathrm{MeV}$ 的质子的条件下,低 Z 原子材料的靶厚约 $100\,\mathrm{mg \cdot cm^{-2}}$。

由于 X 射线产生的截面与入射粒子能量有关,总的 X 射线强度由计算入射粒子路径上的每一位置的 X 射线的强度积分得到。因此,必须具有如下基本数据:X 射线产生的截面随能量的变化、入射粒子(质子)在靶的基体中的阻止截面、靶子的主要成分,确定 X 射线从靶内到表面的路径中的衰减要有 X 射线自吸收的质量衰减系数(即质量吸收系数)。当样品的主要成分不是单一元素时,要引用有效阻止本领。有效阻止本领由各种元素对入射粒子阻止本领按质量百分比加权相加获到。相类似地,X 射线的衰减系数也要用有效衰减系数,它也是由各种元素的衰减系数按质量百分比加权相加得到。

对于厚靶的微量元素的测量,还应考虑它们在靶中的分布是否均匀以及束流分布的情况。由于厚靶计算所用的一些参数的不确定,因此它的灵敏度和精确度比薄靶差。

13.2.5　PIXE 的发展动向

当前,PIXE 的发展动向主要有两方面:

(1) 获得超细离子束 已在理论上探讨了利用纳米碳管聚焦实现纳米离子束的可能性。

(2) 联合技术 多个技术的联合应用,用卢瑟福背散射(RBS)、质子激发 γ 射线分析(PIGE)、扫描透射离子显微镜(STIM)和核反应分析(NRA)等作为 PIXE 法的辅助方法,达到定量分析,从而使元素分析范围扩大到整个元素周期表。同时扩展了研究领域,如已有可能观察单个离子辐照对单个活细胞的影响。

13.2.6 同步辐射 X 射线荧光分析

13.2.6.1 同步辐射光源

接近光速运动的电子或正电子在改变运动方向时会沿切线方向辐射电磁波。1947 年 4 月,F. R. Elder 等人在美国通用电气实验室的 70 MeV 的电子同步加速器上首次观察到了电子的电磁辐射,因此命名为**同步辐射**(synchrotron radiation,SR)。由于同步辐射包含有可见光,因此又称为同步辐射光。产生并利用同步辐射光的装置称为同步辐射光源。

同步辐射光源与常规 X 光源相比,有如下优点:

(1) 高强度 以当前常用的 3 kW 铑靶 X 射线管与能量为 1.6 GeV 和 10 mA 的同步辐射加速器产生的同步辐射比较,SR 要比 3 kW 铑靶管发出的 X 射线强 $10^3 \sim 10^4$ 倍。

(2) 高准直性 同步辐射集中在以电子轨道平面切线方向为中轴的一个细长光锥内,其垂直张角仅零点几个毫弧度,是天然准直的光源。

(3) 高极化性 SR 束流中心高度线性极化,因而在电子轨道平面与入射 SR 光垂直的方向上,散射最少。

(4) 样品吸收能量少 由于 SR 不带电,无韧致辐射,在分析中比带电粒子(如电子或质子)激发 X 射线荧光分析,样品吸收的能量少 $10^3 \sim 10^5$ 倍,使活生物或有机物可在大气环境下不破坏分析。

(5) 宽带谱 SR 是宽带谱,为从几电子伏到几万电子伏的连续谱。用它激发样品,有利于多元素分析。而根据待测元素的情况,也可用单色器选取 SR 的某一个能量,使它正好位于待测元素的 K 吸收限之上,来进行选择激发。这样可以抑制别的元素谱线的干扰,突出待测元素,改善信噪比。

由于 SR 的上述特性,使它很容易被做成微探针,进行高灵敏度的微区分析工作。

13.2.6.2 SRXRF 的实验装置

下面以中国科学院高能物理研究所的同步辐射装置(BSRF)为例说明 SRXRF 的实验装置,见图 13-3。它由同步辐射光源、狭缝组、激光准直器、四维样品移动台、前后薄型电离室、光学显微镜、电视摄录像观察系统及能量色散谱仪组成。同步辐射光源是来自储存环中电子束流能量为 2.2 GeV,平均流强 40 mA 所产生的同步辐射白光。白光束由狭缝组限束,使光束达到所要求的微光束。狭缝组的位置由激光准直器的激光束确定。四维样品移动台由 X、Y、Z 三维移动和一维转动构成,移动精度为 5 $\mu m/$步,转动精度为 $0.0025°/$步。电离室用于监测同步光束的变化。来自样品的 X 射线用 Si(Li) 探测器探测,输出的信号经过 ORTEC S-5000 谱仪分析记录后进行离线计算。

13.2.6.3 SRXRF 的应用

SRXRF 具有高灵敏度、不破坏样品、微区分析等优点,利用 SRXRF 开展的工作十分广泛。仅以 BSRF 近年来开展的研究工作为例,就涉及地学中的地质构造、矿物成因、油田勘测和贵金

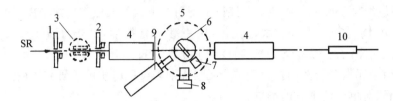

图 13-3　同步辐射实验装置示意图

SR—同步辐射光源；1,2—狭缝组；3—单色器；4—前后电离室；5—低真空室；

6—四维样品移动台；7—步进马达；8—Si(Li)探测器；9—光学显微望远镜；10—激光准直器

属的赋存状态；生物医学中的单细胞的元素谱及其在外界物理化学条件下的变化、生物组织元素分布等；材料科学中单晶 Si 材料中掺杂元素的三维分布、晶体生长失重状态下杂质分布的变化、多层材料分析；法学中痕量元素分析、头发的刑侦意义等；天体物理、环境和考古等学科领域。随着空间分辨本领的提高及微探针强度的增加，正在开辟着更为广泛的研究领域。

13.3　加速器质谱

加速器质谱法（accelerator mass spectrometry，AMS）是 20 世纪 70 年代末在国际上兴起的一项超灵敏分析测量技术，它将加速器技术与质谱技术相结合，用于测量长寿命宇生核素（如 ^{3}H、^{10}Be、^{14}C、^{26}Al、^{36}Cl、^{41}Ca、^{129}I）的同位素丰度比，从而推断样品年龄或进行示踪研究。

13.3.1　加速器质谱仪

大部分加速器质谱仪是由串列静电加速器加上特殊的质量分析系统组成的，下面以北京大学的 2×6 MV EN 串列加速器质谱仪（PKUAMS）为例，对其仪器的结构和运行加以介绍（图 13-4）。

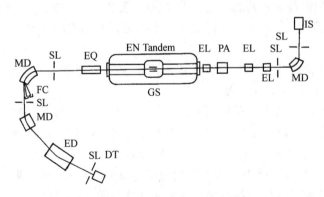

图 13-4　北京大学的 2×6 MV EN 串列加速器质谱仪简图

EQ—静电四极透镜；FC—法拉第杯；GS—气体剥离器；

DT—$\Delta E\text{-}E$ 检测器；ED—静电分析器；EL—单透镜；

IS—离子源；MD—磁分析器；PA—预加速管；SL—分析缝

（1）离子源部分　　离子源选用具有球面电离器的强流型结构，以提高样品的测量效率与精度。离子源部分设计了 20 个靶位，并配备了遥控换靶装置，从而便于利用标准样和本底样对测量结果进行校正并提高测量效率，铯溅射（快原子轰击）将固体样品中一部分原子或分子转变成负离子,产生的束流强度可达 $28\,\mu\text{A}$ ($^{12}\text{C}^-$) 和 $0.7\,\mu\text{A}$ ($^9\text{BeO}^-$)。进行 ^{14}C 测量时产生的 $^{14}\text{N}^-$ 离子不稳定,可以消除同量异位素的干扰。

(2) 低能注入系统 使用大半径 ($r=400\,\text{mm}$)、$90°$ 注入磁铁,有效地抑制高丰度同位素强峰拖尾的干扰,提高了分辨率。此外,还将注入磁铁的磁极间隙加大到 $50\,\text{mm}$,注入磁铁后设计了剖面仪和发射度仪,以利于束流的诊断和参数的调节。注入磁铁前设置的限束光栏是为了限制束晕,减小分馏效应。负离子在这一部分被分类,即单一质量或一系列已知质量的负离子注入至加速器管。

(3) 加速器部分 EN 串列加速器由负离子加速器、气体电子剥离室和正离子加速器构成,负离子束流在负离子加速器部分被加速,在中间气体(N_2)剥离室被剥离外层电子成为正离子,然后在正离子加速器部分被进一步加速。

(4) 高能分析系统 高能分析系统由静电四极透镜、静电导向器、主分析磁铁、法拉第杯等组成。静电四极透镜和静电导向器可以减小分馏效应。位置可调节的法拉第杯用于测量稳定同位素(如 ^{12}C,^{13}C)。高能正离子束线离开加速器部分,经静电四极透镜选择和聚焦,然后由主分析磁铁将待测的核素与普通核素分离。普通核素的正离子束流由法拉第杯测量,待测核素离子流经磁场、交叉电磁场选择系统,进入检测系统。

(5) $\Delta E\text{-}E$ 检测系统 $\Delta E\text{-}E$ 检测器测量能量损失(ΔE)和总能量(E),由 $\Delta E\text{-}E$ 二维图确定待测核素的含量。与标准样和本底样比较可以最终确定未知样品中被测核素的绝对含量。

与传统的质谱仪不同,AMS 用加速器可将离子加速到几兆电子伏,以至几百兆电子伏。能量的提高使得采用电子剥离技术(可以消除分子干扰),采用多种新的同量异位素分离技术及重离子探测器(可鉴别不同核素而有效地抑制本底)成为可能,这样它的灵敏度比普通的质谱仪要高几个数量级,可测到 $10^3 \sim 10^5$ 原子/样品。对于 $^{14}\text{C}/^{12}\text{C}$ 的探测限是 1.7×10^{-15};$^{10}\text{Be}/^9\text{Be}$、$^{26}\text{Al}/^{27}\text{Al}$ 探测限也可达 10^{-15}。因此 AMS 也被称为超高灵敏度质谱仪。另外,由于 AMS 的探测效率高,所需的样品及测量时间少,如测量 ^{14}C 的样品量一般为 $1\sim5\,\text{mg}$,甚至少到几十微克,达到 1% 统计误差所需时间也只有十几分钟,大大优于传统的放射性衰变计数法。AMS 测量的几种长寿命放射性核素列于表 13-2。

表 13-2 AMS 测量的主要放射性核素

放射性核素	^{10}Be	^{14}C	^{26}Al	^{36}Cl	^{129}I
半衰期(a)	1.6×10^6	5730	7.05×10^5	3.0×10^5	1.57×10^7
稳定同位素	^9Be	^{12}C,^{13}C	^{27}Al	^{35}Cl,^{37}Cl	^{127}I
同量异位素	^{10}B	$^{14}\text{N}^*$	$^{26}\text{Mg}^*$	$^{36}\text{Ar}^*$,^{36}S	$^{129}\text{Xe}^*$
样品化学形式	BeO	C(石墨)	Al_2O_3	AgCl	AgI
引出离子形式	BeO^-	C^-	Al^-	Cl^-	I^-

* 这些核素的负离子是不稳定的。

13.3.2 加速器质谱法的应用

AMS 在地质年代学、岩石发生学、火山学以及考古学和古人类学等领域有着广泛的应用,这些领域的应用是基于**测年**或**断代**(dating)原理。近十年来,AMS 的应用范围已被扩展到核物理、材料科学、环境科学、海洋学、大气学及生物医学等领域,这类应用可被称为非测年(nondating)应用。下面对 AMS 在测年及非测年的应用分别举例加以介绍。

13.3.2.1　加速器质谱^{14}C 断代

利用宇宙射线产生的放射性同位素^{14}C 来测定含碳物质的年龄,叫做^{14}C 断代。天然^{14}C 是在大气层上部宇宙射线产生的次级中子与大气中^{14}N 发生^{14}N (n, p)^{14}C 核反应的产物。^{14}C 很快被氧化为$^{14}CO_2$ 并与原大气中的 CO_2 充分混合后扩散到整个大气层中,再通过与海水中的 CO_2 交换、植物光合作用和动物对植物中碳的吸收等使自然界水圈、生物圈等中都存在^{14}C。由于^{14}N 在大气中很丰富,^{14}C 的产率主要取决于宇宙射线的强度。假定在^{14}C 可测年的时段中宇宙射线强度不变,则^{14}C 的产率不变,分布于大气圈、水圈、生物圈等中的^{14}C 可以不断得到补充。另一方面,放射性^{14}C 又不断衰变,这样使^{14}C 的浓度在三个储存库中达到动态平衡。一般^{14}C/C 的比值约为 10^{-18}。一旦生物体死亡,则碳循环交换作用停止,^{14}C 只有衰变,不再增长。因此可以根据残留的^{14}C 来推算有机体死亡后所经历的时间。

AMS ^{14}C 断代方法,自其问世以来一直为地质学家、考古学家、古人类学家所重视,并得到广泛应用。例如,在地学方面,尤其在更新世/全新世界面时标、晚更新世和全新世期间的冰期、古气候、古环境变化、海平面升降等研究方面,能提供高分辨的时间标尺。在考古学方面,能为认识旧石器时代晚期人类的发展提供完整的时间标尺,为新石器时代考古提供完整的年代序列。

13.3.2.2　加速器质谱用于生物医学研究

AMS 用于生物医学示踪研究比普通放射性示踪技术更优越。当核素的寿命很短或很长时,采用普通的放射性示踪测量技术很困难。但长寿命^{14}C、^{26}Al 和^{41}Ca 等却可以用 AMS 技术直接计数测量,AMS 大大提高了低活度放射性核素的测量灵敏度以及测量效率和精确度。AMS 中示踪用样品量极少,使得将人直接作为研究对象成为可能。

微量的外来物质与体内遗传物质 DNA 发生加合作用是引起癌症的一个重要因素。美国 Lawrence Livemore 国家实验室(LLNL)和我国北京大学等研究机构先后利用 AMS 研究了^{14}C 标记小分子与 DNA 的加合作用,证实了烤牛肉中的 2-氨基-3,4-二甲基咪唑-(4,5,f)喹喔啉(MeIQx)、香烟中的烟碱及其亚硝基衍生物的致癌作用。

除^{14}C 外,^{26}Al 也是 AMS 测量应用较多的核素,对长寿命^{26}Al 的测量极限可达 10^{-18} g(相当于 6×10^4 个原子)。人们发现 Al 和肾病有关,并怀疑它与老年痴呆有联系。由于人体内 Al 的含量很低,过去没有灵敏的测量方法,因而无法进行细致、深入的研究。AMS 的建立和发展促进了 Al 的生物效应的研究。钙在人体的代谢过程也是人们关注的研究课题,这主要是由于它与人体骨钙消融病密切相关。由于检测手段的限制,过去 Ca 的示踪研究有限,而使用^{41}Ca 为示踪剂利用 AMS 检测可以长期观察人的骨钙消融现象,为治疗此病提供依据。

AMS 方法亦有其局限性,如可供选择的核素很有限,即使可被测量,其灵敏度也因不同元素、加速器质谱仪本身品质的限制而有很大差异;样品需转化为特定的化学形态,且实验系统易被污染。此外,AMS 只能测量一些示踪核素的含量,无法得到有关生物大分子结构方面的信息。AMS 只有与其他技术如高效液相色谱、放射免疫分析等分析手段结合起来,才能充分发挥其高灵敏度、样品用量少、用时少的特长。尽管如此,作为一种超高灵敏度的分析方法,AMS 的应用范围在不断扩大,尤其是在生物医学和环境科学领域发挥着重要的作用。

13.4 同位素稀释法

同位素稀释法(isotope dilution analysis，IDA)的原理是将放射性示踪剂与待测物均匀混合后，根据混合前后放射性比活度的变化来计算所测物质的含量。由于放射性示踪剂在分析过程中受到稳定同位素的稀释，其比活度减小，故称为同位素稀释法。如无合适的放射性示踪剂，也可用富集的稳定同位素代替，通过质谱仪分析其稀释前后同位素丰度的变化，也能进行分析。同位素稀释法最大的优点是不要求对所测物质进行定量分离，只需分离出一部分纯物质用于比活度测定。因此，对于各种复杂体系有重要的实用价值。

针对不同的分析对象，同位素稀释法又发展成不同的分析技术，如**直接同位素稀释法**(direct isotope dilution analysis，DIDA)、**反同位素稀释法**(inverse isotope dilution analysis，IIDA)、**亚化学计量同位素稀释法**(substoichiometric isotope dilution analysis)等，本节将重点介绍DIDA及其主要应用。

13.4.1 直接同位素稀释法原理

DIDA 是同位素稀释法中最基本的应用技术。该方法是向待测化合物中加入一定量的标记化合物，使它与待测物混合均匀，然后从体系中分离出一部分纯净化合物，测定它的比活度，根据比活度的变化计算待测物的含量。

设 A_0 为引入的标记化合物的活度，m_0 为引入标记化合物的质量，m_x 为样品中待测化合物的质量，S_0 为标记化合物的比活度，S_x 为稀释后化合物的比活度，则可得到下述各式：

$$S_0 = \frac{A_0}{m_0}$$

$$S_x = \frac{A_0}{m_0 + m_x}$$

$$m_x = m_0 \left(\frac{S_0}{S_x} - 1 \right) \tag{13-15}$$

(13-15)式是同位素稀释法的基本表达式。S_0 和 m_0 都是实验进行之初即可测出的，由(13-15)式可见，只要从混合均匀的体系中分离出一部分纯净的化合物并测得其比活度 S_x，即可求得待测物的质量 m_x。

由于直接稀释法需要分离出一部分纯的待测物并测定其比活度，因此待测物含量不能太少，不适合于微量分析。

13.4.2 直接同位素稀释法的应用

DIDA 自身的特点决定了它可在下列情况得到重要应用：

(1) 元素或化合物无法定量分离或分离困难时　一个典型的例子是测定卤化物中的 I^-。I^- 难以与其他卤化物定量分离，但用 DIDA 不必定量分离即可完成分析。所利用的放射性示踪剂是由 ^{127}I 通过中子俘获得到的 ^{128}I。将质量和活度已知的 ^{128}I 加入混合卤化物中，加入过量 Ag^+ 使所有卤化物沉淀。加入硫酸和二氧化锰将 I^- 氧化为 I_2，加热使之升华并遇冷结晶。知道任意量的冷凝得到的 I_2 的质量和活度，即可根据(13-15)式计算出原来样品中 I^- 的含量。

尽管分离过程中有 I_2 丢失,但只要能收集到足够量的 I_2 满足称量和计数统计,就不会影响实验结果。

(2) 可以定量分离,但费时,又要求快速分析时　如钢中 Co 的快速测定。一小块钢样从熔炉中取出并快速称重,用酸溶解,加入已知活度为 A_0 且无载体的 ^{60}Co。用电化学沉积法分离出任意量的纯金属钴,称重并测定其活度,得到比活度 S_x。由于加入的 ^{60}Co 是无载体的,$m_0 = 0$,故钢样中钴含量 $m_x = A_0/S_x$。这种 DIDA 方法快速灵敏,可用于 Co 含量小于 0.1% 的特种钢的常规分析。

(3) 分析物含量极少,易于在与玻璃容器交换和分析操作过程中丢失时　如 Rb-Sr 测年法需要知道 Sr 在小矿粒中的含量。常规硅酸盐溶解和化学分析过程由于吸附或形成难溶沉淀导致样品中含量极微的 Sr 丢失。加入 Sr 的放射性同位素进行同位素稀释分析,即使仅有部分 Sr 被分离出来,也可准确测定样品中 Sr 的含量。

(4) 不可能真正得到待分析的全部样品时　例如活体测定体内血细胞的总量。体内注射无载体的 ^{52}Fe 或 ^{59}Fe、^{51}Cr,1 h 以后待 Fe 或 Cr 与血红蛋白建立平衡并且在血液中均匀分布,抽取少量血液(通常是 1 mL)测定放射性活度并进行血细胞计数,进而得到总血细胞数量。

13.4.3　反同位素稀释法

与直接稀释法相反,将稳定同位素加入到含有放射性同位素的待测样品中,可以求出样品中原有的稳定同位素载体的含量,称为**反同位素稀释法**或**逆同位素稀释法**。该方法是将一定量 m_1 的稳定同位素加入到放射性活度为 A_1、比活度为 S_1 的样品中,混合均匀后,分离出一部分纯化合物,测定它的比活度 S_2。原来存在于样品中的载体量 m_x 应服从如下关系:

$$S_1 = \frac{A_1}{m_x}$$

$$S_2 = \frac{A_1}{m_x + m_1}$$

$$m_x = m_1 \left(\frac{S_2}{S_1 - S_2} \right) \tag{13-16}$$

13.4.4　亚化学计量同位素稀释法

亚化学计量同位素稀释法是用亚化学计量分离方法,从经过同位素稀释的样品溶液和起始标记化合物溶液中分离出等量纯净化合物,根据二者的放射性活度来确定未知物含量的一种分析方法。亚化学计量同位素稀释法避免了测量分离出的纯净化合物的质量,所以大大提高了同位素稀释法的灵敏度。

用亚化学计量同位素稀释分离法以得到等量纯净化合物的方法很多,如利用难溶化合物饱和溶解度一定的特性、电解金属时析出量与电量成正比的特性、吸附剂的吸附饱和性、用不足量萃取剂使有机相达到饱和萃取的特性等,都可实现亚化学计量分离。

由于亚化学计量同位素稀释法分离出的纯净化合物是等量的,(13-15)式中比活度的比值 S_0/S_x 就可用放射性活度的比值 A_s/A_x 来代替,于是得到

$$m_x = m_s \left(\frac{A_s}{A_x} - 1 \right) \tag{13-17}$$

式中 A_s 为从起始标记化合物溶液中分离出的纯净化合物的放射性活度,A_x 为从经同位素稀

释后的样品溶液中分离出的纯净化合物的放射性活度。

因此,未知物含量的测定只需通过两次放射性活度的测定就可以实现,这使得方法的灵敏度大大提高。在已经应用的 40 多种元素测定中,大多数元素可以分析到 10^{-6} g,有时还能达到 10^{-10} g 的水平。

亚化学计量 IDA 的一个简单例子是测定溶液中微量的 Ag^+。含 ^{110}Ag 的标记物加入到未知溶液中,起始标记物及混合物均可用相同亚化学计量的二硫腙氯仿溶液萃取 Ag^+,测定各提取物的放射性活度,再利用(13-17)式计算出未知样品中 Ag^+ 的质量。

放射免疫分析是亚化学计量 IDA 原理的一个重要应用,这项医学诊断技术将在下节讨论。

13.5 放射免疫分析

20 世纪 50 年代 R. Yalow 和 S. Berson 在测定糖尿病人血浆中胰岛素的浓度时,将胰岛素抗体同胰岛素之间免疫反应的高度特异性与同位素标记、测量技术的高度灵敏性相结合,创立了**放射免疫分析法**(radioimmunoassay, RIA)。该方法具有微量、灵敏和特异等优点,可以精确测定体液中的微量活性物质,目前已成为基础研究和临床诊断必不可少的重要方法。

13.5.1 放射免疫分析的基本原理

RIA 是在同位素稀释法原理的基础上,利用生物物质抗原 Ag 产生抗体 Ab,且形成 Ag-Ab结合的生化反应,依靠加入定量标记抗原 Ag^* 来测定未知抗原 Ag 的方法。抗原(antigen)是指将其注入生物体内后可诱发抗体的物质。而抗体(antibody)是指能与抗原有特异性结合作用的免疫球蛋白。因为标记抗原 Ag^* 和非标记抗原 Ag 的免疫活性完全相同,所以与特异性抗体具有相同的亲和力。它们与特异性抗体结合的竞争性反应(又称免疫化学反应)通常用下式表示:

$$Ag^* + Ab \Longrightarrow Ag^*\text{-}Ab$$
$$+$$
$$Ag$$
$$\Updownarrow$$
$$Ag\text{-}Ab$$

当只有标记抗原 Ag^* 和特异性抗体 Ab 存在时,只产生 Ag^*-Ab 复合物,并保持可逆的动态平衡。但若在反应液中同时加入非标记抗原 Ag,使 Ag^* 与 Ag 之和大于 Ab 的有效结合数目时,因 Ag^* 和 Ab 的量是已知的,并保持恒定的比例,这时 Ag^*-Ab 复合物的量与加入的 Ag 量成反比,即加入 Ag 的量越多,形成 Ag-Ab 复合物的量越多。在这种竞争之下,Ag^*-Ab复合物的量就相应减少;反之,若加入的 Ag 量少,形成 Ag-Ab 的量就少,而 Ag^*-Ab量就多。故 Ag^*-Ab 的生成量与 Ag 浓度之间存在着一定的函数关系,这种特异性的竞争抑制反应就是放射免疫分析的基本原理。

下面用图 13-5 说明这种关系。图中由(a)到(d),Ag^*、Ab 的数量恒定,而 Ab 的结合容量小于 Ag^*。由图可以看出,随着 Ag 数量的逐渐增加,Ag-Ab 也相应增多,Ag^*-Ab 却相应减少。如果将 Ag^*-Ab 与游离的(未结合)Ag^* 分开,并分别测量其放射性活度,以 B 代表Ag^*-Ab,F 代表游离的 Ag^*,则结合比率 B/F 或结合率 B%[$=B/(B+F)\times100\%$]与 Ag 的量存在函数关系,随着 Ag 浓度的增加,B/F 与 B% 相应减小。在实际工作中,先配制一系列已知浓度的 Ag 标准液,然后分别向其中加入一定量的 Ag^* 和 Ab,使其发生竞争抑制反应,将 Ag^*-Ab 与 Ag^* 分开,分别测量其放射性活度。以 B/F 或 B% 为纵坐标,标准被测物 Ag 的浓度为横坐标作图,所得曲线称为标准竞争抑制曲线 (图 13-6)。在分析样品时,只要用相同的方法测得样品的 B% 或 B/F 值,即可从标准曲线查出被测物 Ag 的相对浓度。

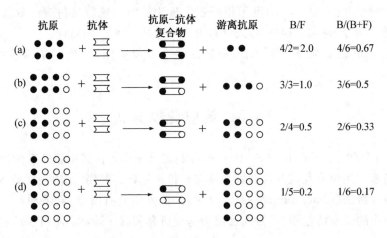

图 13-5　放射免疫分析原理示意图

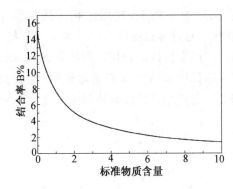

图 13-6　标准竞争抑制曲线

此例中设 $B_0\%=15$,加入标准物质的量 m 以 Ag^* 的量 m_0 为单位,即 $m=xm_0$

13.5.2　测定方法

13.5.2.1　抗原的分离和纯化

在 RIA 中,需要四种试剂,即抗原(标准物)、抗体、标记抗原和分离游离抗原与抗原-抗体复合物的试剂。影响灵敏度和准确性的因素与上述四种试剂的质量密切相关,即抗原的纯度、抗体的亲和力和特异性、游离抗原和抗原-抗体复合物的分离效果。其中较为重要的是制备高质量的抗体,而欲获得高质量的抗体,又与抗原的纯度密切相关。一般抗原的纯度不应低于90%,供标记的抗原纯度要求特别高。其分离纯化方法一般可以分为三类:

(1) 物理化学方法　包括盐析法、无机或有机溶剂抽提法、电泳分离法、层析法、离子交换分离法、凝胶过滤法等。

（2）免疫吸附法　包括抗原-抗体复合物解离法及亲和层析法。

（3）物化-免疫吸附　先用物理化学方法粗提，再用免疫吸附方法纯化，这是最常用的方法，效果也最好。

13.5.2.2　抗原的标记

（1）在 RIA 中对标记抗原的要求　① 放射性比活度高。② 标记后免疫活性基本上无损伤。③ 放化纯度大于 90%。抗原的标记和储存过程中可能产生放射性杂质，包括脱落的游离放射性核素和因辐射损伤而产生的变性的抗原。因此在标记之后必须进行纯化。一般说来，^3H 标记的抗原如在适当的条件下保存，短期内不会产生放射性杂质。但碘标记的抗原在保存过程中常因辐射分解等原因而产生放射性杂质。因此，在使用前需要再纯化一次。④ 标记方法简便、经济。

（2）放射性核素的选择　可供抗原标记的放射性核素有 ^{125}I、^{131}I、^3H、^{14}C、^{75}Se、^{57}Co 等，其中 ^{125}I 和 ^3H 较为常用。因为有机物均含有 C、H，故 ^3H、^{14}C 标记不会改变其化学性质，不会影响免疫活性。但由于它们发射软 β 射线，要用液体闪烁计数器测量，因而不易普及，一般用于标记某些半抗原化合物。^3H、^{14}C 标记需要特殊设备，多由专门机构或少数实验室进行。在多数有机分子中没有 I，但由于 I 具有高度的化学活性，所以很容易用置换法以 ^{125}I 或 ^{131}I 取代酪氨酸苯环上的氢原子而得到标记物。I 标记化合物的放射性比活度高，可以提高分析灵敏度。同时，它们均放出 γ 射线，可用井型闪烁探测器测量，易于普及推广。因此，目前在 RIA 中较多采用 ^{125}I 或 ^{131}I 标记的抗原。

13.5.2.3　抗体的制备

以被测物质为抗原给动物注射，使之发生免疫反应，在血清中产生能与这一抗原特异性结合的特异性抗体。一般而言，生物提取的蛋白质或多肽类大分子物质抗原性强，给动物注射后能产生抗体，而相对分子质量小于 1000 的物质无抗原性。但有些小分子物质与蛋白质或多肽结合后就可能具有抗原性，给动物注射后能产生特异抗体，这种物质叫做半抗原。在 RIA 中，短肽激素、类固醇激素等，可用不同方法使之与白蛋白或 γ 球蛋白结合制成人工抗原，再给动物注射产生抗体。

13.5.2.4　抗原-抗体复合物与游离抗原的分离

抗原-抗体复合物与游离抗原分离的方法很多，现简要介绍以下几种：

（1）双抗体法　将某种抗原给动物（一般是兔）注射之后产生相应的抗体（第一抗体），然后以第一抗体作为抗原再给另一种动物（一般是绵羊）进行免疫注射，便可产生第二抗体。由于抗体是 γ 球蛋白的组成之一，因此一般都用产生第一抗体的该种正常动物的 γ 球蛋白代替第一抗体免疫另一种动物而得到第二抗体。这种第二抗体能与第一抗体及第一抗体-抗原复合物结合共沉淀。第一抗体与被测抗原及标记抗原一起温育形成抗原-抗体复合物（B）后，于反应液中加入适量的第二抗体，于是第二抗体与 B 结合生成沉淀，然后可直接用离心法或过滤法分离 B 和 F。本方法的优点是稳定性和重复性好，非特异沉淀少，不受反应液体积的限制，操作方便，便于大数量标本的分离，因此是目前临床上应用最广的分离技术之一。本方法的主要缺点是易受免疫反应液中其他蛋白质的干扰，第二抗体用量较大，温育时间较长。

（2）吸附法　吸附法是用各种经过特殊处理的吸附剂吸附小分子的 F，经过离心 F 随同吸附剂沉淀，而 B 则留于上清液中，从而使 B 与 F 分离。吸附法是一种简便、快速、经济的分离方法,适合于大量样品的分离,近来应用得相当广泛,但应注意其吸附是一种非特异性的物理现象。

（3）固相法　固相法是将专一抗体牢固地吸附于某些塑料等固体表面或固体颗粒上,然后加入标记抗原和非标记抗原与抗体竞争结合。经过温育,抗原便与固体上的抗体特异性结合并附着于固体表面,而游离抗原仍留在反应液中。反应结束后,将反应液与固相分开并清洗固体表面,这样 B 与 F 即可得到分离。测量固体表面的放射性,即代表标记抗原-抗体复合物的量,已知加入标记抗原的总放射性,即可求出结合比率（或结合率）。

13.5.2.5　放射免疫测定方法

标准竞争抑制曲线的建立和样品的测定:通过抗体的滴度测定,选择适当稀释度的抗血清作标准曲线。用一定量的标记抗原、一定稀释度的抗血清再加上各种已知的不同浓度的抗原标准品或样品(待测抗原)在 4℃ 下温育一定时间后,分离标记抗原-抗体复合物与游离标记抗原,分别测量其放射性活度,算出相应的结合率（B％）,以结合率为纵坐标,被测抗原标准品的各种浓度为横坐标作图,便得到标准竞争抑制曲线。样品测定时,求出被测样品的结合率,然后在标准曲线上根据其相对应的结合率便可查出样品中抗原的含量。

参 考 文 献

[1]　柴之芳,编著. 活化分析基础. 北京:原子能出版社,1982.

[2]　郑成法,毛家骏,秦启宗,主编. 核化学及核技术应用. 北京:原子能出版社,1990.

[3]　刘元方,江林根,著. 放射化学(无机化学丛书第十六卷). 北京:科学出版社,1988.

[4]　祝霖,主编. 放射化学. 北京:原子能出版社,1985.

[5]　李士,主编. 应用核谱学. 北京:中国科学技术出版社,1992.

[6]　赵国庆,任炽刚,编. 核分析技术. 北京:原子能出版社,1990.

[7]　现代核分析技术及其在环境科学技术中的应用项目组,编著. 现代核分析技术及其在环境科学中的应用. 北京:原子能出版社,1994.

[8]　Lieser, Karl Heinrich. Nuclear and Radiochemistry:Fundamentals and Applications. Berlin-New York:Wiley-VCH, 2001.

[9]　Tölgyessy, Juraj. CRC handbook of radioanalytical chemistry. Boca Raton:CRC Press, 1991.

[10]　李振甲,韩春生,王建勋,等主编. 实用放射免疫学. 北京:科技出版社,1989.

第14章 标记化合物

14.1 示踪原子

自 1912 年 G. Hevesy 和 F. Paneth 将放射性核素作为示踪剂以来,示踪实验已成为目前科学研究的重要手段之一。特别是在生物学、医学和农业科学等领域中,已得到了广泛的应用。随着示踪实验方法在各学科中被广泛采用,对带有示踪原子的标记化合物的需求量也愈来愈大。标记化合物的制备就成为示踪实验能否进行的前提。因此,几十年来,曾对标记化合物的制备作了大量研究。

20 世纪 40 年代后期,由于反应堆和加速器的出现,可实现人工放射性核素的大规模生产,这为制备放射性标记化合物提供了条件。采用放射性标记化合物进行示踪,具有方法简便、易于追踪、准确性和灵敏度高等特点,因而,在示踪实验中,至今仍占有主导地位。

近年来,快速制备方法与快速分离技术的发展,使制备短半衰期放射性标记化合物也成为可能。例如,为满足医学研究和临床上的需要,短半衰期的 ^{11}C、^{13}N、^{15}O、^{18}F、^{67}Ga、^{77}Br、^{111}In 及 ^{123}I 等核素所制备的标记化合物的品种和数量已愈来愈多。

20 世纪 60 年代末期,生产稳定核素的方法不断改进,有效测定稳定核素的质谱仪和核磁共振谱仪技术的发展,以及某些元素缺少合适的放射性核素进行示踪等原因,使早在 20 世纪初就用在示踪实验中的稳定同位素标记化合物又重新引起人们的重视。目前常用的稳定同位素标记化合物是由 ^2H、^{13}C、^{15}N、$^{17,18}O$、$^{33,44}S$ 等示踪原子所标记的。

14.2 标记化合物的命名

国际纯粹和应用化学联合会(IUPAC)将化合物中所有元素的宏观同位素组成与它们的天然同位素组成相同的化合物称为**同位素(组成)未变化合物**(isotopically unmodified compound),其分子式和名称按照通常方式写,如 CH_4、CH_3—CH_2—OH 等。

所谓**同位素(组成)改变的化合物**(isotopically modified compound),是指该化合物的组成元素中至少有一种元素的同位素组成与该元素的天然同位素组成有可以测量的差别。同位素(组成)改变的化合物有两类:

(1) **同位素取代化合物**(isotopically substituted compound)　同位素取代化合物是所有分子在分子中特定的位置上只有指定的核素,而分子的其他位置上的同位素组成与天然组成相同。同位素取代的化合物的分子式,除去特定的位置上需写出核素的质量数外,其余位置按照通常的方式写。例如

$^{14}CH_4$	(^{14}C)methane
$^{12}CHCl_3$	(^{12}C)chloroform
CH_3—CH^2H—OH (不写做 CH_3—C^2HH—OH)	(1-$^2H_1$)ethanol

(2) **同位素标记化合物**(isotopically labeled compound)　同位素标记化合物是同位素未变化

361

合物与一种或多种同位素取代的相同化合物的混合物。当在一种同位素未变化合物之中加入了唯一一种同位素取代的相同化合物，则称为**定位标记化合物**（specifically labeled compound），即

$$同位素取代化合物＋同位素未变化合物＝定位标记化合物$$

在这种情况下，标记位置（一个或多个）及标记核素的数目都是确定的。定位标记化合物的结构式除标记位置需用方括号标出核素符号外，其余部分按照通常的方式写。例如

同位素取代化合物	同位素未变化合物	定位标记化合物
$^{14}CH_4$	CH_4	$[^{14}C]H_4$
$CH_2{}^2H_2$	CH_4	$CH_2[^2H_2]$
$CH_3-CH_2-{}^{18}OH$	CH_3-CH_2-OH	$CH_3-CH_2-[^{18}O]H$
$CH^2H_2-CH_2-O^2H$	CH_3-CH_2-OH	$CH[^2H_2]-CH_2-O[^2H]$

值得注意的是，定位标记化合物的分子式并不代表全体分子的同位素组成，只表示其中存在我们感兴趣的同位素取代化合物。实际上同位素未变的分子往往占多数。通常将加入的同位素取代化合物称为**示踪剂**（tracer），而将同位素未变化合物称为**被示踪物**（tracee）。

广义的标记化合物是指原化合物分子中的一个或多个原子、化学基团，被易辨认的原子或基团取代后所得到的取代产物。根据示踪原子（或基团）的特点，可将标记化合物分成以下几类：

（1）用放射性核素作为示踪剂的标记化合物称为**放射性标记化合物**。例如，$NH_2CHTCOOH$、$Na^{18}F$、$^{14}CH_3COOH$ 等。

（2）用稳定核素作为示踪剂的标记化合物称为**稳定核素标记化合物**。例如，$^{15}NH_3$、$NH_2{}^{13}CH_2COOH$、$H_2{}^{18}O$ 等。

（3）在特定条件下，还可用非同位素关系的示踪原子，取代化合物分子中的某些原子而构成非同位素标记化合物。例如，用 ^{75}Se 取代半胱氨酸分子中的硫原子，制成硒标记的半胱氨酸，即

$$
\begin{array}{ccc}
^{75}SeH & NH_2 & \\
| & | & \\
H_2C & -CH- & COOH
\end{array}
$$

（4）若在化合物分子中仅引入一种示踪核素的一个原子，则称**单标记化合物**（singly labeled compound），如 $CH_3-H[^2H]-OH$。

（5）若在化合物分子中引入一种示踪核素的两个或多个原子，称为**多重标记化合物**（multiply labeled compound）。被取代的原子可以处于分子中的等价位置，也可以处于不同位置，如 $CH_3-C[^2H_2]-OH$ 和 $CH_2[^2H]-CH[^2H]-OH$。

（6）若在化合物分子中引入两种或两种以上示踪核素的原子，称为**混合标记化合物**（mixed labeled compound）或**多标记化合物**，如 $^{14}CH_3CH(NT_2)COOH$、$^{13}CH_3CH(NH_2)$ $^{14}COOH$ 等可称为双标记化合物。

（7）许多放射性药物含 ^{99m}Tc 配位单元，如将 $^{99m}TcO^{3+}$ 的 DTPA 配合物连接到奥曲肽上，所得的肿瘤显像剂 ^{99m}Tc-DTPA-Octreotide 也被认为是一种 ^{99m}Tc 标记的化合物，尽管 Octreotide 分子中不含 Tc。只要 ^{99m}Tc-DTPA 引入 Octreotide 分子基本不改变后者的生物化学行为，特别是它的生物分布行为，可以将 ^{99m}Tc-DTPA-Octreotide 视为 Octreotide 的示踪剂。

在生物化学中,经常将荧光基团连接到所研究的分子上,称为**荧光标记**。这类标记化合物有时也称为**"外来"标记化合物**("foreign" labeled compound)。

标记化合物的命名法,目前尚无统一规定。下面仅介绍一些通常使用的符号与术语。

定位标记以符号"S"表示。如上所述,在这类化合物中,标记原子是处在分子中的特定位置上,而且标记原子的数目也是一定的。定位标记化合物命名时,除了在化合物名称后(或前),要注明示踪原子的名称外,还需注明标记的位置与数目。例如用 ^{14}C 标记丙氨酸时,若在甲基上得到标记,即 $^{14}CH_3CH(NH_2)COOH$,命名为丙氨酸-3-$^{14}C(S)$;若在羧基上得到标记,即 $CH_3CH(NH_2)^{14}COOH$,命名为丙氨酸-1-$^{14}C(S)$;当甲基与羧基上都标记时,则命名为丙氨酸-1,3-$^{14}C(S)$。其他定位标记化合物的命名法,可依此类推。氚标记化合物的命名法与此类似。例如,腺嘌呤-8-T(S)表示氚标记的位置仅局限于腺嘌呤分子中与第八位碳原子相连的位置上。通常已注明示踪原子的具体标记位置后,符号(S)亦可省略。

在 ^{14}C 标记分子中,用符号(U)来表示**均匀标记**(uniform labeling)。它是指 ^{14}C 或 ^{13}C 原子在被标记分子中呈均匀分布,对于分子中的所有碳原子来讲,具有统计学的均一性,例如用 $^{14}CO_2$ 通过植物的光合作用制得带标记的葡萄糖分子,其中 ^{14}C 被统计性地均匀分布在葡萄糖分子的六个碳原子上,这种标记分子可命名为葡萄糖-$^{14}C(U)$。在放射性药品广告中,常用符号(UL)表示。

对氚标记化合物,还有用符号(n)或(N)及(G)来表示**准定位标记**与**全标记**(general labeling)。准定位标记是指根据标记化合物的制备方法,理应获得定位标记分子。但实际测定结果表明,氚原子在指定位置上的分布低于化合物中总氚含量的95%。对这类化合物在其名称后可用符号(n)或(N)标明。例如尿嘧啶-5-T(n),表示氚原子主要标记在分子的第五位上,但仍有5%以上的氚分布在尿嘧啶分子的其他位置上。

全标记是指在分子中所有氢原子都有可能被氚取代,但由于氢原子在分子中的位置不同,而被氚取代的程度也可能不同。例如用气体曝射法制备的氚标记胆固醇分子,在分子的环上、角甲基及侧链上的氢或多或少地被氚所标记,但各位置上氚标记的程度并不相同。在命名这类标记化合物时,应在其名称后注上符号(G),例如胆固醇-T-(G)。

14.3 标记化合物的特性

目前,作为商品供应的标记化合物已有数千种,其中绝大多数是放射性标记化合物。本节主要介绍有关放射性标记化合物的某些特性。

14.3.1 对标记化合物的选择

进行标记时,采用哪种形式化合物?示踪原子标记在分子的哪个位置上?用稳定示踪原子,还是用放射性示踪原子?例如,用放射性碘的标记化合物诊断甲状腺、肝脏、肾上腺等病症时,由于甲状腺有吸收体内碘离子,而不积聚有机碘化物的特性,因此进行甲状腺诊治时,只能选择在体内形成碘离子的标记化合物,如 $Na^{131}I$。而碘标记的有机化合物如 ^{131}I-玫瑰红对甲状腺诊治的疗效较差,但它却能在肝脏中积聚,故可在肝脏扫描时使用。

将示踪原子标记到化合物分子上时,一般应注意下列问题:

(1)示踪原子应标记在化合物分子的稳定位置上,不至于在示踪过程中发生脱落或因同位素交换等因素而失去标记。一般讲,极性基团(如 —COOH、—OH、—NH$_2$ 及 =NH 等)中的氢原子、位于羰基 α 位置的氢原子、苯环上与羟基处于邻位或对位的氢原子都不稳定。此外,连接在碳上的氧较为活泼,易与水中的氧相互交换而失去标记。

(2) 示踪原子应标记在化合物的合适位置上。例如研究氨基酸的脱羧反应,标记必须在羧基的位置上。否则,就不可能观察到氨基酸脱羧而生成 CO_2 的生化过程。

另一方面,即使是同一化合物,但因需标记的位置不同,而使制备标记化合物的难易程度有很大的差别。例如,乙酸-1-^{14}C 的合成仅需一步格氏反应,就可完成。

$$^{14}CO_2 \xrightarrow{CH_3MgI,\ H^+} CH_3\,^{14}COOH$$

而乙酸-2-^{14}C 的合成,却要经历以下四步反应后才得到标记产品。

$$^{14}CO_2 \xrightarrow{LiAlH_4} {}^{14}CH_3\,^{14}OH \xrightarrow{HI} {}^{14}CH_3I \xrightarrow{KCN} {}^{14}CH_3CN \xrightarrow{水解} {}^{14}CH_3COOH$$

合成途径的长短、难易程度的不同,使标记化合物的产率和纯度会有很大的差别。因此,在选择标记位置时,既要注意到示踪研究中的需要和该位置上示踪原子的牢固性,又要注意到在这位置上标记时,合成方法的难易程度。

在实验中,为了揭示分子中不同基团所起的作用和特性,常选用多标记化合物进行示踪。例如,为了证实体内胆固醇是由简单的乙酸所合成的,并确定乙酸的每个碳原子在胆固醇生物合成中的作用,则需采用 $^{14}CH_3\,^{13}COOH$ 或 $^{13}CH_3\,^{14}COOH$ 双标记化合物。实验结果表明,乙酸中的两个碳原子都参与胆固醇的生物合成,并进入分子结构中。还表明,胆固醇分子的环结构中,由乙酸中甲基与羧基所提供碳原子的比值为 10∶9,而在侧链部分,两者比值为 5∶3,如下式所示(有 * 者为来自乙酸中的甲基 ^{14}C):

(3) 选择合适的示踪原子进行标记。用放射性示踪原子还是用稳定示踪原子标记,应根据实际情况来定。稳定标记化合物的优点在于无辐射损伤,制备和示踪时不受时间因素的限制,也不存在标记化合物的自辐解等弊病。但稳定同位素标记化合物的价格昂贵,观测所需的设备和它的灵敏度不如用放射性标记化合物那样迅速、简便和灵敏。特别是自然界中如 P、Na、I、Co、Au 等 15 种元素,只有一种稳定核素,对它们就只能用放射性核素来示踪。另外,稳定同位素标记化合物虽不存在辐射操作,但亦不是绝对没有毒性而能被生物体所接受。例如重水(D_2O)占体内含水量的 15%～20% 时,则会出现阻碍细胞呼吸及酵解作用,使生物体功能失调。

(4) 选择放射性标记化合物时,需考虑到放射性核素来源的难易、释放出射线的类型和能量、半衰期的长短以及它的毒性和可能引起的辐射损伤,还应注意到标记化合物自辐解的稳定性及示踪时同位素效应的影响。

碳和氢是构成有机化合物的基本成分,以^{14}C或^3H作为示踪原子具有许多突出的优点。因此,至今^{14}C或^3H的标记化合物仍是应用得最多的示踪剂。

用^{14}C或^3H标记的优点在于它们都只放射能量较低的β粒子,外照射的影响小,但又不难探测。^{14}C或^3H在体内的生物半衰期短,都属于低毒性放射性核素。它们可由反应堆生产,无论在数量或比活度方面,都能满足标记化合物制备的需要。^{14}C或^3H均有较长的半衰期(^{14}C为5715 a,^3H为12.32 a),使制备和使用时可不受时间因素的限制。

用^{14}C标记或用^3H标记化合物各有利弊。化合物分子中的C—H键比C—C键弱,故^3H标记脱落的可能性较大。制备^3H标记化合物时的放射性产率一般比^{14}C标记要低得多,且^3H在分子中的标记位置及其具体分布,在制备时不易控制。^3H标记化合物的比活度一般比^{14}C标记化合物要高得多。在比活度相同时,^3H标记化合物的自辐解比^{14}C标记化合物要严重。^3H标记化合物在示踪时出现的同位素效应也比^{14}C标记化合物显著。在蛋白质、生物碱等复杂标记化合物的制备中,用^{14}C标记往往很困难,而用^3H标记就较方便。但当分子的稳定位置上不含有氢原子时(如8-氮杂-鸟嘌呤),则不能进行^3H标记。在标记分子中,引进一个^3H标记原子的产品,其理论比活度为29.2 Ci·mmol^{-1}(1.08 TBq·mmol^{-1}),而引进一个^{14}C标记原子仅为62.4 mCi·mmol^{-1}(2.31 GBq·mmol^{-1})。再从放射性防护的角度来比较,^{14}C标记比^3H标记安全得多。

为满足各领域科学研究和应用上的需要,对非同位素标记化合物的使用也愈来愈多。如^{32}P、^{59}Fe、^{75}Se、^{77}Br、^{87}Sr、^{99m}Tc、^{111}In、^{113m}In、$^{123,125,131}I$、^{169}Yb、^{197}Hg及^{198}Au等放射性核素常用于制备非同位素标记化合物。

14.3.2 标记化合物的同位素效应与自辐解

标记化合物的同位素效应与自辐解,对标记化合物的制备、使用和储存有显著的影响。

14.3.2.1 同位素效应(isotope effects)

所谓**同位素效应**,是由质量或自旋等核性质的不同而造成同一元素的同位素原子(或分子)之间物理(如扩散、迁移、光谱学)和化学性质(如热力学、动力学、生物化学)有差异的现象。同位素效应是同位素分析和同位素分离的基础。

不能忽略因同位素效应引起标记化合物与原化合物之间产生性质上的差异。对^3H或^{14}C这类轻核所标记的化合物,同位素效应更为明显。

在有共价键结构的有机化合物分子中,正常C—C键的键能为345.6 kJ·mol^{-1},而测得^{14}C—C键的键能比正常的要高出6%～10%。质量为氢原子3倍的^3H,与氧、氮、碳结合所形成的T—X键比正常的H—X键要稳定得多。这些效应使^3H或^{14}C标记化合物,在一些反应中所表现出来的反应速度较原化合物要慢。例如,用HTO水解Grignard试剂,发生如下反应:

$$2RMgX+2HTO \longrightarrow RH+MgXOH+RT+MgXOT$$

当R为C_6H_5、$CH_3C_6H_4$时,制得RT标记化合物的比活度仅是理论值的40%左右。由于Grignard试剂优先与键能较低的普通水分子反应,从而造成产品RT比活度低于理论值。又如,在生化反应中,甲基氧化酶在氧化^{14}C标记的甲基(—$^{14}CH_3$)和氚标记的甲基(—CH_2T)时有明显的选择性,它优先氧化—$^{14}CH_3$中的氢。另外,在色层分离中,也曾观

察到 ^{3}H 或 ^{14}C 标记化合物的比移值 R_f 比原化合物的 R_f 偏低,这一差异可认为来自它们的同位素效应。

除 ^{3}H 或 ^{14}C 标记化合物外,其他较重核素($A>30$)的标记化合物,在化学与生物化学过程中的同位素效应并不显著。

14.3.2.2 自辐解(self-radiolysis,亦称辐射自分解)

标记化合物的**自辐解**是另一个值得注意的问题。自辐解包括:初级内分解、初级外分解和次级分解。

(1)初级内分解 它是由标记化合物中放射性核素衰变所造成。核衰变结果产生含有子核的放射性或稳定的杂质。

(2)初级外分解 它是由标记的放射性核素放出的射线与标记化合物分子作用,造成化学键的断裂,产生放射性或稳定的杂质。初级外分解的程度,取决于标记化合物在介质中的分散程度、它的比活度及发射出射线的类型和能量。

(3)次级分解 标记化合物周围的介质分子,由于吸收射线的能量而被激发或电离,进而生成一系列自由基、激活的离子或分子。它们再与标记化合物作用,使分子断键而分解。次级分解常常是标记化合物自辐解的主要因素。由次级分解所产生的杂质亦是多种多样的。

标记化合物除辐射自分解外,还有化学分解。对生物标记化合物还有细菌、微生物所引起的生物分解。因此,在制备、使用和储存时,均应注意标记化合物的分解。目前常用以下方法来减少标记化合物的分解:

(1)降低标记化合物的比活度 加入稳定载体或稀释剂是控制自辐解的有效方法。一般用氚标记化合物稀释剂来控制自辐解。通常将氚标记化合物稀释到 37 MBq·mL^{-1},而 ^{14}C 标记化合物则为 3.7 MBq·mL^{-1}。对固态标记化合物常用纤维素粉、玻璃粉、苯骈蒽作稀释剂。液体标记化合物的稀释剂,原则上应选择与标记化合物互溶性好、不易产生自由基的溶剂,如苯等。但许多重要标记化合物如糖类化合物、氨基酸、核苷酸等都不溶于苯,只能用水或甲醇来作稀释剂。

(2)加入自由基的清除剂 次级分解是标记化合物辐射自分解的重要因素。若在标记化合物的体系中,加入能与自由基发生快速反应的物质,阻止及清除自由基与标记化合物作用,则可有效地降低标记化合物的次级分解。实验证明,1%~3%的乙醇是常用的自由基清除剂。

选用清除剂时,应注意到它本身或它的辐解产物不能与标记化合物发生化学或生物化学反应。例如,醇与酸发生酯化反应,故乙醇不能用于有机酸类的标记化合物中。1%~3%的乙醇不影响酶的活性,但高浓度的乙醇会破坏酶的活性,使标记化合物的生物活性降低,故选用清除剂的浓度应恰当。乙醇辐射分解产生乙醛,它与二羟苯丙酸、5-羟色胺发生反应,故乙醇就不能作这类标记化合物的自由基清除剂。

(3)调节储存温度 降低温度,使分解产生的自由基与标记化合物作用的速度减慢,亦能使标记化合物的分解减少。但对于标记化合物的溶液来说,当温度下降而发生缓慢冻结时,标记分子被聚集在一起,反而加速自辐解,对氚标记化合物更应注意到这一问题。只有在 $-140℃$ 下快速冷却时,标记分子才能保持均匀分散在溶剂中,例如胸腺嘧啶核苷酸-甲基-^{3}H 水溶液,在 $-20℃$ 下储存 5 周,分解率为 17%;而在 2℃ 下储存同样时间,仅分解 4%。因此一般标记化合物在 0~+4℃ 温度下储存较好。对一些极不稳定的标记化合物,最好在 $-140℃$ 条件下储存(液氮冷冻)。

14.4   标记化合物的制备

有机标记化合物的种类繁多，制备途径、方法与一般的有机合成往往不同。标记化合物的制备方法归结起来可分成四类：化学合成法、同位素交换法、生物合成法及热原子标记法。

14.4.1   化学合成法

化学合成法是目前制备各种标记化合物最常用和最重要的方法。此法的优点是产品纯度高，并有较好的重复性。对产品种类、产量和定位标记等要求均有较好的适应性。其缺点是流程长，步骤多，生产设备复杂和产率较低。

14.4.1.1 ^{14}C 标记化合物的化学合成

除生物活性物质及某些复杂的生物分子外，绝大多数 ^{14}C 标记化合物都由化学合成法制得。反应堆提供的 $Ba^{14}CO_3$ 是化学合成各种 ^{14}C 标记化合物的初始原料。先由它转化成 $^{14}CO_2$、$K^{14}CN$、$BaN^{14}CN$，再经一系列化学反应合成出各类 ^{14}C 标记化合物。

(1) 以 $^{14}CO_2$ 为原料的合成途径   以 $^{14}CO_2$ 为原料的主要合成途径有两条。一是按下述反应得到 $^{14}CH_3OH$：

$$4^{14}CO_2 + 3LiAlH_4 \longrightarrow LiAl(O^{14}CH_3)_4 + 2LiAlO_2$$

$$LiAl(O^{14}CH_3)_4 + 4ROH \longrightarrow LiAl(OR)_4 + 4^{14}CH_3OH$$

再由 $^{14}CH_3OH$ 通过简单的反应得到 $^{14}CH_3OH$ 的衍生物 $H^{14}CHO$、$^{14}CH_3Br$、$^{14}CH_3I$ 及 $^{14}CH_3COOH$。反应过程如下：

$$^{14}CH_3OH \xrightarrow{O_2,Ag} H^{14}CHO$$

$$^{14}CH_3OH \xrightarrow{PBr_3} {}^{14}CH_3Br$$

$$^{14}CH_3OH \xrightarrow{HI} {}^{14}CH_3I$$

$$^{14}CH_3I \xrightarrow{KCN} {}^{14}CH_3CN \xrightarrow[\text{2) } H_2SO_4]{\text{1) } NaOH} {}^{14}CH_3COOH$$

用上述三种简单的化合物，可合成 ^{14}C 定位标记的氨基酸、生物碱、糖类化合物、维生素及抗菌素等。特别是 $^{14}CH_3I$ 与复杂化合物的中间体反应，向分子内引入—$^{14}CH_3$，是许多分子内含有甲基的复杂化合物获得标记的方便途径。例如，$^{14}CH_3I$ 与可可碱反应制得咖啡碱-(1-甲基)-^{14}C 标记化合物。标记途径如下：

以 $^{14}CO_2$ 为原料的另一合成途径是通过格氏反应，制得 ^{14}C 标记在羧基上的脂肪酸或芳香酸。其反应通式为

$$^{14}CO_2 + RMgBr \longrightarrow R^{14}COOMgBr \xrightarrow{\text{水解}} R^{14}COOH$$

通过标记羧基进而可合成多种重要的定位标记化合物，在设计 ^{14}C 标记化合物合成途径

时,通常是首先考虑$^{14}CO_2$与格氏试剂反应方法。这一合成途径,常用于制备脂肪酸、甘油脂、氨基酸、激素及生物碱类标记化合物。

(2) 以 $K^{14}CN$ 为原料的合成途径 将 $Ba^{14}CO_3$ 还原成 $K^{14}CN$,再与有机卤化物发生取代反应或与醛分子中的羰基进行加成反应,得到含^{14}C原子的中间化合物。中间化合物经水解、氨解或还原等一系列反应,可合成^{14}C标记的羧酸、胺类化合物、氨基酸、嘌呤及嘧啶类的标记化合物。$K^{14}CN$ 对合成标记糖类化合物尤为重要,是^{14}C标记糖类化合物合成的主要原料。下面列举以 $K^{14}CN$ 为原料,合成 β-丙氨酸-3-^{14}C 的途径:

$$K^{14}CN + ClCH_2COOH \longrightarrow N^{14}CCH_2COOK \xrightarrow[NH_3,KOH]{H_2,Ni} NH_2{}^{14}CH_2CH_2COOH$$

$$\text{β-丙氨酸-3-}{}^{14}C$$

(3) 以 $BaN^{14}CN$ 为原料的合成途径 腈氨化钡-^{14}C 由 $Ba^{14}CO_3$ 与 NaN_3 作用制得:

$$Ba^{14}CO_3 \xrightarrow[NH_3]{NaN_3} BaN^{14}CN$$

以生成物为原料,可合成^{14}C标记的尿素和硫脲。

$$BaN^{14}CN \xrightarrow[H_2O]{CO_2} NH_2{}^{14}CN \xrightarrow{H_2SO_4} (NH_2)_2{}^{14}CO$$
$$\xrightarrow[Ba(OH)_2]{H_2S} (NH_2)_3{}^{14}CS$$

$(NH_2)_2{}^{14}CO$ 与 $(NH_2)_2{}^{14}CS$ 主要用于合成嘧啶、嘌呤及维生素 B 等含杂环分子的标记化合物。

$$(NH_2)_2{}^{14}CO + CH_2(COOC_2H_5)_2 \longrightarrow$$

维生素B$_2$–2–^{14}C

(4) 以 $Ba^{14}C_2$ 为原料的合成途径 $Ba^{14}CO_3$ 被金属镁或钡还原得到 $Ba^{14}C_2$,以 $Ba^{14}C_2$ 为原料合成标记化合物的唯一途径是将它水解,生成 $H^{14}C\equiv{}^{14}CH$。再由标记的乙炔,进行加氢、加卤或环合等反应,制得一系列^{14}C标记的化合物。例如$^{14}C_2H_2$用于合成乙醇-1,2-^{14}C、乙酸钠-1,2-^{14}C、苯-^{14}C(U)及 17-α-炔-睾丸酮-(炔-1,2)-^{14}C 等标记化合物。

图 14-1 中综合了以$^{14}CO_2$、$K^{14}CN$、$BaN^{14}CN$ 及 $Ba^{14}C_2$ 为原料制备各类^{14}C标记化合物的主要途径。关于^{14}C标记化合物的合成,已有不少专著和综合报道可供查阅。

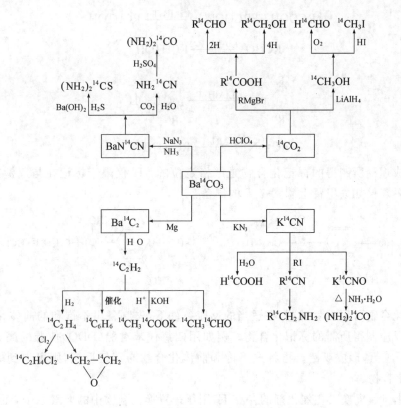

图 14-1 合成^{14}C 标记化合物的各种途径

14.4.1.2 ^{3}H 标记化合物的化学合成

化学合成^{3}H 标记化合物的原料是由反应堆生产的氚气,其次是由它所制得的氚水。化学合成^{3}H 标记化合物有两条主要途径:一是用氚气对适当的不饱和碳氢化合物(也称为前体化合物)进行催化还原;另一是氚气对欲标记化合物的卤代物进行催化卤氚置换。化学合成法是获得定位^{3}H 标记化合物的唯一可靠和实用的方法,且对制备高比活度的产品特别有用。

(1) 不饱和化合物的催化还原法 将带有双键或叁键的不饱和前体化合物,溶于适当的溶剂中,加入催化剂,在室温下搅拌,再通入氚气进行催化还原反应,使分子中引入^{3}H 原子。其反应通式如下:

$$RCH{=}CH_2 \xrightarrow{T_2} RCHTCH_2T$$

$$RC{\equiv}CH \xrightarrow{T_2} RCT{=}CHT$$

$$RC{\equiv}CH \xrightarrow{T_2} RCT_2CHT_2$$

上述反应中常用的溶剂是烃类、二氧六环、四氢呋喃、乙酸乙酯和二甲基亚砜等有机溶剂。使用的催化剂是吸附在载体炭、$CaCO_3$、Al_2O_3 或 $BaSO_4$ 上的铂或钯。近年来,亦有用三(三苯基膦)氯化铑[$RhCl(Ph_3)_3$]作为均相催化剂。

腈基和酮基的还原,常需加热、加压。为了避免这种操作方式,则用金属氚化物 $LiAlT_4$、$NaBT_4$、$LiEt_3BT$ 等进行还原。将酸、酮、醛、酯和腈类化合物还原成相应的氚标记化合物的反应通式如下:

$$RCOOH（或RCOOR'）\xrightarrow{\text{LiAlH}_3\text{T}} RCHTOH$$

$$RCHO \xrightarrow{\text{LiAlH}_3\text{T}} RCHTOH$$

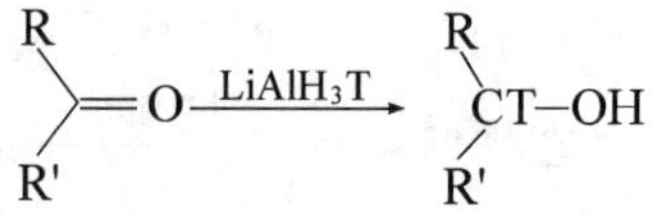

$$RC\equiv N \xrightarrow{\text{LiAlH}_3\text{T}} RCHTNH_2$$

上述合成途径所制得的标记化合物是严格定位的，^{3}H 仅限于标记在与双键或叁键相连的碳原子位置。例如去甲肾上腺素-7-T 的制备：

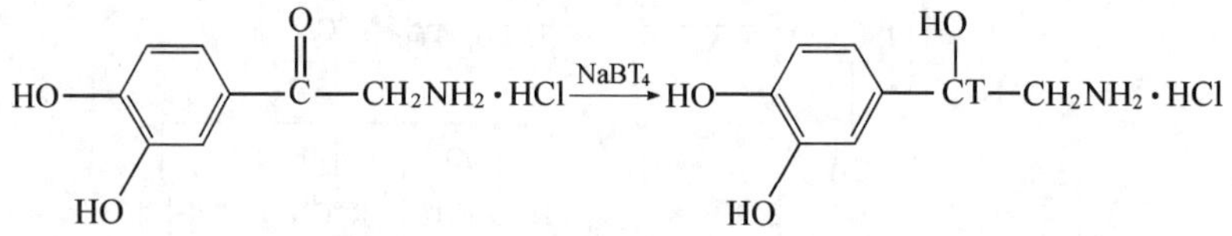

对某些化合物可用去氢试剂，在适当的反应条件下，先制备出不饱和的前体化合物，然后再进行加氚反应制得所需的标记化合物。例如用四氯代苯对醌（DDQ）使雌酚酮分子中 1，2，6，7 位碳原子脱氢，形成双键。再将这不饱和前体化合物与氚气反应，则可得到雌酚酮-1，2，6，7-T 标记化合物。

（2）催化卤氚置换 在催化剂的存在下，用氚来置换化合物中的卤素原子，而制得氚标记化合物。其反应通式为

$$RX+T_2 \xrightarrow[\text{催化剂，碱性溶液}]{} RT+TX$$

在与催化氚化相似的反应条件下，氚很容易与 Cl、Br、I 等卤素原子发生置换反应。从上述反应式中可看出，有一半的氚生成 TX，它在体系中积累，使得催化剂中毒而使反应缓慢。因此，需用氢氧化钾-甲醇、三乙胺-二氧六环等碱性溶液，将反应所生成的 TX 中和。若反应体系不能有碱存在时，则需用以 CaCO$_3$ 或碳粉为载体的铂或钯作催化剂。例如腺嘌呤-8-T 的合成，其反应途径如下：

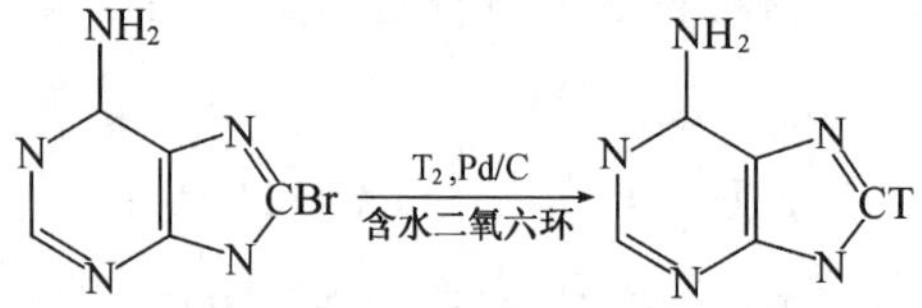

用催化卤氚置换法可制备 2，8 位被 ^{3}H 标记的嘌呤化合物和 5，6 位被 ^{3}H 标记的嘧啶类化合物。对于尚无理想标记方法的肽和蛋白质而言，催化卤氚法是一种有效的标记途径。如有人以 3-碘酪氨酸为原料，用卤氚置换反应得到酪氨酸-3-T，再用它合成 ^{3}H 标记的肽类激素。又如：将后叶催产素和血管紧张素直接碘化，在 5％的 Pd/CaCO$_3$ 催化下，进行卤氚置换，最后得到相应的高比活度、高生物活性的 ^{3}H 标记化合物。若用溴代或氯代氨基酸为原料，进行卤氚置换，还可制得具有旋光性的 ^{3}H 标记氨基酸，如 L-苯丙氨酸-2，4-T、L-谷氨酸-4-T。

14.4.1.3　其他标记化合物的化学合成

化学合成法也常用于非同位素标记化合物的制备。近十多年来,对短寿命核素的标记化合物的化学合成法作了大量研究,不少产品已被医学界采用。

(1) 放射性碘标记化合物的化学合成　碘标记化合物的合成,一般采用过氧化氢、一氯化碘或氯胺 $T(CH_3C_6H_4SO_2NClNa \cdot H_2O)$ 等氧化剂或电化学方法将 $Na^{131}I$(或 $Na^{125}I$)氧化成元素碘或碘的正离子(如 ^{131}ICl、^{125}ICl)。然后,利用许多有机化合物容易与碘发生碘代反应的特点,制备各种标记化合物,其反应通式为

$$RH + {}^{131}I_2(或 {}^{125}I_2) \longrightarrow R^{131}I(或 R^{125}I) + H^{131}I(或 H^{125}I)$$

$$RH + {}^{131}ICl(或 {}^{125}ICl) \longrightarrow R^{131}I(或 R^{125}I) + HCl$$

例如,5-碘尿嘧啶-5-^{131}I 则是用 ^{131}ICl 与尿嘧啶按上述碘代反应制得的。

通常把用氯胺 T(chloramine-T,Ch-T)作氧化剂,合成碘标记化合物的方法称为 Greenwood-Hunter 法,又称氯胺 T 法。Ch-T 能将溶液中的 $^{131}I^-$(或 $^{125}I^-$)氧化成元素碘,然后取代酪氨酸芳香环上的氢,生成二碘酪氨酸-3,5-^{131}I。

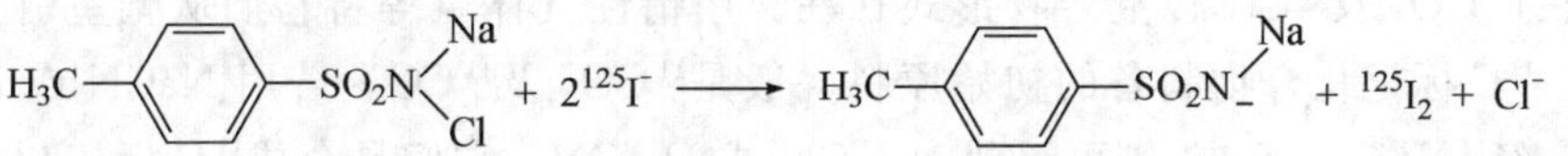

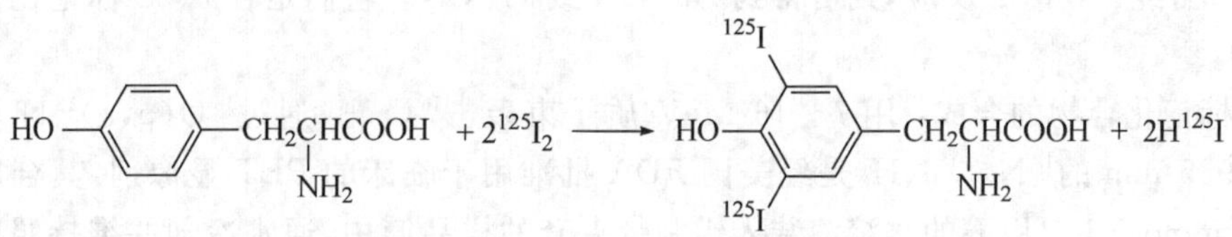

用这种方法可标记含酪氨酸残基的蛋白质、多肽或甾体类化合物。除 Ch-T 外,还可以用 H_2O_2 及过氧乙酸等作氧化剂,反应条件比 Ch-T 温和。

连接标记法又称 Balton-Hunter 法,是预先用氯胺 T 法将放射性碘标在 3-(4-羟基)苯丙酸琥珀酰亚胺酯上,然后将多肽类化合物和标记的酯混合,经一定时间反应后,多肽便和碘标记的酯连接在一起。这种方法特别适用于无酪氨酸残基或酪氨酸残基未暴露在肽链表面的多肽类化合物的标记。由于在标记化合物的制备过程中未引入氧化剂,故能使标记分子保持原有的生物活性。例如肌红蛋白的碘标记化合物,就采用这种方法制得的,其反应过程如下:

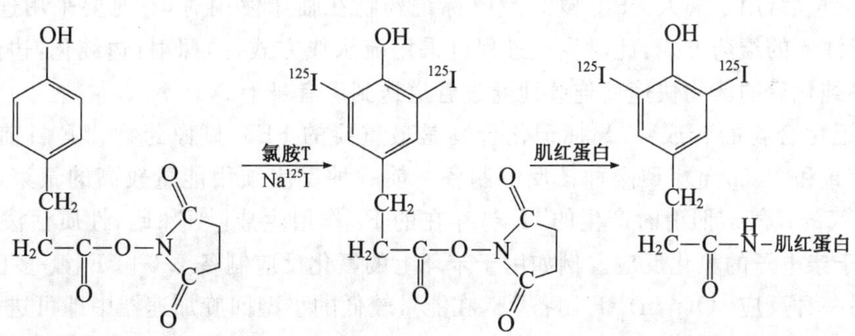

为了避免蛋白质在氧化过程中变性,可以使用酶促反应释放低浓度(但仍足以将 $^*I^-$ 氧化)的 H_2O_2,实现蛋白质的放射性碘标记。常用的酶有两种:**乳酸过氧化物酶**(lactoperoxidase，LPO)和**葡萄糖氧化酶**(glucose oxidase，GO)。

在放射免疫分析中，常使用碘精标记法。**碘精**(iodogen)的学名为1,3,4,6-四氯-3α,6α-二苯甘脲(1,3,4,6-tetrachloro-3 alpha,6 alpha-diphenyl glycoluril)，其结构式如右：

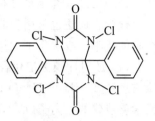

使用时将碘精溶于二氯甲烷，加到试管中，待溶剂挥发后，在试管壁上出现一层碘精薄膜。将待标记的化合物及Na*I加入试管中，保温数分钟后，将内容物倾倒出来，碘化反应即可终止，未反应的碘精留在试管内，无需分离。因为碘精的水溶性很小，因此氧化条件很温和。敷涂碘精的试管经干燥后于低温下保存数月仍然有效。

(2) 短寿命标记化合物的化学合成　尽管短寿命标记化合物的制备，要求有快速和高效的反应步骤及分离方法，但化学合成法仍是目前制备^{11}C、^{18}F、^{13}N等短寿命标记化合物的主要途径。

^{11}C 标记化合物的合成：^{11}C 核素常用小型回旋加速器，通过^{11}B(p,n)、^{10}B(d,n)等核反应产生。生成的^{11}CO$_2$及^{11}CO以混合物形式存在。用惰性气体氦等将它们从靶室引至反应体系中。因此，^{11}C标记化合物制备的初始原料一般是^{11}CO$_2$及^{11}CO。若用NaCN或N$_2$-H$_2$混合气体作靶，经^{14}N(p,α)反应，则可得到Na^{11}CN或H^{11}CN。它们是合成^{11}C标记化合物的另一种原料。

^{13}N 标记化合物的合成：用7～16 MeV 质子束轰击^{16}O 靶，通过^{16}O(p,α)^{13}N 反应获得$T_{1/2}=9.965$ min 的^{13}N。^{13}NH$_3$是经美国 FDA 批准用于临床的 PET 显像剂，其合成步骤如下：将 1 mmol·L^{-1}甲醇的水溶液装入铝制带夹套的样品筒中，通水冷却并维持照射筒中的压强为 1.033 MPa 下用质子束照射，照射结束后用 9mL 1mmol·L^{-1}乙醇冲洗。将所得溶液通过阴离子交换柱，流出液通过 0.22 μm 的 Millipore 滤膜除菌，滤入盛有 1mL 生理盐水的 10 mL 无菌小瓶中，提供给 PET 中心使用。

^{15}O 标记化合物的合成：^{15}O 通常用^{14}N(d, n)^{15}O 反应制备。因其半衰期只有122.24 s，^{15}O 标记的药物需用自动化合成仪制备。以 H$_2$^{15}O 的合成为例，靶子为 0.1% O$_2$＋99.9% N$_2$，用 10～20 μA 的氘束照射 3～15 min，靶子气体开始时在由靶室和电炉组成的小闭合回路中循环，然后在由靶室→电炉→滤器→生理盐水袋→滤器→靶室(在此处接受氘束照射)组成的大闭合回路循环，最后，样品被收集到灭菌注射器，并通过气动传输线送到 PET 中心，经剂量测量后，用于病人 PET 显像。^{15}O 标记药物在临床使用时，有时要采用连续吸入或由静脉连续注入的给药方式，此时生产过程也采用流水线方式，边照射，边纯化，边使用，在照射的同时将纯化后的药物快速而连续地通过管道送到患者身上。

^{18}F 标记化合物的合成：^{18}F 标记化合物是最重要的 PET 显像药物。^{18}F 目前主要利用^{20}Ne(d,α)^{18}F 和^{18}O(p,n)^{18}F 两种核反应制备。前一种反应须用能量较高的氘束，靶气为混有 0.2%氟气的氖气。照射时产生的^{18}F 与存在的 F$_2$作用生成[^{18}F]-F$_2$，性质活泼，被 Ne 带出后，可用于亲电子的氟化反应。例如用于苯环上的氟化反应制备 L-6-[^{18}F]氟-多巴。

利用另一种反应^{18}O(p,n)^{18}F 制备^{18}F，在能量较低的小型回旋加速器中即可进行，反应产率高。制备时不必额外加入稳定性的氟，对医用有利，近年来已得到更为广泛的应用。但反应需用价格比较昂贵的^{18}O 富集的水，即[^{18}O]-H$_2$O 为靶。照射时产生的^{18}F 以 F$^-$形式存在于靶水中，因此适合于给电子的(即亲核的)氟化反应。最主要的用途是合成高纯度的

[^{18}F]-FDG，即氟代脱氧葡萄糖。

利用[^{18}F]-F_2 的亲电氟化反应制备[^{18}F]-FDG 的反应如下：

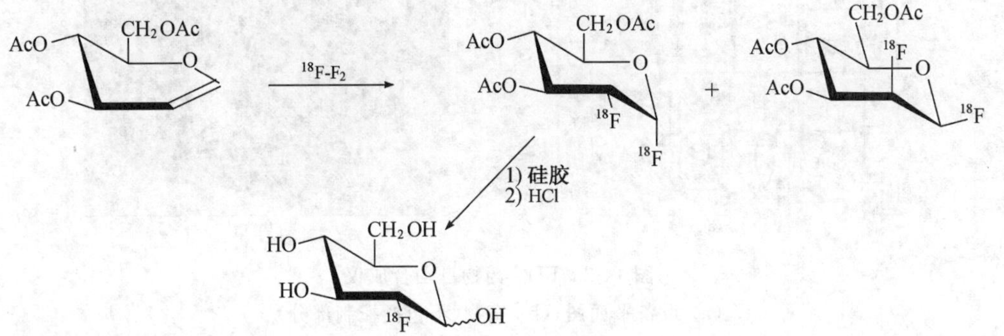

氟代三乙酰基脱氧葡萄糖和氟代三乙酰基脱氧甘露糖产率各为 35%和 26%，经硅胶柱分离后水解脱除乙酰基，得到[^{18}F]-FDG。

目前公认较佳的合成[^{18}F]-FDG 的方法是 Hamacher 法。该法的反应过程如下：

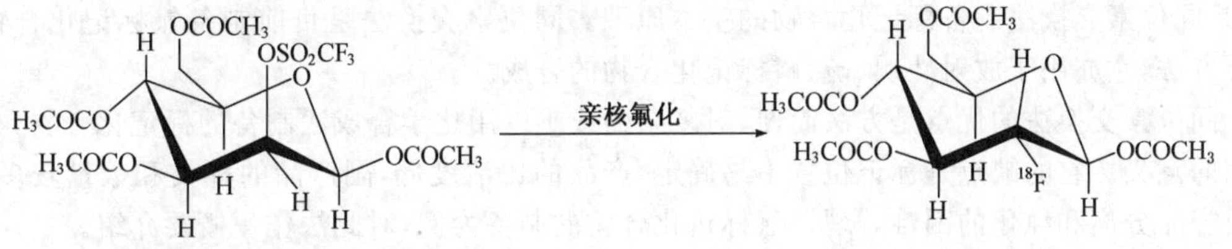

三氟甲基磺酸甘露糖酯

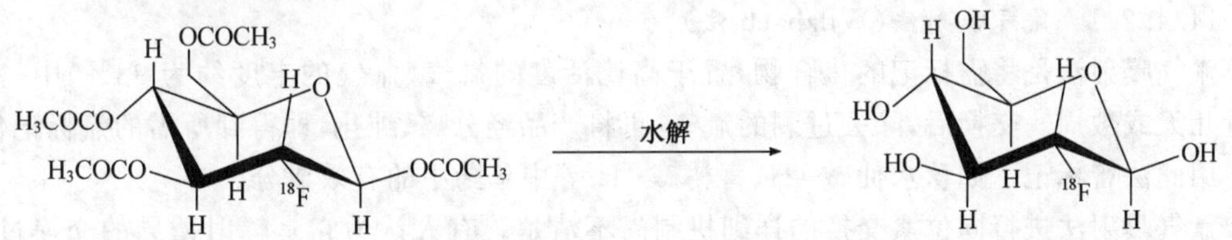

[^{18}F]-FDG

由于作为另一反应物的[^{18}F]-KF 为无机物，只能溶于水溶液而不会溶于底物所处的有机溶剂乙腈中。如将它们直接混合，则由于两者难以接触，反应速度很慢。Hamacher 等加入了隐烷-2.2.2(商品名 Kryptofix-2.2.2，反应式中简写为 K-2.2.2) 作为将[^{18}F]-KF 从水相转移到有机相的相转移催化剂，其原理是隐烷-2.2.2 能与 K^+ 牢固地配合形成大的亲有机溶剂的阳离子[K/K-2.2.2]$^+$，可把[^{18}F] -F^- 一起带入极性有机溶剂 CH_3CN 中。两种反应物处于同一种溶剂中，反应速度就大大加快。反应在 85℃下进行。有人用四丁基铵阳离子[Bu_4N]$^+$ 或阴离子交换树脂代替[K/K-2.2.2]$^+$ 作相转移催化剂，氟化后既可通过酸水解，也可以通过碱水解脱去乙酰基。整个合成在 28～52 min 内完成。

目前[^{18}F]-FDG 的合成多采用自动合成仪，在计算机的控制下，合成反应和产物纯化按照预先编制的程序完成。图 14-2 是德国 Raytest 公司的 FDG 自动合成仪。

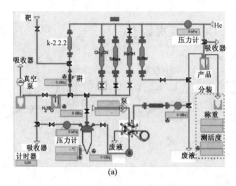

图 14-2　FDG 药物自动合成仪

(a) 设备平面图；(b) 实物(不包括控制部分)

(引自 http://www.raytest.de/index2.html)

14.4.2　同位素交换法

利用两种不同分子中同一元素的同位素交换过程,把示踪原子引入欲标记的化合物分子上,是同位素交换法制备标记化合物的基本原理。同位素交换法是目前制备氚标记化合物的重要方法,它亦用于放射性碘、硫、磷标记化合物的合成。

同位素交换法的优点是方法简便,对复杂的或难以用化学合成法制备的标记化合物,具有实用的意义。它的缺点是标记位置不易确定,产品的比活度低,副产品的种类和数量较多,造成对产品分离和纯化的困难。现以氚标记化合物的制备为例,对此法作一概要介绍。

利用同位素交换法制备氚标记化合物的主要途径有：

14.4.2.1　氚气曝射法(Wilzbach 法)

氚气曝射法是将需标记的化合物,置于高比活度的氚气(氚气的丰度约为 98%)中,密封放置几天或数周。交换后,除去过剩的氚气,再将产品经分离、纯化,即得到所需的氚标记化合物。用此法曾标记了如秋水仙碱-^{3}H、喜树碱-^{3}H 等中草药中的有效成分。

氚气曝射法进行同位素交换的详细机制尚不清楚。有人认为它是辐射诱导的交换过程,氚-氢之间的交换可能有以下反应过程：

(1) 反冲氚原子和化合物分子间的反应：

$$T_2 \rightsquigarrow (T^3He)^+ \xrightarrow{RH} RT + HT$$

(2) 被激活的或游离的氚原子和化合物分子间反应：

$$T_2 \rightsquigarrow (T_2)^* \longrightarrow 2T$$

$$2T + RH \longrightarrow RT + HT$$

(3) 被激活或离子化的化合物分子与氚气反应：

$$RH \rightsquigarrow RH^*$$

$$RH \rightsquigarrow RH^+ + e^-$$

$$RH^* + T_2 \longrightarrow RT + HT$$

$$RH^+ + T_2 \xrightarrow{e^-} RT + HT$$

其中,反冲氚原子直接与化合物作用而得到标记的可能性较小。上述的(2)和(3)过程,可能是主要的标记过程。

一般情况下，氚与化合物分子结合的速度，每天只占体系中总氚量的 1% 左右，因此需要长时间的曝射，从而也产生了许多辐射分解产物。在曝射过程中，辐射还可引起多种副产品，这些副产品的放射性活度要比产品高 10～100 倍。副产品的性质往往又与产品相似，难以从产品中分出。

为了提高同位素交换速度，缩短曝射时间，降低产品中由辐射引起的杂质含量，曾对气体曝射法作了改进。例如借助微波、高频放电、超声波、紫外或 X 射线照射等方法，使化合物与氚受到诱导激发和电离，从而提高同位素交换的速度。如用充有氚气的放电管，并将欲标记的化合物置于放电管的阴极上，通过微波放电，使氚气形成 ^{3}H 等离子体，并得到加速，它与靶物作用生成 ^{3}H 标记化合物。用这种微波放电法曾制备了 ^{3}H 标记的苯、硬脂酸等一系列标记化合物。

改进后的曝射法，目前用于多肽、蛋白质和一些结构复杂的有机化合物的标记。所得产品的比活度较气体曝射法高，并可保持标记的生物产品有较高的生物活性。例如用高频放电法，对胰液中的核酶进行了成功的标记。制备的时间仅 5～30 min，而产品的比活度可达到 10^1 GBq·mmol^{-1} 数量级，标记产物还保持原有的生物活性。

另外，还用加入 Pt/C、Pd/C 作催化剂；将欲标记的化合物分散在碳粉上，扩大反应接触面积等方法来提高气体曝射法的效率。

14.4.2.2 液体内催化交换法

将醇、醛和酸等有机化合物溶于氚水中，这些分子中的某些氢原子即与氚水中的 ^{3}H 发生交换，并很快达到平衡。若化合物不溶于水，用适当溶剂（分子中无不稳定的氢原子）使之溶解，同样可达到交换的目的。曾报道，在 pH 7 的氚水中，经水浴加热即可获得氚标记的嘌呤核苷及含嘌呤基的抗菌素等，而在相同的条件下却不能标记嘧啶核苷。

在上述无催化剂存在的条件下，获得标记不易脱落的产品，实际上并不多见。为了使氚原子进入化合物分子的稳定位置，必须通过催化交换反应。常用的催化剂是铂或钯。溶液内催化交换法是将需标记的化合物，溶于含有催化剂铂（或钯）的氚水（或 70% 的氚化醋酸）中，将整个反应体系调至中性或碱性。在 20～200℃ 的温度范围内，搅拌一定时间（一般为 1～24h），使同位素交换反应得以进行。溶液内催化交换法常用于制备芳香族、甾类、杂环类及生物碱的 ^{3}H 标记化合物。近来，对上述方法作了改进。用氚气取代氚水，以 Pt/C 作催化剂，溶液 pH 控制在 7～10 范围内，在室温下即可获得 ^{3}H 标记的产品。改进后的方法常用于制备氨基酸、含嘌呤基的核苷和核苷酸及糖类标记化合物。例如，曾用改进后方法制备 26 Ci·mmol^{-1} 环化腺嘌呤-5′-磷酸（cAMP）的 ^{3}H 标记化合物。

对单糖或多糖类化合物、含苄基化合物，催化交换法还可制得定位的标记化合物。凡属还原糖类化合物，^{3}H 都标记在醛基位置；含苄基的化合物，^{3}H 则标记在亚甲基上。

溶液内催化交换法的优点是简便、快速；氚气及欲标记化合物的用量少，适用于标记稀有或昂贵的复杂化合物；产品的比活度高。但此法亦因以下原因而受到限制：欲标记化合物必须能溶解在溶剂中；反应必须在中性或碱性条件下进行；在欲标记的分子中，不能含有碘或硝基，否则就会阻碍同位素交换反应的进行。

14.4.3 生物合成法

生物合成法是利用动植物、藻类、微生物或菌类的生理代谢过程，将示踪原子引入需标记的化合物分子中。整个生物合成过程大体上分成四步：① 把示踪原子或简单的标记化合物引入活的生物体内；② 控制适宜生物体代谢的条件，在生理代谢过程中，示踪原子经一系列复杂的生物化学过程后，标记到所需的分子上；③ 将上述生物体转化成某种需要的化学形式，以便进行分离、纯化，或用其他标记化合物制备的方法作进一步合成；④ 进行分离和纯化，将所需的标记化合物同生物体分开。

生物合成法能标记一些结构复杂、具有生物活性、难以用其他标记方法制备的化合物。但因生物活体对放射性有一定耐受量，在生理代谢过程中，放射性示踪原子会以各种途径代谢和排泄，生成不需要的副产品。因而使这一方法的产量及产率较低，产品的分离、纯化亦较复杂。生物合成法的另一缺点是，标记的位置难于确定，生产的重复性较差。

用生物合成法可制备某些核苷酸、蛋白质、糖类及激素等 C、P、S、^{3}H 及 I 的标记化合物。例如，可用海绿藻合成 ^{14}C 均匀标记的多种氨基酸。先将足够量的海绿藻避光 24 h，引起它的"光饥饿"，然后通入 $^{14}CO_2$，温度控制在 25～28℃，光照 36 h，使 $^{14}CO_2$ 随光合作用进入藻体细胞。从上述处理过的海绿藻中提取蛋白质，并将它水解。蛋白质的水解产物用阳离子交换柱或薄层色层。将制得的 ^{14}C 标记的氨基酸进行分离及纯化。最终得到了 ^{14}C 标记的丙、精、天冬、谷、甘、组、亮、赖、蛋、脯、丝、酪、缬和苯丙氨酸。还报道了利用美人蕉叶、烟叶的光合作用合成右旋葡萄糖-1,6-^{14}C 标记化合物。利用毛地黄的叶，将娠烯醇酮-7-^{3}H 转化成地高辛-^{3}H 和毛地黄毒苷-^{3}H 等。

利用酶的催化作用，曾将胸腺嘧啶-^{14}C 标记化合物与从大白鼠肝中分出的脱氧核糖酸转移酶混合在一起，可制得胸腺嘧啶核苷-^{14}C。从啤酒酵母中提出的酶液，能使氚标记尿嘧啶核苷单磷酸-^{3}H(UMP-^{3}H)，转化成尿嘧啶核苷三磷酸-^{3}H(UTP-^{3}H)。

还用生物合成法和化学合成法结合在一起，制备了碘标记化合物。如常用的乳过氧化物酶法就是其中之一。乳过氧化物酶法的基本原理是将牛乳中提取的乳过氧化物酶与 H_2O_2 形成复合物，然后使碘氧化，再加入蛋白质，生成碘标记的蛋白质分子。乳过氧化物酶催化蛋白质碘化的反应式如下：

$$H_2O_2 + 酶 \longrightarrow [酶\text{-}H_2O_2]$$
$$[酶\text{-}H_2O_2] + 2Na^{125}I \longrightarrow 酶 + 2NaOH + 2^{125}I$$
$$^{125}I + 蛋白质 \longrightarrow 蛋白质\text{-}^{125}I$$

以促甲状腺激素标记为例，将促甲状腺激素(HTSH)2.5 μg，0.4 mol·L^{-1} 醋酸缓冲液(pH5.6)25 μL，乳过氧化物酶液 25 μL(1.0 μg)，Na^{125}I 50 μL (1.0 mCi)及 10 μL H_2O_2 混匀，反应 10 min。然后将反应液通过用缓冲液平衡过的 1.0 cm×7.5 cm 凝胶色谱柱(Sephadex G-50)，即将制得的 HTSH-^{125}I 与游离碘分开。

生物合成法也用于制备比活度高的 ^{32}P 或 ^{35}S 的标记化合物。曾报道，用无载体的 $H_3^{32}PO_4$ 与 5′-二磷酸腺苷(5′-ADP)混合，经一系列酶促反应后制得比活度高达(5.8～6.5)×10^3 Ci·mmol^{-1}(215～241 TBq·mmol^{-1})的 5′-三磷酸腺苷-γ-^{32}P(5′-ATP-γ-^{32}P)标记化合物。将制得的 5′-ATP-γ-^{32}P 在多核苷酸激酶、核酸酶 Pi(Nuclease Pi)、肌激酶和丙酮酸激酶作用下，还可得到 5′-ATP-α-^{32}P 标记化合物。产品的比活度虽不如 5′-ATP-γ-^{32}P 高，但仍有(0.2～1)×10^3 Ci·mmol^{-1}(7.4～37 TBq·mmol^{-1})。用酶促反应还合成了环化单磷酸核糖核苷类的 ^{32}P 标记化合物。这些标记化合物在分子生物学的研究中起着极其重要的作用。

14.4.4　热原子标记法

有关热原子标记法的原理和制备标记化合物的实例，在 12.6 节中已有阐述，这里不再重复。

近年来有人在热原子反冲法的基础上,发展成用离子-分子束反应的标记化合物制备方法。用这种方法已制备出一些^{14}C和^{3}H的标记化合物。离子-分子束反应法是用一种特殊的化学加速器,产生含有放射性核素的高速离子束,去轰击欲标记的化合物或中间体,发生离子-分子反应,制备出所需的标记化合物。例如曾用加速的^{14}C$^+$离子束,轰击由500 mg苯制成的靶,经24 h轰击后,产生比活度为3.4 MBq·mg^{-1}的苯-^{14}C标记化合物。产物中除^{14}C标记的苯外,还有甲苯及其他^{14}C标记的副产品存在。

14.5　标记化合物的质量鉴定

对标记化合物进行严格的质量鉴定和控制,是保证示踪实验得到正确结果的先决条件。

标记化合物的质量鉴定可概括为物理鉴定和化学鉴定。对生物示踪剂,则需加生物鉴定的项目。下面列举了这三类鉴定包含的主要项目:

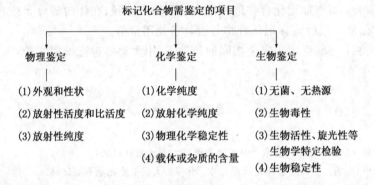

14.5.1　物理鉴定

外观和性状的鉴定主要是观察标记化合物晶体的形状、粒度、色泽或标记化合物在溶剂中分散程度以及溶液的颜色是否正常。在储存过程中应注意它是否潮解、团结、变色、混浊或出现沉淀等现象。对生物标记化合物还应观察是否霉变等。外观鉴定虽极简单,但它对衡量标记化合物的质量往往是既直观又重要。

放射性纯度鉴定和活度测量的内容和方法,限于篇幅,不再介绍。有不少专著可供查阅。

14.5.2　化学鉴定

物理化学稳定性的鉴定,指标记化合物在使用或储存过程中,因受光、热、空气或周围环境等因素是否会造成标记化合物性质的改变。例如胶态标记化合物的凝聚,含碘标记化合物在光照下加速氧化分解,使示踪原子脱落等。根据标记化合物物理化学稳定性鉴定的结果,可确定使用时的条件和使用期限,亦由此来确定储存的最佳方案。

化学纯度和放射化学纯度鉴定,常用色层法、电泳法、同位素稀释法,并结合放射性测量、红外光谱或核磁共振谱来确定化学杂质和放射化学杂质的种类和含量。

14.5.3　生物鉴定

用于生物示踪,特别是用于医学方面的标记化合物,不仅关系到疗效,还会影响人的安危。

故在使用前,必须进行生物鉴定。

生物稳定性的鉴定指在储存过程中,标记化合物是否因细菌等微生物、化学物质等因素的影响,使其减弱或消失某些生物特性。因此,在使用前需经生物稳定性的鉴定,判断该标记化合物是否还有示踪效能。

无菌无热源鉴定指标记化合物的灭菌是否完全,有无热源。热源是指某些微生物的尸体或微生物的代谢产物(其主要成分是多糖体)。若将它和标记化合物一起引入体内,则会出现发热(或发冷)、恶心、呕吐、关节痛等症状。热源检查方法是将一定剂量的标记化合物,注入家兔的耳缘静脉,在规定时间内观察其体温变化情况,以判断有无热源存在。

根据示踪的目的和对象来确定需作哪些生物学项目的检查。这一检查的目的主要是确定标记化合物的一些生物特性(如旋光性、生物活性等)与原化合物有无差别。

一个新的标记化合物用于人体前,必须在动物体内作下列检查:

安全实验:了解并确定标记化合物的安全使用剂量,包括标记化合物引起的化学毒性和放射性损伤这两方面的因素。

体内分布实验:观察标记化合物进入体内后的输送途径、在体内的分布或积累的部位、代谢及排泄的情况,从而判断该标记化合物是否具备使用价值。

临床模拟实验:与临床应用完全相同的条件下,用大动物进行模拟实验,为临床使用提供依据。

参 考 文 献

[1]　王世真,主编. 分子核医学. 北京:中国协和医科大学出版社,2001.

[2]　王浩丹,周申,主编. 生物医学标记示踪技术. 北京:人民卫生出版社,1995.

[3]　〔英〕F·安东尼·埃文斯,〔日本〕村松光雄. 放射性示踪技术及应用. 北京:原子能出版社,1990.

[4]　朱寿彭,张澜生. 医用同位素示踪技术. 北京:原子能出版社,1989.

[5]　范国平,赵夏令,郭子丽. 标记化合物. 北京:原子能出版社,1979.

[6]　Evans E A. Tritium and Its Compounds,2nd Ed. London:John Wiley and Sons,1974.

[7]　Saljoughian M,Williams P G. Recent developments in tritium incorporation for radiotracer studies. Curr Pharm Design,2000(6):1029~1056.

[8]　Dalvie D. Recent advances in the applications of radioisotopes in drug metabolism,toxicology and pharmacokinetics. Curr Pharm Design,2006(6):1009~1028.

[9]　Urch D S. Ann Rep Prog Chem,Section A,Brunel University,UK,95 (1999),96 (2000),97 (2001).

第 15 章　核药物化学

15.1　核医学和放射性药物

15.1.1　核医学和放射医学

生物医学是核技术的重要应用领域。在全世界生产的放射性同位素中，约有 80%～90% 用于医学。将核技术用于疾病的研究、诊断和治疗，形成了现代医学的一个分支——核医学。

核医学主要包括：① 体外放射性分析，包括放射免疫分析（radioimmunoassay，RIA）、免疫放射分析（immuno radiometric assay，IRMA）、放射受体分析（radioreceptor assay，RRA）、放射配基结合分析（radioligand binding assay，RBA）等。② 体内放射性核素显像，包括 γ 照相机和发射型计算机断层成像（emission computed tomography，ECT）。按照使用的核素不同，传统上将 ECT 分为单光子发射计算机断层成像（single photon emission computed tomography，SPECT）和正电子发射断层成像（positron emission tomography，PET）。由于近年来 ECT 仪器的发展，打破了 SPECT 和 PET 的界限，在 SPECT 机器上也能实现 PET 成像，称为 SPECT-PET。③ 放射性核素治疗（radionuclide therapy）。

用 X 射线透视、照相及计算机断层成像进行诊断和用 X 射线、γ 射线、质子束、快中子束、重离子束照射及硼中子俘获治疗肿瘤，习惯上称为**放射医学**。它与核医学的区别是不涉及放射性核素标记的药物——放射性药物。

随着计算机技术的发展，人们发展了一种将 CT，MRI 及 ECT 图像融合（image fusion）的技术，可以将各种影像技术获得的信息加以综合，得到最有临床价值的医学影像。

15.1.2　核医学影像仪器

15.1.2.1　γ 照相机

γ 照相机（γ camera）又称闪烁照相机（scintillation camera），由探头、电子学线路、记录和显示装置及附加设备四部分组成，可对脏器中放射性核素的分布进行一次成像和连续动态观察。探头由铅准直器、NaI(Tl)闪烁晶体及光电倍增管阵列组成。铅准直器上开有许多平行于圆盘轴线的准直孔，用来接受发自不同位置的 γ 光子。根据所使用的放射性核素的 γ 射线能量，可选用高、中、低能准直器。与闪烁晶体光耦合的 n 个光电倍增管排成一定的阵列。每一个入射 γ 光子在闪烁体内产生上千个荧光光子，这些光子按照不同的比例分配到 n 个相互独立的光电倍增管而被记录。由 n 个光电倍增管的输出信号的幅度比可以确定 γ 光子与闪烁体相互作用的位置，即准直孔的位置，也就是药物在脏器中的位置。显然，γ 照相机得到的是放射性核素在扫描视野中的二维分布，即脏器的平面影像。

15.1.2.2　SPECT

从原理上，如果令 γ 照相机围绕病人作 360° 旋转，采集 m 帧图像，然后利用滤波反投影算法或迭代法进行图像重建，就可以得到脏器的三维图像。传统的 SPECT 只有一个探头，近年来多采用双探头甚至三探头 SPECT。

将 SPECT 扫描机和 X 射线计算机断层成像(CT)扫描机复合在一起,便于将两种扫描结果进行图像融合。

最近,在双探头 SPECT 上配备符合测量装置,使得在 SPECT 上得以实现 PET 显像,称为双探头 SPECT 符合成像,或称 SPECT-PET。SPECT 的空间分辨率不高,约为 $8 \sim 15 \, mm$,但因造价比较便宜,可资使用的放射药物多而易得,检查费用低,因此被广为采用。

15.1.2.3 PET

由正电子湮灭产生的两个光子沿相反方向发射,如果在发射方向放置两个探测器,则由这两个探头的符合输出就可以得知发射点的一个坐标。如果将 $10^3 \sim 10^4$ 个探测器按环形、多环形甚至全方位放置,原则上从脏器的某一个点发射三对湮灭辐射就可以确定其空间坐标。由于放射性衰变的统计性质、仪器的电子学噪声和天然本底辐射的影响,实际上必须收集足够的数据才能达到预定的精确度。PET 装置多使用 BGO 晶体作为闪烁晶体,每一对相对排列的探头的输出信号都送到符合电路,采集的数据经过图像重建后得到三维图像,可按需要分层显示。目前 PET 的空间分辨率可达 $3 \sim 4 \, mm$,但为了保持合适的灵敏度,分辨率通常为 $5 \sim 6 \, mm$。专门设计用于动物实验的 Micro PET 的空间分辨率可达 $1 \, mm$。PET 装置造价昂贵,正电子发射的核素和药物来源不便,检查费用高,使用不如 SPECT 普及。

与 SPECT/CT 复合一样,也可以将 PET 和 CT 复合在一起。

C、N、O 是组成人体的主要元素,它们的适合于诊断用的放射性核素 ^{11}C、^{13}N、^{15}O 都是短寿命正电子发射核素,其生产和标记都必须在医院就地进行。现在已有与 PET 配套的"婴孩回旋加速器"(baby cyclotron)和计算机控制的快速自动合成仪商品出售。

15.1.3 放射性药物

用于疾病的诊断、治疗和研究的放射性核素标记的化合物及生物制品称为放射性药物(radiopharmaceuticals)。放射性药物分体外和体内两种。体外放射性药物是一种分析试剂,用于血液、分泌物及组织样品的放射免疫分析或免疫放射分析。体内放射性药物则必须引入病人体内,通过观察药物在体内的吸收、分布、代谢、排泄来诊断疾病,或将药物定位于肿瘤组织,利用药物中的放射性核素发射的射线进行肿瘤治疗。由此可见,放射性药物由合适的放射性核素和输送该核素到靶器官的运载分子组成,放射性核素被标记在运载分子上。放射性核素的选择取决于药物的用途。

15.1.3.1 适于 ECT 的放射性核素

SPECT 显像用的放射性核素最好只发射单能 γ 射线,不发射带电粒子,因为后者对于显像没有贡献,但对于病人会增加不必要的内照射。γ 射线能量最好在 $150 \sim 250 \, keV$ 之间。能量太低,从发射点穿出体外的吸收损失增加;能量过高,要求的过滤器厚度增加,与设计的过滤器不匹配。PET 显像用的放射性核素最好只发射 β^+ 粒子,不发射 γ 射线,因为后者会增加偶然符合的计数,降低信噪比。核素的半衰期最好在 $10 \, s \sim 80 \, h$。半衰期太短,很难甚至无法将其标记到运载分子上;半衰期太长,显像以后残留在体内的放射性活度太高,给病人造成额外的照射,这就限制了显像用的放射性药物的总活度,影响图像的清晰度。较短半衰期的核素可以注入较大的量,并可重复注射,在短时间内采集到足够的数据后,很快衰变掉,有利于得到高质量的图像。理想的放射性核素应是生物体内的主要组成元素(C、H、N、O、S、P 等)的同位素或类似元素(如 F、Cl、Br、I 取代 H)的同位素。但这样的放射性核素不多。对于金属放射性核素,要求它能与运载分子形成热力学稳定或动力学惰性的配合物。此外,医用放射性核素应该来源方便,价格便宜,容易制成高比活度的制剂。表 15-1 和 15-2 分别列出了适合于 SPECT 和 PET 显像用的放射性核素。综合各种因素考虑，在 SPECT 显像核素中，当推 ^{99m}Tc 为首选核素。目前，^{99m}Tc 标记的放射性药物占全部放射性药物的约 80%。在 PET 显像核素中，^{18}F 的优点是半衰期较长，^{18}F 标记的放射性药物在 PET 中心合成以后，可以配送到没有配备加速器但配有 PET 机器的医院临床使用。^{11}C 由 ^{14}N(p,α) 反应生产，反应截面大，产量高。通过甲基化试剂 ^{11}CH$_3$I 或 CF$_3$SO$_3$^{11}CH$_3$ 很容易对药物分子进行 ^{11}C 标记。其半衰期短，一次给药剂量（以放射性活度计）可以较大，亦可重复给药，有利于获得高质量的 PET 图像。用 ^{11}C 标记的药物分子与相应的稳定分子的物理、化学及生物化学性质几乎没有差别。对于具备加速器的 PET 中心，^{11}C 是非常有用的显像核素。

表 15-1 常用 SPECT 放射性核素及生产方法

核素	$T_{1/2}$(h)	衰变方式	射线能量 (keV)	生产方法 核反应	生产方法 能量（MeV）
^{67}Ga	78.2	EC	93(39)	^{68}Zn(p, 2n)	18→26
			185(21)		
			300(16)		
^{99m}Tc	6.008	IT	141(88.5)	^{99}Mo $\xrightarrow{\beta^-(66h)}$ ^{99m}Tc	
^{111}In	67.3	EC	171(91)	^{112}Cd(p, 2n)	18→25
			245(94)		
^{123}I	13.27	EC	159(83)	^{127}I(p, 5n)	45→65
				^{124}Te(p, 2n)	20→26
				^{123}Te(p, n)	8→15
				^{124}Xe(p, pn)	23→29
^{201}Tl	72.9	EC	69~82(X 射线)	^{203}Tl(p, 3n)^{201}Pb	20→28
			167(10)	^{201}Pb $\xrightarrow{EC(9.4h)}$ ^{201}Tl	

表 15-2 常用 PET 放射性核素及生产方法

核素	$T_{1/2}$(min)	衰变方式 （分支比，%）	射线能量 (keV)	生产方法 核反应	生产方法 能量（MeV）
^{11}C	20.4	β$^+$(99.96) EC(0.04)	511(199.9)	^{14}N(p,α)	3→13
^{13}N	9.965	β$^+$(99.9) EC(0.1)	511(199.8)	^{16}O(p,α)	7→16
^{15}O	2.03	β$^+$(99.9) EC(0.1)	511(199.8)	^{14}N(d, n) ^{15}N(p, n)	0→8 4→10
^{18}F	109.77	β$^+$(97.43) EC(2.57)	511(194.8)	^{18}O(p, n) ^{20}Ne(d, α)	3→16 0→14
^{62}Cu	9.67	β$^+$(97) EC(3)	511(194), 876(0.15) 1173(0.34)	^{62}Zn $\xrightarrow{EC,\beta^+(9.1h)}$ ^{62}Cu	
^{68}Ga	67.63	β$^+$(89.1) EC(10.9)	511(178.2) 1077(3)	^{68}Ge $\xrightarrow{EC,\beta^+(275d)}$ ^{68}Ca	
^{82}Rb	1.273	β$^+$(95.5) EC(4.5)	511(191) 776(13.4)	^{82}Sr $\xrightarrow{EC(25d)}$ ^{82}Rb	

15.1.3.2　适合于治疗的放射性核素

α 粒子的 LET 高,4~8 MeV 的 α 粒子在组织中的射程约为 25~60 μm,与细胞的尺寸相当。β 粒子的 LET 约为 α 粒子的 1×10^{-3},$E_\beta=1$ MeV 的 β 射线在组织中的最大射程约为 4 mm,约为 100 个细胞的直径的和。γ 射线的穿透能力很强,0.5 MeV 的 γ 射线在组织中的半减弱厚为 7.4 cm。因此,α 粒子用于体内放射性核素治疗肿瘤其能量沉积最集中。如果药物分子能选择性地进入肿瘤细胞,其发射的 α 粒子足以将该肿瘤细胞杀死。β 粒子在组织中沉积的能量不如 α 粒子集中,但还是局限于较小的范围,而且药物不一定非要跨膜进入细胞不可,仍然是较好的选择。γ 射线在组织中沉积的能量均匀而分散,因此,即使药物的肿瘤选择性非常好,在杀伤肿瘤细胞的同时,也大量杀伤正常细胞。

适合于治疗的放射性核素应满足下列条件:① 只发射 α 或 β 粒子,不发射 γ 射线;② 半衰期为数小时至 70 d;③ 衰变产物为稳定核素;④ 可获得高比活度的放射性制剂。

伴随轨道电子俘获和内转换常有俄歇电子的发射。俄歇电子的 LET 为 β 射线的1~3倍,但射程仅几微米。经过俄歇级联过程后,发射核处于高度电离的状态,随后的电荷中和将引起周围原子的电离和激发。上述两个因素使得俄歇效应具有很强的化学效应。有人估计,一次俄歇级联发射不仅可以打碎发射核所在的碱基,使 DNA 链在该处断裂,还可以导致 DNA 在距离衰变处几百个碱基对的地方断裂。因此,发射俄歇电子的核素有可能用来治疗肿瘤,条件是必须将该核素结合到 DNA 上。^{125}I 可以标记到碱基上,进入细胞后,可被嵌入 DNA 链,金属元素很难做到这一点。表 15-3 列出了目前认为比较适合于治疗肿瘤的放射性核素。

表 15-3　可望用于治疗肿瘤的放射性核素

核　素	$T_{1/2}$	衰变方式	主要粒子能量(keV)	主要 γ 射线能量(keV)	生产方法
^{32}P	14.3 d	β$^-$	1710		^{31}P(n,γ), ^{35}Cl(n, α)
^{35}S	87.4 d	β$^\sim$	167		^{34}S(n,γ), ^{35}Cl(n,p)
^{89}Sr	50.5 d	β$^-$	1465		^{88}Sr(n,γ)
^{90}Y	64.0 h	β$^\sim$	2280		^{90}Sr(β$^-$)
^{103}Pd	17.0 d	EC	Auger	40,357	^{102}Pd(n,γ), ^{103}Rh(p,n)
^{109}Pd	13.7 h	β$^-$	1028	88	^{108}Pd(n,γ)
^{114m}In-	49.51 d	IT, EC	Auger	190	^{113}In(n,γ)
^{114}In	72 s	β$^-$, EC	1989	558, 725	
^{125}I	59.4 d	EC	Auger	35	^{124}Xe(n,γ), ^{125}Xe(EC)
^{131}I	8.02 d	β$^\sim$	606, 334	364.637	^{130}Te(n,γ), ^{131}Te(β$^-$)
^{153}Sm	46.3 h	β$^-$	635, 705, 808	103, 70	^{152}Sm(n,γ)
^{165}Dy	2.32 h	β$^\sim$	1287, 1192	95, 361	^{164}Dy(n, γ)
^{169}Er	9.4 d	β$^-$	343, 351		^{168}Er(n,γ)
^{177}Lu	6.73 d	β$^\sim$	497, 177, 385	208, 113	^{176}Lu(n,γ)
^{186}Re	3.72 d	β$^-$, EC	1070, 932	137	^{185}Re((n,γ)
^{188}Re	17.0 h	β$^\sim$	2120, 1965	155	^{187}Re(n,γ), ^{188}W(β$^-$)
^{198}Au	2.696 d	β$^-$	961	412, 676	^{197}Au(n,γ)
^{212}Bi	60.6 min	α,β$^-$	β$^-$2248, α6051	727, 1620	^{212}Pb(β$^-$)
^{213}Bi	45.6 min	α,β$^-$	β$^-$1422, α5869	440	^{225}Ac(3α)
^{211}At	7.21 h	α, EC	5869		^{209}Bi(α, 2n)

15.2 用于显像的放射性药物

在过去几十年间,经过放射性药物化学家和核医学临床医生的不断努力,从合成的大量放射性标记化合物中筛选出一批性能优良的放射性药物用于核医学显像。迄今几乎对所有器官都有合适的显像剂可供使用。

15.2.1 心血管显像剂

15.2.1.1 心肌灌注显像剂

某些金属离子或金属配合物能被有功能的心肌选择性地摄取,可用 γ 相机或 SPECT 进行平面或断层显像。正常心肌因能摄取放射性药物而在图像中呈高亮度(称为热区或阳性显像),而坏死或缺血心肌则不能摄取放射性药物或摄取很少,在图像中表现为背景或呈低亮度(称为冷区或阴性显像)。由此可见,放射性在心肌中的分布与局部心肌血流(regional myocardial blood flow,rMBF)灌注及心肌细胞的功能密切相关,故称为**心肌灌注显像**(myocardial perfusion imaging)。在临床上,心肌灌注显像用于冠心病心肌缺血的早期诊断、心肌梗塞和心肌病的诊断,以及心肌活力的评估等。已经用于临床或正在进行临床实验的心肌灌注显像剂有^{201}Tl$^+$、^{99m}Tc-MIBI、^{99m}Tc-TF、^{99m}Tc-TEBO、^{99m}Tc-NOET、^{99m}Tc-Q$_{12}$ 和 ^{99m}Tc-Q$_3$。表 15-4 列出了它们的主要性质。

表 15-4 心肌灌注显像剂的主要特性

显像剂	^{201}Tl$^+$	^{99m}Tc-MIBI	^{99m}Tc-TEBO	^{99m}Tc-TF	^{99m}Tc-Q$_{12}$	^{99m}Tc-NOET
结构式[a]		I	II	III	IV	V
金属氧化态	+1	+1	+3	+5	+3	+5
心肌摄取[b]	3%～4%	1%～2%	1%～3.4%	0.8%～1.3%	1.0%～2.6%	3%～5%
心肌清除	3～4 h	>7 h	7～9 min	>5 h	>5 h	
再分布	有	无	无	无	无	有
肝清除		20～30 min	1.5～2 h	<10 min	<10 min	
摄取机制	Na$^+$/K$^+$ 泵	被动扩散	被动扩散	被动扩散	被动扩散	尚无定论
制备条件	直接使用	100 ℃/10 min	100 ℃/10 min	室温/15 min	100 ℃/15 min	100 ℃/15 min
显像时间	10 min(3 h[c])	1 h	2 min	15 min	30 min	30 min(3.5 h[c])

a. 结构式见图 15-1。b. 总注射的百分数,文献中常用 %ID 表示。c. 运动负荷-延迟显像时间。

^{201}Tl$^+$ 的半径与 K$^+$ 相近,可参与 Na$^+$/K$^+$-ATP 酶主动转运系统浓集于心肌。它的一个明显优点是具有再分配性质。采用**运动负荷-延迟显像**方式,受检者先行运动,然后注射 ^{201}Tl$^+$,于 10 min 和 3～3.5 h 分别进行早期和延期显像。缺血心肌在运动时的灌注情况比正常心肌差,表现为放射性稀疏或缺损。经过 3～3.5 h 后,^{201}Tl$^+$ 随血液灌注进入原先的缺血心肌,在图像中表现为正常分布,而坏死心肌在静息和运动下均不被灌注。^{201}Tl$^+$ 的这一性质称

为再分布。^{201}Tl 的缺点是 γ 射线能量偏低，半衰期偏长，需要用能量较高的加速器生产，价格昂贵。

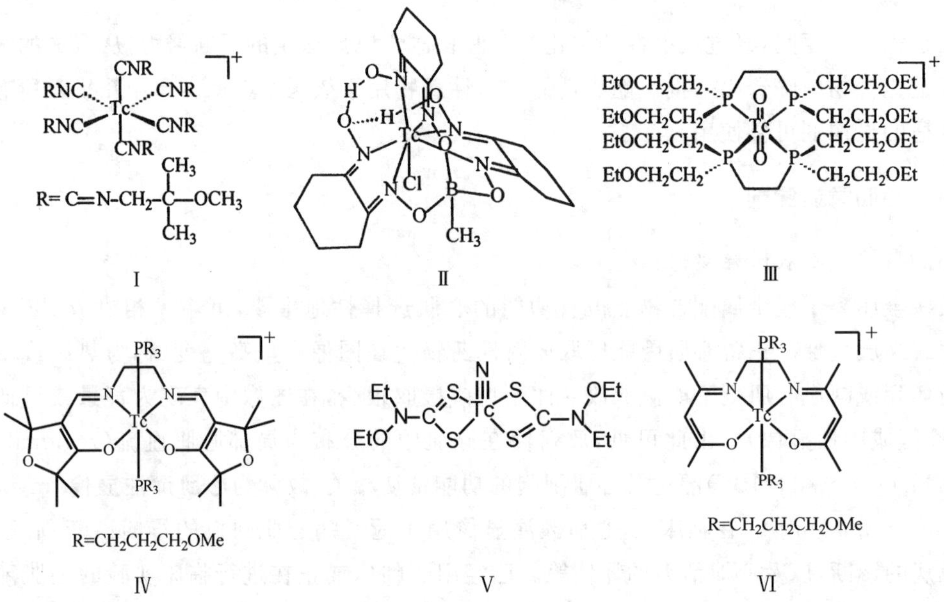

图 15-1　心肌灌注显像剂的结构式

^{99m}Tc-sestamibi 又称^{99m}Tc-MIBI，是目前应用最广的心肌灌注显像剂，对冠心病诊断的灵敏度和特异性可以与^{201}Tl 相媲美。由于肝的吸收高，清除较慢，注射该药物后需要服用脂肪餐，以促进药物从肝胆系统排泄。我国学者刘伯里等人和 M. E. Marmion 等人几乎同时发现，混配络合物$\left[^{99m}\mathrm{Tc(CO)_3(MIBI)_3}\right]^+$保留了^{99m}Tc-MIBI 的优点，动物实验结果表明，心/肝及心/肺比显著提高，可望用于临床。

15.2.1.2　心肌乏氧显像剂

冠心病患者的心肌因供血不足，部分心肌处于乏氧状态。若得不到及时治疗，某些心肌可能坏死。溶栓及血管成形和再造技术可降低死亡率，改善预后。因此，在进行血管成形和再造手术之前，区别心肌缺血（心肌细胞仍存活，但处于休眠状态）和坏死（永久性损伤）非常重要。乏氧显像剂被缺血细胞摄取后，在乏氧条件下被黄嘌呤氧化酶（xanthine oxidase）催化还原而滞留在乏氧细胞中，而在正常氧供条件下不被还原，因而不被滞留。坏死细胞无摄取功能。由此可见，用乏氧显像剂进行心肌显像，可以区分正常心肌、缺血/休眠心肌和坏死心肌。目前认为较好的乏氧显像剂为^{99m}Tc-BMS-181321、^{99m}Tc-BMS-194796 及^{99m}Tc-HL91，它们的结构如图 15-2 所示。

15.2.1.3　心肌代谢显像剂

心肌的能量主要来自脂肪酸的代谢，因此放射性核素标记的脂肪酸可用于心肌代谢功能的显像。用^{123}I 标记的显像剂有^{123}I-IHA（$\left[^{123}\mathrm{I}\right]$-ω-iodoheptadecanoic acid）、^{123}I-IPPA（$\left[^{123}\mathrm{I}\right]$-ω-(p-iodophenyl)-pentadecanoic acid）和^{123}I-BMIPP（$\left[^{123}\mathrm{I}\right]$-β-methyl-ω-(p-iodophenyl)-pentadecanoic acid）。用于 PET 显像的心肌代谢显像剂有^{11}C 标记的棕榈酸$\left[^{11}\mathrm{C}\right]$-PA（$\left[^{11}\mathrm{C}\right]$-palmitic acid）用^{18}F 标记的 2-氟-2-脱氧葡萄糖$\left[^{18}\mathrm{F}\right]$-FDG。

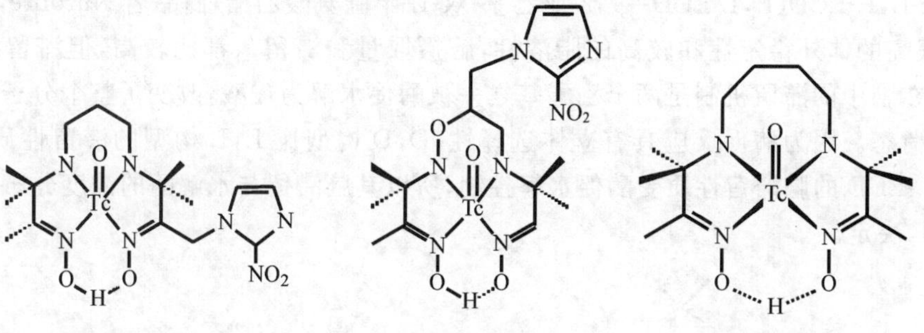

图 15-2　组织乏氧显像剂(^{99m}Tc-HL91 的结构是推测的)

心肌代谢显像剂主要用于心肌损伤、心肌缺血的诊断和心肌缺血与心肌坏死的区分。

15.2.1.4　心血池显像与心功能测定

一般采用^{99m}Tc 标记红细胞(^{99m}Tc-RBC)或人血清白蛋白(^{99m}Tc-HSA)作为显像剂。在**心血管动态照相**中,用于了解心脏及大血管的位置、形态,及循环通道与循环顺序是否正常的信息。

15.2.1.5　血栓显像剂

在心脏或血管腔内,血液发生凝固或血液中的某些成分互相黏集,形成固体质块的过程,称为血栓形成(thrombosis)。血栓的形成会导致心肌梗塞、心绞痛、脑中风及猝死等严重后果,因此血栓显像剂是当前放射性药物研究中的一个热点。血栓是由血管内纤维蛋白、血小板和红血球凝聚而成,其形成过程受纤维蛋白原的调节。纤维蛋白原通过 Arg-Gly-Asp(RGD)基序与血栓表达的 GPⅡb/Ⅲa 受体结合,因此可以用放射性标记的含 RGD 基序的肽或蛋白质进行血栓诊断。GPⅡb/Ⅲa 受体的拮抗剂 DMP757 含有 RGD 基序,与前者具有高亲和力。因此,用^{99m}Tc 标记 DMP757 也可以进行血栓显像。另一种 GPⅡa/Ⅲa 受体的拮抗剂 DMP444 也与深部静脉血栓选择性结合。其他的血栓显像剂还有 P280 和 P748。我国学者研制出抗血栓单克隆抗体,经过放射性核素标记以后也可用于血栓显像。

15.2.2　脑显像剂

15.2.2.1　脑灌注显像剂

脑灌注显像剂主要用于测定局部脑血流(regional cerebral blood flow,rCBF),因此要求脑中放射性药物的分布与 rCBF 成正比。药物需要穿越完整的血脑屏障(brain blood barrier,BBB)才能进入脑组织中,这要求药物分子满足脂溶性($\lg P = 0.5 \sim 2.5$,P 为药物在正辛醇与水之间的分配比)、电中性和低相对分子质量(<500)三个条件。药物分子进入脑以后,需要有一定的滞留时间才能满足显像要求。有人总结出三种滞留机制:① ^{99m}Tc 配合物与细胞内组分、蛋白质或其他大分子结合;② 中性^{99m}Tc 配合物转化为带电的、不能扩散出细胞的物质;③ ^{99m}Tc 配合物在细胞内分解为其他不能扩散出细胞的物质。

^{99m}Tc-D,L-HMPAO(HMPAO=3,6,6,9-四甲基-4,8-二氮杂十一烷-2,10-二酮二肟,商品名 Ceretec,见图 15-3,Ⅰ)是第一个被美国 FDA 批准用于临床的锝标记脑灌注显像剂,但其体外稳定性差,脑/血比偏低。

^{99m}Tc-L,L-ECD(L,L-ECD＝1,2-亚乙基-双-L-半胱氨酸乙酯,商品名 Nurolite,见图15-3,Ⅱ)具有很高的体外稳定性和较高的脂溶性,脑摄取量和滞留量都比较高,但滞留时间较短。该化合物在脑中的滞留机制是两个乙酯基之一被酶促水解为羧酸,改变了整个分子的极性、脂溶性和电荷态。因为酶促反应具有立体选择性,D,D 构型比 L,L 构型的滞留性质差。因为^{99m}Tc-L,L-ECD 的脑滞留性质受酶促水解控制,所以其脑滞留与水解酶的浓度分布有关,不完全由 rCBF 决定。

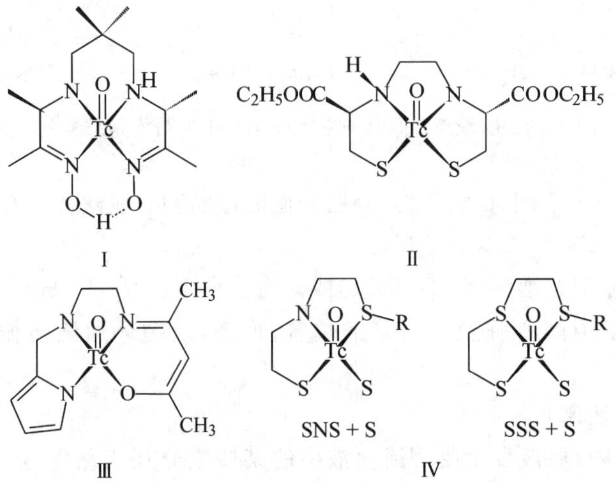

图 15-3　一些脑显像剂的结构

^{99m}Tc-MRP20[MRP20＝N-(2-^{1}H-吡咯甲基)-N′-(4-亚戊烯-3-酮-2)-1,2-亚乙基二胺,见图 15-3,Ⅲ]和^{99m}Tc-BATO-2MP[一氯三(丁二酮肟)合锝(Ⅲ)与 2-甲基丙基硼酸的加合物,结构类似于图 15-1,Ⅱ]也具有较好的脑摄取与滞留性质,其临床价值及脑摄取和滞留机制有待进一步研究。

前述几种显像剂的^{99m}TcO^{2+}的四个配位原子都在同一个分子上(四齿配体),若用一个三齿配体与一个单齿配体代替,即采用"3＋1"的设计方案,在改变配位原子的种类和调剂配体的结构方面就有更多的灵活性。图 15-3 Ⅳ给出了两种可能的组合。

15.2.2.2　脑受体显像剂

神经递质的释放、传送、重吸收、相应受体的浓度的时间和空间分布与脑的活动、功能、疾患有密切的关系。因此,神经受体显像是在分子水平上研究神经生物学的有力工具。

神经递质能与相应的受体选择性地结合,因而受体就以与其特异性结合的神经递质命名,如多巴胺受体、乙酰胆碱受体等。药物如果能和某受体结合产生与递质相似的作用,称为激动药。如果药物与受体结合后妨碍递质与受体结合,产生与递质相反的作用,称为阻断药。目前研究过的脑受体显像剂多是用放射性核素标记的激动药或阻断药。

(1)多巴胺受体显像剂　多巴胺(dopamine)即羟酪胺[2-(3,4-二羟苯基)乙胺],是哺乳动物的主要神经递质。在脑的黑质(substantia nigra)、基底神经节(basal ganglia)及纹状体(corpus striatum)中对神经冲动的传导起抑制作用,多巴胺不足会引起帕金森症。多巴胺在某些突触处起神经递质作用,在这些突触处多巴胺的紊乱会导致神经分裂症和帕金森症。多巴胺能受体(dopaminergic receptor)有 D$_1$ 和 D$_2$ 两类,前者包括 D$_1$ 和 D$_5$ 受体,催化合成

cAMP,后者包括 D_2,D_3 和 D_4 受体,抑制 cAMP 的合成,催化和抑制反应调节突触后膜中的 K^+ 和 Ca^{2+} 通道。多巴胺能受体也存在于突触前膜,神经递质通过重新摄取到突触前端而终止。

目前多巴胺受体显像剂一般为用放射性核素标记的、经过适当修饰的多巴胺受体的激动剂或拮抗剂。受体显像剂对于受体的亲和力用受体-配体复合物的解离常数 K_d 表征,K_d 越小,亲和力越大,一般要求 $K_d < 1\ nmol \cdot L^{-1}$。常用的 D_1 受体显像剂为 [11]C 或 [123]I 标记的苯并氮䓬衍生物(图 15-4)。

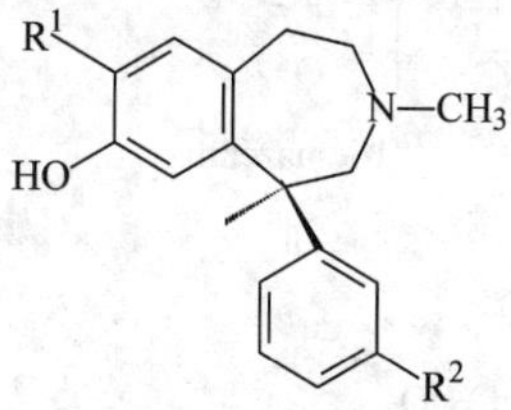

名称	R^1	R^2
IBZP(SCH-23982)	I	H
SCH-23390	Cl	H
IHMB(SCH-38840)	I	H
R(+)-TISCH	Cl	I

图 15-4 多巴胺 D_1 受体显像剂

多巴胺 D_2 受体显像剂多为 [123]I 标记的螺环哌啶酮(spiperone)、苯甲酰胺或麦角乙脲(lisuride)的衍生物(图 15-5)。人们试图用 [99m]Tc 间接标记上述化合物,但至今尚未得到令人满意的结果。

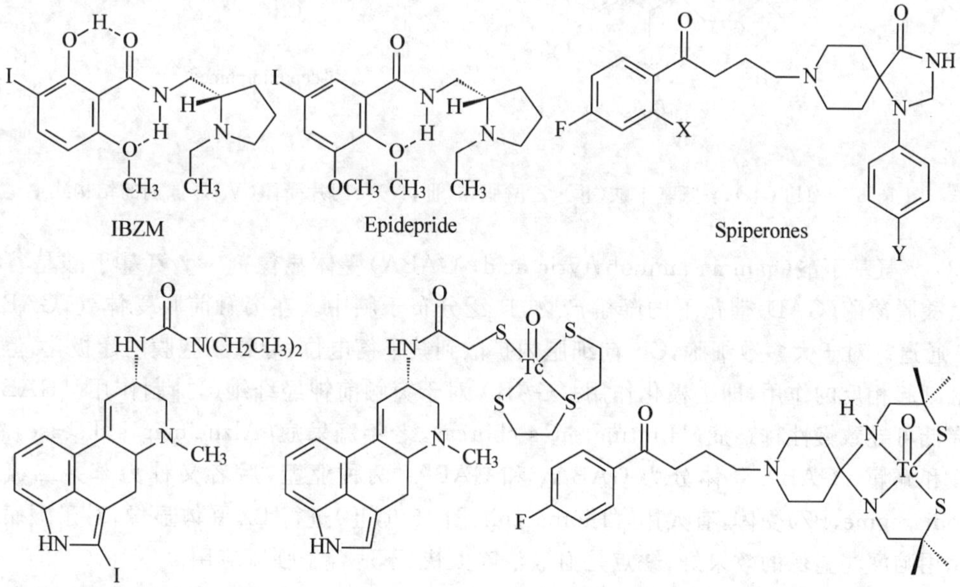

图 15-5 多巴胺 D_2 受体显像剂

(2) 5-HT 受体显像剂 5-HT 在体内的含量很低,但在脑中某些区域这一神经递质的水平与人的行为方式(如睡眠、情绪)有很强的相关性。在周围神经系统的突触处,它唤起肌肉细胞对于其他神经递质做出激动响应。5-HT 作用于触突后受体之后,被突触前端摄取并被酶解。在临床上,5-HT 受体的失调会引起神经精神疾病,如抑郁症、精神分裂症等。

酮色林(ketanserin)具有抗 5-HT 受体的作用,用 ^{123}I 标记(^{123}I-2-iodoketanserin,图 15-6,I)后曾用于 5-HT 受体的显像,结果不理想。以 ^{99m}Tc 标记的 5-HT 受体显像剂正在研究之中,至今尚未取得满意的结果。

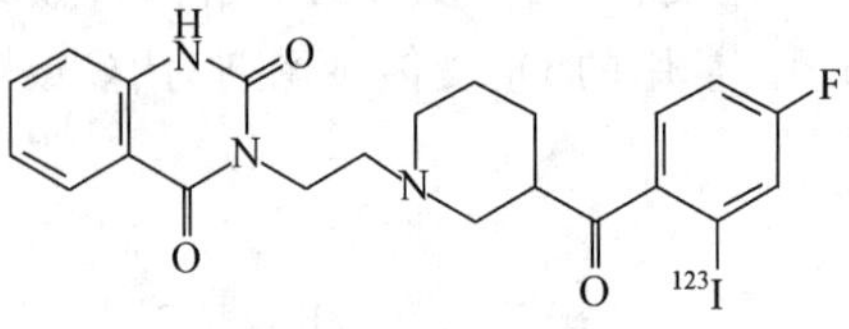

图 15-6　5-HT(Ⅰ)、γ-氨基丁酸(Ⅱ)、乙酰胆碱(Ⅲ,Ⅳ)及阿片受体(Ⅴ)显像剂的结构式

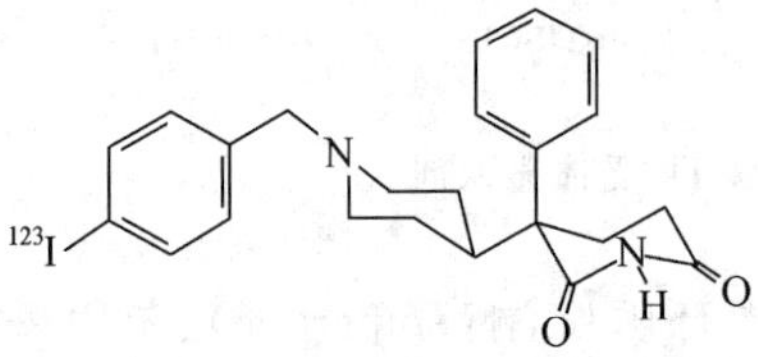

(3) γ-氨基丁酸(gamma-aminobytyric acid,GABA)受体显像剂　γ-氨基丁酸是谷氨酸在谷氨酸脱羧酶(GAD)催化下的降解产物,广泛分布于脑中。在突触前膜受体处,GABA 开启 Cl^- 通道。对于大多数细胞,Cl^- 向细胞内扩散到其平衡电位,导致细胞膜的超极化,但对某些突触则起相反的作用,即去极化作用。GABA 对于突触前神经纤维起抑制作用。GABA 的活性降低可导致慢性舞蹈症(Huntington's chorea)、老年痴呆症(Alzheimer's disease,AD)、狂躁症和癫痫。GABA 受体分为 GABA$_A$ 和 GABA$_B$ 两种亚型,后者又称为苯并二氮杂䓬(benzodiazepine,BZ)受体,有人用 ^{123}I-iomazenil(图 15-6,Ⅱ)进行 BZ 受体显像,对于癫痫病的诊断比用脑灌注显像的效果好,缺点是血液清除太快,不适合于临床应用。

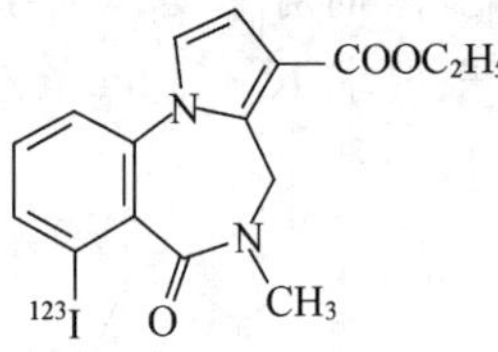

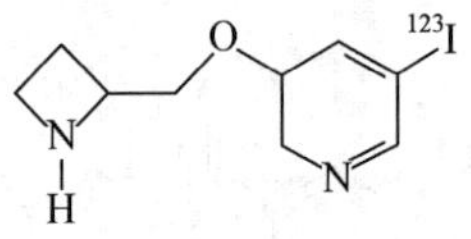

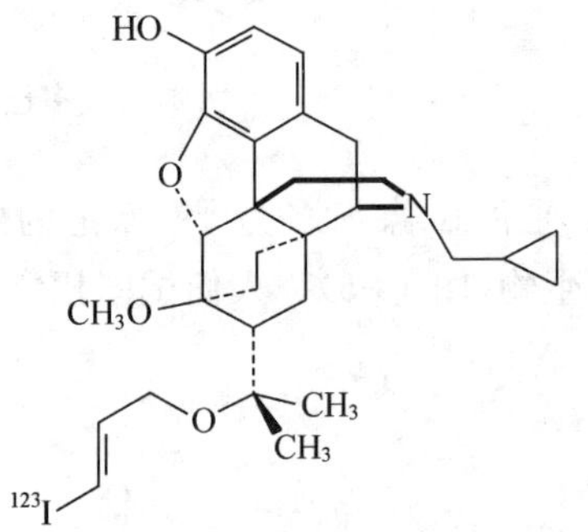

(4) 乙酰胆碱受体显像剂　乙酰胆碱是兴奋性递质,其活性下降被认为是 AD 患者记忆和认知障碍的主要原因。AD 患者基底前脑的乙酰胆碱能神经元大量丧失,在皮层及海马内也减少,胆碱乙酰转移酶活性降低,引起认知功能降低。乙酰胆碱受体有两种。其一是毒蕈碱胆碱能受体(muscarinic acetylcholine receptor,mAChR),与舞蹈病和老年痴呆症有关;其二是烟碱乙酰胆碱(nicotinic acetylcholine receptor,nAChR)受体,与学习、记忆和烟草成瘾有关。一般用放射性核素标记的这些受体的激动剂或抑制剂作为显像药物。图 15-6 中Ⅲ和Ⅳ分别为 mAChR 和 nAChR 的代表性显像剂。

（5）阿片受体显像剂　阿片受体与疼痛及海洛因成瘾有关。阿片受体有 μ、δ、κ 三种，它们属于细胞膜受体中 G 蛋白偶联受体家族。目前广谱 μ、δ、κ 受体激动剂有吗啡、海洛因、埃托菲、二氢埃托菲、杜冷丁、芬太尼等，拮抗剂有纳络酮、特佩洛菲、丁丙罗啡等。目前阿片受体显像剂多为放射性标记的拮抗剂，如 [18]F 或 [123]I 标记的特佩洛菲（图 15-6，V），它与 μ、δ、κ 三种受体的亲和力基本相同，没有成瘾作用。

转运上述神经递质的蛋白，如多巴胺转运蛋白（dopamine transporter，DAT）、5-羟色胺转运蛋白（5-hydroxytryptamine transporter，5HTT）等的放射性核素显像剂在临床诊断上也很有价值，近年来这方面的研究很活跃。DAT 是定位于多巴胺能神经末梢细胞膜上突触前膜的单胺类特异转运蛋白，它的功能是将突触间隙的多巴胺运回突触前膜，是控制脑内多巴胺水平的关键因素。1997 年，Kung 首次成功地用 [99m]Tc 标记多巴胺转运蛋白显像剂 ^{99m}Tc-TRO-DAT-1 获得了活体人脑 DAT 受体图像。

图 15-6 中举出的显像剂的例子都是用 [123]I 标记的，改用 [18]F 标记原则上当无问题，关键是有合适的标记反应途径，能在短时间内完成标记反应。人们在用 [99m]Tc 标记方面已作了许多有益的探索。困难在于，配体-受体反应的空间选择性很强，配体分子一般较小，将 [99m]Tc 引入配体分子而不改变配体对于受体的亲和性是很困难的。

15.2.2.3　Aβ 斑块显像剂

老年痴呆症又称为阿尔茨海默病，在老年人群中是一种多发性疾病，表现为认知、记忆和空间分辨能力退化，严重影响患者的生活质量，是导致老年人死亡的第四大死因。对患者的尸检发现，在患者脑部存在大量的老年斑（senile plaque，SP）和神经原纤维缠结（neurofibrillary tangle，NFT）。老年斑由 β-淀粉样蛋白（β-amyloid protein，Aβ）构成。因此，可以通过对 β-淀粉样斑块进行体外显像来诊断 AD 病。美国匹兹堡大学的 W. Klunk 等人从 100 多种硫黄素 T(thioflaven T，一种用

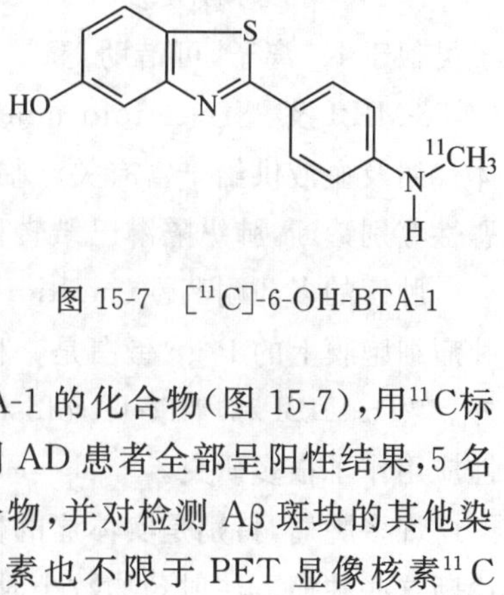

图 15-7　[11]C]-6-OH-BTA-1

于 Aβ 斑块尸检的染料)衍生物中筛选出一种称为 6-OH-BTA-1 的化合物（图 15-7），用 [11]C 标记进行 PET 显像研究。2002 年 7 月，他们宣布取得成功，9 例 AD 患者全部呈阳性结果，5 名正常志愿者则全部显阴性。此后，人们继续合成其他类似化合物，并对检测 Aβ 斑块的其他染料进行化学修饰，期望找到性能更好的化合物。标记用的核素也不限于 PET 显像核素 [11]C 和 [18]F，而且使用了 SPECT 显像核素 [123]I 和 [99m]Tc。

15.2.3　肿瘤显像剂

15.2.3.1　小分子肿瘤显像剂

肿瘤细胞生长兴旺，对于营养物质（葡萄糖、氨基酸等）的需求远高于正常细胞，因此，可以用放射性标记的葡萄糖及氨基酸等作为肿瘤显像剂。

[18]F]-2-脱氧氟代葡萄糖（[18]F]-FDG）在体内的分布与葡萄糖类似，但不能与葡萄糖一样代谢。注入体内的 ^{18}F]-FDG 可在肿瘤组织浓集，浓集程度随肿瘤的恶性程度增加而增加，因此可用于肿瘤（如脑、肺、肝、头颈部、网状内膜系统、肌肉系统、胸腔、膀胱、垂体等组织的肿瘤）的早期诊断，良性瘤与恶性肿瘤的区分，肿瘤的分级，以及手术与放、化疗后疗效的评价。[18]F]-FDG 用于肿瘤显像的缺点是特异性不够高，因此对于显像异常部位需要用其他方法加

以佐证。^{99m}Tc 标记的葡萄糖酸^{99m}Tc-GH 被用于肺癌和肝癌的诊断,其摄取机制可能与$[^{18}F]$-FDG 类似。

肿瘤组织的蛋白质合成速度加快,氨基酸的摄取速度也相应提高,但氨基酸比葡萄糖在炎症细胞(主要是中性白细胞)代谢过程中作用小,测量氨基酸的吸收比测量葡萄糖的消耗能够更准确地估计肿瘤的生长速度。$[1\text{-}^{11}C]$-L-酪氨酸、$[1\text{-}^{11}C]$-L-蛋氨酸和 $[1\text{-}^{11}C]$-L-亮氨酸适于探测肿瘤细胞中蛋白质的合成情况,为肿瘤诊断和治疗提供有用的信息。由于其代谢物 $^{11}CO_2$ 能很快从组织中清除,对 PET 测量肿瘤细胞中^{11}C 没有影响。^{123}I-甲基酪氨酸的肿瘤摄取与肿瘤细胞的活性而不是细胞密度有关,可以用于脑胶质瘤的诊断治疗。

$[^{67}Ga]$-枸橼酸镓中的 Ga^{3+} 离子类似于 Fe^{3+} 离子,在血液中能与运铁蛋白、乳铁蛋白等结合,结合物可与肿瘤细胞表面的特异受体结合,部分进入肿瘤细胞和浸润的炎症细胞的溶酶体中。可用于恶性淋巴瘤、何杰金氏病(Hodgkin's disease)的定位诊断和临床分期,肺部和纵隔肿瘤的定位诊断和鉴别诊断,淋巴瘤和肺癌等放、化疗的预后评价。

在微碱性条件下用 Sn(Ⅱ)还原^{99m}TcO$_4^-$ 标记二硫代丁二酸钠(DMSA),所得产物中^{99m}Tc的氧化态为+5,写做^{99m}Tc(Ⅴ)-DMSA,具有亲肿瘤性质,可用于甲状腺髓样瘤的诊断及术后随访,软组织肿瘤的鉴别诊断、转移灶探测和复发随访,甲状腺以外的头颈部的恶性肿瘤的辅助定性和定位,肺部肿瘤诊断,以及骨骼病变的定性诊断。

^{201}Tl、^{99m}Tc-MIBI 及^{99m}Tc-tetrofosmin 等+1 价离子具有亲肿瘤性质。有人认为,Tl$^+$ 离子类似于 K$^+$ 离子,可借助 Na$^+$/K$^+$-ATP 酶进入癌细胞。肿瘤供血丰富,有助于对它的摄取。^{99m}Tc-MIBI 及^{99m}Tc-tetrofosmin 的亲肿瘤机制尚无定论,有人认为与肿瘤细胞的膜电位、线粒体代谢及血液供给丰富有关。临床上可用于肺部及颅脑肿瘤的鉴别诊断与定位,乳腺肿块良恶性鉴别诊断,肺纵隔淋巴结转移灶检查,以及肺癌放、化疗后的疗效观察。

肿瘤的多药耐药性(multidrug resistance,MDR)是导致肿瘤化疗失败的主要原因,位于肿瘤细胞膜上的 P-gp 蛋白是一种主要的外排药泵,它能将被其识别的抗肿瘤药物排出到细胞外。^{99m}Tc-MIBI 和^{99m}Tc-tetrofosmin 能被 P-gp 蛋白识别,人们对于它们在诊断肿瘤多药耐药性应用作了很多研究。

许多肿瘤,特别是实体瘤的核心附近,常常发生缺血甚至坏死。利用组织乏氧显像剂可以诊断这些肿瘤。注射药物数小时后,正常组织中放射性大都被清除,乏氧的肿瘤仍滞留有较高的放射性,显像时表现为放射性致密区。

15.2.3.2　多肽肿瘤显像剂

生长激素抑制素(somatostatin,SMS)是 1973 年从羊的下丘脑分离出来的一种环形 14 肽,其一级结构如下:

$$\text{Ala—Gly—Cys—Lys—Asn—Phe—Phe—Trp}$$
$$\text{Cys—Ser—Thr—Phe—Thr—Lys}$$

后来发现,SMS 有两种:SMS-14 和 SMS-28,后者是一个 28 肽。它们都是由前生长激素抑制素(prosomatostatin)衍生出来的。SMS 的受体分布在垂体、胰、胃肠道、脑及各种肿瘤细胞中。人类 SMS 有五种受体,sst1~sst5。由于 SMS 在循环系统中的半衰期短(<3 min),特异性差,其放射性核素标记物不适于肿瘤显像。人们对 SMS 分子进行修饰,从中筛选出其类似

物奥曲肽(octreotide,商品名 sandostatin,SMS 201-995)。它是一个八肽,其一级结构如下:

$$\begin{array}{c} \text{D-Phe—Cys—Phe—D-Try—Lys—Thr—Cys—ThrOH} \\ \qquad\quad | \qquad\qquad\qquad\qquad\qquad\qquad\quad | \\ \qquad\quad \text{S————————————S} \end{array}$$

由于 N-端的 D-Phe 和 C-端的苏氨醇的存在,奥曲肽的代谢稳定性比 SMS 高,体内消除半衰期长(117 m),与受体的作用强。将 3 位的 Phe 用 Tyr 替换,可用 ^{123}I 标记,得 ^{123}I-Tyr^3-octreotide。将 DTPA 环酐与 D-Phe^1 残基上的氨基反应,生成 DTPA-D-Phe^1-Octreotide,可将 ^{111}In 标记到 DTPA 上,用于神经内分泌肿瘤的诊断。

血管活性肠肽(vasoactive intestinal peptide,VIP)是一个 28 肽,用 ^{123}I 标记的 VIP 在多种肿瘤中富集,显像效果很好。

肿瘤血管生成是肿瘤细胞侵润、迁移、增殖的重要过程。肿瘤血管生成不仅受到促血管生成的酶、生长因子及受体的控制,同时也受到细胞黏附分子的调节。整合素蛋白(integrin)是一类细胞黏附受体,由 a、b 两个亚基组成,它们间有多种组合方式。整合素蛋白 $a_n b_3$ 在血管生成过程中非常重要,它能够特异地结合 RGD 基序(Arg-Gly-Asp,见 15.2.1.5 小节)。在成熟的血管内皮细胞中几乎测不到 $a_n b_3$ 的表达,而在肿瘤等引发的血管生成中的表达增高。因此可以用放射性核素标记三肽 RGD 及含 RGD 序列的小肽,用于**新生血管显像**(angiogenesis imaging)。RGD 是噬菌体展示(phage display)技术筛选活性小肽的一个成功的例子。

多肽显像剂在体内不稳定,容易被酶解,可用聚乙二醇(PEG)或单甲基聚乙二醇(MPEG)对多肽显像剂进行修饰。包容于 PEG 中的药物分子可以逃脱免疫系统的识别,减少酶解,增加药物在体内的稳定性。

活性小肽是药物化学中的一个研究热点。随着基因工程的进展,更多的性能优良的活性小肽将被合成出来。因此多肽放射性药物有广阔的发展前途。

15.2.3.3 单克隆抗体肿瘤显像剂

当相对分子质量较大的外源性物质进入生物体内时,生物体会产生一种对抗抗原的蛋白质,称为抗体,抗体与相应的抗原亲和力高,生成复合物后使得外来物质的有害作用得以减弱或消除,称为免疫反应。人体中存在的免疫球蛋白 G(immunoglobulin G,IgG)是最常见的抗体。抗体由两部分构成(图 15-8),每一部分由轻链(L 链)和重链(H 链)组成,两部分通过二硫键连接起来。图中 Fc 段的结构基本上保持不变,称为不变区,Fab 为可变区,不同抗体的结构不同。H 和 L 链的前端为与抗原的识别部位。如果用适当的酶切割,可得抗体片段 Fab 或 F(ab′)$_2$,后者[包含铰链区(hinge)]相对分子质量大致如下:Fab,$7\times10^4 \sim 9\times10^4$;F(ab′)$_2$,$1.5\times10^5 \sim 2\times10^5$;Fc,$7\times10^4 \sim 9\times10^4$;全抗,$2.2\times10^5 \sim 2.8\times10^5$。

1979 年 Köhler 和 Milstein 首次成功地应用淋巴细胞杂交瘤技术制得单克隆抗体(monoclonal antibody,McAb)。

McAb 的最大特点是它的高度专一性和对其专属抗原的高亲和力。如果用单光子发射核素(或正电子发射核素)标记单克隆抗体,进行 SPECT(或 PET)显像,称为**放射免疫显像**(radioimmunoimaging,RII)。如标记上治疗放射性核素,则可用于体内的放射治疗,称为**放射免疫治疗**(radioimmunotherapy,RIT)。放射性核素标记的 McAb 被称为"生物导弹",其中 McAb 将作为弹头的放射性核素运送到目标细胞,起着导向和运载工具的作用。

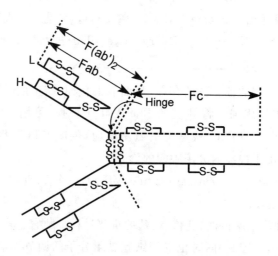

图 15-8　抗体的结构示意图

McAb 分子中的二硫键可被还原为巯基:

$$—S—S—+2e^-+2H^+ \longrightarrow 2(—SH)$$

这些巯基能与 TcO^{3+} 配位,形成相当稳定的配合物。利用这个方法可以将 ^{99m}Tc 直接标记到 McAb 分子上。适合于还原 McAb 的还原剂有亚锡、2-巯基乙醇(2-ME)、亚硫酸钠、抗坏血酸等。用 2-ME 作还原剂时,过量的 2-ME 必须用葡聚糖凝胶除去,否则将会与 McAb 的巯基竞争 $^{99m}TcO^{3+}$,降低标记率。$^{99m}TcO^{3+}$ 可用 $SnCl_2$ 还原由 ^{99}Mo-^{99m}Tc 发生器淋洗得到的 $^{99m}TcO_4^-$ 制得。还原反应是在近中性的水溶液中进行的,$Sn(II)$ 和还原 Tc 容易发生水解,形成胶体。为此在溶液中加入中间络合剂葡庚糖酸(GH)、柠檬酸或酒石酸缓冲溶液。在实际操作中,将经过还原的 McAb 溶液、中间络合剂和 $^{99m}TcO_4^-$ 溶液混合,调节 pH 至生理 pH 附近(≈ 7.4),加入适量的 $SnCl_2$ 溶液,还原和标记反应同时进行。用这种直接标记法得到的 ^{99m}Tc-McAb 对半胱氨酸、谷胱甘肽等含巯基的化合物不稳定。

^{90}Y 和 ^{111}In 等不能用直接标记法获得稳定的标记化合物,需要通过双功能联接剂(bifunctional conjugating agent, BFCA)间接标记到 McAb 上。双功能联接剂是一种螯合剂,它用其一个基团与 McAb 共价结合,用其余的基团与金属离子螯合。为了最大限度地保持标记物的免疫活性,常在 BFCA 与 McAb 间插入一个隔离基团(spacer)。图 15-9 给出几个 BCFA 的例子。

放射性核素标记的完整的 McAb 用做肿瘤显像剂还有一些不能尽如人意的地方:首先是寻找目标的时间太长,需要 $48\sim72\,h$。其次是它的非人源性会引起人体免疫反应,产生人抗鼠抗体(human anti-mouse antibody, HAMA)。使得一次注射后 $9\sim12$ 个月后才能进行第二次注射。此外,血液对于外源性 McAb 清除很快。第三是它的相对分子质量大,导致肝对它的摄取太高。利用酶切技术获得 McAb 片段 Fab 或 $F(ab')_2$ 后,寻找目标的时间可以缩短,适合于 ^{99m}Tc 标记。

另一种改进的方法是预定位技术。亲和素(avidin, AV)是一种从鸡蛋清中提取的糖蛋白(相对分子质量 1.62×10^4),形成四聚体。它可与一种称为生物素(biotin)的维生素(维生素 H 或称为辅酶 R)特异性结合,结合常数高达 $10^{15}\,L\cdot mol^{-1}$,比抗体-抗原结合常数

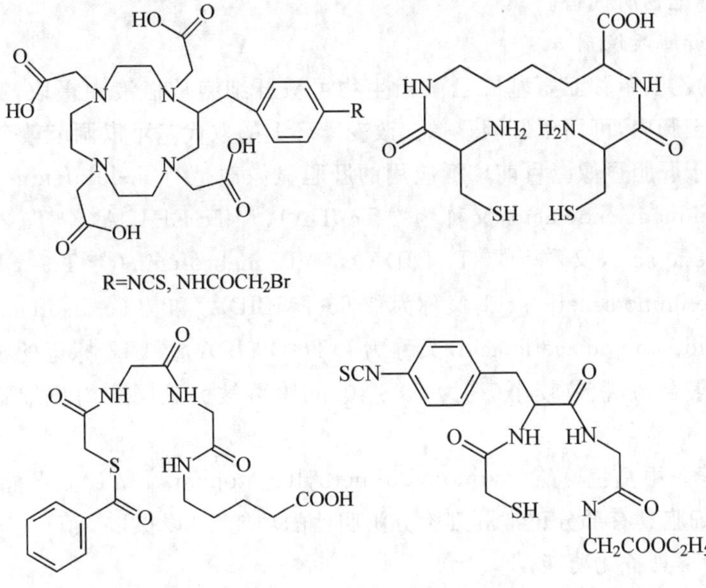

R=NCS, NHCOCH₂Br

图 15-9　双功能联接剂举例

$(10^5 \sim 10^{11}$ L · mol$^{-1})$ 高得多。每一个 AV 四聚体可以与四个生物素结合。预定位方法有两种做法：① 将 AV 偶联到 McAb 上，静脉注射到体内，一部分 McAb-AV 结合到肿瘤细胞表面。经过一定时间，待血中游离的 McAb-AV 被清除后，再注射放射性标记的生物素，它与已结合于肿瘤细胞表面的 McAb-AV 高特异性地结合，经过一定时间后再显像，可获得清晰的影像。② 将生物素偶联到 McAb 上，静脉注射到体内，一部分 McAb-biotin 结合到肿瘤细胞表面。经过 2～3 天后，待血中游离的 McAb-biotin 被清除后，再局部（通常为腹腔）注射放射性标记的 AV，它与已结合于肿瘤细胞表面的 McAb-biotin 高特异性地结合，经过一定时间后再显像，可获得清晰的影像。AV 可以用链霉亲和素（strepavidin，SV）代替，效果更好。如前所述，一个 AV 或 SV 四聚体分子可结合四个生物素，因此结合了一个 AV 或 SV 的 McAb 可结合四个放射性核素标记的生物素分子，即起到了生物放大的作用。预定位法的缺点是需要两次注射，而且仍然存在免疫抗性的问题。

15.2.3.4　反义核酸显像剂

根据碱基配对原则，**反义寡核苷酸**（antisense oligonucleotide，AON）能与细胞内的基因或 mRNA 特异性结合，封闭基因的转录或 mRNA 的翻译，达到调节基因表达的目的。近十年来，反义技术发展很快。核医学将反义技术用于显像，就出现了一种新的诊断方法——反义显像。AON 在体内不稳定，而且穿越细胞膜的能力差，需要对其进行化学修饰，如将 AON 中的磷酸根的一个氧原子换成硫原子，所得产物为硫代寡核苷酸。如将磷酸核糖链换成聚氨基酸链，所得产物称为肽核酸（peptide nucleic acid，PNA）。AON 的标记方法与多肽和 McAb 的标记方法相似。

反义核酸显像还处于研究阶段，目前已有报道用于基因表达的体外显像。

15.2.4　其他脏器显像剂

几乎所有的器官均已研制出合适的放射性核素显像剂。有些过去用 ^{131}I 标记的放射性药物逐步被^{99m}Tc 标记物所代替。

15.2.4.1　肝胆显像剂

^{99m}Tc 标记的乙酰苯胺亚氨基二乙酸衍生物可被肝细胞从血液中摄取,又分泌到毛细胆管与胆汁一起排至肠内,可用于肝胆显像。改变苯环上的取代基可以调节整个分子的亲脂性。亲脂性分子有利于肝胆显像。目前广泛应用的肝胆显像剂是^{99m}Tc-lidofenin(^{99m}Tc-2,6-dimethyl-acetanilide-iminodiacetic acid,又称为^{99m}Tc-IDA),^{99m}Tc-EHIDA(^{99m}Tc-2,6-diethyl-acetanilide-iminodiacetic acid,又称为^{99m}Tc-DIDA),^{99m}Tc-mebrofenin(^{99m}Tc-2,4,6-trimethyl-3-bromo-acetanilide-iminodiacetic acid,又称为^{99m}Tc-TMBIDA)和^{99m}Tc-disofenin(^{99m}Tc-2,6-diisopropyl-acetanilide-iminodiacetic acid,又称为^{99m}Tc-DISIDA)。^{99m}Tc 标记的植酸在血液中与Ca^{2+}形成不溶性螯合物,颗粒较小(约为 20~40 nm),可被肝脏网状内皮细胞吞噬而进入肝脏,可用来进行肝显像。

^{99m}Tc-吡哆醛-5-甲基色氨酸(pyridoxyl-5-methyltryptophan,PMT)是肝癌的特异显像剂。分化较好的肝癌细胞具有部分正常肝细胞分泌胆汁的功能,可以摄取^{99m}Tc-PMT,而其他器官的良、恶性肿瘤均不具备此功能。

15.2.4.2　肾显像剂

(1) 测定肾小球滤过率的放射性药物　**肾小球滤过率**(glomerular filtration rate,GFR)是指单位时间内经肾小球过滤的血浆容量。某些物质能从肾小球自由滤过,而不被肾小管重吸收或分泌,DTPA 属于这类物质。因此^{99m}Tc-DTPA 可用于 GFR 的测定。根据显像结果可以判定肾功能是否正常,诊断慢性肾盂肾炎的急性发作和立位性蛋白尿,监测肾移植术后患者是否出现排斥反应,确定肾功能衰竭患者的肾透析时间,以及检查累及肾功能的其他疾病。

(2) 测定有效肾血浆流量的放射性药物　**有效肾血浆流量**(effective renal plasma flow,ERPF)是指单位时间流经肾脏的血浆流量。ERPF 与某些物质流经肾脏时从血浆中清除到尿液的清除率有密切关系。用放射性核素标记那些既从肾小球滤过又从肾小管排出的物质即可用于 ERPF 的测定。早期广泛使用的^{131}I 标记的酚红或马尿酸现在已经被^{99m}Tc 标记的巯基乙酰基三甘氨酸(mercaptoacetyltriglycine,MAG$_3$)和乙撑双半胱氨酸(ethylenedicycteine,EC)代替。

(3) **肾静态显像剂**　^{99m}Tc 标记的二巯基丁二酸^{99m}Tc-DMSA 与血浆蛋白有很高的结合能力,结合物在肾小球中滤过缓慢,并能被肾小管重新吸收,因此可用于肾脏的静态显像,临床上用来观察肾脏的位置、形态和大小,诊断肾脏是否萎缩或有无占位性病变,以及肾功能和肾缺血情况。

15.2.4.3　骨显像剂

骨显像剂用于肿瘤骨转移的早期诊断,可比 X 射线照相诊断早 3~6 个月发现骨转移病灶。此外,骨显像对于诊断原发性骨瘤、股骨头缺血坏死及骨髓炎,监测骨移植的成活等也具有临床价值。骨的主要成分为羟基磷灰石晶体,它的 Ca^{2+}、OH^-、PO_4^{3-} 离子可与血液中的同号放射性离子进行交换。放射性核素标记的化合物还可以通过化学吸附富集于骨骼。^{99m}Tc标记的焦磷酸(^{99m}Tc-PYP)、亚甲基二磷酸(^{99m}Tc-MDP)、羟基亚甲基二磷酸(^{99m}Tc-HMDP)及羟基亚乙基二磷酸(^{99m}Tc-HEDP)是常用的骨显像剂,其中含 P—C—P 结构的膦酸型显像剂比含 P—O—P 结构的焦磷酸型显像剂在体内更稳定,因而发展很快。

15.3 治疗肿瘤的放射性药物

治疗肿瘤的放射性药物由两部分组成,即发射 α、β 粒子或俄歇电子的放射性核素及将放射性核素输送到靶组织(肿瘤)的药物输送系统(drug delivery vehicle)。为了最大限度地杀伤癌细胞,尽量少伤害或不伤害正常细胞,要求药物输送系统是亲肿瘤的(tumor-seeking)或肿瘤导向的(tumor-targeting)。药物在肿瘤组织中的**摄取率**用每克肿瘤组织摄取的药物量与注射的药物总量的百分比($\%ID/g$)表示,药物的选择性用药物在靶组织中的浓度 N 与非靶组织中的浓度 NT 之比(N/TN)表示。文献中也有用 T/N(T=tumor, N=normal)和 T/B(B=blood)两个指标表示药物的肿瘤选择性的。显然,肿瘤摄取率和选择性愈高愈好。

15.3.1 小分子放射性治疗药物

无机碘能被甲状腺选择性地吸收,并参与甲状腺激素的合成。因此可以用 ^{131}I 的射线来破坏甲状腺细胞。^{131}I 的 608 keV 的 β 射线在组织中的射程较短,可有效地杀伤摄入 ^{131}I 的细胞,对邻近组织损伤不大。用 $Na^{131}I$ 治疗甲状腺亢进已有多年的历史,效果良好。功能自主性甲状腺腺瘤是一部分甲状腺组织的功能自主,不受脑垂体分泌的促甲状腺激素(thyroid-stimulating hormone, TSH)的调节,正常甲状腺仍保持摄取碘的负反馈调节机制(即高碘时摄取功能被抑制)。若功能自主性甲状腺组织分泌过多的甲状腺素,就会引起甲亢。将 ^{131}I 注入患者体内,功能自主性甲状腺腺瘤摄取大量的 ^{131}I,而正常甲状腺因功能受到抑制而不摄取或很少摄取 ^{131}I,从而达到治疗的目的。^{131}I 对于去除分化型甲状腺癌的术后残留及转移灶也很有效,因为这些细胞具有富集碘的功能。^{131}I-间位碘代苄胍(^{131}I-MIBG)能与肾上腺素能腺体结合,可用来治疗富含这种受体的神经内分泌肿瘤,如恶性嗜铬细胞瘤、神经母细胞瘤、恶性神经节瘤等。

^{32}P 是一个纯 β 射线发射体,β 射线的能量高(1.72 MeV),在组织中的最大射程约为8 mm。P 通过参与核蛋白、核苷酸、磷脂代谢及 DNA 与 RNA 的合成,进入细胞内。细胞对于 ^{32}P 的摄取量与细胞分裂速度成正比。真性红细胞增多症(RBC 计数$>6.0\times10^{12}$个/L)、原发性血小板增多症(8.0×10^{11}个/L)都可以用 ^{32}P(以 $Na_2H^{32}PO_4$ 或 $NaH_2^{31}PO_4$ 形式)治疗。

许多晚期癌症(如乳腺癌、前列腺癌、肺癌)都伴随有骨转移。约有 50% 的患者有日益加重的剧烈疼痛。过去主要用药物镇痛,效果不佳且容易产生药物依赖。用亲骨性放射性治疗核素效果较好,称转移骨癌的姑息治疗。

$^{32}PO_4^{3-}$ 在骨肿瘤病灶内浓集,可用于骨转移癌的镇痛,但它也渗透入骨髓细胞,对造血功能有较大的抑制作用。

Sr 是 Ca 的同族元素。^{89}Sr 能高选择性地富集于骨质中的羟基磷灰石,在有些国家已经被批准进入临床使用。但 ^{88}Sr 的热中子截面小(0.006 b),价格昂贵。

^{153}Sm 标记的乙二胺四甲基膦酸(^{153}Sm-EDTMP)是目前姑息治疗转移骨癌效果最好的放射性药物。配体 EDTMP 和标记化合物 ^{153}Sm-EDTMP 容易合成,注射到体内后,50%~70%聚集于骨,约 40%从尿中排出。^{153}Sm 的半衰期短(46.3 h),β 射线能量适中(640 及 710 keV),并发射103 keV 的 γ 射线,在骨肿瘤中的剂量沉积很集中,对于周围组织造成的辐射损伤小。其 γ 射线能量适合于体外显像,可以用来进行肿瘤定位、剂量估算及疗效监测,已广泛用于临床。

15.3.2 治疗肿瘤的导向药物

从理论上讲,用放射性核素标记的单克隆抗体具有高度的靶向性质,可望用于肿瘤的放射免疫治疗(radioimmunotherapy,RIT)。但实际上肿瘤的摄取率不足 0.01%ID,T/NT<2.5,远低于理论值约 10^3,且不能连续使用。究其原因,是因为目前生产的单克隆抗体为鼠源McAb,对于人体为异质蛋白,人体会产生免疫反应,诱导出人抗鼠抗体 HAMA,大部分标记抗体与 HAMA 结合并被快速从体内清除。McAb 的相对分子质量高(约 $2.5×10^5$),寻找目标需要48~72 h,药物在输送过程中损失很大。最近免疫学家制备出的人源化抗体(humanized antibody)是鼠源性 McAb 经基因克隆和 DNA 重组技术改造重新表达的抗体,其大部分氨基酸序列为人源 McAb 序列所代替。它基本保持了其亲本鼠源单克隆抗体的特异性和亲和力,又降低了鼠源抗体的异源性。利用基因工程技术制备人源 McAb 的工作也在进行中,McAb 片段比完整 McAb 在性能上有所改善,但还不能满足临床治疗要求。

如果某种肿瘤细胞的表面具有特异的受体,或者虽非特异,但其密度比在正常细胞表面高得多,就可以将治疗用放射性核素标记到该种受体的配体上,利用配体受体间的专一性相互作用,将放射性核素高选择性地输送到肿瘤组织。由于受体的配体多为活性小肽或小分子化合物,因此具有寻找目标快,受体配体结合达成平衡速度快,与肿瘤的亲和力高,血液清除快等优点,且易于合成。因此,放射性核素标记的活性肽是极有前途的治疗肿瘤用放射性药物。

反义核酸与正义核酸能特异性地结合,原则上用放射性核素标记反义核酸。

15.3.3 中子俘获治疗

将中子俘获截面大的核素引入亲肿瘤药物,通过注射或口服进入肿瘤患者体内,待药物富集于肿瘤组织后,用中子束照射肿瘤部位引起中子俘获反应,核反应产生的次级辐射及反冲核对肿瘤细胞起杀伤作用。这种治疗癌症的方法称为**中子俘获治疗**(neutroncapture therapy,NCT),它是肿瘤放射治疗的一种。

用于 NCT 的亲肿瘤药物称为 NCT 药物。NCT 药物中所含的中子俘获截面大的核素称为靶核素。^{10}B 的热中子俘获截面 σ 高达 3840 b,天然硼中 ^{10}B 含量约为 20%,是最理想的靶核素。以 ^{10}B 作为靶核素的中子俘获治疗特称为硼中子俘获治疗(boron neutroncapture therapy,BNCT)。在热中子照射下,^{10}B 核俘获一个中子,发生以下核反应:

$$^{10}\text{B}+n \longrightarrow \begin{cases} \underset{(1.47\,\text{MeV})}{^{7}\text{Li}} + \underset{(0.84\,\text{MeV})}{^{4}\text{He}} + \underset{(0.48\,\text{MeV})}{\gamma} \\ \underset{(1.78\,\text{MeV})}{^{7}\text{Li}} + \underset{(1.01\,\text{MeV})}{^{4}\text{He}} \end{cases}$$

上述核反应产生的次级辐射 ^{4}He(即 α 粒子)和反冲核 ^{7}Li 具有很高的动能和传能线密度,射程约为数微米,与细胞的尺寸相当。若癌细胞中有一个 ^{10}B 核发生上述中子俘获反应,该细胞就会被杀死,而不会伤及邻近细胞。0.48 MeV 的 γ 射线穿透能力很强,对癌细胞杀伤只起次要作用。

显然,为了获得满意的治疗效果,要求 NCT 药物的肿瘤特异性(T/N 和 T/B)愈大愈好,肿瘤细胞对它的摄取率愈高愈好。计算表明,肿瘤组织中 ^{10}B 的含量应大于 $20\sim30\ \mu g \cdot g^{-1}$。

此外,药物本身及其代谢产物应当是无毒的。目前 BNCT 主要用于治疗两种高度恶性的肿瘤:① 脑神经胶质瘤的治疗。采用的药物是巯基闭式十二硼烷二钠盐$[^{10}B]$-$Na_2B_{12}H_{11}SH$(sodium mercaptoundecahydro-*closo*- dodecoborate(2-), BSH)或其二聚分子$[^{10}B]$-$Na_4[B_{12}H_{11}SSB_{12}H_{11}]$(BSSB),以及 L-对硼酰基苯丙氨酸$[^{10}B]$-L-*p*-$(HO)_2BC_6H_4CH_2CH(NH_2)COOH$(BPA),前者的 T/N≈10,T/B≈1.5,后者的 T/N≈4,T/B≈3。② 黑色素瘤。目前最好的药物是 BPA。

NCT 所用的中子束可来源于反应堆或强流加速器,经过适当慢化剂的慢化成为超热中子(4 eV~40 keV)。超热中子比热中子具有更大的穿透能力。

除^{10}B外,^{157}Gd 也被认为是有希望的 NCT 靶核素,其热中子俘获截面为 $2.55×10^5$ b,放出 $0.080~7.96$ MeV 的 γ 射线。GdNCT 在肿瘤与正常组织交界处沉积的剂量下降不如 BNCT 那样陡峭。

NCT 是一项综合技术,吸引了一大批来自生物、医学、药学、化学、核物理、加速器技术、反应堆工程等领域的研究者参与其中。全世界几十个国家开展了此项研究。迄今的临床实验结果表明,BNCT 适合于外科手术以后的进一步治疗,其达到的水平与通常的"标准治疗方法"相当。

参 考 文 献

[1] 王世真,主编. 分子核医学. 北京:中国协和医科大学出版社,2001.
[2] 范我,强亦忠,主编. 核药学教程. 哈尔滨:哈尔滨工业大学出版社,2005.
[3] 吴华,主编. 核医学临床指南. 北京:科学出版社,2000.
[4] 张永学,主编. 核医学分册. 武汉:湖北科学出版社,2000.
[5] 唐孝威,主编. 核医学和放射治疗技术. 北京:北京医科大学出版社,2001.
[6] 唐孝威,罗建红,章士正,王彦广,编著. 分子影像与单分子检测. 北京:化学工业出版社,2004.
[7] 唐孝威,陈宜张,胡汛,孙达,主编. 分子影像学导论. 杭州:浙江大学出版社,2005.
[8] 刘伯里,贾红梅. 锝药物化学及其应用. 北京:北京师范大学出版社,2006.
[9] 佐治英朗,前田稔,小岛周二. 新放射化学·放射性医药品学. 東京:南江堂,2003.
[10] Barth R F, Coderre J A, Vicente M G H, Blue T E. Boron neutron capture therapy of cancer: current status and future prospects. Clin Cancer Res, 2005(11):3987~4002.

附录1　物理常数表

常　数	符　号	值	单　位
真空中光速	c	2.99792458×10^8（精确值）	$\text{m}\cdot\text{s}^{-1}$
真空磁导率	μ_0	$4\pi\times10^{-7}$（精确值）$=1.2566370614\times10^{-6}$	$\text{N}\cdot\text{A}^{-2}$
真空介电常数	ε_0	$8.854187817\times10^{-12}$	$\text{F}\cdot\text{m}^{-1}$
牛顿引力常数	G	6.6742×10^{-11}	$\text{m}^3\cdot\text{kg}^{-1}\cdot\text{s}^{-2}$
Planck 常数	h	6.6260693×10^{-34}	$\text{J}\cdot\text{s}$
		4.13566743×10^{-15}	$\text{eV}\cdot\text{s}$
	$\hbar$	1.05457168×10^{-34}	$\text{J}\cdot\text{s}$
		6.58211915×10^{-16}	$\text{eV}\cdot\text{s}$
元电荷	e	1.60217653×10^{-19}	C
Bohr 磁子	μ_B	9.27400949×10^{-24}	$\text{J}\cdot\text{T}^{-1}$
		5.788381804×10^{-5}	$\text{eV}\cdot\text{T}^{-1}$
		13996241800	$\text{T}^{-1}\cdot\text{s}^{-1}$
		46.686437	$\text{m}^{-1}\cdot\text{T}^{-1}$
		0.6717099	$\text{K}\cdot\text{T}^{-1}$
		1836.1527	μ_N
核磁子	μ_N	5.05078343×10^{-27}	$\text{J}\cdot\text{T}^{-1}$
		3.152451259×10^{-8}	$\text{eV}\cdot\text{T}^{-1}$
		7622591.4	$\text{T}^{-1}\cdot\text{s}^{-1}$
		0.0254262281	$\text{m}^{-1}\cdot\text{T}^{-1}$
		0.0003658246	$\text{K}\cdot\text{T}^{-1}$
		5.4461702×10^{-4}	μ_B
精细结构常数	α	7.297352568×10^{-3}	
倒易精细结构常数	α^{-1}	137.03599911	
Rydberg 常数	R_∞	10973731.568525	m^{-1}
		$3.289841960360\times10^{15}$	s^{-1}
		2.17987312×10^{-18}	J
		13.6056923	eV
Bohr 半径	a_0	$0.5291772108\times10^{-10}$	m
Hartree 能量	E_h	4.35974417×10^{-18}	J
		27.2113845	eV
电子质量	m_e	9.1093826×10^{-31}	kg

常　数	符　号	值	单　位
		$5.4857990945 \times 10^{-4}$	u
		0.510998918	MeV
电子的 Compton 波长	λ_C	$2.426310238 \times 10^{-12}$	m
	$\lambdabar$	$3.861592678 \times 10^{-13}$	m
电子的经典半径	r_e	$2.817940325 \times 10^{-15}$	m
电子的 Thomson 截面	σ_e	$6.65245873 \times 10^{-29}$	m^2
电子的磁矩	μ_e	$-9.28476412 \times 10^{-24}$	$J \cdot T^{-1}$
		-1.0011596521859	μ_B
		-1838.28197107	μ_N
电子的 g 因子	g_e	-2.0023193043718	
质子的质量	m_p	$1.67262171 \times 10^{-27}$	kg
		1.00727646688	u
		938.272029	MeV
质子的磁矩	μ_p	$1.41060671 \times 10^{-26}$	$J \cdot T^{-1}$
		0.001521032184	μ_B
		2.792847351	μ_N
质子磁旋比	γ_p	2.67522205×10^8	$T^{-1} \cdot s^{-1}$
	$\gamma_p / 2\pi$	42.5774813	$MHz \cdot T^{-1}$
中子质量	m_n	$1.674927289 \times 10^{-27}$	kg
		1.00866491560	u
	m_n / c^2	939.565360	MeV
中子磁矩	μ_n	$-9.6623645 \times 10^{-27}$	$J \cdot T^{-1}$
		-0.00104187562	μ_B
		-1.91304273	μ_N
Avagadro 常数	N_A	6.0221415×10^{23}	mol^{-1}
原子质量单位	u	$1.66053886 \times 10^{-27}$	kg
		931.494043	MeV
Faraday 常数	F	96485.3383	$C \cdot mol^{-1}$
气体常数	R	8.314472	$J \cdot mol^{-1} \cdot K^{-1}$
Boltzmann 常数	k	$1.3806505 \times 10^{-23}$	$J \cdot K^{-1}$
		8.617343×10^{-5}	$eV \cdot K^{-1}$
电子伏	eV	$1.60217653 \times 10^{-19}$	J

数据引自 P. J. Mohr and B. N. Taylor. Rev. Mod. Phys. 2005(77)：1.

附录2　能量单位换算因子

表　2A

	MeV	u	J	cal
MeV	1	$1.07354417 \times 10^{-3}$	$1.60217653 \times 10^{-13}$	$3.82673290 \times 10^{-14}$
u	931.494043	1	$1.49241790 \times 10^{-10}$	$3.56457891 \times 10^{-10}$
J	$6.24150948 \times 10^{12}$	6.70053609×10^{9}	1	0.238846
cal	$2.61319519 \times 10^{13}$	2.80538045×10^{9}	4.1868	1

表　2B

	eV/atom	cm^{-1}/atom	kJ/mol	kcal/mol	K
eV/atom	1	8065.54	96.4853	23.0451	11604.505
cm^{-1}/atom	1.2398426×10^{-4}	1	$1.19626585 \times 10^{-2}$	$2.85722967 \times 10^{-3}$	1.438776
kJ/mol	1.0364273×10^{-2}	83.5935	1	0.238846	120.2723
kcal/mol	4.3393173×10^{-2}	349.9894	4.1868	1	503.5563
K	8.6173430×10^{-5}	0.6950352	8.3144693×10^{-3}	1.9858753×10^{-3}	1

注：表中 eV/atom 指每一个原子(或分子)具有的能量，以 eV 为单位。如指键能，则单位为 eV/键。以 K 为单位的能量，是指按公式 $E=kT$ 计算对应于温度 T 的动能。对于热中子，这是温度 T 下具有最概然速度的中子所具有的动能。

附录 3　常用放射性核素简表

核素	$T_{1/2}$	衰变类型	毒性分类	ALI (mCi)	Γ (R·h⁻¹·cm⁻¹·mCi⁻¹)	十分之一铅厚度(mm)	粒子和射线能量(keV)与强度(%/衰变)
³H	12.33 a	β	低毒	80	—	—	β: 18.586 (100%)
¹¹C	20.39 min	β^+, EC	低毒	400	5.97	13.7	β^+: 960.2 (99.76%) γ: 511 (≤199.52%)
¹³N	9.965 min	β^+	低毒	—	5.97	13.7	β^+: 1198.4 (99.8%) γ: 511 (≤199.61%)
¹⁴C	5730 a	β	中毒	2	—	—	β: 156.467 (100%)
¹⁵O	122.24 s	β^+	低毒	—	5.97	13.7	β^+: 1732 (99.9%) γ: 511 (≤199.8%)
¹⁸F	109.77 min	β^+	低毒	70	5.8	13.7	β^+: 633.5 (96.7%) γ: 511 (≤193.46%)
²²Na	2.6027 a	β^+, EC	高毒	0.4	12	26.6	β^+: 545.4 (89.8%) γ: 511 (179.79%) 1275 (99.9%)
²⁴Na	14.96 h	β	中毒	4	18.4	52	β: 1391 (99.9%) γ: 1369 (100%) 2754 (99.9%)
³²P	14.262 d	β	高毒	0.4	—	—	β: 1710 (100%)
³³P	25.34 d	β	中毒	3	—	—	β: 248.5 (100%)
³⁵S	87.38 d	β	中毒	2	—	—	β: 166.8 (100%)
³⁶Cl	301000 a	β	高毒	0.2	—	—	β: 709.2 (98.2%)
⁴⁰K	1.277×10^9 a	β, EC	高毒	0.3	0.7	38.7	β: 1312 (89.3%) γ: 1460 (10.7%)
⁴²K	12.3 h	β	中毒	5	1.4	39.8	β: 2000 (17.6%) 3525 (81.9%) γ: 1525 (18%)
⁴⁵Ca	162.61 d	β	中毒	0.8	—	—	β: 256.8 (100%)
⁴⁶Sc	83.79 d	β	高毒	0.2	10.9	29.1	β: 356.6 (100%) γ: 889.3(100%) 1120.5(100%) 142.5(62.0%)
⁴⁷Ca	4.536 d	β	中毒	0.8	5.7	34.4	β: 694.8 (81%) 1991.9 (19%) γ: 489.2(6.2%) 807.9(6.2%) 1297.1(71%)
⁴⁸V	15.9735 d	β^+	中毒	0.6	15.6	30.1	β^+: 694.6 (49.9%) γ: 944.1(7.7%) 983.5 (100%) 1312.1 (97.5%) 2240 (2.4%) 511 (≤100.6%)

续表

核素	$T_{1/2}$	衰变类型	毒性分类	ALI (mCi)	Γ (R·h⁻¹·cm⁻¹·mCi⁻¹)	十分之一铅厚度 (mm)	粒子和射线能量(keV)与强度(%/衰变)
^{51}Cr	27.703 d	EC	低毒	20	0.2	6.3	γ: 320.1 (9.87%)
^{54}Mn	312.13 d	EC	中毒	0.8	4.7	24.6	γ: 834.8 (100%)
^{55}Fe	2.73 a	EC	中毒	2	—	—	X射线: 6.5(3.3%) 6.9 (24.5%)
^{57}Co	271.80 d	EC	中毒	0.7	0.9	0.7	γ: 14.4(9.15%) 122.1 (85.5%) 136.5 (10.7%)
^{59}Fe	44.495 d	β	高毒	0.3	6.4	33.6	β: 273 (45.3%) 465.4 (53.1%); γ: 192 (2.9%) 1099 (56.6%) 1292 (43.2%)
^{60}Co	5.271 a	β	高毒	0.030	13.2	34.8	β: 317.9 (100%); γ: 1173 (100%) 1332 (100%)
^{63}Ni	100.1 a	β	中毒	0.8	—	—	β: 66.9 (100%)
^{67}Ga	3.2612 d	EC	低毒	7	1.1	4.7	γ: 91.3(3.2%) 93.3(39.2%) 184.6(21.2%) 300.2 (16.8%) 393.5 (4.7%)
^{68}Ge/^{68}Ga	270.8 d	EC/β+	高毒	0.1	5.51	14.4	β+: 1889 (88.0%); γ: 511 (≤178.2%) 1077 (3.0%) 1883 (0.14%) X射线: 8.6(4.1%) 9.2(38.7%) 9.6(0.55%) 10.3(5.5%)
^{68}Ga	67.629 min	β+	低毒	0.1	5.51	14.4	β+: 1889 (88.0%); γ: 511 (≤178.2%) 1077 (3.0%) 1883 (0.14%) X射线: 8.6(4.1%) 9.2(38.7%) 9.6(0.55%)
^{74}As	17.77 d	β+	中毒	0.8	4.4	16.8	β: 718 (15.4%) 1353 (18.6%); β+: 944 (26.1%)1540 (3.0%); γ: 511 (≤58.2%) 595.8 (59%) 634.8 (15.4%)
^{75}Se	119.79 d	EC	中毒	0.5	2.1	4.6	γ: 121.1 (17.2%) 136.0 (58.3%) 264.6 (58.9%) 279.5 (25.0%) 400.7(11.5%)
^{85}Kr	3934.4 d	β	—	—	0.4	2.8	β: 687.4 (99.6%); γ: 514.0 (0.43%)
^{85}Sr	64.84 d	EC	中毒	2	3.0	13.9	γ: 514 (96%)
^{86}Rb	18.631 d	β	中毒	0.5	0.5	31.3	X射线: 13.4(50.1%); β: 697.2 (8.6%) 1774 (91.4%); γ: 1077 (8.64%)
^{89}Sr	50.53d	β	高毒	0.1	—	26.8	β: 1495 (100%)
^{90}Sr/^{90}Y	28.79 a	β	极毒	0.004	—	—	β: 546 (100%) 2284 (100%)
^{90}Y	64.0 h	β	高毒	0.4	—	—	β: 2284 (100%)
^{95}Nb	34.991 d	β	中毒	1	4.3	22.5	β: 159.8 (100%); γ: 765.8 (99.8%)

续表

核　素	$T_{1/2}$	衰变类型	毒性分类	ALI (mCi)	Γ (R·h⁻¹·cm⁻¹·mCi⁻¹)	十分之一铅厚度 (mm)	粒子和射线能量 (keV)与强度 (%/衰变)
^{99}Mo	2.7478 d	β	中毒	1	1.8	20.5	β: 436.6 (16.4%) 1214 (82.4%) γ: 140.5(89.6%) 181.1 (6.0%) 739.5 (12.1%) 777.9(4.26%)
^{99m}Tc	6.008 h	IT	低毒	80	0.6	0.9	γ: 140.5 (88.5%)
^{103}Pd	16.991 d	EC	低毒	6	1.48	0.02	γ: 39.7(0.0683%) 357.5(0.0221%) X射线: 20.2 (41.9%)
^{109}Cd	461.4 d	EC	高毒	0.04	1.8	—	γ: 88.0(3.7%) X射线: 22 (84%) 24.9 (17.8%)
^{110m}Ag	249.7 d	IT, β	高毒	0.09	—	—	β: 83.5 (67%) 530.3 (30.5%) γ: 657.8(94.4%) 677.6 (10.6%) 706.7 (16.5%) 763.9(22.3%) 884.7 (74.0%) 937.5 (34.5%) 1384 (24.7%) 1505 (13.2%)
^{111}In	2.8047 d	EC	中毒	4	3.4	2.2	γ: 171.3(90.66%) 245.4 (94.09%) X射线: 22.98 (23.5%) 23.17(44.3%) 26.1 (14.5%)
^{113}Sn	115.09 d	IT	中毒	0.5	1.7	0.05	γ: 255.1(2.11%) 391.70(64.97%) X射线: 24.0 (27.6%) 24.2(52.0%) 27.3 (17.3%)
^{115m}Cd	44.56 d	β	高毒	0.05	0.2	30.1	β: 693(1.7%) 1627 (97.0%) γ: 933.8(2.0%) 1290.6(0.9%)
^{123}I	13.27 h	EC	中毒	3	1.3	1	γ: 158.97 (83.3%) 528.96 (1.39%) X射线: 27.47(46.0%)
^{125}I	59.407d	EC	高毒	0.04	0.7	0.06	γ: 35.491 (6.67%) X射线: 27.2 (39.9%) 27.5(74.5%) 31.0 (25.9%)
^{129}I	1.57×10^7 a	β	高毒	0.005	0.6	0.08	β: 154 (100%) γ: 39.6 (7.5%) X射线: 29.8 (37%) 29.5 (19.9%) 33.6(13.2%)
^{131}I	8.0207 d	β	高毒	0.03	2.1	9.6	β: 333.8 (7.3%) 606 (89.9%) γ: 284 (6.14%) 364.45 (81.7%) 637.0 (7.2%)
^{133}Ba	10.54 a	EC	中毒	0.7	2.4	5.8	γ: 81 (32.9%) 276.4(7.2%) 302.8(18.3%) 356 (62.0%) 383.8 (8.9%) X射线: 30.6(33.7%) 31.0 (62.5%) 35.0 (22.4%)
^{133}Xe	5.243 d	β	—	—	0.1	0.4	β: 266.8(0.81%) 346 (99%) γ: 81 (38.0%) X射线: 31.0 (26.2%) 35.0(9.4%)

续表

核素	$T_{1/2}$	衰变类型	毒性分类	ALI (mCi)	Γ (R·h^{-1}·cm^{-1}·mCi^{-1})	十分之一铅厚度(mm)	粒子和射线能量(keV)与强度(%/衰变)
^{137}Cs	30.01 a	β	高毒	0.1	3.5	18.9	β: 513.0 (94.4%) 1173 (5.6%) γ: 661.657 (84.99%) X 射线: 31.8(2.0%) 32.2(3.6%) 36.4(1.3%)
^{141}Ce	32.501 d	β	中毒	0.7	0.4	0.9	β: 435.9 (70.2%) 581.3(29.8%) γ: 145.4 (48.3%) X 射线: 36 (8.9%)
^{150}Eu	36.9 a	EC	高毒	0.02	—	—	γ: 334.0 (96%) 584.3(52.6%) 737.5(9.6%) 748.0 (5.2%) 1049 (5.4%) 1343.8(2.6%) X 射线: 40.2 (41.8%)
^{152}Eu	13.525 a	EC,β$^+$	高毒	0.02	—	—	β: 695.6 (13.8%) 1475 (8.1%) γ: 121.8(28.4%) 344.3 (26.5%) 1408(20.8%)
^{153}Gd	242.4 d	EC	高毒	0.1	0.8	0.2	β: 69.7 (2.4%) 97.4 (29.0%) 103.2 (21.1%) X 射线: 41.5 (52.9%)
^{154}Eu	8.593a	β, EC	高毒	0.02	6.3	29.1	β: 248.8 (28.6%) 570.9 (36.3%) 840.6 (16.8%) 1844 (10.0%) γ: 123.0(40.6%) 723.3(20.1%) 873.2(12.2%) 1005 (17.9%) 1274.4 (35.0%)
^{169}Yb	32.018 d	EC	中毒	0.7	1.8	1.6	γ: 63.1 (44.2%) 109.8 (17.5%) 130.5 (11.3%) 177.2 (22.2%) 198.0 (35.8%) 307.7 (10.0%) X 射线: 50.7 (93.8%)
^{186}Re	3.718 d	β	中毒	2	0.2	0.8	β: 932.3 (21.5%) 1069.5 (71.0%) γ: 137.2 (9.4%) X 射线: 8.91(3%) 63.0(2.0%)
^{188}Re	17.005 h	β	中毒	2	0.3	16.8	β: 1965(25.6%) 2120 (71.1%) γ: 155.0 (15.1%) 478.0(1.0%) 633.0(1.3%) X 射线: 8.65(39%) 63.0(2.4%)
^{192}Ir	73.827 d	β, EC	高毒	0.2	4.8	20	β: 258.7(5.6%) 538.8 (41.4%) 675.1 (48.0%) γ: 296.0(28.7%) 308.5(29.7%) 316.5(82.8%) 468 (47.8%) 604.4 (8.2%) 612.5 (5.3%)
^{198}Au	2.69517 d	β	中毒	1	2.4	10.1	β: 960.6 (99.0%) γ: 411.8 (95.6%)
^{201}Tl	72.912 h	EC	低毒	20	0.4	0.9	γ: 135.3(2.6%) 167.4 (10.0%) X 射线: 70.8 (46.4%)

续表

核素	$T_{1/2}$	衰变类型	毒性分类	ALI (mCi)	Γ (R·h⁻¹·cm⁻¹·mCi⁻¹)	十分之一铅厚度 (mm)	粒子和射线能量 (keV)与强度（%/衰变）
^{203}Hg	46.612 d	β	中毒	0.5	1.3	4.7	β: 212 (100%) γ: 279.2 (81.5%) X射线: 72.8(6.4%)
^{206}Bi	6.243 d	EC	中毒	0.6	17.2	26	γ: 184.0(15.8%) 343.5(23.4%) 497.1(15.3%) 516.2 (40.7%) 537.5(30.5%) 803.1(98.9%) 881.0(66.2%) 895.1(15.7%) 1038.3(13.5%) 1719 (31.8%) X射线: 75.0(54.9%)
^{207}Bi	32.9 a	EC	高毒	0.4	8.3	25.8	γ: 569.7 (97.8%) 1064 (74.6%) 1770 (6.9%) X射线: 75.0(36.8%)
^{208}Po	2.898 a	α	高毒	0.014	—	—	α: 5115 (100%)
^{210}Pb	22.3 a	β	极毒	0.0002	0.0	0.2	β: 16.6 (84%) 63.1 (16%) γ: 46.5 (4.3%) X射线: 10.8(25%)
^{210}Po	138.38 d	α	极毒	0.0006	—	—	α: 5305 (100%)
^{222}Rn	3.8235 d	α	高毒	0.1	—	—	α: 5489.5 (99.9%)
^{226}Ra	1600 a	α	极毒	0.0006	—	—	α: 4601 (5.6%) 4784 (94.5%)
^{228}Th	1.9116 a	α	极毒	0.00001	—	—	α: 5340.3 (27.2%) 5423.2 (72.2%) X射线: 12.3 (9.7%)
^{238}Pu	87.7 a	α, SF	极毒	0.000007	—	—	α: 5456.3 (29.0%) 5499.0 (70.9%) X射线: 13.6 (11.7%)
^{238}U	4.468×10⁹ a	α, SF	极毒	0.00004	—	—	α: 4151 (21%) 4198 (79%) X射线: 13.0 (8.0%)
^{239}Pu	24110 a	α	极毒	0.000006	—	—	α: 5105.8 (11.5%) 5144.3(15.1%) 5155.6 (73.3%) X射线: 13.6(4.9%)
^{241}Am	432.2 a	α	极毒	0.000006	0.1	0.4	α: 5443 (13.3%) 5486 (85.1%) γ: 59.5409 (35.8%)
^{244}Cm	18.10 a	α, SF	极毒	0.00001	—	—	α: 5763 (23.6%) 5805 (76.4%) X射线: 14.3(9.7%)
^{250}Cf	13.08 a	α	极毒	0.000009	—	—	α: 5989 (15.0%) 6031 (84.6%) X射线: 15.0 (7.0%)
^{252}Cf	2.645 a	α, SF	极毒	0.00002	—	—	α: 6076 (15.7%) 6118 (84.2%) X射线: 15.0 (7.1%)

引自 http://www.safety.vanderbilt.edu/resources/radmanual/radiation_manual_appendixB.pdf，半衰期及放射线能量与分支比数据已更新；引自卢玉楷 主编. 简明放射性同位素手册. 上海：上海科学普及出版社，2004.